U0219994

中国轻工业"十三五"规划教材
高等职业教育畜牧兽医类专业教材

动物解剖生理

张 平 白彩霞 杨惠超 主 编

 中国轻工业出版社

图书在版编目（CIP）数据

动物解剖生理/张平，白彩霞，杨惠超主编 .—北京：中国轻工业出版社，2022.5

ISBN 978－7－5184－1472－7

Ⅰ.①动… Ⅱ.①张… ②白… ③杨… Ⅲ.①动物解剖学—高等职业教育—教材 ②动物学—生理学—高等职业教育—教材 Ⅳ.①Q954.5 ②Q4

中国版本图书馆 CIP 数据核字（2017）第 207053 号

责任编辑：贾　磊　　　责任终审：滕炎福　　　封面设计：锋尚设计
版式设计：锋尚设计　　　责任校对：燕　杰　　　责任监印：张　可

出版发行：中国轻工业出版社（北京东长安街 6 号，邮编：100740）
印　　刷：北京君升印刷有限公司
经　　销：各地新华书店
版　　次：2022 年 5 月第 1 版第 5 次印刷
开　　本：720×1000　1/16　印张：33
字　　数：670 千字　插页：2
书　　号：ISBN 978－7－5184－1472－7　定价：68.00 元
邮购电话：010－65241695
发行电话：010－85119835　传真：85113293
网　　址：http://www.chlip.com.cn
Email：club@chlip.com.cn
如发现图书残缺请与我社邮购联系调换
220524J2C105ZBW

本书编写人员

主 编

张 平（成都农业科技职业学院）
白彩霞（黑龙江职业学院）
杨惠超（辽宁职业学院）

副主编

刘海燕（成都农业科技职业学院）
唐丽江（成都农业科技职业学院）
王 龙（黑龙江农业工程职业学院）

参 编

沈向华（内蒙古农业大学职业技术学院）
史冬艳（内蒙古农业大学职业技术学院）
谢光美（四川省水产学校）
阳 蓉（四川省德阳市旌阳区畜牧食品局）

前　言

根据 2014 年全国职业教育工作会议、《国务院关于加快发展现代职业教育的决定》和《国家中长期教育改革和发展规划纲要（2010—2020 年)》的精神，为适应现代经济发展、产业升级和技术进步需要，我们编写了本教材。

本教材在编写中始终遵循课程内容与职业标准对接、教学过程与生产过程对接的原则，以及"厚基础、重实践、强能力"的教学理念，按照"知识适度够用、技能扎实过硬""教中学、学中做"、校企共建共育的高职人才培养实现方式，以工作过程和知识应用为原则，职业技能鉴定（考核）项目为依据，淡化学科体系，彰显课程的职业性、实践性和开放性高职教育特色。同时，为便于学生通过全国执业兽医资格考试，本教材编写时参考了《全国执业兽医资格考试大纲（兽医全科类)》中动物解剖学、组织学及胚胎学和动物生理学的考试大纲，使得本教材内容重点知识突出，难点介绍详尽。

本教材把常见畜禽（牛羊、猪、禽）的解剖构造和生理机能作为重点编写内容，同时也加重了快速发展的陪伴动物（犬、猫）的内容；在编写方式上，将传统的按照动物机体系统编写模式改为了按照畜种分类进行编写，将不同畜种各器官系统的形态结构和生理功能结合在一起进行编写，充分突出了动物机体的形态结构与生理功能相统一的原则。

本教材共分 6 个模块 25 个项目，每个项目前面除介绍知识内容和技能目标外，还新编了"科苑导读"或"案例导入"，以便增加课堂的趣味性和情境性，让学生在情景中体验、在体验中发现、在发现中学习，实现以学生为中心的职业教育模式；同时为遵循"过程与结果并重"的原则，项目后设置有"项目思考"，部分项目后设置有"实操训练"，由表及里，内化学生职业素养。本教材可供高等职业院校畜牧兽医及相关专业学生使用，也可供相关技术人员参考。

本教材由张平、白彩霞、杨惠超任主编，由张平统稿。具体编写分工如下：成都农业科技职业学院张平编写模块一的项目一，模块二的项目二、项目七；黑龙江职业学院白彩霞编写模块二的项目一、项目三、项目四；辽宁职业学院杨惠超编写模块二的项目五、项目六、项目八、项目九；成都农业科技职业学院刘海燕编写模块三；成都农业科技职业学院唐丽江编写模块五；黑龙江农业工程职业学院王龙编写模块一的项目二至项目四，模块六的项目一至项目三；内蒙古农业大学职业技术学院沈向华编写模块四的项目一至项目四、项目六；内蒙古农业大学职业技术学院史冬艳编写模块二的项目十、项目十一，模块四的项目五、项目七，模块六的项目四；张平、四川省水产学校谢光美和四川省德阳市旌阳区畜牧食品局阳蓉编写绪论。

在编写过程中，编者参阅了大量的相关书籍和资料，在此谨向相关作者表示真诚的谢意。同时，由于编者知识水平有限，书中难免有疏漏和不足之处，恳请专家同行批评和指正。

编者
2017 年春

目　录

模块二 牛（羊）解剖生理特征

模块三　猪解剖生理特征

模块四　家禽解剖生理特征

模块五　犬、猫解剖生理特征

模块六　马与经济动物解剖生理特征

绪　论

一、动物解剖生理的内容

动物解剖生理是研究正常畜禽有机体形态结构及其规律、活体内发生的基本生命活动及其规律的科学。它是以牛、猪、羊、犬、猫及家禽等为主要对象，采用肉眼观察的方法，研究畜禽有机体各器官的正常形态、构造、色泽、位置及相互关系和动物体的正常生命活动及其规律的科学。动物解剖生理包括动物解剖学和动物生理学两部分内容。

（一）动物解剖学

动物解剖学是研究畜禽机体的形态、构造及其发生发展规律的科学。因研究对象的不同，动物解剖学又分为大体解剖学、显微解剖学和胚胎学 3 门学科。

1. 大体解剖学

大体解剖学是一门比较古老的科学，主要是用刀、剪等器械解剖动构的尸体，通过肉眼观察、比较、量度各器官的形态、位置、大小、质量、结构及相互关系。一般简称为解剖学。根据研究目的和方法的不同，又可分为系统解剖学、局部解剖学和比较解剖学等。

2. 显微解剖学

显微解剖又称为组织学，主要是借助显微镜来研究器官的微细形态、位置、结构及相互关系，其研究内容包括细胞、基本组织和器官组织 3 部分。

3. 胚胎学

胚胎学是研究畜禽个体发生规律的科学，即研究从受精开始通过细胞分裂、分化，逐步发育成新个体的整个胚胎发育过程中的形态和功能变化的规律，又称发生解剖学。

（二）动物生理学

动物生理学是研究动物机体的生命现象及其机能活动规律的科学。它的任务是阐明各个器官机能活动的发生原理、发生条件以及各种环境条件对它们的影响，从而认识有机体整体及其各部分机能活动的规律。

二、学习本门课程的目的和意义

动物解剖生理是畜牧兽医专业的专业基础课程，它与其他专业基础课和专业课有着密切的联系，是学好后续课程必不可少的基础课程，同时也是全国执业兽医资格考试（兽医全科类）的必考科目。只有正确认识和掌握了正常动物的形态结构、各个器官系统之间的位置关系及组织器官的生理功能，才能进一步学习后续课程。在畜牧业生产实践中，要发展畜牧业生产就必须用科学的方法饲养管理、培育良种和繁殖畜禽，从而获得丰富的肉、蛋、乳和其他畜产品。在兽医临床工作中，要正确认识畜禽疾病、分析致病原因，才能提出合理的治疗方案和有效的预防措施，从而保证畜禽正常生活和生产。要做好这些工作，就必须首先掌握畜禽各器官的位置、形态、结构、机能及它们之间的相互关系；掌握畜禽消化、呼吸、循环、泌尿、生殖等系统的生理功能和生理现象发生的原因、重要条件、影响因素等，在此基础上运用这些知识和规律合理饲养、科学繁殖、主动改良动物、有效防治疾病，才能更好地为畜牧业产业化、现代化进程服务，为广大农民致富提供技术指导，为社会提供丰富的畜产品，最大限度地满足人们日益增长的生活需求。

三、学习本门课程的方法

动物机体的形态、构造和机能较为复杂，要想学好本门课程，我们要坚持用辩证唯物主义的观点进行学习，正确理解和处理以下 4 个方面的关系。

（一）局部与整体的关系

动物体是由各种类型的细胞、组织、器官和系统组成的一个统一体，任何一个器官或系统都是整体不可分割的一部分，其生命活动都与其整体的统一活动相适应。局部的结构和功能可以影响整体，整体的情况也可以在局部得到反映。所以，在研究局部现象时必须有整体观念，要充分注意各器官系统间结构与功能上的相互联系、相互协调和相互影响。

（二）形态构造和机能的关系

动物体的形态构造和机能之间有着不可分割的联系，机能以形态构造为基础，形态构造又必须与机能相适应。形态构造决定其器官的机能，有什么形态构造就有什么样的机能，而当生理机能改变时，又可以影响器官的形态构造发生相应的改变。两者互相依存、互相影响。掌握这一规律，人们就可以在一定的生理范围内，有意识地改变生活条件，强化功能活动，促进形态构造向人们所需要的方向改变，进而为畜牧业有效服务。

（三）畜体和外界环境的关系

外界环境条件对畜体的生存、生长、发育和繁殖都有直接的影响。外界环境在不断地变化，畜体的机能和构造也就会发生相应的变化，以适应新的环境，维持生命活动的正常进行。

（四）理论与实践的关系

动物解剖生理是一门形态学课程，名词、术语、概念繁多，初学者会感到枯燥无味，难记易忘，易混淆。因此，学习时应该理论联系实际，多利用实物、标本、模型等直观教材，并联系畜牧生产和兽医临床实践，还可适当地与人的形态、结构和机能相联系，对畜禽生命活动规律得出立体鲜活的认识，进而正确地指导实践。

模块一
动物有机体的基本结构

项目一　细胞

1. 掌握细胞膜的分子结构。
2. 熟悉细胞膜的主要功能。
3. 了解各种细胞器的形态和功能。
4. 熟悉细胞核的结构。
5. 了解染色质的主要作用。
6. 了解细胞的生命现象。
7. 了解细胞信息传递的过程。
8. 掌握细胞兴奋和兴奋性的概念。
9. 掌握细胞的生物电现象及其产生机制。

技能目标

1. 能识别细胞器。
2. 掌握显微镜的使用和保养方法。

案例导入

案例1

警犬一般具有发达的高级神经活动机能，有灵活的嗅觉、听觉和视觉等感觉器官，有很强的凶猛性、灵活性和奔跑能力等警用素质。而在训练犬子成为合格警犬的过程中，警务工作人员需要了解哪些常识性的生理知识呢？

案例2

药物的使用说明中，"适应证"和"不良反应"两项都对特定器官和组织有针对性的描述。为什么药物能在特定的器官和组织发挥作用？

必备知识

细胞是一切生命活动的基本单位，也是构成有机体最基本的结构单位，一切有机体均由细胞构成（病毒除外，它是非细胞形态的生命体，但要在细胞内才能实现其基本的生命活动）。细胞和细胞间质构成动物体的各种组织、器官和系统，从而构成一个完整的有机体，表现出各种生命活动。

构成动物体的细胞种类繁多，大小、形态、结构和功能各异，但却具有共同的特征：①一般都由细胞膜、细胞质（包括各种细胞器）和细胞核构成；②细胞是有机体代谢与执行功能的基本单位，具有独立的、有序的自控代谢体系；③具有生物合成的能力，能把小分子的简单物质合成为大分子的复杂物质，如蛋白质、核酸等；④细胞是遗传的基本单位，每个细胞都含有全套的遗传信息，即基因，它们具有遗传的全能性。近年来，研究获得的克隆羊等动物就是通过哺乳动物已分化的体细胞克隆而被诱导发育为动物个体；⑤以细胞的分裂、增殖、分化与凋亡来实现有机体的生长与发育，细胞也是有机体生长与发育的基本单位。

构成细胞的基本物质是原生质，其化学成分很复杂，主要由蛋白质、核酸、脂类、糖类等有机物和水、无机盐等无机物组成。

细胞包括真核细胞（遗传物质有膜包裹，形成完整的细胞核）和原核细胞（遗传物质无膜包裹，不形成完整的细胞核）。

人们对动物机体结构的认识随着科学水平的提高而发展，经历了由简单到复杂，由宏观到微观，直至亚微和超微结构水平的发展过程。由于电子显微镜的应用，人们能直接观察到细胞的各种超微结构形态，从而进一步揭示了机体的形态结构和生命活动的功能关系，使细胞学成为近代生物学的重要基础学科之一。

一、细胞的形态与大小

构成动物体的细胞形态多种多样，有圆形、椭圆形、立方形、柱状、扁平状、梭形、星形等，大小不一（图1-1）。细胞的形态和大小与其执行的功能和所处的部位密切相关，例如：接受刺激、传导冲动的神经细胞具有很多的突起，可长达1m以上；具有运输功能、流动在血管内的红细胞为双面凹的圆盘状；能舒缩的肌细胞呈长梭形或圆柱形。大多数细胞其直径只有几微米。细胞的大小是与细胞的机能相适应的，而与生物体的大小没有相关性，同类细胞的体积是相近的。生物个体的增大、器官体积的增加并非细胞体积的加大，而是细胞数目的增加。

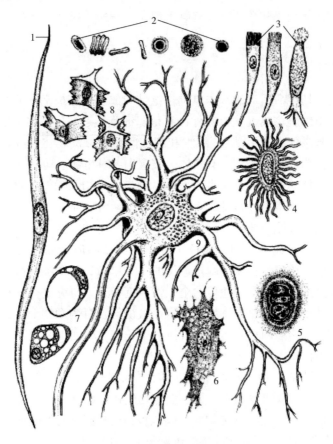

图1-1　动物细胞的各种形态

1—平滑肌细胞　2—血细胞　3—上皮细胞　4—骨细胞　5—软骨细胞　6—成纤维细胞
7—脂肪细胞　8—腱细胞　9—神经细胞

二、细胞的构造与功能

细胞的形态虽有不同，大小悬殊，但其基本结构都是由细胞膜、细胞质和细胞核3部分构成的。

细胞间质是由细胞产生的不具有细胞形态和结构的物质，位于细胞之间，其性质和数量因组织的种类不同而异。细胞间质由两种成分组成：一种是纤维，主要有胶原纤维、弹性纤维和网状纤维；另一种为基质，含有透明质酸、氨基酸和无机盐等。细胞间质有的呈液态，如血浆；有的呈半固态，如软骨；

有的呈固态，如骨。细胞间质对细胞有营养、支持和保护等重要作用。

（一）细胞膜

细胞膜是包围在细胞外表的一层薄膜。细胞膜可保持细胞形态结构的完整，并具有保护、物质交换、吸收和分泌等功能。

1. 细胞膜的结构

细胞膜在光镜下一般难以分辨，电镜下可以看到细胞膜分内、中、外3层结构。内、外两层的电子密度大，呈现深暗；中层的电子密度小，呈现明亮。细胞膜的厚度因细胞而异。这3层结构的膜不但普遍存在于各种细胞表面，而且细胞内的膜相系统一般也是由3层结构的膜构成的。因此，常将此膜称为单位膜。

关于细胞膜的分子结构，目前较公认的是"液态镶嵌模型"学说（图1-2），也称"脂质球状蛋白质镶嵌模型"。这种液态镶嵌的细胞膜是由两层类脂分子和嵌入其中的蛋白质构成的。类脂双层中的每一个类脂分子的一端为亲水端（向着膜的内、外表面），另一端为疏水端（向着膜的中央）。这样双层类脂分子就组成了细胞膜的基本结构，它是细胞膜的骨架。

膜中的蛋白质主要是球形蛋白质，它们有的镶嵌在双层类脂分子之间，称嵌入蛋白质或固有蛋白质；有的附在类脂双层分子的内、外表面，称表在蛋白质或外周蛋白质。嵌入的蛋白质可以在处于液态的类脂双层中，作一定程度的运动，这与膜功能的变化有密切关系。部分显露在细胞外表面的蛋白质或类脂分子，可以与糖分子结合成糖蛋白或糖脂。

镶嵌在膜上的各种蛋白质分子均有一定的功能，其中有转运膜内、外物质的载体、接受某些激素和药物的受体、具有催化作用的酶、具有个体特异性的抗原以及能的转换器等。

此外，电镜下还可以看到细胞膜的外表面被覆一层多糖物质，称为细胞被或多糖被。它具有保护、连接、支持、物质交换和免疫等功能。

2. 细胞膜的生理机能

细胞膜的基本作用在于保持细胞形态结构的完整，维持细胞的一定形态，构成细胞的支架，构成细胞屏障，限制外界某些物质的进入，防止细胞内某些物质的散失。细胞通过细胞膜与其周围环境选择性进行物质交换，直接控制着离子与分子的进出。物质通过细胞膜转运，常见的方式有以下几种。

（1）单纯扩散　根据扩散的原理，溶质分子总是从高浓度一侧向低浓度一侧移动，直至浓度差消失为止，即单纯扩散，又称被动转运。单纯扩散的速度取决于膜两边的浓度梯度以及溶质分子的大小，电荷性质和分子运动速度等条件。目前研究证明，体内依靠单纯扩散而通过细胞膜的物质是较少的，比较肯定的只有 CO_2 和 O_2 等气体分子。

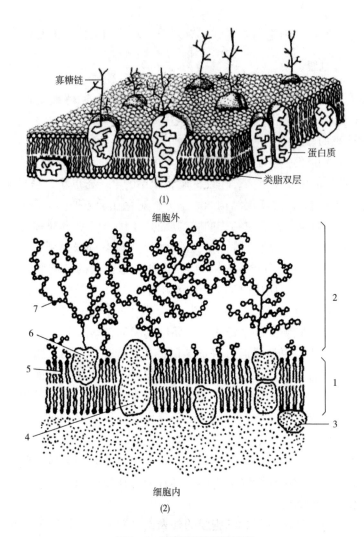

图 1-2 细胞膜液体镶嵌模型

（1）立体模式 （2）平面模式

1—脂质双层 2—糖衣 3—表在蛋白 4—嵌入蛋白 5—糖脂 6—糖蛋白 7—糖链

（2）**易化扩散** 某些物质（如葡萄糖），由于它的极性和体积过大，从高浓度侧向低浓度侧扩散时，需与膜内一种特殊的内在蛋白（载体）暂时结合，形成一种复合体将溶质分子由膜一侧带到膜的另一侧。载体蛋白与被传递的物质可逆结合，所需要的能量来自细胞内热能。

（3）**主动转运** 是指某些物质的分子或离子从浓度低或电位低的一侧通过细胞膜向浓度高或电位高的一侧转运，需要细胞膜上的载体蛋白的帮助，并需三磷酸腺苷（ATP）为载体蛋白直接提供能量。主动转运是体内细胞最重要的物质转运形式。

（4）入胞作用与出胞作用 上述 3 种物质转运形式有一共同点，就是这些物质都是以分子或离子的形式通过细胞膜的。而对于某些大分子或物质团块，还可以通过膜的更为复杂的结构和机能的变化进出细胞，分别称为入胞和出胞，即细胞可以通过入胞作用和出胞作用的方式直接与周围环境发生物质交换。

①入胞作用（又称内吞）：有些高分子物质或物质团块进入细胞，是通过这些物质先与细胞膜上某种特殊蛋白结合而附着在细胞膜上，然后这一部分细胞膜就内陷或是细胞伸出伪足，逐渐向内形成一个芽泡，把这种物质包进小泡内。最后这个小泡与细胞膜断离，成为一个细胞内的囊泡，进入细胞内部。如果囊泡包裹的是液体，则这种作用称为胞饮作用；如果被包裹的物质是固体，则称为吞噬作用，两者统称为入胞作用。

②出胞作用（又称胞溢或胞吐）：有些物质从细胞内排出时，也常常在细胞内由一层膜包裹形成小泡。当这种小泡与细胞膜接触时，两种膜上的蛋白质在接触部位发生构型的改变，产生小的孔道，泡内物质经过这样的暂时性的孔道排出细胞外，这种作用称为出胞作用。出胞作用常见于细胞的分泌活动，如内分泌腺细胞把激素分泌到细胞外液中，外分泌细胞把酶原颗粒和黏液等分泌到腺管的管腔中，以及神经细胞的轴突末梢把神经递质释放到突触间隙中。

出胞和入胞作用不仅是一种物质转运形式，而且通过一系列入胞和出胞等相关过程，为细胞膜和细胞内的膜性结构不断地生成、更新提供有利条件。

3. 细胞的信息传递

多细胞生物是一个统一的整体，生物体内各系统、器官、组织和细胞之间存在着密切联系和配合。实现这种联系和配合只能靠它们之间的某种信息传递来完成。在高等动物体内主要存在细胞间传递和细胞本身跨膜传递两种形式，两者都是通过膜受体实现的信息传递过程。

（1）细胞膜的受体

①受体概述：细胞膜存在能专一性结合激素、神经递质以及其他化学活性物质并引起特定反应的特殊结构，称为受体（图 1-3）。受体主要是镶嵌于脂质双分子层中的特殊蛋白，多为糖蛋白，也有脂蛋白和糖脂蛋白，占膜蛋白总量的 1%～2%。由结合和催化两部分组成，前者暴露在脂质双层的外表面，它的特定分子结构能够与特定的化学物质结合，好像钥匙与锁的关系。催化部分位于脂质双层的内表面，一般是一种没有活力的酶。当受体的结合部分与相应的化学物质（配体）结合时，首先引起结合部位分子构象发生改变，接着引起催化部分分子构象发生改变，使原来没有活力的酶转变成有活力的酶，从而催化细胞内底物，引起一系列连锁生化反应，最后导致细胞内部功能变化。也就是说受体具有两项基本功能：一是有识别能力，能识别某一种化学物质并与之结合；二是能转发化学信息，即受体与特异的化学物质结合后，能将该物质携

带的信息传递给相应细胞，使其功能活动发生相应的改变。

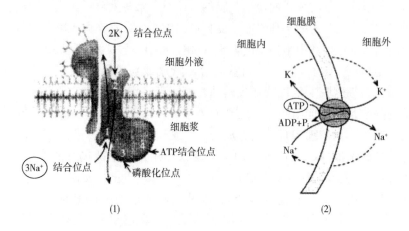

图 1 - 3　受体（钠泵）结构和工作示意图
（1）受体（钠泵）示意图　　（2）受体（钠泵）工作示意图

大多数神经递质的受体是阀门离子通道。所谓离子通道，是指细胞膜上镶嵌的能够转载离子通过的膜蛋白质，称为通道蛋白或离子通道，简称通道。该通道存在可移动的带电基团，在化学物质或电位差的作用下发生构象变化，而做阀门式的开启与关闭，所以称阀门离子通道。当被激活而开启时，允许离子通过；被灭活关闭时，则不能通过。该通道与神经递质调节分子（配体）结合诱发配体离子流。因此，阀门离子通道既是神经递质作用的受体，又是它的效应器。不过大多数调节分子（如激素类）与特定的膜受体结合，并对细胞功能发生影响，作用比较复杂，主要是通过第二信使的信息传递途径来完成。

目前发现的各种受体中，大多数存在于细胞膜上，称为细胞膜受体；另一部分存在于细胞内，称为细胞浆受体和细胞核受体。

②膜受体的特征：

a. 特异性。特定的受体只能与特定的配体结合，产生特定的效应。化学信号与受体之间的结合是依靠分子与分子之间的立体构象互补，即分子的立体特异性使信号分子与受体分子之间有高度的亲和力，两者结合起来。但这种特异性并非绝对严格，某种化学物质可与一种以上的受体结合，而产生不同的效应。如肾上腺素既可与肾上腺素能受体中的 α 受体结合，也可与 β 受体结合，而产生的效应则不同。受体一般是以与结合的化学信号来命名的，例如，与乙酰胆碱特异性结合的受体，称为胆碱能受体。

b. 饱和性。膜受体仅占膜蛋白的 1% ~ 2%，因此其数量是有限的，与化学信号的结合也有一定限度。

c. 可逆性。受体与化学物质是以非共价键结合的，因此在某种情况下也可与之解离，然后还可再次与此类化学物质结合。其解离的难易程度因受体而异。

③膜受体的激动剂与阻断剂：与受体结合的物质可分为两类：一类是与受体结合后引起特定生物效应的物质称为该受体的激动剂；另一类物质虽也能与受体结合，但结合后不能引发特定的生物学效应，这是因为它们占据了受体，使激动剂不能再与之结合，此类物质称为阻断剂。

（2）细胞膜的信息传递　信息的载体或携带者称为信使。作为第一信使的激素和其他调节物质，与特定的受体结合后，通过存在于膜结构中信息传递系统诱发产生膜内（胞浆中）称为第二信使的物质，从而引起细胞内代谢发生相应的变化，达到激素对靶细胞的功能调节；也就是说第二信使是指在细胞内继续传送激素（或是调节分子）携带的调节信息的特殊化学物质。根据与跨膜信息传递系统有关的物质及其作用，综合跨膜信息传递的过程和作用如下：

①激素或调节分子与膜受体结合。

②配体 – 受体结合物与 G 蛋白相互作用并使后者激活。

③活化态 G 蛋白与一种或数种酶相互作用而激活或抑制它们。

④一种或数种第二信使（cAMP、cGMP、Ca^{2+} 或甘油二酯）在细胞内水平增加或降低。

⑤一种或数种第二信使依赖性蛋白激酶的活性改变，酶或离子通道的磷酸化水平发生改变或离子通道活性变化从而引发最后的细胞反应。

（二）细胞质

细胞质填充在细胞膜和细胞核之间，生活状态下为半透明的胶状物。它由基质、细胞器和内含物组成。

1. 基质

基质是无定形胶状物质，为细胞质内未分化的部分，是细胞的重要组成部分，约占细胞质体积的一半，由水、蛋白质、脂类、糖和无机盐等组成，是细胞执行功能和化学反应的重要场所。在生活状态下，各种细胞器、内含物和细胞核均悬浮于基质中。

2. 内含物

内含物为广泛存在于细胞内的营养物质和代谢产物，包括糖原、脂肪、蛋白质和色素等。其数量和形态可随细胞不同生理状态和病理情况的不同而发生增减、丧失等变化。

3. 细胞器

细胞器是指悬浮于细胞质内具有特定形态构造、执行一定生理功能的小器官。包括线粒体、核蛋白体、内质网、高尔基复合体、溶酶体、过氧化体、中心体、微管和微丝等（图1-4）。

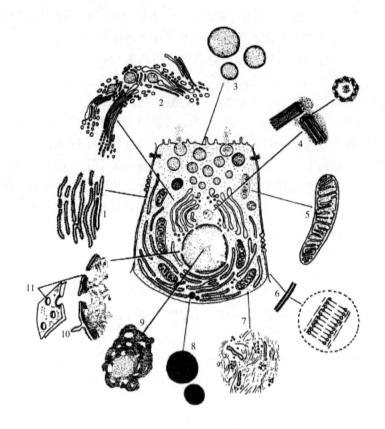

图1-4 细胞结构模式图

1—内质网 2—高尔基复合体 3—分泌颗粒 4—中心体 5—线粒体 6—细胞膜
7—基质 8—脂滴 9—核仁 10—核膜 11—核孔

（1）线粒体 线粒体为重要的细胞器，是细胞的氧化供能结构，存在于除红细胞以外的所有细胞内。其形态大小、数量和分布随细胞种类和生理状况不同而异。在电镜下，线粒体为大小不等的圆形或圆柱状小体，是由两层单位膜包围而成的封闭结构，外膜平滑，包裹着整个线粒体；内膜向线粒体内折叠形成许多板状或管状小嵴，称为线粒体嵴，嵴的排列多与线粒体的长轴垂直，但也有与长轴平行排列的（图1-5）。嵴的数量与细胞氧化代谢强度呈正比。氧化代谢强的细胞如心肌细胞，其线粒体嵴数量多。嵴之间的腔称嵴间腔，腔内充满液状的基质，其中含有脱氧核糖核酸（DNA）、核糖核酸（RNA）和少量致密颗粒，称为基质颗粒（图1-6）。基质颗粒与 Ca^{2+}、Fe^{2+} 的聚集有关。在内膜的表面和基质中都含有许多与生物氧化有关的酶类，这些酶参与细胞内物质的氧化和形成高能磷酸化合物——三磷酸腺苷，以供给细胞的生理活动所用，所以说线粒体是细胞的"供能站"。

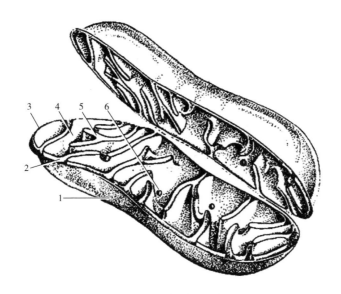

图 1 - 5　电镜下线粒体结构模式图

1—外膜　2—膜间腔　3—内膜　4—嵴间腔　5—内膜突起形成的嵴　6—基质颗粒

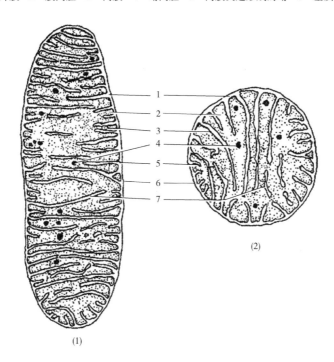

(1)

(2)

图 1 - 6　电镜下线粒体内部结构图

（1）纵切面　（2）横切面

1—膜间腔　2—嵴间腔　3—嵴膜　4—基质颗粒　5—内膜　6—外膜　7—嵴内腔

（2）核蛋白体 核蛋白体又称核糖体，是由核糖核酸和蛋白质构成的致密小体。普遍存在于各种细胞中，易被碱性染料着色，在电镜下核蛋白体呈小颗粒状，由一大一小两个亚基构成。核蛋白体可以单独存在，称单体，也可以由信使核糖核酸（mRNA）连接起来，形成多聚核蛋白体（图1-7）。

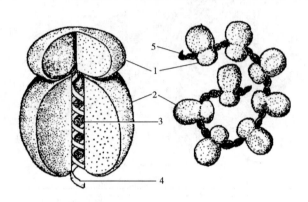

图1-7 核蛋白体和多聚核蛋白体结构图

1—小亚基 2—大亚基 3—中心管 4—新生的肽链 5—mRNA

核蛋白体是合成蛋白质的重要结构，因此，在分化低的细胞和蛋白质合成旺盛的细胞内，核蛋白体含量较多。核蛋白体有的分散于细胞基质中，称为游离的核蛋白体，其合成的蛋白质主要供细胞本身生长发育时的需要；有的核蛋白体附着在内质网的表面，形成粗面内质网，称为附着核蛋白体或膜旁核蛋白体，它主要合成某些分泌物等。

（3）内质网 内质网是分布在细胞基质中的膜管状结构，普遍存在于一般细胞中。它是由单位膜构成的互相通连的扁平囊泡，并可与细胞膜、核膜及高尔基复合体相通连。根据其表面是否附着有核蛋白体，可分为粗面内质网和滑面内质网两种（图1-8）。

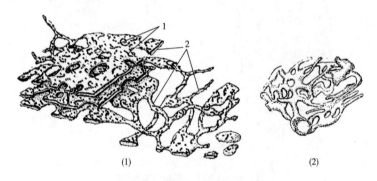

(1) (2)

图1-8 粗面内质网和滑面内质网结构图

（1）粗面内质网 （2）滑面内质网

1—核糖体 2—扁平囊

　　粗面内质网由扁平囊泡和附着在其表面的核蛋白体组成，一般分布在细胞核的周围，呈同心圆状排列。粗面内质网参与蛋白质的合成和运输。内质网的数量因细胞种类和生理功能不同而异，在合成分泌蛋白质旺盛的细胞，如能产生抗体的浆细胞和分泌多种酶的胰腺细胞等粗面内质网较丰富。

　　滑面内质网也是由单位膜构成的小管或小泡，并可分支连接成网，但在膜的表面并不附着核蛋白体。滑面内质网与蛋白质合成无关，因其化学组成和酶的种类不同，所以它的功能较为复杂，可参与固醇类激素的合成、糖原和脂类的合成以及解毒作用等。

　　内质网构成细胞一个极重要的代谢环境，这个膜系统将细胞基质分隔为若干不同区域，使细胞代谢可在特定环境条件下进行，又可使细胞在这个有限的空间，建立起很大的"表面"，使各种反应能高效地进行。

　　（4）高尔基复合体　高尔基复合体位于细胞核附近的细胞质中。光镜下呈网状，故又称内网器（图1-9）。其形状和分布因细胞不同而异。在功能旺盛的细胞内，高尔基复合体大而明亮，功能衰退的细胞内则减少。电镜下高尔基

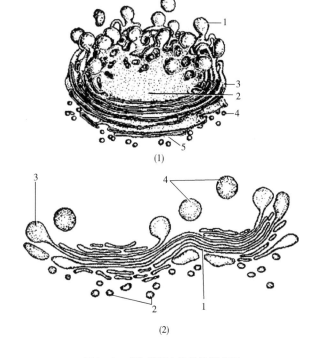

(1)

(2)

图1-9　高尔基复合体结构模式图

（1）高尔基复合体立体结构模式图

1—大囊泡　2—成熟面　3—层状扁囊　4—小囊泡　5—生发层

（2）高尔基复合体超微结构模式图

1—层状扁囊　2—小囊泡　3—大囊泡　4—分泌囊泡

复合体是由单位膜构成的扁平囊泡、大囊泡和小囊泡。扁平囊泡呈 3 ~ 8 层互相通连的扁平形囊，它有两个面，向胞核的一面为生成面；向胞膜的一面为成熟面。小囊泡又称运输囊泡，位于生成面，把内质网的合成物运送到扁平囊进行加工浓缩。大囊泡位于成熟面，其中有经高尔基复合体加工浓缩后的各种物质。

高尔基复合体的功能主要是形成分泌颗粒，并能合成多糖类。它起着对分泌物的浓缩、加工、包装和运输的作用，所以，它有"加工车间"之称。

（5）溶酶体 溶酶体为散在于胞质内的一种致密小体，在光镜下一般不易见到。电镜下，为一层单位膜包围而成的圆形或椭圆形小泡，内含丰富的水解酶类。

溶酶体广泛存在于各种细胞内，能消化细胞本身的一些衰老死亡的结构，也能消化分解一些外来物质，因此是细胞内重要的"消化器官"，使细胞内的一些结构不断更新，以维持细胞正常的生理功能。

（6）过氧化体 过氧化体又称微体，是由单位膜构成的圆形或卵圆形小泡，内含过氧化氢酶和多种氧化酶，以及类脂和多糖等。过氧化体不含酸性磷酸酶，这是与溶酶体的重要区别。过氧化体的功能与细胞内物质的氧化以及 H_2O_2（过氧化氢）的形成有关。同时，对过量起毒害细胞作用的 H_2O_2 进行分解，从而调节控制 H_2O_2 的含量。过氧化体仅存在于某些细胞内，如肾小管上皮细胞、肝细胞等处。

（7）中心体 中心体位于细胞中央近核处，由两个长轴互相成直角的中心粒和周围一团浓密的细胞质（中心球）构成。

中心体具有自身复制能力，参与细胞分裂活动。若中心体遭受破坏，细胞即失去分裂能力。此外中心体还参与细胞运动结构的形成，如纤毛、鞭毛等。

（8）微丝 微丝为一种丝状物，均匀分布或集合成束。广泛存在于各种细胞内，在上皮细胞和神经细胞内的微丝，具有支持作用；在肌细胞内的微丝称肌微丝，具有收缩功能，肌原纤维即由肌微丝集合而成。

（9）微管 微管是细长而中空的管状结构，长度不定，由微管蛋白组成。不同细胞内的微管其功能是不相同的，如纤毛、鞭毛和纺锤丝的微管主要与运动有关；神经纤维内的微管与支持和神经递质的运输等有关。

（三）细胞核

细胞核是细胞的重要组成部分，是遗传信息的贮存场所，在此进行基因复制、转录和转录初产物的加工过程，从而控制细胞的遗传和代谢活动。在动物体内除成熟的红细胞没有核外，所有细胞都有细胞核。多数细胞只有一个核，但也有两个和多个核的，如有的肝细胞是双核的，骨骼肌细胞核可达数百个。

　　细胞核的形状往往与细胞的形状相适应，一般呈球形、立方形和多边形的细胞，其核多呈球形；扁平和柱状细胞的核呈椭圆形；细长呈纤维状的细胞，核为杆状；白细胞的核为分叶状。核的形状可随细胞的功能而改变，如平滑肌细胞收缩时，核可由杆状变为螺旋状扭曲。

　　细胞核通常位于细胞的中央，也有位于基底部或偏于一侧的。核的体积一般为细胞体积的 1/4 ~ 1/3，失去正常比例时，往往发生细胞分裂或导致细胞死亡。

　　细胞核的结构包括核膜、核基质、核仁和染色质等（图 1 - 10）。

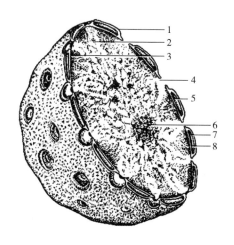

图 1 - 10　电镜下细胞核结构模式图
1—核膜　2—常染色体　3—异染色体　4—核孔
5—核周膜　6—核仁　7—核膜外层　8—核膜内层

　　（1）**核膜**　核膜为一层包在细胞核表面的薄膜。电镜下是双层单位膜的结构，双层膜之间的间隙为核周隙，核膜外层的表面附有核蛋白体，并与内质网相连续。核周隙与内质网腔相通。核膜上还有许多散在的孔称核孔，是核与细胞质之间进行物质交换的通道。

　　核膜的出现是生物进化的一个重要标志，它将核物质与细胞质隔开，不仅能稳定彼此的化学组成，而且还使重要的生化反应在空间上分开。

　　（2）**核基质**　又称核液，为无结构的胶状物质，含有各种酶和无机盐等。

　　（3）**核仁**　一种圆形致密小体，一般细胞有 1 ~ 2 个，也有 3 ~ 5 个的，个别细胞无核仁（如中性粒细胞）。核仁大小随细胞生理状态不同而异，在代谢旺盛和生长迅速的细胞中，核仁往往较大。核仁的化学成分主要是核糖核酸和蛋白质。核仁没有界膜包围，主要机能是形成核蛋白体，核蛋白体合成后，通过核孔进入细胞质内，参与蛋白质的合成。

（4）染色质　主要由蛋白质和脱氧核糖核酸组成的丝状结构，易被碱性染料着色，所以称为染色质丝（图1-11）。染色质丝在处于分裂间期的细胞核内是分散存在的，因此在光镜下看不出丝状结构。当细胞进入分裂期时，每条染色质丝均高度螺旋化，变粗变短，成为一条条的染色体。由此可见，染色质和染色体实际上是同一物质的不同功能状态。染色体上有一相对不着色而且直径较小的部位称着丝点，即纺锤丝的附着点。在着丝点两侧的染色体部分常称为染色体臂。

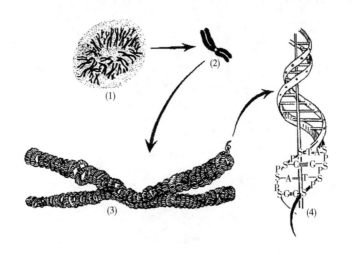

图1-11　染色体结构模式图

（1）有丝分裂中期的染色体　　（2）分离后的染色体
（3）染色体放大后呈螺旋状盘丝的染色丝　　（4）呈螺旋状排列的脱氧核糖核酸

各种家畜的染色体具有特定的数目和形态，如猪38条、牛60条、马64条、驴62条、绵羊54条、山羊60条、鸡78条、鸭80条。正常家畜体细胞的染色体为双倍体（即染色体成对），而成熟的性细胞其染色体是单倍体。在成对的染色体中有一对为性染色体，哺乳动物的性染色体又可分X和Y，它们与性别决定有关。雌性动物体细胞的性染色体为XX，雄性动物的则为XY。在家禽中，雌性为ZW，雄性为ZZ。

染色体中的DNA贮藏着大量的遗传信息，控制着细胞的分化、机体的形态发育和代谢特点，也决定着子代细胞的遗传性状，故对生物的遗传变异有着十分重要的意义。

细胞核在形态上是核物质的集中区域，在机能上是遗传信息传递的中枢，是细胞内蛋白质合成的控制台。但细胞核不是孤立地起作用，而是和细胞质相互作用、相互依存而表现出细胞统一的生命过程。

三、细胞的生命活动

（一）新陈代谢

新陈代谢是生命的基本特征，也是细胞生命活动的基础。每个活细胞在维持其生命活动的过程中，都必须把从外界摄取的营养物质经过消化、吸收、加工，改变为细胞本身所需要的物质，这一过程称为同化作用（或合成代谢）；另一方面，细胞本身的物质又不断地分解，释放能量供细胞各种功能活动的需要，同时排出废物，这一过程称为异化作用（或分解代谢）。由此可见，同化作用和异化作用是新陈代谢两个互相依存、互为因果的对立统一过程。通过新陈代谢细胞内的物质不断得到更新，保持和调整细胞内、外环境的平衡，以维持细胞的生命活动。所以说细胞的一切功能活动都是建立在新陈代谢基础上的，如果新陈代谢停止了，细胞也就失去了存在的基础条件，就意味着死亡。

（二）感应性

感应性是细胞对外界刺激发生反应的能力。刺激的种类包括机械、温度、光、电和化学等。细胞种类不同，其感应性的表现也有所不同，如神经细胞受刺激后能产生兴奋和传导冲动；刺激肌细胞可使之收缩；刺激腺细胞可使之分泌；细菌和异物的刺激可引起吞噬细胞的变形运动和吞噬活动；受抗原物质刺激后，浆细胞可产生抗体等。这些都是细胞对外界刺激发生反应的表现形式。

（三）细胞的运动

体内有些细胞在各种不同环境条件刺激下，均能表现出不同的运动形式。常见的如嗜中性粒细胞和巨噬细胞的变形运动、肌细胞的舒缩运动、气管和支气管上皮的纤毛运动以及精子的鞭毛运动等。

（四）细胞增殖

细胞增殖是通过细胞分裂来实现的。机体的生长发育、细胞的更新、创伤的修复以及个体的延嗣等，都是以细胞分裂来完成的。细胞从一次分裂结束到下一次分裂结束的过程，称为一个细胞周期。每个细胞周期都包括分裂间期和分裂期。细胞总是交替地处于这两个阶段。细胞分裂的方式包括有丝分裂和无丝分裂，另外生殖细胞成熟过程中的分裂为特殊的减数分裂。

（五）细胞分化

细胞分化是指多细胞生物在个体发育过程中，细胞在分裂的基础上，彼此间在形态结构、生理功能等方面产生稳定性差异的过程。在体内，有的细胞已高度分化，失去了分化成其他细胞的能力，称高分化细胞（如神经细胞）；有的细胞保持有较强分化成其他细胞的能力，称低分化细胞（如间充质细胞）。一般来说，分化低的细胞增殖能力强，分裂速度快；分化高的细胞增殖能力差，甚至失去增殖能力，分裂速度慢。细胞的分化既受到内部遗传的影响，也受外界环境的影响。如某些化学药物、激素、维生素缺乏等因素，均可引起细胞异常分化或抑制细胞分化。

（六）细胞的衰老与死亡

衰老和死亡是细胞发育过程中的必然结果。细胞衰老是指细胞适应环境变化和维持细胞内环境稳定的能力降低，并以形态结构和生化改变为基础。细胞死亡是细胞生命现象不可逆的终止。细胞死亡分为细胞坏死和细胞凋亡两种。细胞坏死是由外界因素如贫血、损伤、生物侵袭等造成细胞急速死亡；细胞凋亡是细胞自然死亡，自然结束其生命。

细胞衰老和死亡主要表现在两个方面：细胞质减小，染色时嗜酸性增强；细胞核浓缩，逐渐崩溃成碎片，最后溶解消失而导致细胞解体死亡。

四、细胞的兴奋性

（一）细胞兴奋和兴奋性的概念

活细胞的一切生命，归根到底都是以细胞内部的新陈代谢为基础的。但是，新陈代谢是不断变化发展的过程。它的性质、速度和强度时刻受到细胞内外各种因素的影响而不断发生改变。活细胞受内外环境改变的影响，能够使它内部的新陈代谢发生改变的能力，称作细胞的兴奋性。能够引起活细胞的新陈代谢发生改变的各种因素，称作刺激。刺激分为物理刺激（如声、光、电、温度等）、化学刺激（如酸、碱、药物等）和生物刺激（如细菌、病毒等）等。

兴奋性是一切活细胞共同具有的特征，也是活细胞对内外环境变化发生适应的基础。动物体内各种细胞的兴奋性的高低不一致。兴奋性高低的主要标志是：细胞内部新陈代谢过程改变的速度，以及引起这些改变所需要的刺激强度。改变越快，引起改变所需要的刺激强度越小，兴奋性就越高。

随着电生理技术的发展和实验资料的累积，近代生理学中，兴奋性也可理解为细胞在受刺激后具有产生动作电位的能力；而兴奋就是指细胞产生了动作电位。

（二）刺激与反应的关系

内外环境中的各种刺激并不是对所有的细胞都能引起反应（细胞接受刺激后出现的各种功能活动的变化），所以刺激有适宜刺激和不适宜刺激两类。凡是在一定条件下能够引起某种细胞发生反应的刺激，称作这种细胞的适宜刺激。相反，凡是在一定条件下不能引起某种细胞发生反应的刺激，称作这种细胞的不适宜刺激。不同细胞有不同的适宜刺激，如一定波长的光是视网膜细胞的适宜刺激，一定频率的声波是内耳听细胞的适宜刺激，某些化学物质是内脏平滑肌细胞的适宜刺激等。但这些刺激对其他许多细胞却是不适宜刺激。同一种细胞不一定只有一种适宜刺激，而可以有好几种。

适宜刺激引起细胞反应还需要一定的强度，在一定的时间内，能引起细胞产生反应的最低刺激强度称为阈值。兴奋性越高，阈值就越低。低于阈值的过弱刺激称为阈下刺激，单个的阈下刺激不能引起细胞的反应。

1. 适宜的刺激强度

刺激必须达到一定强度才能引起组织细胞发生反应。能引起组织细胞发生反应的最小刺激强度称为刺激阈（阈强度、阈值），即能引起细胞产生动作电位的最小刺激强度。等于刺激阈的刺激称为阈刺激；低于刺激阈的刺激称为阈下刺激；反之称为阈上刺激。刺激阈高低与组织细胞兴奋性有关，兴奋性越高，则刺激阈越低；兴奋性越低，则刺激阈越高。

2. 适宜的刺激时间

刺激作用于组织细胞必须达到一定时间才能引起反应。时间过短，则不能引起细胞发生反应，但时间过长，也会引起组织细胞适应而反应减弱或消失。

3. 刺激强度对时间的变化率

引起细胞反应除需要一定的刺激强度外，还需要刺激达到一定时间。一般说来，细胞的兴奋性越低，需要刺激的时间就越长。刺激的强度和作用时间是引起细胞发生反应的两个必要条件，两者存在密切的相互关系，刺激强度越大，引起细胞发生反应所需要的刺激时间就越短，反之，刺激强度越小，所需刺激时间越长，两者依从关系的强度–时间曲线（图1–12），曲线上的任何一点都代表具有一定刺激强度和时间的阈值，所以图中的双曲线表示细胞兴奋性的普

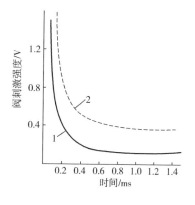

图1–12　两条神经纤维的强度–时间曲线

1—粗的神经纤维　2—细的神经纤维

遍规律。生理实验中多用电刺激，因为电刺激的强度和作用时间便于掌握，而且反复施加刺激也不易造成组织损伤。

（三）组织兴奋时兴奋性的变化

细胞的兴奋性不是固定不变的，尤其是在受到刺激时发生较大变化，以神经细胞和肌肉细胞为例，一次刺激后，兴奋性经历4个阶段的变化，然后又恢复到正常水平（图1-13）。

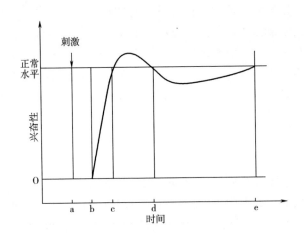

图1-13　组织兴奋时兴奋性的变化模式图
ab—绝对不应期　bc—相对不应期　cd—超常期　de—低常期

（1）绝对不应期　这是细胞完全缺乏兴奋性的时期，对任何新刺激都不发生反应，所以也称绝对不应期。

（2）相对不应期　这时细胞的兴奋性开始恢复，但还没有达到正常水平，原来的阈刺激不能引起反应，较强的刺激才能引起反应。

（3）超常期　继相对不应期之后出现，这时细胞的兴奋性略高于正常水平，原来的阈下刺激也能引起反应。

（4）低常期　这时细胞兴奋性又降低至正常水平以下，低常期后兴奋性逐渐恢复正常。

组织细胞兴奋时的兴奋性变化具有十分重要的生理意义，特别是绝对不应期，它的长短决定了组织细胞两次兴奋间的最短时间间隔，从而对组织细胞的功能产生重要影响。如心室肌细胞绝对不应期特别长，从而使心肌收缩只能形成单收缩，完成泵血功能；而骨骼肌绝对不应期特别短，从而使骨骼肌能形成强直收缩，完成负重和运动功能。

五、细胞的生物电现象

细胞生命活动中出现的电现象称为细胞的生物电现象。生物电现象是细胞的基本特性之一，是细胞兴奋的基础，因此学习细胞生物电现象及原理是学习生理的重要基础，同时也具有重要的临床价值。目前，生物电已被广泛应用于医学实验和临床，如心电图、脑电图等在相关疾病的诊断中起着十分重要的作用。

细胞的生物电现象有静息电位和动作电位两种表现形式。

（一）静息电位

1. 静息电位的概念

静息电位也称膜电位，指细胞未受刺激时，存在于细胞膜内外两侧的电位差。

细胞静息电位表现为同侧表面上各点间电位相等，内外两侧存在电位差，且所有动物细胞均为外正内负状态。如规定膜外电位为 0，则膜内电位一般在 $-100 \sim -10mV$。如枪乌贼巨大神经轴突及蛙骨骼肌细胞静息电位为 $-70 \sim -50mV$，哺乳动物神经细胞和肌细胞为 $-90 \sim -70mV$。

静息电位所表现出的是一种稳定的直流电位，只要细胞不受刺激且保持正常代谢水平，静息电位就会稳定于某一数值，安静时细胞膜两侧的电位差呈内负外正的状态，称为极化状态。膜内电位向负值增大方向变化，称为超极化。膜内电位向负值减小方向变化，称为除极化（去极化）。细胞膜除极化后，膜电位又恢复到原来静息电位时极化状态的过程，称为复极化。极化状态与静息电位都是细胞处于安静状态的标志。

2. 静息电位产生的机制

Bernstein 在 1902 年最早提出了膜学说来解释生物电现象，他认为膜内外两侧离子分布的不均衡性和在静息状态下细胞膜主要对 K^+ 有通透性是产生静息电位的基础。如表 1-1 所示，细胞内阳离子主要是 K^+，其浓度是细胞外的 39 倍，而细胞外阳离子主要是 Na^+，其浓度是细胞内的 12 倍。细胞内阴离子主要是有机离子（A^-），其中主要是蛋白质离子，而细胞外阴离子主要是 Cl^-，有机离子极少。在静息状态下，细胞膜对 K^+ 有较大通透性，对 Na^+ 通透性很小，仅为 K^+ 的 $1/100 \sim 1/50$，而对 A^- 几乎没有通透性。因此，在静息状态下，K^+ 不断外流，而 A^- 不能随之外流，这样就形成了膜外正电荷越来越多而膜内负电荷越来越多的外正内负的极化状态，但 K^+ 外流并不能无限制地进行下去，因为随着 K^+ 外流形成的外正内负的电场力会阻止 K^+ 外流。当浓度差形成的促进 K^+ 外流的力量与电场力形成的阻止 K^+ 外流的力量达到平衡时，K^+ 的净移动就会等于零，因此，静息电位主要是 K$^+$ 的平衡电位。

表1-1　哺乳动物骨骼肌细胞内外离子的浓度　　单位：mmol/L

离子	细胞内	细胞外	细胞内外浓度比
K$^+$	155	4	39∶1
Na$^+$	12	145	1∶12
Cl$^-$	3.8	120	1∶31
A$^-$	155		

（二）动作电位

1. 动作电位的概念和过程

动作电位是指可兴奋细胞受到刺激而兴奋时的膜电位变化过程。动作电位是细胞处于兴奋状态的标志。

如图1-14所示，当细胞受到刺激时，膜内电位迅速升高，从 -70mV 升高到 0mV，极化状态逐渐减弱以致消失称为去极化，进而膜内电位继续升高，从 0mV 升高至 +30mV，使膜电位变为内正外负状态称为反极化或超射。去极化过程和反极化过程共同构成动作电位的上升支，历时约 0.5ms。一般为叙述简便，常把去极化和反极化统称为去极化或除极化。去极化至顶点后，动作电位迅速下降，膜电位又回到外正内负的极化状态称为复极化。复极化过程构成动作电位的下降支。在动作电位过程中，其主要部分电位曲线呈尖峰状，习惯称为峰电位，共需 0.5~1.0ms。峰电位产生是细胞兴奋的标志。在复极化末期，膜电位发生微小而缓慢的电位波动，称为后电位，包括负后电位和正后电位。后电位一般时程比较长。

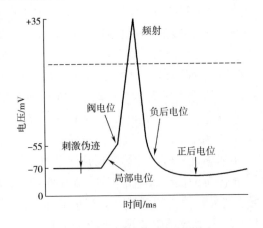

图1-14　动作电位过程变化图

2. 动作电位的产生机制

当刺激作用于细胞膜，使膜电位达到一定程度时，钠通道被激活而大量开放，使 Na^+ 通透性突然增大，引起 Na^+ 大量内流产生去极化和反极化，直至达到 Na^+ 的平衡电位，构成峰电位的上升支。之后钠通道迅速失活而关闭，K^+ 通道（不同于静息时的 K^+ 通道）迅速开放引起 K^+ 迅速外流而引起复极化，形成峰电位的下降支。在复极化期末，膜电位的数值虽然已经恢复到接近静息电位水平，但细胞内外离子的浓度差已发生变化。细胞每兴奋一次或每产生一次动作电位，细胞内 Na^+ 浓度的增加及细胞外 K^+ 浓度的增加都是十分微小的变化，但是足以激活细胞膜上的钠泵，使钠泵加速运转，逆着浓度差将细胞内多余的 Na^+ 主动转运至细胞外，将细胞外多余的 K^+ 主动转运入细胞内，从而使细胞内外 Na^+、K^+ 分布恢复到原先的静息水平，这个过程引起膜电位的微小波动，即产生的后电位。

（三）细胞兴奋的产生和传导

1. 细胞兴奋的产生

足以使膜上 Na^+ 通道突然大量开放的临界膜电位值称为阈电位。不论何种性质的刺激，只要达到一定的强度，在同一细胞所引起的动作电位的波形和变化过程都是一样的；并且在超过阈刺激以后，即使再增加刺激强度，也不能使动作电位的幅度进一步加大，这个现象称为"全或无"现象。这是因为产生动作电位的关键是去极化能否达到阈电位的水平，而与原刺激的强度无关。只有大于或等于这个刺激强度的刺激作用于细胞膜时，才能使 Na^+ 大量内流，从而引发动作电位，但若小于这个强度的刺激作用于细胞膜时，虽不能引发动作电位，但受到刺激的细胞膜局部可产生低于阈电位的轻度去极化，称为局部兴奋（局部反应、局部电位），局部兴奋不能远传，但可以叠加，当连续多个阈下刺激产生的局部去极化叠加，一旦达到阈电位，也能够爆发一次动作电位。另外，当细胞膜相邻两处或两处以上同时受到阈下刺激的刺激时，所引起的局部兴奋也可能通过空间总和而产生一次动作电位。局部兴奋可以提高细胞的兴奋性。

2. 兴奋的传导

动作电位一旦在细胞膜上某一点产生，就会沿细胞膜向周围传播，直到整个细胞膜都产生动作电位为止，这种动作电位在同一细胞上的传播称为传导。

（1）动作电位的传导机制　现以无髓神经纤维为例，说明动作电位传导机制。目前多采用"局部电流学说"来解释，即细胞在安静时细胞膜处于稳定的内负外正的状态，当细胞膜上某一处受到刺激而兴奋时，兴奋部位的膜电位发生变化，膜外由正变负，膜内由负变正，使局部的细胞膜发生短暂的电位倒转；而相邻近的静息部位，仍处于膜外为正、膜内为负的状态。这样兴奋部位与邻近静息部位之间就产生了电位差，因为细胞膜两侧的溶液都是导电的，可发生电荷的移动，形成了局部电流。局部电流的电荷流动的方向是：膜外由未兴奋部位流向兴奋部位，膜内由兴奋部位流向未兴奋部位，形成局部电流环路。这种局部电流的作用是使邻近未兴奋部位膜外电位降低，膜内电位升高，产生去极化。当去极化达到阈电位水平时，引起膜的钠通道突然大量开放，从而爆发动作电位。这样动作电位就由兴奋部位传到了邻近未兴奋部位（图1-15）。动作电位在神经纤维上的传导称为神经冲动。

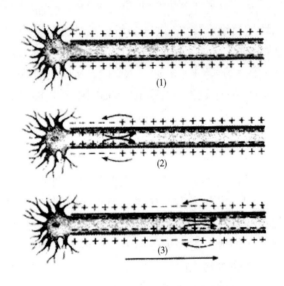

图1-15 神经纤维动作电位传导模式图

（1）静息时　（2）发生兴奋后　（3）传导过程中

弯箭头——膜内外局部电流的流动方向　直箭头——兴奋传导方向

兴奋在有髓神经纤结上的传导和无髓神经纤维上的传导有所不同。有髓神经纤维外包有一层厚的髓鞘，不允许离子通过，具有绝缘性；可有髓神经纤结上的髓鞘并不是连续不断的，而是每隔一定距离就中断髓鞘，失去髓鞘的部分称为郎飞结。在郎飞结处，轴突膜和细胞外液接触，具有导电性，并允许离子跨膜转运。所以，有髓神经纤维在受到刺激时，动作电位只能在郎飞结处产生，兴奋传导时的局部电流也只能在两个相邻的郎飞结之间进行，即兴奋由一个郎飞结跳到下一个郎飞结，称为跳跃式传导。有髓神经纤维的传导速率比无髓神经纤维快得多。

（2）动作电位传导的特点

①不衰减性传导：动作电位的幅度不会因传导距离的增加而减小。

②"全或无"现象：达不到阈强度的刺激就不会产生动作电位（无），一旦产生就是最大值（全）。

实操训练

实训一 显微镜的构造、使用与保养

（一）目的要求

了解显微镜的构造，掌握显微镜的使用和保养方法，以便为观察和研究动物解剖结构打下基础。

（二）材料设备

显微镜、擦镜纸、组织切片、香柏油、二甲苯。

（三）方法步骤

1. 显微镜的一般构造

显微镜的一般构造分为光学部分和机械部分（图1-16）。

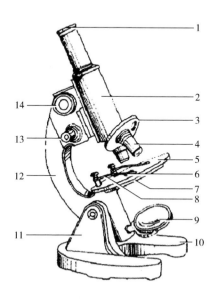

图1-16 显微镜结构模式图

1—目镜 2—镜筒 3—转换器 4—物镜 5—载物台 6—通光孔 7—遮光器 8—压片夹
9—反光镜 10—镜座 11—镜柱 12—镜臂 13—细准焦螺旋 14—粗准焦螺旋

（1）机械部分

①镜座：位于显微镜的底部，支撑着整个显微镜，直接与实验台接触。

②镜柱：是与镜座相连接的部分，与镜座一起支持和稳定整个显微镜。在斜行显微镜的镜柱内有细调节器的螺旋。

③镜臂：与镜柱连接的弯曲部分，握持移动显微镜时使用。

④镜筒：是附着于镜臂上端前方的圆筒。

⑤活动关节：可使镜臂倾斜，用于调节镜柱与镜臂之间的角度。

⑥粗调节器：可调节物镜与组织切片标本之间的距离。

⑦细调节器：可调节切片中物体的清晰度，用以精确调节焦距。旋转1周，可使镜筒升降0.1mm。

⑧载物台：是放组织切片的平台，有圆形和方形的。中央有通光孔。

⑨压片夹：用于固定组织切片。

⑩推进器：用于移动组织切片，可使标本前、后、左、右移动。

⑪转换器：在镜筒下部，内有不同倍数的物镜，用于转换物镜。

⑫聚光器升降螺旋：能使聚光器升降，从而调节光线的强弱。

（2）光学部分

①目镜：在镜筒的上端有数字，表示放大的倍数。目镜标有5×、8×、10×、15×、16×等不同的倍数。

②物镜：是显微镜最贵重的光学部分，物镜安装在转换器上，可分为低倍、高低和油镜3种。

低倍镜：有8、10、20~25倍；高倍镜：有40、45、60倍；油镜：在镜头上一般有一红色、黄色或黑色横线作标志，一般为100倍。

显微镜的放大倍数等于目镜的放大倍数乘以物镜的放大倍数，如目镜是10倍，物镜是45倍，则显微镜的放大倍数为10×45=450倍。

③反光镜：有两面，一面为平面，一面为凹面，有的无反光镜，直接安有灯泡做光源。

④聚光器：位于载物台下，内装有虹彩（光圈）。虹彩由许多重叠的铜片组成，旁边有一条扁柄，左右移动可以使虹彩的开孔扩大或缩小，以调节光线的强弱。

2. 显微镜的使用方法

（1）取放显微镜时，必须右手握镜臂，左手拖镜座，靠在胸前，轻轻地将其放在实验台上或显微镜箱内（图1-17）。

（2）先用低倍镜对光（避免光线直射），直至获得清晰、均匀、明亮的视野为止。如用自然光源（阳光），可用反光镜的平面；如果用点状光源（灯光）可用反光镜的凹面。

（3）置组织切片于载物台上，将欲观察的组织切片中的组织块对准通光孔的中央（有盖玻片的组织切片，盖玻片朝上），用压片夹固定。

（4）旋动粗调节器，使显微镜筒徐徐下降，将头偏于一侧，用眼睛注视显微镜的下降程度（原则上物镜与组织切片之间的距离缩到最小），防止压碎组织切片，当转换高倍镜或油镜时更要注意。

（5）观察时，身要坐端正，胸部挺直，用左眼观察目镜，右眼睁开，同时转动粗调节器，物镜上升到一定的程度，就会出现物象，再慢慢转动细调节器进行调节，直到物象清晰为止。在观

图1-17 显微镜取放示意图

察时，如果需要观察细胞的结构，可再转换高倍镜至镜筒下，并转动细调节器进行调节，以获得清晰的物象。有些显微镜在转换高倍镜时，必须先转动粗调节器，使载物台下移（或镜筒上移），然后再转动粗调节器，使载物台上移（或镜筒下移），到接近组织切片时进行观察。

大多数组织学的切片标本在高倍镜下即能辨认。如果需要采用油镜观察时，应先用高倍镜观察，把欲观察的部位置于视野的中央，然后移开高倍镜，将香柏油滴在欲观察的标本上，转换油镜与标本上的油液相接触，再轻轻转动细调节器，直到获得最清晰的物象为止。

（6）在调节光线时，可扩大或缩小光圈的开孔；也可调节聚光器的螺旋，使聚光器上升和下降；有的还可以直接调节灯光的强度。

3. 显微镜的保养方法

（1）使用完显微镜后，取下组织切片标本，旋动转换器，使物镜叉开呈八字形，转动粗调节器，使载物台下移，然后用绸布包好，放入显微镜箱内。

（2）若显微镜的目镜或物镜落有灰尘时，要用擦镜纸擦净，严禁用口吹或手抹。

（3）切勿粗暴转动粗、细调节器，并保持该部的清洁。

（4）切勿将显微镜置于日光下或靠近热源处。

（5）不要随意弯曲显微镜的活动关节，防止机件因磨损而失灵。

（6）不许随意拆卸显微镜任何部件，以免损坏和丢失。

（7）在使用过程中，切勿用酒精或其他药品污染显微镜。一定将其保存在干燥处，不能使其受潮，否则会使光学部分发霉，机械部分生锈，尤其是在多雨季节或多雨地区更应特别注意。

（8）用完油镜后，应立即用擦镜纸蘸少量的二甲苯擦去镜头、标本的油

液，再用干的擦镜纸擦。对无盖玻片的标本片，可采用"拉纸法"，即把一小张擦镜纸盖在玻片上的香柏油处，加数滴二甲苯，趁湿向外拉擦镜纸，拉去后丢掉，如此 3～4 次，即可把标本上的油擦净。

（四）技能考核

考核学生对显微镜的主要构造和作用的认识及使用显微镜的熟练程度。

项目思考

1. 简述细胞膜受体的特征和作用。
2. 简述细胞兴奋产生的机制和条件。
3. 简述局部反应的特点和意义。
4. 简述动作电位传导的特点。

项目二　基本组织

1. 熟知组织的概念。
2. 掌握组织的分类、形态和分布。
3. 了解四大组织的各种组成、结构、分布和技能。

技能目标

1. 能在畜禽体上准确区分四大组织。
2. 能熟练使用显微镜观察各类组织切片。

案例导入

同学们，大家在家做过饭吗？在座的有切菜能手吗？大家有过切猪五花肉的经历吗？在切猪五花肉的时候，是不是上面的肥肉和下面的瘦肉之间有一层不好切断的乳白色的结构？这个乳白色的部分是什么呢？

大家吃的猪大肠很有嚼劲，高弹性的猪大肠是由什么构成的呢？

必备知识

组织是由许多结构和功能密切联系的细胞，是借细胞间质连接在一起所形成的细胞集体。在胚胎发生过程中，细胞的形态和机能逐渐分化，细胞之间产生了细胞间质。分化后的一些起源、形态和机能相似的细胞和细胞间质结合在一起，构成组织。动物体内的组织可分为 4 类，即上皮组织、结缔组织、肌组织和神经组织。

一、上皮组织

上皮组织简称上皮，由紧密排列的细胞和少量的细胞间质构成。上皮组织的一般特点：①细胞多，间质少；②细胞排列有极性，上皮组织的细胞具有极性，即细胞的两端在结构和功能上具有明显的差别。上皮细胞的一端朝向身体表面或有腔器官的腔面，称游离面；与游离面相对的另一端朝向深部的结缔组织，称基底面；③上皮组织中没有血管；④上皮组织内神经末梢丰富，具有保护、吸收、分泌和排泄等功能。根据上皮组织的结构、功能及分布不同，将其分为5大类：①被覆上皮：覆盖于体表，衬贴于有腔器官的内表面或某些器官的外表面；②腺上皮：分布于各种腺体内；③感觉上皮：分布于感觉器官；④生殖上皮：分布于卵巢表面、曲细精管；⑤肌上皮：分布于腺泡基部。

（一）被覆上皮

根据上皮细胞层数和细胞形状分类，由一层细胞组成的称单层上皮，由多层细胞组成的称复层上皮。

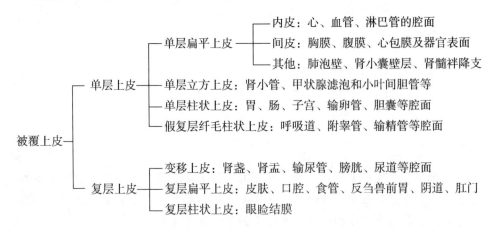

1. 单层上皮的形态结构及功能

（1）单层扁平上皮 由一层扁平的多边形细胞组成，从表面看，细胞呈不规则的多边形，边缘呈锯齿状，彼此间相互嵌合；核椭圆形，位于细胞中央，胞质少，细胞器不发达，侧面观细胞呈梭形，核椭圆并外突。内皮：衬于心、血管、淋巴管腔面的被覆上皮。间皮：胸膜、腹膜、心包膜及器官表面的上皮。内皮薄而光滑，有利于心血管和淋巴管内液体流动和物质交换，间皮表面光滑湿润，坚韧耐磨，有保护作用（图1－18）。

（2）单层立方上皮 由一层立方形细胞组成，表面呈多边形，侧面呈立方形，细胞核呈圆形，位于细胞中央。分布于肾小管、外分泌腺的小导管、甲状腺滤泡。具有分泌和吸收等功能（图1-19）。

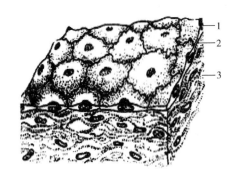

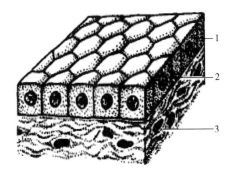

图1-18　单层扁平上皮
1—扁平上皮　2—基膜　3—基底组织

图1-19　单层立方上皮
1—立方上皮　2—基膜　3—基底组织

（3）单层柱状上皮　由一层高柱状的细胞织成。表面观，细胞呈六角形或多角形；侧面观，细胞呈柱状，胞核长椭圆形，多位于细胞近基底部。在小肠和大肠腔面的单层柱状上皮中，柱状细胞间有许多散布的杯状细胞。杯状细胞形似高脚酒杯，细胞顶部膨大，充满黏液性分泌颗粒，基底部较细窄。胞核位于基底部，常为较小的三角形或扁圆形，着色较深。杯状细胞是一种腺细胞，分泌黏液，有滑润上皮表面和保护上皮的作用。单层柱状上皮主要分布于胃肠道黏膜、子宫内膜及输卵管黏膜腔面，具有吸收和分泌功能（图1-20）。

（4）假复层纤毛柱状上皮　由形态不同、高低不等的柱状细胞、杯状细胞、梭形细胞和锥体形细胞组成，侧面观似复层，但细胞的基底端均附于同一基膜上，实为单层上皮，故称假复层。分布：各级呼吸道黏膜。具有保护、分泌和排出分泌物等（图1-21）。

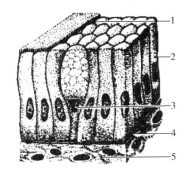

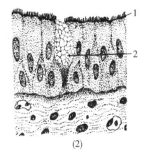

(1)　　　　　　　(2)

图1-20　单层柱状上皮
1—纹状缘　2—柱状上皮
3—杯状细胞　4—基膜　5—结缔组织

图1-21　假复层柱状纤毛上皮
（1）纤毛　（2）杯状细胞

2. 复层上皮的形态结构及功能

（1）复层扁平上皮　又称复层鳞状上皮，由多层细胞组成。紧靠基膜的一层为低柱状，中间数层为多边形，近浅层移行为扁平形。分布于皮肤表皮的复层扁平上皮表层细胞含角质蛋白，形成角质层，称角化复层扁平上皮，具有很强的保护和抗磨损作用。而衬在口腔、食管、肛门、阴道和反刍兽前胃内的上皮含角质蛋白较少，不形成角质层，称非角质化的复层扁平上皮。耐摩擦，具有很强的保护作用，并可防止外物侵入（图1-22）。

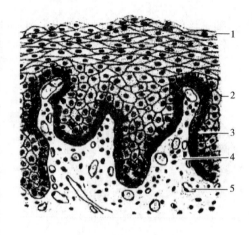

图1-22　复层扁平上皮
1—扁平细胞　2—多角形细胞
3—矮柱状细胞　4—基膜　5—血管

（2）变移上皮　细胞的形态和层数可随所在器官的功能状态而改变。器官收缩时，细胞瘦，有5~6层，扩张时，细胞矮胖，有2~3层。变移上皮的表层细胞较大，胞质丰富，具有嗜酸性，称盖细胞。游离面的细胞有防止尿液侵蚀和渗入的作用，称壳层，中间层细胞呈倒梨形或梭形，基底细胞呈立方或矮柱形。电镜观察发现：表层和中间层的细胞下方都有突起附着于基膜，故为假复层上皮。有收缩、扩张功能（图1-23）。

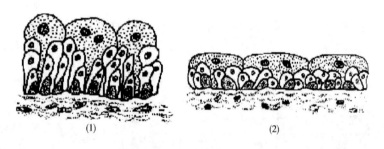

(1)　　　　　　　　　(2)

图1-23　变移上皮
（1）收缩状态　（2）扩张状态

（3）复层柱状上皮　复层柱状上皮的表面为一层柱状细胞，基底层细胞呈矮柱状，中间为多角形细胞。这种上皮比较少见，主要位于一些动物的眼睑结膜，在有些腺体内较大的导管也可以见到，其主要功能也为保护（图1-24）。

3. 上皮组织的特殊结构及功能

上皮组织细胞之间连接非常紧密，在细胞的游离面、侧面、基底面可形成一些特殊的结构以适应其相应的功能。这些结构在其他组织中也存在。

细胞游离面的特殊结构：

（1）细胞衣 附着于细胞表面的一层由复合糖构成。具有黏着、识别、保护功能。

（2）微绒毛 细胞向表面伸出微小的指状突起，内含微丝。在光镜下可显示为纹状缘（小肠上皮）和刷状缘（近端小管上皮）。可扩大吸收面积。

（3）纤毛 细胞向表面伸出能摆动的较大突起，内含微管。能摆动，起保护和清洁作用。

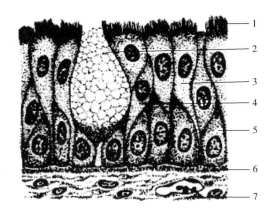

图1-24 复层柱状上皮
1—纤毛 2—杯状细胞 3—柱状细胞
4—梭形细胞 5—锥形细胞
6—基膜 7—结缔组织

（4）鞭毛 结构与纤毛基本相同，更粗壮，每个细胞仅有1~2个。

（二）腺上皮和腺

以分泌功能为主的上皮称腺上皮。以腺上皮为主要成分组成的器官称腺或腺体。腺细胞的分泌物中含酶、糖蛋白（也称教蛋白）或激素等特定的作用。根据其分泌物的排出方式，可将腺体分为内分泌腺和外分泌腺。在胚胎期，腺上皮起源于原始上皮。通过上皮细胞分裂增殖，形成细胞索，伸入深部的结缔组织中，分化成腺。如形成的腺导管通到器官腔面或身体表面，分泌物经导管排出，称外分泌腺，如汗腺、胃腺等。如果形成的腺没有导管，分泌物经血液和淋巴输送，称内分泌腺，如甲状腺、肾上腺等。

1. 概念

腺上皮以分泌功能为主的上皮称为腺上皮。以腺上皮为主要成分组成的器官称为腺。

2. **外分泌腺的一般结构与类型**

（1）外分泌腺的一般结构 外分泌腺分单细胞腺和多细胞腺。单细胞腺指单独分布于上皮细胞之间的腺细胞，如杯状细胞。多细胞腺由许多腺细胞组成，包括分泌部和导管部。分泌部又称腺泡，由腺上皮围成，中央为腺泡腔，分泌部具有分泌功能。导管部与分泌部连接，管壁由单层或复层构成，除具有输送分泌物外，有的导管兼有分泌和吸收功能。

（2）外分泌腺的类型 根据腺的形态分类：分泌部可形成管状、泡状和管泡状 3 种类型，而导管部又有不分支、分支和反复分支 3 种腺泡和导管的结合可有多种形态，包括：①单管状腺，如汗腺和肠腺；②分支管状腺，如胃腺和子宫腺；③复管状腺，如肝脏；④分文泡状腺，如皮脂腺；⑤复管泡状腺，如唾液腺、胰腺和乳腺（图 1 – 25）。

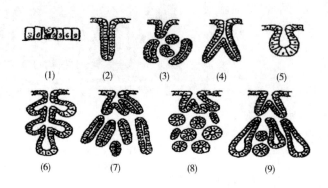

图 1 – 25　腺体的类型
（1）单细胞腺　（2）单直管状腺　（3）单曲管状腺　（4）分支管状腺　（5）单泡状腺
（6）单分支泡状腺　（7）复管状腺　（8）复泡状腺　（9）复管泡状腺

（三）感觉上皮

感觉上皮又称神经上皮，是一类具有特殊感觉能力的上皮组织，这种上皮的细胞游离端多具有丰富的纤毛，其基底面呈细丝状深入结缔组织中并与感觉神经相连。当感觉细胞受到刺激而处于兴奋状态时，则可产生冲动，其冲动由感觉神经传至相应的中枢。感觉上皮主要分布在舌（味觉上皮）、鼻（嗅觉上皮）、眼（视觉上皮）、耳（听觉上皮）等感觉器官内，具有味觉、嗅觉、视觉和听觉等感觉功能。

二、结缔组织

结缔组织由细胞和大量细胞间质构成。间质由基质和纤维成分组成，其中还有不断流动的组织液。基质为均质的无定形物质，可呈液态、胶态和固态。纤维呈细丝状包理在基质中。结缔组织与上皮组织相比，具有以下特点：①细胞数量少，种类多，散在于细胞间质中，细胞无极性；②细胞间质成分多；③不直接与外界环境接触，因而又称为内环境组织。

结缔组织是动物体内分布最广泛、形态最多样化的一大类组织，分布于机体的各个部位，具有支持、连接、充填、营养、保护、修复和防御等功能，是 4 大基本组织中结构和功能最为多样的组织。按照形态的不同，结缔组织分为液态的血液与淋巴、松软的固有结缔组织、较坚硬的软骨组织和骨组织。狭义的结缔组织仅指固有结缔组织。

结缔组织根据形态不同分类如下：

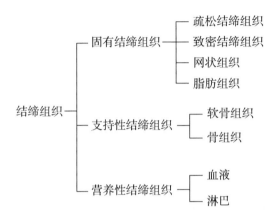

结缔组织的特点：①细胞数量少，种类多，细胞散布于细胞间质内，分布无极性；②细胞间质成分多；③结缔组织内含有血管和淋巴管；④分布极为广泛；⑤不直接与外界环境接触；⑥各种结缔组织均是由间充质分化而来。

（一）固有结缔组织

1. 疏松结缔组织

疏松结缔组织又称蜂窝组织，广泛分布于各组织、器官之间乃至细胞之间。其特点是细胞数量少，但种类多，排列疏散。其功能具有连接、支持、营养、防御、保护和修复功能（图 1 – 26）。

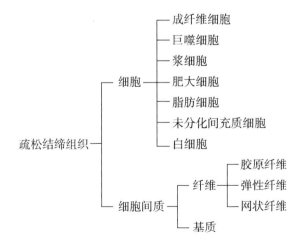

（1）细胞　疏松结缔组织中细胞数量较少，种类较多，其中有的是经常存在的，如成纤维细胞；有的是游走的或者数量不定的，如浆细胞、白细胞等。

①成纤维细胞：是疏松结缔组织的主要细胞成分。胞体长扁平形，多突起，呈星状，胞核较大，扁卵圆形，染色质稀疏，色浅，核仁明显。胞质内富含粗面内质网、游离核糖体和高尔基复合体，胞质呈弱嗜碱性。当成纤维细胞机能处于相对静止时称作纤维细胞：胞体变小，呈长梭形，突起少，胞核小，着色深，核仁不明显。该细胞具有合成3种纤维和基质的能力。

②巨噬细胞：是体内分布广泛的具有强大吞噬功能的细胞，分布于疏松结缔组织内的巨噬细胞又称组织细胞。其细胞形态多样，常有短而钝的突起（伪足）。核小色深；胞质嗜酸性，该细胞由血液内的单核细胞穿出血管后分化而来。其特点为：趋化性和变形运动：细胞受到某些化学物质的刺激可作定向运动，聚集到产生和释放这些化学物质的部位，这种特性称趋化性。这类化学物质称趋化因子；吞噬作用：非特异性——广泛性；分泌作用：多种生物活性物质；参与免疫应答：巨噬细胞可将吞噬的病原微生物等抗原物质加工处理，并传递给淋巴细胞，发生免疫应答（特异性）。

③浆细胞：胞体呈卵圆形或圆形，核圆形偏于细胞一侧，近核处有一淡染区，胞质嗜碱性，内有大量平行排列的粗面内质网和游离的核糖体及发达的高尔基复合体。该细胞来源于B淋巴细胞。功能：浆细胞具有合成、贮存与分泌抗体（免疫球蛋白）的功能，参与机体的体液免疫应答。

④肥大细胞：多沿小血管或淋巴管分布，胞体较大，呈圆形或卵圆形，核小而圆，色深。胞质内充满异染性颗粒，颗粒内含有组胺、白三烯、肝素和嗜酸性粒细胞趋化因子等。

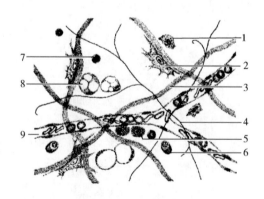

图1-26　疏松结缔组织

1—巨噬细胞　2—成纤维细胞　3—胶原细胞　4—弹性细胞　5—肥大细胞
6—浆细胞　7—淋巴细胞　8—脂肪细胞　9—毛细血管

⑤未分化间充质细胞：多是胚胎时期分散存在的中胚层组织。间充质细胞，多突起，呈星状，相互连接成网，胞质弱嗜碱性，胞核大、色浅，核仁明显。可增殖为成纤维细胞、脂肪细胞、血管内皮、平滑肌等。具有连接、支持、营养、保护、防御、修复等。

（2）纤维

①胶原纤维：数量最多，分布广。新鲜时呈白色，有光泽，又名白纤维。苏木精－伊红（HE）染色切片中呈嗜酸性，着浅红色。纤维粗细不等，直径 $1\sim20\mu m$，呈波浪形，并互相交织。每条纤维由直径 $20\sim200nm$ 的胶原原纤维黏合而成。电镜下，胶原原纤维显明暗交替的周期性横纹，横纹周期约为 $64nm$。胶原纤维的韧性大，抗拉力强，但弹性差。胶原纤维的化学成分为 I 型和 II 型胶原蛋白。胶原蛋白（简称胶原）主要由成纤维细胞分泌。分泌到细胞外的胶原再聚合成胶原原纤维，进而集合成胶原纤维。

②弹性纤维：新鲜状态下呈黄色，又名黄纤维。在 HE 染色标本中，着色轻微，不易与胶原纤维区分。但地衣红能将弹性纤维染成紫色或棕褐色。弹性纤维较细，直行，分支交织，粗细不等（$0.2\sim1.0\mu m$），表面光滑，断端常卷曲。电镜下，弹性纤维的核心部分电子密度低，由均质的弹性蛋白组成，核心外周覆盖微原纤维，直径约为 $10nm$。弹性蛋白分子能任意卷曲，分子间借共价键交联成网。在外力牵拉下，卷曲的弹性蛋白分子伸展拉长；除去外力后，弹性蛋白分子又回复为卷曲状态。

弹性纤维富于弹性而韧性差，与胶原纤维交织在一起，使疏松结缔组织既有弹性又有韧性，有利于器官和组织保持形态位置的相对恒定，又具有一定的可变性。

③网状纤维：较细，分支多，交织成网。网状纤维由 III 型胶原蛋白构成，也具有 $64nm$ 周期性横纹。纤维表面被覆蛋白多糖和糖蛋白，故过碘酸－雪夫反应（PAS 反应）呈阳性，并具嗜银性。用银染法，网状纤维呈黑色，故又称嗜银纤维。网状纤维多分布在结缔组织与其他组织交界处，如基膜的网板、肾小管周围、毛细血管周围。在造血器官和内分泌腺，有较多的网状纤维，构成它们的支架。

（3）基质　是一种由生物大分子构成的胶状物质，具有一定黏性。构成基质的大分子物质包括蛋白多糖和糖蛋白。蛋白多糖是由蛋白质与大量多糖结合成的大分子复合物，是基质的主要成分。其中多糖主要是透明质酸，是以含有氨基己糖的双糖为基本单位聚合成的长链化合物，总称为糖胺多糖。由于糖胺多糖分子存在大量阴离子，故能结合大量水（结合水）。透明质酸是一种曲折盘绕的长链大分子，拉直可达 $2.5\mu m$，由它构成蛋白多糖复合物的主干，其他糖胺多糖则以蛋白质为核心构成蛋白多糖亚单位，后者再通过连接蛋白结合在透明质酸长链分子上。蛋白多糖复合物的立体构型形成有许多微孔隙的分子筛，小于孔隙的水和溶于水的营养物、代谢产物、激素、气体分子等可以通过，便于血液与细胞之间进行物质交换。大于孔隙的大分子物质，如细菌等不能通过，使基质成为限制细菌扩散的防御屏障。溶血性链球菌和癌细胞等能产生透明质酸酶，破坏基质的防御屏障，致使感染和肿瘤浸润扩散。

2. 致密结缔组织

致密结缔组织是一种以纤维为主要成分的固有结缔组织，纤维粗大，排列致密，以支持和连接为其主要功能。根据纤维的性质和排列方式，可区分为以下几种类型。

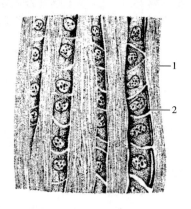

图1-27　规则的致密结缔组织
1—胶原纤维素　2—腱细胞

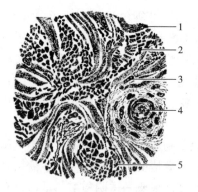

图1-28　不规则的致密结缔组织
1—胶原纤维（纵切）　2—弹性纤维
3—成纤维细胞核　4—血管
5—胶原纤维（横切）

（1）规则的致密结缔组织　主要构成肌腱和腱膜。大量密集的胶原纤维顺着受力的方向平行排列成束，基质和细胞很少，位于纤维之间。细胞成分主要是腱细胞，它是一种形态特殊的成纤维细胞，胞体伸出多个薄翼状突起插入纤维束之间，胞核扁椭圆形，着色深（图1-27）。

（2）不规则的致密结缔组织　见于真皮、硬脑膜、巩膜及许多器官的被膜等，其特点是方向不一的粗大的胶原纤维彼此交织成致密的板层结构，纤维之间含少量基质和成纤维细胞（图1-28）。

（3）弹性组织　是以弹性纤维为主的致密结缔组织。粗大的弹性纤维或平行排列成束，如项韧带和黄韧带，以适应脊柱运动；或编织成膜状，如弹性动脉中膜，以缓冲血流压力。

机体内还有一些部位的结缔组织、纤维细密，细胞种类和数量较多，常称为细密结缔组织，如消化道和呼吸道黏膜的结缔组织。

3. 脂肪组织

脂肪组织是非常活跃的组织，经常处于分解和合成的动态变化中。由大量群集的脂肪细胞构成，脂肪细胞呈球状、卵圆状或者不规则形状。整个细胞被一大滴脂肪所占，细胞质和细胞核被挤到细胞的外围，呈狭窄的指环状，在普通切片中，由于脂滴被溶解，细胞呈大空泡状（图1-29）。

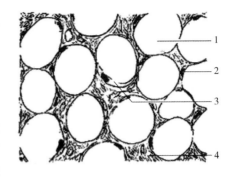

图1-29　脂肪细胞

1—脂肪细胞　2—细胞核

3—细胞质　4—结缔组织

脂肪组织分两类：

（1）黄（白）色脂肪组织　由大量单泡脂肪细胞聚集而成，主要分布在皮下、网膜和系膜等处，是体内最大的贮能库。

（2）棕色脂肪组织　由多泡脂肪细胞组成。组织呈棕色，含丰富毛细血管。细胞核圆，位于细胞中央，胞质内有许多小脂滴。棕色脂肪组织见于新生儿及冬眠动物。

脂肪组织重要分布是皮下、肠细膜、腹膜、大网膜以及某些器官的周围。其功能是贮存脂肪并参与能量代谢，是体内最大的能量库。此外，脂肪组织还有支持、保护和维持体温等作用。

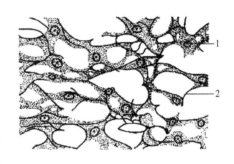

图1-30　网状组织

1—网状细胞　2—网状纤维

4. 网状组织

由网状细胞、网状纤维和基质构成。网状细胞呈星状多突起，突起彼此连接成网，核大色浅，核仁明显，网状细胞产生网状纤维，纤维细，分支多，成为网状细胞的支架。网状组织构成淋巴组织、脾和骨髓组织的基本成分（图1-30）。

（二）支持性结缔组织

根据基质是否钙化而将支持性结缔组织分为软骨组织和骨组织，它们的基本结构和纤维性结缔组织相似，但质坚硬，起支持和保护作用。

1. 软骨

软骨组织由少量的软骨细胞和大量的细胞间质构成，坚韧有弹性，构成耳、鼻、喉、气管和支气管的支架，以及大部分骨的关节软骨。间质呈均质状，由半固体的凝胶状基质和纤维构成。软骨细胞埋藏在软骨基质形成的软骨陷窝中。软骨组织和周围的软骨膜构成软骨。软骨组织构成软骨的主体，根据软骨组织中细胞间质的不同，可将软骨分为透明软骨、弹性软骨和纤维软骨。

（1）透明软骨（图1-31） 透明软骨分布广泛，主要分布于成年动物的关节软骨、肋软骨、气管等处。在胚胎时期，透明软骨构成大部分四肢骨和中轴骨，以后被骨所替代。生活状态是呈半透明状，坚韧而有弹性。

透明软骨基质中含有较细的胶原纤维，排列散乱。因纤维中的折光率与基质相近，因而在基本染色标本中不显著。

（2）纤维软骨（图1-32） 纤维软骨在软骨中最少，分布于椎间盘、关节盘及趾骨联合等处。它是软骨组织与致密结缔组织之间的一种类型。新鲜时，呈不透明的乳白色，具有很大的抗压能力。

纤维软骨含大量平行或交错排列的胶原纤维束，细胞小而少，成行分布于纤维束之间。

（3）弹性软骨（图1-33） 弹性软骨分布于耳廓、会厌等处。新鲜时，略呈黄色不透明，具有弹性。含有大量交织分布的弹性纤维。

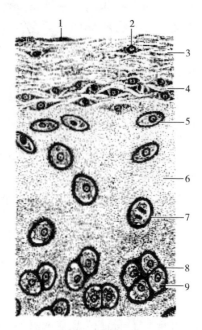

图1-31 透明软骨

1—原纤维 2—纤维细胞 3—骨膜外层
4—骨膜内层 5—幼稚的软骨细胞 6—骨基质
7—细胞分裂 8—骨囊 9—源细胞群

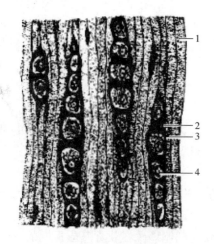

图1-32 纤维软骨

1—原纤维束 2—骨基质
3—骨囊 4—骨细胞

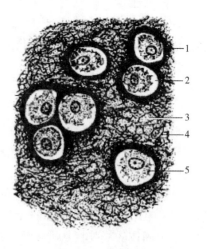

图1-33 弹性软骨

1—骨囊 2—骨陷窝 3—骨基质
4—弹性纤维 5—骨细胞

大部分软骨组织的表面（关节软骨的关节面除外）均覆盖有一层由致密结缔组织构成的软骨膜。膜内的细胞成分有分裂增生能力，是软骨生长和再生的来源。软骨内无血管，其营养来源和代谢产物的运走是依靠基质的渗透和扩散作用，然后再与软骨膜的血液进行物质交换。

2. 骨

骨组织是体内最坚硬的结缔组织，具有支持、保护和造血等多种功能。骨的结构和其他结缔组织相似，也是由细胞、基质和纤维所组成。

（1）骨组织的结构

①骨间质：为固态，由有机成分和无机成分构成。有机成分占成体骨重的35%，无机成分占65%。有机成分包括胶原纤维和无定形基质，是由骨细胞分泌形成的，其中95%是胶原纤维，无定形基质只占5%，呈凝胶状。无机成分主要为钙盐（骨盐），化学成分是羟基磷灰石结晶。有机成分使骨具有韧性，无机成分赋予骨以坚硬性和脆性。

成熟骨组织的骨间质均以骨板的形式存在，即胶原纤维平行排列成层，借无定形基质融合在一起，其上有骨盐沉积，形成薄板状结构，称为骨板。同一层骨板内的胶原纤维平行排列，相邻两层骨板内的纤维方向互相垂直，如同多层木质胶合板一样，这种结构形式，能承受多方压力，增强了骨的支持力。

②细胞：骨细胞有骨原细胞、成骨细胞、骨细胞及破骨细胞四种。骨细胞为扁椭圆形多突起的细胞，位于骨陷窝内。核扁圆、染色深、胞质弱嗜碱性。骨陷窝为骨板内或骨板之间形成的小腔，骨陷窝向周围放射状排列的细小管道，称骨小管。相邻骨陷窝的骨小管相互连通，骨细胞的突起伸入骨小管内。相邻骨细胞突起彼此、互相接触有缝隙连接，供骨组织进行物质交换。骨原细胞、成骨细胞和骨细胞与骨基质生成有关，破骨细胞与骨基质的溶解吸收有关，它们存在于骨膜内或骨质表面。

（2）长骨的结构 长骨由骨松质、骨密质、骨膜、关节软骨、骨髓、血管及神经等构成。

①骨松质：长骨骨松质主要位于骨端和骨干的内侧，是由大量针状或片状的骨小梁连接而成的多孔的网架，形似海绵状。骨小梁之间有肉眼可见的腔隙，其中充满骨髓。骨小梁由数层平行排列的骨板和骨细胞构成。骨小梁按承受力的作用方向有规律地排列。

②骨密质：位于骨干和骨端的外侧。分析骨密质的骨板排列十分致密而规则，肉眼看不见腔隙。

③骨膜：除关节软骨外，在骨的内、外表面均覆盖一层结缔组织，分别称为骨内膜和骨外膜。骨外膜覆于骨的外表面，可分为内、外两层；外层较厚，由致密结缔组织构成，胶原纤维束粗而密集。有些胶原纤维束横向穿入外环骨

板中，称为穿通纤维，起固定骨膜的作用；内层较薄，由疏松结缔组织构成，富含小血管和神经，并含有骨原细胞、成骨细胞和破骨细胞等。骨原细胞保持着分化潜能，如有骨折发生时，即可被激活。在骨折部位增殖分化为成骨细胞，形成类骨质，进而钙化为骨组织，使骨重新接合。骨内膜是衬于骨髓腔面、骨小梁表面及中央管和穿通管内表面的薄层疏松结缔组织，纤维细而少，内含较多的骨原细胞，常排列成一层，颇似单层扁平上皮（图1-34）。

（三）营养性结缔组织

血液和淋巴是流动在心脏、血管和淋巴管中的液态结缔组织。

三、肌组织

肌组织主要由肌细胞组成，肌细胞之间无特有的细胞间质，但有少量结缔组织及血管和神经分布。肌细胞可以进行舒张和收缩活动。肌细胞呈细长纤维状，也称肌纤维，肌纤维的细胞膜称肌膜，细胞质称肌浆（质），肌浆内的滑面内质网称肌浆（质）网。

肌组织按其结构和功能分为骨骼肌、平滑肌和心肌3类（图1-35）。骨骼肌通过肌腱附着在骨骼上，肌纤维纵切面在电镜下可见明暗相间的横纹，故称横纹肌。骨骼肌活动受意识支配，故又称随意肌。平滑肌主要分布在血管壁和内脏器官，肌纤维纵切面较平滑，不显横纹。心肌是构成心脏的主要成分，肌纤维纵切面也显横纹，属横纹肌。心肌舒缩具有自动节律性，属不随意肌。

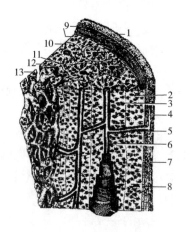

图1-34　长骨骨干结构模式图

1—骨膜　2—外环骨板　3—骨单位　4—血管
5—穿通管　6—中央管　7—骨膜外层
8—成骨细胞　9—外环骨板　10—骨单位
11—间骨板　12—内环骨板　13—骨松质

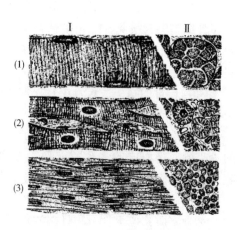

图1-35　三种肌组织模式图

（1）骨骼肌　（2）心肌　（3）平滑肌
Ⅰ—纵切面　Ⅱ—横切面

骨骼肌的活动受躯体运动神经支配，而平滑肌和心肌的活动受植物性神经支配。

（一）骨骼肌

骨骼肌的基本成分是骨骼肌纤维，在每条肌纤维的周围有结缔组织包绕，称肌内膜，由数条或数十条肌纤维集合成束，外包较厚的结缔组织，称肌束膜。在整快肌肉的周围包着一层较厚的致密结缔组织，称肌外膜。

在光镜下，骨骼肌纤维呈长圆柱形，细胞核椭圆形，异染色质较少，核仁明显，核可多达数百个，位于肌纤维周边，紧贴肌膜内面。肌浆内含有许多与细胞长轴平行排列的肌丝束，称肌原纤维，是骨骼肌纤维舒缩的基本结构单位。

（二）心肌

心肌主要分布于心脏，主要由心肌纤维构成。不受意识支配，是不随意肌。

在光镜下，心肌纤维呈短柱状，有分支，长 $50 \sim 100 \mu m$，直径 $10 \sim 20 \mu m$。横纹不如骨骼肌明显。每个心肌纤维一般只有一个细胞核，偶见双核，较大，呈椭圆形，位于细胞中央。心肌纤维的分支相互吻合成网状，在细胞连接处，肌膜分化成特殊结构，称闰盘。

（三）平滑肌

平滑肌主要由平滑肌纤维构成，不受意识支配，是不随意肌。

在光镜下，平滑肌纤维呈细长梭形，长约 $100 \mu m$，直径约 $10 \mu m$，每个细胞一个核，呈椭圆形，位于细胞中央。相邻肌纤维的粗部与细部相嵌合，使其排列紧密。平滑而无横纹结构。

四、神经组织

神经组织是构成神经系统的主要部分，由神经细胞和神经胶质细胞组成。神经细胞亦称神经元，神经胶质细胞是神经组织中的辅助成分，数量多，无传导功能，对神经元有支持、保护、绝缘、营养等作用。

（一）神经元

神经元是一种有突起的细胞，其形态多种多样，但结构都由胞体和突起两部分构成。突起分树突和轴突两种，每个神经元有 1 个或多个树突，而轴突只有 1 个（图 1-36）。

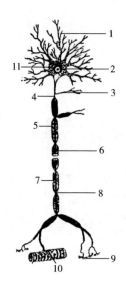

图1-36 神经元结构模式图

1—树突 2—神经细胞核 3—侧枝
4—轴突 5—髓鞘 6—雪旺鞘
7—雪旺细胞核 8—郎飞结
9—神经末梢 10—运动终板
11—尼氏体

1. 神经元的结构

（1）细胞体 又称核周体，包括细胞核和周围的胞质。

①细胞膜：为单位膜能够接受刺激，产生及传导神经冲动。

②细胞质：位于细胞核周围的细胞质称核周质。内含有尼氏体和神经原纤维等特征性结构。

③细胞核：只有一个，大而圆，位于胞体中央，常染色质多，着色浅，核仁大而明显。

（2）突起

①树突：形如树枝状。树突的功能是接受信息刺激，并将冲动传向胞体。

②轴突：除个别神经元外，其余所有神经元都有一个轴突。自胞体发出部位呈圆锥状，称轴丘。轴丘和延续的轴突内无尼氏体，有神经原纤维，借此在光镜下区别树突与轴突。

2. 神经元的分类

有以下3种分类方法。

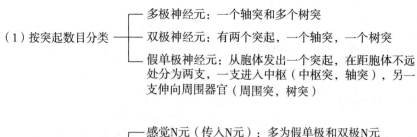

（1）按突起数目分类
- 多极神经元：一个轴突和多个树突
- 双极神经元：有两个突起，一个轴突，一个树突
- 假单极神经元：从胞体发出一个突起，在距胞体不远处分为两支，一支进入中枢（中枢突，轴突），另一支伸向周围器官（周围突，树突）

（2）按N元的功能分类
- 感觉N元（传入N元）：多为假单极和双极N元
- 运动N元（传出N元）：为多极N元
- 联络N元（中间N元）：为多极N元

（3）按神经元释放的神经递质分类
- 胆碱能神经元
- 胺能神经元
- 肽能神经元
- 氨基酸能神经元

（二）突触

突触是神经元与神经元之间，或神经元与效应细胞（肌细胞、腺细胞）之间的一种特化的细胞连接，是神经元信息传递的重要结构。根据突触传递信息的方式不同，可分化学性突触和电突触两大类。

1. 化学性突触

神经元轴突末端以释放神经递质为媒介传导神经冲动的突触为化学性突触。结构分为3部分：突触前成分、突触间隙、突触后膜（图1-37）。

2. 电突触

两个神经元之间通过缝隙连接直接传递电信息。存在于低等动物中。

（三）神经胶质细胞

神经胶质细胞简称神经胶质。神经胶质细胞与神经元比较有以下几个特点：①数量多而胞体小，突起不分树突和轴突；②胞质内无尼氏体和神经原纤维；③不与其他细胞构成突触；④无传导冲动作用；⑤终生保持分裂能力。功能：支持、营养、隔离、保护。HE染色只能显示细胞核，可用银染或免疫细胞化学方法显示形态。

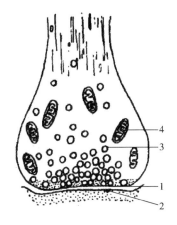

图1-37 化学突触超微结构模式图
1—突触前膜 2—突触后膜
3—突触小泡 4—线粒体

（四）神经纤维

神经纤维是由神经元的长突起和包绕在外面的神经胶质细胞构成。在中枢神经系统内，神经纤维由轴突外包少突胶质细胞构成，周围神经系统轴突外包神经膜细胞。主要机能传导冲动，根据有无髓鞘，分有髓神经纤维和无髓神经纤维。

（五）周围神经系统的组织结构

1. 神经

周围神经系统中走行一致的神经纤维集合在一起，与结缔组织、毛细血管、毛细淋巴管共同构成神经。神经内膜：每条神经纤维周围的结缔组织称神经内膜。若干条神经纤维集合成束，包绕在神经束周围的结缔组织称神经束膜。许多粗细不等的神经束聚集成一根神经，其外周的结缔组织称神经外膜。

2. 神经节

神经节是周围神经系统中神经元胞体集中的部位，外包有致密的结缔组织被膜。分为脑脊神经节、植物性神经节。

3. 神经末梢

周围神经纤维的终末部分（轴突）终止于其他组织形成特殊的结构，称神经末梢。按其功能可分为感觉神经末梢和运动神经末梢。

（六）中枢神经系统的组织结构

在中枢神经系统，神经元胞体集中的部分为灰质，不含胞体只有神经纤维的部分为白质，大脑和小脑的灰质位于脑的表层，又称皮质，皮质下是白质。脊髓的灰质位于中央，周围是白质。

实操训练

实训二　基本组织观察

（一）目的要求

1. 掌握单层立方上皮的结构特点。
2. 掌握骨骼肌纤维的结构特点。
3. 掌握神经元的形态结构特点。

（二）材料设备

显微镜，甲状腺切片，骨骼肌纵、横切片，脊髓横切片。

（三）方法步骤

1. 单层立方上皮

甲状腺切片，HE 染色。

（1）肉眼观察　形状不规则，染色后显红色。

（2）低倍镜观察　表面有薄层结缔组织被膜，腺实质内有许多大小不等的圆形或椭圆形甲状腺滤泡，滤泡壁由单层立方上皮构成，中央是着红色的胶状物质。

（3）高倍镜观察　单层立方上皮呈立方形或低柱状，细胞界限较清楚，胞质弱嗜碱性，胞核圆形，位于细胞中央，并可见滤泡旁细胞单个散在滤泡上皮细胞之间，或成群分布于滤泡够旁侧。滤泡旁细胞体积较大，多为圆形或多边形，核圆形位于细脑中央，胞质清亮呈淡红色。

2. 骨骼肌

骨骼肌纵、横切片，铁苏木素染色。

（1）肉眼观察　切片上有两块标本，长的一块是骨骼肌纵切面，短的一块是横切面。

（2）低倍镜观察　骨骼肌纵切面，肌纤维呈长带状。横切面肌纤维里圆形或多边形，聚集成束。

（3）高倍镜观察　肌纤维膜下分布一些椭圆形的核，肌原纤维在肌纤维内有明暗相间的横纹，染色深的部位为暗带，浅染部位为明带。明带中间有一不甚明显的暗线为 z 线。横切的肌纤维细胞核靠近肌膜，每条肌纤维外包合肌内膜。

3. 多极神经元

脊髓横切片，HE 染色。

（1）肉眼观察　标本略呈椭圆形，中央染色深呈蝴蝶型的部分为脊髓的灰质，周围染色淡的部分为白质。

（2）低倍镜观察　脊髓腹角中有多突起的运动神经元。

（3）高倍镜观察　多极神经元的胞体形态不规则，细胞核大，圆形，位于胞体的中央，染色质细粒状，核仁明显。突起有多个，多数是树突，不易见到轴突。胞体及树突内有染成紫蓝色呈块状或粒状分布的尼氏体。

（四）技能考核

1. 绘制单层立方上皮细胞图（高倍镜）。
2. 绘制骨骼肌纤维纵、横切面结构图（高倍镜）。
3. 绘制多极神经元结构图（高倍镜）。

项目思考

1. 什么是组织？构成畜体的组织有几类？
2. 简述被覆上皮组织的特点、分类、分布和功能。
3. 简述结缔组织的特点、分类、分布和功能。
4. 简述肌组织的种类、分布及生理特性。
5. 简述神经组织的种类、分布及生理特性。

项目三　有机体的构成

知识目标

1. 熟知器官的概念。
2. 掌握器官的分类、形态、分布。
3. 熟知系统的概念。
4. 掌握畜（禽）体的十大系统及其功能。
5. 了解有机体的概念。
6. 了解有机体与环境之间的动态平衡。

技能目标

能举例说明中空器官和实质器官的区别。

案例导入

相同体积的肝脏和肺脏（来源于同一个动物），哪个更重呢？它们属于相同的系统吗？哪些系统才能称为内脏呢？如果有人说内分泌系统是内脏器官，他说对了吗？

为什么洗手的水烫了，我们能很快感受到？

必备知识

一、器官

几种不同的组织按一定的规律结合在一起，形成的具有一定形态和机能的结构，称为器官。器官可分为两大类，即中空性器官和实质性器官。中空性器官是内部有较大腔隙的器官，如食管、胃、肠管、气管、膀胱、血管、子宫等；实质性器官是内部没有较大管腔的器官，如肝、肾、脾等。

二、系统

由几个功能相关的器官联合在一起，共同完成机体某一方面的生理机能，这些器官就构成一个系统。如鼻腔、咽、喉、气管、支气管、肺等器官构成呼吸系统，共同完成呼吸机能；口腔、咽、食管、胃、肠、肝、胰等器官构成消化系统，共同完成消化和吸收机能。

畜禽体由十大系统组成：运动系统、被皮系统、消化系统、呼吸系统、泌尿系统、生殖系统、心血管系统、免疫系统、神经系统和内分泌系统。其中消化系统、呼吸系统、泌尿系统和生殖系统，合称为内脏。构成内脏的器官称为内脏器官，简称脏器。内脏器官大部分位于脊柱下方的体腔内，为直径大小不同的中空器官，有孔直接或间接与外界相通。

三、有机体

由器官、系统构成完整的有机体。有机体内器官、系统之间有着密切的联系，在机能上互相影响，协调配合构成一个有生命的完整统一体。同时，有机体与其生活的周围环境间也必须保持经常的动态平衡。这种统一，是通过神经、体液调节和器官、组织、细胞的自身调节来实现的。

（一）神经调节

神经调节是指神经系统对各个器官、系统的活动进行的调节。神经调节的基本方式是反射，所谓反射，是指在神经系统的参与下，机体对内外环境的变化所产生的应答性反应。例如，饲料进入口腔，就引起唾液分泌，蚊虫叮咬皮肤，则引起皮肤颤动或尾巴摆动，来驱赶蚊虫等。实现反射的径路，称作反射弧。反射弧一般由 5 个环节构成，即感受器→传入神经→反射中枢→传出神经→效应器。实现反射活动，必须有完整的反射弧，如果反射弧的任何一部分遭到破坏，反射活动就不能实现。

神经调节的特点是作用迅速、准确，持续的时间短，作用的范围较局限。

（二）体液调节

体液调节是指体液因素对某些特定器官的生理机能进行的调节。此外，组织中的一些代谢产物，如 CO_2、乳酸等局部体液因素，对机体也有一定的调节作用。

　　体液调节的特点是作用缓慢，持续的时间较长，作用的范围较广泛。这种调节，对维持机体内环境的相对恒定以及机体的新陈代谢、生长、发育、生殖等，都起着重要的作用。

　　有机体内大多数生理活动，经常是既有神经调节参与，又有体液因素的作用，二者是相互协调、相互影响的。但从整个有机体看，神经调节占主要地位。

（三）自身调节

　　指动物有机体在周围环境变化时，许多组织细胞不依赖于神经调节或体液调节而产生的适应性反应。这种反应是组织细胞本身的生理特性，所以称作自身调节。如血管壁中的平滑肌受到牵拉刺激时，发生收缩性反应。自身性调节是全身性神经调节和体液调节的补充。

项目思考

　　1. 什么是器官、系统与有机体？
　　2. 简述器官与系统之间的关系，并举例。
　　3. 简述有机体与环境间的动态平衡关系。

项目四　畜（禽）体表主要部位名称及方位术语

知识目标

1. 了解畜（禽）各部的划分：头部、躯干、前肢和后肢。
2. 掌握解剖学常用的方位术语：三个基本切面、躯体常用术语、四肢常用术语。

技能目标

1. 能在畜（禽）体上准确区分头部、躯干、前肢和后肢。
2. 能熟练使用解剖学常用方位术语。

案例导入

畜（禽）机体任意两个不同的点，我们要以什么作为参照才能确定这两个点哪个是前、哪个是后，哪个是上、哪个是下呢？

必备知识

一、畜（禽）体表主要部位名称

动物体基本是两侧对称的。为了便于说明家畜（禽）身体的各部分的位置，可将畜（禽）体划分为头部、躯干部、四肢三大部分。各部的划分和命名均以骨为基础（图1-38）。

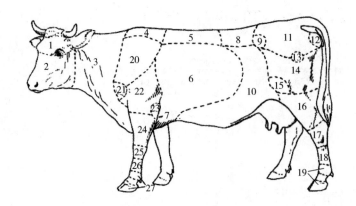

图1-38 牛体表部位名称

1—颅部 2—面部 3—颈部 4—鬐甲部 5—背部 6—肋部 7—胸骨部
8—腰部 9—髋结节 10—腹部 11—荐臀部 12—坐骨结节 13—髋关节
14—股部 15—膝部 16—小腿部 17—跗部 18—跖部 19—趾部 20—肩胛部
21—肩关节 22—臂部 23—肘部 24—前臂部 25—腕部 26—掌部 27—指部

（一）家畜体表的主要部位名称

1. 头部

头部分为颅部和面部。

（1）颅部 位于颅腔周围。可分为枕部、顶部、额部、颞部等。

①枕部：位于颅部的后方，两耳之间。

②顶部：位于枕部的前方，颅顶的上方。

③额部：位于顶部的前方，左右两眼眶之间。

④颞部：位于顶部两侧，耳与眼之间。

⑤眼部：包括眼与眼睑。

⑥耳廓部：耳和耳根周围的部分。

（2）面部 位于口、鼻腔周围。分为眶下部、鼻部、咬肌部、颊部、唇部、下颌间隙部等。

①眶下部：眼眶前下方，鼻后部外侧。

②鼻部：额部前方，以鼻骨为基础，包括鼻背和鼻侧。

③鼻孔部：包括鼻孔和鼻孔周围。

④唇部：包括上唇和下唇。

⑤咬肌部：颞部的下方，咬肌所在区。

⑥颊部：咬肌部的前方，口腔的两侧。

⑦颏部：下唇的下方。

2. 躯干部

除头和四肢以外的部分称躯干，包括颈部、胸背部、腰腹部、荐臀部和尾部。

（1）颈部　以颈椎为基础，颈椎以上的部分称颈上部；颈椎以下的部分称颈下部。

（2）胸背部　位于颈部和腰荐部之间，其外侧被前肢的肩胛部和臂部覆盖。前方较高的部位称为鬐甲部，后方为背部；侧面以肋骨为基础称为肋部；前下方称胸前部；下部称胸骨部。

（3）腰腹部　位于胸部与荐臀部之间。上方为腰部，两侧和下面为腹部。

（4）荐臀部　位于腰腹部后方，上方为荐部；侧面为臀部。后方与尾部相连。

（5）尾部　分为尾根、尾体、尾尖。

3. 四肢部

（1）前肢　前肢借肩胛和臂部与躯干的胸背部相连，分为肩带部、臂部、前臂部、前脚部。前脚部包括腕部、掌部、指部。

（2）后肢　由臀部与荐部相连，分为股部、小腿部、后脚部。后脚部包括跗部、跖部、趾部。

（二）家禽体表的主要部位名称

家禽也分为头部、躯干部、四肢部。头部又分为肉冠、肉髯、喙、鼻孔、眼、耳孔、脸等。躯干部分为颈部、胸部、腹部、背腰部、尾部等。前肢衍变成翼，分为臂部、前臂部等。后肢部又分为股、胫、飞节、跖、趾和爪等（图1-39）。

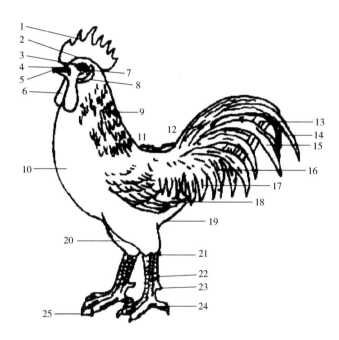

图1-39　鸡体外貌部位名称

1—冠　2—头顶　3—眼　4—鼻孔　5—喙　6—肉髯　7—耳孔
8—耳叶　9—颈和颈羽　10—胸　11—背　12—腰　13—主尾羽
14—大翅羽　15—小翅羽　16—覆尾羽　17—鞍羽　18—翼羽
19—腹　20—胫　21—飞节　22—跖　23—距　24—趾　25—爪

二、方位术语

（一）面

畜体的三个基本切面及方位见图 1−40。

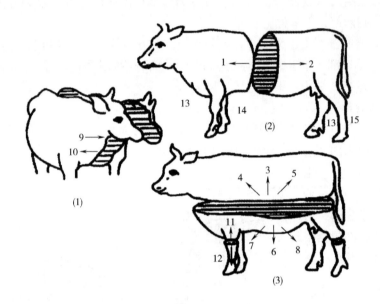

图 1−40　畜体的三个基本切面及方位

（1）正中矢状面　　（2）横断面　　（3）额面（水平面）

1—前　2—后　3—背侧　4—前背侧　5—后背侧　6—腹侧　7—前腹侧　8—后腹侧
9—内侧　10—外侧　11—近端　12—远端　13—背侧　14—侧　15—跖侧

1. 矢状面

矢状面是与机体长轴平行且与地面垂直的面。可分为正中矢面和侧矢面。正中矢面在动物机体的正中线上，只有一个，将动物机体分为左右对称的两部分；侧矢面位于正中矢面的侧方，与正中矢面平行，有无数个。

2. 额面

额面是与地面平行且与矢面、横断面垂直的面。额面将动物体分为背侧和腹侧两部分。

3. 横断面

横断面是指横过动物体，与矢状面、额面都垂直的面。把动物体分为前、后两部分。

（二）轴

家畜都是四肢着地的，其身体长轴（或称纵轴）从头端至尾端，与地面平行的。长轴也可以用于四肢和各器官，均以纵长的方向为基准，如四肢的长轴是四肢的上端至四肢的下端，与地面垂宜。

（三）方位术语

1. 用于躯干的方位术语

（1）前侧和后侧　作一个横断面，靠近头端的为前侧（或头侧），靠近尾端的为后侧（或尾侧）。

（2）背侧和腹侧　作一额面（水平面），上面的为背侧，下面的为腹侧；或者说，远离地面的为背侧，靠近地面的为腹侧；站立时，向着站立地面的方向的为腹侧，相反的一侧为背侧。

（3）内侧和外侧　靠近正中矢状面的为内侧，远离正中矢状面的为外侧。

2. 用于四肢的方位术语

（1）近端　靠近躯干的一端为近端。

（2）远端　远离躯干的端为远端。

（3）桡侧　前肢的内侧。

（4）尺侧　前肢的外侧。

（5）胫侧　后肢的内侧。

（6）腓侧　后肢的外侧。

（7）背侧　前肢和后肢的前面为背侧。

（8）掌侧　前肢的后面为掌侧。

（9）跖侧　后肢的后面为跖侧。

三、组织结构的立体形态和断面形态

组织和细胞的结构是立体的，但在光学显微镜和透射电子显微镜下观察组织和细胞的结构必须制成普通切片或超薄切片，但在切片所看到的都是组织和器官的某一个断面形态。

同一结构的组织或器官，不同的切面表现为不同的形态，一个鸡蛋由于切面不同，其断面形态各异（图1－41）。一段小肠也因切面不同而表现不同的形态（图1－42），一个细胞的不同切面也具有不同的形态。因此在观察切片时要善于分析切片中出现的各种现象，把断面形态与立体形态结合起来。

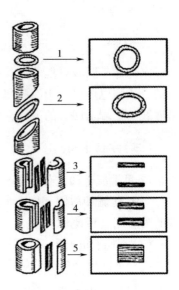

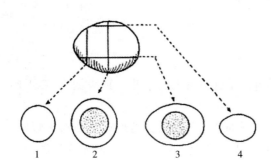

图 1-41 鸡蛋各种切面模式图
1—偏锐端横切 2—正中横切
3—偏侧纵切 4—近卵壳处的纵切

图 1-42 肠管不同切面模式图
（箭头方向表示贴到载片上的形态）
1—横切 2—斜切 3—正中纵切
4—偏外纵切 5—管壁纵切

项目思考

1. 绘出牛的体表名称图。
2. 绘出鸡的体表名称图。

模块二

牛（羊）解剖生理特征

项目一　运动系统

知识目标

1. 了解骨的化学成分和物理特性。
2. 了解肌肉的构造。
3. 掌握骨和关节的构造。
4. 掌握牛（羊）全身主要骨和关节的位置。
5. 掌握牛（羊）全身主要肌肉的位置。

技能目标

1. 能在活体牛上识别全身主要骨、关节和骨性标志。
2. 能在活体牛上识别全身主要肌肉和肌性标志。

案例导入

案例1

黑龙江省哈尔滨市双城区一农户，有一奶牛常舔食泥土，后来步行不灵活，后躯摇摆、跛行，提肢时发颤、拱背。两后肢跗关节以下向外倾斜，呈X形站立，前肢掌骨呈前后方向的弯曲，喜卧少立，初步诊断奶牛患软骨症。还有一奶牛运动时混跛，站立时左后肢屈曲，有时仅用蹄尖着地，膝盖部热痛、肿胀、波动，兽医初步诊断是膝关节滑膜炎。请问软骨症和骨的哪些结构及成分有关？滑膜是关节的哪个部位构造？

案例2

某兽医院对一病死猪进行寄生虫检验，兽医分别在舌肌、咬肌、腰肌、肋间肌、腹肌、膈肌脚以及心、肝、肺、肠、胃等进行了囊尾幼、旋毛虫和裂头蚴等寄生虫检验。请问检验中的肌肉分布在哪？

必备知识

运动系统包括骨骼和肌肉。骨骼由骨和骨连结组成，构成动物体的支架，以保持体型、保护脏器和支持体重。肌肉附着于骨骼上，肌肉收缩时，以关节为支点，使骨的位置移动而产生各种运动。因此，在运动中，骨起杠杆作用，关节是运动的枢纽，肌肉则是运动的动力。此外，骨还具有造血和贮藏钙、磷的作用。

骨骼和肌肉共同构成畜体的轮廓和外型。位于皮下的一些骨性突起和肌肉，可以在动物体表看到或触摸到，在畜牧生产和兽医临床中常用作体尺测量、内部器官位置确定和取穴的标志。

一、骨骼

（一）骨骼概述

1. 骨

家畜每块骨都是一复杂的器官，具有一定的形态和功能。骨主要由骨组织构成，坚硬而有弹性，富有血管、淋巴管和神经，具有新陈代谢和生长发育的特点，并具有改建和再生能力。骨基质内沉积大量的钙盐和磷酸盐，是畜体钙、磷库，参与钙、磷的代谢与平衡。

（1）骨的形态　骨的形状是多种多样的，因形态和功能不同可分为长骨、短骨、扁骨和不规则骨4种类型。

①长骨：主要分布在四肢的游离部，呈圆柱状。两端膨大，称骺；中部较细，称骨干或骨体。骨干中的空腔称骨髓腔，容纳骨髓。长骨的作用是支持体重和形成运动中杠杆。如股骨、臂骨等。

②短骨：呈不规则的立方形，多成群分布于四肢的长骨间。除起支持作用外，还有分散压力和缓冲震动的作用。如腕骨、跗骨等。

③扁骨：为板状，主要位于颅腔、胸廓的周围和四肢的带部，能保护脑、心、肺等重要器官。如颅骨、髋骨、肩胛骨、肋骨等。

④不规则骨：形状不规则，一般构成畜体的中轴，具有支持、保护和供肌肉附着的作用。如椎骨等。

（2）骨的构造　骨由骨膜、骨质、骨髓、血管和神经构成（图2-1）。

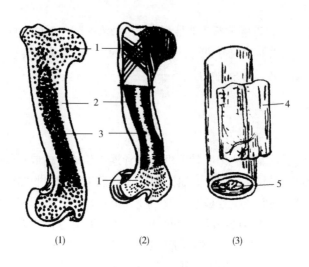

图2-1　骨的构造

（1）臂骨的正断面　（2）骨松质的结构　（3）骨膜

1—骨松质　2—骨密质　3—骨髓腔　4—骨外膜　5—骨内膜

①骨膜：是覆盖在骨表面的一层致密结缔组织膜，呈粉红色。骨膜分为深、浅两层。浅层为纤维层，富有血管和神经，具有营养和保护作用；深层为成骨层，富含成骨细胞，参与骨的形成，在骨受损时，成骨层有修补和再生骨质的作用，因此在进行骨折手术时，要注意保护骨膜。

②骨质：是构成骨的主要成分，可分为骨密质和骨松质。骨密质由排列紧密的骨板构成，坚硬致密，耐压性强，分布在长骨的骨干和其他类型骨的外层；骨松质呈海绵状，结构疏松，分布在长骨的两端和其他类型骨的内部。骨密质和骨松质在骨内的这种分布，使骨既轻便又坚固，适于运动。

③骨髓：位于长骨的骨髓腔和骨松质的间隙内。胎儿和幼龄动物的骨髓全为红骨髓。随着年龄的增长，骨髓腔内的红骨髓逐渐被黄骨髓代替，因此成年动物有红、黄两种骨髓。红骨髓主要分布在长骨两端、短骨、扁骨及不规则骨的骨松质内，有造血功能。黄骨髓填充在长骨的骨髓腔内，主要由脂肪组织构成，无造血功能。动物失血过多时，黄骨髓可变成红骨髓恢复造血功能。

④血管和神经：骨具有丰富的血液供应，分布在骨膜上的小血管经骨表面的小孔进入，并分布于骨密质，较大的血管称滋养动脉，穿过滋养孔分布于骨髓。骨膜、骨质和骨髓均有丰富的神经分布。

（3）骨的化学成分和物理特性　骨是体内最坚硬的组织，能承受相当大的压力和张力，并具有很显著的弹性。骨的这种性质与骨的化学成分有着密切的关系。

骨的化学成分包括有机质和无机质。有机物主要是骨胶原（蛋白质），决定骨的弹性、韧性；无机物主要是磷酸钙和碳酸钙，决定骨的坚固性。有机物和无机物的比例随动物的年龄、营养及生活条件的不同而改变。幼年骨内有机物含量多，故弹性和韧性大，不易骨折，但柔软易弯曲变形；老年骨内则无机物含量增多，故脆性较大，易发生骨折。成年动物的骨约含 1/3 的有机物和 2/3 的无机物，这样的比例使骨具有最大的坚固性。妊娠和泌乳的母畜骨内的钙质可被胎儿吸收或随乳汁排出，造成无机物的减少，易发生软骨病和生产瘫痪。因此，应注意饲料成分的合理调配，以预防软骨病和奶牛生产瘫痪的发生。

2. 骨连结

骨与骨之间的连结部位称为骨连结。骨连结按构成形式和机能不同分为两大类：直接连结和间接连结。

（1）直接连结　两骨之间借纤维结缔组织或软骨相连，其间无腔隙，不活动或仅有小范围活动。直接连结分为 3 种类型：

①纤维连结：两骨之间以纤维结缔组织连结，比较牢固，一般无活动性。如头骨间的连结。这种连结老龄时常骨化，变成骨性结合。

②软骨连结：两骨之间借软骨连结，基本不能运动。由透明软骨连结的，到老龄时常骨化为骨性结合，如长骨骨骺与骺软骨之间的连结等；由纤维软骨连结的，终生不骨化，如椎骨间的椎间盘等。

③骨性结合：两骨相对面以骨组织连结，完全不能运动。这种连结常由纤维连结和软骨连结骨化而成。如荐骨椎体间的结合，髂骨、耻骨和坐骨间的结合等。

（2）间接连结　又称关节或滑膜连结，骨与骨之间可灵活运动的连结。如四肢的关节等。

①关节的构造：关节由关节面、关节软骨、关节囊、关节腔及辅助装置等构成（图 2-2）。

关节面：是骨与骨相接触的光滑面，骨质致密光滑，表面附有关节软骨。形状彼此相互吻合，其中的一个面略凸，称关节头；另一个面略凹，称关节窝。

关节软骨：是附着在关节表面上

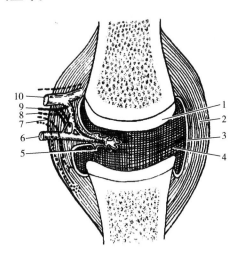

图 2-2　关节的构造模式图

1—关节软骨　2—关节囊的纤维层

3—关节囊的滑膜层

4—关节腔　5—滑膜绒毛　6—动脉

7、8—感觉神经纤维

9—植物性神经（交感神经节后纤维）　10—静脉

的一层透明软骨，光滑而具有弹性和韧性，可减少运动时冲击和摩擦。

关节囊：是包在关节周围的结缔组织囊。分内、外两层，外层为纤维层，由致密结缔组织构成，厚而坚韧，有保护和连结作用；内层为滑膜层，由疏松结缔组织构成，薄而柔软，紧贴于纤维层内面，有丰富的血管网，能分泌透明的滑液，有营养软骨和润滑关节的作用。关节因外伤（如挫伤、扭伤）引起滑膜损伤而引发关节炎。

关节腔：是关节软骨和关节囊之间的密闭腔隙，内有少量淡黄色的滑液，有润滑关节、缓冲震动及营养关节的作用。

关节的辅助装置：是适应关节功能而形成的一些结构，主要有韧带和关节盘。韧带是在关节囊外连在相邻两骨间的致密结缔组织带，以加强关节的稳固性。关节盘是位于两关节面之间纤维软骨板，有加强关节的稳固性，缓冲震动作用，多在活动性大的关节内分布，如下颌关节、股胫关节。

②关节类型：不同的分类方法可把关节分成不同的类型。

根据构成关节骨的数目，可把关节分成单关节和复关节。单关节由相邻两块骨构成，如肩关节；复关节由多块骨构成，如腕关节、膝关节等。

根据关节运动轴的数目，可把关节分成单轴关节、双轴关节和多轴关节三类。单轴关节一般由中间有沟或嵴的滑车关节面构成，只能沿横轴做屈、伸运动，如肘关节；双轴关节由椭圆形的关节面和相应的关节窝构成，能做屈、伸运动及左右摆动，如寰枕关节；多轴关节由半球形的关节面和相应的关节窝构成，能做屈、伸、内收、外展及旋转运动，如肩关节和髋关节等。

（二）全身骨骼的构成

牛全身骨骼，按其所在的部位分为头部骨骼、躯干骨骼、前肢骨骼和后肢骨骼（图2-3）。

1. 头部骨骼

（1）头骨的组成　头骨多为扁骨和不规则骨，分为颅骨和面骨两部分，见图2-4、图2-5。

①颅骨：位于头部后上方，主要围成颅腔并形成位听觉器官的支架，容纳并保护脑。颅骨包括成对的额骨、颞骨、顶骨和不成对的顶间骨、枕骨、蝶骨以及筛骨。

枕骨：位于颅骨后部，构成颅腔的后底壁，后方中部有枕骨大孔与椎管相通。在枕骨大孔的两侧有卵圆形的关节面，称为枕髁，与寰椎构成寰枕关节。

顶骨和顶间骨：构成颅腔顶壁及后壁，与枕骨愈合。

额骨：发达，构成颅腔的整个顶壁。后外方伸出角突，供角附着。前下方向两侧伸出眶上突，形成眼眶的上界。后缘与顶骨之间形成额隆起，为头骨的

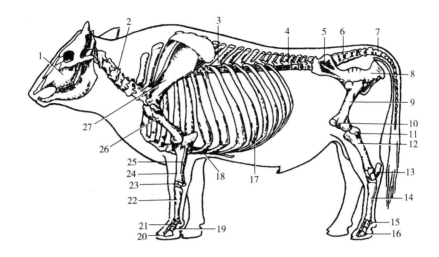

图2-3　牛的全身骨骼

1—头骨　2—颈椎　3—胸椎　4—腰椎　5—髂骨　6—荐骨　7—尾椎　8—坐骨　9—股骨

10—髌骨　11—腓骨　12—胫骨　13—跗骨　14—跖骨　15—近籽骨　16—远籽骨　17—肋

18—胸骨　19—中指节骨　20—远指节骨　21—近指节骨　22—掌骨　23—腕骨　24—桡骨

25—尺骨　26—肱骨　27—肩胛骨

最高点。额骨内、外骨板之间形成发达的额窦。

颞骨：位于头骨的后外侧，形成颅腔两侧壁，分为鳞颞骨、岩颞骨。鳞颞骨向外前方伸出的突起和面骨中的颧骨突起连成颧弓。其腹侧有一光滑的横行关节面为颞髁，与下颌骨成关节。岩颞骨在鳞颞骨后方，构成位听觉器官的支架。

筛骨：位于颅腔前壁，介于鼻腔和颅腔之间，上有许多小孔，有嗅神经通过。

蝶骨：位于颅腔底壁，形似蝴蝶，由蝶骨体、两对翼和一对翼突构成。

②面骨：构成颜面的基础，位于头部前下方，形成口腔、鼻腔、眼眶的支架。由不成对的犁骨、下颌骨、舌骨和成对的鼻骨、泪骨、颧骨、上颌骨、颌前骨、翼骨、鼻甲骨等构成。

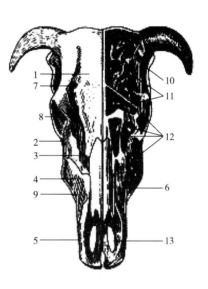

图2-4　牛头骨背面

1—额骨　2—颧骨　3—泪骨　4—上颌骨

5—颌前骨　6—鼻骨　7—眶上孔

8—眼眶　9—眶下孔　10—颞窝

11—额窦　12—上颌窦　13—腭裂

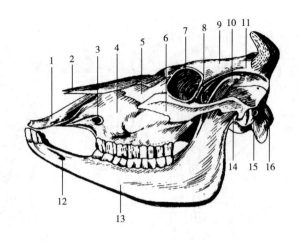

图 2 - 5　牛头骨侧面

1—颌前骨　2—鼻骨　3—眶下孔　4—上颌骨　5—泪骨　6—颧骨　7—眼眶　8—眶上突
9—额骨　10—冠状突　11—顶骨　12—颌孔　13—下颌骨　14—下颌髁　15—外耳道　16—枕髁

鼻骨：构成鼻腔的顶壁，短而窄，几乎前后等宽。

泪骨：位于眼眶前部。其眶面有一泪囊窝，为骨性鼻泪管的开口。

颧骨：位于泪骨下方，构成眼眶下壁。颧骨向后方伸出颞突，与颞骨的颧突形成颧弓。

上颌骨：构成鼻腔侧壁、底壁和口腔顶壁。上颌骨的外侧面宽大，有面结节和眶下孔。上颌骨的下缘有臼齿齿槽。上颌骨内、外骨板之间形成发达的上颌窦。

颌前骨：位于上颌骨前方，骨薄而扁平，前方中部有一裂缝为切齿裂。颌前骨上没有切齿槽。鼻骨与颌前骨交界处为鼻颌切迹。

鼻甲骨：附与鼻腔侧壁上的两对卷曲的薄骨片，形成鼻腔黏膜的支架。

下颌骨：面骨中最大的一块骨，分为左、右两半，每半分为下颌骨体和下颌支两部分。下颌骨体位于前方，骨体厚，前缘上方有切齿齿槽，后方有臼齿齿槽，切齿齿槽和臼齿齿槽之间的平滑区为齿槽间隙。下颌支位于后方，呈上下垂直的板状，上部后方有一平滑的关节面为下颌髁，与颞骨构成下颌关节；下颌髁的前方有一突起称冠状突。两侧下颌骨体及下颌支之间的空隙为下颌间隙。下颌骨体与下颌支交界的腹侧略凹的部位为下颌血管切迹，供颌外动静脉通过。

舌骨：位于下颌间隙后部，由数块小骨构成，支持舌根、咽及喉。

（2）鼻旁窦（副鼻窦）　是鼻腔附近一些头骨内的含气腔体的总称，因直接或间接与鼻腔相通，故称为鼻旁窦。主要有额窦和上颌窦（图 2 - 6）。

额窦：很大，延伸于整个额部、颅顶壁和部分后壁，并与角突的腔相连通。正中有一隔，将左、右两窦分开。

上颌窦：主要在上颌骨、泪骨和颧骨内。上颌窦在眶下管内侧的部分很发达，伸入上颌骨腭突与腭骨内，故又称为腭窦。

鼻旁窦有减轻头骨质量、温暖和湿润空气及对发声起共鸣的作用。因鼻黏膜和鼻旁窦内的黏膜相延续，当鼻黏膜发炎时，可蔓延引起鼻旁窦炎。

（3）头骨连结　头骨除颞骨和下颌骨构成头部唯一的颞下颌关节外，其余均为缝隙连接，骨与骨之间不能活动，主要保护眼、脑等器官。颞下颌关节的活动性大，主要进行开闭口腔和左右活动等动作。

（4）头部骨性标志　额隆起、眶上突、齿槽间隙、鼻颌切迹、下颌间隙、下颌血管切迹、角突、额窦、颧弓、颞窝、上颌窦和面结节等。

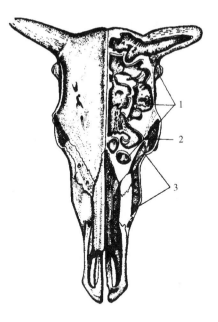

图 2 - 6　牛的额窦和上颌窦
1—额窦　2—眼眶　3—上颌窦

2. **躯干骨骼**

（1）躯干骨　包括椎骨、肋、胸骨。躯干骨构成脊柱和胸廓。

①椎骨：可分为颈椎、胸椎、腰椎、荐椎和尾椎。牛有 7 块颈椎，13 块胸椎，6 块腰椎，5 块荐椎，10～20 块尾椎。各椎骨前后贯穿形成脊柱。椎骨由椎体、椎弓和椎突三部分构成（图 2 -7）。

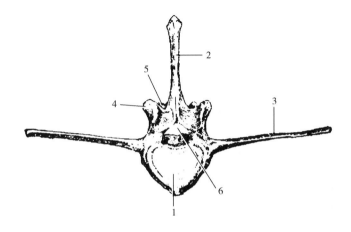

图 2 - 7　椎骨的构造
1—椎头　2—棘突　3—横突　4—前关节突　5—后关节突　6—椎孔

a. 椎体。呈短柱状，位于椎骨腹侧，前面略凸为椎头，后面略凹为椎窝。

b. 椎弓。位于椎体背侧的拱形骨板。椎弓和椎体围成椎孔，所有的椎孔相连形成椎管，内容纳脊髓。椎管两侧各有一排椎间孔，有脊神经通过。

c. 椎突。由椎弓伸出，一般有3种，分别为棘突、横突、关节突。棘突是由椎弓背侧向上伸出的单支突起；横突是从椎弓基部向两侧伸出的一对突起；关节突是从椎弓背侧的前、后缘伸出，有前、后两对关节突，相邻椎骨的关节突构成关节。

各部椎骨因所执行的机能及所在部位不同，其形态结构有所差异。第1颈椎呈环状又称寰椎，第2颈椎又称枢椎，第3~6颈椎形态结构相似，第7颈椎与胸椎相似。胸椎棘突发达，第2~6胸椎棘突最高，是构成鬐甲的骨质基础。腰椎横突长，构成腹腔顶壁的骨质基础。荐椎愈合在一起称荐骨，构成盆腔顶壁的骨质基础。第一荐椎椎体腹侧前缘略凸为荐骨岬。最后腰椎和第一荐椎之间的空隙为腰荐间隙，是临床上硬膜外腔麻醉部位。尾椎腹侧有一血管沟，供尾中动脉通过，牛可在此进行脉搏检查。

②肋：为左、右成对的弓形长骨，连与胸椎、胸骨间，构成胸廓侧壁。相邻两肋之间的空隙为肋间隙。肋的对数与胸椎块数相同，牛（羊）有13对肋。每根肋包括上端的肋骨和下端的肋软骨。

a. 肋骨。肋骨的椎骨端前方有肋骨小头，与胸椎的肋窝形成关节；肋骨小头的后方有肋结节，与胸椎横突成关节。

b. 肋软骨。由透明软骨构成。前1~8对肋的肋软骨直接与胸骨相连，称为真肋。后几对肋的肋软骨借结缔组织依次连于前位肋软骨上，称为假肋。最后肋骨与假肋肋软骨依次连结所形成的弓形结构，称为肋弓。

③胸骨：位于胸廓底壁的正中，由7块胸骨片借软骨连结而成，呈上下略扁的船形。胸骨由前向后分为胸骨柄、胸骨体和剑状软骨（剑突）3部分。胸骨柄、胸骨体的两侧有肋窝，与真肋的肋软骨直接成关节。

④胸廓：由胸椎、肋和胸骨共同构成。呈前小后大的圆锥形，胸廓前口由第一胸椎、第一对肋和胸骨柄围成；胸廓后口由最后一个胸椎、左右肋弓和剑状软骨围成。胸廓前部的肋骨短而粗，具有较大的坚固性，以保护心、肺并便于连接前肢；胸廓后部的肋细而长，具有较大的活动性，以适应呼吸运动。胸廓内包括胸腔和部分腹前部。

（2）躯干骨连接　躯干骨的连接包括脊柱连结和胸廓连结。

①脊柱连结：分为椎体间连结、椎弓间连结和脊柱总韧带。椎体间连结是相邻椎骨的椎体间借椎间盘软骨连结，活动性较小；椎弓间连结是相邻椎骨的前后关节突间形成的滑动关节；脊柱总韧带是分布在脊柱上起连结加固作用的辅助结构，除椎骨间短的韧带外，还有三条贯穿脊柱的长韧带、即棘上韧带、

背纵韧带、腹纵韧带。

a. 棘上韧带。位于棘突顶端，由枕骨伸至荐骨。棘上韧带在颈部变得宽大，称项韧带。项韧带由弹性纤维构成，呈黄色，分为背侧的索状部和腹侧的板状部。项韧带的作用是辅助颈部肌肉支持头部。

b. 背纵韧带。位于椎体的背侧面，在椎管的底壁上，起于枢椎，止于荐骨。

c. 腹纵韧带。位于椎体的腹侧面，并紧紧附与椎间盘上。由胸椎中部开始，止于荐骨。

②胸廓连结：包括肋椎关节和肋胸关节。肋椎关节是肋骨上端与胸椎构成的关节；肋胸关节是真肋的肋软骨与胸骨构成的关节。

（3）躯干骨性标志　主要有腰椎横突、鬐甲、肋、肋弓、肋间隙、腰荐间隙、剑状软骨、荐骨岬等。

3. 前肢骨骼

（1）前肢骨　包括肩胛骨、臂骨、前臂骨、腕骨、掌骨、指骨和籽骨（图2-8）。

①肩胛骨：为三角形的扁骨，斜位于胸侧壁的前上部。其上缘有肩胛软骨附着，外侧面有一纵行的嵴，称为肩胛冈。肩胛冈前上方为冈上窝，后下方为冈下窝。肩胛冈下端有一突起称为肩峰。肩胛骨内侧面的凹窝为肩胛下窝，远端的关节窝是肩臼。

②臂骨：又称肱骨，为一管状长骨。由前上方斜向后下方。近端前方内外侧有臂骨结节，结节间是臂二头肌沟；后方有球形的臂骨头和肩臼成关节。臂骨骨干呈扭曲的圆柱状，外侧有三角肌结节，远端有与桡骨成关节的髁状关节面，髁的后面有一深的肘窝（鹰嘴窝）。

③前臂骨：包括桡骨和尺骨。成年后两骨彼此愈合，二骨间的缝隙为前臂间隙。桡骨位于前内侧，大而粗，近端与臂骨成关节，远端与近列腕骨成关节。尺骨位于后外侧，近端粗大，突向后上方，称肘突（鹰嘴）；远端稍长于桡骨。

④腕骨：由6块短骨组成，排成上、下2列。近列4块，由内向外依次为桡腕骨、中间腕骨、尺腕骨和副腕骨。远列2块，内侧一块较大，由第2、3腕骨构成；外侧一块为第4腕骨。

⑤掌骨：牛有3块掌骨，即3、4、5掌骨。第3、4掌骨发达，称为大掌骨。第5掌骨为小掌骨，为一圆锥形小骨，附于第4掌骨的近端外侧。大掌骨的近端，骨干愈合在一起，只有其远端分开。

⑥指骨：牛有4个指，即2、3、4、5指。其中第3、4指发育完整，称主指。每指有3个指节骨，依次为系骨、冠骨和蹄骨。第2、5指退化，不与地

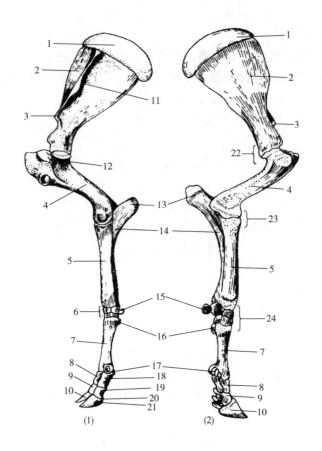

图 2 - 8　牛的前肢骨骼

（1）外侧面　（2）内侧面

1—肩胛软骨　2—肩胛骨　3—肩峰　4—臂骨　5—桡骨　6—腕骨　7—第 3、4 掌骨
8—第 3 指的系骨　9—第 3 指的冠骨　10—第 3 指的蹄骨　11—肩胛冈　12—大结节　13—肘突
14—尺骨　15—副腕骨　16—第 5 掌骨　17—近籽骨　18—第 4 指的系骨　19—第 4 指的冠骨
20—远籽骨　21—第 4 指的蹄骨　22—肩关节　23—肘关节　24—腕关节

面接触，称悬指，每指仅有两个指节骨，即冠骨和蹄骨。

⑦籽骨：为块状小骨，分为近籽骨和远籽骨。近籽骨共 4 块，位于大掌骨
下端与系骨之间的掌侧；远籽骨 2 块，位于冠骨与蹄骨的掌侧。

（2）前肢关节　前肢与躯干间不形成关节，借强大的肩带肌与躯干连接。
前肢各骨之间以关节的形式相连，自上而下依次为肩关节、肘关节、腕关节、
指关节（包括系关节、冠关节和蹄关节）。这些关节主要进行屈、伸运动。

①肩关节：由肩胛骨的肩臼和臂骨头构成，角顶向前，属多轴关节。

②肘关节：由臂骨远端和前臂骨的近端构成，角顶向后，属单轴关节。

③腕关节：为复关节，由前臂骨远端、腕骨和掌骨近端构成，角顶向前。

④系关节：又称球节。由掌骨远端、近籽骨和系骨近端构成。在系关节的掌侧尚有悬韧带等弹力装置，以固定系关节，使之成一定的角度，防止过度背屈。

⑤冠关节：由系骨远端、冠骨近端构成。

⑥蹄关节：由冠骨远端、远籽骨和蹄骨近端构成。

（3）前肢骨性标志　肩胛冈、肩峰、肘突、球节等。

4. 后肢骨骼

（1）后肢骨　包括髋骨、股骨、膝盖骨、小腿骨、跗骨、跖骨、趾骨和籽骨（图2-9）。

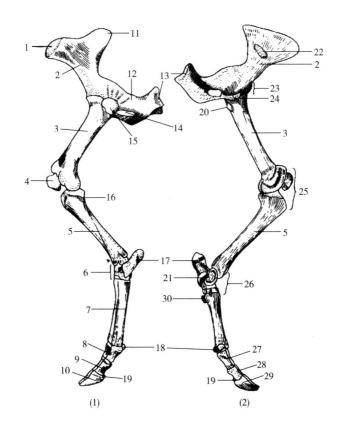

图2-9　牛的后肢骨骼

（1）外侧面　（2）内侧面

1—髋结节　2—髂骨　3—股骨　4—膝盖骨　5—胫骨　6—跗骨　7—第3、4跖骨

8—第4趾的系骨　9—第4趾的冠骨　10—第4趾的蹄骨　11—荐结节　12—坐骨　13—坐骨结节

14—闭孔　15—大转子　16—腓骨　17—跟骨　18—近籽骨　19—远籽骨　20—小转子　21—距骨

22—髂骨的耳状关节面　23—髋关节　24—耻骨　25—膝关节　26—跗关节　27—第3趾的系骨

28—第3趾的冠骨　29—第3趾的蹄骨　30—第2跖骨

①髋骨：由髂骨、耻骨和坐骨结合而成。三骨结合处形成一个深的杯状关节窝，称髋臼。髂骨位于背外侧，其前部宽而扁，呈三角形，称髂骨翼；后部呈三棱形，称髂骨体。髂骨翼的外侧面称臀肌面，内侧面（骨盆面）称耳状面，外侧角粗大称髋结节，内侧角称荐结节。耻骨位于腹侧前方，坐骨位于腹侧后部。两骨之间的结合处，分别称为耻骨联合和坐骨联合，合并称为骨盆联合。两侧坐骨后缘形成坐骨弓，弓的两端突出且粗糙，称坐骨结节。

②股骨：为一大的管状长骨，由后上方斜向前下方，近端内侧有一球形的股骨头，外侧有一粗大的突起称为大转子。远端粗大，前方为滑车状关节面，与髌骨成关节；后方为股骨髁，与胫骨成关节。

③膝盖骨：又称膑骨，略呈三角形，位于股骨远端的前方。其前面粗糙，供肌腱、韧带附着，后面为光滑的关节面，与股骨远端滑车状关节面成关节。

④小腿骨：包括胫骨和腓骨。胫骨发达，呈棱柱形。近端粗大，有内、外髁，与股骨成关节；远端有滑车状关节面，与胫跗骨成关节。腓骨位于胫骨外，已退化，为一向下的小突起。

⑤跗骨：5块短骨排成三列。近列跗骨两块，内侧是距骨，外侧是跟骨，跟骨近端粗大，向后上方突起，称跟结节；中列一块为中央跗骨；远列两块，第1跗骨小，第2、3跗骨愈合。

⑥跖骨、趾骨、籽骨：分别与前肢相应的掌骨、指骨和籽骨相似。但跖骨、趾骨较细长些。

（2）后肢关节　为保持站立时的稳定，后肢各关节与前肢相适应，除趾关节外，各关节的方向相反。后肢关节由上向下依次为荐髂关节、髋关节、膝关节、跗关节、趾关节（包括系关节、冠关节和趾关节）。

①荐髂关节：由荐骨翼和髂骨翼的耳状面构成，结合紧密，几乎不能活动，主要作用是连结后肢与躯干。荐骨与髂骨间尚有荐髂韧带和荐坐韧带，参与骨盆的构成。

②髋关节：由髋臼和股骨头构成，关节角顶向后。属多轴关节，能进行多方面运动，如内收、外展、旋转等，但主要做屈、伸运动。

③膝关节：为复关节，由股骨远端、髌骨和胫骨近端构成。包括股膑关节和股胫关节。关节角顶向前。股膑关节由股骨远端的滑车关节面和髌骨构成；股胫关节由股骨远端的髁和胫骨的关节面构成。膝关节是多轴关节，但由于受到肌肉和韧带的限制，主要做屈、伸运动。

④跗关节：又称飞节。由小腿骨远端、跗骨和距骨近端构成的复关节。关节角顶向后，为单轴关节，主要做屈、伸运动。

⑤系关节、冠关节和蹄关节：其构造与前肢指关节相同。

（3）骨盆　顶壁由荐骨和前三尾椎构成，两侧壁为髂骨和荐坐韧带，底壁为趾骨和坐骨。骨盆腔具有保护盆腔内脏和传递推力的作用，在母畜又是娩出胎儿的骨性产道，所以，母畜的骨盆腔较公畜的骨盆腔大而宽敞。牛的髋骨背侧面见图2-10。

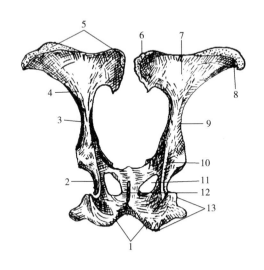

图2-10　牛的髋骨背侧面
1—坐骨弓　2—坐骨小切迹　3—髂骨体　4—臀肌线　5—髂骨翼　6—荐结节　7—臀肌面
8—髋结节　9—坐骨大切迹　10—坐骨棘　11—闭孔　12—骨盆联合　13—坐骨结节

（4）后肢骨性标志　髋结节、坐骨结节、荐结节、坐骨弓、骨盆联合、跟结节、飞节等。

二、肌肉

（一）肌肉概述

运动系统的肌肉属于横纹肌，因其附着在骨骼上，故称骨骼肌。每块肌肉都是一个器官，都具有一定的形态构造和功能。

1. 肌肉的形态和构造

（1）肌肉的形态　畜体肌肉的形状多种多样，根据形态可将其分为长肌、短肌、阔肌和环形肌4种（图2-11）。长肌收缩时运动的幅度较大，多分布于四肢；短肌收缩时运动幅度小，如脊柱周围的肌肉，主要存在于脊柱相邻椎骨之间，有利于稳定关节；阔肌多见于胸、腹壁，除收缩时使躯干运动外，还起支持和保护内脏的作用；环形肌分布在自然孔周围，收缩时可缩小或关闭自然孔。

（2）肌肉的构造　每一块肌肉均由肌腹和肌腱两部分构成（图2-12）。

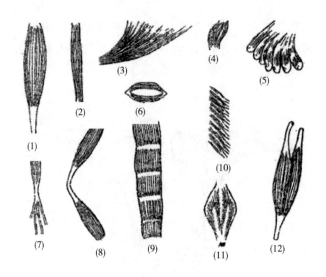

图 2 – 11　肌肉的形态

（1）纺锤形肌　（2）带状肌　（3）板状肌　（4）短肌　（5）锯肌　（6）环形肌　（7）四尾肌

（8）二腹肌　（9）带腱划肌　（10）多裂肌　（11）复羽状纺锤形肌　（12）二头肌

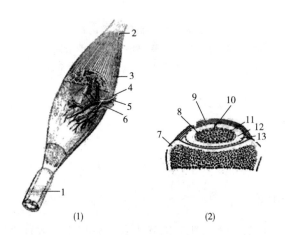

图 2 – 12　肌肉构造示意图

（1）肌腱和肌腹　（2）腱鞘

1—腱鞘　2—肌腱　3—肌腹　4—动脉　5—静脉　6—神经　7—骨　8—腱

9—纤维膜　10—腱系膜　11—滑膜腱层　12—滑膜腔　13—滑膜壁层

①肌腹：是肌肉中有收缩能力的部分，由横纹肌纤维借结缔组织结合而成。肌纤维是肌肉的实质部分，结缔组织则为间质部分。由结缔组织把肌纤维先集合成小肌束，再集合成大的肌束，然后集合成肌肉块。包在肌纤维外的膜称肌内膜，包在肌束外面的称肌束膜，包在肌肉块外面的称肌外膜。间质内有血管、神经、脂肪，对肌肉起联系、支持和营养作用。

②肌腱：由致密结缔组织构成，借肌内膜连结在肌纤维的端部或肌腹中，故有的肌肉块的肌腱位于两端，有的肌腱位于中间或某一部位。纺锤形或长肌的肌腱多呈圆索状，阔肌的腱多呈薄膜状。肌腱不能收缩，但具有很强的韧性和抗张力，其纤维伸入到骨膜和骨质中，而将肌肉牢固地附于骨上。

2. 肌肉的起止点

每一块肌肉一般都附着在 2 块以上的骨上，跨越一个或两个以上的关节，肌肉多附着于软骨、筋膜、韧带或皮肤上。肌肉收缩时，不动的一端为起点，动的一端为止点，但这不是固定的，当活动改变时，起止点也相应地改变。

3. 肌肉的种类及命名

肌肉一般按作用、形态、位置、结构、起止点及纤维方向等特征命名。有的以单一特征命名，如按起止点命名的臂头肌、胸头肌；有的以几个特征综合命名，如腕桡侧伸肌、腹外斜肌等。肌肉按其收缩时所产生的结果不同分为伸肌、屈肌、内收肌、外展肌、旋肌、张肌、括约肌等。

4. 肌肉的辅助器官

在肌肉的周围，还有一些肌肉的辅助器官，主要有筋膜、黏液囊和腱鞘等。

（1）筋膜　覆盖在肌肉表面的结缔组织膜，可分为浅筋膜和深筋膜。

①浅筋膜：位于皮下，由疏松结缔组织构成，覆盖在肌肉的表面。浅筋膜内有血管、神经、脂肪或皮肌分布。浅筋膜有联系深部组织、贮存营养、保护及参与体温调节等作用。

②深筋膜：位于浅筋膜深面，由致密结缔组织构成，致密而坚韧，包围在肌群的表面，并伸入肌间，附着于骨上，有支持和连接肌肉的作用。

（2）黏液囊　是密闭的结缔组织囊，囊壁薄，内衬滑膜，有少量的黏液。黏液囊多位于骨的突起与肌肉、腱、韧带和皮肤之间，分别称肌下、腱下、韧带下和皮肤下黏液囊。黏液囊有减少摩擦的作用。关节附近的黏液囊与关节腔相通，称滑膜囊。

（3）腱鞘　是卷曲成长筒状的黏液囊，分内、外两层。外层为纤维层，厚而坚固，由深筋膜增厚而成；内层为滑膜层，又分壁层和脏层。壁层紧贴在纤维层的内面，脏层紧包在腱上，由壁层折转而来，壁、脏两层空隙间有少量的滑液。腱鞘包围于腱的周围，多位于四肢关节部，有减少摩擦、保护肌腱的作用。

（二）全身主要肌肉的分布

牛的全身肌肉按其所在部位可分为皮肌、头部肌肉、躯干肌肉和四肢肌肉（图 2 - 13）。

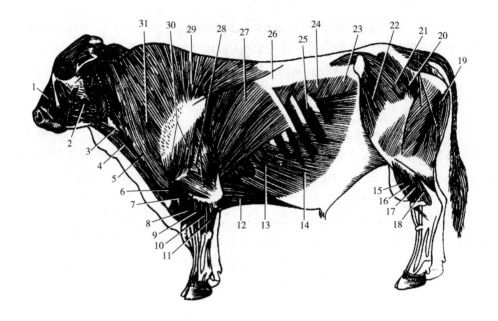

图 2 – 13　牛体浅层肌

1—鼻唇体积　2—咬肌　3—颈静脉　4—胸头肌　5—臂头肌　6—臂肌　7—腕桡侧伸肌
8—指内侧伸肌　9—指总伸肌　10—指外侧伸肌　11—腕尺侧伸肌　12—胸升肌　13—胸腹侧锯肌
14—腹外斜肌　15—腓骨第 3 肌　16—腓骨长肌　17—趾外侧伸肌　18—趾深屈肌　19—半腱肌
20—臀股二头肌　21—臀中肌　22—阔筋膜张肌　23—腹内斜肌　24—后背侧锯肌　25—肋间外肌
26—背腰筋膜　27—背阔肌　28—臂三头肌　29—斜方肌　30—三角肌　31—肩胛横突肌

1. 皮肌

皮肌是位于浅筋膜内的薄层骨骼肌。因其紧贴皮肤，故该肌舒缩时可使皮肤颤动，以此驱逐蚊蝇、抖掉灰尘和水滴等。皮肌并不覆盖全身，根据其部位可分为面皮肌、颈皮肌、肩臂皮肌和躯干皮肌。

2. 头部肌肉

头部肌肉主要分为面部肌和咀嚼肌。

（1）面部肌　位于口腔、鼻孔、眼孔周围的肌肉，分为开张自然孔的开肌和关闭自然孔的括约肌。

①开肌：起于面部，止于自然孔周围。主要有鼻唇提肌、鼻外侧开肌、上唇提肌、下唇降肌等。

②括约肌：位于自然孔的周围，有关闭自然孔的作用。主要有口轮匝肌和颊肌。

（2）咀嚼肌　起于颅骨，止于下颌骨的肌肉。当咀嚼肌收缩时可使下颌骨运动，出现张口、闭口、咀嚼及吸吮动作。咀嚼肌可分为开口肌和闭口肌。开口肌主要是二腹肌；闭口肌主要有咬肌、翼肌和颞肌。

3. 躯干的主要肌肉

躯干部肌肉可分为脊柱肌、颈腹侧肌、胸壁肌、腹壁肌。

（1）脊柱肌 是支配脊柱活动的肌肉，可分为脊柱背侧肌群和脊柱腹侧肌群。

①脊柱背侧肌群：位于脊柱背侧，很发达。两背侧肌群同时收缩可伸脊柱并提举头颈和尾；一侧收缩可使脊柱向左或右侧弯屈。主要有背最长肌和髂肋肌，两者之间的沟称髂肋肌沟。

a. 背最长肌。是体内最大的肌肉，呈三棱形，位于胸腰椎棘突与肋的椎骨端、腰椎横突所形成的三棱形沟内。起于髂骨前缘及腰荐椎，向前止于最后颈椎及前部肋骨近端。

b. 髂肋肌。位于背最长肌腹外侧，狭长分节，由一系列斜向前下方的肌束组成。起于腰椎横突末端及后 8 个肋的前缘，向前止于所有肋的后上缘。

②脊椎腹侧肌群：主要是位于颈椎、腰椎腹侧的一些肌群，不发达。两腹侧肌群同时收缩可屈头、颈、腰尾部，一侧收缩可使头颈尾偏向一侧。主要有腰小肌和腰大肌。

a. 腰小肌。位于腰椎腹面的两侧，狭长。

b. 腰大肌。位于腰椎横突的腹外侧，较大，部分被腰小肌覆盖。

（2）颈腹侧肌 颈腹侧肌位于颈部气管、食管及大血管的腹侧和两侧，为长带状肌。有胸头肌、肩胛舌骨肌和胸骨甲状舌骨肌。

①胸头肌：位于颈部腹外侧皮下，臂头肌的下缘。胸头肌与臂头肌之间的沟称为颈静脉沟，内有颈静脉，为牛、羊采血和输液的常用部位。

②肩胛舌骨肌：位于颈侧部，臂头肌的深面，在颈前部形成颈静脉沟的底。

③胸骨甲状舌骨肌：位于气管腹侧。

（3）胸壁肌 主要有肋间肌和膈。

①肋间肌：位于肋间隙内，分肋间外肌和肋间内肌两层。

a. 肋间外肌。位于肋间隙的表层，肌纤维从前上方斜向后下方。收缩时，牵引肋骨向前外方，使胸腔横径扩大，助吸气。

b. 肋间内肌。位于肋间隙的深层，肌纤维从后上方斜向前下方。收缩时，牵引肋骨向后内方，使胸腔缩小，助呼气。

②膈：位于胸腹腔之间。为圆顶状的板状肌，凸面向前，周围为肌质，中央为腱质。收缩时，膈顶后移，扩大胸腔纵径，助吸气；舒张时，膈顶回位，助呼气。

膈有三个裂孔：上方的是主动脉裂孔；下方的是腔静脉裂孔；中间的是食管裂孔。分别有主动脉、后腔静脉及食管通过。

（4）腹壁肌

①腹壁肌：是构成腹腔侧壁和底壁的板状肌，由 4 层纤维方向不同的薄板状肌构成。由外向内依次为腹外斜肌、腹内斜肌、腹直肌和腹横肌。除腹直肌

外其余 3 层肌的上部均为肌腹，下部为腱膜。

a. 腹外斜肌。为腹壁肌的最外层，肌纤维由前上方斜向后下方。起于第 5 至最后肋的外面，起始部为肌质，至肋弓下约一掌处变为腱，止于腹白线。

b. 腹内斜肌。为腹壁肌的第 2 层，肌纤维由后上方斜向前下方。起于髋结节及腰椎横突，向前下方伸延，至腹侧壁中部转为腱，止于最后肋后缘及腹白线。

c. 腹直肌。为腹壁肌的第 3 层，肌纤维纵行。呈宽带状，位于腹白线两侧的腹底壁内，起于胸骨和后部肋软骨，止于趾骨前缘。

d. 腹横肌。为腹壁肌的最内层，较薄。起于腰椎横突及肋弓内侧，肌纤维上下行走，以腱膜止于腹白线上。

腹肌的作用。腹壁肌各层肌纤维走向不同，彼此重叠，加上被覆在腹肌表面的腹黄筋膜（一层坚韧的腹壁筋膜），构成柔软而富有弹性的腹壁，对腹腔脏器起着重要的支持和保护作用。腹肌收缩，能增大腹压，协助呼气、排便和分娩等活动。

②腹白线：位于腹底壁正中线上，剑状软骨与趾骨联合之间，由两侧腹肌腱膜交织而成。在白线中部稍后方有一瘢痕称为脐。由于腹白线上没有大的血管和神经，因此腹腔剖开手术大多沿腹白线进行。

③腹股沟管：位于股内侧的腹壁上，为腹外斜肌和腹内斜肌的一个斜行的楔形裂隙。管的内口通腹腔，称腹环，长约 15cm；外口通皮下，称皮下环，长约 10cm。腹股沟管是胎儿时期睾丸及附睾从腹腔下降到阴囊的通道，公畜管内有精索，母畜的腹股沟管内仅供血管、神经通过。动物出生后如果腹环过大，小肠等器官可进入管内，形成疝。因此临床的腹壁疝、腹股沟管疝和阴囊疝发生的解剖学因素是由于腹股沟管的存在。

4. 前肢的主要肌肉

前肢主要肌肉包括肩带肌和作用于前肢各关节的肌肉（图 2 - 14、图 2 - 15）。

（1）肩带肌　是连接前肢与躯干的肌肉，大多数为板状肌。起于躯干骨，止于肩胛骨、臂骨及前臂骨。肩带肌收缩时能使肩胛骨、臂骨前后摆动，以此扩大前肢的活动范围，并可提举躯干。根据其所在的位置分为背侧肌群和腹侧肌群。由于家畜的前肢与躯干间没有关节，完全靠肩带肌连结，因此，这些肌肉负重很大，常在跌挫或猛进时，发生损伤而造成脱膊。

①背侧肌群：主要有斜方肌、菱形肌、臂头肌和背阔肌。

a. 斜方肌。为扁平的三角形肌，起于项韧带索状部、棘上韧带，止于肩胛冈。斜方肌分颈、胸两部，颈斜方肌纤维由前上方斜向后下方，胸斜方肌纤维由后上方斜向前下方。

b. 菱形肌。位于斜方肌和肩胛软骨深面，起自于第 2 颈椎至第 5 胸椎之间的项韧带索状部、棘上韧带及胸椎棘突，止于肩胛软骨内侧面，分为颈胸两部分。

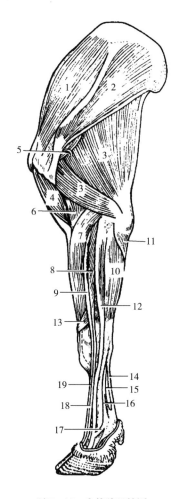 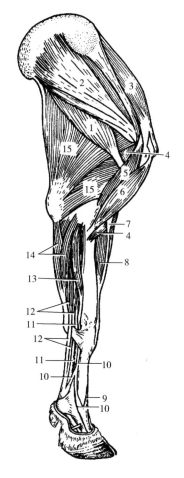

图 2 - 14　牛前肢肌外侧

1—冈上肌　2—冈下肌　3—臂三头肌
4—臂二头肌　5—小圆肌　6—臂肌
7—腕桡侧伸肌　8—指总伸肌　9—指内侧伸肌
10—腕尺侧伸肌　11—指深屈肌尺骨头
12—指外侧伸肌　13—拇长外展肌
14—指浅屈肌腱　15—指深屈肌腱
16—悬韧带　17—悬韧带的分支
18—指总伸肌腱　19—指内侧伸肌腱

图 2 - 15　牛前肢肌内侧

1—大圆肌　2—肩胛下肌　3—冈上肌
4—臂肌　5—喙臂肌　6—臂二头肌
7—臂二头肌纤维素　8—腕桡侧伸肌
9—指内侧伸肌腱　10—悬韧带及其分支
11—指深屈肌腱　12—指浅屈肌腱
13—腕桡侧屈肌　14—腕尺侧屈肌
15—臂三头肌

　　c. 臂头肌。为带状肌，前宽后窄，位于颈侧部皮下浅层，构成颈静脉沟上界。起于枕骨、颞骨、下颌骨，止于臂骨。该肌可以牵引前肢向前，伸肩关节、提举或侧偏头颈。

　　d. 背阔肌。位于胸侧壁上部的扇形板状肌，肌纤维由后上方斜向前下方。

以宽阔的腱膜起于腰背筋膜，向下止于臂骨内侧的圆肌结节。该肌可向后上方提举前肢，屈肩关节。

②腹侧肌群：主要有腹侧锯肌和胸肌。

a. 腹侧锯肌。是一宽大扇形肌，下缘锯齿状，分颈、胸两部。颈腹侧锯肌位于颈部外侧，发达，几乎全为肌质；胸腹侧锯肌位于胸外侧，较薄，表面和内部混有厚而坚韧的腱层。

b. 胸肌。位于胸壁腹侧和肩臂内侧之间的强大肌群，分胸浅肌和胸深肌，有内收和摆动前肢的作用。

（2）作用于肩关节的肌肉　分布于肩胛骨的外侧面及内侧面。起于肩胛骨，止于臂骨，跨越肩关节。作用于肩关节的肌肉有伸肌、屈肌、内收肌和外展肌。由于动物的肩关节主要做屈伸运动，所以，内收肌和外展肌的作用不明显，主要起固定和屈肩关节的作用。

①冈上肌：位于冈上窝中，全为肌质。起于冈上窝和肩胛软骨，止于臂骨内、外侧结节。有伸展及固定肩关节的作用。

②冈下肌：位于冈下窝内，大部分被三角肌覆盖。有外展和固定肩关节的作用。

③三角肌：位于冈下肌的浅层，呈三角形。以腱膜起于肩胛冈、肩胛骨后角及肩峰，止于臂骨三角肌结节。有屈肩关节的作用。

④肩胛下肌：位于肩胛骨内侧的肩胛下窝内，可内收前肢。

⑤大圆肌：位于肩胛下肌后方，呈带状，有屈肩关节的作用。

（3）作用于肘关节的肌肉　分布于臂骨周围。主要的伸肌有臂三头肌、前臂筋膜张肌，屈肌主要有臂二头肌、臂肌。

①臂三头肌：位于肩胛骨后缘与臂骨形成的夹角内，呈三角形，是前肢最强大的一块肌肉。它以长头和内、外侧头分别起于肩胛骨及臂骨的内外侧，止于尺骨的鹰嘴。有伸肘关节的作用。

②前臂筋膜张肌：位于臂三头肌后缘，是一狭长肌肉。起于肩胛骨后角，止于鹰嘴。有伸肘关节的作用。

③臂二头肌：位于臂骨前面，呈纺锤形。起于肩甲结节，止于桡骨近端前内侧。有屈肘关节的作用。

④臂肌：位于臂骨前内侧的肌沟内，有屈肘关节的作用。

（4）作用于腕关节、指关节肌肉　这部分肌肉的肌腹多在前臂部，至腕关节附近移行为腱。分为背外侧肌群和掌侧肌群。

①背外侧肌群：位于前臂骨的背侧面和外侧面，由前向后依次为腕桡侧伸肌、指内侧伸肌、指总伸肌、指外侧伸肌和腕斜伸肌，是腕、指关节的伸肌。

②掌侧肌群：位于前臂骨的掌侧面和内侧面，由内向外依次是腕桡侧屈

肌、腕尺侧屈肌和腕外侧屈肌，是腕、指关节的屈肌。

③前臂正中沟：位于前肢内侧，桡骨内后缘和腕桡侧屈肌之间的沟，内有正中动脉、正中静脉和正中神经行走。

5. 后肢的主要肌肉

后肢肌肉是推动躯体前进的主要动力，以伸肌最强大。牛后肢肌外侧和肌内侧示意图见图 2-16 和图 2-17。

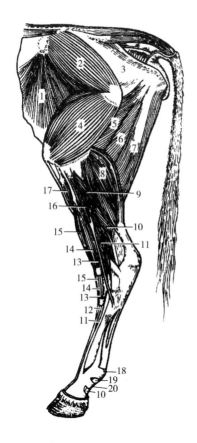 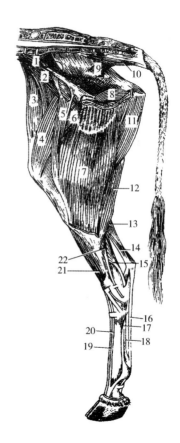

图 2-16　牛后肢肌外侧

1—腹内斜肌　2—臀中肌　3—荐结节阔韧带

4—股外侧肌　5—内收肌　6—半膜肌

7—半腱肌　8—腓肠肌　9—比目鱼肌

10—趾深屈肌及其腱　11—趾外侧伸肌及其腱

12—趾短伸肌　13—趾长伸肌

14—趾内侧伸肌及其腱　15—腓骨第 3 肌及其腱

16—腓骨长肌　17—胫骨前肌

18—跖趾关节掌侧环状韧带　19—趾浅屈肌腱

20—趾近侧环状韧带

图 2-17　牛后肢肌内侧

1—腰小肌　2—髂腰肌　3—阔筋膜张肌

4—股直肌　5—缝匠肌　6—耻骨肌

7—股薄肌　8—闭孔内肌　9—尾骨肌

10—荐尾腹侧肌　11—半膜肌

12—半腱肌　13—腓肠肌　14—趾浅屈肌

15—趾深屈肌　16—趾浅屈肌腱

17—悬韧带　18—趾深屈肌腱

19—趾长屈肌腱　20—趾内侧伸肌腱

21—腓骨第 3 肌　22—趾长屈肌

（1）作用于髋关节的肌肉　伸肌主要有臀肌、臀股二头肌、半腱肌和半膜肌。屈肌主要是股阔筋膜张肌。此外，还有对髋关节起内收作用的股薄肌和内收肌。

①臀肌：位于臀部的皮下，发达。起于髂骨翼和荐坐韧带，前与背最长肌筋膜相连，止于股骨大转子。臀肌有伸髋关节作用，并参与竖立、踢蹴及推进躯干的作用。

②臀股二头肌：位于臀肌后方，股后外侧皮下。起点有两个头：椎骨头起于荐骨；坐骨头起于坐骨结节。向下以腱膜止于膝部、胫部和跟结节。该肌有伸髋关节、膝关节和跗关节的作用。

③半腱肌：位于臀股二头肌后方，起于坐骨结节，止于胫骨嵴及跟结节。作用同臀股二头肌。半腱肌与臀股二头肌构成股二头肌沟。股二头肌沟内有全身最粗的坐骨神经，因此臀部肌肉注射应该避开此部位。

④半膜肌：位于半腱肌后内侧，起于坐骨结节，止于股骨远端和胫骨近端。作用同臀股二头肌。

⑤股阔筋膜张肌：位于股部前方浅层。起于髋结节，向下呈扇形展开，止于髌骨和胫骨近端。有屈髋关节、伸膝关节的作用。

⑥股薄肌：位于股内侧皮下，有内收后肢的作用。

⑦内收肌：位于半膜肌前方，股薄肌深层，呈三棱形，有内收后肢的作用。

（2）作用于膝关节的肌肉　伸肌主要有股四头肌，位于股骨前方和两侧，被股阔筋膜张肌覆盖。有4个头，分别是直头、内侧头、外侧头和中间头。直头起于髂骨体，其余三头分别起于股骨内侧、外侧和前面，向下止于髌骨。屈肌主要是位于胫骨近端后面的腘肌。

（3）作用于跗关节的肌肉　跗关节的伸肌主要有位于小腿后方的腓肠肌、趾浅屈肌和趾深屈肌。其中腓肠肌发达，有两个肌腹呈纺锤形，有内、外两个肌头分别起于股骨远端后面的两侧，在小腿中部合成一强腱，止于跟结节。屈肌主要有位于胫骨背侧的胫骨前肌、第3腓骨肌和腓骨长肌。

跟腱为位于小腿后部的一圆形强腱，由腓肠肌肌腱、趾浅屈肌腱、臀股二头肌腱和半腱肌腱合成，连与跟结节上，有伸跗关节的作用。

（4）作用于趾关节的肌肉　作用于趾关节的伸肌位于小腿背外侧，主要有趾内侧伸肌、趾长伸肌和趾外侧伸肌。屈肌位于小腿跖侧。

小腿和后脚部的肌肉多为纺锤形，肌腹多位于小腿上部，在跗关节附近变为肌腱。肌腱在通过跗关节处大部分包有腱鞘。

（三）肌肉的收缩功能

骨骼肌占动物体重的一半左右，是运动系统的动力器官。骨骼肌的活动受躯体神经直接控制。它的功能是引起或制止各种关节的活动，借以完成躯体运动、呼吸运动、维持躯体平衡和其他各种复杂的运动。

1. 骨骼肌的特性

（1）骨骼肌的物理特性　骨骼肌有展性、弹性、黏性等物理特性。当骨骼肌受到牵拉或其他外力作用时就被拉长，这就是展性。当外力解除后，它又会缓慢地恢复原状，这就是弹性。骨骼肌的展性和弹性都不是很完全的。当肌肉变形时，由于分子内部摩擦很大，产生一定的阻力，所以变形缓慢而不完全。

骨骼肌的展性和弹性是保证肌肉收缩的必要条件；而黏性则使收缩产生阻力，导致收缩能力减弱。骨骼肌的功能状态良好时，展性和弹性增大而黏性减小，因而肌肉收缩迅速而有力。相反，当骨骼肌的功能状态不良时，如疲劳、循环障碍等，展性和弹性减小而黏性增大，因而肌肉收缩减慢减弱，甚至暂时失去收缩功能。骨骼肌的展性和弹性比平滑肌小，所以骨骼肌收缩时的长度变化比平滑肌小。骨骼肌的黏性也比平滑肌小，所以骨骼肌收缩的速度比平滑肌快。

（2）骨骼肌的生理特性　骨骼肌有兴奋性、传导性和收缩性等生理特性。

骨骼肌纤维有很高的兴奋性，显著高于心肌和平滑肌。骨骼肌兴奋性的主要特点是：在正常状态下，只能接受躯体运动神经传来的神经冲动。因此，骨骼肌与支配它的运动神经的联系破坏后，它就失去运动能力而陷于瘫痪。在不同状态下，骨骼肌的兴奋性会发生变化。例如，适当拉长肌肉使兴奋性增大，疲劳使兴奋性下降。骨骼肌受到运动神经纤维传来的冲动而发生兴奋后，也像心肌一样，会暂时失去兴奋的能力，出现不应期。但骨骼肌的不应期比心肌短得多。

骨骼肌有传导兴奋的能力。肌纤维上任何一点发生的兴奋，都能沿着肌纤维传播。但传播的范围只能局限在同一条肌纤维内，不能传播到另一条肌纤维去。心肌就与骨骼肌不同，单个心肌细胞的兴奋能够传播到邻近的细胞和心脏的其他部分中去。骨骼肌纤维传导兴奋的这一特点是神经系统对骨骼肌收缩进行精细调节的重要条件。骨骼肌纤维传导兴奋的另一个特点是传导速度比心肌和平滑肌快。

骨骼肌兴奋后，能够在外形上表现明显缩短的现象，这种特性叫收缩性，它是骨骼肌最重要的生理特点。骨骼肌的各种重要生理功能都是通过收缩活动而实现的。骨骼肌收缩的特点是速度快、强度大，但不能持久。

兴奋性、传导性和收缩性 3 种生理特性是相互联系和不可分割的。正常时，骨骼肌纤维的某一点先接受运动神经纤维传来的神经冲动而兴奋，然后兴奋沿着这条肌纤维迅速传播，引起整条肌纤维兴奋，最后使整条肌纤维发生收缩反应。

2. 骨骼肌收缩的机理

骨骼肌由肌纤维组成，外有肌膜，内有肌浆、细胞器及丰富的肌红蛋白和肌原纤维。肌原纤维是肌细胞内的细丝状结构，是骨骼肌收缩的基本结构单位。在光学显微镜下呈现很规则的明暗相间的横纹，暗的部分较宽，为 A 带（暗带），明的部分较窄，为 I 带（明带）。在 I 带正中间有一条暗纹，为 Z 线（间膜）；A 带中间有一条亮纹，为 H 带，H 带正中还有一条较深的线，为 M 线（中膜）。肌原纤维的每两条 Z 线之间的部分，为肌节。每条肌原纤维都有许多肌微丝组成，肌微丝又分粗、细两种。

关于骨骼肌收缩的机理，有较多实验证据的是肌丝滑行学说（图 2 – 18）。该学说认为，当骨骼肌收缩时，肌纤维每一肌节的暗带长度不变，而 H 带变窄，明带缩短。肌纤维的缩短并不是肌微丝本身的长度有所改变，而是由于两种穿插排列的肌微丝之间发生滑行运动。即由细微丝（肌动蛋白微丝）像"刀入鞘"一样地向粗微丝（肌球蛋白微丝）之间滑进，结果使明带 I 带缩短，H 带变窄乃至消失，Z 线被牵引向暗带靠拢，于是整个肌纤维的长度缩短。而这种滑动过程，可认为是在 Ca^{2+} 参与下，肌动蛋白和肌球蛋白形成复合物又不断分离的过程。

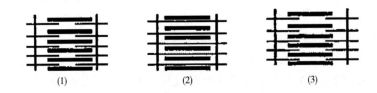

(1)　　　　　　(2)　　　　　　(3)

图 2 – 18　肌纤维收缩的滑动学说示意图

（1）静止状态　　（2）收缩状态　　（3）舒张状态

3. 骨骼肌收缩的外部表现

（1）等张收缩和等长收缩　肌肉收缩长度发生变化而张力不变时，称为等张收缩；张力发生变化时而长度不变称为等长收缩。机体内部肌肉收缩都是两种不同程度的混合收缩。骨骼肌收缩是肌纤维兴奋后发生的机械性反应，也可以看做是肌纤维兴奋过程的外在表现。这种机械性反应表现出两种效应：长度变化，即肌纤维伸长或缩短；张力变化，即肌纤维产生张力。长度变化可以完成各种运动功能；张力变化可以负荷一定的质量。

在自然条件下，动物机体内每条骨骼肌收缩时都同时发生张力变化和长度变化，所以正常的骨骼肌收缩都是包括张力变化和长度变化的混合收缩。由于各种骨骼肌的结构和功能不同，有的收缩以长度变化为主，有的收缩以张力变化为主。一般地说，进行大幅度运动的四肢伸肌群和屈肌群在收缩时以长度变化为主；担负重量的肩部和腰部的肌群收缩时都以张力变化为主。另一些骨骼肌收缩时，两种变化的比例相差不大，胸部和腹部的许多肌群就属于这一类。

在实验条件下，为了深入分析骨骼肌收缩时所表现的两种机械效应的规律，常常用人为的办法使两种机械效应中的一种保持恒定。如果固定肌肉的两端，使肌肉收缩时不允许发生长度变化而只表现张力的增加，这种收缩就称作等长收缩。如果让肌肉的两端完全游离，使肌肉收缩时可以自由缩短而不负任何重量，这种收缩就是只有长度变化而不发生张力变化的等张收缩。

（2）单收缩　骨骼肌接受单个刺激，就产生一次兴奋和一次收缩。收缩完毕后又迅速舒张而恢复原状。这种有单个刺激引起的单一收缩，称作单收缩。它是肌肉收缩的最简单形式，也是一切复杂的肌肉运动的基础。

单收缩的全部活动过程可以分为 3 个时期，即潜伏期、缩短期和舒张期（图 2－19）。

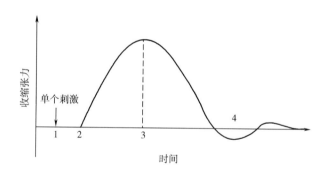

图 2－19　骨骼肌单收缩曲线
1—给予刺激　1、2—潜伏期　2、3—缩短期　3、4—舒张期

潜伏期是指从刺激作用的时刻开始到肌肉开始收缩所经历的一段时期。在潜伏期内进行着神经肌肉间的兴奋传递、肌肉动作电位的传播和一系列复杂的生物化学和生物物理过程，完成肌肉兴奋的最初阶段。潜伏期后，肌肉就开始缩短而进入缩短期，在此期间内发生肌丝滑行，产生张力和缩短的主动过程。从肌肉最大限度缩短到恢复至原来长度和张力的这一段时间称为舒张期。在正常机体内一般不会发生单收缩，因为支配肌肉活动的神经不发放单个冲动而是发放一连串的冲动。

整个单收缩及其各个时期的持续时间在不同动物或同一动物的不同肌肉中各不相同。同一肌肉在不同生理状态或处在不同条件下，也使单收缩的持续时间发生显著变化。所以，单收缩的速度是反映肌肉生理状态的重要标志之一。

（3）收缩总和与强直收缩　正常时，骨骼肌都是受中枢神经系统内的运动神经细胞发出的冲动而兴奋，而且这种冲动是一连串的，不是单个的。在一连串神经冲动的刺激下，骨骼肌总是在前一次单收缩没有完成以前，就接着发生后一次单收缩。

在实验条件下，给肌肉一连串的刺激，若后一次刺激落在前一次刺激引起的收缩舒张期内，则肌肉不再舒张，而出现比前一次收缩幅度更高的收缩，这种现象称为收缩总和。随着刺激频率的增大，肌肉不断地进行综合，直至肌肉处于持续的收缩状态，这种收缩称为强直收缩。强直收缩的特点是：骨骼肌在受到一系列神经冲动刺激的整段时间内都保持收缩状态，因而收缩的时间比较长，产生的长度变化都比单收缩大得多。强直收缩对于完成骨骼肌的运动功能和负重都比较有利。根据刺激频率的不同强直收缩又可分为以下两种（图 2 - 20）：

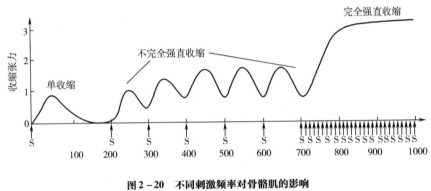

图 2 - 20　不同刺激频率对骨骼肌的影响

S—单个刺激

①不完全强直收缩：给肌肉连续刺激，在刺激频率较低时，后一次刺激落在前一次刺激所引起收缩的舒张期内，则肌肉在未完全舒张时进行下一次收缩，描记的收缩曲线呈锯齿状态，这样的收缩称为不完全强直收缩。一般不完全强直收缩的幅度大于单收缩的幅度，这是由于收缩的总和引起的。

②完全强直收缩：给肌肉连续刺激时，若刺激频率较高，后一次刺激落在前一次刺激所引起收缩的缩短期内，则肌肉在没有舒张时进行下一次收缩，形成平滑的收缩曲线，称为完全强直收缩。一般完全强直收缩的幅度大于单收缩和不完全强直收缩的幅度，因而可以产生更大的收缩效果。通常所说的强直收缩是指完全强直收缩。引起完全强直收缩所需的最低频率称为临界融合频率。哺乳动物运动神经的融合频率一般为每秒 50 ~ 150 次冲动。应当指出的是，收缩和兴奋是两个不同的生理过程。强直收缩中，收缩可以融合，但兴奋并不融合，它们依然是一连串各自分离的动作电位。在生理条件下，支配骨骼肌的传出神经总是发出连续的冲动，所以正常机体内骨骼肌的收缩都是不同程度的强直收缩。

（4）肌紧张 动物的运动、驻立等活动都是靠骨骼肌的强直收缩来完成的。但是，即使动物不做随意运动，神经系统实际上也有不少冲动传到骨骼肌，使少数肌纤维呈持续微弱的收缩状态，这种现象称作肌紧张。由于这是少数运动单位（由一个运动神经细胞和它所支配的全部骨骼肌构成）交替收缩的活动，故不易疲劳。肌紧张是畜体维持正常姿势的基本的反射活动。姿势改变是肌紧张重新分配的结果。

4. 骨骼肌的机械工作

（1）骨骼肌的绝对力量 一块骨骼肌在最强收缩时所产生的最大等长收缩张力，称作骨骼肌的力量。骨骼肌的力量决定于肌肉内肌纤维的数目和粗细，而与肌纤维的长度无关。组成骨骼肌的肌纤维越多或越粗，肌肉收缩时能产生的力量也就越大。

动物在接受合理的运动训练和调教过程中，骨骼肌内的肌纤维数目虽然不会增多，但每条肌纤维会逐渐变粗，整块骨骼肌的生理直径相应地增大，肌肉的力量也增加。$1cm^2$ 的骨骼肌横断面积所能产生的力量，称作骨骼肌的绝对力量。

（2）骨骼肌的功 骨骼肌收缩时都能完成一定的机械工作，这种机械工作就是骨骼肌所做的功。骨骼肌的功通常用肌肉负重大小和举重高度的乘积来计算。它像其他机械工作一样，用 kg·m 来表示。因此，骨骼肌做功必须具备两个基本条件：一方面是肌肉产生张力，即肌肉负重的大小；另一方面是肌肉缩短，即肌肉举重的高度。如果骨骼肌收缩时张力或长度两项变化中有一项保持不变（即等于零），肌肉就没有完成任何机械工作。所以，理论上的等张收缩或等长收缩都不做功。

影响骨骼肌作功大小的主要因素有肌纤维的初长、肌肉负重的大小和肌肉收缩的速度。

①肌纤维的初长：肌纤维在收缩前的长度，即所谓的初长。体内的骨骼肌都是在略被伸展的状态下附着于骨骼上，它的长度要比肌纤维自然长度稍长些。骨骼肌在这样的初长下进行收缩，可以完成较大的功。如果肌纤维的初长比这种适宜长度更长或较短时，都将使完成的功减少。例如，四肢运动时，屈肌和伸肌的交替出现，可使肌肉初长伸展到适宜的长度，从而可做最大的功。

②肌肉负重的大小：在一定范围内，功的大小与负重的大小呈正比关系。但是负重超过某一限度时，所做的功反而会减少。

③肌肉收缩的速度：适宜的收缩速度，才能获得最高的机械效率，做最大的功。肌肉收缩速度过快将有许多的能量消耗在克服肌肉内部分子之间的摩擦上；而肌肉收缩速度过慢，将使较多的能量消耗在维持肌肉的持续缩短状态上，两者都使功效降低。一般地说，当骨骼肌保持着每几秒钟内发生一次收缩

的节律时，常可得到最大的功。

（3）骨骼肌的机械效率 骨骼肌收缩时，必须消耗能量。在消耗的全部能量中，只有一小部分能够被用来做功，大部分能量都以热能的形式发散到体外。这部分用来做功的能量，在消耗的全部能量中所占的百分比，称作骨骼肌的机械效率。一般情况下，骨骼肌的机械效率在20%～30%。

5. 骨骼肌的生物电活动和代谢变化

（1）电活动 肌纤维受刺激时，能产生动作电位并迅速传播。运动神经的冲动是节律性的，因此肌纤维也出现节律性的动作电位。一条骨骼肌纤维收缩时，由于兴奋的肌纤维数量和动作电位频率不同，收缩的程度和综合电位变化也不相同。使用电学仪器将这种综合电位变化引导出来，并加以放大、并描记出来的曲线图，称为肌电图。在临床诊断中，肌电图是判断神经肌肉功能状态和诊断神经肌肉疾病的重要依据。

（2）代谢 骨骼肌收缩所需要的能量全部来源于三磷酸腺苷（ATP）分解成二磷酸腺苷（ADP）时所释放的能量，其中1/3用来做功，其余2/3转化为热能。所用掉的ATP通过线粒体内进行氧化磷酸化过程产生ATP来补充，而氧化磷酸化所需要的能量靠脂肪酸、葡萄糖和肌糖原在肌纤维内氧化分解所释放的化学能提供。当肌肉强直收缩时ATP的分解速度很快，而肌纤维从血液中摄取营养或线粒体产生ATP的速度，来不及补充ATP消耗时则启动肌纤维中存储的磷酸肌酸，使ADP迅速磷酸化生成ATP和肌酸；当线粒体内ATP浓度恢复时，肌酸则重新被ATP磷酸化作为能量储备。

6. 神经肌肉间的兴奋传递 （图2－21）

（1）神经－肌肉接头 运动神经元的神经冲动通过神经－肌肉接头传递给骨骼肌，神经－肌肉接头可认为是一种特殊的突触。每条运动神经纤维分出数

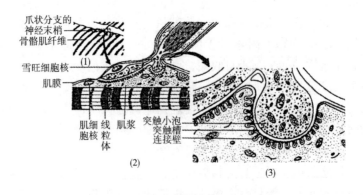

图2－21 运动终板连续放大示意图

（1）光学显微镜图像   （2）（3）电子显微镜图像

十至数百分支，每一分支支配一条肌纤维，神经纤维末端失去髓鞘嵌入到肌细胞膜上形成运动终板。但神经纤维末端的轴突膜（即突触前膜）并不与肌膜直接接触，而存在约 50nm 的间隙。轴突末梢的轴浆内有许多线粒体和含乙酰胆碱的囊泡，神经兴奋时囊泡膜与轴突膜融合、破裂，释放乙酰胆碱于间隙中。乙酰胆碱在线粒体内合成，贮存在囊泡中。肌细胞的终板膜上存在乙酰胆碱受体，能与乙酰胆碱结合。终板膜上还存在大量胆碱酯酶，可以水解乙酰胆碱，使其作用消除。

（2）神经－肌肉的兴奋传递　在运动终板部完成，主要包括下列过程：

①当神经纤维冲到传到末梢时，立即引起轴膜的去极化，改变轴膜对 Ca^{2+} 的通透性，使膜外的 Ca^{2+} 进入膜内，使囊泡破裂释放乙酰胆碱到接头间隙。

②乙酰胆碱扩散到终板膜与受体结合，使终板膜的离子通透性发生变化，引起 Na^+ 大量进入膜内，发生去极化，接着使大量 K^+ 透出膜外，由于 Na^+ 和 K^+ 在膜内、外的迅速流动，产生终板电位。

③随着乙酰胆碱释放量增加，终板电位随之增大，并使邻近肌膜去极化，产生动作电位，并传播到整个肌细胞。

④终板膜上的胆碱酯酶使乙酰胆碱迅速水解成乙酰和胆碱而失去作用。

正常情况下，一次神经冲动释放出来的乙酰胆碱在 1～2ms 内被胆碱酯酶所破坏，因此，每一次神经冲动传到神经末梢，只能引起肌细胞兴奋一次，产生一次收缩。

7. 骨骼肌的类型和生长发育

（1）骨骼肌的类型　动物的骨骼肌分红肌和白肌。骨骼肌中如含红肌纤维占优势的称为红肌，白肌纤维占优势的称为白肌。

红肌的肌纤维含有丰富的肌红蛋白和线粒体，线粒体含有带红色的细胞色素，使肌纤维呈红色。肌红蛋白能与氧迅速结合生成氧合肌红蛋白，起着储备氧的作用。当肌纤维内的含氧量降低时，氧合肌红蛋白分解而释放氧，以供给能源物质的有氧氧化和氧化磷酸化作用的需要。此外，红肌纤维由于含有丰富的线粒体，在有氧条件下可迅速产生 ATP。

红肌的收缩比较缓慢但能持久，所以称为慢肌。这是由于红肌中肌球蛋白的 ATP 酶活力较低，分解 ATP 的速度较慢，因此，使红肌收缩时氧和能量物质消耗较少，机械工作效率也较高。用于维持家畜正常姿势的骨骼肌通常是红肌。

白肌的收缩速度较快但易疲劳。由于白肌主要从糖原酵解中获得能量，通常白肌纤维贮存大量的糖原。

（2）骨骼肌的生长和发育　骨骼肌在有神经支配前已经分化，这时肌纤维的生理反应近似慢肌，肌膜上广泛分布乙酰胆碱受体，对神经递质敏感。当终板形成时，乙酰胆碱受体则集中于终板膜。由脊髓腹角小 α 运动神经元支配的神经纤维形成慢肌。这种神经元及所其支配的全部慢肌纤维组成的功能单位，称为Ⅰ型运动单位。由脊髓腹角大 α 运动神经元支配的神经纤维，发育成快肌。这种神经元及所其支配的全部快肌纤维组成的功能单位，称为Ⅱ型运动单位。

成年时肌肉的大小和力量增大，随着骨骼生长肌细胞通过两端增加肌节而变长，也可能有相反的变化，例如，缺乏运动时肌肉两端肌节减少而变短。肌肉生长主要通过"肥大"过程（肌细胞内增加的肌原纤维），使肌肉的生理直径和力量都增大。骨骼肌可通过肌肉组织卫星细胞分化而生成新的肌纤维，这一过程称为增生。

8. 躯体运动

（1）运动时机体的生理变化　动物在运动时，机体各器官、系统的生理功能都要相应地发生变化。通过这些适应性变化，使机体的内外环境在运动情况下达到新的平衡，以保证神经、肌肉的活动能够持续进行。

①循环系统的变化：运动时，由于肌肉和一切参与运动的器官都进行着强烈的代谢活动，需要有大量的氧和营养物质供应，并运走代谢中所产生的废物，于是通过心、血管和肌肉传入冲动的刺激，反射性地引起交感神经活动增强，肾上腺素分泌增多。在交感神经和肾上腺素的协同作用下，一方面，心跳加快加强，同时再加上肌肉的舒缩，促进静脉血流回心，增加回心血量，因而心输出量增加；另一方面，肌肉的小动脉和毛细血管舒张。这两方面的作用，都可使肌肉的血量供应增加，保证肌肉在运动时氧和营养的需要。

②呼吸功能的变化：运动时，氧的消耗和二氧化碳的产生都显著增加，相应的就需要增加肺的通气量，因而呼吸频率和强度都增加。剧烈运动时，呼吸和循环功能虽然增强，但常常满足不了肌肉活动所需的氧量，于是就出现一部分无氧酵解产物（主要是乳酸）蓄积在肌肉内，这种现象称为"氧债"。偿还这个氧债，常需要在运动完毕后一段时间内，呼吸循环继续保持在较高水平，以氧化蓄积的乳酸产物。

受过调教训练的动物，由于胸廓发达，肺活量增加，氧的吸收和利用率提高，故呼吸频率增加不多或恢复较快。

③消化功能的变化：适度的运动有促进消化的作用，但剧烈运动时由于中枢神经系统的抑制作用以及体内血液的重新分配，消化腺的分泌活动和胃肠运动减弱，不利于消化吸收。因此，动物在饲喂后立即进行使役是不当的。

④体温和排泄功能的变化：肌肉活动时，产热增加，特别是剧烈运动时，虽然大量出汗，但产热常超过散热，故体温稍有升高，休息一段时间后，可恢复正常体温。

⑤骨骼和肌肉的变化：经常运动的动物，骨骼发育良好，骨质坚实，关节灵活；肌肉体积增大，肌纤维变粗，其中的能量储备和能源物质含量增多，酶系统的活性提高。这些变化不仅保证了繁重持久的运动，而且由于能量和氧的储备，促进了细胞内的氧化，乳酸积聚减慢，从而延缓了疲劳。

⑥血液成分的变化：剧烈运动由于大量出汗，丧失水分，血液变稠，红细胞相对增多；又由于体内产酸增加，碱储量降低；大量消耗能量，血糖含量降低。

综上所述，运动对循环系统、呼吸系统、消化系统、排泄系统以及运动系统本身的生理活动，产生较大的影响。同时，这些系统的生理活动发生改变，又会反过来制约运动。

（2）疲劳　动物在持久的肌肉活动过程中，出现工作能力逐渐降低，甚至完全消失，这种现象称为疲劳。

①疲劳发生的机理：在实验条件下直接刺激肌肉，经过一系列的收缩后，其潜伏期、缩短期和舒张期都会延长，收缩的程度也逐渐减小，所能完成的工作也逐渐减少，最后不再收缩。这种离体肌肉的疲劳，称为肌肉收缩疲劳性。收缩疲劳性发生的原因是肌肉内贮存的能量物质的大量消耗和代谢产物（如乳酸）蓄积过多从而改变肌纤维本身的机能状态，而发生疲劳。此外，肌细胞膜兴奋性降低，以及兴奋－收缩偶联功能低下，也是肌肉疲劳产生的基础。又如持续刺激神经肌肉标本的神经，使肌肉发生疲劳，其后如立即再刺激肌肉，它仍能发生较好的收缩，这证明肌肉本身并未完全疲劳，这种疲劳常认为是发生在神经－肌肉接头处，称为传递性疲劳。

在完整的机体内，骨骼肌的任何活动都是反射活动，是神经中枢部位产生的兴奋，通过传出神经纤维传到肌肉而引起的。在正常情况下，完整机体所发生的疲劳，不发生在感受器或传入神经，也不发生在传出神经或效应器，而是发生在神经中枢部位，故称为中枢性疲劳。这是因为中枢部位有大量突触存在，由于氧和糖供应不足，就可引起疲劳。

应该指出，在整体情况下，中枢神经系统的功能状态是影响疲劳发生发展的主要因素。上述任何形式的疲劳，若在氧供给充足的条件下，都可通过休息而得到消除。

②疲劳的制止和延续：为了延缓疲劳的出现，首先要有适宜的负重和运动速度。如动物负重过大，运动速度过快，都会迅速出现疲劳。所以对役畜进行合理使役是首要措施，合理的载重和适当运动速度，既能完成较多工作又能延缓疲劳出现。其次，调教和训练也是延缓疲劳发生的有效措施。因为调教后，可形成一系列条件反射，从而减少能量的消耗；锻炼可增强体力。再次，大脑皮质兴奋的提高有助于防止或减轻疲劳。

实操训练

实训一　牛（羊）的主要骨、关节和骨性标志的观察

（一）目的要求

能在活体、标本上识别牛（羊）全身主要骨、关节和骨性标志。

（二）材料设备

牛（羊）的整体骨骼标本、活牛（羊）。

（三）方法步骤

（1）在牛（羊）的骨骼标本上观察、识别头部、躯干部和四肢部的主要骨、关节和骨性标志。

（2）在活体牛（羊）观察、识别头部、躯干部和四肢部的主要骨、关节和骨性标志。

（四）技能考核

在牛的骨骼标本或活体上识别畜牧生产和兽医临床上常用的全身主要骨、关节和骨性标志。

实训二　牛（羊）主要肌肉的观察

（一）目的要求

能在活体、标本上识别牛（羊）全身主要肌肉和肌性标志。

（二）材料设备

牛（羊）的整体肌肉标本、活牛（羊）。

（三）方法步骤

（1）在牛（羊）的肌肉标本上观察、识别头部、躯干部和四肢部的主要肌肉和肌性标志。

（2）在活体牛（羊）观察、识别头部、躯干部和四肢部的主要肌肉和肌性标志。

（四）技能考核

在牛的肌肉标本或活体上识别畜牧生产和兽医临床上常用的全身主要肌肉和肌性标志。

项目思考

1. 名词解释

副鼻窦　肋弓　颈静脉沟　股二头肌沟　髂肋肌沟　腹白线　腹股沟管等张收缩　等长收缩　强直收缩　完全强直收缩　运动终板　疲劳

2. 骨的化学成分、物理特性随着家畜年龄的变化而发生哪些变化？

3. 简述骨的构造。

4. 简述关节的构造。

5. 按顺序说出前肢和后肢的骨与关节。

6. 参与呼吸的胸壁肌肉主要有哪些？

7. 腹壁肌肉从外向内由哪些肌肉构成？其肌纤维走向如何？

8. 兽医临床肌内注射常注射在哪些肌肉上？

9. 试用滑行学说解释肌肉收缩的机制。

10. 试述运动时机体发生的主要生理变化。

项目二　被皮系统

知识目标

1. 掌握被皮系统的器官组成。
2. 了解被皮系统的主要功能。
3. 掌握皮肤的结构。
4. 了解动物换毛的方式和意义。
5. 掌握常见皮肤腺体的主要作用。
6. 熟悉乳房的结构。
7. 掌握牛乳房的形态特征。
8. 了解蹄的结构。

技能目标

1. 能分辨皮肤的结构。
2. 掌握皮下和皮内注射的部位。

案例导入

案例1

内蒙古自治区一村民养殖了200只内蒙古山羊，一次放牧过程中发现10多只羊前后腿的皮肤多处被尖锐物品划破，流血不止，起卧困难。

通过本项目的学习，能对同学们以后临床处理此类损失的皮肤有怎样的帮助呢？

案例 2

一头中国荷斯坦奶牛生产后，正处于泌乳高峰，饲养员挤奶时发现奶牛的一个乳头肿胀严重，拒绝挤奶，触诊相应乳丘发热、疼痛、有硬块。随后几天，患畜出现全身症状，体温升高、精神沉郁、食欲减少。

此奶牛怎么了呢？它的乳房是否患病？为什么会出现全身症状？

必备知识

被皮系统由皮肤及其衍生物构成。在身体的某些特殊部位，皮肤演变成特殊的器官，如家畜的蹄、枕、角、毛、乳腺、皮脂腺、汗腺以及禽类的羽毛、冠、喙和爪等，称为皮肤的衍生物。其中乳腺、皮脂腺和汗腺称为皮肤腺。

被皮系统覆盖在动物的体表，直接与外界接触，具有保护体内器官、感受外界刺激等作用。

一、皮肤

皮肤覆盖于动物体表，在天然孔（口裂、鼻孔、肛门和尿生殖道外口等）处与管状器官内的黏膜相延续，直接与外界环境接触，具有感觉、保护、分泌、调节体温、吸收及贮藏营养物质等功能。

家畜皮肤的厚薄因家畜的种类、品种、年龄、性别以及分布部位而有所差异，如覆盖体表的大部分是有毛的薄皮肤，而分布于鼻镜、足垫、乳头等处的是无毛的厚皮肤。家畜中以牛的皮肤最厚，羊的皮肤最薄；老畜的厚，幼畜的薄；公畜的厚，母畜的薄。同一畜体，四肢外侧部的较厚，腹部和四肢内侧部的较薄。牛劲垂的皮肤较厚。

皮肤虽厚薄不同，但均由表皮、真皮和皮下组织 3 层构成。

（一）皮肤的结构

皮肤由表皮、真皮和皮下组织构成（图 2-22），借皮下组织与深层组织相连接。

1. 表皮

表皮为皮肤最表层的结构，由复层扁平上皮构成。它内含有丰富的游离神经末梢，会导致生命体出现痛、痒等感觉，但表皮内不含有血管和淋巴管，其营养物质的供应和代谢产物的排出都由细胞间隙的组织液与真皮的毛细血管内的血液进行交换来实现。

完整的表皮可分 4 层，由浅向深依次为角质层、透明层、颗粒层和生发

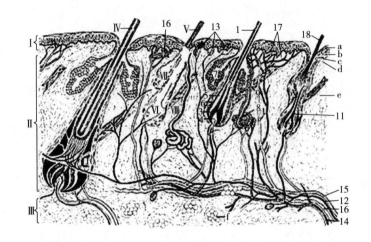

图 2 - 22 皮肤结构模式图

Ⅰ—表皮 Ⅱ—真皮 Ⅲ—皮下组织 Ⅳ—触毛 Ⅴ—被皮 Ⅵ—毛囊 Ⅶ—皮脂腺 Ⅷ—汗腺
1—毛干 2—毛根 3—毛球 4—毛乳头 5—毛囊 6—根鞘 7—皮脂腺断层 8—汗腺的断层
9—竖毛肌 10—毛囊内的血窦 11—新毛 12—神经 13—皮肤的各种感受器
14—动脉 15—静脉 16—淋巴管 17—血管丛 18—脱落的毛
a—表皮皮质层 b—颗粒层 c—生发层 d—真皮乳头层 e—网状层 f—皮下组织层内的脂肪组织

层。生发层与真皮相连，其细胞增殖能力很强，可不断产生新的细胞，以补充表层角化脱落的细胞，角质层由大量角化的扁平细胞堆积而成，细胞死亡后即脱落。表皮的厚薄因部位不同而异，如长期受磨压的部位较厚；毛皮动物其无毛区表皮最发达，被毛稀疏部位表皮较厚，被毛发达区域则表皮薄。

（1）生发层 表皮的最深层，由数层细胞组成，深层细胞直接与真皮相连。生发层细胞增殖能力很强，能不断分裂产生新的细胞，补充表层角化脱落的细胞。此层的深部有色素细胞，色素细胞内有色素颗粒，色素颗粒产生色素，皮肤、被毛的颜色与色素息息相关，色素对防御太阳光损伤深层组织有重要的作用。

（2）颗粒层 位于生发层的浅部，由 1~5 层棱形细胞组成，胞质内充满透明角质蛋白颗粒。颗粒大小和数量向表层逐渐增加。

（3）透明层 位于颗粒层与角质层之间，由数层互相密接的无核扁平细胞组成，胞质内含有透明角质蛋白颗粒液化生成的角母素，故细胞界限不清，形成均质透明的一层。此层在鼻镜和乳头等无毛的皮肤最显著，而其他部位则薄或不存在。

（4）角质层 表皮的最表层，由大量角化扁平细胞堆积而成，细胞内充满角蛋白，其他结构均已退化。浅层细胞死亡后，就脱落而成皮屑，以清除皮肤上的污垢和寄生物。此层性状稳定，对外界的刺激具有一定的抵御能力。

2. 真皮

真皮位于表皮深层，是皮肤最厚也是最主要的一层，由致密结缔组织构成，含大量的胶原纤维和弹性纤维，故而坚韧且富有弹性，皮革就是由真皮鞣制而成的。真皮由浅入深可分成乳头层和网状层，其中含有丰富的血管、淋巴管和神经，能营养皮肤并感受外界刺激。此外，真皮内还有汗腺、皮脂腺、毛囊等结构。

（1）乳头层　紧接在表皮的深面，由结缔组织形成真皮乳头，突向表皮生发层。乳头层富有毛细血管、淋巴管和感觉神经末梢，起营养表皮和感受外界刺激的作用。

（2）网状层　位于乳头层的深面，较厚，由粗大的胶原纤维束和弹性纤维交织而成，其中有较大的血管、淋巴管和神经，并有汗腺、皮脂腺和毛囊等结构。

真皮的厚薄因动物种类不同而异。牛的真皮最厚，羊的真皮最薄；同种动物的真皮因年龄、性别及部位而异，老龄者厚，幼龄者薄；公畜的真皮较母畜厚、四肢外侧的真皮较厚，腹部及四肢内侧的真皮较薄；动物的尾部及牛颈部的真皮特别厚。

临床作皮内注射，就是把药物注入真皮内。

3. 皮下组织

皮下组织又称浅筋膜，位于皮肤的最深层，由疏松结缔组织构成，将皮肤与深部肌肉或骨膜连接在一起，分布有脂肪组织，较大的血管、淋巴管和皮神经等。分布到皮肤的血管、淋巴管和神经在此层通过，毛囊和汗腺也常延伸到此层中。由于皮下组织疏松，使皮肤具有一定的活动性，并能形成皱褶。在骨突起的部位（肘突、鬐甲），皮下组织常形成皮下黏液囊，可减少皮肤活动时的摩擦。皮下组织的厚度、纤维组织的含量，因家畜个体、年龄、性别和部位的不同而异，皮下组织发动的地方（颈部、背部），皮肤柔软，易于拉起。皮下组织中脂肪组织（身体的脂库）的多少是动物营养状况的标志，其对家畜越冬保温和缓冲外界压力起很大作用。

常用的皮下注射即注入此层。

（二）皮肤的机能

皮肤包被身体，既能保护深层的软组织，防止体内水分蒸发，又能防止有害因素（病原微生物、有害的物理化学因素）侵入体内，是畜体和周围环境的屏障。皮肤能产生溶菌酶和免疫抗体，皮肤中的组织细胞和白细胞，又有包围吞噬异物的功能。因此，皮肤是畜体的重要保护器官。

皮肤里分布着各式各样的感受器，能感受触觉、压觉、温觉、痛觉，是动物机体重要的感受器官。

皮肤是动物体水、盐的贮存仓库，并能参与体内的水、盐代谢。皮肤也是动物体的重要血库，能容纳体内循环血液总量的10%~30%。皮肤还能通过排汗排出体内的废物，并具有调节体温、分泌皮脂、合成维生素D、贮存脂肪和进行适量呼吸的作用。

皮肤还能吸收一些脂类、挥发性液体和溶解于其中的物质，但不吸收水和水溶性物质。

二、皮肤衍生物

皮肤衍生物是指由皮肤演变而成的一些结构。动物的皮肤衍生物有毛、蹄、角、枕和皮肤腺（包括汗腺、皮脂腺及乳腺）等。

（一）毛

毛是由表皮演化而来，是温度的不良导体，具有保温作用。家畜的毛具有重要的经济价值。

1. 毛的分布和形态

毛覆盖在动物体表的大部，按毛的粗细不同，可分粗毛和细毛。马、牛的被毛多为短而直的粗毛，单根均匀分布；绵羊多为细毛，成簇分布，短而粗的被毛多在头部和四肢。

动物体的一些部位有特殊的长毛，如马颈部的鬃、尾部的尾毛和系关节的距毛。公山羊颈部的髯，猪颈背部的鬃。有些长毛的毛根具有丰富的神经末梢称触毛，如马、牛唇部的触毛，对触觉刺激很敏感。

经济动物和野生动物被毛分锋毛、针毛和绒毛3种。生长在皮板上的毛统称为被毛。锋毛也称为箭毛，是被毛中最粗、最长、最直的毛，弹性好，与神经触觉小体密接，故在动物体上起着传导感觉和定向的作用。箭毛在被毛的每组毛中只有一根，它占被毛总量的0.1%~0.5%。针毛呈纺锤形或柳叶形，它比绒毛长，比锋毛短、细、弹性好，颜色光泽明显。有的动物针毛有色节，使被毛呈特殊的颜色。针毛能遮盖绒毛，亦称盖毛。针毛起着防湿和保护绒毛，使绒毛不易黏结的作用，它关系到被毛的美观及耐磨性。占被毛总量的2%~4%。绒毛是被毛中最短、最细、最柔软、数量最多的毛，占被毛总量的95%~98%。它分为直形、弯曲形、卷曲形、螺旋形等形态。绒毛在被毛中形成一个空气不易流通的保温层，以减少动物的热量散失。

2. 毛的结构

毛由毛干和毛根构成，露于皮肤表面的部分称毛干，埋在皮肤内的部分称毛根，毛根末端膨大呈球状为毛球，毛球细胞分裂能力强，是毛的生长点和营养获得处。毛球的顶端内陷呈杯状，真皮结缔组织伸入其内形成毛乳头，相当于真皮的乳头层，含有丰富的血管和神经。

在毛根周围包有由表皮的上皮组织和真皮的结缔组织构成的鞘状结构，称毛囊。在毛囊的一侧有束状的平滑肌为竖毛肌，当竖毛肌收缩时，可使毛竖立，还可压迫皮脂腺，以协助分泌物排出。

3. 换毛

毛长到一定时期就衰老脱落，生出新毛，毛的这种更换称作换毛。

换毛时，真皮毛乳头的血管萎缩，血流停止，使毛球细胞停止生长，并逐渐角化和萎缩，最后与毛乳头分离，毛根逐渐脱离毛囊向皮肤表面移动。同时，毛乳头周围的细胞分裂增殖形成新毛，最后将旧毛推出而脱落。

换毛的方式有两种：一种为持续性换毛，换毛不受时间和季节的限制，如马的鬃毛、尾毛，猪鬃，绵羊的细毛等；另一种为季节性换毛，每年春秋两季各进行一次换毛，如骆驼、兔。大部分家畜既有持续性换毛，又有季节性换毛，因而是一种混合方式的换毛。

（二）皮肤腺

皮肤腺是表皮陷入真皮内形成的具有分泌功能的结构，主要的皮肤腺有汗腺、皮脂腺和乳腺。

1. 汗腺

汗腺位于皮肤的真皮内，有时可深达皮下组织。排泄管多半开口于毛囊，无毛的皮肤则穿过表皮，直接开口于皮肤的表面。

各种动物汗腺的分布规律很不一致。马和绵羊的汗腺比较发达，较均匀地分布全身，牛和猪颈部和面部的汗腺较发达，其他部位的汗腺常集中在几个地方，如猪的蹄间有蹄间腺，牛的鼻唇镜有鼻唇腺等。水牛和山羊的汗腺很少，几乎不分泌汗液。犬的汗腺不发达，只在鼻和指的掌侧有较大的汗腺，所以散热量很少。

汗腺是盘曲单管状腺，腺上皮由单层柱状细胞构成，胞核呈椭圆形，在上皮细胞和基膜之间有肌上皮细胞，收缩时有助于汗液排出。

汗腺经常连续不断地分泌，并经排泄管从皮肤排出。在气温较低或动物活动量不大时汗一经排出就立即蒸发，所以看不见出汗。在气温升高或运动加强时，汗的分泌量多，可在皮肤表面聚集成滴。

汗液由水（占98%）、氯化钠、磷酸盐、硫酸盐及蛋白质的代谢产物如尿素、尿酸、氨等物质组成。它的有机成分和尿液比较接近，这说明排汗和排尿一样，都是机体排出代谢产物的重要途径，当肾机能障碍时，汗中的有机成分就会增加。汗液中氯化钠的量很不稳定，在大量出汗时，汗液中的水分增加，盐分减少，可见排汗与体内的水盐代谢有密切的关系。马汗中有少量白蛋白，大量出汗时，马的被毛可呈胶黏现象。

2. 皮脂腺

动物的皮肤内，除趾、角、蹄、母牛的乳头、牛和羊的鼻镜等处外，均有皮脂腺分布。皮脂腺是分支泡状腺，位于真皮的毛囊附近，在有毛的部位，其导管开口于毛囊，在无毛部位则直接开口于皮肤表面。皮脂腺能分泌皮脂，可润滑皮肤，保护被毛。绵羊的皮脂常与汗被混合形成脂汗，对羊毛的质量影响很大。

动物在某些部位有一些特殊的皮脂腺，是汗腺和皮脂腺的变形腺体。由汗腺衍生的有外耳道的皮肤的耵聍腺、牛的鼻唇镜腺、羊和猪的鼻镜腺等；由皮脂腺衍生的腺体有肛门腺、包皮腺、阴唇腺及睑板腺等。

3. 乳腺

乳腺为哺乳动物所特有。雌雄动物都有乳腺，但只有雌性动物在有关激素的影响下，才能达到完全发育。雌性动物的乳腺均形成较发达的乳房，在分娩后具有分泌乳汁的能力。

（1）乳房的结构　乳房由皮肤、筋膜和乳腺实质构成（图2–23）。

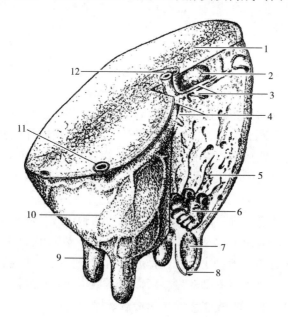

图2–23　牛乳房的结构图

1—牛乳中隔　2—牛乳上淋巴结　3—乳房后动、静脉　4—乳房前动、静脉

5—腺小叶　6—腺乳池　7—乳头乳池　8—乳头管　9—乳头

10—浅静脉　11—腹壁皮下静脉　12—阴部外动、静脉

乳房的最外面是薄而柔软的皮肤，除乳头外，均分布有一些稀疏的细毛，皮肤内有汗腺和皮脂腺。在乳房后部与阴门裂之间有明显呈线状毛流的皮肤褶，称乳镜。乳镜在鉴定产乳能力时，是很重要的参考指标。乳镜越大，乳房舒展性越大，能容纳的乳汁就越多。

皮肤的深面为筋膜，分浅筋膜和深筋膜。浅筋膜为腹部浅筋膜的延续，由疏松结缔组织构成，使乳房皮肤具有一定的移动性，乳头皮下无浅筋膜。深筋膜由致密结缔组织构成，富含弹性纤维、平滑肌纤维和脂肪。在两侧乳房之间形成乳房中隔，并向腹壁伸延，与来自腹黄筋膜的结缔组织形成悬吊乳房的悬韧带。

深筋膜将乳腺的实质包裹起来，被膜向内伸出小梁和神经血管一起深入到乳腺中去，把乳腺分为许多腺叶和腺小叶，每个腺小叶是一个分支管道系统，由分泌部和导管部组成。分泌部包括腺泡和分泌小管，腺泡与分泌小管相连，分泌小管汇入小叶间导管而成为导管部。分泌部周围有丰富的毛细血管网，腺泡和分泌小管所分泌乳汁内的营养物质均由血管来供给。导管部由许多小的输乳管逐渐汇合成较大的输乳管，较大的输乳管再汇合成乳道，通入乳房体下部的空腔腺乳池和乳头内的空腔乳头乳池，再经乳头管向外开口。

腺泡有泌乳机能，乳汁经输乳管集合成乳道，进入乳池。乳汁经乳池，再经乳头管排出。乳头管开口处有括约肌。腺泡呈管状或泡状，腺上皮为单层上皮。腺泡的数量、大小和上皮形态随分泌周期而变化。在静止期，腺泡数量少，腺泡上皮为单层立方上皮，在妊娠期，腺泡数量增多，腺泡变大，腺上皮为单层立方或柱状上皮，妊娠后期，胞质内聚集有大量的脂肪滴和蛋白质颗粒，细胞呈高柱状，分泌后，细胞变成低立方形。腺上皮细胞与基膜之间有肌上皮细胞，收缩时，可促使乳腺分泌物的排出。

腺小管壁上皮为单层立方上皮，随着汇集为较大的导管，管壁变为单层（柱）状上皮而至双层矮柱状上皮，至乳头管为复层扁平上皮。

正常乳房内的乳腺实质与乳腺间质比例适当，表现出较好的弹性。如果乳房内的乳腺间质成分（结缔组织）太多，乳腺实质过少，则为"肉质"乳房，影响泌乳动物的泌乳量。

（2）动物乳房

①牛的乳房：母牛的乳房有各种不同的形态——圆形、圆锥形、扁平及山羊形，但均由4个乳房结合成一整体，位于耻骨部的腹下部两股之间。牛乳房有一较明显的纵沟和不明显的横沟分为4个乳丘，每个乳丘均分为基底部、体部和乳头部。基底部紧接于腹壁底部，向下为膨大的体部，是乳腺所在部位。乳头共有4个，有时还有一对发育不全，无分泌功能的乳头，位于乳房的后部。乳头一般呈圆柱形或圆锥形，前2个一般比后两个长，乳头游离端有一个

乳头孔，为乳头管的开口。乳头的大小和形态，决定是否适合用机器挤奶，因此具有实际意义。

②羊的乳房：具有两个乳丘，呈圆锥形，有一对圆锥形较大的乳头，乳头基部有较大的乳池。每个乳头上有一个乳头管的开口。

（三）蹄

蹄是马、牛、猪等有蹄类动物指（趾）端着地的部分，由皮肤衍变而成。蹄是由一种特殊的、较为坚硬的角质层所组成，有利于行走和承受体重等作用。

1. 蹄的结构

根据蹄数可分为单蹄和偶蹄两类动物。动物的前肢和后肢为单数着地的蹄，称为奇蹄。一般由1指（趾）或3指（趾）构成，如马的前、后肢，都只有1蹄。犀的前肢为4蹄，后肢3蹄，相加一起也是单数，而且都是第3指（趾）的蹄最发达，并直接接触地面，其他各指（趾）或完全退化或不发达。偶蹄动物的前肢和后肢都具有双数着地的蹄，故称偶蹄，一般由2指（趾）或4指（趾）构成，如牛和羊的前肢和后肢仅第3、第4指（趾）的蹄发达，而且等长，直接接触地面，以此负重，其余各指（趾）或退化——如第1指（趾）或不发达，如第2、第5两指（趾），并悬于第3、第4两指（趾）之后，成为悬蹄。

蹄的结构与皮肤相似，由表皮、真皮和少量皮下组织构成。表皮因高度角质化而称角质层，构成坚硬的蹄匣，又称角质蹄，无血管和神经分布；真皮层含有丰富的血管和神经末梢，呈鲜红色，感觉灵敏，通常称肉蹄。但因作用不同，蹄各部的构造也不一样。蹄壁和蹄底要与蹄骨紧密结合为一整体，活动时不致松动，所以没有皮下组织，其真皮与蹄骨的骨膜紧密结合。蹄叉（马）或蹄球（牛）有一定的弹性，以缓和来自地面的冲动，所以这部分的角质层较柔软，并具有发达的皮下组织。马的蹄壁底缘，可以看到一条浅色的环状线称作白线，装蹄时蹄钉不得钉在白线以内，否则就会损伤肉蹄引起钉伤。

2. 牛羊的蹄

牛、羊为偶蹄动物，每肢有4个蹄，其中2个蹄与地面直接接触为主蹄，其余2个蹄位于主蹄后上方，不与地面接触称作悬蹄。牛蹄的构造见图2-24。

（1）蹄匣　蹄匣由表皮衍生而成，可分为角质壁、角质底和角质球3部分。

①角质壁：分轴面、远轴面。轴面凹，仅后部与对侧主蹄相接；远轴面凸，前端向轴面弯曲并与轴面一起形成角质壁，表面有数条与冠状缘平行的角质轮，起内面有很多较窄的角小叶。角质壁近端有一条颜色稍淡环状带，称蹄冠。蹄冠与皮肤连接部分形成一条柔软的窄带，称蹄缘。蹄缘柔软而有弹性，可减少蹄匣对皮肤的压力。蹄缘和蹄冠内表面有许多小孔。

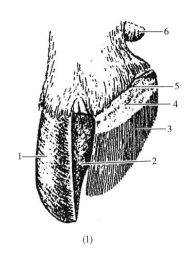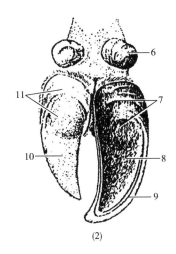

图 2-24　牛蹄结构（除去一侧的蹄匣）

（1）侧面　（2）背面

1—蹄的远轴面　2—蹄的轴面　3—蹄壁真皮（肉蹄）　4—蹄冠真皮（肉冠）

5—蹄缘真皮（肉缘）　6—悬蹄　7—蹄球　8—蹄底　9—蹄白线

10—蹄底真皮（肉底）　11—蹄底真皮（肉球）

　　角质壁背侧的远轴面可分为 3 部分，前方为蹄尖壁，后方为蹄踵部，两者之间为蹄侧壁。

　　角质壁由外、中、内 3 层结构组成。外层又称釉层，它由角化的扁平细胞构成，幼畜明显，成年时常脱落。中层或冠状层是最厚的一层，主要由平行排列的角质小管构成。内层或小叶层主要由许多平行排列的角小叶构成，小叶较柔软，并与肉小叶嵌合。

　　②角质底：表面稍凹，并与地面接触，前面呈三角形，与蹄壁下缘之间有蹄白线分开，白线是由蹄壁角小叶层向蹄底伸延而成。角质底的内表面有许多小孔，容纳肉底上的乳头。

　　③角质球：呈球状隆起，由较柔软的角质构成。

　　（2）肉蹄　肉蹄由真皮衍生而成，富含血管神经，颜色鲜红，可分肉壁、肉底和肉球 3 部分。

　　①肉壁：与蹄骨的骨膜紧密结合，分肉缘、肉冠和肉叶 3 部分。肉缘下面致密结缔组织与骨膜相接，表面有细而短的乳头，插入角质缘的小孔中，以滋养蹄缘。肉冠肉蹄较厚的部分，皮下组织发达，表面有较长的乳头插入蹄冠的沟的小孔中，以滋养角质壁。肉叶表面有平行排列的肉小叶嵌入角质小叶中。肉叶无皮下组织，与骨膜紧密相连。

　　②肉底：与角质底相适应。乳头小，插入角质底的小孔中。肉底也无皮下

组织，与骨膜紧密相连。

③肉球：皮下组织发达，含有丰富的弹性纤维，构成指（趾）端的弹力结构。

（四）角

反刍动物额骨的两侧各有一个角突（无角的牛、羊除外），角突上被覆着由皮肤衍生的角。角由表皮和真皮组成，缺皮下组织。角表皮演变成高度角质化而坚硬的角鞘，内含密接的角质管，因而比较坚硬。角真皮位于角表皮的深层，在角根部与额部皮肤真皮层相延续。角真皮直接与额骨角突表面的骨膜紧密相连，由角根向角尖，其厚度逐渐变薄，深层没有皮下组织。角真皮表面有发达呈丝状的真皮乳头，乳头在角根部短而密，向角尖则逐渐变长而稀，到角尖又变密，这些角真皮乳头伸入角表皮的角质小管内，实现角表皮与角真皮的紧密结合。角真皮内富含血管和神经。角真皮乳头表面生发层细胞不断增生产生新的角质，补充被磨损的角表皮。

角可分为角根、角体和角尖 3 部分。角根与额部皮肤相连续，角质薄而柔软，有稀疏的毛。角体是由角根向角尖的延伸部分，角质逐渐变厚，较粗大。角尖由角体延续而来，角质最厚，甚至成为实体。

角的表面常有呈环状的隆起，称角轮。因家畜的营养供给受季节的影响较大，角的生长就出现了隆起和凹陷相间排列的结构，表明角轮的出现与季节相关。因此，在畜牧业中，常用角轮来估测牛的年龄。牛的角轮在角根部最明显，向角尖部则逐渐消失。水牛和羊的角轮较明显，几乎遍布全角。

角的形状、大小、弯曲度和方向因动物种类、品种、性别、年龄以及个体不同而异。现代集约化畜牧业生产中，常采用外科手术去除反刍动物头部的角。对成年动物，局部麻醉阻滞角神经后，锯掉角及额骨的角突；对幼年动物通过外科手术除去角原基及附近的皮肤，以阻止额骨角突和角的发育。

项目思考

1. 简述被皮系统的器官组成。
2. 简述皮肤的结构和功能。
3. 简述汗腺和皮脂腺的作用。
4. 以牛的乳房为例，简述乳房的结构。
5. 常见的奇蹄动物和偶蹄动物有哪些？

项目三　消化系统

知识目标

1. 掌握消化系统的组成。
2. 理解消化和吸收的含义。
3. 掌握牛（羊）消化器官的形态、位置、构造和机能。
4. 了解糖、蛋白质、脂肪的消化和吸收过程。

技能目标

1. 能在新鲜标本上识别牛（羊）消化器官的形态、颜色、质地和构造。
2. 能在显微镜下识别肠、肝、胃的组织构造。
3. 能在活体牛（羊）上确定胃、肠的体表投影位置。
4. 能解释反刍、嗳气、食管沟反射以及生物学消化等消化特点。

案例导入

案例1

黑龙江省安达市有一农户，奶牛出现食欲下降，泌乳量下降，反刍和瘤胃蠕动几乎消失，瘤胃臌气，不愿走动，站立式出现肘关节外展、拱背、喜前高后低的体位姿势，心率快，心音异常，初步确诊为创伤性网胃心包炎，请从网胃的解剖位置谈一下牛为何易发生此类病。

案例2

黑龙江省哈尔滨市双城区一农户，羊出现食欲下降，反刍和嗳气减少，鼻镜干燥，有时出现腹痛不安，摇尾，拱背，回视腹部、呻吟和磨牙。听诊瘤胃蠕动音减弱，瘤胃蠕动次数减少。触诊瘤胃胀满、坚实，叩诊呈浊音，体温正常。初步确诊为瘤胃内有异物（如塑料等）。请问什么是反刍、嗳气？正常的瘤胃蠕动音的性质和听诊位置在哪？

必备知识

一、消化系统概述

（一）消化系统的组成

消化系统包括消化管和消化腺两部分。消化管为食物通过的管道，起于口腔，经咽、食管、胃、小肠、大肠，止于肛门。消化腺为分泌消化液的腺体，包括唾液腺、胃腺、肠腺、肝和胰等。其中胃腺和肠腺分别位于胃壁和肠壁内，称壁内腺；唾液腺、肝和胰则在消化管外形成独立的腺体，其分泌物经腺导管进入消化管，称为壁外腺。牛消化系统模式图见图2-25。

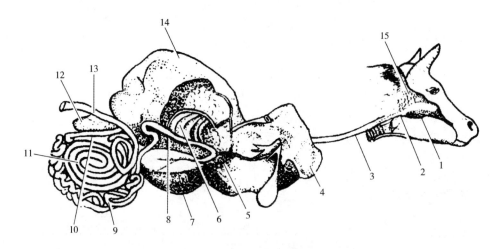

图2-25 牛消化系统模式图

1—口腔 2—咽 3—食管 4—肝 5—网胃 6—瓣胃 7—皱胃 8—十二指肠 9—空肠
10—回肠 11—结肠 12—盲肠 13—直肠 14—瘤胃 15—腮腺

（二）腹腔和骨盆腔

1. 腹腔

腹腔是体内最大的腔，其前壁为膈，后通骨盆腔，两侧与底壁为腹肌与腱膜，顶壁为腰椎和腰肌。绝大多数内脏器官位于腹腔内，为了便于说明各器官的位置，可将腹腔划分为 10 个部分（图 2 - 26），具体划分方法是通过两侧最后肋骨后缘最突出点和髋结节前缘各做一个横断面，将腹腔首先划分为腹前部、腹中部和腹后部。

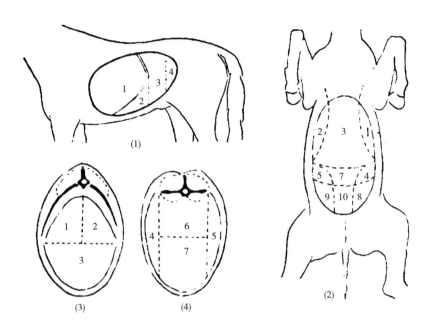

图 2 - 26　腹腔分区

（1）侧面　（2）腹面　（3）腹前部横断面　（4）腹中部横断面

1—左季肋部　2—右季肋部　3—剑状软骨部　4—左髂部　5—右髂部　6—腰下部

7—脐部　8—左腹股沟部　9—右腹股沟部　10—耻骨部

（1）腹前部　又分 3 部分。以肋弓为界，肋弓以下为剑状软骨部；肋弓以上、正中矢状面两侧为左、右季肋部。

（2）腹中部　又分为 4 部分。沿腰椎两侧横突顶点各做一个侧矢面，将腹中部分为左、右髂部和中间部；在中间部沿第一肋骨的中点作额面，将中间部分为背侧的腰部和腹侧的脐部。

（3）腹后部　又分为 3 部分。把腹中部的两个侧矢面平行后移，使腹后部分为左、右腹股沟部和中间的耻骨部。

2. 骨盆腔

骨盆腔是腹腔向后的延续部分，其顶壁为荐骨和前 3~4 个尾椎，两侧壁为髂骨和荐坐韧带，底壁为耻骨和坐骨，呈前宽后窄的圆锥形。骨盆腔前口由荐骨岬、髂骨体和耻骨前缘围成；后口由前几个尾椎、荐坐韧带后缘及坐骨弓围成。骨盆腔内有直肠、输尿管、膀胱及母畜的尿道、子宫后部和阴道或公畜的输精管、尿生殖道骨盆部和副性腺等。

（三）腹膜和腹膜腔

腹膜是衬在腹腔和骨盆腔内的浆膜。其中紧贴于腹腔和骨盆腔内壁表面的部分，称为腹膜壁层；壁层从腹腔顶壁折转而覆盖在内脏器官外表面的部分，称为腹膜脏层。腹膜壁层和脏层之间的腔隙称腹膜腔，内有少量浆液，具有润滑作用，可减少脏器运动时相互间的摩擦。

腹膜从腹腔内壁、骨盆腔内壁移行到脏器，或从某一器官移行到另一器官，形成许多皱褶，分别称为系膜、网膜和韧带。系膜是连于腹腔顶壁与肠管之间宽而长的腹膜褶，将肠悬吊在腹腔内，如空肠系膜；韧带是连于腹腔、骨盆腔与脏器之间或脏器与脏器之间的腹膜褶，如胃脾韧带、肝韧带、子宫阔韧带等；网膜是连于胃与其他脏器之间的腹膜褶，因其呈网格状，所以称为网膜。网膜是双层的浆膜褶，根据其位置不同分为大、小网膜。网膜内含有结缔组织、脂肪、淋巴结及分布到脏器的血管、神经等，起着联系和固定脏器的作用。

二、消化系统大体解剖构造

（一）口腔

口腔是消化管的起始部，具有采食、咀嚼、吸吮、味觉和吞咽等功能。口腔前壁为唇，两侧壁为颊，顶壁为硬腭，底壁为下颌骨和舌，后壁为软腭。前由口裂与外界相通，后以咽峡与咽相连。口腔以齿弓为界分为口腔前庭和固有口腔：齿弓与唇、颊之间的空隙为口腔前庭；齿弓以内的空隙称为固有口腔，具体图示见牛头纵剖面（图 2-27）。

口腔内面衬有黏膜，富有血管，呈粉红色，常有色素沉着。黏膜上皮为复层扁平上皮，细胞不断脱落、更新，脱落的上皮细胞混入唾液中。如果口腔黏膜潮红、苍白、黄染、湿润、干燥以及破损等可能预示着某些疾病，因此是临床检查的可视黏膜之一（图 2-28）。

1. 唇

唇分上唇和下唇，上、下唇的游离缘共同围成口裂。以口轮匝肌为基础，内衬黏膜，外被皮肤。唇黏膜具有唇腺，开口于唇黏膜上。

牛唇短厚、坚实、不灵活。上唇中部和两鼻孔之间的无毛区，称鼻唇镜。羊唇薄而灵活，可以啃食低矮的草。羊上唇中间有明显的纵沟，两鼻孔间形成无毛的鼻镜。鼻唇镜或鼻镜内含有鼻唇腺，常分泌一种水样液体，因液体蒸

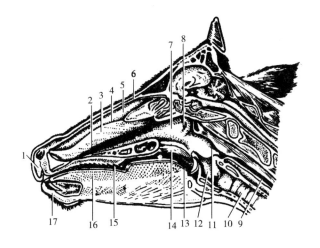

图 2-27 牛头纵剖面

1—上唇 2—下鼻道 3—下鼻甲 4—中鼻道 5—上鼻甲 6—上鼻道 7—鼻咽部
8—咽鼓管咽口 9—食管 10—气管 11—喉咽部 12—喉 13—口咽部
14—软腭 15—硬腭 16—舌 17—下唇

发，故鼻唇镜或鼻镜湿润、低温是牛、羊健康的标志。

2. 颊

颊构成口腔的侧壁。主要由颊肌构成，外覆皮肤，内衬黏膜。颊黏膜上有颊腺和腮腺管开口。牛、羊的颊黏膜上有尖端朝后的锥状乳头。

3. 硬腭

硬腭构成口腔的顶壁。硬腭黏膜厚而坚实，上皮高度角质化。硬腭正中有一纵行的腭缝，腭缝两侧为横行的腭褶，腭褶上有角质化的锯齿状乳头，利于磨碎食物。硬腭的前端有一菱形的小隆起，称为切齿乳头，切齿乳头两侧有鼻腭管的开口，鼻腭管的另一端通鼻腔。牛、羊的硬腭前端无切齿，由该处黏膜形成厚而致密的角质层，称为齿板。

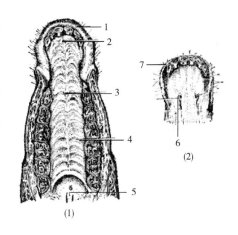

图 2-28 口腔顶壁（1）和底壁（2）

1—上唇 2—切齿乳头 3—腭缝 4—腭褶
5—软腭 6—舌下肉阜 7—下唇

4. 软腭

由硬腭延续而来，构成口腔后壁。以横纹肌构成的腭肌为基础，黏膜内含有腺体和淋巴组织。软腭与舌根之间的腔隙称为咽峡，为口腔与咽之间的通道。软腭在吞咽过程中起活性瓣的作用。即呼吸时，软腭下垂，空气经咽到喉或鼻腔；吞咽时，软腭提起，关闭鼻咽部，同时会厌软骨翻转盖住喉口，食物由口腔经咽入食管。

5. 舌

位于口腔底，占据固有口腔的绝大部分。舌运动灵活，参与采食、吸吮、咀嚼、吞咽、发声，并有感受味觉等功能。

舌可分舌尖、舌体和舌根 3 部分。舌尖是舌前端游离的部分；舌体位于两侧臼齿之间，附着于口腔底的下颌骨上；舌根为舌体后部附着于舌骨上的部分。舌尖和舌体交界处的腹侧有两条黏膜褶与口腔底相连，称为舌系带。舌系带两侧各有一突起称为舌下肉阜（俗称卧蚕），是颌下腺的开口处。

舌主要由横纹肌构成，表面被覆黏膜。舌背面的黏膜上有许多大小不一、形态各异的突起，称为舌乳头。牛的舌乳头可分为 3 种：锥状乳头、菌状乳头、轮廓乳头。锥状乳头为尖端的乳头，呈圆锥形，分布于舌尖和舌体的背面；菌状乳头呈大头针帽状，数量较多，散布于舌背和舌尖的边缘；轮廓乳头排列于舌背和舌尖的两侧，每侧 8 ~ 17 个。其中锥状乳头上皮有很厚的角质层，上皮中无味蕾，仅起一般感觉和机械保护作用；而后两种乳头的黏膜上皮中含有许多圆形小体，称为味蕾，可感受味道。舌根背侧和两侧的黏膜内有大量的淋巴组织，称为舌扁桃体。

牛舌宽厚有力，是采食的主要器官。舌背后部有一隆起，称舌圆枕。

6. 齿

齿是采食和咀嚼的器官，有切断、撕裂和磨碎食物的作用，由坚硬的骨组织构成（图 2 - 29）。齿镶嵌于上、下颌骨的齿槽内，排列成弓形，分成上齿弓和下齿弓。每侧齿弓由前向后顺序排列为切齿、犬齿和臼齿。其中切齿由内向外又分别称为门齿、内中间齿、外中间齿、隅齿；臼齿可分为前臼齿和后臼齿。齿在出生后逐个长出。除后臼齿外，其余齿到一定年龄时均按一定顺序进行脱换。脱换前的齿称为乳齿，个体较小、乳白色、磨损较快；脱换后的齿称恒齿，相对较大，坚硬、颜色较白。

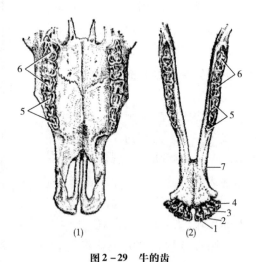

(1)　　　(2)

图 2 - 29　牛的齿

(1) 上颌　　(2) 下颌

1—门齿　2—内中间齿　3—外中间齿　4—隅齿
5—前臼齿　6—后臼齿　7—齿槽间隙

齿的位置和数目可齿式表示：

$$\frac{上齿弓}{下齿弓}=2\left(\frac{切齿\quad 犬齿\quad 前白齿\quad 后白齿}{切齿\quad 犬齿\quad 前白齿\quad 后白齿}\right)$$

牛恒齿式：$2\left[\frac{0033}{4033}\right]=32$　　牛乳齿式：$2\left[\frac{0030}{4030}\right]=20$

齿在外形上可分 3 部分：埋在齿槽内的部分称齿根；露于齿龈外的称齿冠；二者之间被齿龈覆盖的部分称为齿颈。齿龈为包在齿颈外的一层黏膜，与骨膜紧密相连，呈淡红色，有固定齿的作用。当齿龈发生紫色或潮红等现象，是一种病理变化。

齿由齿质、釉质（珐琅质）和齿骨质构成。齿质位于内层，呈淡黄色，构成齿的主体；齿冠部齿质的外面包以光滑、坚硬、乳白色的釉质，是体内最坚硬的组织；齿根部齿质的外面被有略呈黄色的齿骨质；齿的中心部为齿髓腔，内有富含血管、神经的齿髓，对齿有营养作用，具体构造见图 2 - 30 和图 2 - 31。

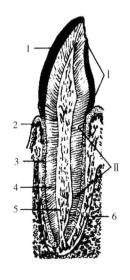

图 2 - 30　牛切齿（短冠齿）的构造
Ⅰ—齿冠　Ⅱ—齿颈和齿根
1—釉质　2—齿龈　3—黏合质
4—齿质　5—齿腔　6—下颌骨

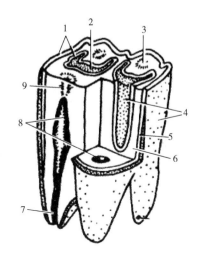

图 2 - 31　牛白齿（长冠齿）的构造
1—釉质　2—齿坎　3、9—齿星　4—齿骨质
5、6—齿质　7—齿根管　8—齿腔

牛无上切齿和犬齿，代之以坚硬角质化的齿板，下切齿齿冠呈铲形。

在生产上，可根据切齿的出齿、换齿以及齿面磨损程度来判断牛的年龄。犊牛出生时第一对门齿已长成，3 月龄左右，其他乳切齿也陆续长齐。1.5 岁乳门齿开始脱成永久齿，此后每年按顺序脱换 1 对乳切齿，到 5 岁时，4 对乳切齿全部换成永久齿，俗称"齐口"。5 岁以后主要依据切齿的磨面形状大致判定牛的年龄，如初呈线状或带状，进而横椭圆形、近圆形、圆形、三角形，最后呈中间凸起的纵椭圆形等。

7. 唾液腺

唾液腺分泌唾液参与消化，主要有腮腺、颌下腺和舌下腺 3 对，另外还有一些小的壁内腺，如唇腺、颊腺等（图 2 - 32）。

（1）腮腺　位于耳根下方，下颌骨后缘，淡红褐色，呈狭长的倒三角形。其腺管开口于第五上臼齿相对应的颊黏膜上。

（2）颌下腺　比腮腺大，位于下颌骨的内侧，后部被腮腺覆盖，呈淡黄色，长而弯曲。腺管开口于舌下肉阜。

（3）舌下腺　位于舌体和下颌骨之间的黏膜下，淡黄色，腺体分散，腺管很多，分别开口于口腔底部黏膜上。牛的舌下腺分上、下两部分，上部为多口舌下腺，又称短管舌下腺，下部为单口舌下腺，又称长管舌下腺。

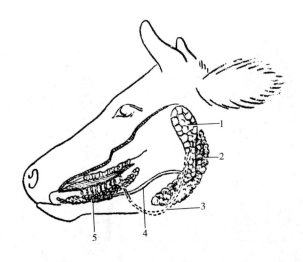

图 2 - 32　牛的口腔腺

1—腮腺　2—下颌腺　3—腮腺管　4—下颌腺管　5—舌下腺

（二）咽

咽位于口腔、鼻腔的后方，喉和食管的前上方，是消化和呼吸的共同通道。咽可分为鼻咽部、口咽部和喉咽部：鼻咽部位于鼻腔后方软腭背侧，是鼻腔向后的延续；口咽部位于软腭和舌根之间；喉咽部位于喉口背侧，很短。

咽有 7 个孔与周围邻近器官相通：前上方经两个鼻后孔通鼻腔；前下方经咽峡通口腔；后背侧经食管口通食管；后腹侧经喉口通气管；两侧壁各有一耳

咽管口通中耳。

咽峡是软腭和舌根的咽与口腔之间的通道，其侧壁黏膜上有扁桃体窦，窦壁内有腭扁桃体。

咽壁由黏膜、肌肉和外膜3层构成。咽黏膜衬于咽腔内面，含有咽腺和淋巴组织；咽的肌肉为横纹肌，有缩小和开张咽腔的作用；外膜为覆盖在咽肌外面的一层纤维膜。

（三）食管

食管是将食物由咽送入胃的一肌质管道，分为颈、胸、腹3段。颈段起始于喉和气管的背侧，至颈中部逐渐转向气管的左侧（给牛投胃管时可以从左侧观察胃管投入情况），经胸前口入胸腔，又转向气管的背侧，并继续向后延伸，经膈的食管裂孔进入腹腔与胃的贲门相连（图2-33）。

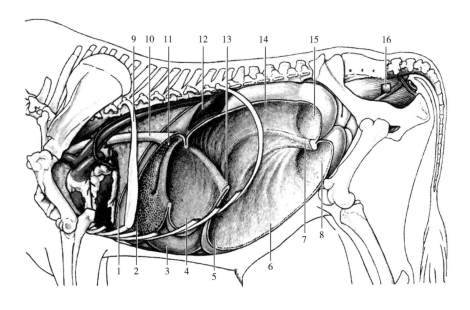

图2-33　牛内脏左侧脏器分布

1—膈　2—网胃　3—皱胃　4—前背盲囊　5—前腹盲囊　6—瘤胃腹囊　7—瘤胃后柱
8—后腹盲囊　9—第7肋骨　10—食管　11—食管沟　12—脾　13—瘤胃前柱
14—瘤胃背囊　15—后背盲囊　16—直肠

（四）胃

胃位于腹腔内，是消化管的膨大部分，前接食管处形成贲门，后形成幽门通十二指肠（图2-34）。牛、羊的胃是多室胃，由瘤胃、网胃、瓣胃和皱胃4个胃室组成。其中前3个胃室无消化腺，主要作用是贮存食物、发酵和分解粗纤维，称前胃；第4胃室有消化腺，能分泌胃液，进行化学消化，又称真胃（图2-35、图2-36）。

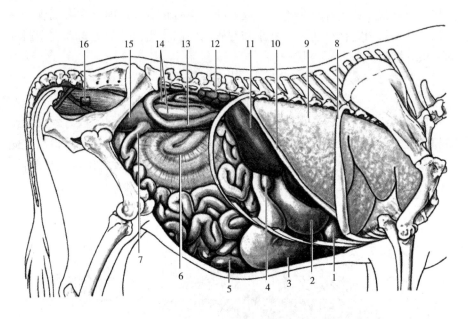

图2-34　牛内脏右侧脏器分布

1—网胃　2—瓣胃　3—皱胃　4—胆囊　5—空肠　6—结肠旋袢　7—回肠　8—第7肋骨

9—肺　10—膈　11—肝　12—肾　13—十二指肠　14—结肠初袢　15—盲肠　16—直肠

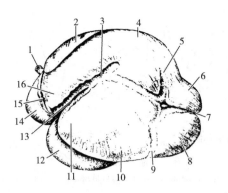

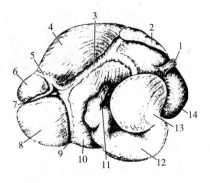

图2-35　牛胃左侧

1—食管　2—脾　3—左纵沟　4—瘤胃背囊

5—背冠状沟　6—后背盲囊　7—后沟

8—后腹盲囊　9—腹冠状沟　10—瘤胃腹囊

11—前腹盲囊　12—皱胃　13—前沟

14—网胃　15—瘤网胃沟　16—前背盲囊

图2-36　牛胃右侧

1—食管　2—脾　3—右纵沟　4—瘤胃背囊

5—背冠状沟　6—后背盲囊　7—后沟

8—后腹盲囊　9—腹冠状沟　10—瘤胃腹囊

11—十二指肠　12—皱胃

13—瓣胃　14—网胃

1. 瘤胃

瘤胃呈前后稍长、左右略扁的椭圆形，容积最大，占 4 个胃容积的 80%。位于腹腔左侧，其下部还伸到腹腔右侧。瘤胃前端与第 7~8 肋肋间隙相对，后端达骨盆前口。左侧（壁面）与脾、膈及腹壁相接触，右侧（脏面）与瓣胃、皱胃、肠、肝、胰等相邻，背侧借腹膜和结缔组织附于膈脚和腰肌的腹侧面，腹侧缘隔着大网膜与腹腔底相接触。瘤胃手术一般在左髂部进行。瘤胃叩诊、触诊或听诊在左肷部进行。

瘤胃的前端和后端可见到较深的前沟和后沟，两条沟分别沿瘤胃的左、右侧延伸，形成了较浅的左纵沟和右纵沟。瘤胃的内壁有与上述各沟相对应的肉柱。肉柱是以环行肌和纵行肌为基础，内含有大量的弹性纤维，有加固瘤胃壁和促进瘤胃运动的作用。沟和肉柱共同围成环状，把瘤胃分成背囊和腹囊两部分。由于瘤胃前沟和后沟较深，所以在瘤胃背囊和腹囊的前、后分别形成前背盲囊、后背盲囊、前腹盲囊和后腹盲囊。在后背盲囊和后腹盲囊之前，分别有后背冠状沟和后腹冠状沟。

瘤胃和网胃之间有瘤网口相通，口背侧形成一个穹隆，称为瘤胃前庭。前庭顶壁有贲门，与食管相通。

瘤胃黏膜呈棕黑色或棕黄色，无腺体，表面有无数密集的乳头，乳头大小不等，以瘤胃腹囊和盲囊内的最发达，乳头内含丰富的毛细血管。但肉柱和前庭的黏膜上无乳头，颜色较淡。

2. 网胃

网胃呈梨状，前后稍扁。容积最小，占四个胃容积的 5%。网胃位于季肋部正中矢状面，瘤胃背囊的前下，与 6~8 肋相对。网胃的后面（脏面）较平，与瘤胃背囊相连，上端有较大的瘤网口与瘤胃相通，右下方有网瓣口与瓣胃相通。网胃的前面（壁面）较突出，与膈、肝相接触，而膈的前面紧邻心脏和肺。由于网胃的位置靠前靠下，当牛吞入尖锐金属异物后容易留在网胃，当网胃第二次强有力收缩时可穿透网胃壁，引起创伤性网胃炎，严重时还穿过膈而伤及心包和心脏，继发创伤性心包炎和心肌炎。可在网胃区即左腹壁下方剑状软骨突起后方，相当于 6~7 肋间强行叩诊或用拳轻击进行检查。

网胃黏膜形成许多网格状的皱褶，呈蜂巢状，又称蜂巢胃。皱褶上密集角质乳头。

在网胃壁内面有一条螺旋状的沟，称为食管沟（图 2-37）。此沟起自贲门，沿瘤胃前庭和网胃右侧壁向下伸延到网瓣口。沟两侧隆起的黏膜褶，称为食管沟唇。犊牛的食管沟唇发达，机能完善，吮乳时可闭合成管，使乳汁直接沿食管沟和瓣胃沟直达皱胃；而成年牛的食管沟则闭合不严。

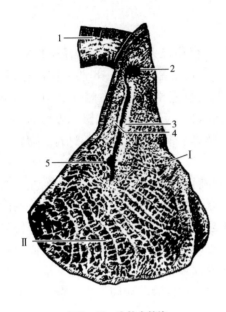

图 2 - 37 牛的食管沟
Ⅰ—瘤胃褶　Ⅱ—网胃黏膜
1—食管沟　2—贲门　3—食管沟右唇
4—食管沟左唇　5—网瓣口

3. 瓣胃

瓣胃呈两侧稍扁的球形，很坚实，占四个胃容积的 7% ~ 8%。瓣胃位于右季肋部，与 7 ~ 11 肋骨下半部相对，肩关节水平线通过瓣胃中线。壁面（右面）隔着小网膜与膈、肝等接触；脏面（左面）与瘤胃、网胃及皱胃等贴连。瓣胃听诊或强触诊检查位置是在右侧 7 ~ 9 肋间，沿肩端水平线上下 2 ~ 3cm 范围内进行。临床上瓣胃容易发生阻塞，一般在右侧第 9 肋间隙与肩关节水平线上下 2cm 的部位进行穿刺，将药物直接注入瓣胃中，使瓣胃内容物软化。

瓣胃黏膜表面覆盖有角质化的复层扁平上皮，并形成百余片大小、宽窄不同的叶片，故又称"百叶肚"。叶片呈新月形，凸缘附着于胃壁；凹缘游离。瓣叶按宽窄分大、中、小和最小四级，呈有规律地相间排列。瓣叶上密布粗糙角质乳头，在消化中可将食物榨干、磨碎。在瓣胃口两侧的黏膜，各形成一个皱褶，称瓣胃帆，有防止皱胃内容物逆流入瓣胃的作用。在瓣胃底部有一瓣胃沟，前接网瓣孔与食管沟相连，后接瓣皱孔与皱胃相通，细粒饲料和液态饲料可经此沟直接进入皱胃。

羊的瓣胃比网胃小，是 4 个胃室中最小的，呈卵圆形，约与第 9、10 肋相对。位置比牛高些，不与腹壁接触。

4. 皱胃

皱胃呈长囊状，前端粗大称为胃底部，与瓣胃相连，后端狭窄称幽门部，与十二指肠相接。小弯凹而向上，与瓣胃接触；大弯凸而向下，与腹腔底壁贴连。皱胃占 4 个胃室总容积的 7% ~ 8%。位于右季肋部和剑状软骨部，与 8 ~ 12 肋相对。左邻网胃和瘤胃的腹囊，下贴腹腔底壁。皱胃的视诊、触诊和听诊检查位置是在右侧 9 ~ 11 肋间，沿肋弓下进行。临床上皱胃容易发生位置改变，一般把左方变位称皱胃变位，右方变位称皱胃扭转，前者发病率高，后者病情重。一般选在右侧第 12、13 肋骨后下缘作为穿刺点。

皱胃是四个胃室中唯一有腺体的胃，黏膜表面光滑、柔软，在底部形成 12 ~ 14 条纵行的螺旋形大皱褶。黏膜表面被覆单层柱状上皮，黏膜内有腺体，按其位置和颜色分为贲门腺区（靠近瓣皱口色较淡）、胃底腺区（位于胃底部色深红）和幽门腺区（靠近幽门色黄），可分泌消化液，对食物进行初步消化。

　　牛胃（图2-38）容量与年龄、体格大小等有关系，一般中等体型牛容量为135~180L；大型牛为180~270L。四个胃室的大小比例也与年龄、食物性质等有关系。新生犊牛因吃奶，皱胃发达，瘤、网胃之和仅相当于皱胃的1/2（图2-39）。10~12周后，由于瘤胃逐渐发育，皱胃仅为其容积的一半，此时瓣胃仍很小。出生后4个月左右，随着消化植物饲料能力的不断增强，前胃迅速增大，前两胃室之和约达皱胃的4倍，到1.5岁时，瓣胃和皱胃的容积近于相等，4个胃室的容积达成年时的比例。

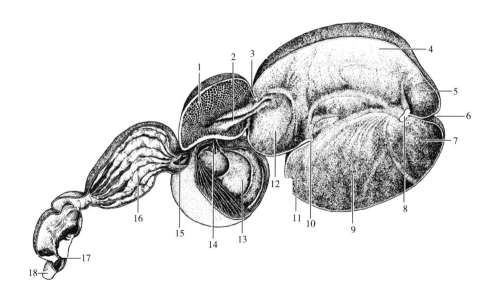

图2-38　牛胃内部构造

1—网胃小房　2—食管沟　3—瘤网沟　4—瘤胃背囊　5—后背盲囊　6—瘤胃后沟　7—后腹盲囊
8—瘤胃后柱　9—瘤胃腹囊　10—瘤胃前柱　11—前腹盲囊　12—前背盲囊　13—瓣胃叶
14—网瓣口　15—瓣皱口　16—皱胃螺旋褶　17—幽门　18—十二指肠

　　网膜是联系胃的双层的浆膜褶，分为大、小网膜。大网膜发达，覆盖在肠管右侧面和瘤胃腹囊的表面，分为浅、深两层。浅层起于瘤胃的左纵沟，向下绕过瘤胃腹囊到腹腔右侧，继续沿右侧腹壁向上延伸，止于十二指肠第二段和皱胃大弯；浅层由瘤胃后沟折转到右纵沟，转为深层。深层向下绕过肠管到肠管的右侧面，沿浅层向上止于十二指肠。小网膜比大网膜面积小，起于肝的脏面，绕过瓣胃外侧，止于皱胃小弯和十二指肠起始部。

（五）肠

肠起自幽门，止于肛门。可分为大肠和小肠两部分（图2-40）。

1. 小肠

小肠细长而弯曲，是食物消化吸收的主要部位。小肠可分为十二指肠、空肠、回肠3段。

（1）十二指肠 长约1m，位于右季肋部和腰部，以短的十二指肠系膜附于结肠终端的外侧，位置较固定。分为3段：第1段起自幽门向前向上伸延，在肝的脏面形成"乙"状弯曲；第2段由此向后伸延，到髋结节附近，向上并向前折转形成后（髋）曲；第3段由此向前，与结肠末端平行到右

图2-39 犊牛胃右侧
1—食管 2—瘤胃 3—网胃
4—瓣胃 5—皱胃

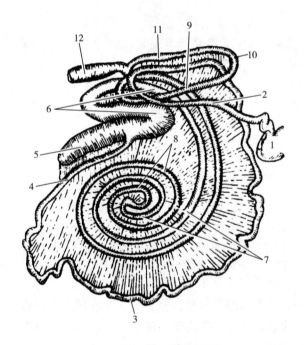

图2-40 牛肠
1—胃 2—十二指肠 3—空肠 4—回肠 5—盲肠 6—结肠近袢 7—结肠旋袢向心回
8—结肠旋袢离心回 9—结肠远袢 10—横结肠 11—降结肠 12—直肠

肾腹侧与空肠相接。在十二指肠后曲的黏膜上有胆管和胰管的开口。十二指肠后部有与结肠相连的十二指肠结肠韧带，大体解剖时，此韧带作为与结肠分界的标志。

（2）空肠　是小肠中最长的一段，位于腹腔右侧，形成无数肠圈，由宽的空肠系膜悬挂于结肠盘周围，形似花环。空肠的右侧和腹侧，隔着大网膜与腹壁相邻，左侧与瘤胃相邻，背侧为大肠，前面为瓣胃和皱胃。后部的肠圈因肠系膜较长而游离性较大，常绕过瘤胃后方而到左侧。

（3）回肠　较短，约50cm，与空肠无明显分界，不形成肠圈，肠管较直、肠壁较厚。自空肠的最后肠圈起，几乎呈直线地向前上方伸延至盲肠腹侧，止于回盲口，此处黏膜形成一回盲瓣。在回肠与盲肠之间有一三角形的回盲韧带，常作为回肠与盲肠的分界标志。

2. 大肠

牛的大肠长为6.4~10m，位于腹腔右侧和骨盆腔。管径比小肠略粗，黏膜表面平滑，肠壁不形成纵肌带和肠袋。大肠可分为盲肠、结肠和直肠3段，前接回肠，后通肛门。

（1）盲肠　长为50~70cm，管径较大，呈长圆筒状，位于右髂部。盲肠起自于回盲口，沿右髂部的上部向后延伸，盲端可达骨盆腔入口处，其前端移行为结肠，两者以回盲口为界。

（2）结肠　长为6~9m，借总肠系膜附着于腹腔顶壁。其起始部的管径与盲肠相似，以后逐渐变细。可分为初袢、旋袢和终袢3部分。初袢起自回盲口，整个初袢形成"乙"状弯曲，达第2、3腰椎腹侧，移行为旋袢；旋袢位于瘤胃右侧，呈一扁平的圆盘状，分为向心回和离心回，向心回以顺时针方向向内旋转约2圈（羊约3圈）至中心曲，离心回自中心曲起按相反方向旋转约2圈（羊约3圈），移行为终袢；终袢离开旋袢后，向后延伸到骨盆腔入口处，再折转向前延伸，至最后胸椎的腹侧和肝附近，从初袢开始一直到些处即所谓的升结肠。接着升结肠从右侧绕过肠系膜前动脉根部向左急转，此段较短的肠管即所谓的横结肠，悬于较短的横结肠系膜下。横结肠再折转向后伸延至骨盆腔入口处，此段较直的肠管即所谓的降结肠，附于较长的降结肠系膜下，故其活动性较大。降结肠后部形成"S"形弯曲，此曲又称乙状结肠。

（3）直肠　短而直，长约40cm，位于骨盆腔内，前连结肠，后端以肛门与外界相通。直肠以直肠系膜连于骨盆腔顶壁，不形成直肠壶腹。

3. 肛门

肛门位于尾根下方，是消化管的末段，外为皮肤，内为黏膜。皮肤和黏膜之间有平滑肌形成的内括约肌和横纹肌形成的外括约肌，控制肛门的开闭。

（六）肝

1. 肝的形态、位置

肝是动物体内最大的腺体。牛肝呈不规则的长方形，较厚实，棕红色或棕黄色，位于右季肋部，紧贴膈（图2-41）。肝前面稍隆突为膈面，有后腔静脉通过；后面凹陷为脏面，脏面中央有肝门。肝门是门静脉、肝动脉、肝神经、肝管、淋巴管由此出入肝。肝门下方有胆囊，以胆管开口于十二指肠的"乙"状弯曲，距幽门50～70cm。胆囊有贮存和浓缩胆汁的作用。肝的背缘较钝，有食管切迹；腹缘薄锐，有较深的切迹将肝分叶。切迹将肝分为左、中、右3叶，其中中叶又以肝门为界，分为背侧的尾叶和腹侧的方叶，尾叶向右突出的部分称为尾状突。牛肝分叶虽不明显，但也可分为左叶、右叶、方叶和尾叶。

肝的表面被覆一层浆膜，并形成左右冠状韧带、镰刀韧带、三角韧带、圆韧带，与周围器官相连。

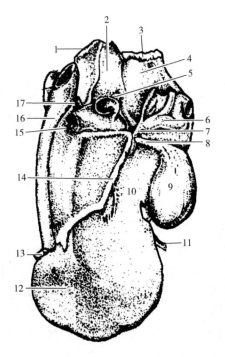

图2-41　牛肝脏

1—肝肾韧带　2—尾状突　3—右三角韧带
4—肝右叶　5—肝门淋巴结　6—十二指肠
7—胆管　8—胆囊管　9—胆囊　10—方叶
11—肝圆韧带　12—肝左叶　13—左三角韧带
14—小网膜　15—门静脉
16—后腔静脉　17—肝动脉

2. 肝的生理功能

肝是体内的一个重要器官，不仅能分泌胆汁参与消化，而且又是体内代谢中心，体内很多代谢都有在肝内完成。此外，肝还具有造血、解毒、排泄、防御等功能。

（1）分泌功能　肝的主要功能是分泌胆汁，肝汁具有促进脂肪消化、脂肪酸和脂溶性维生素的吸收等作用。

（2）代谢功能　肝细胞内可进行蛋白质、脂肪和糖的分解、合成、转化和贮存，很多代谢都离不开肝脏，且能贮存维生素A、维生素D、维生素E、维生素K及大部分B族维生素。

（3）解毒功能　从肠道吸收来的毒物或代谢过程中产生的有毒有害物质，或经其他途径进入机体的毒物或药物，在肝内通过转化和结合作用变成无毒或毒性小的物质，排出体外。如将氨基酸代谢中脱出的氨（对机体有毒）转化成无毒的尿素，通过肾脏排出。

（4）防御功能 窦状隙内的枯否氏细胞，具有强大的吞噬作用，能吞噬侵入窦状隙的细菌、异物和衰老的红细胞。

（5）造血功能 肝是胚胎时期的造血器官，可制造血细胞。成年动物的肝只形成血浆中的一些重要成分，如清蛋白、球蛋白、纤维蛋白原、凝血酶原、肝素等。

（七）胰

胰呈淡红黄色，形态很不规则，近似三角形，质地柔软，位于腹腔背侧，十二指肠弯曲内。胰可分3个叶，靠近十二指肠的部位为中叶（或胰头），左侧的部位为左叶，右侧的部位为右叶。胰有一输出管开口于十二指肠（图2-42）。

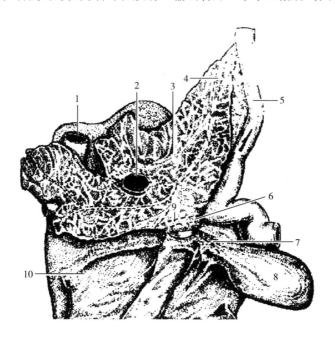

图2-42 牛胰腹侧面
1—后腔静脉 2—门静脉 3—胰 4—胰管 5—十二指肠
6—胆管 7—胆囊管 8—胆管 9—肝管 10—肝

三、消化系统显微解剖构造

（一）消化管的一般构造

消化管各段在形态、机能上各有特点，但其管壁的组织结构基本一样，除口腔外，一般均可分为4层，由内向外依次为黏膜层、黏膜下层、肌层和外膜

（图 2 - 43）。

1. 黏膜层

黏膜层是消化管的最内层，色泽淡红，富有伸展性。当管腔空虚时，常形成皱褶。黏膜层具有保护、吸收和分泌等功能。黏膜层又可分为 3 层。

（1）上皮　是直接接触消化管内物质、执行机能活动的主要部分。口腔、咽、食管、瘤胃、网胃、瓣胃及肛门为复层扁平上皮，有保护作用。皱胃、肠为单层柱状上皮，有吸收作用。

（2）固有层　由疏松结缔组织构成，具有支持和营养上皮的作用。内含丰富的血管、神经、淋巴管、淋巴组织和腺体等。肠黏膜的固有膜内还有淋巴小结。

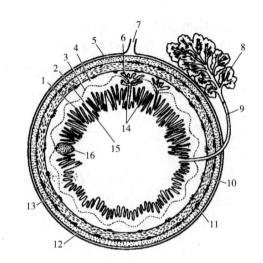

图 2 - 43　消化管壁构造模式图

1—肠腺　2—固有膜　3—黏膜肌　4—黏膜下层
5—浆膜　6—十二指肠腺　7—肠系膜
8—壁外腺　9—腺导管　10—黏膜下丛
11—肌间神经丛　12—纵行肌　13—环形肌
14—小肠绒毛　15—黏膜上皮　16—淋巴小结

（3）黏膜肌层　是固有膜下的薄层平滑肌。收缩时可使黏膜形成皱褶，有利于物质吸收、血液流动和腺体分泌物的排出。

2. 黏膜下层

黏膜下层位于黏膜层和肌层之间的一层疏松结缔组织，使黏膜具有一定的活动性。内含较大的血管、淋巴管和神经丛。在食管和十二指肠，此层内还含有腺体。

3. 肌层

除口腔、咽、食管和肛门的管壁为横纹肌外，其余各段均为平滑肌构成。一般可分为内层的环行肌和外层的纵行肌两层。环行肌收缩可使管腔缩小，纵行肌收缩可使管道缩短而管腔变大。两层肌肉的交替收缩和舒张，可以使内容物向一定方向移动。两层肌肉之间有肌间神经丛和结缔组织。

4. 外膜（或浆膜）

为富有弹性纤维的疏松结缔组织层，位于管壁的最表面，有连接周围各器官的作用。在食管颈段、直肠后部与周围器官相连接处称为外膜；而在食管胸、腹段以及胃肠外膜表面尚有一层间皮覆盖，则合称为浆膜。浆膜表面光滑，并能分泌浆液，有润滑作用，可以减少器官间运动时的摩擦。

（二）皱胃的组织构造

皱胃胃壁由黏膜层、黏膜下层、肌层和浆膜构成。黏膜上皮为单层柱状上皮，黏膜内含有大量腺体，因而黏膜层较厚。根据黏膜位置、颜色和腺体的不同，可分为胃底腺区（位于胃底部）、贲门腺区（靠近瓣皱口）和幽门腺区（靠近幽门）（图 2-44）。

胃底腺区：腺区最大部，位于胃底部，是分泌胃液的主要部位。在其黏膜的固有层内有大量的胃腺。胃腺主要由 3 种腺细胞构成，即主细胞、壁细胞和颈黏液细胞。主细胞，呈矮柱状或锥体形，数量较多，个体较小，可分泌胃蛋白酶原和胃脂肪酶，犊牛还能分泌凝乳酶；壁细胞，呈圆形或钝三角形，数量较少，个体较大，能分泌盐酸；颈黏液细胞，成群分布在腺体的颈部，分泌黏液，保护胃黏膜。

贲门腺区和幽门腺区：较小，黏膜内的腺体主要由黏液细胞构成，能分泌碱性黏液，保护胃黏膜。

皱胃的肌层可分为内斜、中环、外纵 3 层，其中中层环行肌发达，在幽门部增厚，形成幽门括约肌。

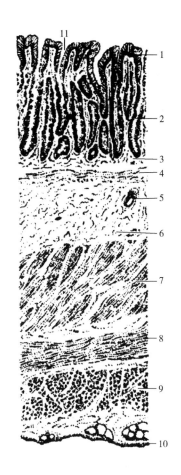

图 2-44　胃底部横切

1—黏膜上皮　2—胃底腺　3—固有膜
4—黏膜肌层　5—血管　6—黏膜下层
7—内斜行肌　8—中环行肌层
9—外纵行肌　10—浆膜　11—胃小凹

（三）肠的组织构造

1. 小肠的组织构造

小肠壁也可分为黏膜层、黏膜下层、肌层、浆膜 4 层。突出特征是黏膜层具有肠绒毛（图 2-45）。

（1）黏膜层　小肠的黏膜形成许多环形的皱褶，表面有许多指状突起，称为肠绒毛。绒毛由上皮和固有膜组成。上皮覆盖在绒毛的表面，为单层柱状上皮，由柱状细胞、杯状细胞等组成。每个柱状细胞的顶端有 2000~3000 个微绒毛（纹状缘），使细胞的表面积增加 20 倍以上，增大了消化和吸收的面积，有利于消化和吸收；杯状细胞位于柱状细胞之间，细胞体膨大如杯形，分泌黏液，可润滑和保护上皮。固有膜存在于绒毛的中轴，内有大量的肠腺、血管、

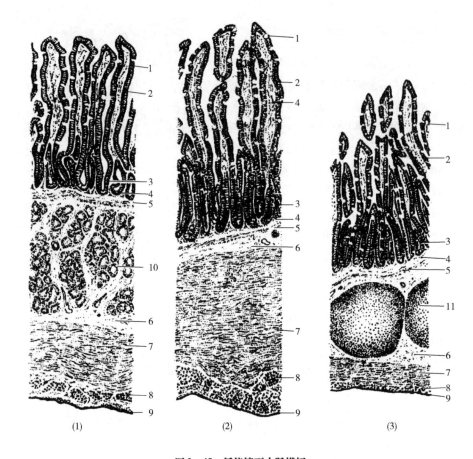

图 2 − 45　低倍镜下小肠横切

（1）十二指肠　（2）空肠　（3）回肠

1—上皮　2—肠绒毛　3—肠腺　4—固有膜　5—黏膜肌层　6—黏膜下层

7—内环行肌　8—外纵行肌　9—浆膜　10—十二指肠腺　11—淋巴集结

淋巴管、神经和各种细胞成分。此外，固有膜内尚有淋巴小结，有的单独存在，称为淋巴孤节（分布在空肠和十二指肠）；有的集合成群，称为淋巴集结（主要分布于回肠）。固有膜中央有一条贯穿绒毛全长的毛细淋巴管称中央乳糜管，其周围有毛细血管网。固有膜内还有分散的平滑肌与绒毛长轴平行，收缩时绒毛缩短，使绒毛毛细血管和中央乳糜管中所吸收来的营养物质随血液和淋巴进入较深层的血管和淋巴管中，绒毛的这种不断伸展与收缩，促进了营养物质的吸收和运输。

（2）黏膜下层　由疏松结缔组织构成。在十二指肠黏膜下层内有十二指肠腺，其分泌物可在十二指肠黏膜表面形成屏障，以对抗胃酸对十二指肠黏膜的侵蚀。

（3）肌层 由内层的环行和外层的纵行两层平滑肌构成。

（4）浆膜 由薄层结缔组织和间皮构成，表面光滑而湿润，有减少摩擦的作用。

2. 大肠的组织构造

结构也由4层构成。主要有以下特点：黏膜没有环形皱襞，黏膜表面没有绒毛，也无纹状缘；黏膜上皮中杯状细胞多，分泌碱性黏液，中和粪便发酵的酸性产物；大肠腺比较发达，直而长，分泌物不含消化酶，但含溶菌酶；孤立淋巴小结较多，集合淋巴小结很少；肌层特别发达。

（四）肝的组织构造

肝的表面被覆一层浆膜，浆膜下有一层富含弹性纤维的结缔组织，结缔组织随血管、神经、淋巴管等进入肝的实质，构成肝的支架，并将肝分成许多肝小叶。

1. 肝小叶

肝小叶是肝的基本结构单位，呈不规则的多边棱柱状（图2-46）。其中轴贯穿一条静脉，称中央静脉。在肝小叶的横断面上，可见到肝细胞呈索状排列组合在一起，称为肝细胞索，并以中央静脉为中心，向周围呈放射状排列。肝细胞索有分支，彼此吻合成网，网眼间形成窦状隙，又称肝血窦，实际上是不规则膨大的毛细血管，窦壁由内皮细胞构成，窦腔内有枯否氏细胞，可吞噬细菌、异物。

从肝立体结构上看，肝细胞的排列并不呈索状，而是呈不规则的互相连接的板状，称为肝板。细胞之间有胆小管，它以盲端起始于中央静脉周围的肝板内，也呈放射状，并彼此交织成网。肝细胞分泌的胆汁经胆小管流向位于小叶边缘的小叶间胆管，许多小叶间胆管汇合成肝管，开口于十二指肠近胃端。

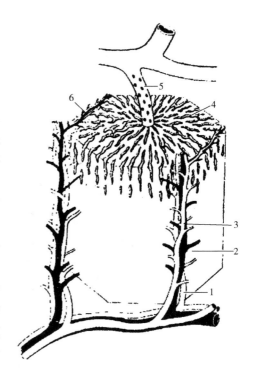

图2-46 肝小叶模式图

1—小叶间动脉 2—小叶间静脉
3—小叶间胆管 4—肝血窦
5—中央静脉 6—终末支

肝细胞呈多面形，胞体较大，界限清楚，细胞核有 1~2 个，大而圆，位于细胞中央。

2. 肝的血液循环

肝脏的血液供应有两个来源，其一是门静脉，其二是肝动脉（图 2-47）。

门静脉：汇集胃、脾、肠、胰的血液，经肝门入肝，在肝小叶间分支形成小叶间静脉，再分支进入肝小叶内，开口于窦状隙，然后血液流向小叶中心的中央静脉，再汇合成小叶下静脉（在小叶间结缔组织内单独行走），最后汇集成数支肝静脉，入后腔静脉。门静脉血由于主要来自胃肠，所以血液内既含有经消化吸收来的营养物质，又含有消化吸收过程中产生的毒素、代谢产物及细菌、异物等有害物质。其中，营养物质在窦状隙处可被吸收、贮存或经加工、改造后再排入血液中，运到机体各处，供机体利用；而代谢产物、细菌、异物等有毒、有害物质，则可被肝细胞结合或转化为无毒、无害物质，细菌、异物可被枯否氏细胞吞噬。因此，门静脉属于肝脏的功能血管。

肝动脉：来自腹主动脉的分支，经肝门入肝后，在肝小叶间分支形成小叶间动脉，并伴随小叶间静脉分支后，进入窦状隙和门静脉血混合。部分分支还可到被膜和小叶间结缔组织等处。这支血管由于是来自主动脉，含有丰富的氧气和营养物质，可供肝细胞本身物质代谢使用，所以是肝的营养血管。

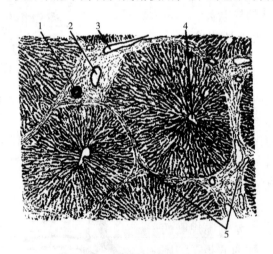

图 2-47 低倍镜下肝的组织切片

1—小叶间动脉　2—小叶间静脉　3—小叶间胆管　4—中央静脉　5—小叶间结缔组织

3. 门管区

由肝门进出肝的 3 个主要管道（门静脉、肝动脉和肝管），以结缔组织包裹，总称为肝门管。三个管道在肝内分支，并在小叶间结缔组织内相伴而行，分别称为小叶间静脉、小叶间动脉和小叶间胆管。其中小叶间静脉的管径最大，管腔不规则，管壁薄，仅由一层内皮和一薄层结缔组织构成；小叶间动脉管径最小，管壁厚，由内皮和数层环行平滑肌纤维构成；小叶间胆管管径也小，管壁由单层立方上皮组成。在门管区内还有淋巴管、神经伴行。

4. 肝的排泄管

肝细胞分泌的胆汁排入胆小管内。胆汁是从小叶中央向周边运送，在肝小叶边缘，胆小管汇合成短小的小叶内胆管。小叶内胆穿出肝小叶，汇入小叶间胆管。小叶间胆管向肝门汇集，最后形成肝管出肝。

肝的血液循环和胆汁排除途径：

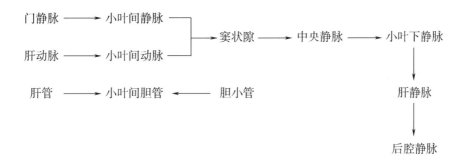

（五）胰的组织构造

胰的外面包有一层薄层结缔组织被膜，结缔组织伸入腺体实质，将腺体分成许多小叶。胰的实质可分为外分泌部和内分泌部（图 2-48）。

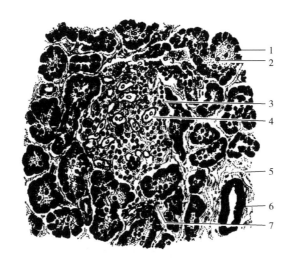

图 2-48　胰的组织构造

1—腺泡　2—泡心细胞　3—胰岛　4—毛细血管　5—小叶间结缔组织　6—小叶间导管　7—闰管

（1）外分泌部　属消化腺，由许多腺泡和导管组成，占腺体的绝大部分。腺泡呈球状或管状，腺腔很小，均由腺细胞组成。细胞合成的分泌物，先排入腺腔内，再由各级导管排出胰。腺泡的分泌物称胰液，一昼夜可分泌 6～7L，经胰管注入十二指肠，有消化作用。

（2）内分泌部　位于外分泌部的腺泡之间，由大小不等的细胞群组成，形似小岛，故名胰岛。胰岛细胞呈不规则索状排列，且互相吻合成网状，网眼内有丰富的毛细血管和血窦。胰岛细胞主要分泌胰岛素和胰高血糖素，经毛细血管进入血液，有调节血糖代谢的作用。

四、消化生理

（一）概述

1. 消化和吸收的含义

家畜在生命活动过程中，必须不断地从环境中摄取营养物质，以满足机体各种生命活动的需要。营养物质存在于饲料中，如蛋白质、糖、脂类、无机盐、维生素、水等。其中水、无机盐、维生素一般可直接被机体吸收利用。而蛋白质、糖、脂肪都是高分子化合物，必须在消化管内经过物理的、化学的和生物的作用，转变成结构简单的可溶性小分子物质，如氨基酸、甘油、脂肪酸、葡萄糖、挥发性脂肪酸、小肽等，才能被机体吸收利用。

饲料在消化道内分解成可吸收的小分子物质的过程，称为消化。

被消化的物质以及进入体内的水、无机盐、维生素等通过消化道黏膜上皮细胞进入血液和淋巴的过程，称为吸收。

2. 消化方式

饲料在消化管内完成消化的方式主要有 3 种。

（1）机械性消化　通过咀嚼、反刍、胃肠运动等，使大块饲料变成小块饲料，并沿消化管向后移动的一种消化方式。其作用主要是：磨碎、压迫饲料，使其更好地与消化液混合，以利于化学消化和生物学消化；使食糜更好地与消化管壁贴近，有利于养分的吸收；促进内容物后移，有利于消化残余物的运送与排出。

（2）化学性消化　是指消化腺所分泌的酶和植物性饲料本身的酶对饲料的消化。它的作用是将结构复杂的饲料分解为简单物质以便吸收，如将蛋白质分解为氨基酸、多糖分解为单糖、脂肪分解为脂肪酸和甘油等。

酶是体内细胞产生的一种具有催化作用的特殊蛋白质，通常称为生物催化剂。具有消化作用的酶称为消化酶，由消化腺产生，多数存在于消化液中，少数存在于肠黏膜脱落细胞或肠黏膜内。消化酶多为水解酶，具有高度的特异性，即一种酶只能影响某一种营养物质的分解过程，对其他物质无作用。如淀粉酶只能加快淀粉的分解，对蛋白质、脂肪及双糖都无作用。根据酶的作用对象的不同，可将其分为 3 种类型：蛋白质分解酶、脂肪分解酶和糖分解酶。

酶的活力受各种因素的影响，如温度、酸碱度、激动剂、抑制剂等。温度对酶的活力影响最大，通常 37～40℃是消化酶的最适宜温度，此时酶促反应的速度最大，但当温度达到 60℃时，酶的活力即受到破坏；酶对环境的 pH 非常敏感，每一种酶各有其特殊适合的环境，有的在酸性环境中最佳（如胃蛋白酶），有的则在碱性环境中最好（如胰蛋白酶），有的则在中性环境中最活跃（如唾液淀粉酶）；有些物质能增强酶的活力，称为激动剂，如氯离子是淀粉酶的激动剂；有些物质能使酶的活力降低甚至完全消失，称为抑制剂，如重金属（Ag、Cu、Hg、Zn 等）离子。

有些消化酶在腺细胞内产生后的贮存期间或刚从细胞分泌出来时是没有活力的，称为酶原。酶原必须在一定条件下才能转化为有活力的酶，这一转化过程称酶致活。完成这一致活过程的物质称致活剂。如胃蛋白酶刚产生时，没有消化能力，称为胃蛋白酶原，经胃液中盐酸的作用变成胃蛋白酶后，才能发挥其消化蛋白质的作用，盐酸即是胃蛋白酶原的致活剂。

（3）生物学消化 是指消化管内的微生物所参与的消化过程。它的作用是撕碎饲料，并使饲料发酵分解。这种消化在草食动物消化中特别重要。因为畜禽本身的消化液中不含纤维素酶，可是饲料却含大量的纤维素、半纤维素。而微生物可产生纤维素酶，对纤维素类的消化起了关键性作用。

在消化过程中，以上 3 种消化是同时进行并相互协调，使食物与消化液完全混合，达到完全消化和吸收。

3. 消化管平滑肌的特性

机械消化的基础是依靠肌肉的收缩。整个消化道多数部分（胃、肠）是由平滑肌组成的。平滑肌具有下列生理特性：

（1）兴奋性低，收缩缓 要启动收缩，需要较长时间，收缩后要恢复原有长度也较慢。

（2）富有展长性 能适应实际需要而伸展，因此，胃、肠等器官可以容纳比自身体积大好几倍的食物。

（3）紧张性 平滑肌经常保持在一种微弱的持续收缩状态，具有一定的紧张性。因此，使胃肠等保持一定的形状和位置。

（4）自律性收缩 平滑肌离体后，保持在适宜的环境溶液内，仍能作自律性收缩。

（5）对化学、温度和机械牵张刺激较为敏感 微量的生物活性物质常能显著地引起它的兴奋。如乙酰胆碱稀释 1 亿倍，还能使兔的离体小肠收缩加强；

肾上腺素在千万分之一浓度，就能降低其紧张性，而停止收缩。

　　4. 胃肠道机能的调节

胃肠的分泌、运动和吸收机能受神经和体液调节。

　　（1）神经调节　胃肠机能受植物性神经系统和胃肠壁内在神经丛控制。

胃肠平滑肌受交感神经和副交感神经的双重支配。一般地说，副交感神经兴奋时，胃肠运动增加，腺体分泌增加；刺激交感神经可使它们的活动受到抑制。正常情况下，副交感神经的作用是重要的。

副交感神经、交感神经和胃肠道壁内的壁内神经丛发生联系。胃肠壁内神经丛分两类：位于纵行肌和环行肌之间的称肌间神经丛；位于黏膜下的，称黏膜下神经丛。神经丛包括大量神经节和无髓神经纤维，这些纤维有来自肠壁或黏膜上的化学、机械或压力感受器的传入纤维，构成一个完整的局部神经反应系统。

　　（2）体液调节　除了全身性作用的激素（如生长激素促进消化系统的生长发育、甲状腺素促进消化液分泌等）以外，调节胃肠功能活动的体液因素，主要是胃肠激素。胃肠道黏膜内存在大量的内分泌细胞所分泌的激素总称为胃肠激素。它们单个地夹杂于黏膜上和腺体细胞之间，从形态和功能上可将这些细胞分为多种，分别分泌不同的激素。因此认为消化道是体内最大、最复杂的内分泌器官。胃肠激素在化学结构上都是多肽，它们的生理作用主要是调节作用、激素释放作用和营养作用。

　　（二）消化道各部的消化特点

　　1. 口腔的消化

饲料在动物口腔内的消化包括采食、饮水、咀嚼和吞咽过程。

　　（1）采食和饮水　牛依靠视觉和嗅觉去寻找、鉴别食物。牛主要依靠既长、灵活而有力的舌将饲料卷入口内，因此舌是牛的主要采食器官。绵羊和山羊主要靠舌和切齿采食，绵羊上唇有裂隙，能啃咬短的牧草。食物入口腔后，又借味觉和触觉加以评定，并把其中不适宜的物质从口中吐出。积极采食是食欲旺盛、畜体健康的重要临床指征。

家畜饮水时，先把上下唇合拢，中间留一小缝，伸入水中，然后下颌下降，舌向咽后部移，使口腔内形成负压，水便被吸入口腔。仔畜吮乳也是靠下颌和舌的节律性运动来完成。

　　（2）咀嚼　摄入口内的饲料，被送到上下颌臼齿间，在咀嚼肌的收缩和舌、颊部的配合运动下，食物被压磨粉碎，并混合唾液。牛采食未经充分咀嚼（咀嚼 15~30 次），待反刍时再咀嚼。

咀嚼的意义：碎裂粗大食物，增加消化液作用的表面积，尤其是可破坏植物细胞的纤维壁，暴露其内容物，有利于消化；使粉碎后的饲料与唾液混合，形成食团便于吞咽；咀嚼还可以反射性地引起消化腺分泌和胃肠运动，为随后的消化作准备。

咀嚼的次数、时间与饲料的状态有关，一般湿的饲料比干的饲料咀嚼次数少，咀嚼的时间短。据统计奶牛 1d 内咀嚼的总次数约为 42000 次，因此，对饲料进行加工如适度的切短（秸秆 2～3cm、青草 4～5cm）、磨碎等，可减少咀嚼次数，节省能量，提高饲料利用效率。

（3）吞咽　吞咽是由多种肌肉参与的复杂反射动作，是在舌、咽、喉、食管及贲门的共同作用下，使食团从口腔进入胃的过程。吞咽时呼吸暂时停止，以防止食物误入气管。咽部疾病可影响吞咽过程。

（4）唾液　唾液是由唾液腺分泌的一种无色、略带黏性的液体。相对密度为 1.001～1.009，一般都是碱性，pH 约为 8.2；其一昼夜的分泌量为牛 100～200L、绵羊 8～13L。

唾液的成分主要为水（98.5%～99.4%）、少量有机物和无机物。有机物主要为黏蛋白；无机物主要有钾、钠、钙的氯化物、磷酸盐和碳酸氢盐等。唾液的主要作用如下：

①湿润软化饲料，便于咀嚼和吞咽。唾液中的黏液能使嚼碎的饲料形成食团，并增加光滑度，便于吞咽。

②溶解饲料中的可溶性物质，刺激舌的味觉感受器，引起食欲，促进各种消化液的分泌。

③帮助清除一些饲料残渣和异物，清洁口腔。

④反刍动物的唾液含有大量缓冲物质碳酸氢盐和磷酸盐，可中和瘤胃微生物发酵产生的有机酸，用以维持瘤胃内适宜的酸碱度。

⑤水牛等动物汗腺不发达，可借唾液中水分蒸发来调节体温。

⑥反刍动物有大量尿素经唾液进入瘤胃，参与机体的尿素再循环，以减少氮的损失。

2. 咽和食管的消化

咽和食管均是食物通过的管道。食物在此不停留，不进行消化只是借肌肉的运动向后推移。

3. 胃的消化

（1）前胃的消化　瘤胃主要进行生物学消化，饲料中 70%～85% 的可消化干物质和约 50% 的粗纤维都在瘤胃内消化。网胃相当于一个"中转站"，一方面将粗硬的饲料返送回瘤胃，另一方面将稀软的饲料送入瓣胃。瓣胃相当于一个"过滤器"，收缩时把饲料中较稀软的部分送入皱胃，而把粗糙部分留在叶片间揉搓研磨，以利于下一步继续消化。前胃中瘤胃消化在动物的整个消化过程中占有特别重要的地位。

①瘤胃内微生物及其生存条件：

a. 瘤胃内环境。瘤胃内的食物和水分提供微生物繁殖所需要的营养物质；瘤胃内通常 $39 \sim 41℃$，为微生物生存繁殖提供适宜的温度；瘤胃内容物的含水量相对稳定，渗透压维持于接近血液的水平；饲料发酵产生大量的酸类，被唾液中大量的碳酸氢盐和磷酸盐所缓冲，使 pH 变动在 $5.5 \sim 7.5$；瘤胃上部气体通常含 CO_2、CH_4 及少量 N_2、H_2、O_2 等气体，H_2、O_2 主要随食物进入胃内，O_2 迅速地被微生物繁殖所利用，导致瘤胃内容物高度乏氧。瘤胃内所有这些条件都特别适于微生物的生长和繁殖，因此瘤胃可以看作是一个供厌氧微生物高效繁殖的活体发酵罐。

b. 瘤胃内微生物及其作用。瘤胃内微生物主要是厌氧性纤毛虫、细菌和真菌，种类甚为复杂，并随饲料种类，饲喂制度及动物年龄等因素而变化。据测定，1g 瘤胃内容物中含细菌 150 亿~250 亿，纤毛虫 60 万~180 万，总体积约占瘤胃液的 3.6%，其中细菌和纤毛虫各占一半。

纤毛虫：瘤胃的纤毛虫有全毛和贫毛两大类，都严格厌氧，依靠体内的酶发酵糖类产生乙酸、丁酸和乳酸、CO_2、H_2 和少量丙酸，水解脂类，氢化不饱和脂肪酸，降解蛋白质。此外纤毛虫还能吞噬细菌。

瘤胃内纤毛虫的数量和种类明显地受瘤胃内的 pH 的影响。当因饲喂高水平淀粉（或糖类）的日粮，pH 降至 5.5 或更低时，纤毛虫的活力降低，数量较少或完全消失。此外，纤毛虫的数量也受饲喂次数的影响，次数多，数量也多。

反刍动物在瘤胃内没有纤毛虫的情况下，个体也能良好生长。不过在营养水平较低的情况下，纤毛虫能提高饲料的消化率和利用率，动物体贮氮和挥发性脂肪酸产生都大幅增加。纤毛虫蛋白质的生物价与细菌相同（约为 80%），但消化率超过细菌蛋白（纤毛虫 91%，细菌 74%）同时纤毛虫的蛋白质含丰富的赖氨酸等必需氨基酸，品质超过细菌。

细菌：瘤胃中最主要的微生物是细菌，数量大，种类多，极为复杂，随饲料种类、采食后时间和动物状态的变化。瘤胃内的细菌，大多数是不形成芽孢的厌氧菌，偶有形成芽孢的厌氧菌；牛链球菌和某些乳酸杆菌等非严格厌氧的细菌有时也很多。

此外，还有分解蛋白质和氨基酸或脂类的细菌，合成蛋白质和维生素的菌群，其中有些菌群既能分解纤维素又能利用尿素。

总之，瘤胃饲料中的碳水化合物，在多种不同细菌的重叠或相继作用下，通过相应酶系统的作用，产生挥发性脂肪酸、二氧化碳和甲烷等，并合成蛋白质和 B 族维生素供畜体利用。

真菌：瘤胃内存在的厌氧性真菌，含有纤维素酶，能够分解纤维素。

共生：瘤胃内微生物之间存在彼此制约互相共生的关系。纤毛虫能吞噬和消化细菌作为自身的营养，或利用菌体酶类来消化营养物质。瘤胃内存在的多种菌类，能协同纤维素分解菌分解纤维素。纤维素分解菌所需的氮，在不少情况下，是靠其他微生物的代谢来提供的。更换饲料不宜太快，以便使微生物逐渐适应改变的饲料，避免动物发生急性消化不良。

②瘤胃微生物的消化代谢过程：饲料在瘤胃内微生物的作用下，可发生下列复杂的消化过程。

a. 纤维素的分解和利用。纤维素是反刍动物饲料中的主要糖类物质，其中的大部分可在瘤胃内细菌和纤毛虫体内纤维素分解酶的协同或相继作用下逐级分解，最后形成挥发性脂肪酸（VFA）、二氧化碳和甲烷等。

挥发性脂肪酸主要是乙酸、丙酸和丁酸，其比例大体为 70：20：10，但随饲料种类不同而发生显著的变化。日粮的营养水平较低时，乙酸/丙酸的比例升高，丁酸比例降低，以及总挥发性脂肪酸水平较低；日粮含丰富的蛋白质时，乙酸比例下降，丁酸上升，总挥发性脂肪酸水平升高；日粮中含有大量淀粉时，丙酸比例升高；含可溶性糖很高时，则丁酸比例增高。挥发性脂肪酸中的乙酸和丁酸是泌乳期反刍动物生成乳脂的主要原料，被乳牛瘤胃吸收的乙酸约有 40% 为乳腺所利用；丙酸是反刍动物血液葡萄糖的主要来源，约占血糖的 50%～60%。乙酸也能提供动物的代谢能。因此挥发性脂肪酸是合成乳脂和体脂的主要原料，而且提供机体所需的 60%～70% 的能量，所以反刍动物以粗饲料为主、精饲料为辅进行饲养。

b. 其他糖的分解和合成。饲料中的淀粉、葡萄糖和其他糖类在瘤胃微生物的作用下分解，可产生低级脂肪酸、二氧化碳和甲烷等。同时瘤胃微生物还能利用饲料分解所产生的单糖和双糖合成糖元，贮存于微生物体内，待进入小肠后被消化分解为葡萄糖，成为反刍动物体内葡萄糖的重要来源之一。泌乳牛吸收入血液的葡萄糖约有 60% 被用来合成牛乳。

c. 蛋白质的分解和合成。瘤胃微生物主要是利用饲料蛋白质和非蛋白氮，构成微生物蛋白，当经过皱胃和小肠时，又被分解为氨基酸，供动物机体吸收利用。

瘤胃内蛋白质分解和氨的产生：进入瘤胃内的饲料蛋白质，一般有 30%～50% 未被分解而排入后段消化道，其余 50%～70% 在瘤胃内被微生物蛋白酶分解为肽和氨基酸。大部分氨基酸又在微生物脱氨基酶的作用下脱去氨基生成氨、二氧化碳和有机酸，从而降低了饲料蛋白的利用率。为此饲料处理上提出过瘤胃蛋白技术即经过技术处理（物理法、化学法和包埋法）将饲料蛋白质保护起来，避免在瘤胃内被发酵、降解，直接进入小肠被消化吸收，从而提高饲料蛋白质的利用率。近年来有人试用甲醛溶液或鞣酸预处理饲料蛋白后再喂牛、羊，可显著降低蛋白质被瘤胃微生物的分解量，提高日粮中蛋白质的利用率。对高品质饲料蛋白质的过瘤胃保护十分必要，但对劣质饲料蛋白质的保护没有实际意义。

饲料中的非蛋白质含氮物，如尿素、铵盐、酰胺等被微生物分解也产生氨。除了一部分氨被微生物利用外，一部分则被瘤胃壁代谢和吸收，其余则进入瓣胃。

瘤胃内微生物对氨的利用：瘤胃微生物能直接利用氨基酸合成蛋白质或先利用氨合成氨基酸后，再转变为微生物蛋白，这些微生物蛋白进入小肠后被消化吸收，成为体内蛋白质的重要来源。微生物利用氨合成氨基酸还需要碳链和能量。挥发性脂肪酸、二氧化碳和糖类都是碳链的来源。

瘤胃的尿素再循环作用：瘤胃内的氨除了被微生物利用外，其余的被瘤胃壁迅速吸收入血，经血液运送到肝，在肝内经鸟氨酸循环变成尿素。尿素经血液循环一部分随唾液进入瘤胃，一部分随尿排出。在低蛋白日粮情况下，反刍动物就依靠这种内源性的尿素再循环作用节约氮的消耗，维持瘤胃内适宜的氨浓度，以利于微生物蛋白的合成。

在畜牧生产中，可用尿素来代替日粮中约 30% 的蛋白质，降低饲养成本。但因尿素在瘤胃内脲酶作用下迅速分解，产生氨的速度为微生物利用氨速度的 4 倍，容易使瘤胃内储积氨过多而发生氨中毒。故必须通过抑制脲酶活性、制成胶凝淀粉或尿素衍生物使其释放氨的速度延缓，并在日粮中供给易消化糖类，使微生物合成蛋白质时能获得充分能量，才能提高它的利用率和安全性。

d. 维生素的合成。瘤胃微生物能合成某些 B 族维生素（硫胺素、核黄素、生物素、吡多醇、泛酸、维生素 B_{12}）、维生素 K 及维生素 C，供动物机体利用。因此，一般日粮中少量缺乏这些维生素不致影响成年反刍动物的健康。但突然饲喂大量淀粉日粮时，瘤胃内的硫胺素浓度显著降低。

幼龄犊牛和羔羊，由于瘤胃还没有发育完全，微生物区系没有充分建立，有可能患 B 族维生素缺乏症。在成年反刍家畜，当日粮中钴的含量不足时，由于缺钴瘤胃微生物不能完全合成维生素 B_{12}，于是动物出现食欲抑制，幼畜生长不良。

e. 脂类的消化。饲料中的甘油三酯和磷脂能被瘤胃微生物水解，生成甘油和脂肪酸等物质。其中甘油多半转变成为丙酸，而脂肪酸的最大变化是不饱和脂肪酸加水氢化，变成饱和脂肪酸。因此，反刍动物体脂和乳脂与非反刍动物相比，具有较大量的饱和脂肪酸，硬度大、融点高。

③前胃运动：前胃的运动是互相密切配合的，先是网胃，然后是瘤胃，瓣胃运动与网胃协同进行。

网胃运动：网胃最先收缩，接连收缩两次，第一次只收缩网胃容积的一半即行舒张，收缩力量较弱，可将漂浮在网胃上部的粗饲料压回瘤胃；接着进行第二次强有力的收缩，胃腔几乎全部消失，收缩的结果是使胃内容物一部分返回瘤胃，一部分进入瓣胃。这种收缩一般 30～60s 重复一次。第二次收缩时如网胃内有异物（如铁钉）可发生创伤性网胃炎或心包炎。反刍时，在网胃第一次收缩之前还增加一次收缩，使胃内食物逆呕回口腔。

瘤胃运动：在网胃第二次收缩后，紧接着瘤胃收缩。瘤胃收缩有两种波形：第一种为 A 波，先由瘤胃前庭开始，沿背囊由前向后，然后转为腹囊，接着又沿腹囊由后向前，同时食物在瘤胃内也顺着收缩的次序和方向移动和混合，并把一部分内容物推向瘤胃前庭和网胃；在收缩之后，有时瘤胃还可发生一次单独的附加收缩，称为 B 波，B 波由瘤胃本身产生，起始于后腹盲囊，行进到后背囊及前背囊，最后到达主腹囊，此次收缩与反刍及嗳气有关，而与网胃收缩没有直接联系。瘤胃的收缩可以从左髂部看到、听到或摸到。正常的瘤胃运动次数，休息时平均每分钟 1.8 次，进食时 2.8 次，反刍时 2.3 次。每次瘤胃运动持续的时间约 15～25s。瘤胃每次蠕动可出现逐渐增强又逐渐减弱的沙沙声，似吹风样或远雷声。当牛患前胃积食或迟缓时，瘤胃收缩的次数减少或停止，声音也随之减弱或消失。所以听诊和触诊瘤胃是判定牛胃消化活动是否正常的重要标志。

瓣胃运动：瓣胃收缩缓慢而有力，它与网胃收缩相配合。当网胃第二次收缩时，瓣胃舒张，网瓣孔开放，压力降低，于是一部分食糜由网胃移入瓣胃，其中液体部分可通过瓣胃沟直接进入皱胃，较粗糙的部分则进入瓣叶之间，进行研磨后再送入皱胃。瓣胃蠕动时发出细弱的捻发音，于采食后较为明显。

前胃运动受反射性调节。刺激口腔感受器以及刺激前胃的机械感受器和压力感受器都能引起前胃运动增强；刺激网胃感受器，除引起收缩加速，还出现反刍和逆呕。前胃各部还受其后段负反馈性抑制调节。例如，当皱胃充满时，瓣胃的运动变慢；瓣胃充满时，瘤胃和网胃的收缩减弱；刺激十二指肠的化学或机械感受器，引起前胃运动的抑制。

④反刍：反刍动物在摄食时，饲料往往不经充分咀嚼即吞入瘤胃，在瘤胃内浸泡和软化。当休息时，较粗糙的饲料（秸秆不能切得过短）刺激网胃、瘤胃前庭和食管沟黏膜的感受器，能将这些未充分咀嚼的饲料逆呕回口腔，再进

行仔细咀嚼、混合唾液后再吞咽入胃的过程称反刍。反刍可分为四个阶段，即逆呕、再咀嚼、再混唾液和再吞咽。

反刍是与动物摄食粗饲料相联系的。犊牛在出生后 3～4 周出现反刍，此时犊牛开始选食草料，瘤胃内有微生物滋生，如训练犊牛及早采食粗料，则反刍可提前出现。实验证实，喂以成年牛逆呕出来的食团，犊牛的反刍可提前 8～10d 出现。成年动物一般在饲喂后 0.5～1h 出现反刍，每次反刍平均为 40～50min，然后间隔一段时间再开始第二次反刍。这样一昼夜进行 6～8 次（幼畜可达 16 次），每天用在反刍上的时间为 7～8h。

反刍是反刍动物最重要的生理机能，其生理意义：充分咀嚼，帮助消化；混入唾液，中和胃内容物发酵时产生的有机酸；排出瘤胃内发酵产生的气体；促进食糜向后部消化道的推进。动物有病和过度疲劳都可能引起反刍的减少或停止，因此反刍是反刍动物健康的标志。

⑤嗳气：瘤胃内由于微生物的强烈发酵，不断产生大量的气体，主要是 CO_2 和 CH_4，间有少量的 H_2、O_2、N_2、H_2S 等，其中 CO_2 占 50%～70%，CH_4 占 30%～50%。瘤胃发酵的产气量、速度以及气体的组成，随饲料的种类、饲喂后的时间而有显著差异。健康动物瘤胃内 CO_2 比 CH_4 多，但饥饿或气胀时，则 CH_4 量大大超过 CO_2 量。

瘤胃内的气体一部分被胃壁吸收入血经肺排出，一部分被瘤胃微生物利用，一小部分随同饲料残渣经胃肠道排出，其余大部分气体则通过食管排出。我们把通过食管排出气体的过程，称为嗳气。嗳气是一种反射动作，当瘤胃气体增多，胃壁张力增加时，就兴奋瘤胃背盲囊和贲门括约肌处的牵张感受器，经过迷走神经传到延髓嗳气中枢。中枢兴奋就引起背盲囊收缩，开始瘤胃第二次收缩，由后向前推进，压迫气体移向瘤胃前庭，同时前肉柱与瘤胃、网胃肉褶收缩，阻挡液状食糜前涌，贲门区的液面下降，贲门口舒张，于是气体即被驱入食管。牛嗳气平均 17～20 次/h。如嗳气停止，则会引起瘤胃臌气。

牛、羊初春放牧，常因啃食大量幼嫩青草而发生瘤胃臌气。其机理是幼嫩青草迅速由前胃转入皱胃及肠内，刺激这些部位的感受器，反射性抑制前胃运动。同时，由于瘤胃内饲料急剧发酵产生大量气体，不能及时排除，于是形成急性臌气。

⑥食管沟反射：食管沟起自贲门，止于网瓣口位于。犊牛和羔羊在吸吮乳汁或饮水时，能反对性地引起食管沟唇闭合成管状，使乳汁或水由食管经食管沟和瓣胃沟直接进入皱胃，不在前胃内停留。若用桶给犊牛喂乳时，由于缺乏吸吮刺激，食管沟闭合不完全，部分乳汁会溢入瘤胃和网胃，引起异常发酵，导致腹泻。

食管沟闭合反射随着动物年龄的增长而减弱。某些化合物质尤其是 NaCl

和 NaHCO₃溶液可使两岁牛的食管沟闭合。CaSO₄溶液能引起绵羊的食管沟闭合反射，但不能引起牛的食管沟闭合。在临床实践中，利用这些化学药品闭合食管沟的特点，可将药物直接输送到皱胃，以达到治疗的目的。

（2）真胃（皱胃）的消化　真胃是反刍动物的有腺部分，分胃底和幽门两部，能分泌胃液，主要进行化学消化。

①胃液的消化作用：胃液是胃黏膜各腺体所分泌的混合液，为无色透明、常含黏丝的酸性液体，胃液除水分外，主要由盐酸、消化酶、黏蛋白、内因子和无机盐组成。

盐酸：反刍动物皱胃内的盐酸浓度较低，对胃的消化有重要的作用，首先是胃蛋白酶原的致活剂，为胃蛋白酶提供酸性环境；使蛋白质膨胀变性，有利于胃蛋白酶的消化；杀死进入胃内的细菌和纤毛虫，有利于菌体蛋白和虫体蛋白的消化吸收；进入小肠，可促进胰液、胆汁的分泌，胆囊收缩；造成酸性环境有助于铁、钙等矿物质的吸收。

消化酶：胃消化酶是由胃底腺的腺细胞分泌的，主要有胃蛋白酶和凝乳酶。胃蛋白酶刚分泌出来时无活力，在胃酸或已激活的胃蛋白酶作用下转变为有活性的胃蛋白酶，可使蛋白质初步分解。胃蛋白酶作用的适宜环境 pH 约为2，在 pH 低于 6 的酸性环境中也有活力，pH 大于 6 时，酶活力消失；凝乳酶含量较多，犊牛的含量更多，主要作用是使乳汁凝固，延长乳在胃内停留的时间，以加强胃液对乳的消化，这种酶哺乳期幼畜胃液内含量较高，哺乳期结束，则逐渐减少，甚至消失。

胃黏液：主要成分是黏蛋白，由颈黏液细胞分泌出来后，在胃的内壁上形成厚 1.0～1.5mm 的中性或弱碱性黏液层，覆盖在胃黏膜的表面，一方面免受饲料的机械损伤，另一方面中和胃酸，防止胃蛋白酶对胃壁的消化，所以可保护胃黏膜。

内因子：能与食物中维生素 B₁₂结合成复合物，以利于维生素 B₁₂在小肠内吸收。当胃液中缺乏内因子时，机体就会因维生素 B₁₂的缺乏而影响红细胞的成熟，从而引起巨幼红细胞性贫血。

胃腺机能对饲料的特征有惊人的适应性，长期用一定的营养制度来饲养动物，能使胃腺分泌活动定型。如果改变营养制度，则必须经过一段时间后，才能建立起新的胃腺分泌定型。所以，改变饲养管理制度必须缓慢进行，骤然改变，超过胃腺的适应能力，往往造成消化机能紊乱，畜牧生产中需引起注意。

②真胃的运动：胃壁有纵行、环行、斜行三层平滑肌，这些肌肉的收缩和舒张产生胃的运动。真胃运动的主要机能是混合胃内容物、增加胃内压和推送胃内容物排入十二指肠。真胃主要进行紧张性收缩、蠕动和排空。

紧张性收缩：瓣胃食糜进入皱胃后不久，皱胃便开始紧张性收缩，胃内压力逐渐增高，使胃液渗入食物，并协助推动食物向幽门方向移动。

蠕动：从胃底部开始，向幽门方向呈波浪式推进并不断增强。蠕动一方面使胃内食物和胃液充分混合，另一方面使胃内食物向幽门移行，并通过幽门进入十二指肠。

排空：随着皱胃的蠕动，食物分批地由胃排入十二指肠的过程称为胃排空。排空取决于许多因素，其中最主要的是幽门两侧的压力差和酸度差。当胃内压或酸度高于十二指肠并达到一定数值时，则可反射性地引起幽门括约肌舒张，食糜即由胃内进入十二指肠。反之，胃内容物的排空则受到抑制。胃的排空速度取决于食物的性质和动物的状况。流体和粥状食物一般在食后几分钟就很快离开胃；粗糙和较硬食物在胃内滞留时间较长。动物处于惊慌不安、疲劳等情况下，会引起胃的排空抑制，因此饲养管理时应加以注意。

4. 肠的消化

（1）小肠的消化　经胃消化后的液体食糜进入小肠，经过小肠的运动和胆汁、胰液、小肠液的化学消化作用，大部分营养物质被消化分解，并在小肠内被吸收。因此，小肠是重要的消化吸收部位。

①胆汁是由肝细胞分泌的黏稠、具有强烈苦味的黄绿色液体，肝胆汁是弱碱性，胆囊胆汁呈弱酸性。胆汁分泌后贮存在胆囊中，需要时胆囊收缩，将胆汁经胆囊管排入十二指肠。胆汁中不含消化酶，除水外，还有胆酸盐、胆色素、胆固醇、卵磷脂和无机盐等组成，其中胆酸盐和碱性无机盐与消化有关，其他都是排泄物。

胆酸盐的作用：增强脂肪酶的活性；降低脂肪的表面张力，使脂肪乳化成微小颗粒，有利于脂肪的消化吸收；与脂肪酸结合成水溶性复合物，促进脂肪酸的吸收；促进脂溶性维生素（维生素 A、维生素 D、维生素 E、维生素 K）的吸收；刺激小肠的运动。因此，胆汁对脂肪消化具有极其重要的意义。胆汁中的碱性无机盐主要是碳酸氢钠，可中和一部分由胃入肠的酸性食糜，维持肠内适宜的 pH，有利于小肠的消化。胆盐排到小肠后，绝大部分由小肠黏膜吸收入血，再入肝脏重新形成胆汁，即为胆盐的肠 – 肝循环。胆盐在小肠被吸收后，还成为促进胆汁自身分泌的一个体液因素。

②胰液：是胰腺腺泡分泌的无色、无臭透明的碱性液体，pH 为 7.8 ~ 8.4。由水、消化酶和少量无机盐组成。胰液中的消化酶包括胰蛋白分解酶、胰淀粉酶、胰脂肪酶、胰核酸酶以及双糖酶等。无机盐中除了含有 Cl^-、Na^+、K^+、Ca^{2+} 等外，还有含量最高的碳酸氢盐。

a. 胰蛋白分解酶。主要包括胰蛋白酶、糜蛋白酶和羧肽酶，刚分泌出来时均为无活性的酶原，其中胰蛋白酶原可自动催化或经肠激酶激活转变为胰蛋白酶，糜蛋白酶和羧肽酶可被胰蛋白酶激活。胰蛋白酶和糜蛋白酶共同作用，水解蛋白质为多肽，而羧肽酶则分解多肽为氨基酸。

b. 胰淀粉酶。在氯离子和其他无机离子的作用下被激活，可将淀粉和糖原分解为麦芽糖和糊精。

c. 胰脂肪酶。胰脂肪酶原在胆酸盐的作用下被激活，将脂肪分解为甘油和脂肪酸，是胃肠道内消化脂肪的主要酶。

d. 胰核酸酶。包括核糖核酸酶和脱氧核糖核酸酶，使相应的核酸部分地水解为单核苷酸。

e. 胰液中还有麦芽糖酶、蔗糖酶、乳糖酶等双糖酶，可将双糖分解为单糖。

f. 碳酸氢盐。胰液中的碳酸氢盐主要是中和由胃进入十二指肠的酸性食糜，使肠黏膜免受强酸的侵蚀，同时也为小肠内多种消化酶的活动提供适宜的pH 环境。

③小肠液：是由小肠黏膜内各种腺体分泌的混合物。纯净的小肠液是无色或灰黄色的混浊液，呈弱碱性（pH8. 2 ~ 8. 7）。小肠液内含有肠激酶、双糖酶（蔗糖酶、麦芽糖酶、乳糖酶）、淀粉酶、肠肽酶及肠脂肪酶等消化酶，主要是对前部消化器初步分解过的营养物质进行彻底的消化。如肠肽酶将多肽分解成氨基酸，肠脂肪酶将脂肪分解成脂肪酸和甘油，肠双糖酶将双糖分解成单糖，肠激酶可激活胰蛋白酶原。

④小肠的运动（机械消化）：食糜进入小肠后刺激肠壁上的感受器引起小肠的运动。小肠运动是靠肠壁平滑肌的舒缩来实现的。其生理作用是：使食糜与消化液充分混合，有利于消化；使食糜紧贴肠壁黏膜，有利于吸收；蠕动还有利于食糜向后推移。小肠运动形式有蠕动、分节运动和钟摆运动 3 种。为防止食糜过快进入大肠，有时还出现逆蠕动。

a. 蠕动。是一种速度缓慢、使食糜向大肠方向波状推进的运动。蠕动是由肠壁相邻环行肌依次收缩、舒张的运动。小肠某一部分的环行肌收缩，邻近部位的环行肌舒张，接着原来舒张的环行肌又收缩，这样连续进行好像蠕虫的运动。蠕动的速度一般每分钟数厘米。此外，还有一种进行速度很快（5 ~ 25cm/s）和推进距离较长的蠕动，称为蠕动冲。它由进食时吞咽动作或食糜进入十二指肠所引起，可将食糜从小肠始端一直推送到末端。在十二指肠和回肠末段有时还出现逆蠕动，与蠕动比较，除了方向相反外，收缩力量较弱，传播范围也较小。逆蠕动与蠕动相配合，使食糜在肠管内来回移动，以便有足够的时间进行消化和吸收。

b. 分节运动是以环行肌自律性收缩与舒张为主的运动。当食糜进入肠管的某段后，该段肠管许多点同时出现收缩，将食糜分成许多节段。随后原来收缩的环行肌舒张，原来舒张的环行肌收缩，使原来的小节分为两半，后一半与后段的前一半合并成新小节。如此继续几十分钟后，由蠕动把食糜推到下一段肠管，又在一个新肠段进行同样的运动。空腹时几乎不出现分节运动，进食后才逐渐加强。小肠各段分节运动的强度及频率以十二指肠最高，其次空肠，回肠最低。分节运动在反刍动物的小肠中最常见。分节运动使食糜切断、合拢、翻转与肠壁黏膜充分接触，有利于营养物质的消化和吸收。

c. 钟摆运动以纵行肌自律性舒缩为主的运动。当食糜进入一段小肠后，该段肠的一侧纵行肌发生节律性的舒张或收缩，对侧相应的纵行肌收缩或舒张，使肠管时而向左、时而向右摆动，食糜随之充分混合并与肠壁充分接触，有利于营养物质的消化和吸收。这种节律性运动的次数和强度由前向后逐渐减弱。

（2）大肠的消化　食糜经小肠消化和吸收后，剩余部分进入大肠。由于大肠腺只能分泌少量碱性黏稠的消化液，含消化酶甚少或不含。所以大肠的消化除依靠随食糜而来的小肠消化酶继续作用外，主要靠微生物进行生物学消化。

大肠由于蠕动缓慢，食糜停留时间较长，水分充足，温度和酸度适宜，有大量的微生物在此生长、繁殖，如大肠杆菌、乳酸杆菌等。这些微生物能发酵分解纤维素，产生大量的低级脂肪酸（乙酸、丙酸和丁酸）和气体。低级脂肪酸被大肠吸收，作为能量物质利用，气体则经肛门排出体外。另外，大肠内的微生物还能合成 B 族维生素和维生素 K。

反刍动物对纤维素的消化、分解，主要在瘤胃内进行。大肠内的生物学消化作用远不如瘤胃，只能消化少量的纤维素，作为瘤胃消化的补充。

（3）肠音　由于大肠、小肠的运动，内容物在肠腔移位而产生的声音称肠音。小肠音如流水音或含漱音，大肠音因肠腔宽大，似鸠鸣音，呈断断续续的"咕–咕"声。通过对肠音的听诊，可了解肠的运动状况，对临床诊断有重要意义。

5. 吸收

食物经过复杂的消化过程，分解为简单的物质。这些简单物质以及矿物质和水分，经过消化道上皮进入血液和淋巴的过程，称为吸收。

（1）吸收的部位　消化道的不同部位，对物质的吸收程度不同。这主要取决于该部消化管的组织构造、食物的消化程度以及食物在该部停留的时间。口腔和食管基本上不吸收；前胃可吸收大量低级脂肪酸和氨；真胃只吸收少量水分和醇类；小肠可吸收大量的营养物质和水；大肠主要吸收水分、挥发性脂肪酸和其他少量营养物质。

小肠是吸收的主要部位。小肠具有适于吸收各种物质的结构，如小肠长，盘曲多，黏膜具有环状皱褶，并拥有大量指状的肠绒毛，绒毛表面又有微绒毛，具有很大的吸收面积；食物在小肠内已被充分消化，适于吸收；食物在小肠内停留时间也长。小肠不仅吸收经采食摄入的营养物质，也吸收每日分泌到消化道的各种消化液的营养。

（2）吸收的机理　营养物质在消化道的吸收，大致可分为被动转运和主动转运。

①被动转运：主要包括滤过、弥散、渗透等作用。肠黏膜上皮是一层薄的通透膜，允许小分子物质通过。当肠腔内压超过毛细血管和毛细淋巴管内压时，水和其他一些物质可以滤入血液和淋巴液，这一过程称滤过作用；当肠黏膜两侧压力相等，但浓度不同时，溶质分子可从高浓度侧向低浓度侧扩散，这一过程称弥散作用；当黏膜两侧的渗透压不同时，水则从低渗透压一侧进入高渗透压一侧，直至两侧溶液渗透压相等，这一过程称渗透作用。

②主动转运：是指某些物质在肠黏膜上皮细胞膜上载体的帮助下，由低浓度一侧向高浓度一侧转运的过程。所谓载体，是一种运载营养物质进出上皮细胞膜的膜蛋白。营养物质转运时，在上皮细胞的肠腔侧，载体与营养物质结合成复合物，复合物穿过上皮细胞膜进入细胞内，营养物质与载体分离被释放入细胞中，进而进入血液中，而载体则又返回到细胞膜肠腔侧。这样循环往复，主动吸收各营养物质，如单糖、氨基酸、钠离子、钾离子等。

（3）营养物质的吸收过程

①糖的吸收：可溶性糖（主要是淀粉）在淀粉酶和双糖酶的作用下分解为单糖（葡萄糖、果糖、半乳糖），在小肠被吸收后，经门静脉送到肝脏，一些单糖也能经淋巴液转运。单糖的吸收是耗能的主动转运过程；纤维素在微生物作用下，分解成低级脂肪酸，在瘤胃被吸收，经门静脉入肝。

②蛋白质的吸收：蛋白质在胃蛋白酶、胰蛋白酶、羧肽酶和肠肽酶的作用下，被分解为各种氨基酸，氨基酸被小肠黏膜吸收入血，经门静脉入肝。氨基酸的吸收是主动转运，需要提供能量。未经消化的天然蛋白质及蛋白质的不完全分解产物只能被微量吸收进入血液。

③脂肪的吸收：摄入的脂肪大约有95%被吸收。脂肪在胆酸盐和胰脂肪酶、肠脂肪酶的作用下，分解为甘油和脂肪酸，甘油和脂肪酸少部分直接进入血液，经门静脉入肝，大部分在细胞内重新合成中性脂肪，经中央乳糜管进入淋巴液。

④水分的吸收：水的吸收主要在小肠。小肠主要借助渗透、滤过作用吸收水分。

⑤无机盐的吸收：主要在小肠中以水溶液状态被吸收。不同的盐类，吸收的难易不一样，单价盐类如氯化钠和氯化钾等较易吸收，二价及多价盐类如氯化钙和氯化镁等则吸收很慢，能与钙结合而沉淀的盐类如磷酸盐、硫酸盐、草酸盐等则不易被吸收。

钠由钠泵主动转运进行吸收。铁的吸收主要在小肠上段，是以亚铁的形式通过主动转运的方式进行吸收。钙盐只能在水溶液状态，且不能被肠腔内任何物质沉淀的情况下，才能被吸收，钙的吸收也是主动转运，需要充分的维生素 D。肠内容物偏酸以及脂肪食物都会影响钙的吸收。由钠泵所产生的电位使负离子 Cl^-、HCO_3^- 向细胞内转移，负离子也可独立地转移。

⑥维生素的吸收：脂溶性维生素（维生素 A、维生素 D、维生素 E、维生素 K）沿全部小肠吸收，而以十二指肠和空肠吸收为主。水溶性维生素除维生素 B_{12} 外，主要在小肠前段被吸收；而维生素 B_{12} 需要与来源于胃黏膜的内因子结合成复合物后，才能被空肠及回肠前段被大量吸收，并在吸收细胞内停留 1~4h 后，再转入血液中。

6. 粪便的形成和排粪

食糜经消化吸收后，其中的残余部分进入大肠后段，由于水分被大量吸收而逐渐浓缩，形成粪便。随大肠后段的运动，被强烈搅和，并压缩成团块。

排粪是一种复杂的反射动作。粪便停留在直肠内，量小时，肛门括约肌处于收缩状态。当粪便聚积到一定量时，刺激肠壁压力感受器，通过盆神经（传入神经）传至荐部脊髓（低级排粪中枢），再传至延脑和大脑皮层（高级中枢），由高级中枢发出冲动传至大肠后段，引起肛门括约肌舒张和后段肠壁收缩，且在腹肌收缩配合下，增加腹压进行排粪。因此，腰荐部脊髓和脑部损伤，会导致排粪失禁。

实操训练

实训三　牛（羊）消化系统各器官的识别

（一）目的要求

能准确识别牛、羊消化器官的形态、位置和构造。

（二）材料设备

牛、羊消化器官的标本、羊的新鲜尸体、牛消化系统视频资料。

（三）方法步骤

先观看牛消化系统解剖视频资料，再观察消化器官标本或羊的新鲜尸体，识别口腔、食管、瘤胃、网胃、瓣胃、皱胃、小肠、大肠、肝、胰的形态、位置和构造。

（四）技能考核

在牛的标本或羊的新鲜尸体上识别瘤胃、网胃、瓣胃、皱胃、小肠、大肠、肝、胰的形态、位置和构造。

实训四　牛（羊）消化器官组织构造的观察

（一）目的要求

能识别真胃、小肠和肝的组织构造。

（二）材料设备

显微镜，真胃、小肠、肝的组织切片。

（三）方法步骤

在教师指导下观察真胃、小肠和肝的组织构造。

1. 真胃的组织构造

先在低倍镜下观察胃壁的4层结构，再换成高倍镜观察黏膜上皮和固有层内的3种胃腺细胞（主细胞、壁细胞和颈黏液细胞）。

2. 小肠的组织构造

先在低倍镜下观察小肠的4层结构，再换成高倍镜观察黏膜上皮、肠腺和肠绒毛。

3. 肝的组织构造

先在低倍镜下观察肝小叶的形态、构造和门管区，再换成高倍镜观察肝细胞、肝血窦和中央静脉。

（四）技能考核

在显微镜下识别真胃、小肠、肝的组织构造，并能说出其构造特点。

实训五　牛（羊）胃肠体表投影位置的识别

（一）目的要求

能在活体牛（羊）上确定瘤胃、网胃、瓣胃、皱胃、小肠和大肠的体表投影位置。

（二）材料设备

牛（羊）、六柱栏、保定器械。

（三）方法步骤

保定好牛（羊），在教师的指导下，确定瘤胃、网胃、瓣胃、皱胃、小肠和大肠的体表投影位置。

（四）技能考核

在活体牛上，指出瘤胃、网胃、瓣胃、皱胃、小肠和大肠的体表投影位置。

实训六　小肠的运动与吸收实验

（一）目的要求

解析神经和体液因素对小肠运动的影响，验证小肠对不同物质的吸收情况。

（二）材料设备

家兔。解剖器械、生理多用仪、结扎线。0.01%肾上腺素、0.06%乙酰胆碱、5%氯化钠、0.9%氯化钠、蒸馏水、饱和硫酸镁、20%氨基甲酸乙酯（乌拉坦）。

（三）方法步骤

教师指导学生分组操作。

（1）将家兔固定于手术台上，麻醉，剪去颈部和腹部被毛。注意家兔术前少喂食物，尤其不可喂的过饱。

（2）自颈中部切开皮肤，分离迷走神经穿线备用。

（3）沿腹中线剖开腹腔，暴露小肠，观察小肠运动情况。

（4）用适宜感应电刺激迷走神经，观察小肠运动情况有何变化。

（5）取0.01%乙酰胆碱数滴滴加在小肠表面，观察小肠运动有何变化。然后用温热生理盐水冲洗肠管，待小肠运动恢复后，再向肠表面滴加0.01%肾上腺素，观察小肠运动有何变化。

（6）将小肠分等长数段结扎，在各段肠管中分别注入等量0.9%氯化钠、5%氯化钠、蒸馏水及饱和硫酸镁。20～30min后观察其吸收情况，做比较分析。

（7）结果分析　分析实验结果，并说明其原理。

（四）技能考核

正确进行小肠运动和吸收生理实验操作，并解析实验现象。

项目思考

1. 名词解释

消化　吸收　反刍　嗳气

2. 简述牛（羊）消化系统的组成。

3. 腹腔划分为哪几部分？

4. 简述瘤胃、网胃、瓣胃、皱胃 4 个胃室的位置和黏膜特点。

5. 为什么临床上牛羊易发生创伤性网胃炎？

6. 小肠的组织构造如何？肠壁水肿主要发生在哪个部位？

7. 瘤胃微生物有何作用？为何奶牛的饲料中可以添加少量的尿素？

8. 食管沟的位置在哪？什么是食管沟反射？犊牛为何不宜用桶喂乳？

9. 简述胃酸的生理作用。

10. 简述胆汁的生理作用。

11. 为什么说小肠是消化和吸收的主要部位？

12. 纤维素、脂肪、蛋白质在消化道内是如何被消化和吸收的？

项目四　呼吸系统

1. 了解呼吸系统的组成。
2. 掌握呼吸道和肺的形态、位置和构造。
3. 了解呼吸运动、气体交换和气体运输等呼吸生理知识。
4. 理解胸内负压的产生和生理意义。
5. 理解神经和体液因素对呼吸运动的影响。

1. 能在活体牛上确定肺的体表投影位置。
2. 能在新鲜标本上识别牛（羊）肺的形态构造。
3. 能在显微镜下识别肺的组织构造。
4. 能正确判断呼吸式、听取呼吸音和测定呼吸频率。

　　黑龙江省哈尔滨市双城区一农户，奶牛出现呼吸困难，呼出的气体带有异味，呼吸频率82次/min，体温40.2℃，心率84次/min，鼻镜周围有少量的、带黏性的鼻漏，肺部叩诊区后移。肺部听诊时，下部的肺泡呼吸音减弱，有捻发音；上部的肺泡呼吸音亢盛，有湿性啰音。瘤胃音减弱，反刍减少，初步确诊为小叶性肺炎。请问牛正常的呼吸频率是多少？肺部听诊和叩诊区如何界定？正常的肺泡呼吸音是什么性质的？什么是肺小叶？

必备知识

家畜在生命活动过程中，必须不断地从外界吸入氧气，呼出体内二氧化碳。机体与外界进行气体交换的过程称为呼吸。呼吸主要是通过呼吸系统来完成。牛的呼吸系统组成见图 2 – 49。

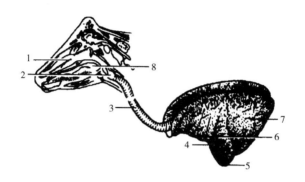

图 2 – 49　牛呼吸系统组成模式图
1—鼻腔　2—喉　3—气管　4—心切迹
5—左肺中叶　6—左肺前叶前部　7—左肺后叶　8—咽

一、呼吸系统大体解剖构造

呼吸系统由鼻、咽、喉、气管、支气管和肺等器官，以及胸膜和胸膜腔等辅助器官组成。鼻、咽、喉、气管和支气管是气体进出肺的通道，称为呼吸道，它们由骨或软骨作为支架，围成开放性的管腔，以保证气体自由通过。此外，鼻有嗅觉功能，喉与发音有关，肺是气体交换的器官，主要由许多薄壁的肺泡构成，总面积非常大，有利于进行气体交换。呼吸道和肺在辅助器官的协助下共同完成呼吸机能。

（一）鼻

鼻既是气体出入肺的通道，又是嗅觉器官，对发音也有辅助作用，包括鼻腔和副鼻窦。

1. 鼻腔

鼻腔是呼吸道的起始部，前端经鼻孔与外界相通，后端经鼻后孔与咽相通，腹侧由硬腭与口腔隔开，正中由鼻中隔将鼻腔分成左、右不相通的两部分。每侧鼻腔可分为鼻孔、鼻前庭和固有鼻腔 3 部分。

①鼻孔：是鼻腔的入口，由内外侧鼻翼围成。鼻翼为包有软骨和肌肉的皮

肤褶，有一定的弹性和活动性。牛的鼻孔小，呈不规则的椭圆形，鼻翼厚而不灵活，两鼻孔间与上唇中部形成鼻唇镜。羊的两鼻翼间形成鼻镜。

②鼻前庭：为鼻腔前部衬有皮肤的部分，相当于鼻翼所围成的空腔。鼻前庭的皮肤是由面部皮肤折转而来，着生鼻毛，可滤过空气。鼻泪管开口于鼻前庭。

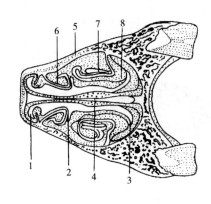

图 2-50 鼻腔横断面

1—上鼻道 2—中鼻道 3—下鼻道
4—鼻中隔 5—总鼻道 6—上鼻甲骨
7—中鼻甲骨 8—鼻静脉丛

③固有鼻腔（图 2-50）：位于鼻前庭之后，由骨性鼻腔覆以黏膜构成。鼻腔侧壁上有上、下两个纵行的鼻甲骨，将每侧鼻腔分成上、中、下 3 个鼻道。上鼻道较窄，位于鼻腔顶壁与上鼻甲之间，通鼻黏膜的嗅区；中鼻道位于上、下鼻甲之间，通副鼻窦；下鼻道最宽大，位于下鼻甲和鼻腔底壁之间，经鼻后孔与咽相通。鼻中隔两侧面与鼻甲骨之间为总鼻道，与上、中、下 3 个鼻道相通。

固有鼻腔内表面衬有鼻黏膜，因其结构与机能不同，可分为呼吸区和嗅区。呼吸区占鼻腔的中部，呈粉红色。上皮为假复层柱状纤毛上皮，杯状细胞较多，上皮纤毛的摆动，有助于排除黏液和吸入的灰尘。固有膜由结缔组织构成，含有丰富的血管和腺体，能温暖、湿润、清洁吸入的空气。嗅区位于鼻腔的后上部，上皮细胞间有大量的嗅觉细胞，具有嗅觉作用。

2. 副鼻窦

在鼻腔周围的头骨内，有些含气的腔体，称副鼻窦（鼻旁窦）。副鼻窦经狭窄的裂隙与鼻腔相通，窦黏膜与鼻黏膜相连。牛的鼻旁窦主要有额窦和上颌窦，其中额窦较大，与角突的腔相通。鼻旁窦有减轻头骨质量、温暖和湿润空气以及对发声起共鸣的作用。

（二）咽

参见消化系统。

（三）喉

喉既是空气进出肺的通道，又是发声的器官。喉位于下颌间隙的后方，在头颈交界处的腹侧，悬于两个舌骨大角之间。前端以喉口与咽和鼻相通，后端与气管相通。喉主要由喉软骨、喉黏膜和喉肌构成。

1. 喉软骨

喉软骨构成喉的支架，包括不成对的环状软骨、甲状软骨、会厌软骨和成对的杓状软骨（图2－51）。各喉软骨借韧带彼此相连，共同构成喉的软骨基础。

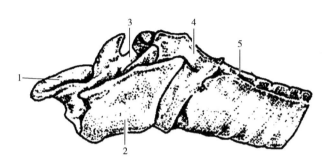

图2－51　牛的喉软骨
1—会厌软骨　2—甲状软骨　3—勺状软骨
4—环状软骨　5—气管软骨环

（1）环状软骨　由透明软骨构成，外形呈指环状。其前缘以弹性纤维与甲状软骨相连，后缘借弹性纤维与气管相连。

（2）甲状软骨　是较大的喉软骨，构成喉腔的侧壁和底壁。

（3）会厌软骨和杓状软骨　位于喉前部，二者共同围成喉口，并与咽相通。喉口与背侧的食管口相邻。会厌软骨的表面被覆黏膜，称为会厌。会厌具有弹性和韧性，其前端游离并向舌根翻转，吞咽时可盖住喉口，防止食物误入喉和气管。

2. 喉黏膜

喉的内腔称喉腔，由软骨围成的管状腔。在喉腔中部的侧壁上有一对明显的黏膜褶称声带，两侧声带之间的狭窄裂隙称为声门裂，气流通过时振动声带便可发声。喉腔在声门裂以前的部分称为喉前庭，以后的部分称为喉后腔（或声门下腔）。

喉腔内表面衬以黏膜，喉黏膜由上皮和固有膜构成。被覆于喉前庭和声带的上皮为复层扁平上皮，喉后腔的黏膜上皮为假复层柱状纤毛上皮。固有膜由结缔组织构成，内含少量的淋巴小结和管泡状喉腺，可分泌黏液和浆液，有润滑声带等作用。喉黏膜有丰富的感觉神经末梢，受到刺激会引起咳嗽，从而将异物排出。

3. 喉肌

喉肌属于横纹肌，附着于喉软骨的外侧，收缩时可改变喉的形状，引起吞咽、呼吸及发声等活动。

（四）气管和支气管

气管和支气管是连接喉与肺之间的通道，支气管是气管的分支，二者形态和结构基本相似。气管为一圆筒状长管，位于颈椎、胸椎腹侧，前端接喉，后端进入胸腔。气管在心基上方分为右尖叶支气管（右上支气管），随后又分出左、右两条主支气管，分别进入左、右肺，并继续分支形成支气管树。

（五）肺

1. 肺的位置与形态

肺位于胸腔内纵隔两侧，左、右各一，通常右肺略大于左肺，两肺占据胸腔的大部分。健康的肺呈粉红色，海绵状，质地柔软而富有弹性。左、右肺一起类似圆锥形，锥底朝向后方。肺有 3 个面和 3 个缘。

（1）三个面　肋面、纵隔面和膈面。肋面在外侧，略凸，与胸腔侧壁接触，有肋压迹；纵隔面在内侧，较平，与纵隔接触，有心压迹、食管压迹和主动脉压迹，在心压迹的后方有肺门，是支气管、肺动脉、肺静脉、支气管动脉、支气管静脉、淋巴管和神经出入肺的门户；膈面在后下方，较凹，与膈接触。

（2）三个缘　背缘钝而圆，位于肋椎沟中；腹缘薄而锐，位于胸外侧壁与纵隔间的沟内，有豁口状的心切迹和叶间切迹，是肺分叶的依据。动物左肺心切迹略大于右肺心切迹，使心脏左壁在此处外露，兽医临床常将左肺心切迹作为心脏听诊部位；后缘薄而锐，位于胸外侧壁与膈之间。

（3）肺的分叶　左肺分为 3 叶，由前向后顺次为前叶（尖叶）、中叶（心叶）和后叶（膈叶）。右肺分为 4 叶：前叶（尖叶）、中叶（心叶）、后叶（膈叶）和纵隔面上的副叶。其中右尖叶分为第一尖叶和第二尖叶，并与右尖叶支气管相连。牛肺分叶见图 2-52。

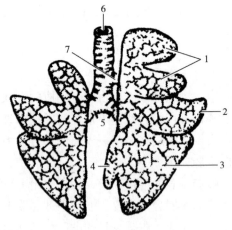

图 2-52　牛肺分叶模式图

1—尖叶　2—心叶　3—膈叶　4—副叶

5—支气管　6—气管　7—右尖叶支气管

2. 牛肺的体表投影位置

临床牛肺的听诊或叩诊可根据背缘线和后缘线来确定其体表投影位置。

（1）背缘线　是第1肋的1/2和第12肋上端的连线，或距脊柱背线10cm。

（2）后缘线　由四点连成的弧线来定。四点分别是第12肋上端、髋结节水平线与第11肋交点、肩关节水平线与第8肋的交点和第四肋间隙下缘。

3. 肺的血管

肺的血管可分功能性血管和营养性血管。功能性血管是肺动脉和肺静脉，营养性血管是支气管动脉和支气管静脉。

（1）肺动脉和肺静脉　肺动脉是大动脉，内含静脉血，从右心室出发，经肺门入肺，与支气管伴行，并随支气管分支而分支，最后形成包围肺泡周围的毛细血管网，与肺泡内的气体进行交换，使静脉血变成动脉血（含氧较多的血液）。由毛细血管网汇成小静脉，再逐渐汇合成肺静脉。肺静脉在肺内并不与肺动脉伴行，直至形成较大的肺静脉时才与肺动脉和支气管伴行，最后经肺门出肺，进入左心房。

（2）支气管动脉和支气管静脉支气管动脉是胸主动脉的分支，经肺门进入肺内，也与支气管伴行，沿途形成毛细血管网，营养各级支气管、肺动脉、肺静脉、小叶间结缔组织和肺胸膜。支气管静脉汇注于奇静脉，进入右心房。

（六）胸腔、胸膜和纵隔

1. 胸腔

胸腔是以胸廓为框架并附着胸壁肌和皮肤的截顶圆锥状体腔，顶壁是胸椎，两侧壁是肋和肋间肌，底壁是胸骨，后壁是膈肌（图2-53）。前口呈竖长的卵圆形，由第一胸椎、第一对肋和胸骨柄围成。后口呈倾斜的卵圆形，较大，由最后胸椎、最后一对肋、肋弓和剑状软骨围成。胸腔在胸壁肌群的帮助下可扩大和缩小。胸腔内容纳心、肺、胸腺、大血管、淋巴管、食管和气管等器官。

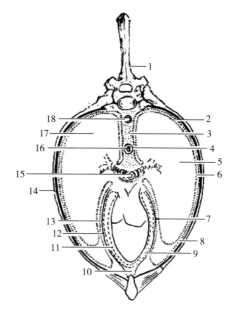

图2-53　胸腔横断面模式图

1—胸椎　2—肋胸膜　3—纵隔　4—纵隔胸膜
5—左肺　6—肺胸膜　7—心包胸膜　8—胸膜
9—心包腔　10—胸骨心包韧带
11—心包浆膜脏层　12—心包浆膜壁层
13—心包纤维层　14—肋骨　15—气管
16—食管　17—右肺　18—主动脉

2. 胸膜

胸膜是胸腔内一层光滑的浆膜，可分为壁层和脏层。覆盖在肺表面的称为胸膜脏层，又称肺胸膜；衬贴于胸腔内表面和纵隔表面的称为壁层，壁层又按所在部位分为肋胸膜、膈胸膜和纵隔胸膜。肋胸膜衬贴在肋及肋间肌内面；膈胸膜贴在膈肌上；纵隔胸膜贴在纵隔两侧。

胸膜腔是胸膜壁层与脏层之间的腔隙，胸膜腔左、右各一，互不相通，胸膜腔内压力比大气压低，并有少量浆液，有润滑作用。胸膜炎时，胸膜腔出现大量渗出液（胸膜腔积水），或者胸膜壁层与脏层间发生黏连，影响动物的呼吸运动。

3. 纵隔

纵隔是两侧纵隔胸膜及其之间器官和组织的总称。纵隔内夹有胸腺、心包、心脏、气管、食管和大血管等。纵隔位于胸腔正中，将胸腔分为左、右两个互不相通的腔。

二、呼吸系统显微解剖构造

（一）气管和支气管的组织构造

气管和支气管组织构造基本相似，均由黏膜层、黏膜下层、外膜组成。气管构造见图 2-54。

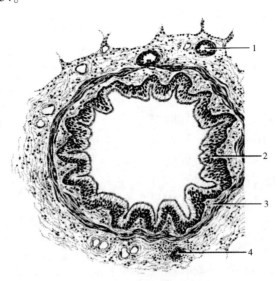

图 2-54　气管构造模式图

1—血管　2—黏膜　3—黏膜下层　4—气管腺

1. 黏膜层

黏膜层包括黏膜上皮、固有膜。黏膜上皮为假复层柱状纤毛上皮，上皮细胞间夹杂着大量的杯状细胞。杯状细胞可以分泌黏液，黏附气流中的尘粒和细菌。纤毛则向喉部摆动，将黏液排向喉腔，经咳嗽排出。固有膜由疏松结缔组织构成，其中弹性纤维较多，深部纤维大都呈纵行排列。在固有膜内还有弥散的淋巴组织，有局部免疫功能。

2. 黏膜下层

黏膜下层由疏松结缔组织构成，与固有膜之间无明显的界限。其中含有丰富的血管、神经、脂肪细胞和气管腺。气管腺为混合腺，腺体的分泌物排入管腔，与杯状细胞分泌的黏液共同在黏膜表面形成黏液层，可黏附异物和细菌，并可溶解吸入的有害气体。

3. 外膜

外膜是气管的支架，由透明软骨和结缔组织构成。"U"形软骨环的缺口朝向背侧，缺口之间有弹性纤维膜连接，膜内有平滑肌束，可使气管适度舒缩。相邻软骨环借韧带相连，使气管适度延长。在气管软骨外面包有结缔组织，内有血管、神经和脂肪组织。

（二）肺的组织构造

肺的表面覆有一层浆膜（肺胸膜），浆膜深面的结缔组织伸入肺内，将肺实质分隔成众多肉眼可见的肺小叶（图2-55）。

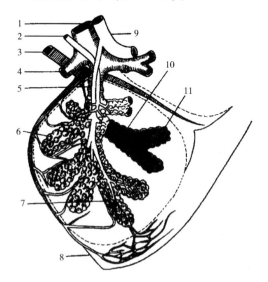

图2-55 肺小叶模式图

1—细支气管 2—支气管动脉 3—肺静脉 4—终末细支气管 5—呼吸性支气管
6—肺泡 7—毛细血管网 8—肺胸膜 9—肺动脉 10—肺泡管 11—肺泡囊

　　肺小叶是以细支气管为轴心，由更细的呼吸性细支气管和所属的肺泡管、肺泡囊、肺泡构成的相对独立的肺结构体，一般呈锥体形，锥底朝肺表面，锥尖朝肺门。动物小叶性肺炎是单个小叶或一群小叶的炎症，而大叶性肺炎常侵犯一个肺叶、一侧肺叶或全肺。

　　支气管由肺门进入肺内，反复分支，形成树枝状，称为支气管树。支气管分支称为小支气管。小支气管分支到管径为 1mm 以下时称为细支气管。细支气管再分支，管径为 0.35～0.5mm 时称为终末细支气管。终末细支气管继续分支为呼吸性细支气管，管壁上出现散在的肺泡，开始有呼吸功能。呼吸性细支气管再分支为肺泡管，肺泡管再分支为肺泡囊。肺泡管和肺泡囊主要由肺泡围成。

　　肺的实质由肺内各级支气管和无数肺泡组成。其中从小支气管到终末细支气管的各级管道，主要作用是保障和控制肺通气，故称为肺的导气部；从呼吸性细支气管开始到肺泡管、肺泡囊、肺泡，具有气体交换的功能，称为肺的呼吸部。

　　1. 肺的导气部

　　肺的导气部是气体出入肺的通道，包括各级小支气管、细支气管、终末细支气管。组织结构与气管、支气管基本相似，也由黏膜、黏膜下层和外膜构成，只是管径逐渐变小，管壁逐渐变薄，组织结构逐渐简化。

　　(1) 各级小支气管　管壁仍可分为黏膜、黏膜下层和外膜。黏膜上皮为假复层柱状纤毛上皮，但逐渐变薄，杯状细胞减少。固有层的平滑肌逐渐增多，故黏膜逐渐出现皱褶。黏膜下层的气管腺逐渐减少。外膜的软骨呈片状，且逐渐减少。

　　(2) 细支气管　黏膜上皮由假复层柱状纤毛上皮逐渐过渡为单层柱状上皮。杯状细胞、腺体、软骨片逐渐减少几乎消失，环行平滑肌相对增多，黏膜呈明显的皱襞。由于细支气管无软骨片支撑，当某些病因引起管壁平滑肌痉挛时，管腔发生闭塞，便发生呼吸困难。

　　(3) 终末细支气管　管壁变得更薄。上皮为单层柱状上皮，杯状细胞、腺体、软骨片均消失，环行平滑肌由多变少，皱襞消失。

　　2. 肺的呼吸部

　　肺的呼吸部包括呼吸性细支气管、肺泡管、肺泡囊和肺泡 (图 2-56)。

　　(1) 呼吸性细支气管　管壁上有肺泡开口，开始具有气体交换作用，其上段管壁仍为单层柱状纤毛上皮，以后逐渐移行为单层立方上皮，纤毛消失，接近肺泡开口处变为单层扁平上皮。上皮下有薄层固有膜，内有弹性纤维和分散的平滑肌纤维。

　　(2) 肺泡管　管壁有许多肺泡的开口，末端与肺泡囊相通。管壁不完整，在相邻肺泡开口之间，固有层内有少量平滑肌束，上皮为单层立方上皮或扁平上皮。

（3）肺泡囊 由数个肺泡围成的公共腔体，呈梅花状，囊壁为肺泡壁。

（4）肺泡 是气体交换的场所，呈半球状，口于肺泡囊、肺泡管或呼吸性支气管。肺泡内表面的肺泡上皮由Ⅰ型和Ⅱ型肺泡细胞构成。

①Ⅰ型细胞：占肺泡内表面的95%，细胞扁平很薄，核椭圆形，稍突入于肺泡腔内。Ⅰ型细胞为气体交换提供了一个广而薄的面，使气体易于通过。在Ⅰ型细胞和邻近毛细血管内皮细胞之间各有一层基膜。因此，肺泡和血液间的气体交换，必须经过肺泡上皮、上皮基膜、血管内皮基膜和血管内皮等四层结构，这些结构所构成的气血屏障，是气体交换必须通过的薄层结构。

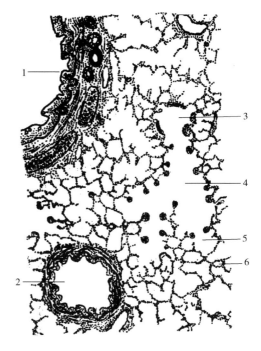

图 2 - 56 肺的微细结构

1—支气管 2—细支气管 3—呼吸性支气管
4—肺泡管 5—肺泡囊 6—肺泡

②Ⅱ型细胞：较少，呈圆形或立方形，胞核圆形，染色较浅。位于Ⅰ型细胞之间。Ⅱ细胞可分泌表面活性物质（主要成分是二棕榈酰卵磷脂），在肺泡腔内表面形成脂蛋白物质层，可降低肺泡表面气－液接触的表面张力，维持肺泡的形状，使肺泡呼气之末不致因表面张力而完全塌陷。而且Ⅱ型细胞又是Ⅰ型细胞的后备细胞，当Ⅰ型细胞受损伤时，Ⅱ型细胞可变为Ⅰ型细胞，以保持呼吸膜的完整性。

相邻肺泡的肺泡壁之间形成肺泡隔，隔内有丰富的毛细血管网、弹性纤维、成纤维细胞和肺的巨噬细胞。肺泡隔中的毛细血管网紧贴肺泡上皮，这样的结构有利于肺泡和血液之间发生气体交换。肺泡隔内的大量弹性纤维使肺泡具有良好的弹性，吸气时能扩张，呼气时能回缩。肺巨噬细胞能吞噬吸入的灰尘、细菌、异物和渗出的红细胞等。肺泡腔内吞噬尘粒后的巨噬细胞又称尘细胞，可随呼吸道分泌物排出。

相邻肺泡之间有小孔相通，称肺泡孔。它是肺泡间气体通路，有沟通和平衡相邻肺泡内气体的作用。当细支气管阻塞时，可通过肺泡孔与邻近肺泡建立侧支通气，有利气体交换。但在肺部感染时，病原菌也可经此孔扩散、蔓延。

三、呼吸生理

机体与外界环境之间的气体交换，称为呼吸。呼吸是家畜生命活动的重要特征。呼吸过程包括外呼吸、气体运输和内呼吸 3 个环节。外呼吸是气体（氧气和二氧化碳）在肺泡和血液间的交换，因其在肺内进行，又称肺呼吸（包括肺通气和肺换气）；内呼吸是血液与组织液之间的气体交换，因是在组织内进行，又称组织呼吸。血液流经肺部是获得氧，通过循环带给全身，同时把组织产生的二氧化碳运至肺部排出体外。

（一）呼吸运动

呼吸肌群的交替收缩和舒张引起胸腔和肺有节律的扩大和缩小称为呼吸运动，包括吸气运动和呼气运动。其中，胸腔和肺一同扩大使外界空气进入肺泡的过程称吸气；胸腔和肺一同缩小将肺泡内气体逼出体外的过程称呼气。参与呼吸运动的吸气肌主要是肋间外肌和膈肌，呼气肌主要是肋间内肌和腹肌。

1. 吸气和呼气动作的产生

（1）吸气过程　吸气过程是一个主动过程。平静呼吸时，吸气运动由肋间外肌和膈肌收缩来完成。肋间外肌收缩引起胸腔两侧壁的肋骨开张，胸骨稍下降，结果使胸腔的左、右径和上、下径增大；膈肌收缩，膈顶后移，使胸腔前、后径增大。胸腔扩大，肺也随之扩张，肺泡内压会迅速降低。当外界气压相对高于肺内压时，空气便从经呼吸道进入肺泡，完成吸气。

（2）呼气过程　动物平静呼吸时，呼气运动不是由呼气肌收缩引起的而是由肋间外肌和膈肌舒张所致。呼气过程是一个被动过程。吸气过程一停止，肋间外肌和膈肌立即舒张，肋骨、膈顶和胸骨"宽息回位"，使胸腔和肺得以收缩，肺泡内气压会迅速上升。当外界气压相对低于肺内压时，肺泡气体经呼吸道呼出体外。

当动物剧烈运动或不安时，不仅肋间外肌和膈肌舒张，肋间内肌和腹壁肌群也参与呼气，使胸腔和肺缩得更小，肺内压升得更高，于是呼气比平时更快更多，此时吸气也会相应加强。

2. 胸内负压及其意义

（1）胸内负压　胸膜腔是密闭的，没有气体，仅有少量浆液。这层浆液有两方面作用：一是在两层胸膜之间起润滑作用；二是浆液分子有内聚力，可使两层胸膜贴在一起，不易分开。胸膜腔的密闭性和两层胸膜间浆液分子的内聚力对于维持肺的扩张状态和肺通气具有重要的生理意义。

家畜吸气时，肺能随胸腔一同扩张的根本原因在于胸内负压。胸内负压是指胸膜腔内的压力总是低于外界大气压，低于大气压的压力一般称为负压，因此胸膜腔内压也称为胸内负压。胸内负压可用连有检压计的针头刺入胸膜腔内直接测定。测定结果表明，无论吸气还是呼气过程，胸膜腔内压力始终低于大气压。

胸内负压是动物出生后发展起来的。胎儿时期胸腔容积极小，肺内无空气，是实体组织。胎儿出生后胸廓随着新生仔畜躯体伸展而扩大，肺被动牵拉而扩张，扩张状态的肺具有一定的弹性回缩力，使胸腔的脏层能抵消一部分大气压后与胸膜壁层分离，不含气体的胸膜腔便出现了负压现象。胸内负压的形成与作用于胸膜腔的两种力量有关：一是肺内压，它是肺泡扩张；二是肺的回缩力，它使肺泡缩小。胸膜腔内的压力就是这两种作用相反的力的代数和。可用以下公式表示：

$$胸膜腔内压 = 肺内压 - 肺的回缩力$$

在吸气之末和呼气之末，肺内压等于大气压。故，胸膜腔内压 = 大气压 - 肺的回缩力。若以大气压作为生理上的零单位，则胸膜腔内压 = - 肺回缩力。

可见，胸膜腔负压实际上是由肺的回缩力造成的。动物吸气时，肺回缩力增大，胸膜腔负压也更负；呼气时，肺回缩力减少，胸膜腔的负压也相应减小。

（2）胸内负压的生理意义　首先胸内负压使肺处于持续扩张状态，不致因回缩力而完全塌陷，从而能持续地与周围血液进行气体交换。其次胸内负压使胸腔内大的腔静脉血管、淋巴管处于扩张状态，有助于静脉血和淋巴液的回流及右心充盈；尤其是在做深吸气时，胸内压降得更低，进一步促进血液回心。另外，胸内负压还可使胸部食管处于扩张状态，有利于动物的呕吐和反刍动物的逆呕。

如果胸膜腔因某种原因使密闭性被破坏，外界气体或肺泡内气体立即进入胸膜腔，即形成气胸。比如动物因胸膜壁穿透或肺结核穿孔造成胸膜腔破裂时，胸内负压便随着胸膜腔进气而消失，两层胸膜彼此分开，肺将因其本身的回缩力而塌陷，发生呼吸功能障碍。此时，即使胸腔运动仍在发生，肺却减小或失去了随胸廓运动而运动的能力，其程度视气胸的程度和类型而异。显然，气胸时，肺的通气功能受到明显影响，胸腔内大静脉和淋巴液回流也将受阻，甚至因呼吸、循环功能严重障碍而危及生命肺。

3. 呼吸式、 呼吸频率和呼吸音

（1）呼吸式　根据在呼吸过程中呼吸肌活动的强度和胸腹部起伏变化的程

度，可将呼吸式分为胸式呼吸、腹式呼吸和胸腹式呼吸 3 种类型（方式）。呼吸时以肋间外肌活动为主，胸壁起伏明显者称为胸式呼吸；以膈肌活动为主，腹壁起伏明显者称为腹式呼吸；肋间肌和膈肌同等程度地参与运动，胸壁和腹壁一起起伏的呼吸运动方式为胸腹式呼吸。

健康家畜中除狗外（胸式呼吸）均为胸腹式呼吸。只有在胸部或腹部活动受到限制时才可能单独出现胸式或腹式呼吸。比如家畜妊娠后期，胃扩张、腹膜炎等腹部脏器发生病变时，腹部运动受到限制，呼吸时主要靠肋间外肌的活动来完成，因而以胸式呼吸为主；肋骨骨折或胸膜炎等胸部脏器发生病变时，胸部运动受到限制，呼吸时主要靠膈肌的活动来完成，因而以腹式呼吸为主。因此，观察家畜的呼吸式对临床疾病诊断具有重要的实际意义。

（2）呼吸频率 健康家畜安静状态下每分钟呼吸的次数为呼吸频率。健康牛的呼吸频率为 $10 \sim 30$ 次/min，羊的呼吸频率为 $10 \sim 20$ 次/min。呼吸频率可以通过观察呼吸式或感知鼻孔处气流等方法测定。

呼吸频率因动物种类不同而异，同时还受年龄、外界温度、生理状况、海拔高度、使役以及疾病等因素的影响。如幼年家畜呼吸频率比成年的略高；在气温高、寒冷、高海拔、使役等条件下，呼吸频率也会增高；奶牛泌乳高峰期呼吸频率会高于平时；家畜患某些疾病如肺水肿等时，呼吸频率高于健康家畜的 $4 \sim 5$ 倍。因此诊断中应综合考虑并加以区别。

（二）气体交换

实验证实，在家畜吸入的气体和呼出的气体中，氧和二氧化碳含量有显著的变化，即吸入气体中氧的含量较呼出多，而呼出气体中二氧化碳的含量比吸入气多。这说明家畜在呼吸过程中进行了气体交换。气体交换发生在肺和全身组织，交换动力是气体分压差，交换的先决条件是气体通透膜的通透性。

气体分压是指混合气体中某种气体在总混合气体中所占的压力份额。在混合气体中某气体的浓度越高，其气体分压也越高，反之则越低。根据气体分子扩散原理，在通透膜两侧，若某种气体的分压值不相等（即有气体分压差），则该气体分子可通过通透膜，由分压高的一侧扩散到分压低的一侧。

1. 肺换气

肺泡与肺毛细血管之间的交换称为肺换气，它是外呼吸环节中的中心环节。

（1）肺换气的过程 气体在肺泡与血液间的交换，是通过呼吸膜进行的。呼吸膜是肺泡和毛细血管之间的薄膜，由肺泡上皮、肺泡上皮基膜、毛细血管基膜和毛细血管内皮构成，又叫气血屏障，呼吸膜很薄，气体分子可自由通过。呼吸膜两侧的氧和二氧化碳分压差是换气的主要动力。由于肺泡内的氧分压（13.83kPa）高于毛细血管内的氧分压（5.32kPa）；而二氧化碳分压刚好相反，毛细血管内的二氧化碳分压（6.12kPa）高于肺泡内的二氧化碳分压（5.32kPa），因此肺换气的结果是肺泡中的氧气进入血液，血液中的二氧化碳进入肺泡，血液由静脉血变成动脉血。

（2）影响肺换气的因素

①呼吸膜的厚度：呼吸膜总厚度约为0.5μm，个别仅有0.2μm，氧和二氧化碳分子极易通过。家畜患有肺炎和肺水肿时，呼吸膜厚度增加，造成气体分子扩散速率降低，影响肺换气。

②呼吸膜的面积：呼吸膜为氧和二氧化碳在肺部气体交换提供了巨大的表面积。呼吸膜面积增大，扩散的气体量一般会增多。在家畜运动或使役时，呼吸膜面积会增大；在肺气肿、肺不扩张和毛细血管栓塞等疾病时，呼吸膜面积会减少，从而影响肺换气。

③肺血流量：体内的氧和二氧化碳靠血液循环运输，所以单位时间内肺血流量增多会影响呼吸膜两侧的氧和二氧化碳的分压，从而影响肺换气。

2. 组织换气

体毛细血管网与网间分布的细胞之间的气体交换称为组织换气，是机体呼吸生理中的核心环节。

（1）组织换气的过程　气体在血液与组织细胞间的交换，是通过气体分子通透膜进行的。气体分子通透膜是由组织细胞膜、组织毛细血管壁以及两者之间的组织液构成，具有良好的气体通透性，氧和二氧化碳也极易通过。换气动力是通透膜两侧存在氧和二氧化碳分压差。由于组织细胞在代谢过程中不断消耗氧气，产生二氧化碳，因此组织细胞内氧分压（5.32kPa）低于周围动脉血中氧分压（13.3kPa），而组织细胞内二氧化碳分压（6.12kPa）高于动脉血中的二氧化碳分压（5.32kPa），所以氧气进入组织细胞中，二氧化碳进入血液，血液由动脉血变回静脉血。组织换气使组织细胞得到氧的供应，二氧化碳得以排出，因此组织换气（内呼吸）是整个呼吸的核心，若其发生障碍，必将导致窒息，引起动物体死亡。

（2）影响组织换气的因素

①通透性：在正常情况下，气体分子通透膜具有很强的通透性。但在组织水肿等病理情况，通透性会降低，影响组织换气。

②全身血液循环障碍：在心力衰竭、局部贫血、淤血等病理情况下，会出现全身血液循环障碍，组织换气会受到影响，严重时会引起局部缺氧。

（三）气体运输

在呼吸过程中，血液担任气体运输的任务。血液以物理溶解和化学结合两种方式，不断地将氧从肺运到组织，同时将二氧化碳从组织细胞运到肺部。其中，化学结合占绝大部分。氧和二氧化碳在血液中的物理溶解量虽然很少，但很重要。物理溶解是化学结合前的必要过程，不论肺换气还是组织换气，进入血液的氧和二氧化碳都是先溶解，提高其气体分压，再出现化学结合。反之，氧和二氧化碳从血液中释放时，也是以溶解的形式先逸出，使气体分压降低，引起化合结合的氧分离出来补充失去的溶解氧气。物理溶解和化学结合两者之间保持动态平衡。

1. 氧的运输

氧进入血液后，以下面两种方式运输。

（1）少量氧直接溶解在血液中，随血液运输到各组织细胞利用，此种方式运输的氧仅占 $0.8\% \sim 1.5\%$。

（2）大多数氧主要是与红细胞内的血红蛋白（Hb）结合，以氧合血红蛋白的形式运输，此种方式运输的氧占 $98.5\% \sim 99.2\%$。

$$O_2 + Hb \underset{\text{氧分压低}}{\overset{\text{氧分压高}}{\rightleftharpoons}} HbO_2$$

红细胞内的血红蛋白是一种结合蛋白，由 1 分子珠蛋白和 4 分子亚铁血红素结合而成。血红蛋白的机能主要是运输血液中的氧和二氧化碳。血红蛋白在运输氧和二氧化碳之前先与它们结合，在运输末发生化学解离，使氧和二氧化碳分别又转变为溶解状态。

血红蛋白与氧结合有下列特征：

①反应快、可逆、不需酶的催化，受氧分压影响。当血液流经氧分压较高的肺毛细血管时，血红蛋白与氧结合形成氧合血红蛋白（HbO_2）；当血液流经氧分压较低的体毛细血管和组织时，氧合血红蛋白迅速解离，释放氧，成为去氧血红蛋白。

氧合血红蛋白呈鲜红色，动脉血中含量较多；去氧血红蛋白呈暗红色，静脉血中含量大。因此，动脉血较静脉血鲜红。当皮肤或黏膜表层毛细血管中的去氧血红蛋白含量增加到较高水平时，皮肤或黏膜会出现青紫色，称为发绀，是缺氧的表现。

②血红蛋白与氧结合，其中铁仍为二价，所以不是氧化而是氧合。

③只有在血红素的 Fe^{2+} 和珠蛋白结合的情况下，才具有运输氧的功能，单独的血红素不具有运氧的功能。血红蛋白中血红素的 Fe^{2+} 若转为 Fe^{3+}，血红蛋白也会失去运输氧的能力。

④1 分子血红蛋白可与 4 分子氧结合。

从氧的运输形式可以看出，血红蛋白在运输过程中起着重要作用，当血红蛋白因中毒而丧失运输氧的功能时，就会引起机体缺氧。

一氧化碳中毒是由于一氧化碳与血红蛋白亲和力比氧与血红蛋白亲和力大 210 多倍，而碳氧血红蛋白（HbCO）解离速度却是氧合血红蛋白（HbO_2）的 1/2100。因此，一氧化碳既妨碍血红蛋白与氧结合，又妨碍氧的解离，从而造成严重的缺氧。由于碳氧血红蛋白呈樱桃红色，因此一氧化碳中毒时，表现为皮肤、可视黏膜（口腔黏膜、睑结膜等）呈樱桃红色，严重时，因毛细血管收缩，可视黏膜呈苍白。

亚硝酸盐中毒时，血红蛋白中的二价铁在氧化剂作用下氧化成三价铁，形成高铁血红蛋白：一方面 Hb（Fe^{3+}）丧失携带氧的能力；另一方面提高剩余 Hb（Fe^{2+}）与氧的亲和力，造成缺氧，表现为皮肤、可视黏膜呈咖啡色。

2. 二氧化碳的运输

二氧化碳在血液中的运输形式有以下 3 种。

（1）约有 5% 的二氧化碳直接溶解于血液中，随血液运输。

（2）约 7% 多的二氧化碳与血红蛋白结合成氨基甲酸血红蛋白（HbNH-COOH），这种方式运输的二氧化碳，比例虽小，但效率很高，占肺排出二氧化碳的 20% ~30%。

二氧化碳与血红蛋白的结合是可逆的，不需要酶的催化。在组织毛细血管处，二氧化碳与血红蛋白结合成 Hb – NHCOOH；在肺毛细血管处，二氧化碳与血红蛋白分离，释放出的二氧化碳扩散到肺泡中，随着呼气排出体外。

（3）88% 多的二氧化碳以碳酸氢盐的形式运输。经组织换气，二氧化碳扩散进入血液，先部分溶解于血浆，并与水结合成碳酸。由于血浆中缺乏碳酸酐酶，此反应只以缓慢速度进行。随着进入血浆的二氧化碳增多，二氧化碳分压随之增高，于是二氧化碳扩散进入红细胞内。由于红细胞内含碳酸酐酶，进入红细胞内的二氧化碳在碳酸酐酶的作用下，与水反应生成 H_2CO_3，H_2CO_3 又迅速解离成 HCO_3^- 和 H^+。

$$CO_2 + H_2O \rightleftharpoons H_2CO_3 \rightleftharpoons H^+ + HCO_3^-$$

当红细胞内的 HCO_3^- 浓度大于血浆中的 HCO_3^- 浓度时，HCO_3^- 由红细胞扩散入血浆中。在红细胞内，HCO_3^- 与 K^+ 结合成 $KHCO_3$；在血浆中，HCO_3^- 与 Na^+ 结合成 $NaHCO_3$。以上各反应均是可逆的，当碳酸氢盐随血液运到肺部毛细血管时，因二氧化碳分压较低，以上反应向相反的方向进行，二氧化碳解离出来，经扩散进入肺泡，随呼气排出体外。

$$Na^+（或 K^+） + HCO_3^- \rightleftharpoons NaHCO_3（KHCO_3）$$

（四）呼吸运动的调节

呼吸运动是一种节律性活动，由机体通过神经和体液调节来实现呼吸的节律性并控制呼吸的深度和频率。

1. 神经调节

（1）呼吸中枢 在中枢神经系统内，有许多调节呼吸运动的神经细胞群，统称为呼吸中枢。它们分布于大脑皮层、间脑、脑桥、延髓和脊髓等处。

脊髓是调节呼吸运动的初级中枢，它发出的肋间神经和膈神经支配肋间肌和膈的活动。如果在延髓和脊髓之间横切，则动物自主节律性呼吸立即停止并不能恢复，这表明脊髓不能产生节律性呼吸。

如果在脑桥和延髓之间横切，动物仍有节律性呼吸，但呼吸节律不规则，呈喘息样呼吸。这表明延髓呼吸中枢是产生节律性呼吸的基本中枢，而正常呼吸节律的形成，还有赖于脑桥的调节作用。延髓呼吸中枢分为吸气中枢和呼气中枢，两者之间存在交互抑制关系，即吸气中枢兴奋时，呼气中枢抑制，引起吸气运动；呼气中枢兴奋时，吸气中枢则抑制，引起呼气运动。

如果在中脑和脑桥之间横切，动物呼吸无明显变化，呼吸节律保持正常。这表明正常的呼吸节律是脑桥和延髓呼吸中枢共同形成的。

大脑皮层可以随意控制呼吸运动，使之变慢、加快或暂时停止。

总之，动物正常的节律性呼吸，是延髓呼吸中枢调节的结果，而延髓呼吸中枢的兴奋性又受肺部传来的迷走神经传入纤维和脑桥呼吸调整中枢的影响，呼吸调整中枢又受脑的高级部位乃至大脑皮层的控制。

（2）呼吸的反射性调节 主要是肺牵张反射、喷嚏和咳嗽等防御性反射。

①肺牵张反射：肺的牵张反射是肺扩张或缩小时引起对吸气和呼气的反射性呼吸变化。吸气终末肺扩张到一定程度时，肺泡壁上的肺牵张感受器受到刺激而产生兴奋，发放冲动增加，冲动沿迷走神经传入延髓的呼吸中枢，引起呼气中枢兴奋，同时吸气中枢抑制，从而停止吸气而产生呼气；呼气之后，肺泡缩小，不再刺激肺泡壁上牵张感受器，呼气中枢转为抑制，于是又开始吸气。吸气运动之后，又是呼气运动，如此循环往复，形成了节律性的呼吸运动，上述过程称为肺牵张反射。

②防御性呼吸反射：主要有咳嗽反射和喷嚏反射，二者均属于防御性反射。

咳嗽反射：喉、气管和支气管的黏膜上有感受器，对机械刺激和化学刺激很敏感，当受炎性分泌物等化学性刺激时，则产生冲动通过迷走神经传入延髓，触发一系列反射，称为咳嗽反射。咳嗽反射对呼吸道有清洁作用，将呼吸道内异物或分泌物排出，以维持呼吸道畅通。

　　喷嚏反射：鼻黏膜上也有敏感的感受器，刺激物作用于鼻黏膜时而产生兴奋，冲动沿三叉神经传入延髓，触发一系列反射，称为喷嚏反射，其作用在于清除鼻腔内的异物。

　　2. 体液调节

　　调节呼吸运动的体液因素主要是血液中的二氧化碳、氧浓度和酸碱度。血液中的氧和二氧化碳的浓度是调节呼吸中枢活动的重要因素，它使呼吸过程能更精确地适应机体活动的需要。

　　（1）二氧化碳浓度对呼吸运动的影响　血液中保持一定浓度的二氧化碳，是维持呼吸中枢的正常兴奋性所必需。呼吸中枢对二氧化碳浓度的改变十分敏感，实验证实，血液中二氧化碳含量稍微升高，即可引起呼吸加深加快，增大肺的通气量，从而排出过多的二氧化碳。反之，血液中二氧化碳含量稍微降低时，可以出现呼吸暂停，直至血液中二氧化碳逐渐积蓄到一定浓度后，呼吸才逐渐恢复，但二氧化碳过度增加也会使呼吸麻痹。

　　一般认为，二氧化碳对呼吸运动的影响，主要是又与作用于延髓的化学感受器而引起的。只有当延髓的化学感受器敏感性降低（如深度麻醉），外周化学感受器（颈动脉体和主动脉体）才起主要作用。

　　（2）缺氧对呼吸运动的影响　血液中缺氧往往与血液中二氧化碳过量同时存在，因此缺氧引起呼吸增强，加大肺的通气量，以增加氧的摄取。如缺氧严重，将严重抑制呼吸中枢，使呼吸减弱，甚至停止呼吸。

　　血液缺氧对延髓呼吸中枢无直接的兴奋作用，它主要是通过外周化学感受器的刺激而引起呼吸变化的。

　　实验证实，二氧化碳和缺氧对呼吸的影响有着交互作用。肺泡内氧分压越低，机体对二氧化碳的敏感性越大。相反，肺泡内二氧化碳浓度增高，机体对缺氧的反应越强。

　　（3）血液中氢离子浓度对呼吸运动的影响　血液中氢离子浓度升高，可以兴奋呼吸中枢，使呼吸加深加快。反之，血液中氢离子浓度降低，可以兴奋呼吸中枢，使呼吸减弱。因此，在家畜发生酸中毒时，有呼吸增强的症状。

　　血液中氢离子浓度的改变主要作用于外周化学感受器，对于中枢化学感受器的刺激，不如二氧化碳明显，这是因为二氧化碳较易投入脑脊液的缘故。

　　总之，以上3个因素对呼吸运动的调节是相互影响的。如缺氧可以加大二氧化碳对呼吸的刺激效应，氢离子浓度升高可使呼吸中枢对二氧化碳分压的兴奋效应提高等。可见，在正常生理条件下，常常不是单一因素在起作用，而是多种因素的共同调解。

实操训练

实训七　牛（羊）呼吸系统各器官的识别

（一）目的要求

识别呼吸器官的形态构造；确定牛肺的体表投影位置。

（二）材料设备

牛（羊）的新鲜尸体或呼吸器官标本，活体牛，六柱栏，保定器械。

（三）方法步骤

1. 呼吸器官的识别

在牛（羊）的新鲜尸体或呼吸器官标本识别喉、气管、支气管以及肺的颜色、形态、位置、质地和分叶。

2. 牛肺的体表投影位置确定

保定牛后，在教师指导下在胸壁两侧确定肺背缘线、后缘线和左心切迹，从而确定肺投影区的轮廓。

（四）技能考核

在牛（羊）的新鲜尸体或呼吸器官标本上识别喉、气管、支气管和肺的形体构造；在活体牛上确定肺区的体表投影位置。

实训八　肺组织构造的观察

（一）目的要求

能在显微镜下识别肺的主要组织构造。

（二）材料设备

显微镜，肺切片。

（三）方法步骤

（1）教师先利用示教显微镜讲解肺的组织构造。

（2）学生在教师的指导下识别肺内的小支气管、细支气管、呼吸性细支气管、肺泡管、肺泡囊和肺泡。

（四）技能考核

在显微镜下识别肺的主要构造。

实训九 呼吸运动的调节与胸内负压的测定

（一）目的要求

能解析神经和体液因素对呼吸运动的影响；验证胸内负压的存在。

（二）材料设备

家兔数只。手术台、手术器械、粗注射针头、气管套管、橡皮管、生物信号采集系统、水检压计。20%氨基甲酸乙酯溶液等。

（三）方法步骤

教师指导学生分组操作。

（1）将兔麻醉，仰卧固定于手术台上，剖开颈部皮肤，分离出气管和两侧迷走神经，穿线备用。

（2）切开气管，插入气管套管，用棉线结扎固定。

（3）将生物信号采集系统的换能器固定于胸壁上，开动生物信号采集系统，描记一段正常呼吸曲线，并观察呼吸运动与曲线的关系。

（4）用止血钳夹闭气管套管上的橡皮管约20s，呼吸运动有何变化？

（5）用橡皮球套在气管套管上，让其在橡皮球内呼吸，观察呼吸运动的变化？

（6）切断一侧迷走神经，呼吸运动有何变化？切断另一侧迷走神经，观察呼吸运动有何变化？分别刺激迷走神经的向中枢端、离中枢端，观察呼吸运动有何变化？

（7）于兔右侧胸壁第四肋间隙剪毛，切开皮肤约1cm，然后插入以橡皮管连接水检压计的注射针头，观察水检压计的液面波动情况。

（8）结果讨论 分析迷走神经对呼吸运动的调节；缺氧和二氧化碳增多对呼吸运动的影响；胸内负压对维持动物正常呼吸运动的作用。

注意事项：每项实验做完后，待呼吸恢复后再做下一项实验。显微镜，肺切片。

（四）技能考核

正确进行呼吸运动调节和胸内负压测定实验操作，并解析实验现象。

项目思考

1. 名词解释

呼吸运动　肺小叶　呼吸膜

2. 简述呼吸系统组成。

3. 简述肺的形态特点和组织构造。

4. 牛肺的体表投影位置如何确定？

5. 呼吸过程包括哪几个环节？简述氧是如何进入体内，二氧化碳又是如何排出体外的。

6. 牛的呼吸式有几种？哪一种是正常的呼吸式？

7. 牛的呼吸音有几种？分别在哪听取牛的呼吸音？

8. 何为胸内负压？胸内负压的存在有何生理意义？

9. 简述血液中氧、二氧化碳、酸碱度对呼吸运动的影响。

项目五　心血管系统

1. 明确心血管系统的组成。
2. 掌握牛心脏的形态、位置、结构和机能。
3. 掌握体循环和肺循环的循环路径。
4. 掌握血液的组成、理化特性及各血细胞的形态结构和机能。
5. 了解心动周期及各时期压力变化。
6. 掌握心肌的生理特性。
7. 掌握组织液的生成及影响因素。

1. 能在标本或模型上识别心血管系统主要器官的构造。
2. 能在临床上根据需要采取抗凝和促凝措施。
3. 能根据血液的理化特性及血细胞数量的改变判定动物机体状态。
4. 能借助听诊器正确地进行心音的听诊及心率的测定。
5. 能正确地进行脉搏检查。

某养殖户一牛发病，病牛表现为精神痛苦，食欲、反刍停止，瘤胃蠕动音消失，粪便干硬；站立时弓背，不愿行走，下坡和左转弯困难；肘头外展、空嚼磨牙；颈静脉怒张，粗硬成条索状，波动明显；体温升高达 40～41℃；心跳加速，每分钟达 100～130 次；心音模糊不清，心区有拍水音、摩擦音。

此奶牛患有什么病？

必备知识

心血管系统由心脏、血管（包括动脉、毛细血管和静脉）和血液组成。心脏是血液循环的动力器官，在神经体液的调节下进行有规律的收缩和舒张，使其中的血液按一定方向流动。动脉起于心脏，输送血液到肺和全身各部，沿途反复分支，管径越分越小，管壁越来越薄，最后移行为毛细血管。毛细血管是连接于动、静脉之间的微细血管，互相吻合成网，遍布全身。其管壁很薄，具有一定的通透性，以利于血液和周围组织进行物质交换。静脉收集血液回心脏，从毛细血管起始逐渐汇集成小、中、大静脉，最后通入心脏。

一、心脏

（一）心脏的形态与位置

1. 心脏的形态

心脏为一中空的肌质器官（图 2 – 57、图 2 – 58），外包有心包，呈左、右稍扁的倒立圆锥形，其前缘凸，后缘短而直。上部宽大为心基，位置较固定，有进出心的大血管；下部小为心尖，游离于心包腔中。心脏表面有一环行的冠状沟和左、右两条纵沟，在牛心的后面还有一条副纵沟。冠状沟靠近心基，是心房和心室的外表分界，上部为心房，下部为心室。左纵沟位于心的左前方，不达心尖；右纵沟位于心的右后方，可伸达心尖。两条纵沟是左、右心室的外表分界，两沟的右前部为右心室，左后部为左心室。在冠状沟和左、右纵沟内填充有营养心脏的血管和脂肪。

2. 心脏的位置

心脏位于胸腔纵隔内，夹在左、右两肺之间，略偏左侧，约在胸腔下 2/3 部位，其前缘与第 3 对肋骨相对，后缘与第 6 对肋骨相对。牛的心基大致位于肩关节的水平线上，心尖在第 6 肋骨下端，距膈 2 ~ 5cm。

（二）心腔的构造

心腔内有纵行的房中隔和室中隔，将心腔分为左右互不相通的两半。每半又被房室隔分为上部的心房和下部的心室，并借房室口相通。因此，心脏被分成 4 个腔：右心房、右心室、左心房和左心室（图 2 – 59）。

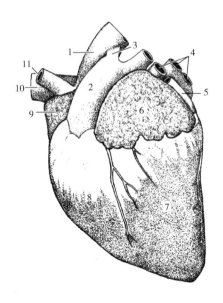

图 2 - 57　牛心脏左侧面

1—主动脉　2—肺动脉　3—动脉韧带
4—肺静脉　5—左奇静脉　6—左心房
7—左心室　8—右心室　9—右心房
10—前腔静脉　11—臂头动脉总干

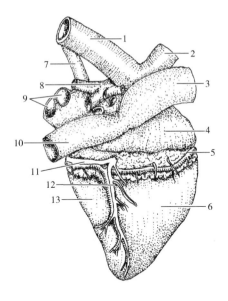

图 2 - 58　牛心脏右侧面

1—主动脉　2—臂头动脉总干　3—前腔静脉
4—右心房　5—右冠状动脉　6—右心室
7—左奇静脉　8—肺动脉　9—肺静脉
10—后腔静脉　11—心大静脉
12—心中静脉　13—左心室

1. 右心房

占据心基的右前部，包括右心耳和静脉窦。

右心耳呈圆锥形盲囊，尖端向左向后至肺动脉前方，内壁有许多方向不同的肉嵴，称梳状肌。

静脉窦是前、后腔静脉口与右房室口之间的腔，接受前、后腔静脉与奇静脉的血液。前腔静脉开口于右心房的背侧壁，后腔静脉开口于右心房的后壁，两开口间有一发达的肉柱称静脉间嵴，有分流前、后腔静脉血，避免相互冲击的作用。后腔静脉口的腹侧有冠状窦，是心大静脉和心中静脉的开口。在后腔静脉入口附近的房

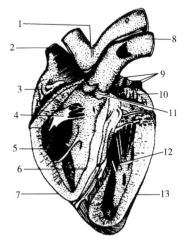

图 2 - 59　心脏纵切面　（通过肺动脉）

1—主动脉　2—前腔静脉　3—右心房
4—三尖瓣　5—右心室　6—室中隔　7—前缘
8—肺动脉　9—肺静脉　10—左心房
11—肺动脉半月瓣　12—左心室　13—后缘

间隔上有卵圆窝，是胎儿时期卵圆孔的遗迹。成年的牛、羊、猪约有20%的卵圆孔闭锁不全，但一般不影响心脏的功能。右心房通过右房室口和右心室相通。

2. 右心室

位于心脏的右前部，不达心尖，壁薄腔小。其入口为右房室口，出口为肺动脉口。右房室口以致密结缔组织构成的纤维环为支架，环上附着有3个三角形瓣膜，称三尖瓣。其游离缘垂下心室，并通过腱索连于心室的乳头肌。当心房收缩时，房室口打开，血液由心房流入心室；当心室收缩时，心室内压升高，血液将瓣膜向上推使其相互合拢，关闭房室口。由于腱索的牵引，瓣膜不能翻向心房，从而可防止血液倒流。

肺动脉口位于右心室的左上方，也有一纤维环支持，环上附着3个半月形的瓣膜，称半月瓣。每片瓣膜均呈袋状，袋口向着肺动脉。当心室收缩时，瓣膜开放，血液进入肺动脉；当心室舒张时，室内压降低，半月瓣关闭，防止血液倒流入右心室。

3. 左心房

构成心基的左后部，由左心耳和静脉窦组成。在左心房背侧壁的后部，有6~8个肺静脉入口。左心房下方有一左房室口与左心室相通。

4. 左心室

构成心室的左后部，室腔伸达心尖，腔大壁厚。入口为左房室口，出口为主动脉口。左房室口纤维环上附着有两片瓣膜，称二尖瓣，其结构和作用同三尖瓣。

主动脉口的纤维环上也附着有3个半月瓣，其结构及作用同肺动脉口的半月瓣。

（三）心壁的构造

心壁由心外膜、心肌和心内膜3层结构组成。

1. 心外膜

心外膜紧贴于心肌外表面，由间皮和结缔组织构成，为心包腔脏层。

2. 心肌

心肌为心壁最厚的一层，主要由心肌纤维构成，内有血管、淋巴管和神经等。心肌由房室口的纤维环分为心房和心室两个独立的肌系，所以心房和心室可分别交替收缩和舒张。心房肌较薄，心室肌较厚，其中左心室壁最厚。

3. 心内膜

心内膜薄而光滑，紧贴于心肌内表面，并与血管的内膜相连续。心瓣膜是由心内膜折叠而成。心内膜深面有血管、淋巴管、神经和心传导纤维等。

（四）心脏的血管

心脏本身的血液循环称为冠状循环，由冠状动脉、毛细血管和心静脉组成。冠状动脉有左、右两支，分别由主动脉根部发出，沿冠状沟和左、右纵沟伸延，分支分布于心房和心室，在心肌内形成丰富的毛细血管网。毛细血管网与心肌细胞进行完物质交换后，汇合成心大、心中和心小静脉，心大静脉和心中静脉最后注入右心房的冠状窦；心小静脉分成数支，在冠状沟附近直接开口于右心房。

（五）心脏的传导系统

心脏的传导系统是由特殊的心肌纤维组成，其主要功能是自动产生并传导心搏动的冲动至整个心脏，调控心的节律性运动。心脏的传导系统包括窦房结、结间束、房室结、房室束和浦肯野氏纤维5部分（图2-60）。

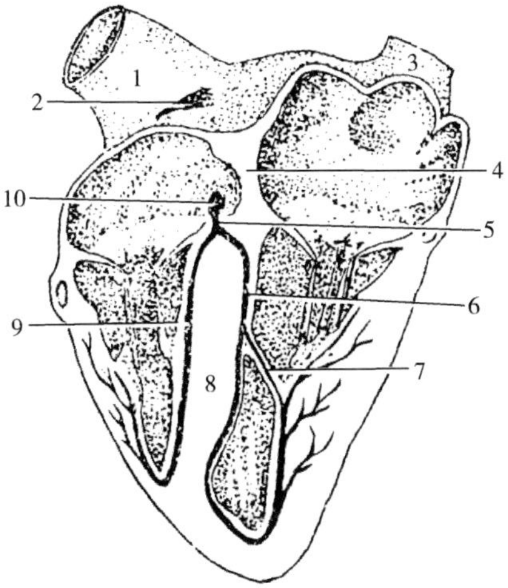

1. 窦房结

窦房结位于前腔静脉和右心耳间界沟内的心外膜下，除分支到心房肌外，还分出数支结间束与房室结相连。窦房结能自动产生节律性的兴奋，并传导至心房肌使其收缩；同时，还能将兴奋传至房室结。

图2-60 心脏的传导系统示意图

1—前腔静脉 2—窦房结 3—后腔静脉
4—房中隔 5—房室束 6—房室束的左脚
7—心横肌 8—室中隔
9—房室束的右脚 10—房室结

2. 房室结

房室结位于房中隔右房侧的心内膜下，可将来自窦房结的兴奋传至心房和房室束。

3. 房室束

房室束为房室结的直接延续，位于室中隔两侧心室壁的心内膜下延伸，其小分支在心内膜下分散成浦肯野氏纤维，与普通心肌纤维相连接。房室束可将来自房室结的冲动传至室中隔和心室壁，并通过浦肯野氏纤维传导至普通心肌纤维，使心室收缩。

（六）心包

心包为包在心外面的锥形囊，囊壁由内层的浆膜和外层的纤维膜组成，可

保护心脏（图2-61）。纤维膜为致
密结缔组织，在心基部与出入心脏
的大血管的外膜相连，在心尖部折
转而附着于胸骨背侧，与心包胸膜
（被覆在心包外面的纵隔胸膜）共同
构成胸骨心包韧带，使心附着胸骨。
浆膜衬于纤维膜里面，分壁层和脏
层。壁层紧贴于纤维膜内面，在心
基大血管根部折转后成为脏层，覆
盖于心肌表面形成心外膜。壁层和
脏层之间的裂隙称为心包腔，内含
少量浆液，称心包液，可润滑心脏，
减少其搏动时的摩擦。

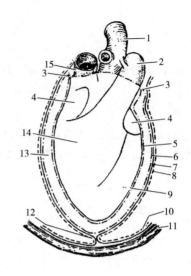

图2-61　心包结构模式图
1—主动脉　2—肺动脉　3—心包脏层转到壁层的地方
4—心房肌　5—心外膜　6—心包壁层　7—纤维膜
8—心包胸膜　9—心　10—肋胸膜　11—胸壁
12—胸骨心包韧带　13—心包腔
14—心室肌　15—前腔静脉

二、血管

（一）血管的种类和构造

根据血管结构和功能的不同，
可分为动脉、毛细血管和静脉。

1. 动脉

动脉由心脏发出，并向外周分支，越分越细，可将心脏射出的血液送往全
身各处。其管壁厚、管腔小，富有弹性和收缩性，距离心脏越近其弹性越好，
空虚时不塌陷；血压高、血流速度快，若动脉血管破裂血液常喷射而出。

动脉管壁分为3层：外层由结缔组织构成，称外膜；中层由平滑肌、胶原
纤维和弹性纤维组成，称中膜；内层由内皮细胞、薄层胶原纤维和弹性纤维组
成，称内膜。

按其管径大小，动脉可分为大、中、小3类。大动脉管壁坚韧而富有弹性
和扩张性，又称为弹性血管；中动脉是将血液输送至各组织器官，又称为分配
血管。小动脉管壁富含平滑肌，在神经和体液的调节下可作舒缩活动以改变管
径大小，从而改变血流阻力，又称阻力血管。

2. 毛细血管

毛细血管是连于微动脉和微静脉之间的血管，在体内分布广。血管短而
细，在组织器官内互相吻合成网状；管壁仅由一层内皮细胞构成，非常薄，具
有较强的通透性；血流速度很慢，血压很低，是血液与组织细胞间进行物质交
换的主要场所。皮下毛细血管破裂常导致皮下弥散性出血。另外，位于肝、

脾、骨髓等处的毛细血管形成管腔大而不规则的膨大部，称为血窦。

3. 静脉

静脉是引导血液回心脏的血管，小静脉是由毛细血管汇集而成，并不断向心脏汇集成各级静脉。管壁薄、管腔大，越靠近心脏管腔越大，弹性小、易塌陷，出血时呈流水状。静息状态下，静脉系统容纳的血量可达循环血量的60%～70%，故静脉又称容量血管。

静脉管壁构造与动脉相似，也分3层，但中膜很薄，弹性纤维不发达，外膜较厚。四肢部、颈部的静脉内有朝心方向的半月状瓣膜，称为静脉瓣，可防止血液逆流。

（二）体循环血管的分布

体循环又称大循环，从左心室开始，通过主动脉及其分支（图2-62），进入全身各部形成毛细血管网，而后汇集成前、后腔静脉，返回右心房。

循环路径：左心室──→主动脉──→体毛细血管──→前、后腔静脉──→右心房。

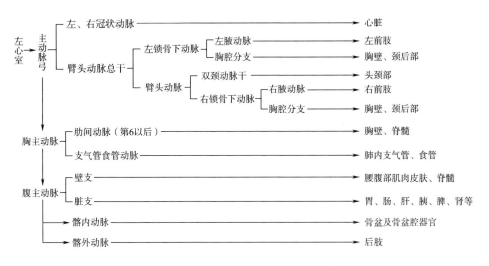

图2-62 主动脉及主要分支

1. **体循环的动脉**

体循环起于左心室的主动脉口，其根部膨大，在此分出左右冠状动脉分布于心脏。主动脉由此开始向后方弯曲形成主动脉弓。主动脉弓根部向前分出臂头动脉总干。向后延续为胸主动脉、穿过膈为到腹腔为腹主动脉、延伸至骨盆腔入口处分为左右髂外动脉和左右髂内动脉（图2-63）。

（1）臂头动脉总干 是分布于头颈、前肢及胸前部的动脉主干，沿气管腹侧向前上方伸延至第3肋处，分出左锁骨下动脉，主干延续为臂头动脉。臂头

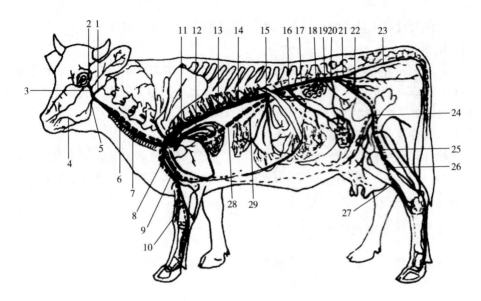

图 2 - 63　牛动、静脉分布

1—枕动脉　2—颌内动脉　3—颈外动脉　4—面静脉　5—颌外动脉　6—颈动脉　7—颈静脉

8—腋动脉　9—臂动脉　10—正中动脉　11—肺动脉　12—肺静脉　13—胸主动脉

14—肋间动脉　15—腹腔动脉　16—肠系膜前动脉　17—腹主动脉　18—肾动脉

19—精索内动脉　20—肠系膜后动脉　21—髂内动脉　22—髂外动脉　23—荐中动脉

24—股动脉　25—腘动脉　26—胫后动脉　27—胫前动脉　28—后腔动脉　29—门静脉

动脉在气管腹侧继续前行至第 1 肋附近，分出一支颈动脉总干，主干向右移行为右锁骨下动脉。左、右锁骨下动脉分出一些分支后分别绕过第 1 肋出胸腔，移行为腋动脉。

①颈动脉总干：很短，在胸前口处分为左、右颈总动脉，并沿气管外侧向前行至头部。沿途分出许多小支，分布于气管、食管、咽喉、甲状腺和颈部腹侧的肌肉和皮肤。左、右颈总动脉在环枕关节处分为枕动脉、颈内动脉（仅犊牛存在，成年牛退化）和颈外动脉。

枕动脉在下颌腺的深面向环椎窝延伸，分布于脑、脊髓、脑硬膜及头后部的皮肤和肌肉。

颈内动脉分布于脑和脑硬膜。

颈外动脉向前上伸至下颌关节处分出颌外动脉，本身向前延伸为颌内动脉。颌外动脉移行为面动脉，分布于面部肌肉和皮肤，颌内动脉及分支分布于上颌各器官。

②锁骨下动脉及分支：向前下方及外侧呈弓状延伸，绕过第 1 肋骨前缘出胸腔，延续为前肢的腋动脉。在胸腔内左锁骨下动脉发出的分支有：肋颈动脉、颈深动脉、椎动脉（牛、猪总称为肋颈动脉干）、胸内动脉和颈浅动脉；

右侧的肋颈动脉、颈深动脉和椎动脉自臂头动脉总干发出，胸内动脉和颈浅动脉自右锁骨下动脉发出。肋颈动脉主干出胸腔分布于鬐甲部的肌肉和皮肤；颈深动脉分布于颈背侧部的肌肉和皮肤；椎动脉主要分布于脑、脊髓和脊膜；胸内动脉沿胸骨背侧向后伸延，有分支到胸腺、纵隔、心包、胸壁肌肉和膈，向后到剑状软骨与肋软骨交界处穿出胸腔，延续为腹壁前动脉，在腹直肌和腹横肌间继续向后延伸，与腹壁后动脉吻合；颈浅动脉分布于胸前和肩前方的肌肉和皮肤。

前肢动脉（图 2 - 64）：是由锁骨下动脉延伸而来，在肩关节内侧称为腋动脉，在臂部称为臂动脉，在前臂部位于前臂内侧的正中沟内，称为正中动脉，在掌部称为指总动脉，指总动脉分为指内、外侧动脉，分别沿指间下行至指端。前肢动脉干各段均有分支分布于相应部位的肌肉、皮肤、骨骼等处。

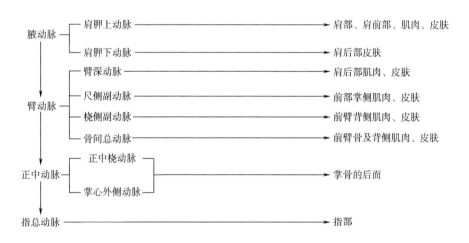

图 2 - 64　牛前肢动脉

（2）胸主动脉　胸主动脉是主动脉弓向后的直接延续，沿途分出肋间动脉和支气管食管动脉。肋间动脉分布于胸壁肌肉和皮肤、脊柱背侧的肌肉和皮肤。支气管食管动脉分布于肺内支气管和食管。

（3）腹主动脉　腹主动脉为腰腹部的动脉主干，其分支可分为壁支和脏支。壁支主要为腰动脉，有 6 对，分布于腰部肌肉、皮肤及脊髓脊膜等处；脏支主要分布于腹腔、盆腔的器官上，由前向后依次为腹腔动脉、肠系膜前动脉、肾动脉、肠系膜后动脉和睾丸动脉（子宫卵巢动脉）。

腹腔动脉：在膈的主动脉裂孔稍后处由腹主动脉分出，主要分布于脾、胃、肝、胰及十二指肠。

肠系膜前动脉：在第1腰椎腹侧处由腹主动脉分出，主要分布于小肠、结肠、盲肠和胰脏。

肾动脉：在第 2 腰椎处由腹主动脉分出，成对，分布于肾。

肠系膜后动脉：在第 4~5 腰椎处由腹主动脉分出，比较细，主要分布于结肠后段和直肠。

睾丸动脉（子宫卵巢动脉）：在肠系膜后动脉附近由腹主动脉分出。公畜分布于精索和睾丸等处，母畜分布于卵巢和子宫的前部。

（4）髂外动脉（图 2-65）　分布于后肢相应部位的骨骼、肌肉和皮肤。在第 5 腰椎处由腹主动脉向后左、右两侧分出，在股部为股动脉，在膝关节后为腘动脉，在胫背侧为胫前动脉。在趾背侧为趾背侧动脉。

图 2-65　牛髂外动脉分支

（5）髂内动脉（图 2-66）　腹主动脉在第 6 腰椎腹侧分成左、右髂内动脉，髂内动脉是骨盆部动脉的主干。主要分支有阴部内动脉和闭孔动脉，牛无闭孔动脉，仅有一些小的闭孔支。分布于骨盆腔器官、荐臀部及尾部的肌肉和皮肤。在尾椎腹侧皮下，称尾中动脉，常用于牛的脉搏检查。

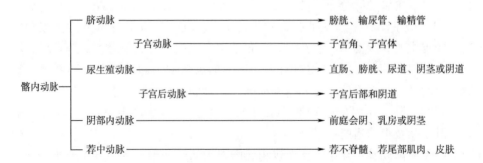

图 2-66　牛髂内动脉分支

2. 体循环的静脉

静脉是把血液送回右心房的血管。由毛细血管汇集成小静脉，小静脉逐渐汇集成较大的静脉，最后汇集成四条大的静脉：心静脉、前腔静脉、后腔静脉和奇静脉（图2–67）。

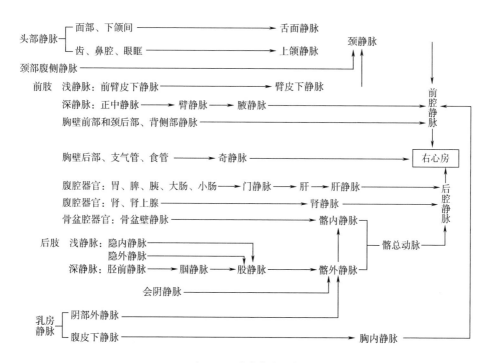

图2–67 全身静脉回流

（1）**心静脉系** 心脏的静脉血通过心大静脉、心中静脉和心小静脉注入右心房。

（2）**前腔静脉系** 是汇集头颈部、前肢部和部分胸壁血液的静脉干，在胸前口处由左、右颈静脉和左、右腋静脉汇合而成，注入右心房。前腔静脉系最主要的血管是颈静脉和腋静脉。

①颈静脉：主要收集头颈部的静脉血，沿颈静脉沟向后延伸，在胸前口处汇入前腔静脉。临床上，颈静脉是静脉注射和采血的常用部位。

②腋静脉：是前肢深静脉的主干。起自于蹄静脉丛，与同名动脉伴行，向上不断延伸为掌部的掌心外侧静脉，前臂部的正中静脉，到肩关节内侧称腋静脉。在胸前口处注入前腔静脉。

（3）**后腔静脉系** 后腔静脉在骨盆腔入口处由左右髂总静脉汇合而成，沿腹主动脉右侧向前伸延，穿过膈的腔静脉孔进入胸腔，注入右心房。后腔静脉收集后肢、骨盆及盆腔器官、腹壁、腹腔器官及乳房的静脉血。

①门静脉：位于后腔静脉的下方，是腹腔内一条大的静脉干，它收集胃、脾、胰、小肠、大肠（直肠后部除外）的静脉血，经肝门入肝，在肝内分成数支毛细血管网，再汇成数支肝静脉，汇入后腔静脉。

循环路径：门静脉──→肝内小叶间静脉──→中央静脉──→小叶下静脉──→肝静脉──→后腔静脉。

②腹腔内其他属支：腰静脉、睾丸或卵巢静脉、肾静脉和肝静脉。

③髂总静脉：由髂内静脉和髂外静脉汇成。有收集后肢、骨盆及尾部的静脉。

④乳房静脉：乳房的大部分静脉血液经阴部外静脉注入髂外静脉，一部分静脉血液经腹皮下静脉注入胸内静脉。

（4）奇静脉　接受部分胸壁、腹壁的静脉血，也接受支气管及食管的静脉血，在前、后腔静脉口之间注入右心房。

（三）肺循环的血管分布

又称小循环，从右心室开始，经肺动脉进入肺，在肺内形成毛细血管网，而后汇集成肺静脉，返回左心房。循环路径：

右心室──→肺动脉──→肺毛细血管──→肺静脉──→左心房

1. 肺动脉

起于右心室的肺动脉口，沿主动脉弓的左侧向后上方伸延，至心基的后上方分为左、右两支，分别与左、右支气管一起从肺门入肺。牛的右肺动脉还分出一侧支，到右肺的尖叶。

2. 肺静脉

由肺毛细血管网经过多次汇集而成，由肺门出肺，最后以数支肺静脉注入左心房。

（四）胎儿血液循环

胎儿在母体子宫内发育所需要的全部营养物质和氧气都是通过胎盘由母体供应，代谢产物也是由母体运走。因此，胎儿的血液循环具有与此相适应的一些特点。

1. 心血管结构特点

（1）卵圆孔　在胎儿心脏的房中隔上有一卵圆孔，使左、右心房相通。但孔的左侧有一瓣膜，且右心房的压力高于左心房，致使血液只能由右心房流入左心房。

（2）动脉导管　胎儿的主动脉和肺动脉之间有动脉导管相通。因此，来自右心室的大部分血液由肺动脉通过动脉导管流向主动脉，仅少量血液经肺动脉入肺。

（3）胎盘　胎盘是胎儿与母体进行物质交换的特殊器官，借脐带与胎儿相连。牛的脐带内有两条脐动脉和两条脐静脉。

脐动脉由髂内动脉分出，出脐孔经脐带到达胎盘，在此分支形成毛细血管网，与母体子宫上的毛细血管进行物质交换。脐静脉由胎盘毛细血管网汇聚而成，经脐带由脐孔进入胎儿腹腔，进入腹腔后合为一条，沿肝的镰状韧带延伸，经肝门入肝。

2. 血液循环路径

胎盘内从母体内吸收来的富含营养物质和氧气的动脉血，经脐静脉进入胎儿的肝内，再经肝静脉（数支）出肝后注入后腔静脉，并与来自胎儿身体后部的静脉血相混合后入右心房。进入右心房的大部分血液经卵圆孔到左心房，再经左心室到主动脉及其分支，其中大部分血液分布到头颈和前肢。

来自胎儿身体前半部的静脉血，经前腔静脉入右心房到右心室，再入肺动脉。由于肺基本无活动机能，大部分血液经动脉导管入主动脉，然后主要分布到身体后半部，并经脐动脉到胎盘（图2-68）。

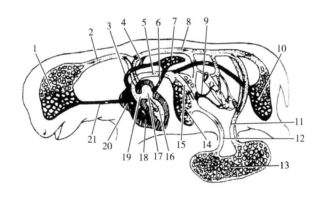

图2-68　胎儿血液循环模式图

1—头颈部毛细血管　2—臂头干　3—肺干　4—动脉导管　5—后腔静脉　6—肺静脉
7—肺毛细血管　8—腹主动脉　9—门静脉　10—骨盆部和后肢毛细血管　11—脐动脉
12—脐静脉　13—胎盘毛细血管　14—肝毛细血管　15—静脉导管　16—左心室
17—左心房　18—右心室　19—卵圆孔　20—右心房　21—前腔静脉

3. 胎儿出生后血液循环的变化

胎儿出生后，脐带中断，胎盘血液循环停止，脐动脉和脐静脉闭锁分别形成膀胱圆韧和肝圆韧带；由于肺开始呼吸，动脉导管闭锁形成动脉导管锁或动脉韧带；卵圆孔闭锁形成卵圆窝。至此，左、右心房完全分开，左心房内为动脉血，右心房内为静脉血。

三、血液

（一）体液与机体内环境

1. 体液的构成

体液是指动物机体内的水以及溶解于水中的物质总称。体液占体重的60% ~ 70%，存在于细胞内的液体为细胞内液，是细胞内进行生化反应的场所，占体重的40% ~45%；存在于细胞外的液体为细胞外液，包括血浆、组织液、淋巴液和脑脊液等，占体重的20% ~25%。各种体液彼此隔开而又相互联系，通过细胞膜和毛细血管壁进行物质交换，即：

$$
\text{体液}
\begin{cases}
\text{细胞内液（占40\%~50\%）} \\
\text{细胞外液（占20\%~25\%）}
\end{cases}
\begin{cases}
\text{组织液} \\
\updownarrow\quad\text{淋巴} \\
\text{血浆}
\end{cases}
$$

2. 机体的内环境

细胞外液是细胞直接生活的具体环境，故又称为机体的内环境。

家畜从外界获得的氧气和各种营养物质，都先进入血液循环，然后由毛细血管扩散到组织液，以供组织细胞代谢的需要。同时，组织细胞所产生的代谢产物也是先排到组织液中，然后扩散入血液循环再排出体外。由此可见，组织液既是细胞的直接生活环境，也是细胞与外界环境进行物质交换的媒介。因此，通常把组织液或细胞外液又称为机体的内环境。

尽管机体外环境不断发生变化，但机体内环境却在神经、体液的调节下保持相对稳定，内环境的稳定是细胞进行生命活动的必要条件。血液通过不停的循环流动，能在组织与各内脏器官之间运输各种物质；血液对内环境某些理化因素的变化具有一定的缓冲作用；血液还可以反映内环境理化性质的微小变化，为维持内环境稳定的调节系统提供必要的反馈信息。因此，血液在维持内环境的稳定起重要作用。

（二）血液的基本组成

血液由血浆和悬浮在血浆内的有形成分组成，两者合起来称全血。血液的组成为：

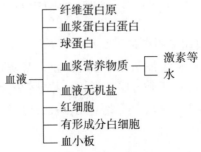

如果将加有抗凝剂（草酸钾或枸橼酸钠等）的血液置于离心管中离心沉淀后，能明显地分成3层：上层淡黄色部分为血浆；下层深红色的沉淀物为红细胞；在红细胞与血浆之间有一白色薄层为白细胞和血小板。血液离心沉淀后全血中被压紧的红细胞容积占全血容积的百分率，称红细胞比容（红细胞压积），又称为血液比容（血液压积）。大多数家畜的血液比容在34%～45%。测定红细胞比容有助于诊断脱水、贫血和红细胞增多症等疾病。

如果离体血液不作抗凝处理，将很快凝固并紧缩成血块，并析出淡黄色的透明液体，称为血清。血清与血浆的主要区别在于：血浆中含有可溶性的纤维蛋白原；而血液在凝固过程中可溶性的纤维蛋白原变成不可溶的纤维蛋白而存留在血凝块中，因此血清中不含纤维蛋白原。

（三）血液的化学成分

血浆是机体内环境的重要组成部分，其中水占血浆的90%～92%，其余为溶质。溶质中血浆蛋白占5%～8%，其余是各种无机盐和小分子有机物。

1. 无机盐

血浆中无机盐主要以离子形式存在，少数以分子或与蛋白质结合状态存在。主要的阳离子有 Na^+、K^+、Ca^{2+} 和 Mg^{2+}；主要的阴离子有 Cl^-、HCO_3^-、HPO_4^{2-} 和 SO_4^{2-}。主要的微量元素有铜、锌、铁、锰、碘、钴等，它们主要存在于有机化合物分子中。这些无机离子在维持血浆晶体渗透压、维持体液的酸碱平衡、维持组织细胞的兴奋性等方面起重要作用。

2. 血浆蛋白

血浆蛋白是血浆中多种蛋白质的总称。根据分子质量不同，可分为白蛋白（清蛋白）、球蛋白和纤维蛋白原等。其中白蛋白含量最多，是构成血浆胶体渗透压的主体；它还是血液中的运输载体，能与游离脂肪酸、胆色素和激素等水溶性较低的物质相结合并运输。球蛋白能与脂类结合成脂蛋白，对脂类以及脂溶性维生素的运输起重要作用，另外，其中的 γ - 球蛋白多数为免疫抗体，也称为免疫球蛋白（IgG）。纤维蛋白原参与血液的凝固过程。

3. 血浆中其他有机物

（1）非蛋白含氮化合物　它们主要是蛋白质代谢的中间产物或终末产物，包括尿素、尿酸、肌酐、氨基酸、胆红素和氨等。

（2）血浆中不含氮的有机物　如葡萄糖、甘油三酯、磷酸、胆固醇和游离脂肪酸等，它们与糖代谢和脂类代谢有关。

（3）血浆中微量的活性物质　主要包括酶类、激素和维生素等。

（四）血液的理化特性

1. 颜色、密度和气味

动物血液呈红色，颜色随红细胞中血红蛋白的含氧量而变化。含氧量高的动脉血呈鲜红色，含氧量低的静脉血则呈暗红色。

动物血液的相对密度变动于 1.046～1.052 范围内。其中红细胞相对密度最大，白细胞次之，血浆最小。血液密度的大小取决于所含红细胞数量和血浆蛋白的浓度。

血液中因含有氯化钠而呈咸味，因含有挥发性脂肪酸而具有特殊的血腥味，肉食动物腥味更重。

2. 血液的黏滞性

血液流动时，由于内部分子间相互摩擦产生阻力，表现出流动缓慢和黏着的特性，称作黏滞性。哺乳动物全血的黏滞性是水的 4～6 倍。血液黏滞性的大小主要取决于红细胞数量和血浆蛋白浓度。红细胞数量越多，血浆蛋白浓度越高，黏滞性也越大。血液黏滞性是形成血压的因素之一，并能影响血流速度。

3. 血浆的渗透压

溶液促使水向半透膜另一侧溶液中渗透的力量，称为渗透压。渗透压的高低取决于溶液中溶质颗粒的多少，而与溶质的种类和颗粒的大小无关。在单位体积的溶液中，颗粒越多，渗透压越高。

血浆的渗透压是由两部分溶质构成：一部分是由血浆中的晶体物质，特别是各种电解质构成，称作晶体渗透压；另一部分是由血浆蛋白质构成的胶体渗透压。血浆胶体渗透压虽小，但由于蛋白质不易透过毛细血管壁，而且血浆蛋白浓度又高于组织液，因此有利于血管中保留一定的水分。

有机体细胞的渗透压与血浆的渗透压相等。与细胞和血浆的渗透压相等的溶液，称作等渗溶液。常用的等渗溶液是 0.9% 氯化钠溶液和 5% 葡萄糖溶液，0.9% 氯化钠又称为生理盐水。渗透压比它高的溶液称为高渗溶液，如 10% 的氯化钠溶液；渗透压比它低的溶液称为低渗溶液。

4. 血液的酸碱性

动物血浆的 pH 在 7.35～7.45，变动的范围很窄。生命活动能够耐受的血液 pH 最大范围为 6.9～7.8。血液酸碱度保持相对恒定，主要依赖于血液中的酸碱缓冲对物质和一些器官的代谢调节。

（1）血液中的缓冲物质　血液中含有多种缓冲物质，它们是成对存在的，通常是由弱酸和碱性弱酸盐这一对物质所组成。血浆中主要的缓冲对有 $NaHCO_3/H_2CO_3$、Na_2HPO_4/NaH_2PO_4 等；红细胞中的缓冲对有 KHb/HHb、$KHbO_2/$

$HHbO_2$。这些缓冲对中，以 $NaHCO_3/H_2CO_3$ 最为重要。当血液中的酸性物质增加时，碱性弱酸盐与之起反应，使其变为弱酸，于是酸性降低；而每当血液中的碱性物质增加时，则弱酸与之起反应，使其变为弱酸盐，缓解了碱性物质的冲击。生理学中常把血浆中的 $NaHCO_3$ 含量称为血液的碱贮。在一定范围内，碱贮增加表示机体对固定酸的缓冲能力增强。

（2）机体其他器官的调节　机体可以通过呼吸活动排出二氧化碳以调节血浆中的 H_2CO_3 浓度；在尿的生成过程中，既可以排泄酸性物质，又可以回收 $NaHCO_3$，这样有利于保持两者的正常比值。

（五）血量

动物体内的血液总量称为血量。血量占体重的 6%～8%，并随动物的种类、性别、年龄、营养状况、妊娠、泌乳和所处的外界环境而发生变化。

绝大部分血液在心血管系统中循环流动着，称为循环血量；其余部分（主要是红细胞）储存在肝、脾和皮肤等处毛细血管和血窦中，称为储存血量。当动物剧烈运动或大出血时，储存血量可被释放出来，以补充循环血量的不足。

机体的血量是相对稳定的，这是维持正常血压和器官供血所必需的条件。如一次失血量不超过总血量的 10%，对生命活动没有明显影响，所失的水和无机盐可在 1～2h 内由组织间液渗入到血管得到补充，血浆蛋白由肝脏加速合成，血细胞则需较长时间恢复；如一次失血量达 20%，则会影响正常的生命活动。如一次急性失血量达 25%～30%，可引起血压急剧下降，导致脑和心脏等重要器官的血液供应不足而危及生命。

（六）血液的有形成分

1. 红细胞

（1）红细胞的形态与数量　哺乳动物成熟的红细胞无核，呈双面内凹的圆盘状。在血涂片标本上，周围染色较深，中央染色较浅。单个红细胞呈淡黄绿色，大量红细胞聚集在一起则呈红色。

红细胞的数量是血细胞中最多的一种，以每升血中含有多少 10^{12} 个表示（10^{12}/L）。其正常数量随动物种类、品种、性别、年龄、饲养管理和环境条件而有所变化。如高产品种、幼龄动物、雄性动物、高原居住的动物、强健动物、饲养条件好的动物其红细胞的数量相对较多。

红细胞的细胞质内充满大量血红蛋白，约占红细胞成分的 33%。血红蛋白由亚铁血红素和珠蛋白结合而成，具有携带氧和二氧化碳的功能。血红蛋白的含量受动物品种、性别、年龄、饲养管理等因素的影响，常以每升血液中含有的质量（g/L）来表示。

　　成年牛、羊的红细胞和血红蛋白含量见表 2 - 1。

　　单位容积内红细胞数量、血红蛋白含量同时或其中之一显著减少而低于正常值，都称为贫血。

表 2 - 1　成年牛、羊的红细胞数量和血红蛋白含量

动物种类	红细胞数/（10^{12}/L）	血红蛋白量/（g/L）
牛	7.0（5.0~10.0）	110（80~150）
绵羊	10.0（8.0~12.0）	120（80~160）
山羊	13.0（8.0~18.0）	110（80~140）

　　（2）红细胞的生理特性

　　①红细胞膜的通透性：红细胞膜对各种物质具有选择通透性。水、氧和二氧化碳等分子可以自由；葡萄糖、氨基酸、尿素较易通过；Cl^-、HCO_3^- 和 H^+ 也较易通过；Ca^{2+} 则很难通过；Na^+ 在正常状态下进入细胞后又被推出于细胞膜外，并经 Na^+ - K^+ 交换而将 K^+ 纳入细胞内，以维持细胞膜内外 K^+ 与 Na^+ 的浓度差，保持细胞的正常兴奋性。

　　②红细胞的渗透脆性：将红细胞置于等渗溶液中，红细胞能维持其正常形态而不变形。若将红细胞置于高渗溶液中，则红细胞由于水分逐渐外移而皱缩，严重时即丧失其机能。若将红细胞放入低渗溶液中，红细胞将因吸水而膨胀，细胞膜终被胀破并释放出血红蛋白，这种现象称为溶血。红细胞对低渗溶液有一定的抵抗力，当周围液体的渗透压降低不大时，细胞虽有胀大但并不破裂溶血，红细胞对低渗的这种抵抗力称为红细胞渗透脆性。对低渗的抵抗力大，则脆性小；反之，对低渗的抵抗力小，则脆性大。衰老的红细胞脆性大，在某些病理状态下，红细胞脆性会显著增大或减小。

　　③红细胞的悬浮稳定性：红细胞能均匀地悬浮于血浆中不易下降的特性，称为红细胞的悬浮稳定性，其大小可用红细胞沉降率表示。通常以 1h 内红细胞下沉的距离表示红细胞的沉降率（简称血沉）。动物种类不同血沉也不同，牛的血沉慢，1h 内红细胞仅沉降不到 1mm；马的血沉快，1h 内可下降几十毫米。当动物患某些疾病时，红细胞的沉降率会发生明显变化。因此，测定血沉具有诊断价值。

　　（3）红细胞的功能　红细胞的主要功能是运输氧和二氧化碳，并对酸、碱物质具有缓冲作用，而这些功能均靠红细胞中的血红蛋白来实现。

　　①气体运输血红蛋白：是红细胞内容物的主要成分，约占红细胞干重的 90%。血红蛋白能与氧结合，形成氧合血红蛋白（HbO_2）。此外，血红蛋白也可以与二氧化碳结合。因此，血红蛋白具有运输氧和二氧化碳的功能。

　　血红蛋白与氧结合形成氧合血红蛋白是氧合过程；当血液中氧含量不同时，氧能容易地与氧合血红蛋白结合、分离。但当血液中含有亚硝酸盐成分时，血红蛋白中亚铁离子可被氧化成三价的高铁血红蛋白。此时，血红蛋白与氧的结合非常牢固而不易分离，因而失去运氧功能。如果生成的高铁血红蛋白的量超过血红蛋白总量的2/3时，将导致组织缺氧、窒息而危及生命。蔬菜类叶、茎中硝酸盐含量较大，如果加工或者储存不当，可被硝酸菌作用而使其中硝酸盐转化为亚硝酸盐，如被动物采食后可发生亚硝酸盐中毒，如猪"烂菜叶中毒"。

　　血红蛋白与一氧化碳结合的亲和力比氧大200多倍，空气中的一氧化碳浓度只要达到0.05%时，血液中就有30%~40%的血红蛋白与之结合，使血红蛋白运输氧的能力降低，严重时发生一氧化碳中毒死亡。

　　②酸碱缓冲功能：红细胞（HHb）和 HbO_2 均为弱酸性物质，它们一部分以酸分子形式存在，另一部分与红细胞内的 K^+ 构成血红蛋白钾盐，因而组成了2个缓冲对，即 KHb/HHb 和 $KHbO_2/HHbO_2$，共同参与血液酸碱平衡的调节作用。

　　（4）红细胞的生成与破坏

　　①红细胞的生成：正常情况下，红骨髓是哺乳动物出生以后生成红细胞的唯一器官。造血过程中除了需要骨髓造血机能正常以外，还需要供应造血原料和促进红细胞成熟物质。

　　蛋白质和铁是红细胞生成的主要原料，若供应或摄取不足，造血将发生障碍，出现营养性贫血。促进红细胞发育和成熟的物质，主要是维生素 B_{12}、叶酸和铜离子。维生素 B_{12} 和叶酸可促进骨髓原细胞分裂增殖；铜离子是合成血红蛋白的激动剂。

　　红细胞数量能保持相对恒定，主要依赖于促红细胞生成素的调节，该物质可促进骨髓内原血母细胞的分化、成熟和血红蛋白的合成，并促进成熟的红细胞的释放。

　　②红细胞的破坏：红细胞的破坏主要是由于自身的衰老所致。衰老的红细胞变形能力减退，脆性增高，容易在血流的冲击下破裂，但大部分衰老的红细胞滞留于脾、肝和骨髓的单核－巨噬细胞系统中，随之被吞噬细胞所吞噬。红细胞被破坏后，释放出的血红蛋白很快被分解成为珠蛋白、胆绿素和铁。珠蛋白和铁可重新参加体内代谢，胆绿素立即被还原成胆红素经粪、尿排出。

　　2. 白细胞

　　（1）白细胞的数量和分类　　白细胞不仅存在于血液中，还存在组织中。位于血液中的白细胞大多为球形；组织中的白细胞由于做变形运动，因而形态多变。

根据白细胞胞浆中有无粗大的颗粒可分成颗粒细胞和无颗粒细胞两大类。颗粒细胞按其染色特点，又可分为 3 类，即中性粒细胞、嗜酸性粒细胞和嗜碱性粒细胞。无颗粒细胞包括单核细胞和淋巴细胞。

白细胞的数量以每升血液中有多少 10^9 个表示（10^9/L），其变动范围较大，可随动物生理状态而变化。如下午的数量比早晨多，运动后比安静时多，但是各类白细胞之间的百分比却是相对恒定的。通常嗜中性白细胞和淋巴细胞的数量最多，嗜酸性白细胞很少，最少的是嗜碱性白细胞。

（2）白细胞的形态与功能

①嗜中性白细胞：胞体呈球形，胞质中有许多细小而分布均匀的淡紫色中性颗粒，可被酸性、碱性染料着色。细胞核呈蓝紫色，其形状分为杆状核和分叶形，具有很强的变形运动和吞噬能力。能吞噬入侵的细菌、坏死细胞和衰老红细胞，可将入侵微生物限定并杀灭于局部，防止其扩散。

②嗜酸性白细胞：数量较少，细胞呈球形。胞核多分两叶。细胞质内充满粗大而均匀的圆形嗜酸性颗粒，一般染成橘红色。嗜酸性粒细胞能缓解过敏反应和限制炎症过程。当机体发生抗原－抗体相互作用而引起过敏反应时，可吸引大量嗜酸性白细胞趋向局部，并吞噬抗原－抗体复合物，从而减轻对机体的危害。

③嗜碱性白细胞：数量最少，胞粒呈球形。细胞核常呈"S"形。细胞质内含有大小不等、分布不均的嗜碱性颗粒，被染成深紫色，胞核常被颗粒掩盖。颗粒内有肝素、组织胺。组织胺对局部炎症区域的小血管有舒张作用，能加大毛细血管的通透性，有利于其他白细胞的游走和吞噬活动。肝素具有抗凝血作用。

④单核细胞：是白细胞中体积最大的细胞，呈圆形或椭圆形。细胞核呈肾形、马蹄形或不规则形，着色较浅，呈淡紫色。细胞质呈弱嗜碱性，内有散在的嗜天青颗粒，常被染成浅灰蓝色。巨噬细胞是体内吞噬能力最强的细胞，能吞噬较大的异物和细菌；并能激活淋巴细胞的特异性免疫功能，促使淋巴细胞发挥免疫作用。

⑤淋巴细胞：数量较多，呈球形。细胞核较大，呈圆形或肾形，呈深蓝或蓝紫色。胞质很少，仅在核周围形成蓝色的一薄层。其中 B 淋巴细胞参与机体体液免疫过程；T 淋巴细胞参与机体细胞免疫过程。

（3）白细胞的生成与破坏 各类白细胞来源不同：颗粒白细胞是由红骨髓的原始粒细胞分化而来；单核细胞大部分来源于红骨髓，小部分来源于单核－巨噬细胞系统，经短暂的血液中生活之后进入疏松结缔组织，最后分化成巨噬细胞；淋巴细胞生成于脾、淋巴结、胸腺、骨髓、扁桃体及散在于肠黏膜下的集合淋巴结内。

白细胞的寿命比较短，只有几小时或几天。衰老的白细胞，除大部分被单核－巨噬细胞系统的巨噬细胞清除外，有相当数量的粒性白细胞由唾液、尿、胃肠黏膜和肺排出，有的在执行任务时被细菌或毒素所破坏。

3. 血小板

（1）血小板的形态与数量　哺乳动物的血小板很小，呈两面凸起的圆盘形或椭圆形。血小板是由骨髓中成熟的巨核细胞的胞质碎片形成。在血涂片上，其形状不规则，常成群分布于血细胞之间。

（2）血小板的生理特性

①黏附：当血管内皮损伤而暴露胶原组织时，立即引起血小板的黏着，这一过程称为血小板黏附。血小板黏附可促进血小板聚集和促进血管收缩作用。

②聚集：血小板彼此之间互相黏附、聚合成团的过程，称为血小板聚集，可使血小板聚集于破损部位。

③释放反应：血小板受刺激后，可将颗粒中的 ADP、5－羟色胺、儿茶酚胺、Ca^{2+}、血小板因子 3（PF_3）等活性物质向外释放。

④收缩：血小板内的收缩蛋白发生收缩的过程可导致血凝块回缩、血栓硬化，有利于止血过程。

⑤吸附：血小板能吸附血浆中多种凝血因子于表面。血管破裂时，大量的血小板黏附、聚集于破损部位，破损局部凝血因子浓度升高，促进凝血过程。

（3）血小板的功能　血小板的主要功能是维持血管内皮的完整性，参与生理性止血和血液凝固过程。

①参与凝血过程：血小板表面能吸附纤维蛋白原、凝血酶原等多种凝血因子；另外，血小板本身也含有与凝血有关的血小板因子。因此，血小板是凝血过程的重要参与者。

②参与止血过程：血管壁受损伤后，血小板会发生黏附和聚集成团，堵塞破口，促进血栓形成；血小板释放的 5－羟色胺、肾上腺素等物质，可使血管收缩。

③纤维蛋白溶解血小板：胞浆颗粒中含有纤溶酶原，经活化后可促进纤维蛋白溶解。

（七）血液的凝固与纤维蛋白溶解

机体在正常情况下，凝血、抗凝和纤维蛋白溶解过程经常处于动态平衡状态，相互配合，既有效地防止出血和渗血，又保证了血管内血流的通畅。

1. 血液凝固

血液凝固是指血液由流动的液体状态转变为不流动的胶冻状凝块的过程。凝血过程是由多个凝血因子参与的一系列酶促反应，使血浆中呈溶解状态的纤维蛋白原转变成为凝胶状态的纤维蛋白，呈丝状交错重叠，并将血细胞网罗其中，成为胶冻样血凝块。

（1）凝血因子　血浆和组织中直接参与凝血的物质统称凝血因子，已发现的凝血因子有十几种。在凝血因子中除因子Ⅳ和磷脂外，都是蛋白质；因子Ⅱ、Ⅶ、Ⅸ、Ⅹ、Ⅺ、Ⅻ都是蛋白酶，而且因子Ⅱ、Ⅸ、Ⅹ、Ⅺ、Ⅻ都是以酶原的形式存在于血液中，通过有限水解后被激活才能成为有活力的酶，参与凝血过程。因子Ⅱ、Ⅶ、Ⅸ、Ⅹ在肝脏合成还需维生素 K 的参与，所以缺乏维生素 K 将会造成出血。

（2）凝血过程　凝血过程是一个复杂的生物化学连锁反应过程，是凝血因子相继酶解激活，最终使血浆中可溶性纤维蛋白原转变为不溶性纤维蛋白，并网罗各种血细胞形成血凝块。凝血过程大体分为 3 个阶段。

①凝血酶原激活物的形成：凝血酶原激活物是由活化型因子Ⅹ（X_a）和其他凝血因子共同组成的复合物。因子Ⅹ活化成为 X_a 有两个途径。

内源性凝血途径：参与凝血的因子全部来自血液，当血液与心血管内膜受损处的胶原纤维，或其他粗糙而且带负电荷的表面接触时，血浆中无活性的因子Ⅻ被激活成为有活性的因子Ⅻ$_a$。至此内源性凝血系统开始启动。

Ⅻ$_a$可催化血浆中的因子Ⅺ转变成Ⅺ$_a$，Ⅺ$_a$与 Ca^{2+} 一起催化存在于血小板磷脂胶粒表面的因子Ⅸ转变成Ⅸ$_a$，然后Ⅸ$_a$和因子Ⅷ被 Ca^{2+} 连接于磷脂胶粒表面，共同催化因子Ⅹ，使其转变成 X_a。接着 X_a 和因子Ⅴ以及 Ca^{2+} 在磷脂胶粒表面共同形成复合物，此复合物便是凝血酶原激活物。

外源性凝血途径：是组织因子Ⅲ和血浆中因子Ⅶ以及 Ca^{2+} 共同参与形成凝血酶原激活物的过程。因启动凝血的组织因子不是来自血液而是来自组织，故称外源性。组织因子Ⅲ，是脂蛋白复合物，含有蛋白酶的活性成分。正常时存在于血管外的组织中，以脑、肺和胎盘中含量最多。当组织损伤出血时，因子Ⅲ进入血管内，激活因子Ⅶ，并于 PF_3 和 Ca^{2+} 组成复合物，协同作用将因子Ⅹ激活为 X_a。X_a 在因子Ⅲ、Ca^{2+} 和因子Ⅴ的作用下形成凝血酶原激活物。

内源性凝血途径由于参与的因子较多，所以反应较慢，而外源性途径相对较快。在实际情况中，两种凝血途径同时存在，当组织损伤、血管破损时首先是外源性过程发挥作用，接着发生内源性凝血过程。

②凝血酶原转变成凝血酶：凝血酶原激活形成后，在维生素 K 的参与下，即可催化血浆中无活性的凝血酶原（凝血因子Ⅱ）转变成有活性的凝血酶（Ⅱ$_a$）。其中，无活性的因子Ⅴ能被Ⅱ$_a$激活，Ⅴ$_a$又可大大提高Ⅱ$_a$的生成速度。Ca^{2+} 的作用是将 X_a 和因子Ⅱ同时连接在血小板因子 3 提供的磷脂表面上。因此，缺乏 Ca^{2+} 和维生素 K 都将影响血凝过程。

③纤维蛋白原转变为纤维蛋白：凝血酶生成后，便脱离磷脂胶粒表面，重新进入血浆催化血浆中的纤维蛋白原转变成为纤维蛋白单体，单体互相交织成疏松的网状，可溶且不稳定，继而在 Ca^{2+} 和因子Ⅷ参与下，聚合形成不溶性纤维蛋白多聚体。

许多稳定的纤维蛋白多聚体相互交织成网，把红细胞、白细胞、血小板聚集在一起形成凝胶状态的血凝块，堵塞血管破损处，起止血作用。血小板释放的某些凝血因子使血凝块固缩，析出淡黄的液体，即为血清。

血液从血管流出到出现丝状蛋白所需的时间，称为凝血时间。牛的凝血时间为 6.5min、绵羊为 2.5min。家畜患某些疾病时，会因某些凝血因子缺乏或含量不足，导致凝血时间延长。

2. 血液中的抗凝物质和纤维蛋白溶解

正常情况下，血液在血管内流动而不凝固，除了由于血管壁光滑，无组织损伤面，不易激活相关凝血因子外；更主要原因的是血液中含有抗凝血物质和纤维蛋白溶解物质的缘故。

（1）血液中的主要抗凝血物质

①抗凝血酶Ⅲ：是由肝脏合成的一种丝氨酸蛋白酶抑制物，它能使凝血因子Ⅸ、Ⅹ、Ⅺ、Ⅻ失去活性，达到抗凝血作用。

②肝素：是组织中的肥大细胞和血液中的嗜碱性粒细胞产生的酸性黏多糖。肝素具有多方面的抗凝血作用，它能抑制凝血酶原激活物的形成；能阻碍凝血酶原转变成凝血酶，并能抑制凝血酶的活性；能阻止纤维蛋白的形成；还能抑制血小板发生黏着、聚集和释放反应。

③蛋白质 C：有灭活因子Ⅴ和Ⅷ、限制因子Ⅹ的功能，以及与血小板结合增强纤维蛋白溶解等功能。

（2）血浆中的纤维溶解系统　纤维蛋白被分解液化的过程称为纤维蛋白溶解，简称纤溶。体内局部凝血过程所形成的血凝块中的纤维蛋白，当完成防止出血的保护功能后，最终需被清除，以利于组织再生和血流通畅，这就需要纤溶物质来完成。参与纤溶的物质有纤溶酶原、纤溶酶以及激活物和抑制物等，总称纤维蛋白溶解系统，简称纤溶系统。

3. 抗凝和促凝措施

在实际工作中，常采取一些措施促进凝血过程（减少出血、提取血清时）或防止、延缓凝血过程（如避免血栓形成，获取血浆等）。

（1）抗凝或延缓凝血的常用方法

①去除血中钙离子：在凝血的 3 个步骤中，都需要 Ca^{2+} 的参与。除去血浆中的 Ca^{2+} 就能抑制凝血。如加草酸钾、草酸铵等，可与血浆中 Ca^{2+} 结合成不易溶解的草酸钙。

②低温延缓血凝：凝血过程是一系列酶促反应，而酶的活力受温度影响较大，把血液置于低温环境下可延缓血液凝固。另外，低温措施还能增强抗凝剂的效能。

③接触面光滑延缓血凝：将血液置于特别光滑的容器或预先涂有石蜡的器皿内，可以减少血小板的破坏，延缓血凝。

④使用肝素：肝素是最有效的抗凝剂。

⑤使用双香豆素：双香豆素的主要结构与维生素 K 很相似，但作用与维生素 K 相对抗，它可阻止某些凝血因子在肝内合成，故注射于循环血液后能延缓血凝。

⑥搅拌：若将流入容器内的血液，迅速用木棒搅拌，由于血小板迅速破裂等原因，加快了纤维蛋白的形成，并使形成的纤维蛋白附着在木棒上。这种去掉纤维蛋白原的血液称作脱纤血，不再凝固。

此外，水蛭素具有抗凝血酶的作用。皮肤被水蛭叮咬时，常因有水蛭素的存在，出血不易凝固。

（2）加速凝血的方法

①血液加温能提高酶的活力，加速凝血反应。

②接触面粗糙，可促进凝血因子的活化，促使血小板解体释放凝血因子，最后形成凝血酶原激活物。

③一些凝血因子需要维生素 K 的参与下在肝脏内合成。因此，维生素 K 对出血性疾病具有加速血凝和止血的作用，是临床诊断上常用的止血剂。

四、心脏生理

（一）心动周期

心脏每收缩和舒张一次，称为一个心动周期。在一个心动周期中，首先是两心房同时收缩，接着心房舒张。心房开始舒张时，两心室几乎立即同时收缩。两心室收缩持续的时间要长于心房。继之，心室开始舒张，此时心房仍处于收缩后的舒张状态，即心房和心室共同舒张状态。至此一个心动周期完结，接着心房又开始收缩而进入下一个心动周期。这样，一个心动周期中可顺序出现 3 个时期：心房收缩期、心室收缩期和心房心室共同舒张期（间歇期）。

以健康成年猪为例，如果每分钟心脏平均搏动 75 次，即每分钟平均有 75 个心动周期，则每个心动周期持续时间为 0.8s。其中心房收缩期 0.1s，舒张期 0.7s；心室收缩期 0.3s，舒张期 0.5s。间歇期约 0.4s，占 50%。在心动周期中，由于心房和心室收缩期都比舒张期短，所以心肌在每次收缩之后能够有效地补充消耗和排除代谢产物。这是心肌所以能够不断活动而不发生疲劳的根本原因。心动周期中的间歇期占总时间的50%。这样就保证了心脏有充分的时间让静脉血回流和充盈心室，并使心肌本身能从冠状循环中得到足够的血液供应。由于心房的舒缩对射血意义不大，所以一般都以心室的舒缩为标志，把心室的收缩期称作心缩期，而把心室的舒张期称作心舒期。

心动周期的持续时间与心率关系密切，心率越快，心动周期越短，收缩期和舒张期均相应缩短，但舒张期缩短更显著。因此，当心率过快时，心脏工作时间延长，而休息及充盈的时间明显缩短，使心脏泵血功能减弱。

（二）心脏的泵血过程

1. 心房收缩期

此期正处于间歇期末，心室的压力低于心房的压力，房室瓣仍处于开放状态，所以心房收缩时，容积缩小，内压升高，血液便通过开放的房室瓣进入心室，使心室血液更充盈。

2. 心室收缩期

心房舒张后，心室开始收缩，室内压逐渐升高，当超过房内压时，房室瓣关闭，使血液不能逆流回心房。心室继续收缩，压力急剧上升，当超过外周动脉内压时，血液冲开动脉瓣，迅速射入主动脉和肺动脉内。

3. 间歇期

心室开始舒张，室内压急剧下降，而高压的动脉血流往回冲撞半月瓣而将其关闭，防止血液逆流回心室。而后心室内压继续下降至低于房内压时，房室瓣开放，吸引心房血液流入心室，为下一个心动周期做准备。

（三）心音

心动周期中，由于心肌收缩、瓣膜启闭，血流冲击心室壁和大动脉壁引起的振动所产生的声音称为心音。在胸壁的适当部位可以听到"通－嗒"两个声音，分别称作第一心音和第二心音，偶尔还能听到较弱的第三心音。

第一心音发生于心缩期，它标志着心室收缩开始。第一心音持续时间长、音调低，属浊音，在心尖搏动处听得最清楚。主要是由于心室收缩开始时，房室瓣突然关闭所引起的振动而引起；其次为心室肌收缩的振动及半月瓣突然开放时血液射入动脉的振动引起。第一心音的变化主要反应心肌收缩力量和房室瓣的机能状态，心室收缩力量越强，第一心音也越强。

第二心音发生于心舒期，它标志着心室舒张开始。第二心音持续时间较短，音调较高。它是由于主动脉瓣和肺动脉瓣迅速关闭，血流冲击大动脉根部及心室内壁振动而形成的。第二心音主要反映动脉血压的高低以及半月瓣的功能状态。

各种家畜心脏的位置一般都在第 3~6 肋之间，稍偏左侧，故听取心音时一般均站在动物的左侧来进行。

（四）心率

动物在安静状态下每分钟内心脏搏动的次数称为心跳频率，简称心率。动物的心率因种类、品种、年龄、性别以及其他生理情况不同而异。通常幼龄动物比成年动物心率快，雄性动物的比雌性动物的稍快，禽类比家畜的快。心率的快慢直接影响每个心动周期的时间，心率加快，每个心动周期持续的时间就被缩短，而且主要缩短的是间歇期。因此，过快的心率不利于心脏的舒缓休息。奶牛的心率为 60~80 次/min，羊的心率为 70~80 次/min。

（五）心输出量

1. 每搏输出量和每分输出量

一个心动周期中一侧心室射出的血量，称为每搏输出量。正常情况下，左、右心室的射血量是相等的。一侧心室每分钟射出的血量称为每分输出量，等于每搏输出量与心率的乘积。即：心输出量 = 每搏输出量 × 心率。

一般所说的心输出量即每分输出量，是评价心泵功能的一个重要指标。

正常情况下，每一心动周期中，心室收缩时并没有射出心室内的全部血量。生理学上将每搏输出量占心舒末期容积的百分比，称为射血分数。通常射血分数为 55%~65%，当加强收缩时，射血分数可达到 85% 以上。

2. 心力贮备

心输出量与机体所处状况、代谢水平相适应。剧烈运动时，心输出量较平静时可成倍增加，心输出量随机体需要而相应增大的能力，称为心力贮备。

心力贮备有两种表现形式，一是心率贮备，是指通过加快心率来增加每分输出量；二是搏出量贮备，是指通过加强心肌收缩来增加每搏输出量。当充分动用心率贮备和搏出量贮备时，每分输出量可达平静时的 5~6 倍。

3. 影响心输出量的主要因素

心输出量等于每搏输出量与心率的乘积。因此，其大小取决于心率和每搏输出量，而每搏输出量的大小主要受静脉回流量和心室肌收缩力的影响。

（1）静脉回流量静脉　回心血量越多，心脏在舒张期容积就越大，心肌受牵拉越大，则心室的收缩力量就越强，每搏输出量也就越多；相反，静脉回心血量越少，每搏输出量也就越少。也就是说在生理范围内，心脏能将回流的血液全部射出。心脏的这种调节不需要神经和体液的参与，属自身调节。

（2）心室肌的收缩力　在静脉回流量和心舒末期容积不变的情况下，心肌可以在神经调节和体液调节下，改变心肌的收缩力量。例如，动物在使役、运动和应激时，在交感 - 肾上腺素的调节下，心肌的收缩力量增强，使心舒末期的体积比正常时进一步缩小，减少心室的残余血量，从而使搏出量明显增加。

（3）心率　在一定范围内，心率与心输出量呈正比关系，即心输出量随心率加快而增大。但心率过快会使心动周期的时间缩短，特别是舒张期的时间缩短。这样就能造成心室还没有被血液完全充盈的情况下进行收缩，结果每搏输出量减少。此外，心率过快会使心脏过度消耗供能物质，从而使心肌收缩力降低。所以，动物心力衰竭时，尽管心率增快，但并不能增加心输出量而使循环功能好转。

（六）心肌的生理特性

心肌细胞按结构和功能，可分为普通心肌细胞和特殊分化的心肌细胞。普通心肌细胞又称为工作细胞，是构成心房和心室的细胞。这类心肌细胞富含肌原纤维，主要功能是收缩做功，提供心泵活动的动力。特殊分化的心肌细胞又称为自律细胞，包括 P 细胞和浦肯野细胞，P 细胞主要存在于窦房结中，是窦房结中产生自动节律性兴奋的细胞，故又称为起搏细胞；浦肯野细胞广泛存在于除窦房结和房室结以外的所有心传导系统中。自律细胞无收缩能力，但具有产生自动节律性兴奋的能力，并将兴奋进行传导。

心肌细胞的生理特性包括自律性、兴奋性、传导性和收缩性。正常生理状态下，自律性是自律细胞所特有的。而收缩性是工作细胞的生理特性。

1. 自律性

心肌自律细胞在无外来刺激的情况下，能自动发生节律性兴奋的特性，称为自动节律性，简称自律性。自律细胞均具有自律性，其中窦房结 P 细胞的自律性最高，以猪为例，每分钟可发生兴奋 70 次左右；其次为房室交界和房室束及其分支，每分钟 40 ~ 60 次；浦肯野纤维自律性最低，每分钟发生兴奋不足 20 次。由于窦房结自律性最高，它产生的节律性冲动按一定顺序传播，引起其他自律细胞以及心房、心室肌细胞的兴奋，产生与窦房结一致的节律性活动，因此窦房结是心脏的正常起搏点，其所形成的节律称作窦性节律。而其他自律细胞通常处于窦房结的控制之下而不表现其自身的自律性，故称为潜在起搏点。如果窦房结功能发生障碍，潜在起搏点则可取代窦房结的功能而表现自律性，以较低的频率引发心脏活动，其表现的心搏节律称为异位节律。

2. 传导性

传导性指心肌细胞的兴奋沿着细胞膜向外传播的特性。正常生理情况下，由窦房结发出的兴奋可以按一定途径传播到心脏各部，顺次引起整个心脏中的全部心肌细胞进入兴奋状态。

兴奋在心脏不同部位的传导速度各不相同，具有快—慢—快的特点。窦房结发出的兴奋经心房传导组织，迅速传给左、右心房，激发两心房同步收缩。继之，兴奋并以 1.7m/s 速度迅速通过窦房结之间的传导组织，传到房室交界。但是，兴奋通过房室交界的速度变慢，仅达 0.02m/s，兴奋在此被延搁约 0.1s，称为房－室延搁。这一延搁具有重要的生理意义，它可使兴奋到达心房和心室的时间前后分开，使心房收缩结束后才开始心室收缩，保证心室收缩之前充盈更多血液，以利泵血功能。随后，心室传导组织传导速度又变快，其中浦肯野纤维传导速度最快。这样，兴奋经房－室延搁后，迅速传到心室肌，使左、右心室同步收缩。

3. 兴奋性

心肌对适宜刺激发生反应的能力，称兴奋性。

（1）心肌兴奋时其周期性变化　当心肌发生一次兴奋后，其兴奋性也经历各个时期的变化之后，才恢复正常。

①绝对不应期和有效不应期：心肌在受到刺激而出现一次兴奋后，有一段时间兴奋性极度降低到零（从去极化开始到复极达 $-55mV$），无论给予多大的刺激，心肌细胞均不发生反应，这一段时间称为绝对不应期。绝对不应期过后有段时间（从 $-55mV$ 复极到 $-60mV$），给予强烈刺激可使膜发生局部兴奋，但不能爆发动作电位。从去极开始到复极达 $-60mV$ 这段时间内，给予刺激均不能产生动作电位，称为有效不应期。心肌细胞的绝对不应期比其他任何可兴奋细胞都长得多，对保证心肌细胞完成正常功能极其重要。

②相对不应期：在心肌开始舒张的一段时间内（相当于复极 $-60 \sim -80mV$），给予超过阈刺激的强刺激，可引起心肌细胞产生兴奋，称为相对不应期。此期心肌的兴奋性已逐渐恢复，但仍低于正常。

③超常期：在心肌舒张完毕之前的一段时间内（$-80 \sim -90mV$），给予较弱的阈下刺激，就可引起兴奋，此期称为超常期。超常期过后，心肌细胞的兴奋性恢复至正常水平。

（2）期前收缩和代偿性间歇　正常心脏是按窦房结的自动节律性进行活动的，窦房结产生的每次兴奋，都在前一次心肌收缩过程完成后才传到心房肌和心室肌。如果在心室的有效不应期之后，心肌受到人为的刺激或起自窦房结以外的病理性刺激时，心室可产生一次正常节律以外的收缩，称为期外收缩。由于期外收缩发生在下一次窦房结兴奋所产生的正常收缩之前，故又称为期前收缩。期前兴奋也有自己的有效不应期，当紧接在期前收缩后的一次窦房结的兴奋传到心室时，常正好落在期前兴奋的有效不应期内，因而不能引起心室兴奋和收缩，必须等到下一次窦房结的兴奋传来，才能发生收缩。所以在一次期前收缩之后，往往有一段较长的心脏舒张期，称为代偿间歇。代偿间歇后的收缩往往比正常收缩强而有力。

4. 收缩性

心肌的收缩性是指心房和心室工作细胞具有接受阈刺激产生收缩反应的能力。正常情况下它们仅接收来自窦房结的节律性兴奋的刺激。心肌细胞的收缩性具有同步收缩和不发生强直收缩的特点。

（1）同步收缩　兴奋在心房或心室内传导很快，几乎同时到达所有的心房肌或心室肌，从而引起全心房肌或全心室肌同时收缩，称为同步收缩。同步收缩效果好，力量大，有利于心脏射血。

（2）不发生强直收缩　心肌一次兴奋后，其有效不应期长，相当于整个收缩期和舒张早期。在此时期内，任何刺激都不能使心肌再发生兴奋而收缩。因此，心肌不会发生如骨骼肌那样发生强直收缩，能始终保持收缩后必有舒张的节律性活动，从而保证心脏的射血和充盈的正常进行。

五、血管生理

（一）动脉血压

1. 动脉血压的形成

（1）血压的形成　血压是指血管内的血液对于单位血管壁的侧压力，也即压强。

血管内有血液充盈是形成血压的基础。血液充盈的程度决定于血量与血管系统容量之间的相互关系：血量增多、血管容量减少，则充盈程度升高；反之，血量减少、血管容量增大，则充盈程度下降。

心脏射血是形成血压的动力。心室收缩所释放的能量，可分解为两部分：一部分以动能形式推动血液流动；另一部分以势能形式作用于动脉管壁，使其扩张。当心动周期进入舒张期，心脏停止射血时，动脉管壁弹性回缩，将储存于管壁的势能释放出来，转变为动能，继续推动血液向外周流动。

外周阻力是形成血压的重要因素。如果仅有心室收缩作功，而不存在外周阻力的话，那么心室收缩的能量将全部表现为动能，射出的血液，毫无阻碍地流向外周，对血管壁不能形成侧压力。

可见，除了必须有血液充盈血管之外，血压的形成是心室收缩和外周阻力两者相互作用的结果。

由于血液从大动脉流向外周并最后流回心房，沿途不断克服阻力而大量消耗能量，所以从大动脉、小动脉至毛细血管、静脉，血压递降，直至能量耗尽，以至当血液返回接近右心房的大静脉时，血压可降至零，甚至还是负值，即低于大气压。

（2）动脉血压的形成　通常所说的血压，就是指体循环系统中的动脉血压，它是决定其他各类血管血压的主要动力。在每次心动周期中，动脉血压随着心室的舒缩活动而发生明显波动。

在心室收缩期，动脉血压升高，其最高值，称为收缩压。在心室舒张期末，动脉血压降至最低值，称为舒张压。收缩压与舒张压的差值，称为脉压。在一定程度上，脉压可以反映动脉管壁的弹性。在一个心动周期中每一瞬间动脉血压都是变动的，其平均值称为平均动脉压，简称平均压。由于在一个心动周期中，心缩期往往短于心舒期，因此，平均压不等于收缩压与舒张压的简单平均值。平均压通常可按下式计算：

$$平均动脉压 = 舒张压 + 1/3（收缩压-舒张压）$$

即：$$平均动脉压 = 舒张压 + 1/3 脉压$$

2. 影响动脉血压的因素

影响动脉血压的主要因素有每搏输出量、外周阻力、大动脉管壁弹性及循环血量等。

（1）每搏输出量　在心率和外周阻力恒定的条件下，每搏输出量增加可使动脉内容量加大，收缩压升高。与此同时，弹性管壁的扩张使舒张压也有所增大，但由于收缩压升高时血液流速加快，因此，舒张压升高不如收缩压升高那样明显。

当心率加快时，由于心舒期缩短，回心血量减少，使每搏输出量相应减少，如外周阻力不变，则使收缩压降低。

（2）外周阻力　外周阻力增加时，动脉血流向外周的阻力加大，使心舒期之末动脉内血量增加，因此，舒张压明显升高。同样，外周阻力降低时，舒张压也明显下降。

血液黏滞度是构成外周阻力的因素之一。当黏滞度增加（如动物脱水、大量出汗）时，血液密度加大，与血管壁之间以及血液成分之间的相互摩擦阻力也加大，这些因素都使血流的外周阻力加大。在其他条件恒定时，外周阻力加大，可使动脉血压升高。

（3）大动脉管壁弹性　大动脉管壁弹性扩张主要是起缓冲血压的作用，使收缩压降低，舒张压升高，脉搏压减少。反之，当大动脉硬化，弹性降低，缓冲能力减弱时，则收缩压升高而舒张压降低，使脉搏压加大。

（4）循环血量　循环血量增加可使血压升高，但主要使射血量增加，所以当其他因素不变时，也是以收缩压升高为显著。

在分析各种因素对血压影响时，都是在假定其他因素不变的情况下，某单个因素变化时对血压变化可能产生的影响。在整体情况下，只要有一个因素发生变化就会影响其他因素的变化，因此，血压的变化是各个因素相互作用的结果。在各种因素中，每搏输出量和外周阻力是影响血压变化最经常、最主要的因素。

（二）动脉脉搏

心室收缩时，血液射向主动脉，使主动脉内压在短时间内迅速升高，富有弹性的主动脉管壁向外扩张。心室舒张时，主动脉内压下降，血管壁又发生弹性回缩而恢复原状。因此，心室的节律性收缩和舒张使主动脉壁发生同样节律扩张和回缩的振动。这种振动沿着动脉管壁以弹性压力波的形式传播，形成动脉脉搏。通常临床上所说的脉搏就是指动脉脉搏。

由于脉搏是心搏动和动脉管壁的弹性所产生，它不但能够直接反映心率和心动周期的节律，而且能够在一定程度上通过脉搏的速度、幅度、硬度、频率等特性反映整个循环系统的功能状态，所以检查动脉脉搏有很重要的临床意义。牛检查脉搏的部位通常在尾中动脉，而羊通常在股动脉。

（三）静脉血压与静脉回流

1. 静脉血压

静脉血压是指静脉内血液对血管壁产生的侧压力。当循环血液流过毛细血管时，需消耗更多的能量克服外周阻力，因此到达微静脉部位的血流对管壁产生的侧压力已经很小，血压下降至 2.0～2.7kPa。由于静脉管壁薄、易扩张、容量大，较小的压力变化就能引起较大的容量改变，所以与动脉相比，在整个静脉系统中血压变化的梯度也很小。右心房作为体循环的终点，血压最低，接近于零。通常把右心房或胸腔内大静脉的血压称为中心静脉压，而把各器官静脉的血压称为外周静脉压。

中心静脉压的高低取决于心脏射血能力和静脉回心血量之间的相互关系。如果心脏机能良好，能将回心的血液及时地射入动脉，则中心静脉压较低；反之，心脏射血机能减弱时，血液淤积于右心房和腔静脉中，致使中心静脉压升高。另一方面，如果回心血量增加或静脉回液速度加快，也会使胸腔大静脉和右心房血液充盈量增加，中心静脉压升高。因此，在血量增加，全身静脉收缩，或因微动脉舒张而使外周静脉压升高等情况下，中心静脉压都可能升高。可见，中心静脉压是反映心血管功能的又一指标，有重要的临床意义。中心静脉压过低，常表示血量不足或静脉回流受阻。在治疗休克时，可通过观察中心静脉压的变化来指导输液。如果中心静脉低于正常值下限或有下降趋势时，提示循环血量不足，可增加输液量；如果中心静脉压高于正常值上限或有上升趋势时，提示输液过快或心脏射血功能不全，应减慢输液速度和适当使用增强心脏收缩力的药物。

2. 静脉回流

单位时间内由静脉回流心脏的血量等于心输出量。静脉对血流阻力很小，由微静脉回流至右心房的过程中，血压仅下降约2.0kPa。动物躺卧时，全身各大静脉均与心脏处于同一水平，靠静脉系统中各段压差就可以推动血液流回心脏。但在站立时，因受重力影响血液将积滞在心脏水平以下的腹腔和四肢的末梢静脉中，这时需借助外在因素的作用促使其回流。主要的外在因素有骨骼肌的挤压作用和胸腔负压的抽吸作用。

（1）骨骼肌的挤压作用　骨骼肌收缩时，对附近静脉起挤压作用，推动其中的血液推开静脉管壁上的静脉瓣，朝心脏方向流动。静脉瓣游离缘只朝心脏方向开放，因此，肌肉舒张时静脉血不至于倒流。

（2）胸腔负压的抽吸作用　呼吸运动时胸腔内压产生的负压变化，也是促进静脉回流的另一个重要因素。胸腔内的压力是负压（低于大气压），吸气时更低，所以吸气时产生的负压可牵引胸腔内柔软而薄的大静脉管壁，使其被动扩张，静脉容积增大，内压下降，因而对静脉血回流起抽吸作用。此外，心舒期心房和心室内产生的较小负压，对静脉回流也有一定的抽吸作用。

（四）微循环

血液循环的主要功能是完成体内的物质运输，实现血液与组织细胞间的物质交换。血液与组织间的物质交换是在微动脉与微静脉之间的毛细血管网实现的，因此将微动脉和微静脉之间的血液循环称为微循环。

1. 微循环的组成及血流通路

典型的微循环是由微动脉、后微动脉、毛细血管前括约肌、真毛细血管、通血毛细血管、动-静脉吻合支和微静脉等部分组成（图2-69）。

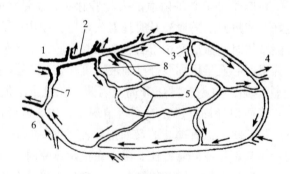

图2-69　微循环模式

1—小动脉　2—中间小动脉　3—前毛细血管　4—直捷通路
5—真毛细血管　6—小静脉　7—动静脉短路　8—前括约肌

在微循环系统中，血液由微动脉到微静脉之间有 3 条不同的路径：

（1）直捷通路　血液经微动脉、后微动脉、通血毛细血管流入微静脉。此路径流程短，血流快，并经常处于开放状态，物质交换功能较小。主要功能是促使血液迅速通过微循环，以免全部滞留于毛细血管网中，影响回心血量。

（2）营养通路　又称为迂回通路，血液经微动脉、后微动脉、真毛细血管网流入微静脉。真毛细血管管壁薄，途径长，血流速度慢，通透性好，有利于物质交换，是血液与组织细胞进行物质交换的主要场所。

（3）动－静脉短路　血液经微动脉、动静脉吻合支流入微静脉。此通路管壁较厚，途径最短，血流速度快，但经常处于关闭状态。它基本无物质交换作用，但对体温调节有一定的作用。

2. 毛细血管的通透性

毛细血管壁由单层内皮细胞构成，外面由基膜包围，总厚度约为 $0.5\mu m$，位于细胞核的部位稍厚。内皮细胞之间相互连接处存在细微的裂隙，为沟通毛细血管内外的孔道。不同组织中毛细血管壁的通透性是不同的。例如，肝、脾和骨髓等处的毛细血管壁其裂隙较大，为不连续或窦性毛细血管，细胞、大分子及颗粒物质可通过其管壁。分布于皮肤、脂肪、肌肉组织、胎盘、肺及中枢神经系统等处的毛细血管，其内皮和基膜较完整，细胞之间连接紧密，为连续性毛细血管，水和脂溶性分子可直接通过内皮细胞，许多离子和非脂溶性小分子则必须由特异的载体转运。分布于肾、胃肠黏膜、胰腺、唾液腺、肠绒毛、胆囊、脉络等处的毛细血管，其内皮较薄，并有许多窗孔，为窗性毛细血管，不仅可让液体经黏合质间隙弥散，而且可通过窗孔大量转运。某些因素可改变毛细血管的通透性。例如，侵入体内的一些细菌毒素、昆虫毒和蛇毒等，可使毛细血管壁的孔隙增大，通透性增加；维生素 C 缺乏可引起内皮细胞间黏合质缺乏，毛细血管的通透性增加。

（五）组织液和淋巴液

组织液分布在细胞的间隙内，是血液与组织细胞间物质交换的媒介。体内绝大部分组织液呈胶冻状，不能自由流动，它构成了组织细胞与血液之间进行物质交换的必需环境。

1. 组织液的生成与回流

组织液是血浆通过毛细血管管壁滤出而形成的。组织液形成后又被毛细血管壁重吸收回到血液中去，以保持组织液量的动态平衡（图 2 - 70）。毛细血管管壁薄，有较强的通透性，故除血细胞和大分子物质（如高分子蛋白质）外，水和其他小分子物质，如营养物质、代谢产物、无机盐等，都可以透过毛细血管壁。因此，组织液中各种离子成分与血浆相同，但蛋白质浓度明显低于血浆。

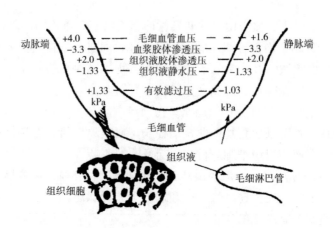

动脉端 +4.0 —— 毛细血管血压 —— +1.6 静脉端
-3.3 —— 血浆胶体渗透压 —— -3.3
+2.0 —— 组织液胶体渗透压 —— +2.0
-1.33 —— 组织液静水压 —— -1.33
+1.33 —— 有效滤过压 —— -1.03
kPa   kPa

毛细血管

组织液

组织细胞   毛细淋巴管

图 2-70　组织液生成与回流示意图

组织液的生成和重吸收，决定于以下 4 种因素：①毛细血管血压；②血浆胶体渗透压（简称血浆胶压）；③组织静水压；④组织液胶体渗透压（简称组织液胶压）。其中，因素①和因素④是促使液体由毛细血管内向血管外滤过的力量，而因素②和因素③是将液体从血管外重吸收入毛细血管内的力量。滤过因素与重吸收因素之差称为有效滤过压。可用公式表示为：

生成组织液的有效滤过压 =（毛细血管血压 + 组织液胶压）-（组织静水压 + 血浆胶压）

如果有效滤过压为正值，则血浆中的液体由毛细血管滤出，形成组织液；如果为负值，则组织液回流入血液。一般在毛细血管动脉端生成组织液，在静脉端大部分组织液回流入血液，部分组织液通过淋巴回流。

2. 影响组织液生成的因素

正常情况下，组织液生成和重吸收，保持着动态平衡，使血容量和组织液量能维持相对稳定。一旦与有效滤过压有关的因素改变和毛细血管通透性发生变化，将直接影响组织液的生成。

（1）毛细血管压　凡能使毛细血管血压升高的因素都可促进组织液的生成。例如肌肉运动及局部炎症时，可使组织液生成增加。

（2）血浆胶体渗透压　当血浆蛋白生成减少（如慢性消耗疾病、肝病等）或蛋白排出增加（如肾病）时，均可导致血浆蛋白减少，使血浆胶压下降，从而使组织液生成增加，甚至发生水肿。

（3）淋巴回流　由于一部分组织液经由淋巴管系统流回血液。当淋巴回流受阻（丝虫病、肿瘤压迫等）时，可导致局部水肿。

（4）毛细血管通透性　如出现烧伤、过敏反应时，可使毛细血管通透性增大，血浆蛋白可能漏出，使血浆胶压下降，组织液胶压上升，有效滤过压加大。

3. 淋巴回流

生成的组织液约90%在毛细血管静脉端回流入血，其余10%则进入毛细淋巴管，即成为淋巴液。

毛细淋巴管逐级汇集成小淋巴管和大淋巴管，在大、小淋巴管中都有瓣膜。瓣膜的作用是控制淋巴液作单向流动，即只能由外周向心脏方向流动。此外，骨骼肌收缩活动、邻近动脉的搏动等，均可推动淋巴液回流。

淋巴液回流具有重要的生理意义。首先，可以回收蛋白，因为血浆蛋白经毛细血管内皮细胞的"胞吐"作用转运到组织液后，不能由毛细血管壁重吸收，但能较容易地进入淋巴系统，回流血液。其次，淋巴液回流可以协助消化管吸收营养物，如大部分脂类就是经过淋巴途径吸收的。此外，淋巴回流对调节体液平衡、清除组织中的异物等方面，也有重要的作用。

六、心血管活动的调节

（一）神经调节

1. 调节心血管活动的神经中枢

心血管系统的活动受到调节中枢的控制。心血管调节中枢是指参与心血管反射调节活动、分布广泛（由脊髓到皮层）、作用遍及全身的中枢整合系统。

（1）基本中枢　心血管调节的基本中枢在延髓，来维持正常血压水平和心血管反射活动。其中包括缩血管中枢、心加速中枢和心抑制中枢三个区域。当缩血管中枢、心加速中枢兴奋时，心搏动加速、血管收缩和血压升高。当心抑制中枢兴奋时，心搏动减慢、血管收缩活动降低、血压下降。正常情况下，缩血管中枢和心抑制中枢有很明显的紧张性活动，使机体全身血管保持一定程度的收缩状态，使心脏的活动速度及强度保持相对低的水平。心加速中枢很少出现紧张性活动，它们只是在特殊条件下才表现出明显的效应。

（2）高级中枢　分布在延髓以上的脑干部分以及大脑和小脑中，它们表现为心血管活动和机体其他功能之间更复杂更高级的整合。

2. 心脏和血管的神经支配

（1）支配心脏的神经　受到交感神经和副交感神经的双重支配。心交感节后神经元末梢释放的递质为去甲肾上腺素，能与心肌细胞膜上的 β 型肾上腺素受体结合，可导致心率加快，房室交界的传导加快，心房肌和心室肌的收缩能力加强。

支配心脏的副交感神经是迷走神经的心脏支。心迷走神经节后神经末梢释放的递质乙酰胆碱作用于心肌细胞的 M 型胆碱能受体，可导致心率减慢，心房肌收缩能力减弱，心房肌不应期短，房室传导速度减慢。刺激迷走神经时，也能使心室肌的收缩减弱，但其效应不如心房肌明显。

（2）支配血管的神经　除真毛细血管外，血管壁都有平滑肌分布。绝大多数血管平滑肌都受植物性神经支配，能引起血管收缩和舒张的神经纤维，分别是缩血管神经纤维和舒血管神经纤维。

除脑血管和心脏的冠状血管外，其余血管均受缩血管纤维支配。缩血管纤维来源于交感神经，其节后纤维末梢释放去甲肾上腺素，作用于血管平滑肌 α 型受体，引起缩血管作用。

舒血管纤维主要有交感舒血管纤维和副交感舒血管纤维。交感舒血管纤维仅支配骨骼肌血管，其末梢释放乙酰胆碱，通过平滑肌 M 受体引起血管舒张。副交感神经舒血管纤维分别来源于面神经、迷走神经和盆神经，末梢递质也是乙酰胆碱，使其支配的各器官血管舒张。

3. 心血管反射

神经系统对心血管活动的调节，是通过各种心血管反射活动实现的。心血管系统本身存在压力和化学感受器，当机体处于不同生理状态如运动、姿势变换、应激等状况下，可引起心血管反射，使心输出量、各器官血管的收缩状况、动脉血压等发生相应的改变，以使循环功能与当时机体所处的状态或环境相适应。

（1）压力感受性反射　在颈动脉窦和主动脉弓处的管壁内有许多感受器，能感受到血管壁的机械牵张刺激，称为压力感受器或牵张感受器。当动脉血压升高时，动脉管壁被牵张，压力感受器传入的冲动增多，通过中枢机制，使迷走紧张加强，而心交感紧张和交感缩血管紧张减弱，其效应为心率减慢，心输出量减少，外周血管阻力降低，故动脉血压下降。反之，当动脉血压降低时，则引起相反的效应，使血压回升。

（2）化学感受性反射　在颈动脉窦和主动脉弓附近存在化学感受器，分别称颈动脉体和主动脉体。它们能感受到血液中氧和二氧化碳浓度的变化。当血液中氢离子的浓度过高、二氧化碳分压过高、氧分压过低时，刺激化学感受器，冲动经传入神经传至延髓心血管中枢，使升压区兴奋，产生升压效应。正常情况下，化学感受器对日常血压调节不起重要作用，仅在低氧、窒息和酸中毒时才起调节作用。

另外，机体许多感受器的传入冲动，都可以反射性地影响心血管活动。例如：疼痛刺激能反射性引起心率加快、血管收缩、使血压上升；寒冷刺激反射性地使皮下血管收缩；运动时肌肉和关节等处的本体感受器传入冲动，也可使心率加快，内脏血管收缩，血压升高。

（二）体液调节

血液和组织中含有一些化学物质对心和血管活动进行调节称为体液调节。这些化学物质有的是内分泌腺分泌的激素，通过血液循环运送到机体各部发挥作用。有的是在组织中形成的，只对局部器官或组织起调节作用。

1. 肾上腺素和去甲肾上腺素

血液中的肾上腺素和去甲肾上腺素主要是由肾上腺髓质分泌，少量由交感神经末梢所释放。肾上腺素作用于心肌的 β 受体，使心肌活动增强和心输出量增加。作用于平滑肌的 α 受体和 β 受体，使皮肤、内脏等血管收缩，心脏和骨骼肌中的血管舒张，结果使平均动脉血压升高、骨骼肌血流量增加、皮肤和腹腔器官的血流量减少。去甲肾上腺素主要作用于血管平滑肌的 α 受体，引起血管平滑肌收缩，外周阻力增大和血压上升。

2. 肾素－血管紧张素

当肾血流量减少时，会引起肾小球旁器分泌一种酸性蛋白酶，称为肾素。肾素进入血液，与其他相应酶共同作用下，可将血浆内无活性的血管紧张素原相继转变为有活性的血管紧张素 I 、II 及 III。血管紧张素 I 能刺激肾上腺髓质释放肾上腺素和去甲肾上腺素，两者共同作用于心脏和血管，使血压上升；血管紧张素 II 有极强的缩血管作用，约为去甲肾上腺素的 40 倍，它还能加强心肌的收缩力、增强外周阻力、升高血压；血管紧张素 III 能刺激肾上腺皮质分泌醛固酮，醛固酮可刺激肾小管对钠的重吸收，增加体液总量，也会使血压上升。

正常生理状况下，血管紧张素对血压的调节没有明显作用，但在失水、失血等情况下，肾素－血管紧张素的活动加强，但与肾上腺素、去甲肾上腺素相比，产生效果慢、但持续时间长。

除以上物质外，加压素、组织胺、激肽、前列腺素等，也会对心血管活动发挥调节作用。

实操训练

实训十 心脏形态构造的识别

（一）目的要求

认识心脏的形态构造。

（二）材料设备

牛心脏的新鲜标本及模型、解剖器械。

（三）方法步骤

（1）观察心包，注意心包的壁层和紧贴心脏的心外膜之间构成心包腔，腔内有少量滑液。

（2）剥去心包，观察心脏的外形、冠状沟、室间沟、心房、心室及连接在心脏上的各类血管。

（3）切开右心房和右心室、右房室口。观察右心房和前、后腔静脉入口，心房肌的厚度；观察右心室和肺动脉口的瓣膜，右心室的厚度、乳头肌、腱索；观察右房室瓣。

（4）切开左心室、左心房和左房室口。观察左心室壁厚度并和右心室壁作比较；观察左房室口的瓣膜，并和右房室瓣作比较；观察左心房，找到肺静脉的入口；观察主动脉瓣的结构。

（四）技能考核

在牛的心脏新鲜标本上或模型上识别心基、心尖、冠状沟、心房、心室、房室瓣、动脉瓣和进出心脏的血管。

实训十一　牛（羊）心脏体表投影位置与静脉注射、脉搏检查部位的识别

（一）目的要求

能准确地在活体上找到牛心脏的体表投影位置和静脉注射、脉搏检查部位，并正确地听诊心音、检查脉搏及静脉注射。

（二）材料设备

牛（羊）、保定设备、采血针头、听诊器。

（三）方法步骤

（1）将动物驻立保定，羊可取右侧卧姿势进行保定。

（2）心脏体表投影的确定并听诊心音　左侧肩关节水平线下，第 3 ~ 6 肋

间的肘窝处为心脏的体表投影位置。学生站在动物的左侧，右手放在动物的肩部作为支点，左手持听诊器，将听诊器听筒紧贴在心区进行听诊，并分辨第一心音和第二心音。

（3）静脉注射与采血部位的确定　牛、羊多在颈静脉实施。局部剪毛、消毒，左手拇指压迫颈静脉的下方，使颈静脉怒张；明确刺入部位，右手持针头瞄准该部位后，以腕力使针头近似垂直地迅速刺入皮肤及血管，见有血液流出后，将针头顺入血管 1~2cm，接连续注射器或输液管，即可注入药液。

（4）脉搏的检查　牛以尾中动脉检查脉搏。学生站在牛的正后方，左手将牛尾略提起，右手的食指和中指伸入尾的腹部，拇指放在尾的背部，轻压腹面正中的尾动脉，检查脉搏。

羊检查脉搏部位以股动脉为最好。学生蹲在羊的后方，一只手握住其后肢，另一只手伸入股内侧，可摸到股动脉进行检查。

（四）技能考核

在牛（羊）活体上，指出心脏的体表投影、静脉注射和检查脉搏的部位，并听诊心音及检查脉搏。

项目思考

1. 简述牛心脏的位置和形态结构。
2. 简述心腔的结构。
3. 血管的种类及构造特点。
4. 红细胞与各类白细胞具有哪些生理功能？
5. 简述血凝过程及临床常用加速和延缓血凝的方法。
6. 分析心脏不疲劳的原因。
7. 简述第一心音和第二心音是如何产生的。
8. 什么是心输出量，其影响因素有哪些？
9. 心肌的生理特性有哪些？心肌在传导与收缩过程中有哪些特性？
10. 血压是怎样产生的？其影响因素有哪些？
11. 机体微循环的路径有哪些？各自的作用是什么？
12. 组织液是如何产生的？哪些因素影响组织液的生成？

项目六　泌尿系统

1. 明确泌尿系统的组成。
2. 了解肾的一般结构。
3. 掌握牛肾的位置、形态及构造特点。
4. 掌握膀胱的位置及结构。
5. 掌握尿生成过程及影响尿生成的因素。

技能目标

1. 能在标本或模型上识别牛肾的构造特点。
2. 能准确找到牛肾脏的体表投影。
3. 能在显微镜下识别肾的组织构造。

案例导入

　　某养殖户所养的一头奶牛出现排尿疼痛的症状，病牛表现摇尾不安、后肢踢腹、时作排尿姿势、尿呈淋漓滴状；在剧烈运动后、又出现血尿、病畜步样紧张。尿道外部触诊表现疼痛，且阴毛末端附着有微细的白色 - 灰白色颗粒状结石。

　　此奶牛患有什么病？

必备知识

　　泌尿系统是由肾、输尿管、膀胱和尿道组成。肾是生成尿的器官。输尿管为输送尿至膀胱的管道。膀胱为暂时贮存尿液的器官。尿道是排出尿液的管道。机体在新陈代谢过程中产生许多代谢产物,如尿素、尿酸和多余的水分及无机盐类等,由血液带到肾,在肾内形成尿液,经排尿管排出体外。肾除了排泄功能外,在维持机体代谢、渗透压和酸碱平衡方面也起着重要作用。此外,肾还具有内分泌功能,能产生多种生物活性物质如肾素、前列腺素等,对机体的某些功能起调节作用。

一、泌尿系统大体解剖构造

(一)肾

1. 肾的一般结构

肾是成对的实质性器官,左、右各一。营养良好的家畜肾周围包有脂肪,称为肾脂肪囊。肾的表面包有由致密结缔组织构成的纤维膜,称为被膜。被膜在正常情况下容易被剥离。肾的内侧缘中部凹陷称为肾门,是肾的血管、淋巴管、神经和输尿管出入的地方。肾门向肾深部扩大形成的腔隙为肾窦,窦内含有肾盏、肾盂、血管及输尿管的起始部。

肾的实质由若干个肾叶组成,每个肾叶分为浅部的皮质和深部的髓质。皮质富有血管,新鲜标本呈红褐色并可见许多细小红点状颗粒,为肾小体。髓质位于皮质的深部,淡红色,是由许多呈圆锥形的肾锥体构成。肾锥体的锥底朝向皮质并与皮质相连;锥尖朝向肾窦,呈乳头状,称为肾乳头。肾乳头突入肾窦内,与肾盏或肾盂相对。肾皮质与肾髓质互相穿插,皮质伸入肾锥体之间的部分称为肾柱,髓质伸入皮质的部分称为髓放线。髓放线之间的皮质称为皮质迷路。肾小体位于皮质迷路内。

2. 肾的类型

各种家畜由于肾叶连合的程度不同,其外形和内部构造也不同,可分为以下3种类型。

(1)表面有沟多乳头肾 此类型肾仅肾叶的中间部合并,而皮质部和肾乳头仍彼此分开,因此,肾的表面具有许多较深的叶间沟。而肾脏的剖面上可见各个独立的肾乳头。

(2)表面光滑的单乳头肾 肾叶的皮质部完全合并,而髓质和肾乳头则是分开的。因此,肾的表面是光滑的,而肾脏剖面可见独立的肾乳头。

(3)表面光滑的多乳头肾 肾叶的皮质部和髓质部都完全合并,肾乳头也连成一片,合并成一个肾嵴或肾总乳头。

3. 牛、羊肾的位置、形态及构造特点

牛肾的肾表面有沟,内部有分离的乳头,属有沟多乳头肾(图2-71)。右

肾呈上下稍扁的长椭圆形，位于第12肋间隙至第2~3腰椎横突的腹侧。左肾呈厚三棱形，前端较小，后端大而钝圆，位于第2~5腰椎横突的腹面，因其有较长的系膜，位置不固定，往往随瘤胃充满程度的不同而左右移动。牛肾肾叶明显，髓质内肾锥体明显，肾乳头与肾盏相对，无肾盂。肾盏汇合成两条集收管（肾大盏），后接输尿管。

羊肾属平滑单乳头肾。两肾均呈豆形，右肾位于最后肋骨至第2腰椎下，左肾在瘤胃背囊的后方，第4~5腰椎下。

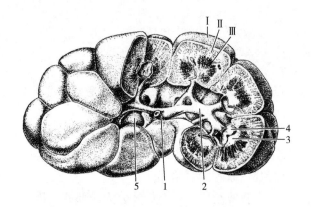

图2-71　牛右肾的构造（部分切开）

Ⅰ—纤维囊　Ⅱ—皮质　Ⅲ—髓质

1—输尿管　2—集收管　3—肾乳头　4—肾小盏　5—肾窦

（二）输尿管

输送尿液至膀胱的一条肌性管道。牛的输尿管起于集收管，出肾门后，沿腹腔顶壁向后伸延进入骨盆腔，斜穿入膀胱颈背侧壁，并在膀胱内延伸数厘米，可以阻止尿液倒流。

输尿管管壁由黏膜、肌层和外膜构成。黏膜有纵行皱褶。黏膜上皮为变移上皮。肌层较发达，由平滑肌构成，可分为内纵行、中环行和薄而分散的外纵行肌层。外膜大部分为浆膜。

（三）膀胱

膀胱是暂时贮存尿液的囊状器官，呈梨形。前端钝圆称膀胱顶，中部膨大为膀胱体，后端狭窄为膀胱颈。膀胱空虚时，约拳头大，位于骨盆腔内；充满时，其前端可突入腹腔内。公畜膀胱的背侧与直肠、尿生殖褶、输精管末端、精囊腺和前列腺相接。母畜膀胱的背侧与子宫及阴道相接。

膀胱壁由黏膜、肌层和浆膜构成。黏膜上皮为变移上皮，空虚时有许多皱褶。膀胱肌层为平滑肌，较厚，一般可分为内纵肌、中环肌和外纵肌，以中环肌最厚。在膀胱颈部环肌层形成膀胱括约肌。膀胱外膜随部位不同而异，膀胱顶部和体部为浆膜，颈部为结缔组织外膜。

（四）尿道

尿道是排尿的通道，以尿道内口接膀胱颈、尿道外口通体外。公畜的尿道除有排尿功能外，还有排精的功能，故又称为尿生殖道，开口于阴茎头的尿道外口。其一部分位于骨盆腔内，称为骨盆部；另一部分经坐骨弓转到阴茎的腹侧，称为阴茎部。母畜的尿道开口于尿道前庭腹侧壁的前部、阴瓣的后方，在开口处的腹侧面有一凹陷，称尿道憩室。导尿时切忌将导尿管误插入尿道憩室。

二、泌尿系统显微解剖构造

（一）肾组织学构造

肾的组织学构造是由被膜和实质两部分所构成。

被膜是包在肾外面的结缔组织膜，分内、外两层：外层为含有胶原纤维和弹性纤维的致密层；内层由疏松结缔组织构成，其中含有网状纤维和数量不同的平滑肌纤维。

肾的实质可分为外周的皮质部和深部的髓质部。髓质由许多直行的小管组成，呈条纹状结构，并延伸到皮质称髓放线。两条髓放线之间的皮质称皮质迷路。每个髓放线及其周围的皮质迷路构成肾小叶，小叶间有小叶间动脉和静脉。

肾的实质主要是由许多泌尿小管和少量的间质组成。泌尿小管包括肾单位和集合管系。

1. 肾单位

肾单位是肾的结构和功能单位，由肾小体和肾小管组成（图2－72）。根据肾小体在皮质中分布的部位，可将肾单位分为皮质肾单位和髓旁肾单位。皮质肾单位又称浅表肾单位，其肾小体分布在皮质的浅层，数量较多。髓旁肾单位的肾小体位于皮质深部近髓质处，其肾小体体积较大。

（1）肾小体　肾小体是肾单位的起始部，位于皮质迷路内，呈球形，由血管球和肾小囊两部分组成（图2－73）。肾小体的一侧有血管极，是血管球的血管出入处；血管极的对侧称作尿极，是肾小囊延接近端小管处。

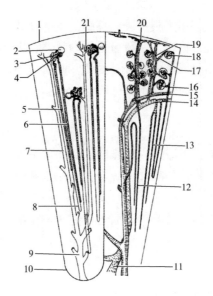

图2-72　肾结构示意图

1—被膜　2—肾小囊　3—近曲小管　4—远曲小管　5—近端小管直部　6—远端小管直部

7—集合小管　8—细段　9—乳头管　10—肾乳头　11—叶间静脉　12—直小动脉

13—直小静脉　14—弓形静脉　15—弓形动脉　16—出球小动脉　17—入球小动脉

18—血管球　19—小叶间动脉　20—被膜下血管丛　21—集合小管

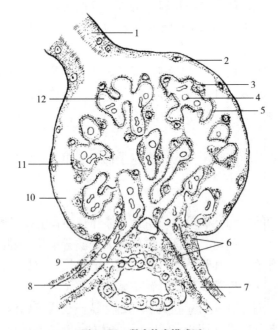

图2-73　肾小体半模式图

1—近端小管起始部　2—肾小囊外层　3—肾小囊内层　4—毛细血管内的红细胞　5—基膜

6—肾小球旁细胞　7—入球微动脉　8—出球微动脉　9—远端小管上的致密斑

10—肾小囊腔　11—毛细血管内皮　12—血管球毛细血管

①血管球：是一团盘曲的毛细血管，位于肾小囊内。入球小动脉由血管极进入肾小体，分成数小支，每个小支再分成许多相互吻合的毛细血管袢。这些毛细血管袢又逐步汇合成一支出球小动脉，从血管极离开肾小体。入球小动脉较粗，出球小动脉较细，从而使血管球内保持较高的血压。同时，血管球毛细血管属有孔型，孔上无隔膜封闭，易于水和小分子物质通过而滤出到肾小囊内，形成原尿。

②肾小囊：是肾小管起始端膨大凹陷形成的双层杯状囊，囊内有血管球。囊壁分壁层和脏层，两层间有一狭窄的腔隙称肾小囊腔，与肾小管直接连通。肾小囊腔内容纳血管球滤出的原尿。

囊腔壁层的细胞为单层扁平上皮，在血管极处折转为囊腔脏层。脏层的细胞为多突起的细胞，称足细胞。足细胞与血管球毛细血管内皮细胞下的基膜紧贴。在电镜下，可见足细胞伸出几个大的初级突起，每个初级突起又垂直分出许多指状的次级突起。突起间的间隙称为裂孔，裂孔上覆盖有裂孔膜。足细胞紧贴在肾小球毛细血管外面，是重要的过滤装置，通过足细胞次级突起的胀大或收缩，调节裂孔的大小，从而影响其通透性。

毛细血管内的物质渗入肾小囊的囊腔时，必须通过毛细血管的有孔内皮细胞、基膜和裂孔膜3层结构，这3层结构统称为肾小体滤过膜或滤过屏障。

（2）肾小管 肾小管是由单层上皮围成的细长而弯曲的小管，起始于肾小囊，顺次为近曲小管、髓袢和远曲小管，主要具有重吸收和排泄作用。

①近曲小管：肾小管中长而弯曲的部分，位于肾小体附近。近曲小管上皮细胞锥状，上皮细胞的游离缘有密集的微绒毛，称刷状缘。刷状缘增加了近曲小管的重吸收能力，当原尿流经近曲小管后，几乎所有葡萄糖、氨基酸、蛋白质和85%以上的水、无机盐等均在此处被重吸收，近曲小管的重吸收功能很强大。

②髓袢：是从皮质进入髓质，又从髓质返回皮质的"U"形小管，前接近曲小管，后接远曲小管。髓袢可分为降支和升支。髓袢降支有一细段，细段上皮薄，有利于水分及离子的通过，主要功能是重吸收水分，使尿液浓缩。

③远曲小管：位于皮质内，比近曲小管短而且弯曲少，管壁由单层立方上皮构成，上皮细胞表面无刷状缘，官腔大，其末端汇入集合管。远曲小管的作用主要是重吸收水分和钠，还可以排钾。

2. 集合管系

集合管系由弓形集合小管、直集合小管和乳头管3部分构成。弓形集合小管起始端与远曲小管末端相连，呈弓形，进入髓放线，汇入直集合小管，直集合小管由皮质向髓质下行，与其他直集合小管汇合，在肾乳头处移行为较大的乳头管，开口于肾盏或肾盂内。集合小管有进一步浓缩尿液的作用。

3. 肾小球旁器

肾小球旁器包括球旁细胞和致密斑（图2-74）。

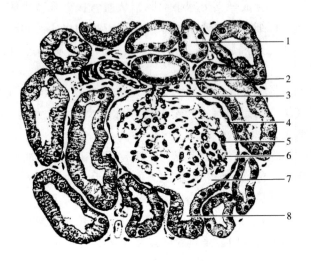

图2-74 肾皮质切面 （高倍镜观）
1—远曲小管 2—致密斑 3—血管极 4—肾小囊壁层
5—足细胞 6—毛细血管 7—肾小囊腔 8—近曲小管

（1）球旁细胞 入球小动脉进入肾小囊处，其管壁的平滑肌细胞转变为上皮样细胞，称为球旁细胞。细胞呈立方形或多角形，核为球形，胞质内有分泌颗粒，颗粒内含肾素。

（2）致密斑 远曲小管在靠近肾小体血管极一侧，管壁上皮细胞由立方形变为高柱状细胞，呈斑状隆起，排列紧密，称为致密斑。致密斑是一种化学感受器，可感受尿液中 Na^+ 浓度的变化，并将信息传递至球旁细胞，调节肾素的释放。

（二）肾的血液循环

1. 肾血液循环途径

肾动脉是腹主动脉的一分支，肾动脉由肾门入肾后，伸向皮质，并沿途分出许多小的入球小动脉。入球小动脉进入肾小囊内形成毛细血管球，后再汇成出球小动脉。这种动脉间的毛细血管是肾内血液循环的特点。出球小动脉离开肾小囊后，又在皮质和髓质内肾小管周围再次分支形成毛细血管网。这些毛细血管网又汇合成小静脉，小静脉在肾门处汇集成肾静脉，经肾门出肾入后腔静脉。

2. 肾血液循环特点

肾动脉直接来自腹主动脉，口径粗、行程短、血流量大；入球小动脉口径大于出球小动脉，因而血管球内血压较高；动脉在肾内两次形成毛细血管网，即血管球和球后毛细血管网。第二次形成的毛细血管血压很低，便于物质的吸收。

三、泌尿生理

机体在新陈代谢过程中所产生的废物必须及时排除，否则可引起机体中毒，甚至死亡。其排泄途径是通过肾脏、肺、皮肤及胃肠道来实现的。肾脏以尿的形式排出尿素、肌酐、水、以及进入体内的药物；通过呼气排出二氧化碳以及少量的水分和挥发性物质；由皮肤汗腺分泌排出部分水分及少量尿素和氯化钠，经产物种类多，数量大，而且泌尿系统还参与体内水、电解质和酸碱平衡的调节活动。

（一）尿的成分与理化特性

尿液来源于血液，尿的化学组成及理化特性可以反映泌尿系统的机能状态、体内物质代谢情况及全身机能状态。因此临床实践中，常进行尿液的化验检查，进行某些疾病的诊断。

1. 尿的成分

尿是由水、有机物和无机物组成的。其中水分占 96%～97%，有机物和无机物占 3%～4%。有机物主要是尿素，其次是尿酸、肌酐、肌酸、氨、尿胆素等。无机物主要是氯化钠、氯化钾，其次是碳酸盐、硫酸盐和磷酸盐。在使用药物时，尿液中还会有药物的分解产物。

2. 尿的理化特性

尿的颜色、透明度、酸碱度常因动物种类、饲料性质、饮水量等不同而变化。草食动物的尿液一般呈碱性，淡黄色；肉食动物尿液呈酸性；杂食动物尿液的酸碱性随饲料性质而变化。刚排出的尿为清亮的水样液，如放置时间较长，则因尿中碳酸钙逐渐沉淀而变得混浊。

（二）尿的生成过程

尿的生成是由肾单位和集合管系协调活动完成的，包括两个阶段：一是肾小球的滤过作用，生成原尿；二是肾小管和集合管的重吸收、分泌、排泄作用，生成终尿。

1. 肾小球的滤过作用

由于肾脏血管球内血压较高，当血液流经肾小球毛细血管时，除了血细胞和大分子蛋白质外，血浆中的水和其他小分子溶质（如葡萄糖、氯化物、无机磷酸盐、尿素、肌酐及少量小分子蛋白质等）都能通过滤过膜滤过到肾小囊腔内形成原尿。因此，原尿中除了不含血细胞和大分子蛋白质外，其他成分与血浆基本相同。

原尿的生成取决于两个条件：一是肾小球滤过膜的通透性；二是肾小球有效滤过压。前者是原尿产生的前提条件，后者是原尿滤过的必要动力。

（1）肾小球滤过膜及通透性　肾小球滤过膜由3层构成：内层是肾小球毛细血管的内皮细胞，极薄，内皮之间有许多贯穿的微孔；中间层为非细胞结构极薄的内皮基膜，膜上有许多网孔，是滤过膜的主要滤过屏障；外层是肾小囊脏层，表面有足状突起的足细胞，足细胞的突起间有许多缝隙。一般认为，基膜的孔隙较小，对大分子物质的滤过起到机械屏障作用。另外，在滤过膜上还覆盖有带负电荷的糖蛋白结构，能阻止带负电荷的物质通过，起到电学屏障作用。在病理情况下，滤过膜上带负电荷的糖蛋白减少或消失，就会导致带负电荷的血浆蛋白滤过量比正常时明显增加，从而出现蛋白尿。

（2）肾小球有效滤过压　肾小球滤过作用的动力是肾小球的有效滤过压，是存在于滤过膜两侧起促进和阻止滤过力量的代数和。起促进滤过作用的力量是毛细血管血压；阻止滤过作用的力量有血浆胶体渗透压和肾小囊内压。因此，肾小球有效滤过压可用下式表示：

肾小球有效滤过压＝肾小球毛细血管血压－（血浆胶体渗透压＋肾小囊内压）

在正常情况下，肾小球毛细血管血压为9.3kPa，血浆胶体渗透压为3.3kPa，肾小囊内压为0.67kPa，计算得出有效滤过压为5.3kPa。即肾小球入球小动脉端的血压（促进滤过压力）大于血浆胶体渗透压与肾小囊内压之和（阻止滤过的压力），从而保证了原尿生成。而到了出球端，有效滤过压约为0kPa。

由此可见，在入球小动脉端有效滤过压为正值，有原尿生成。随着水分子和晶体物质的不断滤出，血浆胶体渗透压逐渐升高，有效滤过压则逐渐降低，直至有效滤过压降至零，就达到滤过平衡，滤过停止。

2. 肾小管和集合管的重吸收、分泌和排泄作用

原尿由肾小囊流经肾小管各段和集合管后形成终尿。终尿与原尿比较，不论质和量都发生很大改变。这种改变的原因主要是原尿流经肾小管时，各种物质经肾小管的上皮吸收重新回到血液中去，这个过程称作重吸收利用。同时，管壁上皮细胞也向管腔分泌和排泄某些物质。小管液经过肾小管和集合管管壁上皮细胞选择性重吸收小管液中的水分和各种物质与分泌后成为终尿，最后排出体外。据测定，牛两侧肾脏每天产生的原尿在450L以上，而每天排出的终尿只有6~14L，终尿量通常仅占原尿量的不到3%。

原尿的成分除了不含血浆蛋白外，其他成分与血浆基本相同，经过肾小管和集合管的重吸收和分泌作用，使原尿中对机体有用的物质重新被吸收入血，对机

体无用或有害的物质随终尿排出，终尿的量与成分和原尿大不相同（表2-2）。

表2-2 肾脏对正常血浆成分的滤过量、重吸收量与排泄量

单位：mg/min

物质	滤过量	重吸收量	排泄量	物质	滤过量	重吸收量	排泄量
Na^+	540	537	3.3	葡萄糖	140	140	0
Cl^-	630	625	5.3	尿素	53	28	24
HCO_3^-	300	300	0.3	肌酐	1.4	0	>1.4
K^+	28	24	3.9				

（1）肾小管和集合管的重吸收

①葡萄糖的重吸收：葡萄糖重吸收的部位主要在近曲小管前半段。原尿中葡萄糖的浓度与血糖的浓度相同，但正常尿液中几乎不含葡萄糖，这说明葡萄糖全部被肾小管重吸收回到了血液中。肾小管重吸收葡萄糖有一个浓度限度，超过这一限度，就不能被完全重吸收而出现糖尿。这一浓度限度称为肾糖阈。

②氨基酸的重吸收：氨基酸主要吸收部位在近曲小管，几乎可被完全重吸收。

③Na^+、Cl^-、HCO_3^-的重吸收：Na^+的吸收主要在近球小管，由于Na^+的主动转运形成小管内外两侧的电位差，使Cl^-和HCO_3^-顺电位差被动重吸收。在Na^+重吸收的同时，还伴有负离子、葡萄糖、氨基酸等的协同转运，并促进Na^+-H^+的交换，有利于H^+的排出。

④K^+、PO_4^{3-}的重吸收：都是在近球小管处被重吸收，是主动转运过程。甲状旁腺素能抑制PO_4^{3-}的吸收，促进其排出。

⑤水的重吸收：原尿中65%～70%的水在近球小管处被重吸收。由于Na^+、HCO_3^-、葡萄糖、氨基酸和Cl^-等被重吸收，降低了小管液的渗透压，水通过渗透作用被重吸收。

在正常情况下，凡对机体有用的物质几乎全部被重吸收（如葡萄糖、氨基酸、K^+、无机盐等）或大部分被重吸收（如水、Na^+、Cl^-等）；对机体无用的物质，则少量被重吸收（如尿素、尿酸等）或完全不被重吸收（如肌酐）。

肾小管对某些物质的重吸收是有一定限度的，如超过一定限度的葡萄糖将不能被重吸收而形成糖尿。

（2）肾小管和集合管的分泌与排泄 肾小管上皮细胞通过自身的代谢活动能向管腔分泌H^+、K^+、NH_3等物质，此外，还能将进入血液中的某些物质如青霉素、酚红等排入管腔中。一般习惯称前者为分泌作用，后者为排泄作用。

①H^+的分泌：肾小管细胞内CO_2和H_2O在碳酸酐酶的催化下生成H_2CO_3，并

解离出 H^+ 和 HCO_3^-。H^+ 与小管液中的 Na^+ 进行 Na^+-H^+ 交换，H^+ 被分泌至管腔。

②NH_3 的分泌：远球小管和集合管上皮细胞在谷氨酰胺酶的作用下，谷氨酰胺脱氨基作用生成氨，并通过膜分泌到小管液中，再与分泌出的 H^+ 结合生成 NH_4^+，NH_4^+ 与负离子结合成铵盐随尿排出。

③K^+ 的分泌：终尿中的 K^+ 是由远曲小管和集合管所分泌的。由于 Na^+ 的重吸收在小管两侧形成差（管内为负、管外为正），促进 K^+ 从组织液被动扩散进入小管液。

④其他物质的排泄：肌酐及对氨基马尿酸可经肾小球滤出，又可以从肾小管排泄。青霉素、酚红等进入体内的外来物质，主要通过近球小管的排泄而排出体外。

（三）影响尿生成的因素

1. 影响肾小球滤过的因素

（1）肾小球有效滤过压的改变　正常情况下，有效滤过压比较稳定。但当构成肾小球有效滤过压的 3 个因素变化时，有效滤过压也随之发生变化，影响尿的生成。动物在创伤、出血、烧伤等情况下，会使肾小球毛细血管血压降低，有效滤过压降低，从而导致原尿生成量减少，出现少尿或无尿。当静脉注射大量生理盐水引起单位容积血液中血浆蛋白含量减少，血浆胶体渗透压降低，同时毛细血管血压升高。因此，肾小球有效滤过压升高，原尿生成增多，出现多尿。当输尿管、肾盂有结石或肿瘤压迫肾小管时，尿液流出受阻，肾小囊腔的内压增高，有效滤过压降低，原尿生成量减少，发生少尿。

（2）肾小球滤过膜通透性　当肾小球毛细血管或肾小管上皮受到损害时，会影响滤过膜的通透性。在发生急性肾小球肾炎时，会使肾小球毛细血管管腔狭窄甚至阻塞，以致有效滤过面积减少，肾小球滤过率降低，结果出现少尿甚至无尿。当机体缺氧或中毒时，肾小球毛细血管壁通透性增加，使原尿生成量增加，同时，会引起血细胞和血浆蛋白滤过，出现血尿或蛋白尿。

2. 影响肾小管和集合管重吸收和分泌的因素

（1）原尿中溶质浓度的改变　当原尿中溶质浓度增加超过肾小管对溶质的重吸收限度时，原尿的渗透压升高，妨碍肾小管对水的重吸收，于是尿量增加，称为渗透性利尿。例如，当静脉注射高渗葡萄糖后，血糖浓度升高，原尿中糖的浓度也随之增加，当超过肾小球重吸收的限度（肾糖阈）时，部分糖因不能被重吸收而使原尿的渗透压升高，影响肾小管上皮细胞对水的重吸收作用，从而使尿量增加。由于增加原尿中溶质的浓度能减少肾小管对水的重吸收作用，故在临床上有时给病畜服用不被肾小管重吸收的物质，提高小管液中溶质的浓度，从而阻碍水的重吸收，借此达到利尿和消除水肿的目的。

（2）肾小管上皮细胞的机能状态　当肾小管上皮细胞因某种原因而被损害时，往往会影响它的正常重吸收机能，从而使尿的质和量发生改变。例如，当机体因根皮苷中毒时，能引起肾小管上皮细胞机能发生障碍，使它重吸收葡萄糖的能力大大减弱，于是有较多的葡萄糖随尿排出，并因终尿中含有较多的葡萄糖而使尿量和排尿次数都有所增加。

（3）激素的影响　影响尿生成的激素主要有抗利尿素和醛固酮。

抗利尿激素的作用是提高远曲小管和集合管上皮细胞对水的通透性，从而促进水的重吸收，从而使排尿量减少。在反刍动物，抗利尿激素还能增加 K^+ 排出。血浆晶体渗透压升高和循环血量的减少，均可引起抗利尿激素的释放增加，创伤及一些药物也能引起抗利尿激素的分泌，减少排尿量。相反，当血浆晶体渗透压降低和循环血量的增加时，抗利尿激素的释放受到抑制。例如，当动物大量饮清水后，会使血浆晶体渗透压降低，抗利尿激素释放减少，尿量增多，此现象为水利尿。

醛固酮对尿生成的调节是促进远曲小管对 Na^+ 的重吸收，同时促进 K^+ 排出。即醛固酮有保 Na^+ 排 K^+ 作用。

此外，甲状旁腺素能促进肾小管对钙的重吸收，抑制磷的重吸收。降钙素能促进钙、磷从尿中排出，抑制近曲小管对 Na^+ 和 Cl^- 的重吸收，使尿量和尿 Na^+ 的排出增加。

实操训练

实训十二　牛（羊）泌尿系统各器官的识别

（一）目的要求

识别牛、羊肾和膀胱的形态、位置和构造。

（二）材料设备

牛、羊尸体和肾离体标本。解剖器械。

（三）方法步骤

（1）在尸体上识别肾、输尿管、膀胱等器官的位置、形态和构造。

（2）在新鲜肾或肾标本的横断面上识别肾叶、皮质、髓质、肾乳头、肾小盏等构造。

（四）技能考核

（1）识别肾的形态、构造。

（2）绘出牛肾的构造模式图。

实训十三　肾组织构造的观察

（一）目的要求

能在显微镜下识别肾的组织构造。

（二）材料设备

生物显微镜、肾脏组织切片

（三）方法步骤

（1）教师先演示并讲解牛肾的组织构造。

（2）学生在显微镜下，识别肾的下列结构：肾小球、肾小囊、肾小囊腔和肾小管。

（四）技能考核

在显微镜下识别肾的组织构造并绘图。

项目思考

1. 泌尿系统由哪些器官组成？

2. 简述肾的一般结构、牛肾的类型及结构特点。

3. 简述肾的组织学构造。

4. 简述肾脏血液循环特点。

5. 简述尿液是如何生成的。

6. 影响尿液生成的因素有哪些？

7. 说明家畜大量饮水、大剂量注射生理盐水和注射高渗葡萄糖溶液后出现多尿的原因。

项目七　生殖系统

知识目标

1. 掌握雄性生殖系统的组成及各器官的形态特征和功能。
2. 掌握雌性生殖系统的组成及各器官形态特征和功能。
3. 理解性成熟、体成熟和性周期的概念及对生产实践的意义。
4. 掌握雄性和雌性动物生殖生理的规律及特点。
5. 掌握动物的泌乳规律。

技能目标

1. 能识别羊（牛）雄性和雌性生殖系统各器官的形态特征。
2. 能识别睾丸和卵巢的组织构造。
3. 能运用动物生殖生理的规律特点为畜牧业生产实践服务。
4. 能运用动物的泌乳规律为畜牧业生产实践服务。

案例导入

案例 1

四川德阳一头南方黄牛，雌性，健康，已经 10 个月龄，在过去的 4 个发情周期内，都见阴唇充血，接受公牛的交配，但是均未妊娠。

同学们，如果你是此病例的临床医生，将给畜主什么建议来实现有效的经济效益？

案例 2

一头中国荷斯坦奶牛生产后，外阴时时流出臭味液体，当使用广谱抗菌药后症状有所缓解，进入随后的发情周期后配种，屡屡无法妊娠。

请同学们分析，此牛生殖器官的何种病变致使出现上述症状并影响妊娠？

必备知识

生殖系统是动物繁殖新个体，保证物种延续的系统，其功能是产生生殖细胞（精子或卵子），繁殖新个体，延续后代，分泌性激素，维持第二性征。家畜生殖系统有明显的性别差异，可分为雄性生殖系统和雌性生殖系统。

一、公畜生殖器官

雄性生殖系统由睾丸、附睾、输精管、尿生殖道、副性腺、阴囊、阴茎和包皮组成（图2-75）。睾丸是产生精子、分泌雄性激素的器官；附睾、输精管、尿生殖道是生殖管道；副性腺有精囊腺、前列腺和尿道球腺，可分泌精清，与精子共同组成精液；阴茎是交配器官；包皮是皮肤折转而形成的管状皮肤鞘，容纳和保护阴茎。

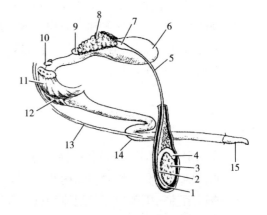

图 2-75 公牛生殖器官模式图

1—睾丸尾　2—附睾体　3—睾丸　4—附睾头
5—输精管　6—膀胱　7—输精管壶腹　8—精囊腺
9—前列腺　10—尿道球腺　11—坐骨海绵体
12—球海绵体肌　13—阴茎缩肌
14—乙状弯曲　15—阴茎头

（一）睾丸

睾丸为雄性生殖器；椭圆形，与附睾一起位于阴囊内。睾丸可分为头、体、尾3部分（图2-76），两端为头端和尾端，两个缘为游离缘和附睾缘。睾丸头端覆盖有附睾头；附睾缘侧与睾丸及睾丸系膜相联系。牛、羊的睾丸呈长椭圆形，长轴方向与地面垂直（图2-75）。

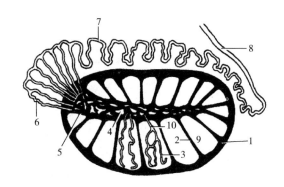

图 2 - 76 睾丸和附睾结构模式图

1—白膜 2—睾丸间隔 3—曲细精管 4—睾丸网 5—睾丸纵膈 6—输出小管
7—附睾管 8—输精管 9—睾丸小叶 10—直细精管

睾丸的外面包以浆膜，为鞘膜的脏层，又称固有鞘膜。固有鞘膜下面并与之紧密相连的是厚而坚韧的结缔组织膜，称白膜，将睾丸实质包于其内。由于白膜缺乏弹性，睾丸内部不断有液体和精子形成，因而压力较大，使睾丸有坚实感；当切开白膜时，睾丸实质常从切口流出。白膜的结缔组织从睾丸头端呈索状伸入睾丸内，延长轴向睾丸尾端延伸，形成睾丸纵隔（图 2 - 76）。从纵隔向白膜分出许多不甚完整的睾丸小隔，将睾丸实质分为许多睾丸小叶。以上白膜、纵隔和小隔，构成睾丸的结缔组织支架。

在每一睾丸小叶内，除了结缔组织形成的间质外，主要为两三条长而紧密盘曲的曲细精管（图 2 - 76），这是精子生成的场所。曲细精管直径只有 0.1 ~ 0.2mm，每根曲细精管长达 75cm 左右；在公牛，所有曲细精管的总长据估计可达 4500m。小叶内的曲细精管向纵隔会聚并会合为直细精管，进入纵隔后相互吻合，形成睾丸网。最后，睾丸网在睾丸头处会合成 6 ~ 12 条较粗的睾丸输出小管，穿出睾丸头的白膜，进入附睾头。在曲细精管之间，分布有散在的细胞团，为睾丸间质细胞，其功能是分泌雄激素。

曲细精管是精子发生的场所，管壁由内层的基膜和外层的生殖上皮组成。生殖上皮具有两种细胞，一种是支持细胞，呈高柱状或锥形，游离端朝向管腔，常有多个精子的头部嵌附其上，供给精子营养；另一种是生精细胞，在性成熟后的家畜，生精细胞可分为精原细胞、初级精母细胞、次级精母细胞、精细胞和精子几个发育期（图 2 - 77 和图 2 - 78）。

1. 精原细胞

是生成精子的干细胞。此细胞紧靠基膜分布，胞体较小，呈圆形或椭圆形，胞质清亮。可分为 A、B 两型。A 型细胞核染色质细小，核仁常靠近核

图2-77 睾丸曲精小管结构模式图

1—毛细血管　2—间质组织　3—初级精母细胞　4—足细胞　5—精子细胞
6—次级精母细胞　7—精子　8—基膜　9—间质细胞　10—精原细胞

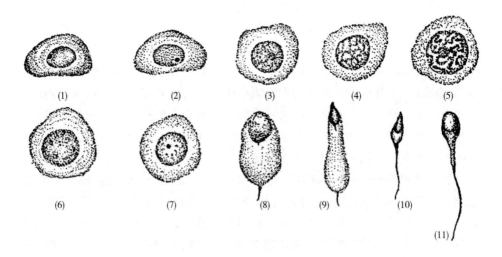

图2-78 各期生精细胞形态模式图

（1）～（3）各型精原细胞　（4）、（5）初级精母细胞　（6）次级精母细胞
（7）精子　（8）～（11）变态过程中的精子

膜，包括明 A 型和暗 A 型两种。暗 A 型细胞核着色深，常有一小空泡，能不断分裂增殖。分裂后，一半仍为暗 A 型细胞，另一半为明 A 型细胞。明 A 型细胞核着色浅，再经分裂数次产生 B 型精原细胞。B 型精原细胞的核膜内侧附有粗大异染色质粒，核仁位于中央。分裂后，体积增大，分化为初级精母细胞。

2. 初级精母细胞

由精原细胞分裂发育形成，位于精原细胞的内侧，为 1～2 层大而圆的细胞。胞核大而圆，多处于分裂时期，有明显的分裂相。每个初级精母细胞经第一次成熟分裂产生两个较小的次级精母细胞。

3. 次级精母细胞

位于初级精母细胞的内侧。细胞较小，呈圆形，胞核大而圆，染色较浅，不见核仁。次级精母细胞存在的时间很短，很快进行第二次成熟分裂（DNA 减半），生成两个精子细胞。

4. 精子细胞

位置靠近曲精小管的管腔，常排成数层。细胞更小，呈圆形。胞核圆而小，染色深，有清晰的核仁。精子细胞不再分裂，经过一系列复杂的形态变化，变成高度分化的精子。

5. 精子

家畜的精子包括头、颈和尾 3 部分，形似蝌蚪。头部多呈扁卵圆形，染色很深。精子是精子细胞经变态而成的。主要的变化是：细胞核极度浓缩形成精子的头部，高尔基复合体特化为顶体，胞质特化形成鞭毛，多余的胞质（残余体）被脱出。刚形成的精子经常成群地附着于支持细胞的游离端，尾部朝向管腔。精子成熟后，即脱离支持细胞进入管腔。

（二）附睾

附着于睾丸的附睾缘上，可分为附睾头、体和尾，是精子逐渐成熟和贮存的地方。附睾头覆盖附睾头端，是睾丸网分出的 7～20 条睾丸输出小管构成的，其数目因家畜种类而异。各小管最后汇注入一条附睾管，后者很长，紧密盘曲，构成较狭的附睾体和突出于睾丸尾端的附睾尾。附睾管的管径逐渐增粗，出附睾尾后延续为输精管，折返向附睾头方向而行。

睾丸输出小管和附睾管都具有分泌功能，对精子除供给营养外，还有促进精子继续成熟的作用。精子在附睾中获得活泼运动功能，具有受精能力。

在胚胎时期，睾丸位于腹腔内肾的附近。出生前后，睾丸和附睾一起经腹股沟管下降至阴囊内的过程，称为睾丸下降。如果一侧或两侧睾丸没有下降到阴囊，称单睾或隐睾，此种家畜生殖功能弱或丧失，不宜作种畜用。

（三）输精管、精索

输精管为输送精子的细管，在睾丸尾处由附睾管延续而来，起始于附睾尾（图2-75）。转折后包于输精管系膜内，经腹股沟管入腹腔，再向后进入骨盆腔，与输尿管一同行在膀胱背侧的尿生殖褶内继续向后延伸，两输精管末端开口于尿生殖道起始部背侧壁的精阜上。

输精管的后段为腺部，有的家畜在膀胱背侧形成输精管膨大部，称为输精管壶腹。输精管由黏膜、肌膜和外膜构成。黏膜被覆假复层柱状上皮，末段为单层柱状上皮。肌膜厚，一般为3层：环层、斜层和纵层。牛、羊的输精管壶腹较小。

精索是包有血管、淋巴管、神经、平滑肌束以及输精管的浆膜襞，是睾丸和附睾表面的固有鞘膜的延伸。精索呈扁的近圆锥状形，长短因家畜的种类而有不同。精索的底与附睾头相连，向上逐渐变细，上达腹股沟管内环。输精管沿精索内侧面的后缘而行，包于单独的狭浆膜襞内，称输精管系膜。精索内的睾丸动脉长而盘曲，伴行静脉细而密，形成所谓蔓状丛，它们构成精索的大部分，据认为可以延缓血流和降低血液温度。精索内分布有平滑肌束，又称为提睾内肌。去势时需切断精索，同时采取止血措施。

（四）阴囊

阴囊是腹壁形成的囊袋，借腹股沟管与腹腔相同，藏纳睾丸、附睾和部分精索；公牛、公羊的阴囊位于两股部之间。

阴囊壁的结构与腹壁相似，可分为皮肤、肉膜、阴囊筋膜及睾外提肌和鞘膜（图2-79）。

1. 阴囊皮肤

阴囊皮肤薄而柔软，含有较多的汗腺和皮脂腺；有的具有色素，颜色较深，有的被覆

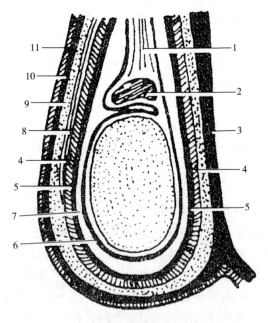

图2-79　阴囊结构模式图

1—精索　2—附睾　3—阴囊中隔　4—总鞘膜纤维层
5—总鞘膜　6—固有鞘膜　7—鞘膜腔　8—睾外提肌
9—筋膜　10—肉膜　11—皮肤

有细而短的毛，皮肤沿中线形成阴囊缝，为阴囊中隔的位置。

2. 肉膜

肉膜与阴囊皮肤紧贴，不易分离。由含有弹性纤维的结缔组织和平滑肌束组成。肉膜沿阴囊的正中矢面形成阴囊中隔，将阴囊腔分成左右两个互不相通的腔。阴囊皮肤和肉膜以内的各层构成睾丸和精索被膜。肉膜有调节阴囊内温度的作用，天冷时肉膜收缩，使阴囊皱缩，散热面积减小；天热时肉膜松弛，阴囊下垂。

3. 阴囊筋膜

阴囊筋膜位于肉膜深面，由腹壁深筋膜和腹外斜肌腱膜延伸而来，将肉膜与总鞘膜较疏松的连接起来。其深面有睾外提肌，它来自腹内斜肌，此肌收缩时可上提睾丸，与肉膜一起有调节阴囊内温度的作用，以利于精子的发育和生存。

4. 睾外提肌

睾外提肌又称提睾肌，是由腹内斜肌分出的横纹肌，经腹股沟管而分布于阴囊外侧壁，肌肉外面包有薄的筋膜。

5. 鞘膜

鞘膜包括总鞘膜和固有鞘膜两部分。总鞘膜由腹壁筋膜和腹膜壁层延续而来，为附着在阴囊最内面的鞘膜。由总鞘膜折转而被覆在精索、附睾和睾丸的表面的为固有鞘膜，是由腹膜脏层延续而成。在总鞘膜和固有鞘膜之间的腔隙，称鞘膜腔，内有少量浆液。鞘膜腔向上延续，进入腹股沟管变细变窄，称鞘膜管，以鞘膜管口与腹腔相通。在鞘膜管口过大的情况下，小肠可脱入鞘膜管或鞘膜腔内，形成腹股沟疝或阴囊疝，需进行手术治疗。固有鞘模和总鞘膜之间折转处形成的浆膜褶，称为睾丸系膜。附睾尾与阴囊之间相连的睾丸系膜下端加厚的部分称为附睾尾韧带或阴囊韧带。去势时切开阴囊壁后，必须剪断阴囊韧带和睾丸系膜，方可将睾丸和附睾摘除。

（五）尿生殖道

雄性尿道兼有排尿和排精作用，故又称为尿生殖道。其前端接膀胱颈，沿骨盆腔底壁向后延伸，绕过坐骨弓，再沿阴茎腹侧的尿道沟，向前延伸至阴茎头末端，以尿道外口开口于外界（图2-75）。

尿生殖道管壁包括黏膜层、海绵体层、肌层和外膜。黏膜层有许多皱褶；海绵体层主要是由毛细血管膨大而形成的海绵腔；肌层由深层的平滑肌和浅层的横纹肌组成，横纹肌的收缩对射精起重要作用，还可帮助排出余尿。

尿生殖道分为骨盆部和阴茎部两个部分，两者间以坐骨弓为界。在两部交界处，尿生殖道的管腔稍变窄，称为尿道峡。在峡部后方，尿生殖道壁上的海绵体层稍变厚，形成尿道球或称尿生殖道球。

1. 尿生殖道骨盆部

指自膀胱颈到骨盆腔后口的一段，位于骨盆腔底壁与直肠之间。在起始部背侧壁的中央有一圆形隆起，称为精阜。精阜上有一对小孔，为输精管及精囊腺排泄管的共同开口。此外，在骨盆部黏膜的表面，还有其他副性腺的开口。骨盆部的外面有环行的横纹肌，称尿道肌。

2. 尿生殖道阴茎部

骨盆部的直接延续，自坐骨弓起，经左、右阴茎脚之间进入阴茎的尿道沟。此部的海绵体层比骨盆部稍发达，内层的横纹肌称为球海绵体肌，其发达程度和分布情况因家畜而异。牛、羊的球海绵体肌仅覆盖在尿道球和尿道球腺的表面，不到阴茎部。外层称为坐骨海绵体肌，有助于阴茎的勃起，又称为阴茎勃起肌。

（六）副性腺（图 2-80）

家畜的副性腺包括精囊腺、前列腺和尿道球腺，其分泌物与输精管壶腹部的分泌物，以及睾丸生成的精子共同组成精液。副性腺分泌物参与形成精液，并有稀释精子，营养精子，改善阴道内环境等作用，有利于精子的生存和运动。

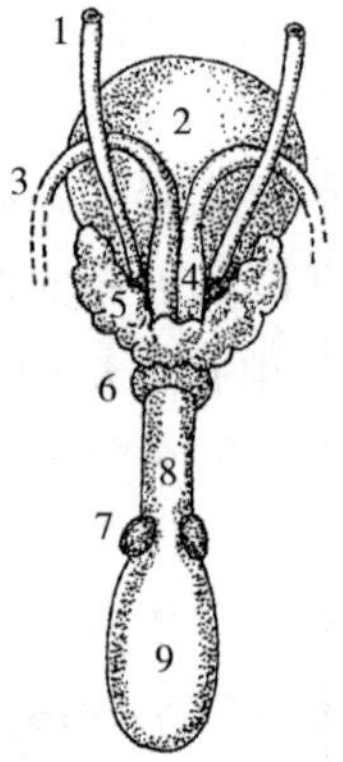

1. 精囊腺

精囊腺为一对，位于膀胱颈背侧的尿生殖道褶中，输精管的外侧。每侧精囊腺导管与同侧输精管共同开口于精阜。牛、羊的精囊腺较发达，呈分叶状腺体，左、右侧腺体常不对称。

2. 前列腺

前列腺位于尿生殖道起始部背侧，一般可分腺体部和扩散部（壁内部），这

图 2-80 牛副性腺模式图
1—输尿管 2—膀胱 3—输精管
4—壶腹腺 5—精囊腺 6—前列腺
7—尿道球腺 8—尿生殖道骨盆部 9—阴茎球

两部以许多导管成行地开口于精阜附近的尿生殖道内。前列腺的发育程度与动物的年龄有密切的关系，幼龄时较小，到性成熟期较大，老龄时又逐渐退化。

牛的前列腺分为腺体部和扩散部，腺体部很小，横位于尿道起始部的背侧，扩散部发达，包围在尿道骨盆部的黏膜和尿道肌之间。输出管分成两列，开口于精阜后方的两个黏膜褶之间和外侧。

羊的前列腺无腺体部，仅有扩散部。

3. 尿道球腺

尿道球腺成对存在，位于尿道骨盆部末端，坐骨弓附近，被球海绵体覆盖，输出管开口于尿生殖道骨盆部末端的背侧黏膜上。

牛的尿道球腺为胡桃状，表面被覆薄的结缔组织和球海绵体肌，每侧腺体各有一条腺管，开口于尿生殖道背侧壁，开口处有半月状黏膜褶被盖。

凡是幼龄去势的家畜，副性腺不能正常发育。

（七）阴茎

阴茎是雄性排尿、排精和交配器官，附着于两侧的坐骨结节，经左、右股部之间向前延伸至脐部的后方，分为阴茎根、阴茎体和阴茎头 3 部分（图 2 - 75）。

1. 阴茎根

以两个阴茎脚附着于坐骨弓的两侧，其外侧面覆盖着发达的坐骨海绵体肌（横纹肌）。两阴茎脚向前合并成阴茎体。

2. 阴茎体

呈圆柱状，位于阴茎脚和阴茎头之间，占阴茎的大部分。在起始部由两条扁平的阴茎悬韧带固着于坐骨联合的腹侧面。

3. 阴茎头

位于阴茎的前端，其形状因家畜种类不同而有较大差异。

阴茎由阴白膜、阴茎海绵体、尿生殖道阴茎部和肌肉构成（图 2 - 81）。阴茎海绵体位于尿生殖道阴茎部背侧，占据阴茎横断面的大部分。阴茎海绵体外面包有很厚的致密结缔组织（白膜）向内伸入，形成小梁，并分支互相连接呈网，构成海绵组织的支架。小梁内有血管、神经分布，并含有平滑肌（特别是马和肉食兽）。在小梁及其分支之间的许多腔隙，称为海绵腔。腔壁衬以内皮，并与血管直接相通。海绵腔实际上是扩大的毛细血管。当充血时，阴茎膨大变硬而发生勃起现象，故称海绵体为勃起组织。

分布到阴茎的阴茎深动脉，沿小梁分出许多短的分支。这些分支在阴茎回缩时，呈螺旋状，故称螺旋动脉。这种动脉直接开口于海绵腔中。螺旋动脉内壁有隆起的内膜垫，垫内有平滑肌束。平时，垫内的平滑肌略呈收缩状态，内膜垫隆起增厚，闭塞动脉管腔，减少血流量。阴茎勃起时，螺旋动脉和小梁的平滑肌松弛，致使螺旋动脉伸直，管腔开放，血液可直接流如海绵腔。由于中间较大的海绵腔首先充血膨胀，压迫外周的海绵腔，因而堵塞血液流入白膜静脉丛的口，血液继续流入海绵腔，压力增高，阴茎勃起。射精后，螺旋动脉的平滑肌收缩，血液流入海绵腔减少，同时由于小梁肌纤维的收缩和弹性纤维的回缩，海绵腔的血液进入静脉中，勃起消失。

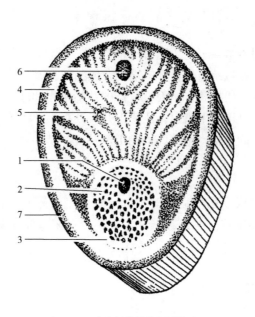

图 2 - 81 公牛阴茎的横断面模式图

1—尿生殖道 2—尿道海绵体 3—尿道白膜 4—阴茎白膜 5—阴茎海绵体
6—阴茎海绵体血管 7—阴茎筋膜

　　尿生殖道阴茎部周围包有尿道海绵体，位于阴茎海绵体腹侧的尿道沟内。尿道海绵体的构造与阴茎海绵体相似。尿道海绵体的外面被有球海绵体肌。

　　阴茎的肌肉除构成尿生殖道壁的球海绵体肌外，还有坐骨海绵体肌和阴茎缩肌。球海绵体肌起于坐骨弓，伸至阴茎根背侧，覆盖尿道球腺，肌纤维呈横向。坐骨海绵体肌较发达，为一对纺锤形肌，位于坐骨结节，止于阴茎根和阴茎体交界处，收缩时将阴茎向后向上牵拉，压迫阴茎海绵体及阴茎背静脉，阻止血液回流，使海绵腔充血，阴茎勃起，所以又称阴茎勃起肌。阴茎缩肌，为两条细长的带状平滑肌，起于尾锥或荐椎，经直肠或肛门两侧，于肛门腹侧相遇后，沿阴茎腹侧向前延伸，止于阴茎头的后方，该肌收缩时可使阴茎退缩，将阴茎藏于包皮腔内。

　　牛、羊的阴茎呈圆柱状，细而长。阴茎体在阴囊后方，呈"乙"状弯曲，勃起时伸直。阴茎头长而尖，游离端形成阴茎头帽。羊的阴茎头伸出长（3～4cm）尿道突，尿道外口位于尿道突尖端（图2－82）。

　　（八）包皮

　　阴茎根和阴茎体包于躯干皮肤以内，而阴茎游离部和头部则藏于皮肤褶形成的腔中，此皮肤褶称为包皮。包皮有容纳和保护阴茎头的作用，由两层构

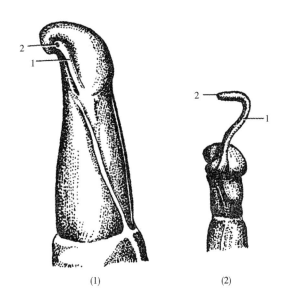

图 2 – 82 牛、羊阴茎前部模式图

（1）牛 （2）绵羊

1—尿道突 2—尿道外口

成，外层与周围皮肤构造相似，沿包皮口转折为内层；后者围成包皮腔。内层至包皮腔底转折而直接包于阴茎游离部和阴茎头上，转折处在腹侧形成包皮系带。阴茎头的皮肤至尿道外口处与尿道黏膜相连接。

被覆阴茎游离部和阴茎头的皮肤分布有大量的感觉神经末梢。包皮的内层无被毛和皮肤腺，但分布有淋巴小结和包皮腺，其分泌物与脱落的上皮细胞形成包皮垢，具特殊腥臭味。包皮内层与外层疏松相联系，因此当阴茎勃起并从包皮腔中伸出时，包皮的两层即展平，包皮腔也暂时消失。

包皮具有一对包皮前肌，由躯干皮肌分出，起始于胸骨剑状突处，向后行，两侧在包皮口处形成袢状止于包皮内层。有的家畜还有一对包皮后肌，起始于腹股沟处的筋膜，向前行，在包皮口附近止于包皮外层。包皮肌在交配时可将包皮口向后或向前拉，配合阴茎游离部伸出或缩回包皮腔。

牛、羊的包皮长而狭窄呈囊状，包皮口在脐部稍后方，周围有长毛，并且有两对较发达的包皮肌，将包皮向前和向后牵引。

（九）公牛和公羊生殖器官的构造特点

1. 睾丸（图 2 – 83）

睾丸较大，呈长椭圆形，长轴与地面垂直，睾丸头位于上方，附睾位于睾丸的后缘，睾丸实质呈微黄色。

2. 附睾

附睾头扁平，呈"U"形，覆盖在睾丸上端的前缘和后缘；附睾体细长，沿睾丸后缘的外侧向下伸延，至睾丸下端转为粗大明显的附睾尾，且略下垂。

3. 阴囊

阴囊位于两股之间，在松弛状态下呈瓶状，阴囊颈明显。公牛阴囊皮肤表面仅有稀而短细的被毛（在公羊被毛很发达）。

4. 输精管

输精管管径较小，起始段与附睾体并行，向上参与形成精索，经腹股沟管进入腹腔。两条输精管在尿生殖褶中平行，距离较近，并逐步变粗形成输精管壶腹，末端与精囊腺导管共同开口于精阜。

5. 精索

精索较长。

6. 尿生殖道

尿生殖道骨盆部较长（15～20cm），管径小而均等。尿道球明显。

7. 副性腺

牛的精囊腺是一对实质性的分叶性腺体，位于尿生殖褶内，在输精管壶腹的外侧。左、右精囊腺的大小和形状常不对称。每侧的导管和输精管共同开口于精阜上。

前列腺分为体部和扩散部。体部很小，位于尿生殖道起始部的背侧。在羊无体部。扩散部发达，分布在尿生殖道骨盆部黏膜的周围，表面有尿道肌和筋膜覆盖。前列腺管在尿生殖道上的开口排列成行，有两列位于两黏膜褶之间（该褶位于精阜的后方），另外有两列在褶的外侧。

尿道球腺为圆形的实质性腺体，大小似胡桃。表面盖有一厚层致密的纤维组织和球海绵体肌。每个腺体有一条导管，开口于尿生殖道峡部的背侧，开口处共同有一个半月状黏膜褶遮盖着。

8. 阴茎

公牛的阴茎呈圆柱状，长而细，成年公牛的阴茎全长约90cm，勃起时直径约3cm。阴茎体在阴囊的后方形成"乙"状弯曲，勃起时伸直，阴茎头呈扭转状，尿生殖道开口于左侧螺旋沟中的尿道突上（图2–84）。

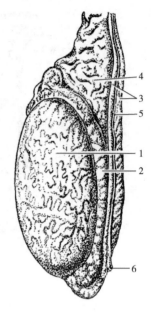

图2–83　公牛睾丸（外侧面）

1—睾丸　2—附睾

3—输精管及褶　4—精索

5—睾丸细膜　6—附睾尾韧带

公牛阴茎的白膜很厚，还分出许多发达的小梁伸入海绵体内。海绵腔（除阴茎根部外）很不发达，所以阴茎较坚实，勃起时阴茎变硬，但加粗不多。阴茎的伸长主要靠"乙"状弯曲的伸直。

公羊的阴茎与牛的基本相似，但阴茎头构造特殊，其前端有一细而长的尿道突，公绵羊的长3~4cm，呈弯曲状（图2-84）；公山羊的较短而直。射精时，尿道突可迅速转动，将精液射在子宫颈外口的周围。

9. 包皮

牛的包皮长而狭窄，完全包裹着退缩的阴茎头。包皮口位于脐的后方约5cm处，周围生有长毛，形成特殊的毛丛。包皮具有两对较发达的包皮肌。包皮前肌起于剑状软骨部，止于包皮口的后方，可向前牵引包皮；包皮后肌起自腹股沟部，在包皮前方汇合，可向后牵引包皮。去势牛的阴茎头短，附着于包皮的深部，故阉公牛从包皮的深部排尿。

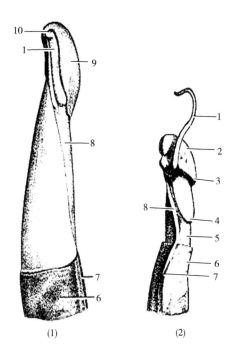

图2-84 牛、羊阴茎前部模式图

（1）牛 （2）绵羊

1—尿道突 2—龟头冒 3—龟头冠 4—结节
5—龟头颈 6—包皮 7—包皮缝 8—龟头缝
9—阴茎帽 10—尿道外口

二、母畜生殖器官

母畜生殖器官由卵巢、输卵管、子宫、阴道、尿生殖前庭和阴门组成（图2-85）。卵巢、输卵管、子宫和阴道为内生殖器官。尿生殖前庭和阴门为外生殖器官。

（一）卵巢

卵巢是雌性生殖腺，椭圆形，位于腹腔内，是产生卵子和分泌雌性激素的器官。其形状和大小因畜种、个体、年龄及性周期而异（图2-86）。卵巢由卵巢系膜附着于腰下部，经产母猪稍坠向前下方。卵巢的前端为输卵管端，后端为子宫端；两缘为游离缘和卵巢系膜缘。卵巢的背侧缘有卵巢系膜附着，称为卵巢系膜缘或附着缘。在卵巢系膜的附着缘缺腹膜，血管、神经和淋巴管由此

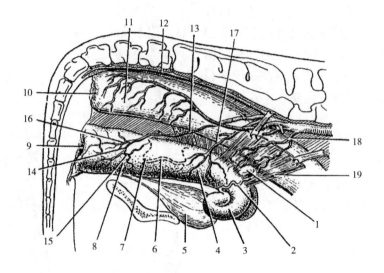

图2-85 母牛生殖器官位置关系模式图（右侧观）

1—卵巢　2—输卵管　3—子宫角　4—子宫体　5—膀胱　6—子宫颈背　7—子宫颈阴道部　8—阴道
9—阴门　10—肛门　11—直肠　12—荐中动脉　13—髂内动脉　14—尿生殖道动脉
15—子宫后动脉　16—阴部内动脉　17—子宫中动脉　18—子宫卵巢动脉　19—子宫阔韧带

出入卵巢，此处称为卵巢门。卵巢的解剖特征之一是没有排卵管道，卵细胞定期由卵巢破壁排出（马除外）。排出的卵细胞经腹膜腔落入输卵管起始部。

卵巢的结构一般可分为被膜、皮质和髓质。被膜由生殖上皮和白膜组成。卵巢表面被覆生殖上皮（马属动物仅在排卵窝处分布，其余部分由浆膜代替），是卵细胞发生的最初部位。上皮下为结缔组织构成的白膜。卵巢实质可分皮质和髓质（血管区）两部分。一般皮质在外，髓质在内。而马属动物卵巢的皮质和髓质位置倒置，皮质在内，靠近排卵窝。皮质区由基质和各级卵泡构成，因此又称卵泡区。卵泡依据发育阶段而有不同大小，大的卵泡在卵

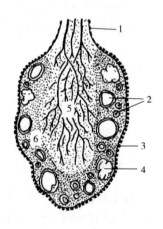

图2-86　牛卵巢模式图

1—浆膜　2—卵泡　3—生殖上皮
4—黄体　5—髓质地　6—皮质

巢表面肉眼可以看到，有的动物成熟卵泡可膨出卵巢表面。卵泡成熟后在激素等的作用下破裂，将卵子释放出来，这一过程称作排卵。排卵时，由于毛细血管受损可以引起出血，血液充满卵泡腔内，形成血体。马、牛和猪出血较羊和食肉动物的多，所以血体明显。卵泡成熟排卵后，卵泡壁塌陷形成皱褶，残留

在卵泡壁内的卵泡颗粒层细胞和卵泡内膜细胞大量增殖长大，形成黄体细胞。黄体细胞成群分布，其中夹有富含血管的结缔组织，周围仍有卵泡外膜包裹，共同形成黄体。黄体细胞是内分泌腺，能分泌孕酮或黄体素，有刺激子宫分泌和乳腺发育的作用，并保证胚胎附植和在子宫内的发育。黄体的发育和存在时间，决定于排出的卵是否受精，如果已受精，黄体可继续发育，并存在直到妊娠后期，称为妊娠黄体或真黄体。如未受精或母畜未妊娠，黄体逐渐退化，此种黄体称为发情黄体或假黄体。真黄体或假黄体在完成其功能后均退化，退化时黄体细胞缩小，胞核固缩，毛细血管减少，周围的结缔组织和成纤维细胞侵入，逐渐由结缔组织所代替，形成瘢痕，称为白体，最后逐渐被吸收而消失。髓质为富含弹性纤维、血管、淋巴管和神经等的疏松结缔组织，它们由卵巢系膜缘进入卵巢内，该处称为卵巢门。卵巢动脉呈螺旋状，而静脉则形成静脉丛。髓质与皮质间并没有明显的界限。

卵泡在胚胎期由卵巢表面的生殖上皮演化形成，雌性动物在出生前卵巢内就存在大量原始卵泡，出生后则随着年龄的增长，数量不断减少。在发育过程中只有少数卵泡能发育成熟，大多数卵泡中途闭锁而死亡。卵泡闭锁是指卵泡及其中的卵母细胞不经排卵而退化消失。

卵泡由中央的卵母细胞和它周围的卵泡细胞构成。根据卵泡的形态、功能，将发育的卵泡分为原始卵泡、生长卵泡、成熟卵泡（图2-87和图2-88）。

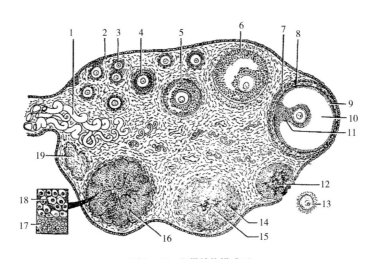

图2-87　卵巢结构模式图

1—血管　2—生殖上皮　3—原始卵泡　4—早期生长卵泡（初级卵泡）

5、6—晚期生长卵泡（次级卵泡）　7—卵泡外膜　8—卵泡内膜　9—颗粒膜　10—卵泡腔

11—卵丘　12—血体　13—排出的卵　14—正在形成中的黄体　15—黄体中残留的凝血

16—黄体　17—膜黄体细胞　18—颗粒黄体细胞　19—白体

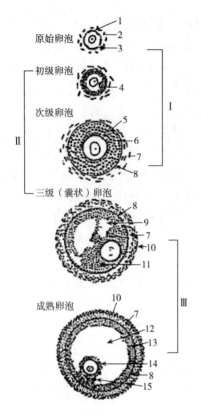

图 2-88 各级卵泡结构模式图

Ⅰ—无腔卵泡（腔前卵泡）

Ⅱ—生长卵泡 Ⅲ—有腔卵泡

1—卵子 2—基质细胞 3—卵泡细胞

4—透明带形成 5—透明带 6—颗粒层

7—内膜 8—基膜 9—窦 10—外膜

11—颗粒 12—卵泡液 13—颗粒膜

14—放射冠 15—卵丘

1. 原始卵泡

原始卵泡是一种数量多、体积小、呈球形的卵泡，位于卵巢皮质表层。每个原始卵泡一般由一个大而圆的初级卵母细胞和其周围单层扁平的卵泡细胞构成。但在多胎动物，如猪和肉食兽的原始卵泡中，可看到有 2~6 个初级卵母细胞。初级卵母细胞的体积较大，细胞质嗜酸性。细胞核大，圆形，核内染色质细小分散和空泡状，核仁大而明显。原始卵泡到动物性成熟才开始陆续成长发育。

2. 生长卵泡

静止的原始卵泡开始生长发育，称为生长卵泡。卵泡开始生长的标志是原始卵泡的卵泡细胞由扁平变为立方或柱状。根据发育阶段不同，可将生长卵泡分为初级卵泡和次级卵泡两个连续的阶段。

（1）初级卵泡 是指从卵泡开始生长到出现卵泡腔之前的卵泡，所以又称为早期生长卵泡。这个阶段的变化包括卵母细胞增大、卵泡细胞增生和邻近结缔组织的变化。卵细胞增大，核也变大，呈泡状，核仁深染。细胞周围出现一层嗜酸性、折光强的膜状结构，叫透明带。透明带主要成分是黏多糖蛋白和透明质酸。它是由卵泡细胞和卵母细胞共同分泌形成的。卵泡开始生长时，单层扁平的卵泡细胞变成立方或柱状，并通过分裂增生而成为多层。当初级卵泡体积增大时，围绕卵泡的结缔组织细胞逐渐分化成卵泡膜。

（2）次级卵泡 当卵泡体积逐渐增大，卵泡细胞有 6~12 层，在卵泡细胞之间开始出现一些充有卵泡液的间隙，并逐渐汇合成一个新月形的腔，称为卵泡腔。这样的卵泡称作次级卵泡，也称作晚期生长卵泡。在卵泡腔开始形成时，卵母细胞通常已长到最大体积，并为一层透明带所包围。此后，卵母细胞不再长大，而卵泡由于卵泡液的增多和卵泡腔的扩大可继续增大。由于卵泡的扩大，使卵母细胞及其周围的一些卵泡细胞位于卵泡的一侧，并突向卵泡腔内，形成卵丘。其余的卵泡细胞密集排列成数层，构成卵泡壁，又称颗粒层。组成颗粒层的卵泡细胞也改称为颗粒细胞。在次级卵泡的后期卵丘上紧靠透明带的卵泡细胞呈柱状，围绕透明带呈放射状排列，称为放射冠。

随着卵泡的增大，卵泡膜逐渐分化为内外两层。卵泡膜内层由较多的多边形或梭形的细胞和少量网状纤维组成，又称细胞性膜。细胞间有丰富的毛细血管。卵泡内膜细胞有分泌雌激素的功能，所分泌的雌激素可进入毛细血管或经卵泡壁扩散到卵泡液内。

卵泡膜外层由胶原纤维束和成纤维细胞构成，与周围结缔组织无明显界限，血管也较少，又称结缔性膜。

（3）成熟卵泡 由于卵泡液激增，成熟卵泡的体积显著增大，向卵巢表面隆起。成熟卵泡的大小，因动物种类而异，牛的直径约15mm，马约70mm，羊、猪为5~8mm。

当卵泡腔形成时，初级卵母细胞直径可达100~150μm，此后不再增大。排卵前初级卵母细胞必须完成第一次成熟分裂。分裂时，胞质的分裂不均等，形成两个大小不等的细胞。大的称次级卵母细胞，其形态与初级卵母细胞相似；小的只有极少的胞质，附在次级卵母细胞旁，称第一极体。第二次成熟分裂则在排卵受精后完成。

成熟卵泡的卵泡膜达到最厚，内外两层分界更明显（图2-89）。

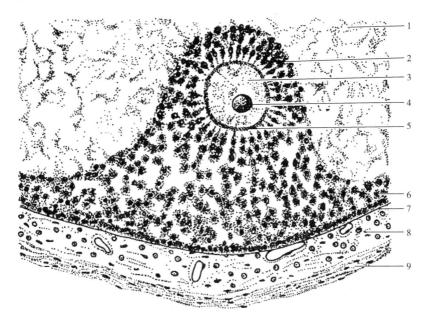

图2-89 成熟卵泡卵丘放大结构模式图

1—卵泡液 2—放射冠 3—卵细胞 4—核 5—透明带 6—颗粒层
7—基膜 8—卵泡内膜 9—卵泡外膜

排卵：由于成熟卵泡内的卵泡液迅速增加，内压升高，颗粒层和卵泡膜变薄，卵泡体积增大，部分突出于卵巢表面，呈液泡状；与此同时放射冠与卵丘之间也逐渐脱离。最后卵泡破裂，初级卵母细胞及其周围的放射冠，随同卵泡液一起排出，此过程称为排卵。排卵时，由于毛细血管受损可以引起出血，血液充满卵泡腔内，形成血体。

3. 闭锁卵泡

在正常情况下，卵巢内绝大多数的卵泡不能发育成熟，而在各发育阶段中逐渐退化。这些退化的卵泡称为闭锁卵泡。其中以原始卵泡退化的最多，而且退化后不留痕迹。

母牛的卵巢呈侧扁的卵圆形，成年牛右侧的卵巢常比左侧的稍大。母羊的较圆、较小。性成熟后常可看到不同大小的卵泡以及黄体凸出于表面。卵巢一般位于骨盆腔前口两侧附近、子宫角起始部的上方。未怀过孕的母牛的卵巢稍向后移，多在骨盆腔内；经产母牛的卵巢位于腹腔内，在耻骨前缘的前下方。母牛的卵巢囊宽大，卵巢系膜较短，卵巢固有韧带由卵巢后端延伸至子宫阔韧带。

（二）输卵管

输卵管是一条多弯曲的细管，连接卵巢与子宫，将排出的卵子输送到子宫，受精和卵裂也在管内进行（图2-90）。

输卵管可分漏斗部、壶腹部和峡部3段。

1. 漏斗部

输卵管的前端扩大成输卵管漏斗部，边缘形成许多不规则突起，称输卵管伞，连接于卵巢的部分称卵巢伞。漏斗的中央为输卵管腹腔口，与腹膜腔相通，卵子由此进入输卵管。

2. 壶腹部

较长，壶腹部前端较宽，称输卵管壶部，为精卵受精处。

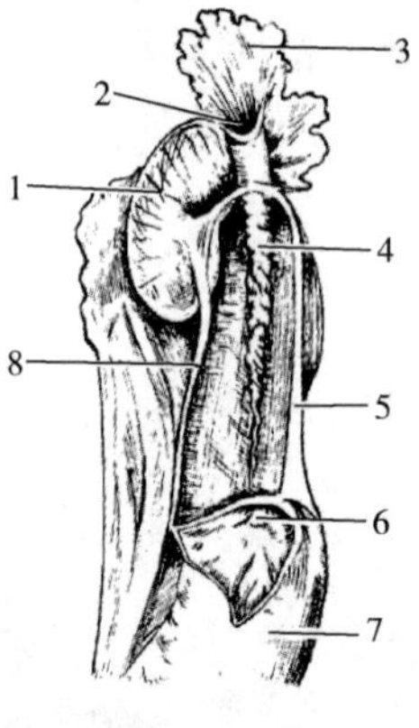

3. 峡部

图2-90　卵巢与输卵管结构模式图

1—卵巢　2—输卵管腹腔口　3—输卵管伞
4—输卵管　5—输卵管系膜　6—输卵管子宫口
7—子宫角　8—卵巢固有韧带

较短，细而直，称输卵管峡，以输卵管子宫口开口于子宫腔。输卵管与子宫角的分界有的家畜较明显，如马；有的则逐渐移行而无明显界限，如反刍兽和猪。

输卵管管壁由3层构成。内曾为黏膜，形成纵的输卵管襞，在壶腹部高而复杂；黏膜被覆柱状上皮，部分有纤毛。肌膜可分两层：内层为环行或螺旋形；外层为纵行。输卵管外面为浆膜，与肌膜间分布有许多小血管。

输卵管包于输卵管系膜内；后者也是子宫阔韧带的一部分，长短和厚薄因家畜种类而有不同。输卵管系膜与卵巢系膜之间形成卵巢囊开口朝向腹侧，将卵巢藏于其内，囊的大小和深浅因家畜种类而异。

牛的输卵管弯曲较宽，延伸较长，它位于发达的输卵管系膜内，该系膜形成宽大的卵巢囊，输卵管伞开口于系膜的游离缘上。输卵管沿卵巢囊壁走向子宫角，并逐渐变细，而与逐渐增大的子宫角相延续，二者之间没有明显分界。

（三）子宫

家畜的子宫是中空的肌质性器官，富有伸展性，是胎儿生长发育和娩出的器官。子宫借子宫阔韧带悬于腰下，大部分位于腹腔内，小部分位于骨盆腔内，在直肠和膀胱之间。背侧为直肠，腹侧为膀胱；前接输卵管，后接阴道，两侧为骨盆腔侧壁。子宫阔韧带为一宽厚的腹膜褶，内有丰富的结缔组织、血管、神经及淋巴管。子宫阔韧带的外侧前部，靠近子宫角处有一向外突出的浆膜褶，称为子宫圆韧带。

1. 子宫的结构

整个子宫分为子宫角、子宫体和子宫颈 3 部分（图 2 - 91）。

（1）子宫角 子宫角一对，为子宫的前部，呈弯曲的圆筒状，一般位于腹腔内。其前端以输卵管子宫口与输卵管相通，向后与对侧子宫角会合成为子宫体。

（2）子宫体 子宫体呈圆筒状，位于骨盆腔内，一部分向前伸入腹腔内，向后延续为子宫颈。

（3）子宫颈 子宫颈为子宫后段的缩细部，位于骨盆腔内，壁很厚，黏膜形成许多纵褶，内腔狭窄，称为子宫颈管，前端以子宫颈内口与子宫体相通，后端以子宫颈外口通阴道。子宫颈背侧为直肠，腹侧为膀胱；大动物在直肠检查时不难摸出。马、牛的子宫颈后部突入于阴道内，形成子宫颈阴道部，子宫颈管平时闭合，发情时稍松弛，分娩时扩大。

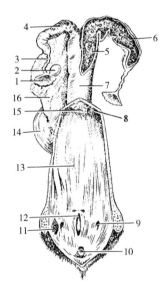

图 2 - 91 母牛的生殖器官 （背侧面）

1—输卵管伞 2—卵巢 3—输卵管
4—子宫角 5—子宫内膜 6—子宫阜
7—子宫体 8—阴道穹隆
9—前庭大腺开口 10—阴蒂
11—剥开的前庭大腺 12—尿道外口
13—阴道 14—膀胱
15—子宫颈外口 16—子宫阔韧带

2. 子宫的类型 （图 2 - 92）

（1）单子宫 无明显的子宫角部分，子宫体直接与输卵管相连。如人、灵长类（无子宫角）。

（2）双子宫 子宫体有两个，每个子宫体有一个子宫角，有两个子宫颈外口开口于阴道。如兔。

（3）对分子宫 子宫体里面角间够的纵隔延续很长，将子宫体里面大部分空间分成了左右两个部分，但只有一个子宫颈开口于阴道。如牛、羊、梅花鹿的子宫。

（4）双角子宫 子宫体内纵隔不明显。如猪、马、驴、狗、狐狸、水貂、大熊猫的子宫。

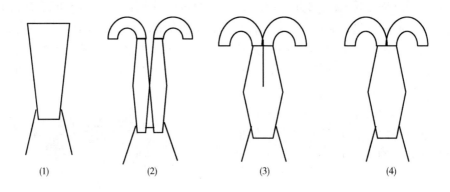

（1）　　　　　　（2）　　　　　　（3）　　　　　　（4）

图 2 - 92　子宫形态模式图
（1）单子宫　（2）双子宫　（3）对分子宫　（4）双角子宫

子宫的形态、大小、位置和结构，因畜种、年龄、个体、性周期以及妊娠时期等不同而有很大差异。

子宫壁由 3 层构成。黏膜层，又称子宫内膜，被覆单层柱状上皮。黏膜下组织不明显；在黏膜固有层内分布有丰富的分支管状腺，称子宫腺，其分泌物对早期的胚泡有营养作用。子宫颈的黏膜则集拢形成许多纵襞，有的家畜还形成一些环行襞；有些家畜在初级襞上形成次级襞甚至三级襞。子宫颈黏膜的上皮中分布有许多黏液细胞，有的家畜还具有分泌黏液的子宫颈腺。妊娠时黏液可封闭子宫颈管，形成浓稠的所谓黏液栓。子宫腺和子宫颈腺的发育及功能因性周期而有变化。子宫的肌膜又称子宫肌，由两层平滑肌构成，内层为较厚的环肌，外层为较薄的纵肌。在两肌层之间有发达的血管层。子宫颈的环肌层特别发达，使子宫颈管紧闭合，而当分娩时在激素的作用下则可大大扩张，供胎儿通过。子宫的浆膜又称子宫外膜，沿子宫的侧缘即系膜缘移行为子宫阔韧带，将子宫悬吊于腰下方，支持子宫并使之有可能在腹腔移动。妊娠期子宫阔韧带也随着子宫增大而加长并变厚。子宫阔韧带内有到卵巢和子宫的血管通过，其中动脉由前向后有子宫卵巢动脉、子宫中动脉和子宫后动脉。这些动脉在怀孕时即增粗，其粗细和脉搏性质的变化可通过直肠检查感觉到，常用于妊娠诊断。

子宫的形态、大小、组织结构和位置等在妊娠不同时期均发生相应的显著变化，分娩后通过回缩而基本复原。

子宫阔韧带是将子宫、输卵管和卵巢悬挂于腰下和盆腔前部的宽阔腹膜襞，又分为 3 部分：前部形成卵巢系膜和输卵管系膜；其余大部分则为子宫系膜。子宫阔韧带由两层浆膜构成，其厚薄和长宽因家畜种类而有所不同；卵巢和子宫的血管、淋巴管和神经行于其间，此外并含有平滑肌组织，有的家畜特别发达，与子宫肌的外纵层相连续。子宫阔韧带特别是子宫系膜以及其中的血管，妊娠时也发生显著的变化，分娩后则复原。其中的平滑肌在分娩过程中可协助将下坠的子宫提升，以利胎儿产出。

牛、羊的子宫由于瘤胃的影响，在成年个体大部分位于腹腔后部的右侧，子宫角长，两侧子宫角的后部以肌肉和结缔组织相连，表面被覆浆膜，从外观看，很像子宫体，因此称为伪子宫体。子宫角的前部相互分开，每侧子宫角向前下方偏外侧盘旋蜷曲呈绵羊角状，并逐渐变细。子宫体很短。子宫颈管窄细，黏膜突起嵌合成螺旋状，平时紧闭，不易开张，子宫颈外口有明显的环状及辐射状黏膜褶，在青年母牛呈菊花状，经产母牛皱褶肥大。子宫角和子宫体内膜上有特殊的隆起结构，称为子宫阜或子宫子叶。牛的子宫阜为圆形隆起，约 100 多个，排成 4 列。羊的子宫阜呈纽扣状，中央凹陷，约 60 多个，未妊娠时较小，妊娠时逐渐增大，是胎儿胎膜与子宫壁的结合部位。

（四）阴道

阴道是从子宫颈延续向后的肌膜性管，为母畜的交配器官和分娩时的产道，位于盆腔内，背侧为直肠，腹侧为膀胱和尿道。阴道前接子宫。阴道腔前部因有子宫颈突入而形成环行或半环行的隐窝，称阴道穹。阴道向后与阴道前庭相连续，以阴道口直接相通；两者在腹壁的交界处有尿道外口。在尿道外口的前方，黏膜形成一横襞或环行襞，称为阴瓣，又称前庭阴道壁，在幼畜和某些家畜较明显。

阴道壁由 3 层构成。黏膜形成一些纵褶，大小因家畜而有不同，前部并可形成横褶。黏膜无腺体，衬以复层扁平上皮；发情时上皮增生加厚，浅层细胞可角化，发情后脱落。阴道的肌膜由两层平滑肌构成：内层为环肌，外层为纵肌。阴道的外膜为发达的疏松结缔组织，含有许多血管，浆膜仅被覆于阴道的前部，为盆腔腹膜，大家畜可经此作为某些手术的入口。马和牛的阴道宽阔，周壁较厚。马的阴道穹窿呈环状，牛的呈半环状。

（五）尿生殖前庭

尿生殖前庭是阴道从尿道外口处向后连续的短管，终于阴门；为雌性的交配器官和产道，也是尿液排出的经路。

尿道前庭的内面为黏膜，常形成纵褶，淡红色至黄褐色，衬以复层扁平上皮，具有淋巴小结。在黏膜深部有前庭腺，又分两类。前庭小腺分布于前庭侧壁和底壁，导管多成行开口于黏膜上。这种腺见于大多数家畜，相当于公畜的尿道腺。前庭的两侧壁内有前庭大腺，为结实的腺体，导管每侧只有一条或数条，这种腺见于少数家畜（如牛），相当于公畜的尿道球腺。前庭腺分泌黏液，交配和分娩时增多，有润滑作用，此外并含有吸引异性的气味物质。

阴道前庭的黏膜下具有静脉丛，有的家畜在两侧并形成一对前庭球，由勃起组织构成，相当于公畜的尿道球即阴茎球。阴道前庭的肌膜除平滑肌外，并有环行的横纹肌束，构成前庭缩肌。

（六）阴门

阴门又称外阴，为雌性外生殖器。由左、右两阴唇构成，在背侧和腹侧互相联合，形成阴唇背侧和腹侧联合。两阴唇间为纵的阴门裂，是外生殖器的外口。背侧联合较钝圆，与肛门之间以短的会阴分开。腹侧联合较尖，向下突出。阴唇为皮肤褶，外部皮肤具有丰富的汗腺和皮脂腺，分布有细而软的短毛；内面皮肤薄而无毛和腺体，似黏膜，逐渐移行于阴道前庭。阴唇内有脂肪组织、平滑肌及横纹肌束，后者构成阴门缩肌。阴唇分布有非常丰富的血管和淋巴管，在发情时充血。

在阴唇腹侧联合以内有阴蒂，相当于公畜的阴茎，由阴蒂海绵体构成，也可分为阴蒂脚、阴蒂体和阴蒂头3部分。阴蒂脚附着于坐骨弓，外面包有坐骨海绵体肌，收缩时可使阴蒂充血。阴蒂体位于阴道前庭的底壁下。阴蒂头突出于阴门底壁上的阴蒂窝内。阴蒂窝是阴蒂包皮脏层与壁层之间形成的凹窝。阴蒂海绵体的发达程度和阴蒂头的形状，各种家畜不同。

牛的阴唇背侧联合圆而腹侧联合尖，其下方有一束长毛。

（七）雌性尿道

位于阴道腹侧，前端与膀胱颈相连，后端开口于尿生殖前庭起始部的腹侧壁，为尿道外口。

（八）母牛、母羊生殖器官构造特点

母牛的卵巢呈稍扁的椭圆形，羊的较圆、较小（大小约为 3.7cm×2.5cm×1.5cm），一般位于骨盆前口的两侧附近。未经产母牛的卵巢稍向后移，多在骨盆腔内；经产母牛的卵巢则位于腹腔内，在耻骨前缘的前下方。性成熟后，成熟的卵泡和黄体可突出于卵巢表面。卵巢囊宽大。

牛的输卵管长，弯曲少，输卵管伞较大，末端与子宫角的连接部无截然分界。

成年母牛的子宫大部分位于腹腔内。子宫角较长，平均为 35~40cm（羊 10~20cm）。左、右子宫角的后部因有结缔组织和肌组织相连，表面又被腹膜包盖，从外表看很像子宫体，所以称该部为伪体；子宫角的前部互相分开，开始先弯向前下外方，然后又转向后上方，卷曲成绵羊角状。子宫体短，长 3~4cm（羊约为 2cm）。子宫颈长 10cm（羊约为 4cm），壁厚而坚实；子宫颈管由于黏膜突起的互相嵌合而呈螺旋状，平时紧闭，不易张开。子宫颈阴道部呈菊花瓣状。

子宫体和子宫角的内膜上有特殊的圆形隆起，称为子宫阜，共有四排，约 100 多个（羊约 60 多个，顶端略凹陷）。未妊娠时，子宫阜很小，长约 15mm；妊娠时逐渐增大，最大的有握紧的拳头那样大，是胎膜与子宫壁结合的部位。

妊娠子宫的位置大部分偏于腹腔的右半部。

母牛的阴道长 20~25m。妊娠母牛的阴道可增至 30cm 以上。阴道壁很厚，因子宫颈阴道部的腹侧与阴道腹侧壁直接融合，所以阴道穹隆呈半环状，仅见于阴道前端的背侧和两侧。

母牛的阴瓣较不明显。在尿道外口的腹侧，有一个伸向前方的短盲囊（长约 3cm），称尿道下憩室（图 2-93），给母牛导尿时应注意不要把导尿管插入憩室内。牛的两个前庭大腺位于前庭的两侧壁内，

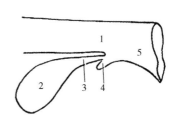

图 2-93　母牛尿道下憩室位置模式图
1—阴道　2—膀胱　3—尿道
4—尿道下憩室　5—尿生殖道前庭

各以 2~3 条导管开口于陷窝内。前庭小腺不发达。母牛的尿道长 10~12cm。

三、生殖生理

生殖是生物繁殖后代保证种族延续的生理过程。高等哺乳动物的生殖是通过生殖器官的活动和雌雄两性生殖细胞结合来实现的。生殖过程包括生殖细胞生成、交配、受精、着床、胚胎发育、分娩和泌乳等重要环节。

（一）性成熟与体成熟

1. 性成熟

哺乳动物生长发育到一定时期，生殖器官基本发育完全，并具备繁殖能力，这一时期称为性成熟。性成熟的标准是，性腺能形成成熟的生殖细胞和产生性激素；出现各种性反射，能完成交配、受精、妊娠和胚胎发育等生殖过程。

性成熟是一个发展过程，它的开始阶段称初情期。公畜的初情不易判断，一般以动物开始出现各种性行为（如阴茎勃起、爬跨母畜、交配等）为标志。母畜初情的主要表现是第一次发情。从初情期到性成熟，通常需要几个月（猪、羊等）或 1~2 年（马、牛、骆驼）。

动物性成熟的年龄随种类、品种、性别、气候、营养、管理、遗传等情况而有所不同。一般情况下，小动物比大动物性成熟早，雌性动物比雄性动物性成熟早，早熟品种、气温较高、营养水平高和环境条件好可使性成熟的年龄提早。群体因素也常影响性成熟和初情期，有异性个体存在时，可使初情期提前，同性的群体则初情期延迟。

2. 体成熟

性成熟后，动物体组织继续发育，直到具有成年动物固有的形态和结构特点，这时期称为体成熟。动物性成熟时，虽然具备了生殖能力，但身体还未发育完全，不能配种和繁殖；只有在体成熟时，动物各器官系统的功能才发育较完善，才允许用于繁殖（表 2 – 3）。过早的繁殖，不但影响自身的生长发育，而且影响胎儿的生长发育，对后代产生不良影响。所以在畜牧生产中，一般要求动物接近体成熟后再用于繁殖。如果采用胚胎移植技术来繁殖，则可不考虑取卵雌性动物的配种年龄。

表 2 – 3　各种家畜性成熟与初配年龄

动物种类	性成熟时间/月		适宜初配年龄/月	
	公畜	母畜	公畜	母畜
牛	10 ~ 18	8 ~ 14	24 ~ 36	18 ~ 24
绵羊	6 ~ 10	6 ~ 10	12 ~ 18	12 ~ 18
山羊	6 ~ 10	6 ~ 10	12 ~ 18	12 ~ 18
马	18 ~ 24	12 ~ 18	36 ~ 48	30 ~ 36
猪	4 ~ 8	4 ~ 8	9 ~ 12	8 ~ 10
兔	3 ~ 4	3 ~ 4	6 ~ 8	6 ~ 8
犬	10 ~ 12	7 ~ 9	12 ~ 18	12 ~ 18
猫	7 ~ 9	5 ~ 8	10 ~ 12	10 ~ 12

3. 性季节

性季节是指在一年中的一定季节内，某些动物出现周期性的发情并且能够进行繁殖的季节。在性季节里，雌性动物重复多次出现发情现象，如马、羊等，这类发情属于"季节性多次发情"，在性季节以外的季节里无发情现象。有些动物（如犬等），在发情季节仅有一个发情周期，这类发情属于季节性单次发情。有的动物（如牛、猪），在一年中除了妊娠期以外，都可能周期性地反复出现发情，这类发情属于"终年多次发情"。这类动物虽然全年都可以发情，但在温暖的季节里，发情周期正常，发情症状也明显，而在寒冷的季节里，发情就可能停止。

在自然条件下，只有当外界环境的气候适宜，有丰富的食物来源时，才有可能为动物的怀孕和新生命的诞生提供生活条件，才有利于刚出生动物的成活和发育。也只有在这种条件下，动物的繁殖活动才有实际意义。可见，动物的季节性发情是一种适应性表现。

动物的季节性繁殖，是受内外因素共同作用的结果。季节性发情的动物，在较粗放的条件下或接近原始类型的品种，发情的季节性较明显；而集约化饲养或驯化程度高的动物，季节性的限制不明显。决定季节性发情的主要因素是光照和温度及异性个体的存在，各种刺激通过不同的途径，最终调节卵巢中卵子和性激素的产生，从而影响发情。

（二）雄性生殖生理

雄性动物的生殖活动是由雄性生殖系统来完成的，主要包括精子的产生、成熟、精液的排放等一系列活动，该活动是在神经与体液的调节下进行的。

1. 雄性生殖器官的功能

（1）睾丸的功能　睾丸能产生精子和分泌雄性激素。

①睾丸的生精作用：睾丸由曲细精管和间质细胞组成。曲细精管上皮又由生精细胞和支持细胞构成。原始的生殖细胞为精原细胞，从初情期开始，精原细胞分阶段发育形成精子。这一过程每种动物所需要的时间不一样。支持细胞为各级生殖细胞提供营养，并起着保护与支持作用，为生精细胞的分化发育提供合适的微环境。支持细胞形成的血睾屏障可防止生精细胞的抗原物质进入血液循环而引起免疫反应。

精子的产生是在睾丸的曲细精管内进行的，曲细精管是由支持细胞和生精细胞构成。支持细胞呈高柱状，一端附着在曲细精管的基膜上，另一端伸向管腔，起支持和营养生精细胞的作用。不同发育阶段的生精细胞通常在曲精细管内呈同心层状有序的排列。成熟的精子则脱离支持细胞，进入曲细精管管腔中央。

精子的产生是个连续过程，从精原细胞发育成精子（图2-94）。精原细胞是生精干细胞，为保证精子发生的延续，每个精原细胞有丝分裂成一个非活动的精原细胞和一个活动的精原细胞，其中活动的精原细胞经4次分裂后获16个初级精母细胞。初级精母细胞经过两次减数分裂（与卵子形成时的第一次和第二次成熟分裂情况相同，不同的是初级精母细胞的两次成熟分裂在曲精小管内完成），第一次减数分裂生成2个次级精母细胞，染色体数减半，成为单倍体。每一个次级精母细胞经第二次减数分裂生成2个精子细胞，精子细胞经过形态变化形成精子，不再分裂。精原细胞经过上述发育阶段最后形成64个（绵羊、牛、兔等）或96个（大鼠和小鼠等）精子。各种动物精子发生所需的时间为绵羊49～50d、猪44～45d、牛60d、马49～50d。

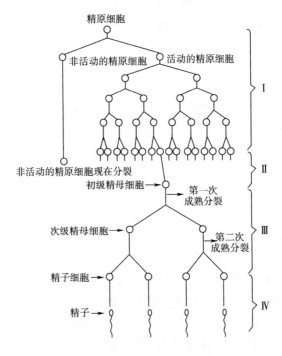

图2-94　精子发生图解
Ⅰ—繁增期　Ⅱ—生长期　Ⅲ—成熟期　Ⅳ—成形期

精子生成需要适宜的温度，如睾丸在腹腔内或腹股沟内（隐睾症），由于温度比阴囊内高1～8℃，将影响精子生成而不能生育。新生成的精子释放入曲细精管管腔后，本身并没有运动能力，而是靠小管外周肌样细胞的收缩和管腔液的移动运送至附睾内。在附睾内精子进一步成熟，并获得运动能力。附睾内可贮存少量的精子，大量的精子则贮存于输精管及其壶腹部。在性活动中，通过输精管的蠕动把精子运送到尿道。精子与附睾、精囊腺、前列腺和尿道球腺的分泌物混合形成精液，在性反射中射出体外。如不射精，精子在附睾中经一定时间后即衰老、死亡并被吸收。

多数动物的睾丸藏于阴囊内，阴囊内温度比体温低 3～4℃。这种温度适合精子的生成、贮存。若温度升高，则不利于精子的生成。阴囊能随体温和外界环境温度的变化而收缩、松弛。当外界环境温度或体温升高时，阴囊松弛，扩大表面积，加速散热；反之，当外界环境温度或体温降低时，阴囊收缩，缩小表面积，并使睾丸紧贴腹壁，这样既可以减少散热，又能从腹壁获得热量，以保持阴囊内部温度的恒定。

②睾丸的内分泌作用：睾丸的间质细胞能合成、分泌雄激素。雄激素包括睾酮、双氢睾酮和雄烯二酮，它们都是类固醇激素，但后两种激素的生物学作用较小，因此睾酮是最主要的雄激素。

睾酮的主要生理作用是维持生精作用，刺激生殖器官的生长发育，促进雄性副性征出现并维持其正常状态，维持正常的性欲，促进蛋白质合成，特别是肌肉和生殖器官的蛋白质合成，同时还能促进骨骼肌生长与钙、磷沉积和红细胞生成等。

（2）附睾的功能　附睾的功能主要为对精子的转运、浓缩、成熟和贮存。

①使精子成熟：附睾上皮的分泌物为精子的发育提供养分，促进精子的进一步发育，从而达到生理成熟。

②浓缩精液：能吸收精子悬浮液中的水分，到附睾尾时变为极浓缩的精子悬浮液。

③贮存和转运精子：精子在附睾体部成熟，输送至附睾尾部贮存。在动物射精时，把精子排到输精管，最后随精清排出。

④分泌某些物质进入附睾液：如甘油磷酸胆碱、肉毒碱等。

⑤吸收睾丸液中某些成分：如衰老的精子及其崩解产物。使附睾液能维持正常的渗透压，保持其内环境的稳定，有利于精子的存活。

在附睾内贮存的精子，经 2 个月以后还具有受精能力。但精子贮存过久，则受精能力会降低甚至使精子死亡。故长期没有采精的种公畜，第一次采得的精液品质不好。如果频繁采精，会出现发育不成熟的精子，故要掌握好采精的频度。

（3）输精管的功能　输精管的蠕动将精子从附睾尾送到输精管壶腹。配种时将精子送到尿生殖道。

（4）副性腺的主要生理功能　雄性动物的副性腺包括尿道球腺、前列腺和精囊腺 3 种。它们的分泌物共同组成精液的液体部分（或称精液），具有保护、运送精子和增加精子活力的作用。

雄性动物在射精时，副性腺的分泌有一定的顺序，这对保证受精有着重要的作用。尿道球腺首先分泌，以冲洗并润滑尿道，然后附睾排出精子，前列腺分泌，以促进精子在雌性生殖道内的活动能力，最后排出精囊腺的分泌物，在阴道内凝结，可防止精液从阴道外流，这对交配后保证受精有着重要的作用。

2. 交配

交配是性成熟的雄性和雌性动物共同完成的一种性行为。通过交配，精液从雄性生殖道内排出并被射入雌性生殖道内，是动物生殖过程的重要环节。

（1）交配行为　交配是复杂的性行为，由雌雄两性个体协调配合，经过一系列按一定顺序出现的性反射和性行为而完成，这些反射包括求偶、性欲激发、外生殖器勃起、爬跨、插入和射精等。雌性动物发情及其伴随的各种信号，是激发求偶和性欲的有效刺激，异性的出现和接近又可诱发更强的性欲，这时雄性动物阴茎充血勃起，进行爬跨，雌性动物阴蒂和阴道前庭充血，阴门微开，便于雄性动物阴茎插入实现交配。

交配行为要求雌雄两性个体协调配合。雄性动物交配行为阶段清楚，母畜的表现则不太显著，主要包括吸引公畜的行为和允许插入的行为。各种家畜交配所需的时间不同，马为1.5~2min，猪为5~8min，犬为45min，牛羊只有几秒钟。

（2）射精　射精是指公畜将精液射入母畜生殖道内的过程，是交配行为的最终结果。由于各种动物生殖道的结构、精液量和交配时间的不同，射精的部位也存在一定的差别。一般可分为两种类型：

①阴道射精型：将精液射至阴道深处和子宫颈附近，如牛、绵羊、山羊等。

②子宫射精型：将精液射入母畜子宫内，如马、驴、猪、骆驼等。

（3）精子、卵子在雌性生殖道内的运行　雄性动物射精后，精子在母畜生殖道内运行，经过阴道、子宫颈、子宫、输卵管，最后到达受精部位。精子的运行，需要多种力量的配合，如射精的力量、子宫颈的吸入作用、生殖道肌肉的收缩力、生殖道分泌液的推动力以及精子本身的运动能力等。卵子进入输卵管伞后经数小时到达输卵管壶腹，并在此受精。卵子在输卵管内的运行主要依靠输卵管收缩、黏膜纤毛运动以及管腔液的流动。所有这些动力除物理因素外，都受神经、内分泌的调节。

①激素的作用：卵巢激素是调节精子运行的最重要因子，它们不但影响子宫颈、子宫与输卵管上皮的结构、分泌以及肌肉收缩，也调节分泌物的数量和性状。此外，精液中的前列腺素、催产素都能影响生殖道肌肉的运动。

②神经系统的作用：植物性神经通过相应的递质调节生殖道的运动，但反应是暂时的。

3. 精液

精液由精子和精清组成，各种动物一次的射精量和精子浓度，随着不同的品种和生理状态而不相同。各种动物射精量和精子数见表2-4。

表2-4　常见家畜的射精量及精子浓度

动物种类	1次射精量/mL		1mL中精子数（×10^{10}）		1次射精的总精子数（×10^{10}）	
	平均	最大	平均	最大	平均	最大
牛	4~5	15	1~2	6	4~10	80
羊	1~2	3.5	2~5	8	2~10	18
猪	200~400	1000	0.1~0.2	1	20~30	100

（三）雌性生殖生理

雌性生殖器官包括卵巢、输卵管、子宫、阴道、尿生殖前庭等部分。卵巢是生产卵细胞和分泌雌激素、孕激素的器官，输卵管是卵子、受精卵运行管道及受精的场所，子宫是胎儿生长和发育的地方，而阴道及尿生殖前庭则是母畜的交配器官和产道，它们共同完成排卵、受精、妊娠、分娩等一系列生殖生理过程。

1. 雌性生殖器官的功能

（1）卵巢的功能　卵巢是雌性动物的主要生殖器官，能够产生并排出成熟的卵子，分泌雌激素、孕激素等性激素。

①卵巢的生卵过程：卵巢内卵细胞和卵泡的发育是同时进行的。原始卵泡经过初级卵泡、次级卵泡和成熟卵泡几个发育阶段而逐渐突出于卵巢表面（图2-95）。

a. 繁增期。卵原细胞经多次有丝分裂，数目显著增加，最后分裂形成初级卵母细胞。大多数家畜繁增期是在胚胎时完成，出生后不再形成新的初级卵母细胞，只是继续发育进入生长期。

b. 生长期。初级卵母细胞进入生长期，体积不断增大，胞质不断增加，并开始积存卵黄物质。核内脱氧核糖核酸含量倍增。

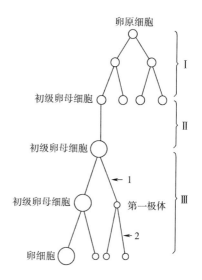

图2-95　卵子发生过程示意图
Ⅰ—繁增期　Ⅱ—生长期　Ⅲ—成熟期
1—第一次成熟分裂　2—第二次成熟分裂

c. 成熟期。在此过程中，初级卵母细胞经过两次成熟分裂（减数分裂）而成熟。大多数动物在胎儿期或出生后不久，初级卵母细胞处在第一次成熟分裂的前期，并进入持续很久的静止期，使第一次成熟分裂中断。性成熟排卵时，第一次成熟分裂继续进行，直到完成第一次成熟分裂。第一次成熟分裂后初级卵母细胞分裂为次级卵母细胞和第一极体。排卵后，次级卵母细胞开始第二次成熟分裂，第二次成熟分裂在受精中精子进入的短时间内完成，分裂为成熟的卵细胞和第二极体。如未受精则第二次成熟分裂终止。成熟卵子的染色体数目减半。

②排卵：突出于卵巢表面的成熟卵泡，在特定的条件下，随着卵巢表面上皮细胞和卵泡膜细胞的溶解、破裂，将卵子随同卵泡液排出的过程，称作排卵。大多数动物是卵巢周期性排卵；而一些动物（如兔、犬、猫、骆驼等）必须经过交配刺激才能诱发排卵，称作刺激性排卵。排卵后，破裂的卵泡逐渐转化为黄体，并开始分泌孕激素。

牛、马等动物每次发情一般只有一个卵泡发育成熟，只排出一个卵子；而猪、山羊、犬、兔等动物，每次发情有好几个卵泡同时发育成熟，排出两个以上的卵子。每次发情成熟的卵泡数在很大程度上决定着动物的产仔数。

③黄体的形成和退化：

a. 黄体的形成。排卵后，从破裂的卵泡壁血管流出的血液聚集在卵泡腔内形成血凝块，成为血体（红体）。之后，血液逐渐被白细胞吞噬、吸收，颗粒层细胞增生变大，吸收大量呈黄色的类脂质而变成黄体细胞，形成黄体，分泌孕酮，维持动物妊娠。动物在妊娠期间如孕酮水平下降往往发生流产。

b. 黄体的退化。动物未妊娠时的黄体称周期黄体或假黄体；如妊娠则称妊娠黄体或真黄体。牛、羊、猪等动物的妊娠黄体一直维持到妊娠结束时才退化。马在妊娠40d后子宫内膜产生的孕马血清促性腺激素能够使卵巢卵泡发育、排卵并形成副黄体。原有黄体和副黄体一般在160d左右退化，以后的妊娠阶段则靠胎盘分泌的孕酮来维持。

黄体退化时，黄体细胞细胞质空泡化和胞核萎缩，黄体体积逐渐缩小。黄体细胞逐渐被成纤维细胞所代替，最后整个黄体被结缔组织所代替，成为白体。

④卵巢的内分泌功能：卵巢细胞（卵泡内膜细胞及黄体细胞）能分泌雌激素、孕激素、极少量的雄激素及抑制素。它们和促性腺激素相互作用，相互制约，使卵巢排卵、子宫内膜和阴道黏膜发生周期性变化。

发情周期指本次发情开始到下次发情开始，或本次排卵到下次排卵的间隔时间。各种动物的发情周期长短不一（表2-5）。

表2-5 常见家畜的发情周期、发情期和排卵时间

动物种类	发情周期	发情持续时间	排卵时间
牛	21d	13~17h	发情结束后10~15h
绵羊	16~17d	30~36h	发情开始后18~26h
山羊	19d	32~40h	发情开始后9~19h
猪	21d	2~3d	发情开始后30~40h，有些品种发情开始后18h
兔	周期不明显	界限不明	交配后10.5h（诱导排卵）
犬	春、秋各发情1次,7~8d	发情开始后12~24h	各卵泡陆续排卵，持续2~3d
猫	周期不明显	4d	交配后24~30h（诱导排卵）

发情周期一般可分为4个时期：

a. 发情前期。是发情期前的一个阶段，卵巢中有新的卵泡发育。此时，雌激素分泌增加，腺体活动开始加强，分泌增多，生殖道轻微充血、肿胀，但动物一般无交配欲。

b. 发情期。是发情征状集中表现的阶段。动物有强烈的性欲和性兴奋，能够接受公畜交配。此时卵泡也进入新的发育阶段，卵泡迅速成熟并排卵，外阴部充血、肿胀，子宫黏膜增生，腺体分泌增多，子宫颈开张，并有黏液从阴道流出，子宫和输卵管出现蠕动现象。

c. 发情后期。发情结束后，黄体形成和维持的时期称发情后期。行为上不表现性兴奋和交配欲，生殖系统的亢进逐渐消退，卵巢内形成黄体并分泌孕酮。

d. 休情期。是转入下一个发情前期的过渡时期。在此期间，动物行为正常，无交配欲。卵巢中黄体发育成熟，孕酮对生殖器官的作用更加明显。黄体在该期后期开始退化，一旦黄体完全消失，新的卵泡开始发育，就进入下一个发情周期。

（2）输卵管的功能 输卵管有接纳卵子、转送卵子和精子的功能；也是精子获能、卵子受精、卵裂和早期胚胎发育的场所；其分泌细胞的分泌物参与形成管腔液，提供完成受精和早期胚胎发育的环境。

（3）子宫的功能 子宫是胎盘形成和胎儿生长发育的场所，提供妊娠所需要的环境。发情交配时，子宫肌的收缩有助于精子向输卵管方向泳动。妊娠时，子宫肌处于相对静止状态，有利于胎儿的发育。分娩时，子宫肌强烈收缩，促进胎儿的排出。胚泡种植前，子宫分泌物滋养着发育的胚泡。子宫内膜产生一种溶黄体的物质，具有溶解黄体的作用，子宫颈能分泌黏液，在妊娠时变得黏稠，闭塞子宫颈口，可以防止感染。子宫内膜的分泌物为精子的获能提

供有利的环境。

（4）阴道的功能 阴道是交配器官，也是胎儿、胎盘产出的通道，在某些动物还是接受精子的地方。它的前庭腺在动物发情时能分泌黏液，是发情征状之一。

2. 受精

受精是精子和卵子结合而形成合子的过程。在合子形成过程中，雌雄两性个体的遗传物质融合，使双方的遗传性状在新生命中表现出来，合子是新的个体发育的起点。受精的部位在输卵管上 1/3 处。受精的必要条件是精子运送到受精的部位与卵子相遇，并且精子必须获能。

①精子的运行：精子在母畜生殖道内由射精部位到受精部位的运动过程称为精子的运行。精子运行除靠本身的前进运动外，更主要的是借助于母畜输卵管的收缩和蠕动。在趋近卵子时，精子本身的运动十分重要。

精子进入母畜生殖道之后，需经过一定变化后才能具有进入透明带和使卵子受精的能力，这一变化过程称作精子的受精获能过程（或受精获能作用）。精子的获能始于阴道，但最有效的部位是在子宫和输卵管。精子在子宫内获能约需 6h，在输卵管内获能约需 10h。精子获能是一个十分复杂的生命现象，一般认为，精子获能的主要意义在于使精子准备顶体反应，并促进其穿过透明带。

②卵子的运行：哺乳动物的卵子排出后需要运行至输卵管的壶腹部才能受精，与精子一样在运行过程中也需要经过一系列变化，才具有受精能力。各种动物卵子成熟过程不同。牛、绵羊、猪排出的卵子虽然已经过第一次减数分裂，但还需要进一步发育才能达到受精所需的要求。马、犬排出的卵子仅处于初级卵母细胞阶段，在输卵管中需要进行再一次成熟分裂。

③精子和卵子在生殖道内保持受精能力的时间：各种动物精子在生殖道内保持受精能力或存活的时间有所不同，一般来说，牛为 15～56h，羊为 48h，猪为 50h，马则比较长，配种后 5d 仍有活的精子。卵子只有在壶腹部才能保持正常的受精能力，一般保持受精能力的时间并不长：牛 18～20h、马 4～20h、绵羊 12～16h、犬 4.5d、兔 6～8h。精子和卵子在母畜生殖道内保持受精能力的时间比较短，因此，无论是自然交配还是人工授精，都要准确掌握配种时间，这对提高繁殖率非常重要。

④受精过程：受精过程主要有以下 3 个步骤：

a. 精子与卵子相遇。精子与卵子在输卵管壶腹相遇而受精。因此，精子要从射精部位（阴道或子宫）运行到受精部位（输卵管壶腹）；卵子也要从输卵管伞部运行到输卵管壶腹部，在那里精子和卵子相遇，完成受精。射精时有数亿个精子进入母畜生殖道，但只有几千个精子能达到输卵管壶腹，而最后只有一个精子能进入卵子而受精。

b. 精子进入卵子。精卵相遇，精子顶体释放出透明质酸酶，溶解卵子周围的放射冠，穿过透明带之后，卵子产生受精素与精子起特异性反应，使精子固定在透明带某一点上，继而精子又释放顶体素（蛋白水解酶），使精子突破透明带，而达卵黄膜，精子失去顶体，头进入卵黄膜。

当精子穿过透明带触及卵黄膜时，可激活卵子引起卵黄膜收缩，释放出物质使透明带变性硬化，又封闭，阻止随后到达的精子再进入，这一反应称为透明带反应。兔无透明带反应，可有多个精子穿过透明带；猪透明带反应慢，也常有补充精子进入透明带，但最后都只有一个精子进入卵黄膜与卵子受精。同时，当精子头部与卵黄膜接触时，卵黄紧缩，使卵黄膜增厚，并排出部分液体进入卵黄周围，使卵黄膜不再允许其他精子通过，这一反应称为卵黄封闭作用。透明带反应和卵黄膜封闭作用，都是防止多精子受精，保证一精一卵结合。家畜一般都是单精子受精。

c. 合子形成阶段。精子进入卵子后，脱掉尾巴，头部膨大，细胞核形成雄性原核，卵子的核形成雌性原核，两个原核接近，核膜消失，各自形成染色体，进行组合，完成受精的全过程，接着发生第一次卵裂。

受精所需的时间，即从精子进入卵子至合子第一次卵裂，牛为 20~24h，猪为 12~24h，羊为 16~21h，兔为 12h，马的合子第一次卵裂发生在排卵后的 24h。

在受精过程中，两性生殖细胞间进行着有规律的选择。它决定着后代的生活力。公畜和母畜生活环境条件越不同，亲缘关系越远，合子的生活力越强。合子生活力不但决定合子的生长发育能力，而且也影响着新个体的生活力。只有生活力强大的合子才能发育成生活力强大的新个体。

3. 妊娠

受精卵在母体子宫内生长发育为成熟胎儿的过程称为妊娠。在妊娠期，母体和胚胎或胎儿都发生一系列生理变化。妊娠从受精完成开始，直到分娩结束。在妊娠的识别、建立和维持上，机体的内分泌系统起着重要的调节作用。

（1）卵裂和胚泡种植 受精卵（合子）沿输卵管向子宫移动的同时，进行细胞分裂，称为卵裂。约 3d 变成 32 个卵裂球时，形成为一个实心的球体，形似桑葚，称为桑葚胚；约 4d 桑葚胚即进入子宫，继续分裂，体积扩大，形成中央含有少量液体的空腔，称为胚泡。在胚泡周围形成一层滋养层，供给胚泡迅速增殖所需的营养，其后胚泡逐渐埋入子宫内膜而被固定，称为种植。种植后胚泡继续生长，由母体供给养料和排出代谢产物。

（2）胎盘形成与胎儿发育 种植后的胚泡滋养层迅速向外增生，在其表面逐渐形成一个含胚泡血管组织由羊膜、尿囊膜和绒毛膜组成的结构，称为胎膜。与此同时，子宫内膜与胚泡相接的黏膜增生，绒毛膜的绒毛深入子宫内膜构成胎盘，从此胚胎在胎盘内发育成胎儿。

胎盘是胎儿与母体进行物质交换的器官，胎儿需要的营养物质和氧气是通过母体渗透而来，而胎儿产生的代谢产物，也是通过胎盘渗透给母体的。胎盘在胚胎发育前半期特别明显。

家畜的胎盘属于尿囊绒毛膜胎盘，由尿囊部分的绒毛膜与母体子宫壁之间建立相互联系，营养通过尿囊血管传递给胚胎。依据胎盘的形态和尿囊绒毛膜上绒毛的分布不同，家畜的胎盘可以分为 4 种类型（图 2 - 96）。

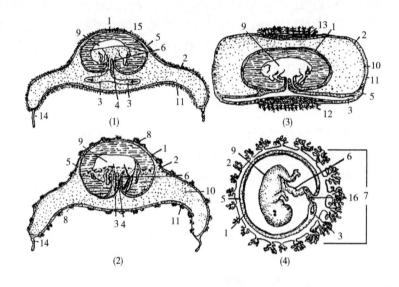

图 2 - 96 哺乳动物胎盘模式图

（1）猪分散型胎盘（Michel，1983）　（2）牛子叶型胎盘（Michel，1983）
（3）肉食兽环带状胎盘（Michel，1983）　（4）人盘状胎盘（Patten，1953）
1—羊膜　2—绒毛膜　3—卵黄囊　4—尿囊管　5—胚外体腔　6—脐带
7—盘状胎盘　8—子叶　9—胎儿　10—尿囊　11—尿囊绒毛膜　12—绒毛环
13—环带状胎盘　14—退化的绒毛膜端　15—晕　16—尿囊血管

①分散性胎盘：如猪、马。除尿囊绒毛膜的两端外，这种胎盘的绒毛或皱褶比较均匀地分布在整个绒毛膜表面。绒毛（马）或皱褶（猪）与子宫内膜相应的凹陷部分相嵌合。

②绒毛叶胎盘：如牛、羊、山羊，胎儿绒毛膜上的绒毛，在绒毛膜构成绒毛叶或称子叶。子叶与子宫内膜上的子宫肉阜紧密嵌合。羊的子宫肉阜上有一大的凹窝，绒毛叶伸入凹窝内构成胎盘块；牛的子宫肉阜上无凹窝，由绒毛叶包裹子宫肉阜而构成胎盘块。

③环状胎盘：此类胎盘见于猫、狗等肉食兽。胎儿绒毛膜上的绒毛仅分布在绒毛膜的中段（相当胚体腰部水平位），呈一宽环带状。

④盘状胎盘：胎儿绒毛膜上的绒毛集中在一盘状区域内。兔和人的胎盘属这种类型。

另外，根据胎盘的组织结构和对母体子宫内膜的破坏程度，又可将高等哺乳动物的胎盘分为以下4类（图2-97）。

①上皮绒毛膜胎盘：这种胎盘屏障的组织层次结构比较完整，物质由母体血液渗透到胎儿血液中或反向渗透时都要经过6道屏障：母体血管内皮；子宫内膜结缔组织；子宫内膜上皮；胎儿绒毛膜上皮；绒毛膜间充质；绒毛膜血管内皮。家畜中的猪、马、牛、羊属这种胎盘。

这种胎盘的绒毛膜上皮和子宫内膜上皮均比较完整，绒毛嵌合于子宫内膜相应的凹陷内。电镜观察表明，绒毛膜上皮细胞和子宫内膜上皮细胞均可出现微绒毛，相互嵌合而增大物质交换的表面积。据研究，牛在妊娠末期部分子宫内膜上皮细胞剥落而出现局部的结缔绒毛膜型屏障结构。绵羊的胎盘屏障结构，在妊娠期间虽有某些变化，但仍属上皮绒毛膜结构类型。

②结缔绒毛膜胎盘：这种胎盘的子宫内膜上皮脱落，绒毛膜上皮直接接触子宫内膜的结缔组织。这种胎盘的联系较散布胎盘紧密，物质交换经过5道屏障：子宫血管内皮；子宫内膜结缔组织；绒毛膜上皮；绒毛膜间充质；绒毛膜血管内皮。

上述两种胎盘，胎儿绒毛膜与子宫内膜接触时，宫内膜没有破坏或破坏轻微。分娩时胎儿胎盘和母体胎盘各自分离，没有出血现象，也没有子宫内膜的脱落，又称非蜕膜胎盘。

③内皮绒毛膜胎盘：这种胎盘的绒毛深达子宫内膜的血管内皮，猫、狗等

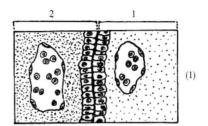

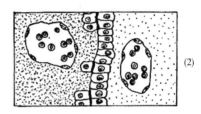

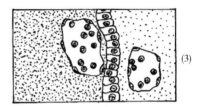

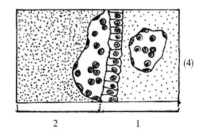

(1)

(2)

(3)

(4)

图2-97　胎盘屏障类型模式图
(1) 上皮绒毛膜胎盘　(2) 结缔绒毛膜胎盘
(3) 内皮绒毛膜胎盘　(4) 血绒毛膜胎盘
1—胎儿胎盘　2—母体胎盘

肉食兽属这种类型。物质交换经过 4 道屏障：子宫血管内皮；绒毛膜上皮；绒毛膜间充质；绒毛膜血管内皮。

④血绒毛膜胎盘：兔和人的胎盘属这种类型。种胎盘的绒毛浸在子宫内膜绒毛间腔的血液中，物质渗透经过 3 道屏障：绒毛膜上皮；绒毛膜间充质；绒毛膜血管内皮。

上述两种胎盘，胎儿胎盘深入子宫内膜，子宫内膜被破坏的组织较多。分娩时不仅母体子宫有出血现象，而且有子宫内膜的大部或全部脱落，所以又称蜕膜胎盘。以上各种家畜的胎盘类型见表 2-6。

表 2-6 哺乳动物的胎盘类型

种类	胎盘类型
猪	分散型胎盘；上皮绒毛膜胎盘；非蜕膜胎盘
马	分散绒毛型胎盘；上皮绒毛膜胎盘；非蜕膜胎盘
牛、羊	绒毛叶胎盘；上皮绒毛膜胎盘；非蜕膜胎盘
狗、猫	环状胎盘；内皮绒毛膜胎盘；蜕膜胎盘
兔和人	盘状胎盘；血绒毛膜胎盘；蜕膜胎盘

胎盘是胎儿与母体进行物质交换的器官。胎儿所需营养物质和氧从母体吸取；胎儿的代谢产物，如二氧化碳、尿素、肌酸、肌酸酐等，通过胎盘排入母体血液内。应该注意，胎儿循环血管和母体循环血管并不直接连通，物质交换以渗透方式进行。但这种渗透具有选择性，物质通过主动运输而传递。有关试验表明，果糖在胎盘中形成并贮存于胎儿肝内作为能量贮备；绒毛膜上皮细胞含有大量核糖核酸（RNA），能合成蛋白质供胎儿生长。绒毛膜还能分泌促性腺激素和孕激素。因此，胎盘对于胎儿的作用，有如出生后动物的胃肠道、肺、肾、肝和内分泌腺一样，完成吸收、排泄、合成等重要机能，保证胎儿正常发育。

（3）妊娠时母体的变化 雌性动物妊娠后，为了适应胎儿的生长发育，各器官系统的生理功能都要发生一系列的变化。

家畜妊娠后，由于妊娠黄体分泌大量的孕酮，使卵巢中的卵泡不再成熟，也不排卵，母畜的发情暂停；在雌激素的协同作用下，刺激乳腺腺泡生长，使乳腺发育完全，为泌乳做好准备。

随胎儿的发育，子宫的质量和体积都逐渐增加，子宫颈被分泌的黏液所封闭。腹腔内的脏器受到子宫的挤压向前移动，这样就引起消化、循环、呼吸、排泄等器官发生适应性的变化。这些变化可以从外部表现出来。因此，常用此作为母畜妊娠鉴定的初步依据。

妊娠期间，性周期停止。代谢旺盛，食欲增加，身体初期肥胖，后期如果饲料和饲养管理条件稍差，母畜就会逐渐消瘦。呼吸呈胸式呼吸，呼吸变得浅而快。心脏活动困难、肾机能紊乱，出现蛋白尿。排尿、排粪次数增加，腹下和四肢出现水肿。腹围随妊娠期增大，在妊娠后期更加明显。此时母猪腹部下垂，牛、羊一般是右腹壁突出，马左腹壁突出下垂。乳腺迅速增生，临产前有胀奶现象。

（4）妊娠期　妊娠期是指从受精卵开始，至胎儿的出生为止的时间。妊娠期的长短，随动物的种类、品种、胎儿的性别和数目、年龄和饲养管理条件而不同。家猪比野猪的妊娠期短，双胎的比单胎的妊娠期短，雌性胎儿比雄性胎儿的妊娠期短，年老的妊娠期比年轻的短。各种动物的妊娠期见表2－7。

表2－7　动物的妊娠期

动物种别	平均妊娠期/d	变动范围/d
牛	282	240～311
水牛	310	300～327
绵羊、山羊	152	140～169
马	340	307～402
猪	114	110～140
兔	30	28～33
犬	62	59～65
猫	58	55～60

（5）妊娠期间的发情　母畜发情周期一般由妊娠开始而中断，但有的妊娠母畜还可能出现发情，称作妊娠期发情。

（6）假发情　母畜发情排卵后，如卵子并没有受精，而黄体继续存在，经一定时间后，出现乳腺发育、泌乳、做窝等妊娠征候，这一现象称作假妊娠。

4. 分娩

发育成熟的胎儿和胎衣通过雌性动物生殖道产出的生理过程称为分娩。分娩前雌性动物有一系列形态、生理和行为变化，以适应产出胎儿和哺育仔畜的需要。这些变化包括外阴部红肿、滑润、分泌物稀薄；子宫颈肿胀、松软、黏液塞软化、流失；骨盆韧带松弛；乳腺胀大、充实、开始分泌初乳；食欲减少，行为谨慎，喜好僻静，有的动物还有做窝现象等。

分娩主要靠子宫肌肉强烈的节律性收缩即阵缩而完成，一般可分为3个时期，即开口期、胎儿排出期和胎衣排出期（表2－8）。

表 2 – 8 常见家畜分娩各阶段所需时间

动物种类	开口期	胎儿产出期	胎衣排出期
牛	6 (1~12) h	0.5~4h	12~18h
羊	4~5 (1~12) h	0.5~4h	12~18h
马	12 (1~24) h	10~30min	2h 内
猪	3~4 (1~12) h	10min/只	10~60min
兔	20~30min		
犬	3~6h		
猫		2~6h	

（1）开口期 子宫平滑肌开始出现阵缩至子宫颈开放。起初阵缩的频率较低，收缩的时间较短而间歇时间较长，以后阵缩的频率逐渐增加，收缩时间延长，间歇时间缩短。阵缩将胎儿和胎膜挤入子宫颈，迫使子宫颈开放，部分胎膜通过子宫颈口突入阴道并因受强烈压迫而破裂，胎水经裂孔排出，胎儿前部顺着液流进入骨盆腔。

（2）胎儿排出期 从子宫颈口开放至胎儿产出。子宫阵缩更加强烈、频繁而持久；同时出现努责现象，即腹肌和膈肌也发生强烈收缩，使腹内压显著升高，这是迫使胎儿从子宫经阴道排出体外的主要动力。

（3）胎衣排出期 从胎儿产出至胎衣排出。胎儿排出后经一段时间，子宫阵缩又开始，这时的特点是收缩期短，间歇期长，收缩力较弱，使胎衣（胎膜和胎盘）从子宫中排出。各种动物胎衣排出的时间不同，狗、猫等肉食动物胎衣可随胎儿同时排出；猪在全部胎儿产出后即很快排出胎衣；马胎衣较易脱落，排出也较快，一般不超过 1h；牛胎衣不易脱落，排出较慢，一般也不超过12h。胎衣排出后，子宫收缩压迫血管裂口，阻止继续出血，分娩即结束，然后进入产后期。

胎儿从子宫中娩出是以子宫肌和腹壁肌的收缩为动力来实现的。当妊娠接近结束时，由于胎儿及其运动刺激子宫内的机械感受器，通过神经和体液的作用，子宫肌收缩逐渐增强，呈现节律性收缩与间歇，称作阵缩。把腹壁肌的强烈收缩称为努责。阵缩的强度、持续时间与频率随分娩时间逐渐增加。阵缩使胎儿和胎盘的血液循环不致因子宫肌的收缩而发生障碍，可有效保护胎儿。如果子宫肌的连续收缩没有间歇，胎儿和胎盘的血液循环将因子宫肌长期的收缩而发生障碍，会引起胎儿的窒息和死亡。

四、泌乳

泌乳是家畜繁衍后代的一个重要生理功能，包括乳的生成和乳的排出两个既独立又相互联系的过程。泌乳不但为仔畜提供营养丰富的食物，而且将母畜的一些信息传递给仔畜，此外，乳用动物特别是奶牛、奶山羊等，泌乳量大，与人类生活密切相关，因此，家畜的泌乳一方面是哺育仔畜的需要，另一方面则是乳业生产的基础。

雌性动物分娩后的泌乳能持续一段时间，这一时期称为泌乳期。一般动物泌乳供哺育仔畜，故又称为哺乳期。各种动物的泌乳期不同，猪约为60d，普通牛为90~120d，而乳牛用长达300d左右。从乳腺停止泌乳到下次分娩为止的这一段时间，称为干乳期。因此，泌乳又是成年动物特定时期发生的短期生理过程。

（一）乳腺的发育

家畜乳腺的发育具有明显的年龄特征。幼龄动物的乳腺尚未发育，雌雄两性的乳腺也没有明显的差别。

1. 出生到初情期

该阶段雌激素水平很低，乳腺只有简单的导管，并以乳头为中心向四周辐射。

2. 初情期

随着性周期的建立，在雌激素的作用下，乳腺快速增长，并伴随着脂肪的积聚。这一时期的主要特点是乳导管系统生长迅速。

3. 妊娠期

由于妊娠期母畜分泌大量的雌激素和孕激素，乳腺迅速生长，并进一步发育，这是乳腺生长发育最明显的阶段。以奶牛为例，妊娠早期乳腺导管系统进一步扩展并分支，形成腺小叶间的导管，并出现腺泡。此后小叶日益明显，至最后2个月，腺泡明显增大，并充满大量脂肪球分泌物。临产前腺泡分泌初乳。

4. 泌乳期

乳腺细胞数目增加，乳腺组织发育完全，直至泌乳高峰期。

乳腺的正常发育受激素调节和神经系统的调节。其中雌激素和孕酮可以促进乳腺导管和乳腺泡的生长发育。此外，催乳素、生长激素、促肾上腺皮质激素及肾上腺皮质激素等多种激素也参与乳腺发育的调节。神经系统是通过下丘脑－垂体系统或直接支配乳腺而影响其发育的。实验证明，按摩妊娠雌畜的乳房能增强乳腺的发育和产后的泌乳量；在性成熟前切断母山羊的乳腺神经，则将阻滞乳腺的发育；在妊娠期切断乳腺神经，腺泡发育不良；在泌乳期切断乳腺神经，泌乳量显著降低（图2-98）。

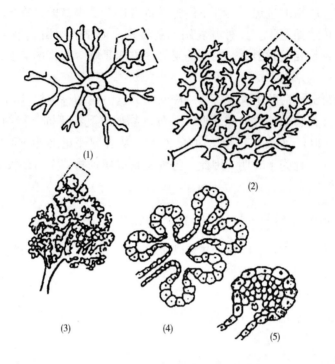

图 2 - 98 不同生长期乳腺的生产发育图

（1）未成年动物的乳腺，只有简单导管由乳头向四周辐射

（2）已成年未孕动物的乳腺，导管系统逐渐增生和扩大

（3）妊娠后的乳腺，末端形成腺泡 （4）腺泡放大 （5）分娩后腺泡上皮分泌乳汁

（二）乳的生成和分泌

乳的分泌是指乳腺分泌细胞从血液摄取营养物，生成乳后分泌进入腺泡腔内的生理过程。乳的分泌过程包括三个阶段：①乳前体的获得——血液中营养成分进入乳腺；②乳的合成——乳腺细胞内合成乳的部分成分；③乳腺分泌物转运进入腺泡腔内。

1. 乳前体的获得

乳的前体来源于血液，比较血液和乳中的相应组分，可发现乳中的无机盐、某些激素及一些蛋白与血液相似，它们直接来自血液。而乳糖、乳脂及大部分乳蛋白与血液不同，是由乳腺细胞合成的。

2. 乳的合成

乳中的乳蛋白、乳脂和乳糖等是乳腺细胞利用血液中的原料，经过复杂的生物合成而来的。

（1）糖类 乳中的糖主要是乳糖，它由一分子葡萄糖和一分子半乳糖组成。乳腺细胞中葡萄糖来源于血液，大部分半乳糖由葡萄糖转变而来。而乳腺血液中的血糖有60%～70%用来合成乳糖。

乳糖是维持乳中渗透压的主要因素，上皮细胞的分泌和水分重吸收很大程度上取决于乳糖的含量，因此泌乳量与乳糖浓度密切相关，当乳糖分泌不足时，乳产量下降。

（2）乳脂　乳脂中甘油三酯占97%～98%，磷脂及其他仅占2%～3%。乳腺细胞中乳脂主要有三种来源。

①葡萄糖：在糖酵解过程中葡萄糖转变成甘油和脂肪酸，进而合成甘油三酯，这是非反刍动物合成乳脂的主要途径。

②血液中脂肪：从消化道吸收的脂肪，存在于血液中的乳糜微粒和低密度脂蛋白，在通过毛细血管和分泌上皮的细胞膜时被分解成脂肪酸、甘油和甘油一酯，成为合成乳脂的原料。反刍动物乳脂的脂肪酸一半直接来源于血液。

③乙酸：乙酸是瘤胃微生物消化代谢的产物，经吸收后运送至乳腺，进而合成脂肪酸。对于反刍动物，由乙酸合成的脂肪酸约占脂肪酸总量的40%。

（3）蛋白质　乳中的蛋白质主要是酪蛋白和乳清蛋白。乳中蛋白大体上有三种来源：大部分蛋白质（90%）是利用血液游离氨基酸合成的；另外一些蛋白质，如免疫球蛋白、血清白蛋白则直接来源于血液；还有少量蛋白质可能来自废弃或完整的细胞。

3. 乳腺分泌物的转运

乳腺分泌物转运进腺泡腔要经过两个过程：乳组分从合成部位到达腺泡细胞膜顶端；跨膜进入腺泡腔。其中蛋白质、脂肪、乳糖分子以胞吐作用的形式进入腺泡腔，而无机离子主要通过主动转运机制转运的。

4. 乳腺分泌的调节

泌乳期间的泌乳，包括启动泌乳和维持泌乳两个过程。主要通过神经－激素的途径进行调节。

在妊娠期间，大量的雌激素和孕酮抑制脑垂体前叶的催乳激素的分泌和释放，在分娩以后孕酮水平突然下降，使催乳激素迅速释放，强烈促进乳的生成，引起泌乳。

血液中含有一定水平的催乳激素才能维持泌乳。垂体分泌催乳激素是一种反射活动，哺乳或挤乳刺激乳房的感受器，神经冲动到达脑部，兴奋下丘脑的有关中枢，然后通过神经及体液途径解除中枢对垂体前叶催乳激素释放的抑制作用，使催乳激素释放增强，从而维持泌乳。除了催乳激素外，胰岛素、甲状腺素和肾上腺皮质激素等因能调节机体的代谢活动，所以对乳的生成也有一定影响。

乳的生成还受大脑皮层的影响，增强兴奋过程可以加强乳的分泌。

（三）乳

乳是乳腺分泌活动的产物，不但为仔畜提供充足的营养，乳用动物生产的乳汁更是人类高质量的食品。乳有初乳和常乳之分。母畜分娩后最初7d内所产的乳称为初乳。初乳期过后，乳腺分泌的乳逐渐转变为常乳。

1. 初乳

初乳浓稠，呈淡黄色，稍有咸味。初乳中各种成分的含量与常乳相差悬殊，与常乳比较，初乳中脂肪、蛋白质、无机盐含量较高，而乳糖含量较低。磷、钙、钠、钾含量大约为常乳的1倍，铁的含量则比常乳高10~17倍。初乳富含维生素，特别是维生素A、维生素C、维生素D分别比常乳高10倍、10倍和3倍。初乳中的蛋白质在牛达17%，绵羊和猪达20%左右，都超出常乳数倍，幼畜摄食蛋白质后能透过其肠壁而被吸收入血，有利于迅速增加幼畜的血浆蛋白，特别有意义的是初乳中含有丰富的免疫球蛋白，新生仔畜在产后24~36h，免疫球蛋白可以通过肠壁被吸收，建立仔畜的被动免疫体系，故出生后及时吃上初乳是至关重要的。初乳成分逐日改变，乳糖不断增加，蛋白质和无机盐逐渐减少，6~15d后成为常乳（表2-9）。

表2-9　乳牛初乳化学成分的逐日变化情况　　　　单位:%

产犊后时间/d	1	2	3	4	5	8	10
干物质	24.58	22.0	14.55	12.76	13.02	12.48	12.53
脂肪	5.4	5.0	4.1	3.4	4.6	3.3	3.4
酪蛋白	2.68	3.65	2.22	2.88	2.47	2.67	2.61
清蛋白及球蛋白	12.40	8.14	3.02	1.80	0.97	0.58	0.69
乳糖	3.34	3.77	3.77	4.46	4.89	3.88	4.74
灰分	1.20	0.93	0.82	0.85	0.80	0.81	0.76

初乳有特殊的分泌机制。分娩初期分泌细胞产生的初乳组分，不能通过细胞膜，以致细胞不断膨胀，最后破裂，细胞外液和腺泡液混合，因此初乳的某些化学成分尤其是抗体与血液甚为接近。

2. 常乳

常乳的营养成分十分丰富，除水分之外，还包括蛋白质、脂肪、糖、维生素、矿物质以及各种生物活性物质。各种家畜常乳的化学成分见表2-10。

表 2 - 10　各种家畜乳的化学成分　　　　单位:%

畜种	干物质	脂肪	蛋白质	乳糖	灰分
奶牛	12.8	3.8	3.5	4.8	0.7
水牛	17.8	7.3	4.5	5.2	0.8
绵羊	17.9	6.7	5.8	4.6	0.8
山羊	13.1	4.1	3.5	4.6	0.9
马	11.0	2.0	2.0	6~7	0.3
猪	16.9	5.6	7.1	3.1	1.1
兔	30.5	10.5	15.5	2.0	2.5

（1）脂肪　甘油三酯是乳脂最主要的成分。此外，还有甘油一酯、甘油二酯、游离脂肪酸以及磷脂和固醇。乳中脂肪呈脂肪球状，外面为脂蛋白膜所包裹。

（2）糖　乳中糖主要是乳糖，在胃肠道中要在乳糖酶作用下才能被消化、吸收。大多数幼年哺乳动物消化道中都含有乳糖酶，但成年动物（包括人）则较缺乏，乳糖进入消化道后会引起渗透压增高，若被微生物发酵，可引发胃肠道疾病。乳糖可被乳酸菌分解形成乳酸，这是乳品深加工的重要依据。

（3）蛋白质　乳中蛋白质主要是酪蛋白和乳清蛋白。此外，还有乳脂肪球蛋白。乳中蛋白质总量以及各组分含量有很大的种属差异，而且随泌乳期、季节、饲养水平而变。

（4）矿物质　乳的矿物质中钠、钾、镁大都以氯化物、硫酸盐和磷酸盐的形式存在。乳中钙、磷的含量比较丰富，两者的含量大约为 1.2：1，有利于钙的吸收利用。乳中铁比较缺乏，特别对仔猪，为避免贫血，通常初生仔猪都需补铁。

（5）乳中的生物活性物质　通常乳中含有许多生物活性物质，包括激素和生长因子等。母体的信息通过乳中生物活性物质传递给仔畜以调节其生理功能，如生长、免疫、胃肠道和内分泌系统的发育等。

（四）排乳

1. 乳的蓄积

乳腺的全部腺泡腔、导管和乳池构成了蓄积乳汁的容纳系统。乳在乳腺泡的上皮细胞内形成后，连续地分泌到腺泡腔中。当乳汁充满腺泡腔和细小乳导管时，依靠腺泡周围的肌上皮和导管系统的平滑肌的反射性收缩，将乳周期性地转移到中等乳导管、粗大乳导管和乳池中。

奶牛于挤乳后 5 ~ 8h 内，乳在乳腺容纳系统逐渐蓄积，刺激压力感受器，反射性地引起乳腺肌组织紧张性下降，使乳房内压不明显升高。但当乳腺容纳系统被乳充满到一定程度后，乳汁继续蓄积就使乳腺容纳系统内压迅速升高，以致压迫乳腺中的毛细血管，阻碍乳腺的血液供应，使乳生成速率显著减弱。乳腺内乳汁积聚的程度，不但影响乳生成，也影响乳成分。当哺乳或挤乳时，乳房开始排乳，乳房内压下降，乳生成过程又得以增强。挤乳后最初的 3 ~ 4h，乳生成最为旺盛，以后就逐渐减弱。因此，乳生成与乳排放之间有密切的协作和制约关系。

2. 排乳过程

哺乳或挤乳可引起乳腺系统紧张性改变，使贮积在腺泡和乳导管系统的乳迅速流向乳池，这一过程称为排乳。排乳是一个复杂的反射性过程。哺乳或挤乳时刺激母畜乳头的感受器，反射性引起腺泡和细小乳导管壁外的肌上皮收缩；接着中等乳导管、粗大乳导管和乳池壁外的平滑肌强烈收缩，乳汁流入乳池，使乳池乳压迅速升高，乳头括约肌开放，于是乳汁排出体外。

最先排出的乳是乳池内的乳，当乳头括约肌开放时，乳池乳借助本身重力作用即可排出，腺泡和等乳导管的乳必须依靠乳腺内肌细胞的反射性收缩才能排出，这些乳称作反射乳。奶牛的乳池乳一般约占泌乳量的 30%，反射乳约占泌乳量的 70%。我国黄牛和水牛的乳池乳很少，甚至完全没有乳池乳。猪的乳池不发达，马的乳池也很小，挤乳或哺乳后乳房内仍留有一部分乳汁不能排尽，称为残留乳，将与新生成的乳混合，下次挤（哺）乳时一同排出。

在非条件排乳反射基础上，可以形成大量条件反射。挤乳的地点、时间、各种挤乳设备、挤乳操作人员等，都能成为条件刺激而形成条件性排乳反射。这些条件反射对于排乳活动有显著影响。在正确的饲养管理制度下，可形成一系列有利于排乳的条件反射。充分利用这些条件反射，常能促进排乳和增加挤乳量。相反，异常的刺激如喧扰、出现闲人、新挤乳员、粗暴的操作等，都将抑制排乳，使挤乳量明显下降。排乳反射抑制包括中枢抑制和外周抑制。中枢的抑制性影响起自较高级中枢，进而引起神经垂体催产素释放的减少；外周的抑制性影响是由于交感神经的作用，随着肾上腺素分泌增加，乳房的小动脉收缩、血液流量下降，以致到达肌上皮的催产素减少。

实操训练

实训十四 羊（牛）生殖系统各器官的识别

（一）目的要求

认识公、母羊（牛）生殖系统的形态、构造、位置及它们之间的相互关系。

（二）材料设备

显示公、母羊（牛）生殖系统各器官位置关系的尸体标本，牛、羊生殖器官的离体标本。

（三）方法步骤

先观察生殖系统各器官的外形和位置，然后解剖。

（1）公羊（牛）生殖器官 注意观察阴囊、睾丸、附睾、精索和输精管的形态、结构及它们之间的位置关系。

（2）母羊（牛）生殖器官 注意观察卵巢、子宫的形态、结构、位置及各器官之间的位置关系。

（四）技能考核

在羊（牛）尸体或标本上识别公、母羊（牛）生殖器官。

实训十五 睾丸与卵巢组织构造的观察

（一）目的要求

认识睾丸与卵巢的组织结构。

（二）材料设备

睾丸和卵巢组织切片、显微镜。

（三）方法步骤

用显微镜（先用低倍镜，后用高倍镜）观察睾丸和卵巢的组织切片。注意观察睾丸和卵巢各部分组织结构的特点。

（四）技能考核

在显微镜下识别睾丸和卵巢的组织结构。

项目思考

1. 简述雄性生殖系统和雌性生殖系统的器官组成。
2. 简述副性腺的组成及其作用。
3. 简述精子和卵子各自的发生过程。
4. 简述公牛和公羊生殖器官的构造特点。
5. 简述母牛、母羊生殖器官的构造特点。
6. 简述子宫的常见类型和及其代表动物。
7. 简述胎盘的常见类型和及其代表动物。

项目八　免疫系统

知识目标

1. 明确免疫系统的组成及作用。
2. 掌握牛胸腺的位置及机能。
3. 掌握牛常检淋巴结的位置、形态和机能。
4. 掌握牛脾脏的位置及机能。

技能目标

1. 能在牛尸体上找到常检淋巴结。
2. 能在显微镜下识别淋巴结的组织结构。

案例导入

　　某肉牛屠宰场，动物检疫员正在对屠宰后的牛进行宰后检疫。动物检疫员对头部、内脏及胴体进行检疫的过程中，重点检查了淋巴结形态、大小及颜色的变化。

　　在屠宰过程中，为什么要对淋巴结进行检查？常检的淋巴结都有哪些？

必备知识

　　免疫系统由淋巴管、淋巴器官和淋巴组织组成，它与心血管系统有着密切的联系。当血液经动脉输送到毛细血管时，血液中的液体成分一部分可经毛细血管动脉端滤出，进入组织间隙，即称为组织液。组织液与组织、细胞进行物质交换后,大部分渗入毛细血管的静脉端回到血液,经静脉系回心。少部分组织液则渗入毛细淋巴管,成为淋巴液。淋巴液经各级淋巴管向心流动,最后汇入静脉入心脏。因此淋巴管是协助体液回流的一条径路,也可把淋巴管视为静脉的辅助管道。在淋巴路径上有许多淋巴结(图2-99)。

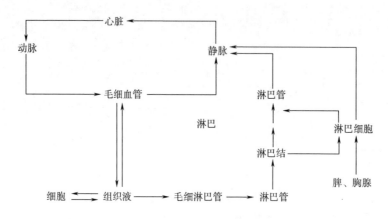

图2-99 淋巴循环模式图

淋巴液是无色或微黄色的液体,由淋巴浆和淋巴细胞组成。淋巴浆的成分与血浆相似,但含蛋白质较少,在未通过淋巴结的淋巴液内没有淋巴细胞,只有通过淋巴结后才含有淋巴细胞。淋巴液内除含有淋巴细胞外,有时可见少数红细胞和有粒白细胞。小肠绒毛内的毛细淋巴管可吸收脂肪分解产物,所以其内的淋巴呈乳白色,称为乳糜。

免疫系统参与动物机体的免疫反应。免疫系统可阻止病原微生物侵入机体,抑制其在体内的繁殖、扩散,并可清除病原微生物及其产物;可清除体内衰老和破损的细胞,以保持体内各类细胞的恒定;能够识别、杀伤和清除体内的突变细胞。

一、免疫器官

(一)中枢免疫器官

1. 骨髓

骨髓位于长骨的骨髓腔和骨松质的间隙内,是体内重要的造血器官。出生后一切血细胞均源于骨髓,同时骨髓也是各种免疫细胞发生和分化的场所。骨髓中的多能干细胞首先分化成髓样干细胞和淋巴干细胞,前者进一步分化成红细胞系、单核细胞系、粒细胞系等;后者则发育成各种淋巴细胞的前体细胞。一部分淋巴干细胞分化成为T细胞的前体细胞,随血流进入胸腺后,被诱导并分化为成熟的 T 细胞，参与细胞免疫。一部分淋巴干细胞分化为 B 细胞的前体细胞。对于哺乳动物，这些前体细胞在骨髓内进一步分化发育为成熟的 B 细胞，参与机体的体液免疫。

2. 胸腺

胸腺位于胸腔前部纵隔内，分颈、胸两部，呈红色或粉红色，单蹄类和肉食类动物的胸腺主要在胸腔内，猪和反刍动物的胸腺除胸部外，颈部也很发达，向前可到喉部（图 2 - 100）。胸腺在幼畜发达，性成熟后逐渐退化，到老年几乎被脂肪组织所代替。胸腺是 T 淋巴细胞增殖分化的场所，是机体免疫活动的重要器官，并可分泌胸腺激素。

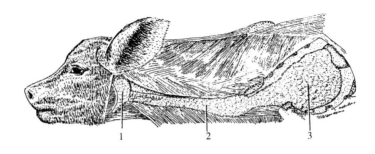

图 2 - 100 犊牛的胸腺
1—腮腺 2—颈部胸腺 3—胸部胸腺

（二）周围免疫器官

1. 脾

（1）脾的位置、形态 脾是动物体内最大的淋巴器官，位于腹前部、胃的左侧。

牛脾呈长而扁的椭圆形、蓝紫色、质硬，位于瘤胃背囊左前方；羊脾扁平略呈钝三角形，红紫色，质软，位于瘤胃左侧（图 2 - 101）。

（2）脾的组织学构造

①被膜为覆盖在脾表面较厚的一层富含弹性纤维和平滑肌的结缔组织膜，其表面覆以浆膜。被膜伸入脾脏内部形成许多小梁，并吻合成网状，构成脾实质的网状支架。被膜和小梁内的平滑肌舒缩，对脾的贮血量有重要的调节作用。

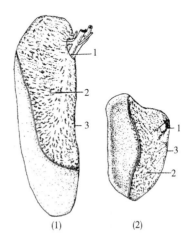

（1） （2）

图 2 - 101 脾的形态
（1）牛脾 （2）羊脾
1—脾门 2—脾和瘤胃黏连处 3—前缘

②实质 脾的实质又称为脾髓，由淋巴组织组成，可分为红髓和白髓。

a. 红髓。由脾索和脾窦组成，因含有许多红细胞切面而呈红色，故称红髓，约占脾实质的2/3，分布在被膜下、小梁周围和白髓之间。

脾索为彼此吻合成网的淋巴组织索，与脾窦相间排列。索内除网状细胞外，还有大量的B淋巴细胞、巨噬细胞、浆细胞和各种血细胞。巨噬细胞能吞噬衰老的红细胞、血小板以及入侵的病菌和异物。

脾窦即为血窦，位于脾索之间，形状不规则，相互吻合成网，具有一定的伸缩性。窦壁内皮细胞呈长杆状，沿脾窦长轴平行排列，内皮细胞之间有裂隙，基膜也不完整，这些均有利于血细胞从脾索进入脾窦。

b. 白髓。主要由密集的淋巴组织构成，分散于红髓之间，在新鲜脾的切面上呈分散的灰白色小点状，故称白髓。包括动脉周围淋巴鞘和淋巴小结。

动脉周围淋巴鞘为长筒状，淋巴组织紧包在穿行的中央动脉周围，它相当于淋巴结的副皮质区，主要是T细胞定居的地方，为脾的胸腺依赖区，当发生细胞免疫应答时，此区明显增厚。

淋巴小结又称为脾小体，位于淋巴鞘的一侧，主要由B淋巴细胞构成，与淋巴结的淋巴小结相似。健康动物脾小体数量较少，体积较小，当发生体液免疫应答时，数量增多，体积增大。

（3）脾的功能　通过淋巴细胞活动参与机体的免疫活动；通过巨噬细胞的吞噬作用，清除流经脾的血液中的微生物和异物。此外，脾还是体内重要的造血和贮血器官。

2. 淋巴结

（1）淋巴结的形态、位置　淋巴结位于淋巴管径路上，单个或成群分布，多位于凹窝或隐蔽处，如腋窝、关节屈侧、内脏器官门部及大血管附近。其大小不一、形态多样，直径从1mm至数厘米不等，呈球形、卵圆形、肾形、扁平状等。淋巴结一侧凹陷为淋巴门，是输出淋巴管、血管及神经出入处，另一侧隆凸，有多条输入淋巴管进入。

（2）淋巴结的组织学构造　淋巴结由被膜和实质构成。

①被膜：为覆盖在淋巴结表面的结缔组织膜。被膜结缔组织伸入实质形成许多小梁并相互连接成网，与网状组织共同构成淋巴结的支架，牛的淋巴结被膜及小梁发达。进入淋巴结的血管沿小梁分布。

②实质：淋巴结的实质可分为皮质和髓质（图2-102）。

a. 皮质。位于淋巴结的外周，颜色较深。由淋巴小结、副皮质区和皮质淋巴窦组成。

淋巴小结位于被膜下和小梁两侧淋巴窦内，呈圆形或椭圆形，其大小和数量与抗原刺激有关，无菌饲养动物无淋巴小结。淋巴小结主要是由B淋巴细

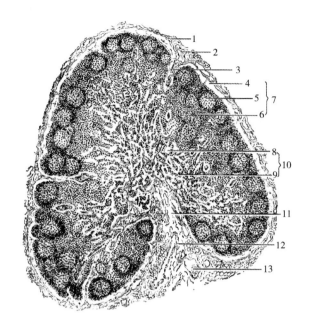

图 2 - 102　牛的淋巴结　（低倍）

1—被膜　2—输入淋巴管　3—小梁　4—皮质淋巴窦　5—淋巴小结　6—副皮质区
7—皮质　8—髓窦　9—髓索　10—髓质　11—门部　12—血管　13—输出淋巴管

胞、巨噬细胞、少量的 T 淋巴细胞和浆细胞等组成。

根据淋巴小结的发育程度可分为初级淋巴小结和次级淋巴小结两种。初级
淋巴小结不分区，次级淋巴小结发育较好，正中切面可见小结帽和生发中心。
小结帽位于淋巴小结近被膜一侧，主要由密集的小淋巴细胞构成。生发中心又
分为明区和暗区，明区位于淋巴小结的上半部，帽区内侧，着色较淡，主要是
由 B 淋巴细胞组成；暗区位于小结的下半部，明区内侧，着色较深，主要由胞
质呈强碱性的大 B 淋巴细胞组成。暗区大的淋巴细胞在抗原的刺激下分裂分化
并移入明区，变成中淋巴细胞，再经多次分裂，变成帽区的小淋巴细胞，其中
主要为浆细胞的前身和一些记忆细胞。浆细胞的前身离开淋巴结转变为能分泌
抗体的浆细胞。记忆细胞不断地参加淋巴细胞再循环，在相应抗原的再次刺激
下，可迅速分裂转化为浆细胞。

副皮质区位于皮质深层和淋巴小结之间，为弥散淋巴组织，属胸腺依赖
区，主要由 T 淋巴细胞构成。在抗原的刺激下，T 淋巴细胞在此分化，产生大
量的特异性 T 细胞和一些 T 记忆细胞，使副皮质区迅速扩大。特异性 T 细胞产
生细胞免疫应答，T 记忆细胞参与淋巴细胞再循环，处于静止状态，监视和识
别入侵的抗原。

皮质淋巴窦位于被膜下、淋巴小结与小梁之间互相通连的腔隙，是淋巴流经的部位。窦内存在着网状细胞、淋巴细胞和巨噬细胞。皮质淋巴窦接收来自输入淋巴管的淋巴，淋巴在淋巴窦内缓慢流动，有利于巨噬细胞清除异物和细菌等。

b. 髓质。位于中央部和门部，颜色较淡。由髓索和髓质淋巴窦组成。

髓索是由索状的淋巴组织互相连接而成，彼此吻合成网，与副皮质区的弥散淋巴组织直接相连续，索内主要含 B 细胞和浆细胞，还有一些巨噬细胞、T 细胞和肥大细胞等。其中浆细胞数量变化很大，当有抗原刺激时，浆细胞数量大增，产生抗体，表现为髓索增粗。

髓质淋巴窦位于髓索之间和髓索与小梁之间，结构与皮质淋巴窦相同，接受来自皮质淋巴窦的淋巴，并将淋巴液汇入输出淋巴管。经淋巴结过滤后的淋巴中细菌和异物较少，而含有较多的淋巴细胞和抗体。

（3）淋巴结的功能　淋巴结主要功能是产生淋巴细胞，滤过淋巴，清除侵入体内的细菌和异物以及产生抗体等。局部淋巴结肿大，常反映其收集区域有病变，对临床诊断如兽医卫生检疫有重要实践意义。

（4）牛主要淋巴结的分布

①下颌淋巴结：位于下颌间隙，牛的在下颌间隙后部，其外侧与颌下腺前端相邻（图 2 - 103）；猪的更靠后，表面有腮腺覆盖；马的与血管切迹相对。

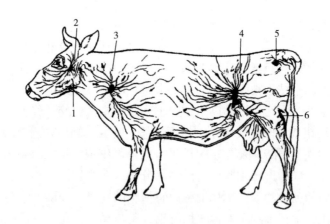

图 2 - 103　牛浅层淋巴结
1—下颌淋巴结　2—腮腺淋巴结　3—颈浅淋巴结
4—髂下淋巴结　5—坐骨淋巴结　6—腘淋巴结

②颈浅淋巴结：又称肩前淋巴结，位于肩关节前上方。牛的位于臂头肌和肩胛横突肌深面。猪的颈浅淋巴结分背、腹两组，背侧淋巴结相当于其他家畜的颈浅淋巴结，腹侧淋巴结则位于腮腺后缘和胸头肌之间。

③髂下淋巴结：又称股前淋巴结或膝上淋巴结，位于膝关节上方，在股阔筋膜张肌前缘皮下。

④腹股沟浅淋巴结：位于腹底壁皮下，大腿内侧，腹股沟皮下环附近。公畜的称阴茎背侧淋巴结，位于在阴茎两侧；母畜的称乳房淋巴结，位于乳房基部后上方，母猪的在倒数第二对乳头的外侧。

⑤腘淋巴结：位于臀股二头肌与半腱肌之间，腓肠肌外侧头的脂肪中。

⑥颈深淋巴结：分前、中、后3组。颈前淋巴结位于咽、喉的后方，甲状腺附近；颈中淋巴结分散在颈部气管的中部；颈后淋巴结位于颈后部气管的腹侧，表面被覆有颈皮肌和胸头肌（图2-104）。

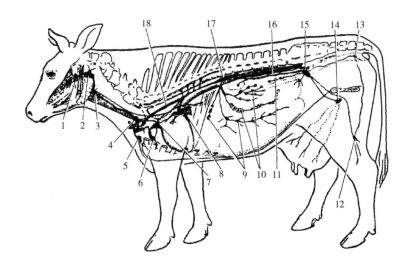

图2-104 牛深层淋巴结

1—咽后内层淋巴结 2—咽后外侧淋巴结 3—颈深前淋巴结 4—颈深后淋巴结
5—腋淋巴结 6—胸腹侧淋巴结 7—纵隔淋巴结 8—支气管淋巴结 9—腹腔淋巴结
10—肠系膜前淋巴结 11—肠系膜后淋巴结 12—腘淋巴结 13—坐骨淋巴结
14—腹股沟浅淋巴结 15—髂内淋巴结 16—腰淋巴干 17—乳糜池 18—胸导管

⑦气管支气管淋巴结：又称肺门淋巴结，位于肺门附近，气管的周围。

⑧肝门淋巴结：位于肝门附近。

⑨肠系膜淋巴结：位于肠系膜前、后动脉附近和肠系膜中，数目很多。收集小肠、大肠各段的淋巴及其他腹腔淋巴，最后汇入肠淋巴干。

⑩髂内淋巴结：位于髂外动脉起始部附近。

3. 其他淋巴器官

（1）扁桃体 位于舌、软腭和咽的黏膜下组织内，形状和大小因动物种类不同而异，仅有输出淋巴管，注入附近的淋巴结。由于扁桃体处于暴露位置，故抗原可从口腔直接感染。其主要作用：一是可产生淋巴细胞；二是对抗原起反应，构成全身防御系统的一部分。

（2）血淋巴结　一般呈圆形或卵圆形，紫红色，直径 5~12mm，结构与淋巴结相似，但无淋巴输入管和输出管，其中充盈血液而无淋巴。主要分布于主动脉附近，胸腹腔脏器的表面和血液循环的通路上，有滤血的作用。血淋巴结多见于牛、羊，但灵长类和马属动物也有分布。

4. 淋巴小结

在黏膜上皮下面的某些部位，有淋巴细胞密集形成的淋巴组织，称为淋巴小结。有的单个存在，称为孤立淋巴小结，有的集合成群，称为集合淋巴小结。

二、免疫细胞

（一）淋巴细胞

淋巴细胞呈球形，大小不一，一般在 5~18μm，其胞核大，胞质少。根据其体积可分为大、中、小 3 种。大淋巴细胞见于骨髓、脾和淋巴结的生发中心，它是机体受抗原刺激后，由静止状态的淋巴母细胞分化而来，大淋巴细胞经几次分裂后可变成直径 5~8μm 的小淋巴细胞。小淋巴细胞可分为 T 细胞、B 细胞、K 细胞和 NK 细胞。

T 细胞：是骨髓的淋巴干细胞在胸腺分化、成熟的淋巴细胞，也称胸腺依赖性淋巴细胞，用胸腺（thymus）一词英文字头"T"来命名。该细胞成熟后进入血液和淋巴液，参与细胞免疫。

B 细胞：B 细胞在哺乳动物的骨髓分化发育，称骨髓依赖性淋巴细胞，用骨髓（bonemarrow）一词英文字头"B"命名；在鸟类，B 细胞在腔上囊分化发育，称腔上囊依赖细胞。B 淋巴细胞进入血液和淋巴后在抗原刺激下分化成浆细胞，产生抗体，参与体液免疫。

K 细胞：又称杀伤细胞，是发现较晚的淋巴样细胞，分化途径尚不明确，具有非特异性杀伤功能。它能杀伤与抗体结合的靶细胞，且杀伤力较强。

NK 细胞：又称自然杀伤细胞，它不依赖抗体，不需抗原作用即可直接杀伤某些肿瘤细胞或感染病毒的细胞。

（二）单核 – 巨噬细胞系统

它是指分散在许多器官和组织中的一些具有很强的吞噬能力的细胞，这些细胞都来源于血液的单核细胞。主要包括疏松结缔组织中的组织细胞、肺内的尘细胞、肝血窦中的枯否氏细胞、血液中的单核细胞、脾和淋巴结内的巨噬细胞、脑和脊髓内的小胶质细胞等。

单核-巨噬细胞系统的主要机能是吞噬侵入体内的细菌、异物以及衰老、死亡的细胞，并能清除病灶中坏死的组织和细胞；在炎症的恢复期参与组织的修复；肝脏中的枯否氏细胞还参与胆色素的制造等。

机体除了上述细胞外，粒性白细胞、树突状细胞、郎格罕细胞等都具有免疫功能，参与机体的免疫过程。

三、淋巴

淋巴是无色或微黄色的液体，由淋巴浆和淋巴细胞组成（未通过淋巴结的淋巴无淋巴细胞）。淋巴是免疫系统重要的组成部分，同时又是体内主要的体液之一。

（一）淋巴的生成

血液经动脉流到毛细血管时，部分液体在毛细血管动脉端从管壁滤出进入组织间隙生成组织液，物质交换后，大部分的组织液由毛细血管的静脉端回流入血管，小部分组织液透过毛细淋巴管壁进入毛细淋巴管而形成淋巴。淋巴液在淋巴管内向心流动，最后注入静脉。因此，淋巴回流是血液循环的辅助部分。

淋巴液生成的动力是组织液和毛细淋巴管中淋巴液间的压力差。因此，任何能增加组织液压力的因素都能增加淋巴液的生成速度。例如，毛细血管的血压升高、血浆胶体渗透压下降、组织液胶体渗透压升高以及毛细血管壁通透性增高等因素，都可加速淋巴液的生成。

毛细淋巴管内皮细胞有收缩性，可推送淋巴越过瓣膜向大淋巴管流动。另外淋巴管上瓣膜的存在，可防止淋巴逆流，造成毛细淋巴管腔内的低压，吸引组织液进入毛细淋巴管，并使淋巴只能向单一方向流动。集合淋巴管的管壁上平滑肌的舒缩也是使淋巴液向心脏方向流动的动力。此外，骨骼肌和胃肠道平滑肌的运动、淋巴管邻近动脉的搏动、胸内负压以及增加淋巴液生成的因素也都可增加淋巴液的回流量。

（二）淋巴管

淋巴生成后，沿毛细淋巴管—淋巴管—淋巴干—淋巴导管—前腔静脉或颈静脉回流到血液。

1. 毛细淋巴管

以盲端起始于组织间隙，并彼此吻合成网，其管壁由一层内皮细胞构成，通透性大于毛细血管，因此，组织液中的大分子物质如蛋白质、细菌、异物等较易进入毛细淋巴管内。因而当动物受到感染时，其炎症病灶首先要在淋巴系统表现出来。

2. 淋巴管

由毛细淋巴管汇合而成，数量较多，其形态构造与静脉相似，但管径较细且粗细不等，常呈串珠状，管壁较薄，管内瓣膜较多。淋巴管行进过程中要经过许多淋巴结。按所在位置，淋巴管可分为浅层淋巴管和深层淋巴管。前者汇集皮肤及皮下组织的淋巴液，多与浅静脉伴行；后者汇集肌肉、骨和内脏的淋巴液，多伴随深层血管和神经。

3. 淋巴干

为身体一个区域内大的淋巴集合管，由淋巴管汇集而成，多与大血管伴行。主要淋巴干有：

（1）气管淋巴干　伴随颈总动脉，分别收集左、右侧头颈、肩胛和前肢的淋巴，最后注入胸导管（左）和右淋巴导管或前腔静脉或颈静脉（右）。

（2）腰淋巴干　伴随腹主动脉和后腔静脉前行，收集骨盆壁、部分腹壁、后肢、骨盆内器官及结肠末端的淋巴，注入乳糜池。

（3）内脏淋巴干　由肠淋巴干和腹腔淋巴干形成，分别汇集空肠、回肠、盲肠、大部分结肠和胃、肝、脾、胰、十二指肠的淋巴，最后注入乳糜池。

4. 淋巴导管

由淋巴干汇集而成，包括胸导管和右淋巴导管。

（1）胸导管　为全身最大的淋巴管，起始于乳糜池，穿过膈上的主动脉裂孔进入胸腔，沿胸主动脉的右上方，右奇静脉的右下方向前行，然后越过食管和气管的左侧向下行，在胸腔前口处注入前腔静脉。胸导管收集除右淋巴导管以外的全身淋巴。

乳糜池是胸导管的起始部，呈长梭形膨大，位于最后胸椎和前 1～3 腰椎腹侧，在腹主动脉和右膈脚之间。

（2）右淋巴导管　短而粗，为右侧气管淋巴干的延续，收集右侧头颈、右前肢、右肺、心脏右半部及右侧胸下壁的淋巴，末端注入前腔静脉。

（三）淋巴的生理作用

淋巴是体液的重要组成部分，具有重要生理作用。

1. 调节血浆和组织细胞之间的体液平衡

部分组织液靠淋巴回流，因此对组织液的生成与回流平衡起着重要的作用。如果淋巴回流受阻，可引起淋巴淤积而出现组织液增多，局部肿胀等症状。

2. 免疫、防御、屏障作用

淋巴在循环、回流入血过程中，要经过许多淋巴器官，而且液体中含有大量免疫细胞，能有效地参与机体的免疫反应。所以，淋巴系统具有重要的免疫、防御、屏障作用。

3. 回收组织液中的蛋白质

由毛细血管动脉端滤出的血浆蛋白，只能经过淋巴回流，才不至于在组织液中堆积。

4. 运输脂肪

由小肠黏膜上皮细胞吸收的脂肪微粒，主要经肠绒毛内毛细淋巴管回收，然后经过乳糜池 - 胸导管回流入血。因而胸导管内的淋巴液呈现白色乳糜状。

实操训练

实训十六 牛（羊）主要淋巴结、脾脏的识别

（一）目的要求

在新鲜标本上识别主要淋巴结和脾脏。

（二）材料设备

牛（羊）尸体标本、解剖器械。

（三）方法步骤

在牛（羊）的尸体标本上找到下颌淋巴结、颈深淋巴结、肩前淋巴结、腋淋巴结、股前（膝上）淋巴结、腘淋巴结、腹股沟深淋巴结、腹股沟浅淋巴结、纵隔后淋巴结、腹腔淋巴结、肠系膜淋巴结和脾。

（四）技能考核

在牛或羊的标本上，识别上述淋巴结和脾。

项目思考

1. 简述牛胸腺的位置及作用。
2. 简述牛脾的位置及功能。

3. 简述牛常检的淋巴结及其分布。

4. 什么是单核－巨噬细胞系统？其功能是什么？

5. 简述淋巴的生成过程及生理意义。

6. 什么是胸导管？

项目九　神经系统与感觉器官

知识目标

1. 明确神经系统的组成。
2. 掌握脑、脊髓的形态结构。
3. 了解植物性神经的分布、特点。
4. 掌握条件反射的形成机理。
5. 明确主要神经递质、受体及产生的作用。

技能目标

1. 能在标本或挂图上识别脑、脊髓的形态结构。
2. 能分析条件反射的形成条件。

科苑导读

　　有机磷中毒是由于有机磷农药或兽药通过各种途径进入动物机体，与胆碱酯酶结合，从而抑制了该酶的活力，造成体内的乙酰胆碱大量蓄积，作用于胆碱能受体，导致副交感神经过度兴奋。动物出现流涎、流泪、全身出汗；瞳孔缩小、眼球突出，呼吸急促，肌肉震颤、步态蹒跚、反复起卧、兴奋不安，甚至出现冲撞蹦跳，频繁大小便，严重时出现衰竭、昏迷和呼吸高度困难等症状。治疗过程中在使用特效解毒药解毒前，应先注射适量的阿托品。这是因为心肌表面的胆碱能受体是毒蕈碱受体，它与乙酰胆碱的作用可被阿托品阻断。有机磷中毒发生时，心肌运动终板蓄积大量的乙酰胆碱，注射阿托品能阻断乙酰胆碱的作用，保护心肌不致过度抑制而停搏。

必备知识

神经系统由脑、脊髓、神经节和分布于全身的神经组成。神经系统能接受来自体内和体外的各种刺激，并将刺激转变为神经冲动进行传导，一方面以调节机体各器官的生理活动，保持器官之间的协调；另一方面保证畜体与外界环境之间的协调，以适应环境的变化。因此，神经系统在畜体调节系统中起主导作用。

一、神经系统构造

神经系统可分为中枢神经系统和外周神经系统两部分。中枢神经系统包括脑和脊髓。外周神经系统包括躯体神经和植物性神经。躯体神经由脑神经和脊神经组成，自脑部出入的神经称脑神经；从脊髓出入的神经称脊神经。控制心肌、平滑肌和腺体活动的神经称植物性神经，植物性神经又分为交感神经和副交感神经。

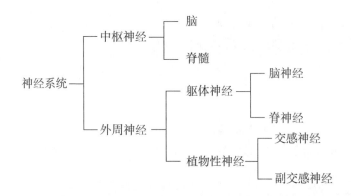

神经元是神经系统结构和功能的基本单位。神经元借突触彼此连接构成了整个中枢和外周神经。神经元的胞体在中枢内聚集构成脊髓灰质、大脑皮质和小脑皮质。神经元的胞体在外周聚集构成神经节。神经元的突起在中枢形成脑、脊髓的白质，在外周形成神经。神经纤维与感受器和效应器相联系形成各种末梢器官。

（一）中枢神经

1. 脊髓

（1）脊髓的位置与形态　脊髓位于椎管内，呈上下略扁的圆柱形。其前端在枕骨大孔处与延髓相连；后端到达荐骨中部，逐渐变细呈圆锥形，称脊髓圆锥。脊髓末端有一根细长的终丝。脊髓各段粗细不一，有两个膨大部位：颈、胸交界处形成颈膨大，由此发出支配前肢的神经；腰、荐交界处形成腰膨大，由此发出支配后肢的神经。由于脊柱比脊髓长，荐神经和尾神经要在椎管内向后伸延一段，才能到达相应的椎间孔，它们包围脊髓圆锥和终丝，共同构成马尾。脊髓背侧有一背正中沟，腹侧有一正中裂。

（2）脊髓的内部结构脊髓中部颜色较深，呈蝴蝶形，为灰质部；外周颜色较浅，为白质部。在灰质中央有一个脊髓中央管（图2-105）。

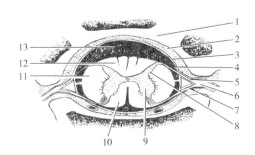

图2-105　脊髓横断面模式图

1—椎弓　2—硬膜外腔　3—脊硬膜　4—硬膜下腔　5—背侧根
6—脊神经节　7—腹侧根　8—背侧柱　9—腹侧柱　10—腹侧索
11—外侧索　12—背侧索　13—蛛网膜下腔

①灰质：主要由神经元的胞体构成，有一对背侧角（柱）和一对腹侧角（柱），背侧角（柱）和腹侧角（柱）之间为灰质联合。在脊髓的胸段和腰前段腹角基部的外侧，还有稍隆起的外侧角（柱）。腹侧柱内有运动神经元的胞体，支配骨胳肌纤维。外侧柱内有植物性神经节前神经元的胞体，背侧柱内含有中间（联络）神经元的胞体，这些中间神经元接受脊神经节内的感觉神经元的冲动，传导至运动神经元或下一个中间神经元。

②白质：白质由神经纤维构成，被灰质分成背侧索、腹侧索和外侧索。背侧索位于两个背侧柱及背正中沟之间，主要由脊神经节内的感觉神经元的中枢突构成；腹侧索位于两个腹侧柱及腹正中裂之间，外侧索位于背侧柱和腹侧柱之间，外侧索和腹侧索均由来自背侧柱的中间神经元的轴突（上行纤维束）以及来自大脑和脑干的中间神经元的轴突（下行纤维束）所组成。

③脊神经根：脊髓两侧发出成对的脊神经根，每一脊神经根又分为背侧根（或感觉根）和腹侧根（或运动根）。背侧根较粗，上有脊神经节。脊神经节由感觉神经元的胞体所构成，其外周突随脊神经伸向外周；中枢突构成背侧根，进入脊髓背侧索或与背侧柱内的中间神经元发生突触。腹侧根较细，由腹侧柱和外侧柱内的运动神经元的轴突构成。背侧根和腹侧根在椎间孔附近合并为脊神经。

2. 脑

脑是神经系统中的高级中枢，位于颅腔内，在枕骨大孔与脊髓相连。脑可分大脑、小脑、脑干3个部分，脑干又包括延髓、脑桥、中脑和间脑（图2-106、图2-107）。大脑位于前方，脑干位于大脑与脊髓之间，小脑位于脑干的背侧，大脑与小脑之间有大脑横裂将二者分开。

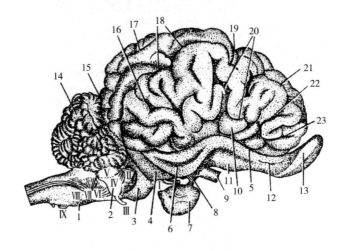

图2-106 牛脑（外侧面）

1—延髓 2—斜方体 3—脑桥 4—大脑脚 5—嗅沟 6—梨状叶 7—垂体 8—漏斗
9—视神经 10—脑岛 11—嗅三角 12—嗅回 13—嗅球 14—小脑 15—大脑横裂
16—外薛氏沟 17—外缘沟 18—上薛氏沟 19—横沟 20—大脑外侧沟
21—冠状沟 22—背角沟 23—前薛氏沟
Ⅰ—动眼神经 Ⅱ—三叉神经 Ⅲ—外展神经 Ⅳ—面神经 Ⅴ—前庭耳蜗神经
Ⅵ—舌咽神经 Ⅶ—迷走神经 Ⅷ—副神经 Ⅸ—舌下神经

（1）脑干 脑干通常包括延髓、脑桥、中脑和间脑。

脑干也由灰质和白质构成，灰质是由功能相同的神经细胞集合成团块状的神经核，分散存在于白质中。脑干内的神经核可分为两类：一类是与脑神经直接相连的脑神经核，其中接受感觉纤维的，称脑神经感觉核；发出运动纤维的，称脑神经运动核。另一类为传导径上的中继核，是传导径上的联络站。此外，脑干内还有网状结构，它是由纵横交错的纤维网和散在其中的神经细胞所构成，在一定程度上也集合成团，形成神经核。网状结构既是上行和下行传导径的联络站，又是某些反射中枢。脑干的白质为上、下行传导径。脑干联系着视、听、平衡等专门感觉器官，是内脏活动的反射中枢；是联系大脑高级中枢与各级反射中枢的重要径路；也是大脑、小脑、脊髓以及骨骼肌运动中枢之间的桥梁。

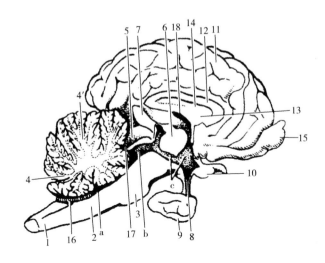

图 2 - 107 牛脑的矢状面

1—脊髓 2—延髓 3—脑桥 4—小脑 4′—小脑树 5—四叠体 6—丘脑间黏合 7—松果体

8—灰结节和漏斗 9—垂体 10—视神经 11—大脑半球 12—胼胝体 13—穹隆

14—透明中隔 15—嗅球 16—后髓帆和脉络丛 17—前髓帆 18—第三脑室脉络丛

a—第四脑室 b—中脑导水管 c—第三脑室

①延髓：为脑干的末段，位于枕骨基部的背侧，呈前宽后窄略扁的锥形体，自脑桥向后伸至枕骨大孔与脊髓相连。形似脊髓，在腹侧正中裂的两侧各有一条纵行隆起，称为锥体。延髓中含有与唾液分泌、吞咽、呼吸、心血管活动有关的神经中枢。

②脑桥：位于小脑腹侧，在大脑脚与延髓之间。背侧面凹，构成第四脑室底壁的前部；腹侧面呈横行的隆起。其中的横行纤维自两侧向后向背侧伸入小脑，形成小脑中脚又称脑桥臂。在脑桥腹侧部与小脑中脚交界处有粗大的三叉神经（Ⅴ）根。

第四脑室：位于延髓、脑桥与小脑之间，前端通中脑导水管，后端通脊髓中央管。

③中脑：位于脑桥前方，包括四叠体、大脑脚及两者之间的中脑导水管。

四叠体为中脑的背侧部分，主要由前后两对圆丘构成。前丘较大，是皮质下视觉反射中枢；后丘较小，是皮质下听觉反射中枢。后丘的后方有滑车神经（Ⅳ）根，是唯一从脑干背侧面发出的脑神经。

大脑脚是中脑的腹侧部分，位于脑桥之前，为一对由纵行纤维束构成的隆起。

中脑导水管位于四叠体和大脑脚之间，前接第三脑室，后通第四脑室。

④间脑：位于中脑和大脑之间，被两侧大脑半球所覆盖，内有第三脑室。间脑由丘脑和丘脑下部组成。

丘脑：为1对卵圆形的灰质团块，占间脑的最大部分，内部由白质分隔成许多不同机能的核群组成，左、右两丘脑的内侧部相连，断面呈圆形，称丘脑间黏合，其周围的环状裂隙为第三脑室，其前方经左、右室间孔与大脑半球内的侧脑室相通，后方经中脑导水管与第四脑室相通。

丘脑一部分核是上行传导径的总联络站，接受来自脊髓、脑干和小脑的纤维，由此发出纤维至大脑皮质。在丘脑后部的背外侧，有外侧膝状体和内侧膝状体。外侧膝状体接受视束来的纤维，发出纤维至大脑皮质，是视觉冲动传向大脑皮质的最后联络站。内侧膝状体接受由耳蜗神经核来的纤维，发出纤维至大脑皮质，是听觉冲动传向大脑的最后联络站。丘脑还有一些与运动、记忆和其他功能有关的核群。在左、右丘脑的背侧后方、中脑四叠体的前方，有一椭圆形小体，为松果体，属内分泌腺。

下丘脑（丘脑下部）位于丘脑腹侧，包括第三脑室侧壁内的一些结构，是植物性神经系统的皮质下中枢。从脑底面看，由前向后依次为视交叉、视束、灰结节、漏斗、脑垂体、乳头体等结构。丘脑下部形体虽小，但与其他各脑有广泛的纤维联系。接受来自嗅脑、大脑皮质额叶、丘脑和纹状体等的纤维；发出纤维至丘脑、垂体后叶、脑干网状结构、脑神经核和植物性神经核，通过植物性神经主要调节心血管和内脏的活动。

第三脑室：位于间脑内，呈环形围绕着丘脑间黏合，向后通中脑导水管，其背侧壁为第三脑室脉络丛。

（2）小脑 小脑近似球形，位于大脑后方，在延髓和脑桥的背侧，其表面有许多沟和回。小脑被两条纵沟分为中间的蚓部和两侧的小脑半球。小脑借小脑后脚、小脑中脚及小脑前脚分别与延髓、脑桥和中脑相连。小脑灰质主要覆盖于小脑半球的表面；小脑白质在深部，呈树枝状分布。白质中有分散存在的神经核。

（3）大脑 大脑位于脑干前方，主要由左、右两个完全对称的大脑半球组成，借胼胝体相连，胼胝体位于大脑纵裂底，构成侧脑室顶壁，将左、右大脑半球连接起来。两个大脑半球内分别有一个呈半环形狭窄腔隙，称侧脑室，两侧脑室分别以室间孔与第三脑室相通。大脑半球包括大脑皮质和白质、嗅脑、基底神经核和侧脑室等结构。

①大脑皮质：皮质为覆盖于大脑半球表面的一层质，其表面凹凸不平，凹陷处为脑沟，凸起处为脑回，以增加大脑皮质的面积。每个大脑半球根据机能和位置不同，可分5个叶，即额叶、顶叶、颞叶、枕叶、边缘叶（图2-108）。

②白质：位于皮质深面，主要有 3 种纤维组成：连合纤维是联系左、右半球的横向神经纤维，构成胼胝体。联络纤维是联系同侧半球各部分之间的神经纤维。投射纤维是大脑皮层与皮层下中枢相联系的神经纤维，分上行（感觉）和下行（运动）两种。以上这些纤维把脑的各部分与脊髓联系起来，再通过外周神经与各个器官联系起来，因而大脑皮质能支配所有的活动。

③嗅脑：主要包括位于大脑腹侧前端的嗅球以及沿大脑腹侧面延续的嗅回、梨状叶、海马等部分。其中有些结构与嗅觉有关，有些则与嗅觉无关，属于大脑边缘系统，与内脏活动、情绪变化及记忆有关。

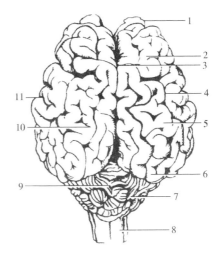

图 2-108 牛脑 （背侧面）
1—嗅球 2—额叶 3—大脑纵裂 4—脑沟
5—脑回 6—枕叶 7—小脑半球 8—延髓
9—小脑蚓部 10—顶叶 11—颞叶

④基底神经核：是大脑白质中基底部的灰质核团，位于大脑半球基底部。主要有尾状核和豆状核，两核之间有白质（上、下行的投射纤维）构成的内囊。尾状核、内囊和豆状核在横切面灰质、白质交错呈花纹状，故又称纹状体。纹状体是锥体外系的主要联络站，有维持肌紧张和协调肌肉运动的作用。

⑤侧脑室：位于左、右大脑半球内，共有两个。有室间孔与第三脑室相通。侧脑室底壁的前部为尾状核，后部为海马；顶壁为胼胝体。在尾状核与海马之间有侧脑室脉络丛。

3. 脑脊膜

（1）脑脊膜

①脊髓膜：脊髓外周包有 3 层结缔组织膜，由外向内依次为脊硬膜、脊蛛网膜和脊软膜（图 2-109）。脊硬膜是一层较厚而坚韧的致密结缔组织。脊硬膜与椎管内面骨膜之间有一宽的腔隙称硬膜外腔，内含大量的脂肪和疏松结缔组织。硬膜外腔麻醉就是自腰荐间隙将麻醉剂注入硬膜外腔，以麻醉脊神经根。硬膜与蛛网膜之间的腔隙称为硬膜下腔。在脊蛛网膜与脊软膜之间的周隙，称为蛛网膜下腔，内含脑脊液。

②脑膜：脑膜和脊膜一样，分为脑硬膜、脑蛛网膜和脑软膜 3 层。脑硬膜与脑蛛网膜之间形成硬膜下腔，蛛网膜和脑软膜之间形成蛛网膜下腔。但脑硬膜与衬于颅腔内壁的骨膜紧密结合而无硬膜外腔。脑硬膜内含有若干静脉窦，

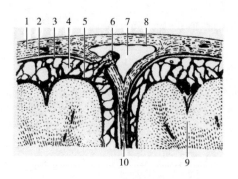

图 2 – 109 脑脊膜构造模式

1—硬膜 2—硬膜下腔 3—蛛网膜 4—蛛网膜下腔 5—软膜
6—蛛网膜绒毛 7—静脉窦 8—内皮 9—大脑皮质 10—大脑镰

接受来自脑的静脉血。

在脑室壁的一些部位，脑软膜上的血管丛与脑室膜上皮共同折入脑室，形成脉络丛，脉络丛是产生脑脊液的部位。

（2）脑脊液 由各脑室脉络丛产生的无色透明液体，充满于脑室、脊髓中央管和蛛网膜下腔。各脑室中的脑脊液均汇集到第四脑室，经第四脑室脉络丛流入蛛网膜下腔后，流向大脑背侧，再经脑蛛网膜粒透入脑硬膜中的静脉窦，最后回到血液循环中。

脑脊液的主要作用是维持脑组织渗透压和颅内压的相对恒定；保护脑和脊髓免受外力的震荡；供给脑组织的营养；参与代谢产物的运输等。若脑脊液循环障碍，可导致脑积水或颅内压升高。

（3）脑、脊髓的血管 脑的血液主要来自颈动脉及枕动脉，这些血管在脑底部吻合成一动脉环，由此分出小动脉分布于脑。脊髓的血液来自椎动脉、肋间动脉和腰动脉等分支，在脊髓腹侧汇合成一脊髓腹侧动脉，它沿腹正中裂伸延，分布于脊髓。静脉血则汇入颈内静脉和一些节段性的同名静脉。

（二）外周神经

1. 脑神经

脑神经共有 12 对，多数从脑干发出。根据脑神经所含纤维的种类的不同，分为感觉神经、运动神经和混合神经。脑神经名称的记忆口诀：一嗅二视三动眼，四滑五叉六外展，七面八听九舌咽，十迷一副舌下全。脑神经名称、分布、所含纤维及机能见表 2 – 11。

表 2 - 11　脑神经分布简表

名称	与脑联系部位	纤维成分	分布部位	机能
Ⅰ. 嗅神经	嗅球	感觉	鼻黏膜	传导嗅觉
Ⅱ. 视神经	间脑膝状体	感觉	视网膜	传导视觉
Ⅲ. 动眼神经	中脑大脑脚	运动	眼球肌	眼球运动
Ⅳ. 滑车神经	中脑四叠体	运动	眼球肌	眼球运动
Ⅴ. 三叉神经	脑桥	混合	面部皮肤，口、鼻腔黏膜，咀嚼肌	头部皮肤、口、鼻腔、舌等感觉，咀嚼运动
Ⅵ. 外展神经	延髓	运动	眼球肌	眼球运动
Ⅶ. 面神经	延髓	混合	面、耳、睑肌和部分味蕾	面部感觉、运动、唾液分泌
Ⅷ. 位听神经	延髓	感觉	内耳	听觉和平衡觉
Ⅸ. 舌咽神经	延髓	混合	舌、咽和味蕾	咽肌运动、味觉、舌部感觉
Ⅹ. 迷走神经	延髓	混合	咽、喉、食管、气管和胸、腹腔内脏	咽、喉和内脏器官的感觉和运动
Ⅺ. 副神经	延髓和颈部脊髓	运动	咽、喉、食管以及胸头肌和斜方肌	头、颈、肩带部的运动
Ⅻ. 舌下神经	延髓	运动	舌肌和舌骨肌	舌的运动

2. 脊神经

脊神经为混合神经，由椎管中的背侧根（感觉根）和腹侧根（运动根）汇合而成，分为背侧支和腹侧支，每支均含有感觉纤维和运动纤维。背侧支分布于颈背侧、鬐甲、背部、腰部和荐尾部的肌肉和皮肤；腹侧支粗大，分布于颈侧、胸壁、腹壁以及四肢肌肉和皮肤。

按照从脊髓发出的部位分颈神经、胸神经、腰神经、荐神经和尾神经。

（1）分布于躯干的神经（图 2 - 110）

①脊神经的背侧支于分布于颈背侧、鬐甲、背部、腰部。

②脊神经的腹侧支分布于脊柱腹侧、胸腹壁。

膈神经：由第Ⅴ、Ⅵ、Ⅶ对颈神经腹侧支连合而成，经胸前口入胸腔，沿纵隔后行，分布于膈。

肋间神经：为胸神经腹侧支。在每一肋间隙沿肋间动脉后缘下行，分布于肋间肌。最后一对肋间神经在第 1 腰椎横突末端前下缘进入腹壁，分布于腹肌和腹部皮肤，以及阴囊皮肤、包皮或乳房等处。

髂腹下神经：为第 1 腰神经腹侧支。经过第 2、3 腰椎横突之间进入腹壁肌肉，分布于腹肌和腹部皮肤。

髂腹股沟神经：为第 2 腰神经的腹侧支。沿第 4 腰椎横突末端的外侧缘延伸于腹肌之间，分布于腹肌、腹壁和股内侧皮肤。

生殖股神经：来自第 2、3、4 腰神经的腹侧支，沿腰肌间下行，分为前、后两支，向下伸延穿过腹股沟管与阴部外动脉一起分布于睾外提肌、阴囊和包皮（公畜）或乳房（母畜）。

阴部神经：来自第 2、3、4 荐神经的腹侧支，沿荐结节阔韧带向后向下伸延，其终支绕过坐骨弓，在公畜至阴茎背侧，成为阴茎背神经，分支分布于阴茎；在母畜称为阴蒂背神经，分布于阴蒂、阴唇。

直肠后神经：其纤维来自第 3、第 4（马）或第 4、第 5（牛）荐神经的腹侧支，有 1～2 支，在阴部神经背侧沿荐结节阔韧带的内侧面向后、向下伸延，分布于直肠和肛门，在母畜还分布于阴唇。

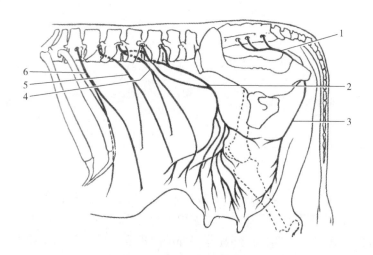

图 2 - 110　母牛的腹壁神经

1—阴部神经　2—精索外神经　3—会阴神经的乳房支
4—髂腹股沟神经　5—髂下腹神经　6—最后肋间神经

（2）分布于前肢的神经（图 2 - 111）　由臂神经丛发出，臂神经丛位于腋窝内，在斜角肌背侧部和腹侧部之间穿出，丛根主要由第 6、第 7、第 8 颈神经和第 1、第 2 胸神经的腹侧支所构成。由此发出的神经有：肩胛上神经、肩胛下神经、腋神经、桡神经、尺神经和正中神经等。其中正中神经是前肢最长的神经，由臂神经丛向下伸延到蹄。

（3）分布于后肢的神经（图 2 - 112）　由腰荐神经丛发出。腰荐神经丛由第 4 至第 6 腰神经及第 1、2 荐神经的腹侧支所构成，可分前、后两部。前部为腰神经丛，在髂内动脉之前、位于腰椎横突和腰小肌之间；后部为荐神经丛，部分位于荐结节阔韧带外侧，部分位于荐结节阔韧带内。由此丛发出的主要神经有股神经、坐骨神经、闭孔神经、臀前神经和臀后神经。

其中坐骨神经是体内最粗最大的神经，扁而宽，自坐骨大孔穿出盆腔，沿荐结节阔韧带的外侧向后向下伸延，经大转子与坐骨结节之间，绕过髋关节后方，约在股骨中部，分为腓总神经和胫神经。坐骨神经在臀部有分支分布于闭孔肌；在股部分出大的分支，分布于半膜肌、臀股二头肌和半腱肌。

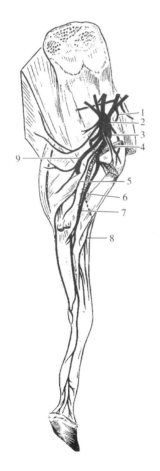

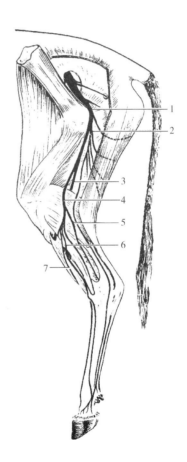

图 2 – 111　牛前肢神经

1—肩胛上神经　2—臂神经丛

3—腋神经　4—腋动脉　5—尺神经

6—正中神经和肌皮神经总干

7—正中神经　8—肌皮神经皮支

9—桡神经

图 2 – 112　牛的后肢神经

1—坐骨神经　2—肌支

3—胫神经　4—腓神经

5—小腿外侧皮神经

6—腓浅神经　7—腓深神经

3. 植物性神经

植物性神经是分布于内脏器官、血管和皮肤的平滑肌、心肌和腺体等的传出神经，又称为自主神经。植物性神经又分交感神经和副交感神经。

（1）植物性神经特点　植物性神经与躯体运动神经相比较，具有下列特点：

①躯体运动神经支配骨骼肌，而植物性神经支配平滑肌、心肌和腺体。

②躯体运动神经神经元的胞体存在于脑和脊髓，神经冲动由脑和脊髓传至效应器只需一个神经元；而植物性神经的神经冲动由中枢部传至效应器则需通过两个神经元，第一个神经元称为节前神经元，位于脑干和脊髓灰质外侧柱，由它发出的轴突称节前纤维；第二个神经元，称为节后神经元，位于外周神经系植物性神经节内，由它发出的轴突称节后纤维。节前纤维离开中枢后，在植物性神经节内与节后神经元形成突触；节后神经元发出的节后纤维将中枢发出的冲动传至效应器。

③躯体运动神经纤维一般为粗的有髓纤维，通常以神经干的形式分布；而植物性神经的节前纤维为细的有髓纤维，节后纤维为细的无髓纤维。

④躯体运动神经一般都受意识支配；而植物性神经在一定程度上不受意识支配，具有相对的自主性。

（2）植物性神经的分类　根据中枢位置和功能的不同，植物性神经可分为交感神经中枢和副交感神经中枢。

①交感神经中枢：位于胸腰段脊髓灰质侧角中，外周部分包括交感神经干、神经节（椎旁神经节和椎下神经节）和神经丛等。交感干分为颈部交感干、胸部交感干、腰部交感干及荐部交感干等。颈部交感干常与迷走神经合并成迷走交感干。交感神经节主要有颈前神经节、颈中神经节、颈后神经节、腹腔肠系膜前神经节、肠系膜后神经节。

交感神经的神经节发出的节后纤维分布如下：a. 加入到脊神经内，伴随脊神经分布于血管、皮肤的腺体和竖毛肌。b. 颈前神经节的分支攀附于头部血管及连于脑神经，伴随血管和脑神经分布于头部的腺体和平滑肌。c. 颈中神经节和颈后神经节的分支，分布于心、气管、肺、食管以及前肢和颈部的血管和皮肤。d. 腹腔肠系膜前神经节的分支分布于胃、肠、肝、胰、肾和脾等。e. 肠系膜后神经节的分支分布于结肠、直肠、输尿管、膀胱以及公畜的睾丸、附睾、输精管或母畜的卵巢、输卵管和子宫等。

②副交感神经中枢：位于脑干和荐部脊髓。节后神经元位于器官内或器官附近。

由脑干发出的副交感神经与某些脑神经一起行走，分布到头、颈和胸腹腔器官。其中迷走神经是体内行程最长、分布最广的混合神经。它由延髓发出，出颅腔后行，在颈部与交感神经干形成迷走交感干，经胸腔至腹腔，伴随动脉分布于胸腹腔器官。其节后纤维主要分布于咽、喉、气管、食管、胃、脾、肝、胰、小肠、盲肠及大结肠。

从荐部发出的副交感神经，形成 2～3 支盆神经。盆神经与腹后神经一起形成盆神经丛，分布于小结肠、直肠、膀胱和生殖器官。

③交感神经与副交感神经的区别：交感神经和副交感神经都是内脏神经，但两者在结构和功能上又有以下区别：

a. 交感神经的节前神经元存在于胸腰段脊髓的灰质外侧柱；而副交感神经的节前神经元主要存在于脑干和荐段脊髓的灰质外侧柱。交感神经的节后纤维长，而副交感神经的节后纤维短。

b. 交感神经作用范围广泛，而副交感神经作用范围较局限。

c. 畜体的绝大部分器官或组织都接受交感神经和副交感神经的双重支配，但交感神经的支配更广。一般认为肾上腺髓质、四肢血管、头颈部的大部分血管以及皮肤的腺体和竖毛肌等，没有副交感神经支配。

在中枢神经的调节下，交感神经和副交感神经对同一器官的作用既相互对抗，又相互统一。

二、神经生理

（一）神经纤维兴奋传递

神经系统主要由神经元和神经胶质细胞构成。神经元是神经系统结构和功能的基本单位，具有接受、整合和传递信息的功能，由胞体和突起两部分组成。胞体由细胞核和细胞浆组成。突起分为树突和轴突。神经元的胞体和树突能接受信息并进行整合；轴突能产生神经冲动并传导动作电位。神经元的较长突起（主要为轴突）和包在外面的髓鞘及神经膜构成神经纤维。神经纤维根据有无髓鞘可分为有髓神经纤维和无髓神经纤维。

神经纤维的主要功能是传导兴奋。在神经纤维上传导的兴奋或动作电位称为神经冲动。不同类型的神经纤维传导兴奋的速度差别很大，这与神经纤维直径的大小、有无髓鞘、髓鞘的厚度以及温度的高低等因素有关。一般神经纤维直径越大，传导速度越快；有髓鞘神经纤维传导速度比无髓鞘神经纤维快；温度升高，在一定范围内，也可加快传导速度。

神经纤维传递兴奋具有以下特征：

（1）完整性神经纤维只有在结构和生理机能上都完整时，才有传导冲动的能力。当神经纤维被撕裂、切断、挤压或受到物理、化学刺激（如低温、麻醉等）时，其生理完整性受到破坏，均可发生传导阻滞。

（2）绝缘性一条神经干中包含有数量很多的神经纤维，但各条纤维之间传导的冲动互不干扰，以保证神经调节具有极高的精确性。

（3）双向传导性神经纤维上的任何一点受到刺激，所产生的冲动可沿纤维同时向两端传导。

（4）衰减性神经纤维传导冲动时，不论传导的距离多远，冲动的幅度、数量、速度都始终保持相对恒定以保证机体调节机能的及时、迅速和准确。

（5）相对不疲劳性实验表明，用 50～100 次/s 的感应电流连续刺激蛙的神经 9～12h，神经纤维仍保持传导冲动的能力，这说明神经纤维具有相对不疲劳性。

一般来说，神经纤维的直径越大，其传导速度越快；有髓纤维比无髓纤维传导速度快（有髓纤维传导兴奋是以跳跃的方式）。在一定范围内，温度降低则传导速度减慢（临床上出现低温麻醉方法）。

（二）突触与突触传递

神经系统的调节功能是通过多个神经元互相联系，联合活动而实现的。神经元之间的信息传递是通过突触联系而完成。一个神经元的轴突末梢与其他神经元的胞体或突起相互接触所形成的特殊结构，称为突触。突触由突触前膜、突触间隙和突触后膜三部分组成。突触前神经元的轴突末梢膨大成球状，称为突触小体。突触小体与突触后神经元相对的轴突膜称为突触前膜。与突触前膜相对的突触后神经元的细胞膜称为突触后膜。二者之间的间隙称为突触间隙。在电镜下，突触前膜和突触后膜较一般神经元膜稍厚，约 7.5nm，突触间隙宽 20～40nm。在突触前膜内侧的轴浆内，含有较多的突触小泡，其直径为 20～80nm，内含高浓度的神经递质。

神经冲动通过突触从一个神经元传递给另一个神经元的过程称为突触传递。

1. 化学性突触传递的机理

（1）兴奋性突触的传递　当神经冲动传至突触前膜时，引起突触前膜去极化，促使突触小泡释放某种兴奋性递质（乙酰胆碱或去甲肾上腺素等）。递质通过突触间隙，与突触后膜上的相应受体结合，引起突触后膜对 Na^+、K^+、Cl^- 的通透性增大，尤其是对 Na^+ 的通透性增大，使 Na^+ 快速内流，导致突触后膜局部去极化，产生兴奋性突触后电位（EPSP）。单个兴奋性突触产生的一次兴奋性突触后电位一般不足以激发神经元产生动作电位，只有在许多兴奋突触同时产生兴奋性突触后电位，或单个兴奋性突触相继产生一连串兴奋性突触后电位时，突触后膜才把许多兴奋性突触后电位总和起来。达到所需阈电位时，便触发突触后神经元的轴突始端首先爆发动作电位，并沿轴突传导，使整个突触后神经元进入兴奋状态。

（2）抑制性突触的传递　当神经冲动传至突触前膜时，突触小泡所释放的是抑制性递质，该递质扩散到后膜，并与后膜特异受体结合，使后膜对 K^+、Cl^- 通透性升高，尤其 Cl^- 通透性增大。Cl^- 进入细胞内、K^+ 逸出膜外，使后膜内负电位增大而出现超极化，形成所谓的抑制性突触后电位（IPSP）。抑制性突触后电位使突触后神经元的兴奋性降低。总和起来的抑制性突触后电位不仅有抵消兴奋性突触后电位的作用，而且使突触后神经元不易发生兴奋，表现为突触后神经元的活动被抑制。

在中枢神经系统中，一个神经元常与许多其他神经元构成突触联系，在这些突触中，有的是兴奋性突触，有的是抑制性突触，突触后神经元的状态取决于同时产生的兴奋性突触后电位与抑制性突触后电位的代数和。如果兴奋性突触后电位占优势并达到阈电位水平时，突触后神经元产生兴奋；相反，若抑制性突触后电位占优势，突触后神经元则呈现抑制状态。

2. 突触传递特性

（1）单向传递　突触传递冲动只能从突触前神经元沿轴突传递到下一个神经元的胞体或突起，不能逆向传递。因为只有突触前膜才能释放递质，递质也只能作用于突触后膜的特异性受体。这样才能使神经冲动循着特定的方向和途径传播，从而保证整个神经系统的调节和整合活动能有规律地进行。

（2）总和作用　在突触传递过程中，只有同一突触前神经末梢连续传来一系列冲动，或许多突触前神经末梢同时传来一排冲动时，才能释放较多的神经递质，使兴奋性突触后电位积累达到阈值时，才能激发突触后神经元产生动作电位。这种现象称为兴奋总和作用。同样，在抑制性突触后膜也可以发生抑制总和。

（3）突触延搁　突触传递需经历递质的释放、扩散、作用于突触后膜及突触后电位的总和等过程，需要耗费较长时间，称为突触延搁。据测定，冲动通过一个突触需 $0.3 \sim 0.5\text{ms}$。在反射活动中，当兴奋通过中枢的突触数越多，延搁耗费的时间就越长。

（4）对内环境变化的敏感性和易疲劳　神经元间的突触最易受内环境变化的影响。缺氧、酸碱度升降、离子浓度变化等均可改变突触传递能力。因为突触间隙与细胞外液相沟通，细胞外液中许多物质到达突触间隙而影响突触传递。此外，突触部位是反射弧中最易发生疲劳的环节。

3. 神经递质及受体

化学性突触传递是以神经递质作为信息传递的媒介物，但神经递质需作用于相应的受体才能完成信息传递。因此，神经递质和受体是化学性突触传递最重要的物质基础。

（1）神经递质　是指突触前神经元合成并在末梢释放，经突触间隙扩散，特异性地作用突触后神经元或效应器上的受体，导致信息从突触前传递到突触后的一些化学物质。

神经递质根据其产生部位可分为中枢递质和外周递质。外周递质可包括乙酰胆碱、去甲肾上腺素和嘌呤类或肽类；中枢递质主要有乙酰胆碱、单胺类、氨基酸类和肽类。

（2）受体　受体是指细胞膜或细胞内能与某些化学物质（如递质、激素等）发生特异性结合并诱发生物学效应的特殊生物分子。能与受体发生特异性结合的化学物质称配体。其中能产生生物效应的物质称为激动剂；只发生特异性结合，但不产生生物效应的化学物质则称为拮抗剂。

（3）主要的递质与受体

①乙酰胆碱（ACH）及其受体：在外周神经系统，释放乙酰胆碱作为递质的神经纤维称胆碱能神经纤维。所有植物神经节前纤维、绝大多数副交感神经的节后纤维、全部躯体运动神经以及支配汗腺和舒血管平滑肌的交感神经纤维都属于胆碱能纤维。在中枢神经系统中，以乙酰胆碱作为递质的神经元，称为胆碱能神经元，胆碱能神经元在中枢的分布极为广泛。脊髓腹角运动神经元、脑干网状结构前行激动系统、大脑基底神经节等部位的神经元皆属于胆碱能神经元。

凡是能与乙酰胆碱结合的受体，都叫胆碱能受体。胆碱能受体可分为毒蕈碱受体和烟碱受体两种：

a. 毒蕈碱受体（M受体）。分布在胆碱能节后纤维所支配的心脏、肠道、汗腺等效应器细胞和某些中枢神经元上。当乙酰胆碱作用于这些受体时，可产生一系列植物神经节后胆碱能纤维兴奋的效应，它包括心脏活动的抑制，支气管平滑肌的收缩，胃肠平滑肌的收缩，膀胱逼尿肌的收缩，虹膜环形肌的收缩；消化腺分泌的增加以及汗腺分泌的增加和骨骼肌血管的舒张等，这些作用称为毒蕈碱样作用（M样作用）。

b. 烟碱受体（N受体）。这些受体存在中枢神经系统内和所有植物性神经节后神经元的突触后膜和神经－肌肉接头的终板膜上。发生的效应是导致节后神经元和骨骼肌的兴奋，这些作用称为烟碱样作用（N样作用）。

②儿茶酚胺及其受体：儿茶酚胺类递质包括肾上腺素、去甲肾上腺素和多巴胺。在外周神经系统，大多数交感神经节后纤维释放的递质是去甲肾上腺素，因此称这类神经纤维为肾上腺素能纤维。最近研究表明，在植物性神经系统中，还有少量的神经末梢释放多巴胺。在中枢神经系统中，以肾上腺素为递质的神经元称为肾上腺素能神经元，其胞体主要分布在延髓。以去甲肾上腺素为递质的神经元称为去甲肾上腺素能神经元，其胞体主要分布在延髓和脑桥。

凡是能与去甲肾上腺素或肾上腺素结合的受体均称为肾上腺素能受体，可分为 α 受体与 β 受体两种。肾上腺素、去甲肾上腺素与 α 受体结合引起效应器的兴奋，但也有抑制的情况，如小肠平滑肌；与 β 受体结合则引起效应器的抑制，但对心脏的作用是兴奋。部分肾上腺素能受体的分布与效应见表 2－12。

表 2－12　部分肾上腺素能受体的分布与效应

效应器	受体	效应
瞳孔放大肌	α	收缩
睫状肌	β	舒张
心肌	β	心率加快、传导加速、收缩加强
冠状动脉	α、β	收缩、舒张（在体内主要为舒张）
骨骼肌血管	α、β	收缩、舒张（舒张为主）
皮肤血管	α	收缩
脑血管	α	收缩
肺血管	α	收缩
腹腔内脏血管	α、β	收缩、舒张（除肝血管外，收缩为主）
支气管平滑肌	β	舒张
胃平滑肌	β	舒张
小肠平滑肌	α、β	舒张
胃肠括约肌	α	收缩

（三）反射

1. 反射与反射弧

反射是神经系统活动的基本形式，是指在中枢神经系统参与下，有机体对内、外环境刺激的应答性反应。所有机体功能活动的神经调节都是通过反射实现的。

（1）反射弧的组成　实现反射活动的结构称为反射弧，它包括感受器、传入神经、反射中枢、传出神经和效应器 5 个部分。感受器一般是神经组织末梢的特殊结构，是一种换能装置，可将所感受的各种刺激的信息转变为神经冲动。感受器的种类多，分布广，并具有严格的选择性，只能接受特定的某种适宜刺激。反射中枢是中枢神经系统中调节某一特定生理功能的神经细胞群。简单的反射活动，其神经中枢的部位较局限，如膝跳反射中枢在腰部脊髓；而较复杂的反射活动，如呼吸活动，它的反射中枢则分散存在于延髓、脑桥、下丘脑直至大脑皮层等部位。效应器是实现反射的"执行机构",如骨骼肌、平滑肌、心肌和腺体等。

（2）反射的基本过程　感受器接受刺激并将刺激信息转变为神经冲动,经传入神经传递到神经中枢,由中枢进行分析处理,然后再经传出神经将指令传到效应器,产生相应的效应。反射弧中任何一个环节被破坏,反射活动都不能完成。

在整体情况下,传入冲动进入脊髓或脑干后,除在同一水平与传出部分发生联系并发出传出冲动外,还有上行冲动传导到更高级的中枢部位,进行进一步的整合;高级中枢再发出下行冲动来调整反射的传出冲动。因此,反射活动具有复杂性和适应性。

中枢的活动除可通过传出神经直接控制效应器外,有时传出神经还能作用于内分泌腺,使其释放激素间接影响效应器活动,使内分泌调节成为神经调节的延伸部分。例如,强烈的疼痛刺激可以通过交感神经反射性地引起肾上腺髓质激素分泌增加,从而产生广泛的反应。

2. 中枢兴奋过程的特征

（1）单向传递　在中枢神经系统中,冲动只能沿着特定的方向和途径传播,即感受器兴奋产生冲动通过传入神经传到中枢,中枢通过传出神经传到效应器,这种现象称为单向传递。

（2）中枢延搁　从刺激作用于感受器起,到效应器发生反应所经历的时间,称为反射时。其中兴奋通过突触时所经历的时间较长,即所谓突触延搁。兴奋在中枢内通过突触所发生的传导速度明显减慢的现象,称为兴奋的中枢延搁。

（3）总和　在反射过程中,单条神经纤维的传入冲动到达中枢一般不能引起反射活动,但若干条纤维同时把冲动传至同一中枢或一条纤维连续传入若干个冲动,就能引起反射动作,这种现象称为总和。这是因为经突触传递引起的兴奋性突触后电位或抑制性突触后电位是局部电位,它具有累加作用。一个突触前神经元连续作用于一个突触后神经元产生的突触后电位的累加作用,称为时间总和。多个突触前神经元产生的突触后电位的累加作用称为空间总和。当一根神经纤维连续发放多次传入冲动或若干传入纤维引起的多个兴奋性突触后电位通过时间总和与空间总和作用使突触后膜去极化达到阈电位,即可爆发动作电位,即发生兴奋;如果总和未达到阈电位,此时突触后神经元虽未出现兴奋,但其兴奋性有所提高,即表现为易化。

（4）扩散与集中　由机体不同部位传入中枢的冲动,常最后集中传递到中枢同一部位。这种现象称为中枢兴奋的集中。例如饲喂时,由嗅觉、视觉和听觉器官传入中枢的冲动,可共同引起唾液分泌中枢的兴奋,从而导致唾液分泌。从机体某一部位传入中枢的冲动，常不限于中枢的某一局部，而往往可引起中枢其他部位发生兴奋，这种现象称为中枢的扩散。例如，当皮肤受到强烈伤害性刺激时，所产生的兴奋传到中枢后，引起机体的许多骨骼肌发生防御性收缩反应的同时，还出现心血管、呼吸、消化和排泄系统等活动的改变，这就是中枢兴奋扩散的结果。

（5）后放　在一个反射活动中，当刺激停止后，传出神经仍可在一定时间内连续发放冲动，使反射能延续一段时间，这种现象称为后放。

（6）对内环境变化敏感和容易发生疲劳　因为突触间隙与细胞外液相通，因此内环境理化因素的变化，如缺氧、二氧化碳过多、麻醉剂以及某些药物等均可影响突触传递。另外，用高频电脉冲连续刺激突触前神经元，突触后神经元的放电频率会逐渐降低；而将同样的刺激施加于神经纤维，则神经纤维的放电频率在较长时间内不会降低。说明突触传递相对容易发生疲劳，其原因可能与递质的耗竭有关。

3. 中枢抑制

在任何反射活动中，反射中枢总是既有兴奋又有抑制，正因为如此，反射活动才得以协调进行。和中枢兴奋一样，中枢抑制也是主动的过程。

（四）神经系统的感觉分析功能

感觉是神经系统反映机体内外环境变化的一种特殊功能。动物机体通过各种感受器或感觉器官感受体内外环境变化的刺激，并转化为神经冲动，沿着感觉神经传入中枢神经系统，经中枢分析综合后，到达大脑皮层的特定区域形成感觉。因此，感觉是由感受器、传入系统和大脑皮层感觉中枢3部分共同活动而产生的。

1. 感受器

感受器是指分布在体表或组织内部的感受体内、外环境变化的结构或装置。它能接受机体内、外环境中的某些特殊刺激（适宜刺激），并把刺激转化为神经冲动，因此感受器有能量转换器的作用。

根据感受器的分布位置，可分为外感受器和内感受器两大类。外感受器分布于皮肤和体表，接受来自外界环境的刺激；内感受器分布于内脏和躯体深部，接受来自机体内部的刺激。外感受器又可分为距离感受器（如视觉、听觉和嗅觉）和接触感受器（如触觉、压觉、味觉和温度觉等）。内感受器又可分为本体感受器（位于肌肉、肌腱、关节、迷路等处的感受器）和内脏感受器（位于内脏和血管上的感受器等）。

2. 骨髓的感觉传导功能

来自各感受器的神经冲动，除通过脑神经传入中枢外，大部分经脊神经背根进入脊髓，然后分别经各自的上行传导路径传至丘脑，再经更换神经元抵达大脑皮层。

由脊髓传到大脑皮层的感觉传导路径分为两类，浅感觉传导路径传导痛觉、温觉和轻触觉；深感觉传导路径传导肌肉本体感受器和深部压觉。

3. 丘脑的感觉投射系统

丘脑是重要的感觉总转换站，各种感觉通路（嗅觉除外）都要汇集在此处更换神经元，然后向大脑皮层投射；同时，丘脑也能对感觉进行粗糙的分析和综合。

根据丘脑各核团向大脑皮层投射特征的不同，丘脑的感觉投射系统可分为两类，即特异性投射系统和非特异性投射系统。

（1）特异性投射系统 从机体各种感受器传入的神经冲动（如视、听觉，皮肤、深部躯体痛觉）进入中枢神经后，均沿专一特定的传入通路到达丘脑，再通过纤维投射到大脑皮层的特定区域，产生特定感觉，称为特异性投射系统。特异性投射系统的功能是传递精确的信息到大脑皮层引起特定的感觉，并激发大脑皮层发出传出神经冲动。

（2）非特异性投射系统 在特异性传导系统的纤维，途经脑干时发出侧支与脑干网状结构内的神经元发生突触联系，传入冲动到网状结构与很多神经元作用后，失去了各种感觉的特异性，然后抵达丘脑，从丘脑再发出纤维弥散地投射于大脑皮质，称非特异性投射系统。其生理作用是激发整个大脑皮层，维持和提高其兴奋性，使大脑处于觉醒状态。

特异性投射系统与非特异性投射系统两者互相影响，互相依存，引起大脑皮层产生感觉。

4. 大脑皮层的感觉分析功能

大脑是感觉的最高级中枢。各种感觉传入冲动最终都到达大脑皮层，通过对信息的精细分析和综合而产生感觉，并发生相应的反应。

大脑皮层的不同区域在感觉功能上具有不同的分工，即不同感觉在大脑皮层内有不同的代表区：①躯体感觉区位于大脑皮层的顶叶，产生触觉、压觉、温觉和痛觉以及本体感觉；②视觉感觉区在枕叶距状裂的两侧；③听觉感觉区在颞叶外侧；④嗅觉感觉区在边缘叶的前梨状区和大脑基底的杏仁核；⑤味觉感觉区在颞叶外侧裂附近；⑥内脏感觉区在边缘叶的内侧面和皮层下的杏仁核等部。大脑皮层的这些感觉区在功能上经常密切联系，协同活动，产生各种复杂的感觉。

（五）神经系统对躯体运动的调节

躯体运动是动物对外界进行反应的主要活动。任何躯体运动，必须在神经系统各个部位的调节下，以骨骼肌收缩活动为基础来进行姿势和位置的改变。

1. 脑干对肌紧张的调节

（1）脑干网状结构对肌紧张的调节　脑干网状结构是中枢神经系统中最重要的皮层下整合调节机构。脑干网状结构是指从延髓、脑桥、中脑内侧全长直到间脑这一脑干中央部分的广大区域，其中抑制区能抑制肌紧张和运动；易化区能加强肌紧张和运动。正常情况下，这两个作用相反的区域保持动态平衡，维持适宜的肌紧张，以保证正常的躯体运动，如果两者的作用平衡失调，就将引起肌紧张亢进或减弱。

（2）去大脑僵直　在中脑前、后丘之间切断动物的脑干，可出现四肢僵直、脊柱硬挺、头尾昂起、躯体呈角弓反张姿态，称之为去大脑僵直。

（3）脑干对姿势的调节　中枢神经系统调节骨骼肌的肌紧张或产生相应运动，以保持或改正动物躯体在空间的姿势，称为姿势反射。对侧伸肌反射和牵张反射是简单的姿势反射，状态反射和翻正反射是较为复杂的姿势反射。

①状态反射：动物头部在空间的位置改变或头部与躯干的相对位置改变时，反射性地改变躯体肌肉的紧张性，称为状态反射。

②翻正反射：当动物被推倒或使它从空中仰面放下时，它能迅速翻身、起立或改变为四肢朝下的姿势而着地，这种复杂的姿势反射称为翻正反射。

2. 小脑对躯体运动的调节

小脑是躯体运动调节的重要中枢。它具有维持身体平衡、调节肌紧张和协调随意运动的功能。破坏动物的小脑后，导致肌肉软弱无力，肌紧张降低，平衡失调，站立不稳，四肢分开，步态蹒跚，体躯摇摆，容易跌倒。全部切除禽类小脑后，不能行走或飞翔；切除一侧小脑后，则同侧腿部僵直。

3. 大脑皮层对躯体运动的调节

大脑皮层是中枢神经系统控制和调节躯体运动的最高级中枢，它是通过锥体系统和锥体外系统来实现的。皮层运动区支配对侧躯体的骨骼肌，呈左右交叉支配关系。即左侧运动区支配右侧躯体的骨骼肌，右侧运动区支配左侧躯体的骨骼肌。

（1）锥体系统　皮层运动区内存在着许多大锥体细胞，这些细胞发出粗大的下行纤维组成锥体系统。其纤维的一部分经脑干交叉到对侧，与脊髓的运动神经元相连，具有调节骨骼肌的精细动作和随意运动的功能。

（2）锥体外系统　除了大脑皮层运动区外，其他皮层运动区也能引起对侧或同侧躯体某部分的肌肉收缩。这些部分和皮质下神经结构发出的下行纤维，大部分组成锥体外系统，该系统调节肌肉群活动，主要是调节肌紧张，使躯体各部分协调一致。

动物的锥体外系统较锥体系统发达。当锥体外系统受损伤后，机体虽能产生运动，但动作不协调、不准确。

（六）神经系统对内脏活动的调节

1. 植物性神经的功能

调节内脏活动的神经称为植物性神经。植物性神经系统包括传入神经和传出神经，但其传入神经常与躯体神经并行，习惯上植物性神经主要指支配内脏器官和血管的传出神经。根据其从中枢神经的发出部位和功能特征，分为交感神经和副交感神经。内脏器官一般受交感神经和副交感神经的双重支配，这两种神经对同一内脏器官的调节作用既是相反的，又互相协调统一。

（1）交感神经　交感神经的机能活动一般比较广泛，主要作用在于促使机体适应环境的急骤的变化（如剧烈运动、窒息和大失血等）。交感神经兴奋可使心脏活动加强加快，心率加快，皮肤与腹腔内脏血管收缩，促进大量的血液流向脑、心及骨骼肌；使肺活动加强、支气管扩张和肺通气量增大；使肾上腺素分泌增加，抑制消化及泌尿系统的活动。

（2）副交感神经　副交感神经活动比较局限，主要在于使机体休整，促进消化、贮存能量以及加强排泄，提高生殖系统功能。这些活动有利于营养物质的同化，增加能量物质在体内的积累，提高机体的储备力量。

交感神经和副交感神经的主要功能见表2-13。

表2-13　交感神经和副交感神经的主要功能

器官	交感神经	副交感神经
心血管	心搏动加快，收缩加强，腹腔脏器、皮肤、唾液腺与生殖器官等血管收缩，肌肉血管收缩或舒张（胆碱能）	心搏动减慢，收缩减弱，分布于软脑膜与外生殖器的血管舒张
呼吸	支气管平滑肌舒张	支气管平滑肌收缩，黏液腺分泌
消化	分泌黏稠的唾液，抑制胃肠运动，促进括约肌收缩，抑制胆囊活动	分泌稀薄的唾液，促进胃液、胰液分泌，促进胃肠运动，括约肌舒张，胆囊收缩
泌尿	逼尿肌舒张，括约肌收缩	逼尿肌收缩，括约肌舒张
眼	瞳孔放大，睫状肌松弛，上眼睑平滑肌收缩	瞳孔缩小，睫状肌收缩，泪腺分泌
皮肤	竖毛肌收缩，汗腺分泌	
代谢	促进糖的分解，促进肾上腺髓质的分泌	促进胰岛素的分泌

2. 中枢对内脏活动的调节

（1）脊髓对内脏活动的调节　脊髓有调节内脏活动的低级中枢。在脊髓的外侧角存在着交感神经和部分副交感神经的节前神经元，它们构成植物性反射的初级中枢，能整合简单的植物性反射，例如排粪反射、排尿反射、勃起反射、血管运动反射、出汗与竖毛反射等。这些简单反射均受高级中枢的调节。

（2）低位脑干对内脏活动的调节　低位脑干是许多内脏活动的基本中枢部位。在延髓内存在与心血管、呼吸和消化系统等内脏活动有关的神经元。其一旦受损，可立即致死，故延髓又称"生命中枢"。此外，脑桥有角膜反射中枢、呼吸调整中枢等。

（3）下丘脑对内脏活动的调节　下丘脑是调节内脏活动的较高级中枢，能够调节体温、营养摄取、水平衡、内分泌、情绪反应、生物节律等许多生理过程。

（4）大脑皮层对内脏活动的调节

①新皮层：电刺激动物的新皮层，除引起躯体运动外，也可使内脏发生反应。例如，可引起直肠和膀胱运动起变化，呼吸和心血管活动变化，消化道运动和唾液分泌的变化等，这些都说明新皮层对内脏活动均有调节的作用。

②边缘系统：大脑半球内侧面皮层与脑干连接部和胼胝体旁的环周结构称边缘叶。边缘叶和与它相关的某些皮层下神经核合称为大脑边缘系统。该系统是调节内脏活动的十分重要的高级中枢，能调节许多低级中枢的活动，其调节作用复杂而多变。

（七）条件反射

反射活动是中枢神经系统的基本活动形式。反射活动又分为条件反射和非条件反射。

（1）非条件反射与条件反射

①非条件反射：是通过遗传获得的先天性反射活动，它能保证机体各种基本生命活动的正常进行。它是神经系统反射活动的低级形式，是动物在种族进化中固定下来的，而且也是外界刺激与机体反应间的联系。它有固定的神经反射路径，不受客观条件影响而改变。其反射中枢多数在皮层下部位，切除大脑皮层后，这种反射还存在。能引起非条件反射的刺激称为非条件刺激。非条件反射的数量有限，如食物反射、防御反射以及各种内脏反射，这些反射只能保证动物的基本生存和简单的适应。

②条件反射：是通过后天接触环境、训练等而建立起来的反射。它是反射活动的高级形式，是动物在个体生活过程中获得的外界刺激与机体反应间的暂时联系。它没有固定的反射路径，易受客观环境影响而改变。其反射中枢在大脑皮层，切除大脑皮层，此反射消失。凡能引起条件反射的刺激称条件刺激。条件刺激在条件反射形成之前，对这个反射还是一个无关的刺激，只有与某种反射的非

条件刺激相伴或提前出现并多次重复后能引起某种反射，才能成为条件刺激。

③条件反射与非条件反射的区别见表 2－14。

表 2－14　条件反射与非条件反射的区别

反射活动	非条件反射	条件反射
特征	初生时即有，是长期进化过程中获得的反射，是先天的本能行为	是后天生活过程中，在一定条件下形成的反射，是后天获得的复杂行为
	有固定的神经反射路径，较稳定不变	暂时性反射路径，不稳定、不强化易消褪
	通过皮层下各级中枢参与就能完成的反射	主要靠大脑皮层的参与才能完成的反射
	数目少，恒定不灵活，适应性有限，只能维持基本生命活动和种族延续	数目大，有极大的易变性、灵活性，具有精确而完善的适应性

（2）条件反射的形成　条件反射是一个复杂的过程，动物采食时，食物入口引起唾液分泌，这是非条件反射。如食物在入口之前，给予哨声刺激，最初哨声和食物没有联系，只是作为一个无关的刺激而出现，哨声并不引起唾液分泌。但如果哨声与食物总是同时出现，经过多次结合后，只给哨声刺激也可引起唾液分泌，便形成了条件反射，这时的哨声就不再是与吃食物无关的刺激了，而成为食物到来的信号。

可见，形成条件反射的基本条件，就是条件刺激与非条件刺激在时间上的结合，这一结合过程称强化。任何条件刺激与非条件刺激结合应用，都可以形成条件反射。

（3）影响条件反射形成的因素　条件反射必须是在非条件反射的基础上建立的，条件反射的形成主要受两方面因素的影响：

①条件刺激必须与非条件刺激多次反复紧密结合；条件刺激必须在非条件刺激之前或同时出现；刺激强度要适宜，已建立起来的条件反射要经常用非条件刺激来强化和巩固，否则条件反射会逐渐消失。

②要求动物必须健康、清醒。昏睡或病态的动物是不易形成条件反射的。此外，还应避免周围环境其他刺激对动物的干扰。

三、感觉器官

感觉器官是由感受器及其辅助装置构成的。感受器是感觉神经末梢的特殊装置，广泛分布于身体各器官和组织内，能接受体内外各种刺激。感受器通常根据所在部位和所接受刺激的来源，分为外感受器、内感受器和本体感受器 3 大类。

外感受器能接受外界环境的各种刺激，如皮肤的触觉、压觉、温觉和痛觉，舌的味觉、鼻的嗅觉以及接受光波和声波的感觉器官眼和耳。

内感受器分布于内脏以及心、血管等处，能感受体内各种物理和化学刺激，如压力、渗透压、温度、离子浓度等刺激。

本体感受器分布于肌、腱、关节和内耳，能感受运动器官所处状况和身体位置的刺激。

（一）视觉器官

视觉器官能感受光的刺激，经视神经传至中枢，而引起视觉。视觉器官包括眼球和辅助器官。

1. 眼球

眼球位于眼眶内，后端有视神经与脑相连。眼球的构造分眼球壁和折光装置两部分。

（1）眼球壁自外向内依次分为纤维膜、血管膜、视网膜（图2－113）。

①纤维膜：位于眼球最外层，厚而坚韧，前部约1/5透明为角膜；后部约4/5为巩膜。

a. 角膜。无色透明，具有折光作用。角膜内没有血管和淋巴管，但分布有丰富的感觉神经末梢，所以感觉灵敏。

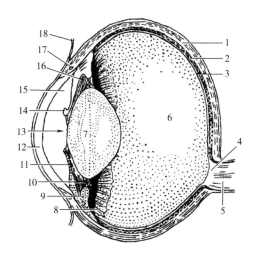

图2－113　眼球纵切面模式图

1—巩膜　2—脉络膜　3—视网膜　4—视乳头　5—视神经　6—玻璃体
7—晶状体　8—睫状突　9—睫状肌　10—晶状体悬韧带　11—虹膜
12—角膜　13—瞳孔　14—虹膜粒　15—眼前房
16—眼后房　17—巩膜静脉窦　18—球结膜

b. 巩膜。由白色不透明的致密结缔组织构成，具有保护眼球和维持眼球形状的作用。巩膜内有血管、色素细胞。角膜与巩膜相连处称角巩膜缘，其深面有静脉窦，是眼房水流出的通道。

②血管膜：是眼球壁的中层，富含血管和色素细胞，有营养眼组织的作用，并形成暗的环境，有利于视网膜对光的感应。血管膜由前向后分为虹膜、睫状体和脉络膜3部分。

a. 虹膜。位于角膜与晶状体之间，是一环形薄膜，虹膜颜色因色素细胞的多少及分布而有差异。虹膜中央一小孔为瞳孔，一般为横椭圆形。

b. 睫状体。位于虹膜与脉络膜之间的增厚部分，呈环状围于晶状体周围，可分为内部的睫状突和外部的睫状肌。睫状肌受副交感神经支配，收缩时具有调节视力的作用。

c. 脉络膜。约在血管膜的后2/3部分，呈暗褐色，衬在巩膜内面。在脉络膜的后部内面，视神经乳头上方的一半月形区域为照膜，照膜的作用是将外来光线反射到视网膜，加强光刺激作用，有助于动物在暗光下对外界的感应。

③视网膜又称神经膜，位于眼球壁最内层，分视部和盲部，二者交界处呈锯齿状，称锯齿缘。

a. 视部。位于脉络膜内侧，具有感光作用，即通常所说的视网膜。在视网膜中央区的腹上侧，有一白色圆盘形的隆起，称视乳头，此处是视神经穿出眼球的地方，无感光作用，称为盲点。

b. 盲部。是覆盖在虹膜和睫状体的内面，很薄，无感光作用。

（2）折光装置　包括晶状体、眼房水和玻璃体。其作用是与角膜一起，将通过眼球的光线经过屈折，使焦点集中在视网膜上，形成影像。

①晶状体：位于虹膜与玻璃体之间，呈双凸透镜状，透明而富弹性。晶状体的外面包有一弹性囊。晶状体借晶状体悬韧带连接于睫状体。睫状肌的收缩与松弛，可改变悬韧带对晶状体的拉力，从而改变晶状体的凸度，以调节焦距，使物体的投影能聚集于视网膜上。晶状体混浊时，光线不能透过，看不见物体，临床上称白内障。

②眼房和眼房水：眼房位于晶状体与角膜之间，被虹膜分为前房与后房，两者借瞳孔相通。眼房水为无色透明液体，充满于眼房内，由睫状突和虹膜产生，渗入巩膜静脉窦。眼房水除供给角膜和晶状体的营养外，还有维持眼内压的作用。如果眼房水循环障碍，则房水增多，眼内压增高，导致青光眼。

③玻璃体：充满于晶状体与视网膜之间无色而透明的胶状物质，外包一层很薄的透明膜，称为玻璃体膜。

2. 眼球的辅助器官

眼的辅助器官有眼睑、泪器、眼球肌和眶骨膜。

（1）眼睑　位于眼球前面，分为上眼睑和下眼睑。眼睑外面覆有皮肤，内面衬有睑结膜。睑结膜折转覆盖于巩膜前部，为球结膜。在睑结膜与球结膜之间的裂隙为结膜囊。睑结膜和球结膜共同称为眼结膜，正常的眼结膜呈淡红色，在某些疾病时，常发生变化，如感冒发烧时充血变红，贫血或大失血时苍白等。眼睑缘长有睫毛。

第三眼睑又称瞬膜，为位于眼内角的结膜褶，略呈半月形，含有一三角形软骨板。家畜发生破伤风时，一刺激即瞬膜外露。

（2）泪器　由泪腺和泪道组成。泪腺位于眼球的背外侧，有十余条导管，开口于上眼睑结膜囊内。泪腺分泌泪水，有湿润和清洁眼球表面的作用。泪道为泪水排出的管道，由泪小管、泪囊和鼻泪管组成。

（3）眼球肌　附着在眼球外面的一小块随意肌，使眼球多方向转动。眼球肌具有丰富的血管、神经，活动灵活，不易疲劳。

（4）眶骨膜　是个圆锥形纤维鞘，又称眼鞘。包围眼球、眼肌、眼血管和神经及泪腺。

（二）位听器官

位听器官包括位觉器官和听觉器官两部分。由外耳、中耳和内耳 3 部分组成。外耳和中耳是收集和传导声波的部分，内耳是听觉感受器和平衡感受器存在的地方。

1. 外耳

外耳包括耳廓、外耳道和鼓膜 3 部分（图 2－114）。

（1）耳廓　位于头部两侧，以耳廓软骨为支架，内外均覆有皮肤。一般呈圆筒状，上端较大，开口向前；下端较小，连于外耳道。耳廓内面的皮肤长有长毛，但在耳廓基部毛很少而含有很多皮脂腺。耳廓转动灵活，便于收集声波。

（2）外耳道　是从耳廓基部到鼓膜的一条管道，内面衬有皮肤，皮肤内含有皮脂腺和耵聍腺，其分泌物称耵聍（耳蜡）。

（3）鼓膜　位于外耳和中耳之间，是构成外耳道底的一片圆形纤维膜，坚韧而有弹性，外面覆盖皮肤，内面衬有黏膜，由鼓室黏膜折转形成。

2. 中耳

中耳包括鼓室、听小骨和咽鼓管。

鼓室为位于岩颞骨内部的一个小腔，内面衬有黏膜，外侧壁有鼓膜，内侧壁与内耳为界。内侧壁上有前庭窗和耳蜗窗。

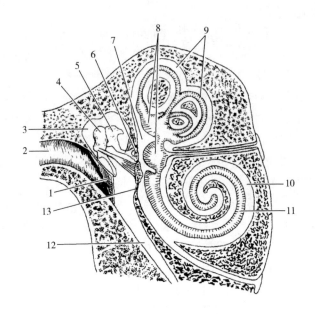

图 2 - 114　耳的构造模式图

1—鼓膜　2—外耳道　3—鼓室　4—锤骨　5—砧骨
6—镫骨及前庭窗　7—前庭　8—椭圆囊和球囊　9—半规管
10—耳蜗　11—耳蜗管　12—咽鼓管　13—耳蜗窗

　　鼓室内有 3 块听小骨，由外向内顺次为锤骨、砧骨和镫骨。这 3 块听小骨以关节连成一个听骨链，一端以锤骨柄附着于鼓膜，另一端以镫骨底的环状韧带附着于前庭窗。声波对鼓膜的振动，借此骨链传递到内耳前庭窗。

　　咽鼓管为一衬有黏膜的软骨管，一端开口于鼓室的前下壁，另一端开口于咽侧壁。空气从咽腔经此管到鼓室，可以保持鼓膜内外两侧大气压力的平衡，防止鼓膜被冲破。

　　3. 内耳

　　是盘曲于岩颞骨内的管道系统，由骨迷路和膜迷路组成。骨迷路是外部的骨管，包括前庭、半规管和耳蜗；膜迷路为套在骨迷路内的膜性管道，相应地也分为膜前庭（椭圆囊、球囊）、膜半规管和蜗管。在膜前庭和膜半规管的内壁上有位置感觉器，在蜗管的内壁上有听觉感受器。在膜迷路内充满内淋巴，在膜迷路与骨迷路之间充满外淋巴。

　　由外耳道传入的声波使鼓膜振动，并经听小骨传至前庭，导致迷路中的内、外淋巴振动，最终使耳蜗管顶壁上的基膜发生共振，并引起基膜上的听觉感受器兴奋，冲动经耳蜗神经传到中枢，产生听觉及听觉反射。

实操训练

实训十七　脑、脊髓形态构造的观察

（一）目的要求

掌握脑和脊髓的形态构造。

（二）材料设备

脑和脊髓的浸泡标本、脑正中矢状面显示脑各部构造和脑室的模型、脑和脊髓形态构造挂图。

（三）方法步骤

1. 脑

（1）脑的外部构造观察　在脑的背侧面观察大脑半球、脑沟、脑回，小脑半球、蚓部。在脑的腹侧面观察嗅球、视神经交叉、脑垂体、大脑脚、脑桥和延髓等。

（2）脑的内部构造观察　在脑的正中矢状面上观察胼胝体、灰质、白质、延髓、脑桥、中脑、间脑及各脑室等。

2. 脊髓

在挂图上识别脊髓的外部形态和内部构造，观察背正中沟、腹正中裂、灰质、白质、背角、腹角、侧角、硬膜下腔等。

（四）技能考核

在模型或挂图上指出脑和脊髓的上述结构。

项目思考

1. 神经系统的组成是什么？
2. 从脊髓的横断面说明脊髓的形态和内部结构。
3. 脑及脑干的组成是什么？
4. 简述第四脑室、中脑导水管及第三脑室的位置及构成。
5. 脑脊膜由内向外是由几层膜组成的？
6. 硬膜外腔位置在临床上具有什么意义？

7. 脑神经有多少对？分别是什么？

8. 分布到躯干、前肢和后肢的神经主要有哪些？

9. 躯体神经和植物性神经的区别有哪些？

10. 神经纤维传递兴奋的特征是什么？

11. 什么是突触和突触传递？突触传递的特征是什么？

12. 什么是神经递质及受体？

13. 什么是反射？反射弧的构成是什么？

14. 什么是屈肌反射和牵张反射？

15. 什么是条件反射和非条件反射？两者的区别是什么？

16. 条件反射的形成过程是什么？

17. 简述眼球的结构。

18. 简述耳的结构。

项目十 内分泌系统

1. 掌握腺垂体的位置及其所分泌的主要激素及其生理功能。
2. 了解腺垂体的形态和构造。
3. 掌握甲状腺的位置及其所分泌的激素及其生理功能。
4. 了解甲状腺的形态和构造。
5. 掌握甲状旁腺的位置及其所分泌的激素及其生理功能。
6. 了解甲状旁腺的形态和构造。
7. 掌握肾上腺的位置及其所分泌的激素及其生理功能。
8. 了解肾上腺的形态和构造。
9. 掌握胰岛素和胰高血糖素的生理功能。
10. 了解松果体的位置及其所分泌的激素。
11. 掌握激素作用的特征和激素分泌的调节。

在临床实验中熟练掌握内分泌腺器官的具体解剖位置。

某实验室进行一项实验，人为切除一头体况正常牛的甲状腺，那么术后牛可能出现什么症状？

必备知识

内分泌系统是动物体内除神经系统外的另一个非常重要的调节系统，它和神经系统一起共同调节机体各器官的新陈代谢、生长发育和生殖等机体活动，保证机体正常功能的发挥。二者的不同之处在于，神经系统通过神经递质激活动作电位沿神经纤维传递信号，而内分泌系统通过化学信使沿体液循环进行调节，速度慢，但作用时间长较长。内分泌系统是由内分泌腺、内分泌组织和一些内分泌细胞构成的一个体内信息传递系统。

内分泌腺为独立存在、肉眼可见的内分泌器官，体内重要的内分泌腺有垂体、甲状腺、甲状旁腺、肾上腺、松果腺等。其结构特点是腺细胞呈团块状、囊状或泡状排列，富含毛细血管和自主神经，无排泄管，其分泌物（激素）直接进入血管周围的组织间隙，经血液或淋巴运输，所以内分泌腺又称无管腺。激素作用的器官称靶器官，其上有特殊的受体可以和激素结合，分泌这种激素的内分泌器官称为靶腺。

内分泌组织是指分散在其他器官中的内分泌细胞团。如睾丸内的间质细胞、卵巢内的卵泡细胞和黄体等。

此外，体内许多器官内含有具有内分泌功能的内分泌细胞。如胃肠道内的嗜银细胞、间脑内的室旁核细胞、视上核细胞等均具内分泌功能，还有肝、前列腺、肾、胎盘、心、血管内皮细胞等均兼有内分泌功能。

一、内分泌和激素概述

(一)内分泌的概念

内分泌是相对于外分泌活动而提出的概念，通常是指内分泌腺或内分泌细胞将其所产生的生物活性物质——激素，直接释放到体液中并发挥作用的分泌形式；而外分泌则是指外分泌腺体将其分泌物通过特定的管道释放到体腔或体外而发挥作用的分泌形式，如唾液腺、胃腺、胰腺等消化腺及汗腺等的分泌。

(二)激素及其分类

由内分泌腺或内分泌细胞分泌的高效能生物活性物质，经血液或组织液传递而发挥其调节作用，这种化学物质称为激素。各种激素均作用于特定器官或细胞。被激素作用的器官和细胞称为靶器官或靶细胞。

激素的种类繁多，来源复杂，按其化学组成可分为两大类：①含氮激素：包括肽类、蛋白激素和胺类激素，如肾上腺素、甲状腺激素、垂体激素等；②类固醇激素：肾上腺皮质和性腺分泌的激素，如皮质醇、醛固酮、雌激素等。

（三）激素的作用

激素在体内主要起到以下作用：

（1）促进组织细胞的生长、增殖、分化和成熟，参与细胞凋亡过程等。

（2）调节机体的消化和代谢过程　胃肠道激素等能调节消化道运动、消化腺的分泌和吸收活动；甲状腺激素、肾上腺皮质激素、胰岛激素等能调节糖类、蛋白质和脂类的代谢。

（3）维持内环境稳态　激素通过调节电解质平衡、酸碱平衡、体温、血压等生命活动，来维持内环境的稳定。

（4）保证生殖　生殖激素对于生殖细胞的生成和成熟，以及射精、排卵、妊娠和泌乳等过程的各个环节加以调控，保证动物的正常生殖。

（5）提高机体的抗应激性　当动物受到不良环境或条件的刺激发生应激反应时，通过某些激素增强机体适应不良环境和抵御敌害的能力。

（四）激素作用的一般特征

1. 激素的信息传递作用

激素与靶细胞上相应的受体结合，将携带的信息传递给靶细胞，激素这种传递信息的方式犹如信使传递信息。

2. 激素的高效能作用

生理状态下，激素在血液中的含量很低。当激素与受体结合以后，通过引发细胞内信号转导程序，经逐级放大，以及其微小的剂量发挥巨大的生物学效应。

3. 激素作用的特异性

激素释放进入血液被运送到全身各个部位，虽然它们与各处的组织、细胞有广泛接触，但有些激素只作用于某些器官、组织和细胞，这种选择性称为激素作用的特异性。被激素作用的器官、腺体、细胞，分别称为激素的靶器官、靶腺和靶细胞。因为激素只能与被作用的细胞膜或细胞质中的特异性受体结合才能表现出激素作用的特异性。

4. 激素间的相互作用

激素与激素之间往往存在着协同作用或拮抗作用，这对维持其功能活动的相对稳定起着重要作用。例如，生长激素、肾上腺素及胰高血糖素，虽然作用的环节不同，但均能升高血糖，在升糖效应上有协同作用。

（五）激素作用的机理

激素的作用大都通过与靶细胞特异性受体的结合和靶细胞内特定的效应系统实现。

1. 含氮激素的作用机制——第二信使学说

含氮激素特别是蛋白质和多肽类激素是大分子，一般不能通过细胞膜进入细胞。作为第一信使的这类激素可以首先与细胞膜上的特异性受体先结合，然后该激素受体复合物即可激活细胞膜内侧的腺苷酸环化酶（AC）系统。腺苷酸环化酶系统可以在 Mg^{2+} 的参与下，使 ATP 转变为环一磷酸腺苷（cAMP），cAMP 就成为了第二信使。cAMP 作为第二信使进一步激活依赖 cAMP 的酶系统（包括蛋白激酶 C、蛋白激酶 G 等），进而激活靶细胞内各种底物的磷酸化反应，从而引起靶细胞特定的生理生化反应（图 2 – 115）。

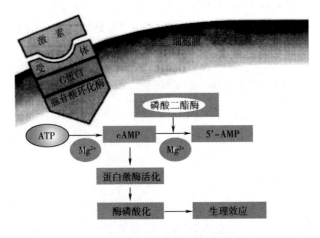

图 2 – 115　含氮激素作用机制

2. 类固醇激素的作用机制——基因调节学说

由于类固醇激素分子很小并易溶于脂类，因此可以穿过细胞膜，进入靶细胞内与细胞浆中的特异受体结合成激素 – 胞浆受体复合物。胞浆受体复合物进一步发生构型的变化，拥有进入细胞核的能力，之后形成激素 – 核受体复合物，作用于基因组，启动 DNA 的转录过程，从而促进 mRNA 的形成。mRNA 转入细胞质后，与核蛋白结合，诱导新蛋白质的生成。新生成的蛋白质或酶参与生理活动过程，发挥该激素的作用（图 2 – 116）。

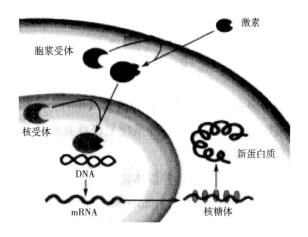

图 2-116　类固醇激素作用机制

二、内分泌腺

(一)垂体

1. 垂体的位置、形态和结构

垂体是体内最重要的内分泌腺，位于颅中窝蝶骨体上的垂体窝内，借漏斗与下丘脑相连。垂体的结构和功能都比较复杂，根据它的发生和结构特点，可将它分为腺垂体和神经垂体两大部分（如图 2-117 所示）。腺垂体又分为远侧部（垂体前叶）、结节部、中间部；神经垂体分为神经部和漏斗部（包括正中隆起和漏斗柄）。腺垂体的中间部和神经垂体的神经部经常合称为后叶。神经部是一个贮存激素的地方，接受由下丘脑视上核和室旁核所分泌的加压素（抗利尿激素）和催产素。

（1）神经垂体　神经垂体由无髓神经纤维、垂体细胞和丰富的毛细血管组成。垂体细胞即神经胶质细胞，形态多样，胞体常含褐色的色素颗粒，垂体细胞对神经纤维起支持营养作用；并可能对激素的释放有调节作用，神经垂体的血管主要来自左、右颈内动脉发出的垂体下动脉，进入神经部后分支形成窦状毛细血管网，最终汇入垂体静脉。

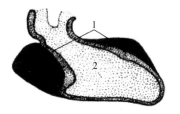

图 2-117　脑垂体构造模式图
1—脑垂体　2—神经垂体
3—中间部

（2）腺垂体　腺垂体分为远侧部（垂体前叶）、结节部、中间部。

其中远侧部最大，约占垂体的75%，腺细胞排列成团或索，少数围成小滤泡，细胞间有少量结缔组织和丰富的窦状毛细血管。根据细胞的染色性质分为嗜色细胞（嗜酸性细胞和嗜碱性细胞）和嫌色细胞。嗜酸性细胞数量较多，体积大，呈圆形或多边形，胞质内充满嗜酸性颗粒，如催乳素细胞、生长激素细胞。嗜碱性细胞数量较少，呈椭圆形或多边形，胞质内含有嗜碱性颗粒，如促甲状腺激素细胞、促性腺激素细胞、促肾上腺皮质激素细胞。嫌色细胞数量最多，体积小，胞质少，着色浅，细胞轮廓不清。有些嫌色细胞含少量分泌颗粒，故认为它们多数是脱颗粒的嗜色细胞，或处于嗜色细胞形成的初级阶段。其余多数嫌色细胞有突起，伸入腺细胞之间起支持作用。

结节部呈套状包围着神经垂体的漏斗，在漏斗的前方较厚，后方较薄或缺少。结节部有丰富的纵行毛细血管，腺细胞沿血管呈索状排列，细胞较小，主要是嫌色细胞及少数嗜酸性细胞和嗜碱性细胞，此处的嗜碱性细胞分泌促性腺激素。

中间部位于远侧部与神经部之间的狭窄部分，由较小细胞围成大小不等的滤泡，腔内含有胶质。滤泡周围还散在一些嫌色细胞和嗜碱性细胞，免疫细胞化学证明这些细胞可能产生促黑激素。

2. 不同动物垂体的形态

各种家畜垂体形状大小略有不同，马的垂体呈卵圆形，上、下扁，垂体前叶位于浅层，包围着后叶，前、后叶之间无垂体腔。

牛的垂体呈一扁圆形，窄而厚、漏斗长而斜向后下方，后叶位于垂体的背侧、前叶位于腹侧。前叶与后叶之间为垂体腔。

猪的垂体略呈杏仁状，背腹侧压扁，背正中有纵向的凹沟，腹侧面稍隆凸，漏斗与垂体背侧前部相连，漏斗向后的狭窄区及腹侧面中间部为神经部，呈灰色，其余大部粉红色，为腺部。

犬的垂体呈圆形，远侧部呈红黄色、从前方和两侧包围神经部，神经部呈黄色。

(二) 甲状腺

1. 甲状腺的位置、 形态和结构

甲状腺是体内最大的内分泌腺，呈红褐色或红黄色，位于气管前部的腹侧及两侧，有时覆盖着喉。除猪以外的哺乳类家畜中，甲状腺都由左、右两叶组成，后部由延伸至气管腹侧的结缔组织索（峡）相连。甲状腺表面包有薄层结缔组织被膜，结缔组织伸入腺实质，将实质分为许多不明显的小叶，小叶内有很多甲状腺滤泡和滤泡旁细胞。滤泡呈圆形、椭圆形或不规则形，由单层排列的甲状腺滤泡上皮细胞围成，其内充满透明的胶质。胶质是滤泡上皮细胞的分

泌物，主要成分为甲状腺球蛋白。滤泡上皮细胞是甲状腺激素的合成与释放的部位，而滤泡腔的胶质是激素的贮存库（图 2 – 118）。滤泡上皮细胞的形态和滤泡内胶质的量与其功能状态密切相关。滤泡上皮细胞通常为立方形，当甲状腺受到刺激而功能活跃时，细胞变高呈柱状，胶质减少；反之，细胞变低呈扁平状，而胶质增多。

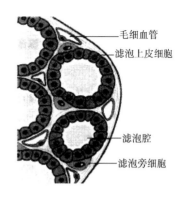

图 2 – 118 甲状腺结构示意图

2. 不同动物的甲状腺

马的甲状腺叶呈卵圆形，大小如铅锤，位于第 2 和第 3 气管环的背外侧。腺叶呈红褐色、卵圆形，长 3.4～4cm，宽约 2.5cm，厚约 1.5cm。马连接两叶的部分不发达（图 2 – 119 所示），由结缔组织构成，故为纤维峡，而驴和骡的较发达。

牛甲状腺的叶发达，两叶形状不规则，表面呈颗粒状，略呈锥体形，位于环咽肌和环甲肌的外侧（气管和食管前端两侧），两

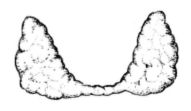

图 2 – 119 牛甲状腺形态

叶之间由横穿第 2 气管环腹侧的实质性峡（腺峡）连接。牛甲状腺叶，长 6～7cm，宽 5～6cm，厚约 1.5cm，腺小叶明显。腺峡由腺组织构成，较发达，宽约 1.5cm。

小型反刍动物的甲状腺呈纺锤形或圆柱形，位于前部气管环的背外侧。事实上，并不是所有的动物都有峡。

绵羊的甲状腺呈长椭圆形，位于气管前面两侧与胸骨甲状肌之间，为纤维峡。山羊的甲状腺左右两叶不对称，位于前几个气管环的两侧，也为纤维峡。

与其他哺乳类家畜不同，猪甲状腺呈暗红色，左右腺叶与腺峡连呈一整块，形如贝壳，位于气管的腹侧，胸骨柄前上方，前 6～8 气管环腹侧，在颈静脉及胸骨甲状肌背侧，长 4～4.5cm，宽 2～2.5cm，厚 1～1.5cm。

犬的甲状腺由两个长椭圆形腺叶组成，位于气管的背外侧面，第 5 至第 8 气管环之间。叶呈扁桃形、红褐色、腺峡不发达，由于犬品种差异，甲状腺大小不同，大型品种犬的峡一般由甲状腺的实质组织形成。

猫的甲状腺呈扁平的纺锤状腺叶，位于气管的背外侧，在第 7 气管环至第 10 气管环之间，后部由 1～2mm 厚的峡相连。

(三)甲状旁腺

1. 甲状旁腺的位置、形态和结构

甲状旁腺是圆形或椭圆形豆状小腺体，位于甲状腺附近或埋于甲状腺组织中。一般家畜具有两对甲状旁腺。其表面包有薄层结缔组织被膜，腺细胞排列呈团索状，间质中有丰富的毛细血管网。甲状旁腺由主细胞和嗜酸性细胞组成，主细胞是腺实质的主要成分，细胞为圆形或多边形，体积较小，细胞核圆形，位于中央，分泌甲状旁腺素；嗜酸性细胞体积稍大于主细胞，可单个或成群存在。犬、鼠、鸡和低等动物的甲状旁腺只含主细胞，没有嗜酸性细胞。

2. 不同动物的甲状旁腺

马有两对甲状旁腺。前甲状旁腺的直径为 10mm，大多数位于食管和甲状腺前半部之间，有些在甲状腺的边缘，少数在甲状腺深面。后甲状旁腺位于颈部后 1/3 的气管上，腺体不对称。

牛有内、外两对甲状旁腺。外甲状旁腺位于甲状腺前方，靠近颈总动脉，长 5～12mm，内甲状旁腺较小，常位于甲状腺内侧，靠近甲状腺的背缘。

猪只有一对外甲状旁腺，呈球形，色赤褐，质较硬，长 1～5mm，位于颈总动脉分颈内动脉，枕动脉和颈外动脉的分叉附近，在枕骨颈静脉突的后方，肩胛舌骨肌的前外方，有胸腺时，则埋于胸腺内。

犬仅有一对甲状旁腺，体积似粟粒，位于甲状腺前端附近或位于甲状腺内。

(四)肾上腺

1. 肾上腺的位置、形态和结构

肾上腺左右各一，位于肾脏的前内侧，呈新月状覆盖在两肾的上极。肾上腺表面包有结缔组织被膜，少量结缔组织伴随神经和血管伸入肾上腺实质。其实质部分为外层的皮质和内层的髓质。两者在结构、功能和胚胎发育上均为独立存在的两个内分泌腺。皮质来源于中胚层，分泌类固醇激素；髓质来源于外胚层，分泌含氮激素。皮质和髓质的颜色也不同，皮质呈黄色，髓质呈灰色或肉色。

肾上腺皮质约占肾上腺体积的 90%，根据其位置和内分泌细胞的形状、排列以及功能的不同，由外向内分为 3 个带，即球状带、束状带和网状带。各带分别占皮质体积的 15%、80% 和 5%，3 个带之间无明显的分界。

肾上腺髓质约占肾上腺体积的 10%，位于肾上腺的中央，主要由髓质

细胞组成。髓质细胞为含氮激素细胞，根据分泌颗粒内所含激素的不同，髓质细胞又分为肾上腺素细胞和去甲肾上腺素细胞，前者约80%，后者数量较少。

2. 不同动物的肾上腺

马的肾上腺呈大扁圆形、红褐色，长4.0～9.0cm，宽2.0～4.0cm，位于肾的前内侧。

牛的两个肾上腺形状位置不同。右肾上腺呈心形，位于右肾的内侧。左肾上腺呈肾形，位于左肾的前方。

羊的左、右肾上腺均为扁椭圆形。

猪的肾上腺长而狭，位于肾内侧缘的前方，左肾上腺呈长三棱形，前小后大，外侧稍凹陷，内侧稍隆凸。右肾上腺前半呈三棱形，后半宽而薄，后端常有尖的突起。

犬两侧肾上腺的形态和位置有所不同，右肾上腺略呈菱形，位于右肾前内侧与后腔静脉之间；左肾上腺稍大，为不正的梯形，前宽后窄，背腹侧扁平，位于左肾前内侧与腹主动脉之间。皮质部呈黄褐色，髓质部为深褐色。

（五）松果体

松果体又名脑上腺、松果腺，是间脑的一部分，为灰红色椭圆形小体，位于上丘脑内，结构很像一个松果。松果体是不成对的器官，其一端借细柄与第三脑室顶相连。松果体主要由松果体细胞和神经胶质构成，外有软脑膜形成的被囊。不同种类和个体之间松果体的大小差异很大。随家畜年龄的增长，松果体的结缔组织逐渐增多；成年后不断有钙盐沉着，形成一些大小不等的颗粒，称为脑沙。

（六）胰岛

胰腺可以分为外分泌部和内分泌部。胰岛又称为"朗格汉斯岛"，是胰腺的内分泌部。人体胰腺内有50万～150万个胰岛，猫和犬有几千个胰岛。胰腺左叶比右叶含有更多的胰岛。内分泌部位于外分泌部的腺泡群间，由大小不等的腺泡群组成，形似小岛，因此称为胰岛。胰岛的形状、大小、数量和集中的部位随动物种属而有不同。胰岛细胞成团、索状分布，细胞之间有丰富的毛细血管，细胞释放激素直接入血。外分泌部由许多腺泡和导管组成，分泌物胰液通过导管排入小肠。

三、内分泌生理

（一）垂体

1. 神经垂体释放的激素

神经垂体不含腺体细胞，不能合成激素。所谓的神经垂体激素是指在下丘脑视上核、室旁核产生而贮存于神经垂体的升压素（抗利尿激素）与催产素，在适宜的刺激作用下，这两种激素由神经垂体释放进入血液循环。

（1）升压素（又称抗利尿激素，ADH）　主要在室上核产生，其主要作用是使肾远曲小管和集合管上皮对水的通透性加大，促进水分重吸收，从而尿量减小，起到抗利尿的效应。它的血压升高作用在正常生理状况下几乎体现不出来，但在失血情况下，由于升压素释放较多，对维持血压有一定的作用。

（2）催产素（OXT）　主要在室旁核产生，它的主要作用是加强妊娠末期的子宫收缩，促进胎儿的排出和帮助产后子宫止血；此外，催产素还可以诱发乳腺导管平滑肌收缩，促进乳汁的排出。

2. 腺垂体激素

腺垂体主要由腺细胞构成，它们分泌多种激素。腺垂体分泌激素有生长激素（GH）、促甲状腺激素（TSH）、促肾上腺皮质激素（ACTH）、促黑激素（MSH）、卵泡刺激素（FSH）、黄体生成素（LH）和催乳素（PRL）。这些激素与畜体的生长发育有关，同时还能影响其他内分泌的功能。

（1）催乳素　催乳素与生长激素结构相似，也是一种蛋白质激素。催乳素的作用极为广泛，它的主要作用是促进妊娠期哺乳动物乳腺的发育和分娩后维持乳的分泌。另外，催乳素能促进黄体形成并分泌孕激素，大剂量催乳素使黄体溶解；催乳素促进雄性动物前列腺及精囊腺的生长，增强黄体生成素对间质细胞的作用，使睾酮的合成增加；催乳素参与应激反应，在应激状态下，血中催乳素浓度升高，与促肾上腺皮质激素及生长激素一样，是应激反应中腺垂体分泌的三大激素之一。

（2）促甲状腺激素　促甲状腺激素是一种糖蛋白激素，可促使甲状腺形态和机能发生变化，加速甲状腺细胞的增生，促进甲状腺激素的合成和释放。

（3）促肾上腺皮质激素　促肾上腺皮质激素是一种多肽类激素，它的主要作用是促进肾上腺皮质细胞增生，糖皮质激素的合成和释放。此外，在鸟类，醛固酮的分泌需要促肾上腺皮质激素，在应激等情况下，促肾上腺皮质激素能促进醛固酮分泌。促肾上腺皮质激素也具有促黑素细胞产生黑色素的作用。

（4）促性腺激素　包括下列两种激素：卵泡刺激素和黄体生成素。

在雌性动物，促性腺激素作用于卵巢的卵泡，促进卵巢内卵泡生长发育和卵泡细胞分泌雌激素。排卵后，黄体生成素刺激已排过卵的卵泡生成黄体并使其分泌孕酮。在雄性动物，促性腺激素与黄体生成素和睾酮共同促进精子的生成。黄体生成素还可以刺激睾丸间质细胞发育并分泌睾酮，称为间质细胞刺激素。

（5）生长激素　其主要生理功能是促进动物的生长发育，并且对机体各个器官与组织均有影响，尤其对骨骼、肌肉及内脏器官的作用更为显著。如将幼龄动物的垂体切除，则生长发育停滞，躯体矮小，在人称为"侏儒症"；反之，若分泌过多，则使长骨生长过快，躯体特别高大，在人称为"巨人症"。生长激素的促生长作用是由于它能促进骨、软骨、肌肉以及其他组织细胞分裂增殖，并能够提高蛋白质的合成来实现的。

此外，生长激素对动物的三大物质代谢有着重要的影响。生长激素能促进体脂分解，使血中游离脂肪酸增加。能促进骨骼肌和肝脏对游离脂肪酸的氧化，以提供机体对能量的需要。能促进肝糖原分解和抑制外周组织对葡萄糖的利用，因而血糖升高。生长激素还能促进蛋白质的合成，减少蛋白质的分解。

（6）促黑激素　促黑激素是垂体中间部产生的一种肽类激素，其主要作用是刺激两栖类动物黑素细胞内黑色素的生成和扩散，使皮肤和被毛的颜色加深。对低等脊椎动物起皮肤变色以适应环境变化的作用。

（二）甲状腺的生理作用

1. 甲状腺激素的合成、贮存、释放

甲状腺主要由大小不等的囊状腺泡构成，甲状腺腺泡上皮细胞膜上具有高效率的碘泵，摄取碘的能力很强，在甲状腺激素合成方面具有很重要的作用。甲状腺激素主要有四碘甲腺原氨酸（T_4）——又称为甲状腺素和三碘甲腺原氨酸（T_3）两种，它们都是以碘和酪氨酸为原料在甲状腺腺泡细胞内合成的碘化物。T_4含量多，活性小，T_3含量小，活性约为T_4的5倍。T_4至靶细胞内首先脱碘成为T_3，然后与受体蛋白结合发生生理作用。

合成后的T_3和T_4仍然结合在甲状腺球蛋白（TG）分子上，以胶质的形式贮存于腺泡腔内。甲状腺激素的贮存有两个特点：一是贮存于细胞外（腺泡腔内）；二是贮存量很大，可供机体利用50～120d之久，在激素贮存量上居首位，所以应用抗甲状腺药物时，用药时间需要较长才能奏效。

当甲状腺受到促甲状腺激素的刺激后，腺泡细胞将腺泡腔内的甲状腺球蛋白胞饮摄入细胞内，在溶酶体蛋白水解酶的作用下，分离出T_3和T_4释放入血。

2. 甲状腺激素的生理功能

甲状腺激素的主要功能是促进物质与能量代谢，以及动物的生长和发育。机体未完全分化与已分化的组织，对甲状腺激素的反应不同，成年后，不同的

组织对甲状腺的敏感性也有差别。此外，甲状腺激素能提高中枢神经的兴奋性，促进性腺发育，心率增快等。

（1）调节新陈代谢　甲状腺激素可促进糖和脂肪的分解代谢，提高基础代谢率，使大多数组织特别是心脏、肝脏、肾脏和骨骼肌的耗氧量和产热量增加，基础代谢率提高。当甲状腺功能亢进时，产热量增加，基础代谢率升高，动物会出现烦躁不安、心率加快、对热环境难以忍受、体重下降；而甲状腺功能低下时，产热量减少，基础代谢率降低。

在物质代谢方面，甲状腺激素能促进小肠对葡萄糖的吸收，加速肝糖原的分解和异生作用，加速外周组织对糖的利用，但总的效果是升血糖。在生理状况下，甲状腺激素能促进蛋白质合成，当甲状腺激素大幅升高时，蛋白质则会大量分解，从而变得消瘦。甲状腺激素促进脂肪酸氧化，增强儿茶酚胺与胰高血糖素对脂肪的分解作用。

（2）对生长发育的影响　甲状腺激素还是维持动物正常生长发育和成熟所必需的激素，它可以促进组织分化、机体生长、发育和成熟，特别是对骨和脑的发育尤为重要。对幼龄动物影响最大，在胚胎期缺碘造成甲状腺激素合成不足，或出生后甲状腺功能低下，脑的发育会明显出现障碍，神经组织内的蛋白质、磷脂以及各种重要的酶与递质的含量都会减低。此外，若胎儿或初生幼畜的甲状腺机能低下，则长骨的发育受阻而使骨骼短小，脑的分化受阻，成为"呆小症"。

甲状腺激素还可以促进性腺发育，幼畜缺乏甲状腺激素可见性腺发育停止，不表现副性征。成年动物甲状腺激素不足将影响公畜精子成熟、母畜发情、排卵和受孕。甲状腺激素对泌乳有促进作用，奶牛甲状腺机能不足，可见泌乳量和乳脂率下降。

（3）对神经和心血管的影响　甲状腺激素不但影响中枢系统的发育，而且对已分化成熟的神经系统活动也有作用。甲状腺功能亢进时，中枢神经系统的兴奋性增高，主要表现为不安、过敏、易激动、睡眠减少等；相反，甲状腺功能低下时，中枢神经系统兴奋性降低，对刺激感觉迟钝、反应缓慢、学习和记忆力减退、嗜睡等。

甲状腺激素对心脏的活动有明显影响。T_4 与 T_3 可使心率加快，心缩力增强，心输出量增加。

3. 甲状腺功能的调节

甲状腺功能活动主要受下丘脑与垂体的调节。下丘脑、垂体和甲状腺三个水平紧密联系，组成下丘脑–垂体–甲状腺轴。此外，甲状腺还可进行一定程度的自身调节。

（1）下丘脑–腺垂体对甲状腺活动的调节　下丘脑接受神经系统其他部位

传来的信息分泌促甲状腺激素释放激素（TRH），促甲状腺激素释放激素刺激腺垂体分泌促甲状腺激素。促甲状腺激素促使甲状腺增生和 T_3、T_4 的合成、贮存、分泌。神经系统对甲状腺机能的控制，主要就是通过这一途径实现的。

（2）甲状腺激素的反馈调节　血液中游离的 T_4 与 T_3 浓度的升降，对腺垂体促甲状腺激素的分泌起着经常性反馈调节作用。当血液中游离的 T_4 与 T_3 浓度增高时，抑制促甲状腺激素分泌。T_4 与 T_3 比较，T_3 对腺垂体促甲状腺激素分泌的抑制作用较强，血液中 T_4 与 T_3 对腺垂体这种反馈作用与促甲状腺激素释放激素的刺激作用相互拮抗，相互影响，对腺垂体促甲状腺激素的分泌起着决定性作用。

（3）甲状腺的自身调节　甲状腺细胞能根据自身腺体内碘的含量，在一定范围内调整对碘的摄取和浓缩能力，以及合成与释放甲状腺激素的能力，这称为甲状腺自身调节。食物中长期缺碘可引起甲状腺激素分泌不足，并产生代偿性甲状腺肿。

（三）甲状旁腺

甲状旁腺分泌的甲状旁腺激素和降钙素可以参与调节钙、磷代谢，作用于骨、肾和小肠黏膜，调节血浆的钙、磷水平。

1. 甲状旁腺激素

甲状旁腺分泌的激素是甲状旁腺激素（PTH），甲状旁腺激素是甲状旁腺主细胞分泌的含有 84 个氨基酸的直链肽。其生理功能是使血钙升高，血磷降低。

升高血钙主要是通过如下途径实现的：①甲状旁腺激素直接作用于骨，促进骨组织溶解，将钙、磷释放入血，从而使血钙浓度升高；②作用于肾，促进肾小管对钙的重吸收并抑制对磷的重吸收；③甲状旁腺激素还可以间接地促进小肠上皮对钙的重吸收。

2. 降钙素（CT）

降钙素是多肽类激素，由哺乳动物甲状腺的滤泡旁细胞（又称 C 细胞）分泌。其他脊椎动物或禽类的 C 细胞则聚集成单独的腺体称为腮后体，位于甲状腺后方，颈总动脉基部附近。

降钙素的生理作用是对抗甲状旁腺激素，使血钙下降。降钙素也是通过对骨、肾和肠的作用来实现其调节钙磷代谢的：（1）作用于骨，降钙素抑制破骨细胞的生成和活动，使骨的溶解过程减弱，同时促进骨中钙盐的沉积，从而降低血钙水平；（2）作用于肾，降钙素抑制肾小管对钙、磷的重吸收，增加钙、磷随尿的排出，使血钙和血磷水平都下降；（3）作用于小肠，间接抑制小肠对钙的重吸收。

血钙浓度是影响甲状旁腺激素和降钙素分泌的直接原因。当血浆中钙浓度升高时，甲状旁腺激素分泌减少，降钙素分泌增加；相反，血钙浓度下降时，则甲状旁腺激素分泌增多，降钙素分泌减少。因此降钙素和甲状旁腺激素共同维持机体内血钙水平的稳定。

（四）肾上腺

肾上腺位于肾脏前缘，由结构和功能不同的两层腺体组织构成，外层是皮质部，由外向内可分为球状带、束状带和网状带，内层是髓质部。

1. 肾上腺皮质

肾上腺皮质分泌的激素简称皮质激素，属于固醇类激素。皮质激素分为 3 类，即盐皮质激素（MC）、糖皮质激素（GC）和性激素，分别由球状带、束状带和网状带的细胞分泌。

（1）盐皮质激素　醛固酮是作用最强的盐皮质激素，其作用是调节机体的水盐代谢。醛固酮具有"排钾保钠"的作用，能促进肾远曲小管和集合管对 Na^+ 和 Cl^- 的重吸收，促进 K^+ 的排出。由于 Na^+ 的重吸收，水的重吸收也随之增加。

（2）性激素　网状区分泌少量性激素以睾酮为主。正常时因分泌量少并不产生明显效应。

（3）糖皮质激素　最早发现此激素具有生糖效应，故称为糖皮质激素。它具有多种生理功能，是维持生命必需的激素。皮质醇是主要的糖皮质激素。主要生理功能如下：

①促进糖、脂肪和蛋白质三大营养物质的代谢：促进糖异生，抑制糖的利用，引起血糖升高；促进组织中蛋白质和脂肪的分解，增加氨基酸和游离脂肪酸释放入血液。

②增强机体对不良刺激的耐受性：当机体受到各种有害刺激，如创伤、中毒、恐惧等，均能引起下丘脑－腺垂体－肾上腺皮质系统机能活动加强，使促肾上腺皮质激素和糖皮质激素浓度升高，并由此而产生一系列代谢改变和其他全身反应，这称为机体的应激反应。

③抗炎症、抗过敏作用：大剂量使用糖皮质激素可使局部炎症过程的程度减轻，抑制抗原－抗体反应引起的一些过敏反应。但是，由于抑制炎症反应，减弱了白细胞趋向炎症部位，同时又降低了机体的抵抗力。

糖皮质激素分泌的调节主要受下丘脑－腺垂体－肾上腺皮质系统的调节。腺垂体分泌的促肾上腺皮质激素是调节肾上腺皮质机能的最重要因素。腺垂体分泌促肾上腺皮质激素的活动又受下丘脑分泌的促肾上腺皮质激素释放激素的控制。当机体受到有害刺激时，促肾上腺皮质激素释放激素由下丘脑释放，经垂体门脉到达腺垂体，促进促肾上腺皮质激素的分泌。后者通过循环到达肾上腺皮质引起束状区增生，糖皮质激素分泌增多，以适应应激时的需要。

此外，糖皮质激素还受反馈性调节。当血浆中的糖皮质激素浓度升高到一定水平时，即通过长反馈抑制下丘脑促肾上腺皮质激素释放激素的释放，同时阻断了腺垂体对促肾上腺皮质激素释放激素的反应，于是促肾上腺皮质激素分泌减少，糖皮质激素分泌也减少。

2. 肾上腺髓质

肾上腺髓质能合成肾上腺素（E）和去甲肾上腺素（NE），由于它们共同都含有儿茶酚胺的化学结构，所以总称为儿茶酚胺类激素。肾上腺髓质直接受交感神经节前纤维支配，在机能上相当于交感神经的节后神经元。因此，通常将肾上腺髓质与交感神经系统的联系，看作为交感神经－肾上腺髓质系统。

（1）肾上腺髓质激素的生理作用　肾上腺素和去甲肾上腺素由于与靶细胞膜上的不同受体起作用，因此其生理功能亦不尽相同。

①对心血管的作用：肾上腺素和去甲肾上腺素都能使心肌收缩增强，心率加快，心输出量增多，从而使血压升高，但肾上腺素对心脏的作用较强。对血管的作用，二者区别较大，肾上腺素使皮肤、内脏的小动脉收缩，冠状动脉、骨骼肌小动脉舒张，以保证机体在活动时主要器官的血液供应；去甲肾上腺素除引起冠状动脉舒张外，几乎使全身的小动脉收缩，总外周阻力增大，因此有明显的升压作用。

②对内脏平滑肌的作用：肾上腺素和去甲肾上腺素都能使胃肠管、胆囊壁和支气管平滑肌舒张；使胃肠括约肌、膀胱括约肌、扩瞳肌和竖毛肌收缩。

③对糖代谢的影响：身上腺素促进糖原分解，减少葡萄糖的利用，使血糖升高。

（2）肾上腺髓质激素分泌的调节　髓质激素的分泌主要受交感神经的控制。当机体受到应激刺激时，通过交感神经－肾上腺髓质系统引起髓质激素分泌增加，引起的机体活动变化，称为机体的应激反应。

（五）松果体

松果体是一个活跃的内分泌器官，松果体细胞是松果体内主要细胞，由神经细胞演变而来，它分泌的激素主要有褪黑素和肽类激素。

1. 松果体的生理作用

褪黑激素有抑制促性腺激素的释放，防止性早熟等作用。松果体的分泌活动受光照的影响，光照抑制松果体合成褪黑激素，从而降低了对促性腺激素释放的抑制，于是性功能活跃。延长对母鸡的光照时间可增加产蛋量就是松果体被抑制的结果。

同时松果体还具有生物钟的作用，调节着性腺季节性和每天的变化，在调节马、绵羊等动物的季节性生殖周期方面起着重要作用。对于马而言，褪黑素有抗促性腺激素生成的作用，而光线刺激则抑制褪黑素的生成。因此，随着春季白天时间的延长，褪黑素生成减少，其对性腺的抑制活动减弱。

对于绵羊而言，日光同样抑制褪黑素，因此随着夜间时间的增加，褪黑素释放增加。绵羊褪黑素具有促进性腺的功能，所以绵羊的繁殖季节在秋季。这具有很重要的临床意义，可以利用褪黑素来加快绵羊的繁殖周期。

2. 松果体激素的分泌调节

通过释放去甲肾上腺素可以控制松果体细胞的活动。褪黑色素分泌的昼夜节律与交感神经活动有关。刺激交感神经可使松果体活动增强。在黑暗条件下，交感神经节节后纤维末梢释放去甲肾上腺素，褪黑色素合成增加；在光刺激下，视网膜的传入冲动可抑制交感神经的活动，使褪黑色素合成减少。

（六）胰岛

动物的胰岛细胞按其染色和形态学特点，可分为五类，即 A 细胞、B 细胞、D 细胞、PP 细胞及 D_1 细胞。A 细胞约占胰岛总数的 20%，能分泌胰高血糖素；B 细胞占胰岛细胞的 60% ~ 75%，位于胰岛的中央，分泌胰岛素；D 细胞占胰岛细胞的 4% ~ 5%，散在于 A、B 细胞之间，分泌生长抑素；PP 细胞数量很少，位于胰岛周边部或散在于胰腺的外分泌部，分泌胰多肽；D_1 细胞数量极少，主要分布于胰岛的周边部，分泌血管活性肠肽。

1. 胰岛素

胰岛素是蛋白质激素，是调节机体代谢的激素之一。

（1）它可以促进肝糖原生成，抑制糖原分解，增强组织对葡萄糖的摄取和利用，并促使糖转变为脂肪，因而使血糖降低。

（2）促进体内脂肪的合成及贮存，抑制脂肪的分解。

（3）促进蛋白质的合成及贮存，抑制蛋白质分解。

2. 胰高血糖素

胰高血糖素的生理作用与胰岛素相反，是动员机体能源物质分解的激素之一。胰高血糖素能加速糖原分解，促使血糖升高；促进脂肪分解，促进脂肪酸氧化，使酮体增多；抑制蛋白质合成，促进氨基酸转化为葡萄糖。

胰岛分泌的胰岛素和胰高血糖素是对物质代谢具有拮抗作用的两种激素，这两种激素主要受血糖水平的调节。在一定范围内，血糖浓度升高，可使胰岛素分泌增加，胰高血糖素分泌减少；反之，胰岛素分泌减少，胰高血糖素分泌增加，从而维持机体内血糖的相对恒定。参与糖代谢的一些激素，通过对血糖的影响而间接调节胰岛的功能。

项目思考

1. 激素的作用是什么?
2. 腺垂体主要分泌什么激素?
3. 生长激素的作用是什么?
4. 内分泌系统主要的内分泌腺体是什么?
5. 胰岛素和胰高血糖素的生理作用是什么?
6. 调节钙代谢的激素主要有哪些? 简述它们的主要生理作用。
7. 肾上腺可分泌哪些激素? 各有何生理作用?

项目十一　体温

1. 熟知各类家畜的正常体温以及测量体温的部位。
2. 掌握体温相对恒定的意义。
3. 掌握家畜体温调节的形式及对诊病的现实意义。
4. 掌握家畜产热和散热的途径。

技能目标

熟练掌握利用水银温度计对动物进行体温测定的方法。

案例导入

内蒙古自治区某羊场引进了 12 头羊，这些羊均获得良好的饲养。进入冬季后，在没有妊娠、没有加大训练量的情况下，羊的饲料消耗量加大。

请问可能是什么原因导致这 12 头羊饲料消耗量增大呢？

必备知识

机体都具有一定的温度，这就是体温。按照调节体温的能力可将动物分为变温动物、异温动物和恒温动物 3 类。恒温动物又称温血动物，能在较大的气温变化范围内保持相对恒定的体温。恒温动物主要是通过调节体内生理过程来维持相对稳定的体温，这种调节方式就是生理性体温调节。恒温动物的体温之所以能维持相对稳定，有赖于它们具有较完善的生理性调节功能。

一、动物体温概述

体温是指动物体内的温度而言，生理学中，将体温定义为身体深部的平均温度。正常情况下，机体内产生的热量主要通过体表散失到周围环境中。体内各部的温度不完全相同，体表面由于散热较快，其温度比深部组织和内脏器官的温度低。心脏、肝和肾温度较高，但由于血液不断循环，可将热量从较高部位带到全身，故机体各部温度差别不大。直肠温度接近机体深部温度，且比较稳定，又便于测定，可以代表机体体温的平均值。在生产实践中，常用体温计测量家畜直肠温度来代表体温。健康家畜的直肠温度见表2－15。

表 2 – 15　健康动物的体温（直肠内测定）

畜别	体温/℃	畜别	体温/℃
黄牛	37.5～39.0	猪	38.0～40.0
水牛	37.5～39.5	狗	37.5～39.0
乳牛	38.0～39.3	兔	38.5～39.5
绵羊	38.5～40.5	马	37.5～38.5
山羊	37.6～40.0	骡	38.0～39.0
鸡	40.0～42.0	驴	37.0～38.0
鸭	41.0～43.0	骆驼	36.0～38.5

家畜的体温除动物种类之间有显著差别外，还受个体、品种、年龄、性别等因素的影响而有差异，如幼畜的体温比成年家畜的体温略高；公畜较母畜高；母畜在发情和妊娠时体温升高；动物采食后体温升高；长期饥饿时体温可降低2～2.5℃；动物在剧烈工作后，体温可显著升高。在一昼夜内体温也有变化，因此在生产实践中，每次应固定在同一个时间测量体温取平均值。

体温的相对恒定是保证机体新陈代谢正常顺利进行和维持机体生命活动的重要条件。机体进行各种生理活动所需的能量都来自体内的各种生物化学反应，而这些反应都需要有各种酶参加。家畜正常体温恰好满足了各种酶对温度的需求。如果体温过低，将降低或丧失酶的活力，使代谢减弱或停止；体温过高，酶的活力也会因蛋白质变性而降低，出现代谢障碍。新陈代谢的障碍将直接影响各器官正常生理活动的进行。当哺乳动物体温超过41℃可以出现神经系统功能障碍，甚至永久性脑损伤，超过43℃将危及生命；当温度低于34℃，意识将丧失，低于25℃时则呼吸、心跳停止，危及生命。因此，在生产实践中，应加强饲养管理，冬季注意保温，夏季注意散热，维持家畜体温的相对恒定。

二、机体的产热与散热

在体温调节机制的作用下，恒温动物可以维持相对恒定的体温。机体在进行物质代谢时不断产生热量，同时，又通过辐射、传导和对流以及水分蒸发等方式不断地散失，使产热量和散热量取得平衡，维持体温的恒定。如果机体的产热量高于或低于散热量，将导致体温升高或降低（图2–120）。

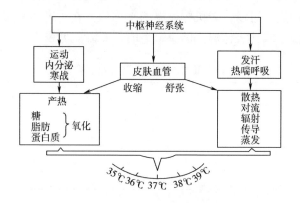

图2–120　产热和散热的相对平衡

（一）产热过程

机体所有组织器官都能产生热量，但它们的产热量在不同情况下有所不同。正常情况下，安静时以内脏产生热量最多，其中以肝脏代谢最为旺盛，产热较多。安静时骨骼肌产热量可占全身总产热量的20%，运动或使役时，其产热量可高达总产热量的2/3以上，成为产热的主要器官。草食家畜体内热能的主要来源，是消化道中大量的微生物发酵分解饲料时产生的大量热能。

产热多少还受环境温度的影响。若环境温度较高，体内代谢率可以有所降低，但并不会减弱的非常明显。如果此时不能及时有效地对动物进行散热，机体代谢反而有可能出现上升，动物就可能发生中暑。在寒冷环境中，为了维持体温的恒定，动物通过神经、体液调节使代谢加强、产热增多，以抵御寒冷，此时消耗饲料增加；如果环境温度过低，超过机体调节能力，体温就会下降，甚至发生死亡。因此，适宜的饲养温度对于动物维持体温的恒定和代谢的稳定具有非常重要的意义。这种环境温度称为动物的等热范围或代谢稳定区。各种动物的等热范围见表2–16。

表 2 – 16 各种动物的等热范围

畜别	等热范围/℃	畜别	等热范围/℃
牛	10 ~ 15	豚鼠	25
猪	20 ~ 23	大鼠	29 ~ 31
羊	10 ~ 20	兔	15 ~ 25
犬	15 ~ 25	鸡	16 ~ 26

在等热范围内，动物不需要增强产热或散热过程，即能维持正常体温。当环境温度低于等热范围时，动物将增强代谢，产热增加，以维持体温；反之，环境温度高于等热范围时，动物将增强散热，如体表血管舒张、汗腺分泌，以防体温上升。

（二）散热过程

动物机体产生的热量，一部分可以通过呼吸、排粪和排尿散失，另一部分主要是通过皮肤以辐射、传导、对流和蒸发等方式进行散热。

1. 辐射、对流和传导散热

（1）辐射散热 以红外线的形式把体热直接向外界放射。辐射散热量取决于皮肤和环境之间的温度差以及机体辐射面积等因素。当皮温与环境间的温差增大或有效辐射面积增加时，辐射散热增多。例如当环境温度较低时，通过皮肤辐射放散的热量可占总散热的70%。如环境温度高于体表温度时，机体不但不能通过辐射散热，而且还要接收辐射热。因此，炎热季节应将动物置于阴凉处，避免烈日照射导致体温升高，发生热应激。

（2）对流散热 机体通过与体表接触的气体或液体流动来交换和散发热量的方式，称为对流散热。对流散热多少受体表和空气之间温差的影响，即空气越冷，对流越强，带走的热量就越多。此外，对流还受风速的影响。因此，在实际工作中，冬季应减少畜舍空气的对流，夏日则应加强通风。

（3）传导散热 是指机体的热量直接传给同它接触的较冷物体的一种散热方式。因此要注意在一些情况下要避免动物长时间躺卧在湿冷的地板上，造成热量的大量散失。如新生幼畜不能长时间躺卧于冰冷的地面。

2. 蒸发散热

体表水分蒸发是一种很有效的散热途径，在通常的温度和湿度条件下，安静的哺乳动物约有25%的热量是由皮肤和呼吸道通过水分蒸发而散失。当外界温度等于或超过机体温度时，辐射、传导和对流方式的热交换已基本停止，蒸发就成为散热的主要形式。此时，汗腺分泌加强，体表蒸发的水分主要来自汗液。所以汗腺发达的家畜（如马属动物）出汗是重要的散热途径；而牛仅有中等程度的出汗能力；绵羊可以发汗，但热喘呼吸是主要的散热方式；犬几乎全部依靠热喘呼吸散热；而啮齿动物既不热喘呼吸也不发汗，它们向毛上涂抹唾液或水来蒸发散热。

三、体温的调节

恒温动物之所以能够维持体温的相对恒定，这是因为机体内存在有调节体温的自动控制系统，其主要部分是下丘脑的体温调节中枢，它可调节机体的产热过程和散热过程，从而维持体温于一定水平。

（一）神经调节

1. 温度感受器

（1）外周温度感受器　对温度敏感的感受器称为温度感受器。机体的许多部位存在有温度感受器，全身皮肤、某些黏膜及腹腔内脏等处均有温度感受器分布，它们能够感受体表和机体深部的温度变化，产生神经信息，向体温调节中枢传输信号。根据功能不同，可分为热感受器和冷感受器两种。

（2）中枢温度感受器　在动物机体的脊髓、延髓、脑干网状结构以及下丘脑等部位存在有对温度变化敏感的神经元，有热敏感神经元和冷敏感神经元，统称为中枢性温度感受器。这两种神经元在视前区－下丘脑前部（PO/AH）区域数量最多，其中热敏感神经元较冷敏感神经元多。

2. 体温调节中枢

对恒温动物脑的分段切除的实验证明，调节体温的基本中枢在下丘脑。如切除大脑皮层及部分皮层下结构后，只要保持丘脑及其以下的神经结构完整，动物的体温就能够在冷环境中保持恒定，即仍具有维持体温恒定的能力。如进一步破坏下丘脑，直肠温度就迅速下降，以上实验说明，调节体温的基本中枢在下丘脑。但是下丘脑体温调节中枢的确切位置尚不完全清楚。

3. 体温调定点学说

生理学中，温度调定点学说认为，体温的调节类似恒温器的调节。PO/AH中的热敏感神经元可能在体温调节中起着调定点的作用，它们类似于仪器的恒温调节装置，可控制体温于一定水平。热敏感神经元对温度的感受有一定的阈值，这个阈值就是体温的稳定点。当体内温度超过阈值时（≥37℃），热敏感神经元兴奋，发放冲动的频率增加、促使散热活动加强。当体内温度低于阈值时，发生与上述相反的变化，于是产热增加，如骨骼肌紧张性增加、皮肤血管收缩，结果体温回升。

（二）体液调节

由于机体的代谢强度和产热量受到体内一些激素的调控，因此一些激素和体温调节有密切关系。

1. 甲状腺激素

由甲状腺分泌的甲状腺激素能加速细胞内的氧化过程，促进分解代谢，产热量增加。当动物长时间处在寒冷环境中时，通过神经体液调节，甲状腺激素分泌增加，于是代谢率提高，以适应低温环境。

2. 肾上腺素

由肾上腺髓质分泌的胺类激素，其主要作用为促进糖和脂肪的分解代谢，促使产热增加。动物突然进入冷环境时由于寒冷刺激，通过交感神经，促使肾上腺髓质分泌释放肾上腺素，进而使细胞产热增加。这种反应迅速，但作用持续时间短，主要是使动物应付环境温度的急剧变化，保持体温恒定。

（三）机体体温调节过程

1. 对寒冷的调节过程

当环境温度降低时，皮肤感受器兴奋，使得产热增加，散热减少，来维持体温的正常活动。机体皮肤浅表静脉和毛细血管收缩，动静脉吻合支开放，使浅表血液循环形成短路，减少散热；分泌汗腺减少；肌肉出现不协调收缩，出现寒战，产热增加；肾上腺素，甲状腺分泌增加，产热增加。

2. 对炎热的调节过程

当体内外温度升高，尤其是体内温度升高时（如运动），皮肤和内脏的感受器接受到刺激，并将其转换为神经冲动，沿传入神经传入丘脑下部或当血温升高时引起热敏神经元的冲动增加，通过丘脑下部的体温调节中枢，使机体产热减少，增加散热。机体皮肤血管舒张，血流量增加，机体深部的热量通过血流到皮肤，使皮肤温度升高，以辐射、传导、对流方式散热；大量分泌汗液，通过蒸发散热；高温环境下，引起呼吸急促，使呼吸道蒸发散热增加。

3. 行为性体温调节

动物还存在行为性体温调节，即动物处在炎热或寒冷环境中，常通过行为的变化来调节产热和散热过程。在寒冷环境中，动物常采取蜷缩姿势或集堆以减少散热面积，长期在寒冷中，被毛增加，皮下脂肪增加，使体表的绝热作用增加。而在炎热时，则会寻找阴凉场所，减少吸收太阳辐射热，同时伸展肢体，伏卧不动尽量减少肌肉运动和降低代谢率。

实操训练

实训十八　使用水银体温计测量动物体温

（一）目的要求

通过实操训练可以非常熟练地掌握水银温度计测量动物直肠温度的方法。

（二）材料设备

动物（牛或羊）、体温计和体温计防护盒、棉球和医用酒精、保定器。

（三）方法步骤

（1）为防止测定过程中动物挣扎，以至于挫伤肠壁或折断体温计，在测定前应先保定好动物。

（2）在体温计的上端系一条细绳，绳上拴一个小铁夹，用于测量体温时固定体温计。对于每一只动物，在测量前和测量后都要将温度计进行消毒。一般情况下选用酒精棉球进行消毒，避免疾病的传播扩散。然后在体温计上涂上润滑油。

（3）甩动温度计，使温度刻度达到36℃以下。一手提起动物尾巴，另一手将体温计轻柔徐缓而旋转地插入直肠（其深度约为体温计长度的2/3），然后放下尾巴，将体温计上的夹子夹在被毛上。经3~5min后取出体温计，观读数即可。现在在临床当中，肛表测温也可由实验者右手固定体温计，3min后取出观察读数。

（4）在操作过程当中要注意，因为直肠内壁比较敏感而且很薄，因此插体温计时，应紧贴着直肠的一侧插入，使温度计水银球与直肠壁相接触。不得动作粗暴惊吓动物或弄伤动物。

体温测量应每日上午、下午各测一次。测量时应防止把体温计插入粪球中而出现误差。患肠炎、下痢的患畜，因直肠不保温，母畜可测阴道温度代替（测得值加上0.3℃）。

（5）测定温度时应注意如下几点：

①环境温度对动物体温的测定有一定的影响，一般环境温度应控制在18~28℃。

②测量温度时应连续测定2~3次，取平均值。

③每次测定时间要一致。一般体温计放入直肠内固定时间为3min，而每天

测定的时间也大致一样，如第一次在上午测定，以后均应在上午测定，因为动物的体温在上午、下午是不一样的。

④防止有大便阻塞和动物挣扎造成直肠损伤及出血现象。

⑤测定时尽可能使动物处于自然状态，勿使其过于紧张、恐惧。

（四）技能考核

要求学生在实验动物身上进行体温测量，根据操作程序检查每一步操作，最后要求学生上报温度数据。

项目思考

1. 体温是如何产生的？
2. 动物在不同的外界环境中是如何散热的？
3. 测量家畜体温时应该注意的问题有哪些？

模块三

猪解剖生理特征

项目一　猪骨骼、肌肉与被皮

1. 掌握猪骨骼的解剖位置及生理特征。
2. 掌握猪肌肉的解剖位置。
3. 熟悉主要肌肉的生理特征。
4. 了解被皮系统的解剖位置及生理特征。

能够在新鲜标本上识别猪的骨骼、肌肉的大体位置。

野猪与长白猪骨骼的比较

野猪全身骨骼总数 246 块，躯干骨骼 80 块，四肢骨骼数 134 块。长白猪全身骨骼总数是 274 块，长白猪四肢骨骼数是 152 块。野猪的头骨数是 38 块，长白猪是 32 块。野猪比长白猪多 1 块吻骨。野猪四肢骨的长度和数量均低于长白猪，但其质量与长白猪的差异不大；野猪胸廓的横径与纵径大于长白猪，表明野猪的血液循环系统和呼吸系统均强于长白猪。长白猪头小，体长，腿、臀部较发达。

猪骨骼分为头部骨骼、躯干骨骼、前肢骨骼和后肢骨骼。由骨和骨连接组成，起着支持体重、保护体内器官、产生运动等功能。此外，还有造血和贮脂的功能。

一、猪的骨骼

（一）躯干骨及其连结

1. 躯干骨

躯干骨由脊柱、肋和胸骨组成。

（1）脊柱（图3-1）　由51~58枚椎骨组成，颈椎7枚，第3~6颈椎椎体短而宽，活动力强，但活动范围小，缺腹侧嵴，椎头和椎窝不明显。椎弓间隙大。横突腹侧支发达，向下垂，两侧腹侧支之间形成深而宽的腹侧沟。相邻椎体的横突呈覆瓦状重叠。寰椎翼较小，椎外侧孔与翼孔位于同一凹窝内。枢椎小，齿突呈圆柱状，棘突发达，朝向后上方，横突很小。胸椎一般有14枚，有时有15或16枚，偶尔有17枚，前3枚胸椎的棘突最高，第12（偶见第11）胸椎为直椎。后4枚胸椎的横突肋凹合并或消失。腰椎有6~7枚。猪有4枚荐椎，愈合成荐骨，除第1荐椎外，荐椎棘突不明显或缺失；椎弓间隙宽；前2枚荐椎横突形成荐骨翼，关节面朝向外，呈圆或正方形。荐椎愈合较晚，且不如牛的愈合完全，荐骨曲度比牛的小。尾椎一般有20~23（25）个，前面4~

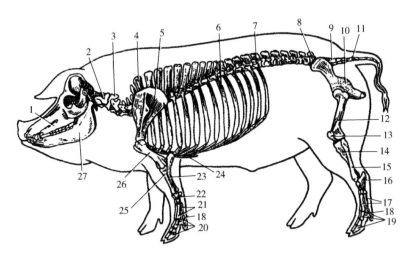

图3-1　猪全身骨骼

1—上颌骨　2—寰椎　3—枢椎　4—第1胸椎　5—肩胛骨　6—肋骨　7—第15胸椎

8—腰椎　9—荐骨　10—髋骨　11—尾椎　12—股骨　13—髌骨　14—胫骨

15—腓骨　16—跗骨　17—跖骨　18—籽骨　19—趾骨　20—指节骨　21—掌骨

22—腕骨　23—尺骨　24—胸骨　25—桡骨　26—肱骨　27—下颌骨

5个完整，关节突相互成关节，第1尾椎常与荐骨愈合，前几个仍具有椎弓、棘突、横突，向后逐渐退化，仅保留棒状椎体并逐渐变细。

（2）肋　肋有14～15对，真肋7对，假肋7～8对，有的猪最后一对肋软骨游离称为浮肋。第1～4对肋最宽，第6～7对肋最长，第2～5对肋的肋骨与肋软骨形成可动关节；最后5～6对肋骨小头与肋结节合并。

（3）胸骨　位于胸廓底壁的正中，由6枚胸骨节片构成，其形态与牛的相似，胸骨柄长，呈左右压扁形，前端附有软骨，后部的剑状软骨短而小。猪胸廓较长，近似圆形。

2. 躯干骨的连接

（1）脊柱连结　猪的脊柱连结与牛相似，猪的项韧带不发达，是一薄层弹性组织。腹纵韧带位于椎体和椎间盘的腹侧，由第2、3腰椎腹侧面开始，终止于荐骨骨盆面。由枕骨和寰椎构成的寰枕关节，寰椎和枢椎构成的寰枢关节皆类似于犬类，寰枢关节有翼状韧带和寰椎横韧带。

（2）胸廓连结　胸廓由胸椎、肋、胸骨共同构成，其连结包括肋椎关节和肋胸关节。猪胸骨节间关节、胸骨韧带和胸骨膜与牛的相似，第2至第5或第6肋骨与肋软骨之间形成肋软骨关节。第1对胸肋关节与马的相似，第1对肋胸骨骨端的关节小面愈合为一，关节囊合二为一。

（二）头骨及其连结

1. 头骨

不同品种猪头骨的形态差异很大，长头型原始品种猪的头骨相当长，额部外形平直。短头型改良品种猪的头骨显著变短，额部向上倾斜，鼻部短，鼻面凹。如野猪的鼻骨和颌骨比长白猪长。头骨数量也不同，如野猪的头骨数是38块，而长白猪是32块。猪头骨整体形态近似楔形。头骨背侧面后缘的枕嵴发达，为头骨的最高点。枕骨大孔上缘有成对的项结节。颈静脉突长，垂向下方。额骨近眶缘有2个眶上孔，孔前方有眶上沟。眶上突短，不与颧弓相连，因此眶缘不完整。成年猪额窦发达，延伸至顶骨、枕骨和颞骨内。颧弓强大，两侧压扁关节结节和关节后突不发达。颞窝完全位于头骨侧面，短头猪较深，长头猪较浅。泪骨眶面无泪囊窝，在颜面有两个泪孔。在切齿上方和鼻骨前方有1块吻骨，吻骨呈三面体，位于鼻骨前端，是吻突的基础。上颌骨纵凹，有犬齿窝和犬齿槽隆起，面嵴短，齿槽缘上有一个犬齿齿槽和7个颊齿齿槽（图3-2）。

2. 头骨的连结

头骨大部分彼此借缝连结。舌骨借鼓舌骨与颞骨鳞部的项突相连，通过韧带联合与甲状软骨相连。

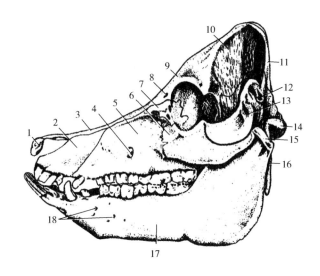

图 3 – 2　猪的头骨

1—吻骨　2—切齿骨　3—鼻骨　4—眶下孔　5—上颌骨　6—颧骨　7—泪骨
8—眶上孔　9—额骨　10—顶骨　11—枕骨　12—外耳道　13—颞骨颧突
14—枕髁　15—髁突　16—颈静脉突　17—下颌骨　18—颏孔

（三）前肢骨及其连结

1. 前肢骨

猪前肢骨解剖图见图 3 – 3 和图 3 – 4。

（1）肩胛骨　一般是短而宽，肩胛冈呈三角形，中部向后弯曲，冈结节明显，而野猪的肩胛骨扁平，其"颈部"的肩臼呈卵圆形，肩胛冈平直，游离缘厚而粗糙，冈结节不明显。

（2）肱骨　三角肌粗隆不明显，缺大圆肌粗隆。近端的外侧结节特别发达，分为前、后两部，前部大弯向内侧，在臂二头肌沟上方，与内侧结节相接，几乎呈管状。

（3）前臂骨　桡骨与尺骨愈合为前臂骨，桡骨短，略呈弓形，远端较粗，与桡腕骨和中间腕骨成关节。尺骨发达，尺骨上端粗大部突出于肘关节后，形成高大的肘突，比桡骨长，骨体稍弯曲，近端粗大，鹰嘴特别长，约占尺骨总长的1/3，远端较小，与尺腕骨和副腕骨成关节。

（4）腕骨　有8枚，近列和远列腕骨各4枚，第1腕骨很小，其中第4腕骨最大，副腕骨形态与马的相似，其余3枚与牛的相似。

（5）掌骨　位于腕骨、系骨之间呈弧形，向内弯曲，一般有4枚掌骨，第

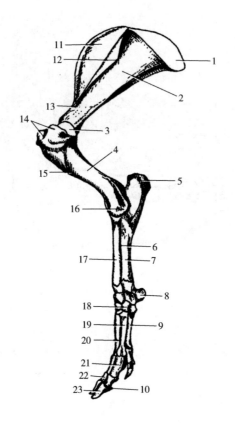

图 3 - 3　猪前肢骨　（外侧面）

1—肩胛软骨　2—冈下窝　3—肱骨头　4—肱骨　5—鹰嘴　6—前臂骨间隙　7—尺骨

8—副腕骨　9—第 5 掌骨　10—远籽骨　11—冈上窝　12—冈结节　13—肩峰

14—外侧结节　15—三角肌粗隆　16—肱骨外侧上髁　17—桡骨　18—腕骨

19—第 4 掌骨　20—第 3 掌骨　21—近指节骨　22—中指节骨　23—远指节骨

1 掌骨消失，第 3 和第 4 掌骨发达称大掌骨，第 2 和第 5 掌骨细而短称小掌骨。大掌骨的粗细约为小掌骨的 3 倍。

（6）指骨和籽骨　猪有 4 指，其中第 3 和第 4 指发达，为主指，形态与牛的相似，上接第 3 和第 4 掌骨；第 2 和第 5 指短而细，称副指，平常不着地，也称"悬指"，仅在地面松软时负重。每一主指有 3 枚指节骨和 3 枚籽骨，每一悬指有 3 枚指节骨和 2 枚近籽骨，无远籽骨。

2. 前肢骨的连结

肩关节的关节盂边缘有退化的缘软骨，关节囊与臂二头肌腱下黏液囊相通。各掌骨之间在近端互成关节，并有掌骨间韧带相连（仅限于近侧 1/3）。猪有发育完全的 4 个指，每个指的指关节均包括掌指关节、近指节间关节和远

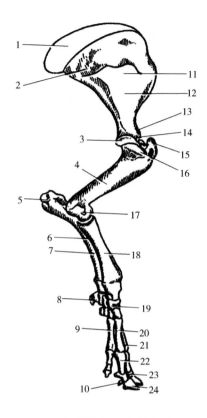

图 3 - 4　猪前肢骨　（内侧面）

1—肩胛软骨　2—锯肌面　3—肱骨头　4—肱骨　5—鹰嘴　6 前臂骨间隙　7—尺骨
8—副腕骨　9—第 2 掌骨　10—远籽骨　11—肩胛骨　12—肩胛下窝　13—盂上结节
14—喙突　15—外侧结节　16—内侧结节　17—肱骨内侧上髁　18—桡骨　19—腕骨
20—第 3 掌骨　21—第 4 掌骨　22—近指节骨　23—中指节骨　24—远指节骨

指节间关节。指关节的基本结构与牛的相似。猪的骨间肌发达，不形成籽骨上
韧带，但也有分支至相应的籽骨和指伸肌腱。两主指之间借指间近韧带和远韧
带相连，但指间远韧带类似于绵羊的。

（四）后肢骨及其连结

1. 后肢骨

后肢骨如图 3 -5、图 3 -6 所示。

（1）髋骨　髋骨长而狭，与马、牛的相似，左右髂骨和坐骨的上部几乎平
行。髂骨嵴发达，形成该骨的最高点。髋结节位于髂骨嵴前外下方，稍增厚。
坐骨棘特别发达，坐骨大切迹与小切迹大小相同。坐骨结节突向后方，具有一

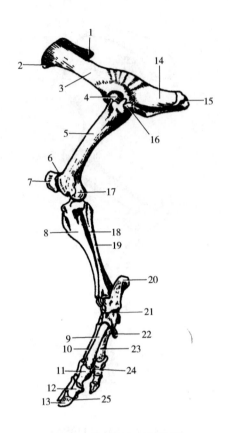

图 3 - 5　猪后肢骨 （外侧面）

1—荐结节　2—髋结节　3—髂骨　4—股骨头　5—股骨　6—股骨滑车关节面
7—髌骨　8—胫骨　9—第 4 跖骨　10—第 3 跖骨　11—近趾节骨　12—中趾节骨
13—远趾节骨　14—坐骨　15—坐骨结节　16—大转子　17—股骨外侧上髁
18—小腿骨间隙　19—腓骨　20—跟结节　21—跗骨　22—跖籽骨
23—第 5 跖骨　24—近籽骨　25—远籽骨

外侧突，坐骨弓深而窄。髂耻隆起显著。骨盆底壁的后部较低而平，有利于母猪的分娩。

（2）股骨　股骨体粗大，股骨头弯向内侧，大转子与股骨头同高，小转子不很明显，第三转子退化。转子嵴和转子窝与牛相似，股骨远端前面的滑车关节较小，内、外侧嵴大小相同，几乎呈矢状。

（3）髌骨　呈尖端向下的三面椎体形，厚而窄。内侧无软骨突。

（4）小腿骨　腓骨与胫骨几乎同长。胫骨粗大，远端内侧突出部为内侧踝。腓骨细，近端和远端均与胫骨相结合，两端均与胫骨成关节，小腿骨间隙宽大而长。腓骨远端形成外侧踝。

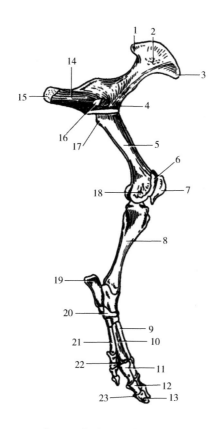

图 3-6 猪后肢骨 (内侧面)

1—荐结节 2—耳状面 3—髋结节 4—耻骨 5—股骨 6—股骨滑车关节面 7—髌骨

8—胫骨 9—第 4 跖骨 10—第 3 跖骨 11—近趾节骨 12—中趾节骨 13—远趾节骨

14—坐骨 15—坐骨结节 16—闭孔 17—小转子 18—股骨内侧上髁 19—跟结节

20—跗骨 21—第 2 跖骨 22—近籽骨 23—远籽骨

（5）跗骨 猪有跗骨 7 枚，不规则短骨组成。近列 2 枚，即跟骨和距骨，与牛相似，跟结节发达；中列 1 枚，为中央跗骨；远列 4 枚，为第 1~4 跗骨，第 4 跗骨高而不规则。

（6）跖骨 有 4 枚，与前肢的掌骨相似，但较长。

（7）趾骨和籽骨 与前肢的指骨和籽骨相似。

2. 后肢骨的连结

髋关节与牛相似。膝关节的两侧有膝内、外侧副韧带。腓骨较胫骨细短，腓骨近端与胫骨外侧髁成关节，两骨间有骨间韧带相连；腓骨远端的外侧踝与胫骨。距骨和跟骨成关节。跗关节结构与牛的相似，趾关节的构造与前肢指关节的相同。

二、猪的肌肉

猪的肌肉由肌腹和肌腱构成。肌肉的活动是在神经系的支配下而实现的，动物的任何一个动作是由许多肌肉相互配合，共同作用的结果。每一块肌肉的作用并不是固定不变的，而是在不同条件下起着不同的作用。

（一）皮肌

猪头颈部皮肌特别发达，躯干部不明显。面皮肌位于面部后下部两侧和下颌间隙。颈皮肤分深、浅两层，深层起于肩峰的前上方，肌纤维前后向走行，在前方连接面皮肤。浅层位于颈下部，起于胸骨柄，前行止于腮腺区。肩臂皮肤位于肩臂部浅层表面，呈扁带状，后上方连躯干皮肌。躯干皮肌薄，位于胸腹侧壁下的2/3。

（二）头部肌

猪的唇部皮肤和黏膜之间，完全环绕口裂的称为口轮匝肌。猪的上唇固有提肌可使吻突向上，亦称吻突提肌。上唇降肌起于面嵴，有一强腱，向前下走到吻突腹侧，与对侧肌的腱会合后止于吻突，可降吻突和收缩鼻孔，亦称吻突降肌。吻突提肌和降肌交替收缩时，使吻突上下活动。一侧的犬齿肌交替收缩时，使吻突向左、右侧活动。如这些肌肉同时动作时，可固定吻突。

（三）前肢肌

前肢肌如图3-7所示。

1. 肩带肌

（1）背侧肌群

①斜方肌：很宽，起于枕骨至第10胸椎棘突，颈、胸两部之间界限不明显，止于肩胛冈。根据所在部位分颈、胸两部分。颈斜方肌由前上方斜向后下方，胸斜上方肌由后上方斜向前下方，但两部界限不明显。主要作用是提举、摆动和固定肩胛骨。

②臂头肌：分为两部，锁枕肌宽而薄，起始于项嵴；锁乳突肌厚而窄，起于颞骨乳突，两部在后部合并止于肱骨嵴。臂头肌可牵引前肢向前伸肩关节；在前肢踏地而两侧共同动作时可展头颈，一侧动作时可偏头颈。

③肩胛横突肌：为一薄的带状肌，与牛的相似，起于寰椎翼和枢椎横突，止于肩胛冈。可牵引前肢向前或偏向头颈。

④菱形肌：分胸部、颈部和头部3部分。颈菱形肌很发达，起于第2颈椎

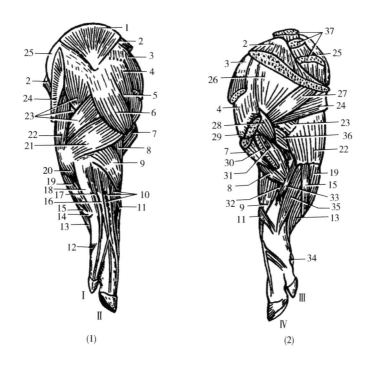

图 3 - 7 猪的前肢肌

（1）外侧面 （2）内侧面

1—斜方肌 2—腹侧锯肌 3—锁骨下肌 4—冈上肌 5—冈下肌 6—三角肌 7—臂头肌

8—臂肌 9—腕桡侧伸肌 10—指总伸肌 11—腕斜伸肌 12—第 5 指外展肌 13—指浅屈肌浅肌腹

14—副腕骨 15—腕尺侧屈肌 16—第 4 指固有伸肌 17—第 5 指固有伸肌 18—腕尺侧伸肌

19—指深屈肌肱骨头 20—指深屈肌尺骨头 21—臂三头肌外侧头 22—前臂筋膜张肌

23—臂三头肌长头 24—背阔肌 25—肩胛软骨 26—肩胛下肌 27—大圆肌 28—喙臂肌

29—胸深肌 30—胸浅肌 31—臂二头肌 32—旋后肌 33—旋前圆肌 34—第 2 指外展肌

35—腕桡侧屈肌 36—臂三头肌内侧头 37—菱形肌

Ⅰ—第 5 指 Ⅱ—第 4 指 Ⅲ—第 2 指 Ⅳ—第 3 指

至第 6 胸椎，头菱形肌起于枕骨，颈、头两部在肩胛骨前方合并，止于肩胛软骨内侧面。胸菱形肌不发达，起于前 6~8 个胸椎棘突，止于肩胛软骨内侧面。主要作用是向上方牵引肩胛骨，前肢不动时，可伸颈。

⑤背阔肌：很强大，起于背腰筋膜及倒数第 3~5 至第 6~8 肋骨，止于肱骨的小结节。主要作用是向后上方牵引肱骨，屈肩关节；当前肢踏地时，则牵引躯干向前，可协助吸气。

（2）腹侧肌群

①胸肌：胸降肌厚，暗红色，起于胸骨柄，止于肱骨嵴。胸横肌薄，浅红

色，起于前 3 或 4 个胸骨节片，止于前臂筋膜。锁骨下肌与牛的不同，起于胸骨柄和第 1 肋骨，肌纤维呈弧形弯向后上方，止于肩前筋膜、肩臂筋膜、肩胛软骨前角及外侧面。主要有内收前肢的作用。

②腹侧锯肌：颈腹侧锯肌很发达，起于第 2 至第 7 颈椎横突，胸腹侧锯肌与牛的相似，起于前 9 个肋骨外侧面，较薄，外表面多腱质，颈、胸两者均止于肩胛骨锯肌面与肩胛软骨。颈腹侧锯肌收缩可举头颈，胸腹侧锯肌还可以协助吸气。

2. 肩部肌

（1）外侧群肌

①冈上肌：特别发达，向前伸出肩胛骨前缘很多，起于肩胛软骨下缘及冈上窝，小部分止于肱骨小结节，大部分止于肱骨大结节。主要作用伸肩关节，固定肩关节。

②冈下肌：宽，起于冈下窝和肩胛软骨，止于肱骨外侧结节。主要作用是外侧侧副韧带固定肩关节。

③三角肌：起于冈下肌表面的腱膜、肩胛冈和肩胛骨后缘，主要止于三角肌粗隆，部分止于臂筋膜。可屈肩关节和外展肱骨。

（2）内侧肌群

①肩胛下肌：为羽状肌，表面被覆闪光的腱膜，起于肩胛骨内侧面及肩胛下窝，止于肱骨小结节。可屈肩关节，并引起内侧侧副韧带以固定肩关节的作用。

②大圆肌：起于肩胛骨后缘，止于肱骨大圆肌粗隆。

③喙臂肌：短而宽，起于盂上结节的前方，止于肱骨中 1/3 内侧面。

3. 臂部肌

（1）背侧肌群

①臂二头肌：不很发达，呈梭形，起始腱圆，止点腱分 3 支，第 1、2 支分别止于桡骨和尺骨近端内侧面，第 3 支止于旋前圆肌。

②臂肌：起于肱骨后面近侧端，于肱骨臂肌沟内下降，分别止于臂二头肌止点腱远端的桡骨和尺骨。

③旋前圆肌：为细长的梭形肌，起于肱骨远端内侧，止于桡骨内侧面中部。

（2）掌侧群肌

①前臂筋膜张肌：起于肩胛骨后角和背阔肌的止腱，止于鹰嘴及前臂内侧筋膜。

②臂三头肌：起于肩胛骨后缘，止于鹰嘴上部。外侧头起于三头肌线，止于鹰嘴外侧面。内侧头起于肱骨内侧近端 1/3，止于鹰嘴内侧面。

4. 前臂和前脚部肌

前臂和前脚部肌作用于腕关节和指关节的肌肉。

（1）背外侧肌群

①腕桡侧伸肌：起于肱骨远端鹰嘴窝外前方的嵴，止于第3掌骨近端。

②指总伸肌：起于肱骨外侧上髁和肘关节外侧副韧带，肌腹分为三部分，内侧肌腹（指内侧伸肌）最大，其腱主要止于第3指；中间肌腹较大，其腱在远端分为2支，止于第3和第4指；外侧肌腹最小，其腱分为2支，内侧支加入中间肌腹主腱，外侧支止于第5指。

③指外侧伸肌：起于肱骨外侧上髁，分为两部分，浅部大，紧邻指总伸肌，以长腱止于第4指；深部小，紧邻腕尺侧伸肌，以长腱止于第5指外侧面。

④腕斜伸肌：起于前臂骨中下部外侧面，止于第2掌骨近端内侧面。

（2）掌内侧肌群

①腕尺侧伸肌：分浅层的腱部和深层的肌部，两部均起始于肱骨远端外侧，腱部止于尺腕骨和副腕骨，肌部止于第5掌骨。

②腕桡侧屈肌：呈纺锤形，起于肱骨远端内侧上髁，止于第3掌骨。

③腕尺侧屈肌：肱骨头狭窄，起于肱骨远端内侧上髁，止于副腕骨。

④指浅屈肌：起于肱骨内侧上髁，分为两部分，浅肌腹薄弱，其腱在腕管的后面下行，以二分支止于第4指中指节骨。深肌腹较强大，其腱在腕管内下行，止于第3中指节骨。

⑤指深屈肌：即肱骨头、尺骨头和桡骨头。肱骨头大，起始于肱骨内侧上髁；尺骨头起始于鹰嘴后内侧面；桡骨头小，起始于桡骨内侧缘近侧部。

此外，猪还有屈肌间肌：蚓状肌、骨间中肌、第2和第5指的短屈肌、内收肌和外展肌。

（四）躯干肌

1. 脊柱肌

脊柱肌大部分与牛相似，其主要肌肉特征如下：

（1）背腰最长肌　位于脊柱背面两侧，起于髂骨、腰椎和胸椎棘突及棘上韧带，止于腰椎、胸椎横突和关节突、各肋骨上部外侧面和第4、第5颈椎横突。

（2）背颈棘肌　位于背腰最长肌与棘突之间，起于前部腰椎及后部胸椎棘突，肌腹前部分为内、外两部分，内侧部在上方，止于各胸椎棘突和棘上韧带，外侧部在下方，止于第1胸椎和后5个颈椎棘突。

（3）背髂肋肌　位于背腰最长肌外侧缘，起于髂骨、前3个腰椎横突及各肋骨前缘，止于各肋骨后缘和最后颈椎横突。

（4）颈最长肌　较薄，起于前5个胸椎横突，止于第2~5颈椎横突。

（5）夹肌　厚而大，位于颈菱形肌和颈腹侧锯肌的深面，起于棘横筋膜，分3支止于枕骨、颞骨和翼椎翼。

（6）头寰最长肌　小，头最长肌始于第2~3胸椎横突，止于颞骨乳突；寰最长肌起于第1胸椎至第3颈椎的关节突，止于寰椎翼。

（7）头半棘肌　较大，位于夹肌深面，明显分为两部分，背侧部为颈二腹肌，以腱膜起于第3~5胸椎横突，肌腹有腱划；腹侧部为复肌，起始于第1~2胸椎横突和后6个颈椎关节突，两部均止于枕骨。

（8）斜角肌　分3部分，中斜角肌小，起于第1肋，止于第6和第7颈椎横突；腹侧斜角肌较发达，起于第1肋，止于第3（4）至第6颈椎横突，与中斜角肌之间有臂神经纵相隔；背侧斜角肌起始于第2至第4肋，止于第6（5）至第3颈椎横突。

（9）头长肌　起始于第6至第3颈椎横突，肌纤维向前行止于枕骨基底部的肌结节。

（10）颈长肌　特别发达，分颈、胸两部，胸部起于前5个胸椎，止于第6~7颈椎横突；颈部连接第7~12颈椎横突与前位颈椎腹侧嵴。

（11）胸头肌　仅有胸乳突肌，起于胸骨柄，以长圆腱止于颞骨乳突。

（12）胸骨甲状舌骨肌　胸骨舌骨肌很发达，起于胸骨柄，止于舌骨体。胸骨甲状肌小，起于胸骨柄与第1肋软骨之间的夹角，约在颈中部分为上下两部，止于甲状软骨。

（13）肩胛舌骨肌　起于肩胛下筋膜，经臂头肌和胸头肌深面，前行止于甲状舌骨。

2. 胸壁肌

肋退肌起始于第2和第3腰椎横突，止于最后肋骨。胸廓横肌起于胸骨上面，止于第2至第7肋肋软骨结合部。前背侧锯肌以腱膜起始于棘横筋膜和背腰筋膜，止于第5至第10肋骨的前外侧面，后背侧锯肌以腱膜起始于背腰筋膜，以6~9个短肌齿止于第9至第14或最后肋骨的后外侧面。肋间外肌在背侧锯肌和腹外斜肌肌齿下方缺失。肋间内肌在真肋肋软骨之间厚。

膈：由中心腱和肌质部组成，肌部包括胸骨部、肋部和腰部（膈脚），膈上自上而下有主动脉裂孔、食管裂孔和腔静脉孔。

3. 腹壁肌

腹壁肌很强大，在许多方面与肉食类的相似。猪的腹黄筋膜不发达。

（1）腹外斜肌　起于第3或第4以后各肋骨下部外侧面，肌质部宽广腱膜部相对较窄，止于腹白线。髂骨和股内侧筋膜。腹股沟管皮下环与牛的相似。

（2）腹内斜肌 起始于背腰筋膜、腰椎横突和髋结节，止于最后肋骨下端、肋弓和腹白线。

（3）腹直肌 宽而厚，起于第4至第6肋软骨及其附近是胸骨，其前2/3有7～9条腱划，以耻前腱止于耻骨，止腱主要与两股薄肌总腱愈合。

（4）腹横肌 起于肋软骨内侧面和腰椎横突，止于腹白线。

（五）后肢肌

猪的臀肌群与马的相似，但臀深肌较大。臀股二头肌和半腱肌均有坐骨头和椎骨头，而半膜肌仅有坐骨头。猪有四趾，趾部多一条走向第2趾的趾长伸肌。趾长伸肌和趾外侧伸肌与前肢的指总伸肌和指外侧伸肌相似。趾浅屈肌、趾深屈肌和骨间肌与前肢的指浅屈肌、指深屈肌和骨间肌相似。跗部和趾部背侧还有相当发达的趾短伸肌。

三、猪的皮肤及皮肤衍生物

猪的被皮系统包括皮肤和由皮肤演变而成的皮肤衍生物。皮肤衍生物包括蹄、毛、乳腺、皮脂腺、汗腺等。被皮系统具有保护内脏器官，防止异物侵害和机械损伤的作用。

猪的皮肤及皮肤衍生物与牛、羊相似（可牛、羊），但猪的皮下脂肪很厚，形成完整的皮下脂膜，具有保温和缓冲机械压力的作用。猪的汗腺发达，在蹄间分布最为密；猪的皮脂腺不发达；猪有鼻唇腺和腕腺；猪的乳腺成对排列于腹白线的两侧，乳腺数目依品种而异，一般有5～8对（少数有10对），每个乳房有一个乳头，乳池小，每个乳头有2～3个乳导管，在分娩后具有分泌乳汁的能力；猪每肢有两个主蹄和两个悬蹄。主蹄的构造与牛、羊主蹄相似，但猪的蹄球更发达，蹄底显得比牛、羊的小，主蹄和悬蹄内均有完整的3个指（趾）节骨（图3-8）。

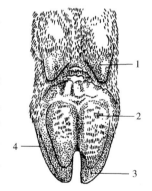

图3-8 猪蹄的底面
1—副蹄 2—蹄球
3—蹄底 4—蹄壁

项目思考

1. 猪躯干骨由哪些组成？其结构和位置如何？

2. 猪头骨有多少块? 头骨怎样连接?

3. 前肢骨与后肢骨有什么区别?

4. 简述猪头部肌肉的分类及位置。

5. 简述猪腹壁肌形态与结构。

6. 简述猪肩带肌位置与结构。

项目二　猪内脏解剖生理特征

1. 掌握猪消化系统的构成、消化器官的解剖位置。
2. 熟悉猪各消化器官的生理特征。
3. 掌握猪呼吸系统的组成、呼吸器官的解剖位置。
4. 熟悉猪各呼吸器官的生理特征。
5. 掌握猪生殖系统组成，各生殖器官的解剖位置。
6. 熟悉猪各生殖器官的生理特征。

能够识别猪内脏器官。

小公猪徒手捻转去势法

小公猪徒手捻转去势法是近年来临床上探索出的一种摘除睾丸的新方法。主要用于 1 ~ 2 月龄、15kg 左右的健康仔猪，不适用于腹股沟阴囊疝。

1. 保定

小公猪取左倒卧保定。方法是术者首先抓住猪的两后肢背向术者。左右摆动，当猪的头部于术者左侧落地的瞬间，背部朝向术者，同时术者左脚踩住猪的右侧颈部，然后松开右手后拉住尾巴于地面用右脚踩住即保定完毕。也可以由助手保定。

2. 消毒

取 1% ~2% 来苏尔溶液刷洗小公猪阴囊区，用灭菌纱布（可用口罩代替）擦干，5%碘酊液涂擦消毒。或 0.5% 新洁尔灭溶液用口罩刷洗术部及周围皮肤，然后拧干口罩擦干术部。另外，上述消毒溶液同时可用于手术器械和术者手臂的消毒。

3. 手术方法及操作步骤

（1）固定睾丸　用左手掌外侧将两后肢向前方推压，中指指尖顶住睾丸（阴囊颈部端、即睾丸的精索端），屈曲中指、无名指、小指后，屈曲的中指抵住阴囊颈部（即睾丸的精索端），同时用拇指、食指对压固定睾丸，使睾丸的阴囊皮肤紧张。

（2）切开阴囊的皮肤及总鞘膜　平行阴囊缝隙 0.5 ~1cm 左右切开，采用执笔式持刀法 90°的垂直刺破皮肤肉膜及总鞘膜后运刀，切口大小与睾丸横径相近确保挤出睾丸即可。

（3）分离睾丸系膜及其阴囊　韧带右手放下手术刀，拇、食指捏住阴囊精索和输精管，其余三指和掌部捏住睾丸，左手拇、食指撕裂睾丸系膜后，扯断阴囊韧带，并将总鞘膜及韧带推入阴囊内，左手同时挤压阴囊皮肤充分显露睾丸和精索等。

（4）摘除睾丸　采用徒手捻转法，左手持止血钳夹持同定将要除去精索断端的近体端，注意要避开精索淋巴，然后左手食指和中指分开，夹住精索和输精管并压住止血钳紧贴于阴囊部，防止小公猪搬动时扯断精索，将右中指插入精索和输精管之间，屈曲食指和无名指，持睾丸顺时针旋转，先慢后快，直至捻转断为止。注意所用力量尽可能使精索先扭转，否则出现输精管先断离就不利于捻转而失败。如果捻转基本成功其补救的方法是切断剩余精索，精索断端和切口涂碘酊后观察不出血即可松开止血钳，右手顺势挤出公猪尿鞘中的尿液。

> 必备知识

一、猪的消化系统

（一）消化系统的大体结构

猪消化系统由口腔、食道、胃、小肠（十二指肠、空肠、回肠）和大肠（盲肠、结肠、直肠）、肛门、唾液腺、肝及胰等组成。

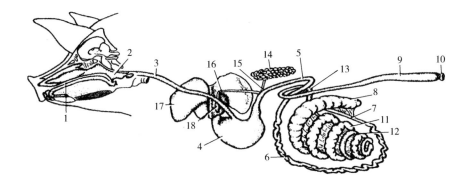

图3－9　猪的消化器官

1—口腔　2—咽　3—食管　4—胃　5—十二指肠　6—空肠　7—回肠　8—盲肠
9—直肠　10—肛门　11—结肠圆锥向心回　12—结肠圆锥离心回　13—结肠终祥
14—胰　15—胰管　16—胆总管　17—肝　18—胆囊

1. 口腔和咽

（1）口腔　猪的口腔较长，但因品种而有差异，口腔在犬齿平面最宽。

①口唇：活动性不大。上唇短而厚，与鼻端一起形成吻突。唇活动性不大。下唇小而尖，口裂大，口角与第3～4前臼齿相对，口角处的唇肌中的唇腺少而小。

②颊：黏膜平滑，颊腺分颊背侧腺和颊腹侧腺，排成两行，与上、下颊齿相对，从口角伸至咬肌，颊腺有许多排泄管开口于颊前庭。腮腺管开口与第4或第5颊齿相对。

③腭：分硬腭和软腭。硬腭狭而长，构成固有口腔的顶壁；沿正中线形成沟状的腭缝，其两侧有20～23条腭褶，前端有一个切齿乳头，乳头两侧有切齿管开口。软颚短而厚，位置近水平，向后伸至会厌口腔面的中部，游离缘正中有小的悬雍垂，口腔面正中沟两侧有腭帆扁桃体，呈卵圆形，黏膜表面有许多扁桃体隐窝。

④舌：长而窄，舌尖薄而尖，舌背黏膜上分布有5种舌乳头，菌状乳头小，以舌两侧较多；丝状乳头细而柔软；圆锥状乳头长，软而尖，位于舌根部；轮廓乳头2～3个，位于舌体和舌根交界处；叶状乳头有1对，卵圆形，由5～6个小叶组成。舌系带有2条，其附着处外侧有极不明显的舌下阜（有人认为猪无舌下阜）。

⑤齿：猪恒齿齿式为 $2\left[\dfrac{3\ 1\ 4\ 3}{3\ 1\ 4\ 3}\right]$，猪乳齿齿式为 $2\left[\dfrac{3\ 1\ 3\ 0}{3\ 1\ 3\ 0}\right]$。

猪齿除犬齿是长冠齿外，其余均为短冠齿。齿冠、齿颈、齿根分区明显。

恒切齿呈圆锥形，上、下切齿各有 3 对，即门齿、中间齿和边齿。上切齿较小，方向近垂直，相邻两齿间有间隙。门齿最大，边齿最小；下切齿较大，方向呈水平，中间齿和边齿紧密相邻，中间齿最大，边齿最小。犬齿很发达。下犬齿比上犬齿长。公猪的下犬齿长 15～18cm，呈弯曲、长而尖的三棱形，弯向后外方，突出于口裂之外。上、下犬齿经常摩擦使下犬齿始终保持尖锐。公猪上犬齿长 6～10cm，呈锥形，弯向后外方。母猪的犬齿不如公猪的发达。乳犬齿小。臼齿为丘型齿，由前向后体积逐渐增大。第 1 前臼齿小而简单，又称狼齿，无乳齿。臼齿呈结节状，适合于压碎食物。

猪出生时 8 个乳齿，即上、下颌第 3 切齿和犬齿，为防止新生仔猪咬伤母猪乳头，通常在生后数小时内将其剪掉。

⑥唾液腺：有 3 种，分别是腮腺、下颌腺、舌下腺。

a. 腮腺。很发达，呈三角形，淡黄色，为浆液型腺。位于下颌骨支的后方，表面有筋膜、耳肌等覆盖。背侧角不伸达外耳基，前角突入下颌间隙达咬肌前缘，后角伸至颈 2/3 处。腮腺管由腺的深面走出，其行程与牛的相似，经下颌骨腹侧缘转至咬肌前缘，开口于与第 4 或第 5 上臼齿相对的颊黏膜腮腺乳头上。

b. 下颌腺。较小，呈扁圆形，淡红色，位于腮腺深面和下颌支内侧，被腮腺覆盖。下颌腺管始于腺的外侧面，沿多口舌下腺内侧面向前延伸，开口舌下阜。猪下颌腺为混合型腺。

c. 舌下腺。与牛的相似，位于舌体和下颌支之间的黏膜下，呈扁平长带型，分两部分。前部较大，淡红色，为多口舌下腺，有 8～10 条导管，开口于舌体两侧的口腔底黏膜上；后部为单口舌下腺，淡黄红色，舌下腺大管与下颌腺管共同开口于舌下阜。猪舌下腺主要为黏液型腺。

（2）咽　猪咽狭而长，向后伸至枢椎平面。咽内口小，直径 1.5～2cm。鼻咽部顶壁有咽中隔，向后可达鼓管咽口平面。食管口上方有咽憩室（猪特有），为一短盲管，小猪深 1cm，成年猪深 3～4cm。在 4 周龄小猪，咽憩室位于耳基前部平面。喉咽部底壁在喉突起两侧有深而明显的梨状隐窝。喉口开放时食物可通过梨状隐窝，因此，猪能够同时呼吸和吞咽。

2. 食管

食管短而直，在咽后缩肌后缘始于咽的食管前庭，颈段食管沿气管背侧向后行，食管的始部和末端管径较粗（约 7cm），中部较细（约 4.2cm）。膈的食管裂孔位于膈右脚，与第 12 肋骨中点相对。食管的肌织膜除腹部为平滑肌外，几乎全部为横纹肌。食管腺在食管前半部丰富而密集，向后半数量迅速减少。黏膜和黏膜下层内分布有许多淋巴小结和淋巴组织，在食管前部数目较多，向后逐渐减少。

3. 胃

（1）胃的位置与形态 猪胃为单室混合型胃，呈 U 形囊状，横卧于腹前部，容积较大，约 5~8L，大部分在左季肋区，小部分在剑突区，仅幽门部位于右季肋区。当胃位完全充满食物时，胃大弯可向后伸达剑状软骨与脐之间的腹腔底壁及与第 9~12 肋软骨相对的腹壁接触。胃壁面朝前，与肝和膈相邻；脏面朝后，与肠、大网膜、肠系膜和胰相邻。胃的左侧部大而圆，在近贲门处有一盲突，为胃憩室，其顶端向后向右。右侧部（幽门部）小，急转向上，与十二指肠相连。在幽门处的小弯侧有幽门圆枕，长 3~4cm，与其对侧的唇形隆起相对，有关闭幽门的作用。

（2）胃壁的结构特征 猪胃黏膜分无腺部和腺部。无腺部面积小，在贲门周围，向左侧延伸至胃憩室，呈白色。腺部的面积大，分三个腺区。猪的贲门腺区最大，几乎占据胃的 1/3，包括胃底、胃憩室和胃体的近侧部，向下达胃的中部。胃底腺区次之，主要位于胃体的右侧部，不到达胃小弯，呈红棕色。幽门腺区最小，位于幽门部，呈灰红色至黄色，有不规则的皱褶（图 3-10）。

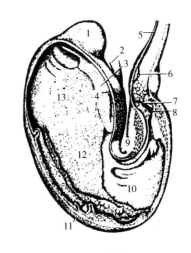

图 3-10 猪胃黏膜

1—胃憩室 2—食管 3—无腺部 4—贲门
5—十二指肠 6—十二指肠憩室 7—幽门
8—幽门圆枕 9—胃小弯 10—幽门腺区
11—胃大弯 12—胃底腺区 13—贲门腺区

（3）胃的网膜 小网膜与牛的相似，联系胃小弯与肝的十二指肠。大网膜发达，分浅、深两层，两层之间形成网膜囊，联系胃大弯与十二指肠、横结肠、脾、胃膈韧带等。大网膜网膜孔位于肝尾状叶基部，腹侧界为门静脉，背侧界为后腔静脉，后界为胰体，通网膜囊前庭。在营养良好情况下，猪大网膜富含脂肪而呈网格状，俗称网油。

4. 肠

（1）小肠 全长 15~21m，成年猪小肠的容积占消化道总容积的三分之一，其长度为 15~21m，平均为体长的 11~12 倍，直径为 4cm。分为十二指肠、空肠和回肠（图 3-11），分别占全长的 4%~4.5%，88%~91% 及 4%~5%。

小肠可分为十二指肠、空肠及回肠，小肠前段具有十二指肠腺的部分称为十二指肠。成年猪的十二指肠长度为 3~5m，可以分为前、后两段；前段较短，长约 60cm，其特征是系膜短，位置比较固定；后段长约 340cm，系膜宽，

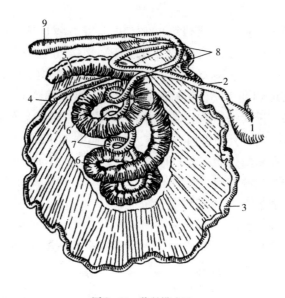

图3-11 猪肠模式图

1—胃 2—十二指肠 3—空肠 4—回肠 5—盲肠 6—结肠圆锥向心回

7—结肠圆锥离心回 8—结肠终袢 9—直肠

与回肠系膜后行部相联系。胆总管和胰管均开口于十二指肠，胆总管的开口距离幽门2.5～5cm，而胰腺导管的开口约在胆总管后方10～12cm处。空肠和回肠也没有明显的界限，回肠由小肠末端部连接至大肠。一般认为猪的十二指肠的系膜短，位置固定；空、回肠系膜长，形成肠环，致使肠管移动范围大；回肠末端肠管两侧有系膜。小肠一般处于闭合状态，其中仅有少量的粥状食糜。

①十二指肠：位于右季肋区和腰部，长40～90cm，系膜短，位置较固定。在第10～12肋间隙平面起始于幽门，前部在肝的脏面向后背侧延伸，在右肾紧前方形成水平的乙状曲。降部在右肾腹侧与结肠之间向后延伸至右肾腹侧。升部由此折转向左越过中线，再转向前行，与降结肠相邻，两者之间有十二指肠结肠韧带相连。在肠系膜前动脉前方，升部转向右行，移行为空肠。在距幽门2～5cm处，胆总管开口于十二指肠大乳头，在距幽门10～12cm处，胰管开口于十二指肠小乳头。十二指肠腺分布于从幽门起到空肠达3～5m的黏膜层内。成年猪的十二指肠长度为3～5m。

②空肠：长14～19cm，形成许多肠袢悬于肠系膜下，借较宽的空肠系膜悬吊于胃后方的腰下区，并与大肠的系膜相连。空肠大部分位于腹腔右半部，小部分位于腹腔左侧后部。空肠至胃和肝向后伸至骨盆入口，与腹腔右壁广泛接触，其内侧与升结肠和盲肠相邻，背侧与十二指肠、胰、右肾、降结肠后部、膀胱及母畜的子宫相邻。当胃空虚时，空肠袢在升结肠前方移向左侧，与胃的

脏面和肝的左叶广泛接触。

③回肠：长 0.7 ~ 1m，管壁较厚，肠管较直，在左腹股沟区直接与空肠相连，走向前背内侧，末端斜向突入盲肠与结肠交界处的肠腔内，形成回肠乳头，长 2 ~ 3cm，顶端有回肠口。空肠和回肠内有大量的淋巴孤结和淋巴集结，淋巴孤结呈白色，包埋于黏膜内；淋巴集结呈长带状隆起，有 20 ~ 30 个，平均长约 10cm，表面有无数深而不规则的凹陷。

（2）大肠　成年猪大肠的长度约是体长的三倍，长 3.5 ~ 6m，直径为 5cm 管径比小肠粗，质量平均占体重的 1.44%。借系膜悬吊于两肾之间的腹腔顶壁（图 3 – 11），各段形成数目不同的肠带和肠袋。

①盲肠：呈圆筒状，盲端钝圆，长 20 ~ 30cm，直径 8 ~ 10cm，容积 1.5 ~ 2.2L。肠壁有 3 条肠带和 3 列肠袋。盲肠位于左腹外侧区，盲肠与结交界处在左肾腹侧，盲肠由此沿左侧腹壁向后向下并向内侧延伸至结肠椎后方，盲端达盆骨前口与脐之间的腹腔底壁。

②结肠：长 3 ~ 4m，结肠位于胃后方，主要在腹腔左侧半，起始部的管径与盲肠的相似，以后逐渐变细。

a. 升结肠。在结肠系膜中盘曲形成结肠旋袢（结肠圆锥），椎体宽，朝向背侧，附着于腰部和左腹外侧区，椎顶向下向左与腹腔底壁接触。结肠圆锥由向心回和离心回组成。向心回位于结肠圆锥的外轴，肠管较粗，有两条肠带和两列肠袋，它在第 3 腰椎平面起始于盲肠，从背侧面观察，以顺时针方向绕中心轴向下旋转 3 周至椎顶，折转方向为离心回，折转处称中央曲。离心回位于结肠圆锥的内心，肠管较细，无肠带和肠袋，以逆时针方向绕中心轴向上旋转 3 周至椎底。离心回最后一圈经十二指肠升部腹侧面，延长肠系膜根右侧向前延伸，移行为横结肠。当胃中度充盈时，结肠圆锥占据腹腔左侧半部的中和前 1/3，与左侧的腹壁广泛接触，其前方为胃和脾，右侧、后方和腹侧为空肠，背侧为胰、左肾、十二指肠升部、横结肠和降结肠。升结肠借升结肠系膜附着于肠系膜跟左侧面。

b. 横结肠。在肠系膜根的前方由右侧伸至左侧，于胰左叶左端前缘处，折转向后移行为降结肠。

c. 降结肠。靠近正中平面向后延伸至盆骨前口，移行为直肠。

③直肠和肛门：直肠位于盆腔内，沿脊柱下方和生殖器官北侧向后延伸至肛门；周围有大量的脂肪；直肠在肛管前方形成明显的直肠壶腹。肛管较短，位于第 3 ~ 4 尾椎下方，不向外突出。肛门周围有肛门内括约肌、肛门外括约肌、直肠尾骨肌、肛提肌等。

5. 肝

猪肝较大，重 1.0 ~ 2.5kg，占体重的 1.5% ~ 2.5%。呈淡至深的红褐色，中央厚而边缘薄。位于腹腔最前部，大部分位于右季肋区，小部分位于左季肋区和剑突区，肝的左侧缘伸达第 9 肋间隙和第 10 肋，右侧缘伸达最后肋区间隙的上部，腹侧缘伸达剑状软骨后方 3 ~ 5cm 处的腹腔底壁。肝壁面凸，与膈和腹壁相邻，脏面凹，与胃和十二指肠等内脏接触，并有这些器官形成的压迹，但无肾压迹。背侧缘有食管切迹及后腔静脉通过。肝以 3 个深的叶间切迹分为 4 叶，即左外叶、左内叶、右内叶和右外叶。左外叶最大，右内叶内侧有不发达的中叶，方叶呈楔形，位于肝门腹侧，不达肝腹侧缘，尾状突伸向右上方，无乳头状。胆囊位于肝右内叶与方叶之间的胆囊窝内，呈长梨形，不达肝腹侧缘。胆囊管与肝管在肝门处汇合形成胆总管，开口与距幽门 2 ~ 5cm 处的十二指肠大乳头。

猪肝的小叶间缔结组织很发达，肝小叶分界清楚，肉眼清晰可见，为 1 ~ 2.5mm 大小的暗色小粒，肝也不易破裂。固定肝的韧带有左三角韧带、右三角韧带、冠状韧带、镰状韧带和圆韧带。小猪的镰状韧带和圆韧带明显。

6. 胰

猪胰呈三角形，灰黄色，分为胰体和左、右两叶。胰位于最后两个胸椎和前两个腰椎的腹侧。胰体居中，位于胃小弯和十二指肠前部附近，在门静脉和后腔静脉腹侧，有胰环供门静脉通过。左叶从胰体向左延伸，与左肾前端、脾上端和胃左端接触。右叶较左叶小，沿十二指肠降部向后延伸至右肾前端。胰管由右叶走出，开口于距幽门 10 ~ 12cm 处的十二指肠小乳头。胰的质量主要取决于营养状态而不是体重，如体重 100kg 以上的猪，胰质量 110 ~ 150g。

（二）猪消化系统的生理特征

1. 口腔的消化

食物在猪口腔的消化包括采食和饮水、咀嚼、吞咽和胃肠的运动等，将大块的食物磨碎，分裂为小块和吞咽过程。

（1）采食和饮水　拱地觅食是猪采食行为的突出特征。猪有坚硬的吻突，可以掘地寻食，靠尖形下唇将食物送入口腔。喂食时每次猪都力图占据食槽有利的位置，有时将 2 个前肢踏在食槽中采食，如果食槽易于接近，个别猪甚至钻进食槽，站立食槽的一角，以吻突沿着食槽拱动，将食料搅弄出来，抛洒满地。猪在白天采食 6 ~ 8 次，比夜间多 1 ~ 3 次，每次采食时间持续 10 ~ 20min。仔猪每个昼夜吸吮次数因年龄不同而有差异，15 ~ 25 次，占昼夜总时间的 10% ~ 20%，大猪的采食量和摄食频率随体重的增大而增加。

猪的饮水量相当大，饮水与采食同时进行。仔猪出生后就需要饮水，主要来自母乳中的水分，仔猪吃料时饮水量约为干料的 2 倍。成年猪的饮水量除饲料组成外，还取决于环境温度。采食混合料的仔猪，每个昼夜饮水 9 ~ 10 次，采食湿料的平均 2~3 次，采食干料的猪每次采食后需要立即饮水，自由采食的猪通常采食与饮水交替进行，限制饲喂的猪则在吃完料后才饮水。1 月龄前的仔猪就可学会使用自动饮水器饮水。

（2）咀嚼　猪咀嚼食物较细致，咀嚼时多做下颚的上下运动，横向运动较少。咀嚼时有气流自口角进出，因而随着下颚上下运动，发出咀嚼所特有的响声。

（3）唾液　猪唾液 pH 平均为 7.32，无色稍带乳光的液体，随日粮性质而发生变动，含有少量电解质、蛋白质及淀粉酶，此外还有口腔黏膜的脱落细胞。唾液的黏度取决于黏蛋白的含量。成年猪一昼夜唾液分泌量为 15~18L，其中腮腺分泌的约占一半。唾液的分泌量、成分及消化淀粉的能力随着猪个体、年龄和日粮成分的不同，有较大的变化。唾液主要生理作用：①唾液可以清洗口腔中的细菌和食物残渣，对口腔起清洁保护作用；②唾液中含有多种杀灭细菌的因子，其中最为重要的是硫氰酸离子和多种蛋白水解酶，尤以溶菌酶最为重要。溶菌酶不但可直接作用于细菌，而且有助于硫氰酸离子进入细菌，从而杀死细菌。此外，它还参与食物的消化，进而减少对细菌的营养供给；③唾液中还含有很多能杀灭口腔细菌的蛋白质抗体；④唾液可以湿润食物并溶解其中的某些成分，使其易于吞咽，并促进食欲。唾液中的淀粉酶为 α-淀粉酶，可将淀粉酶分解为麦芽糖、糊精、麦芽三糖等。唾液淀粉酶的最适 pH 为 6.9~7.1，随食团进入胃的酶，仍可持续作用 10~30min，猪体内 pH 降至 3.6 时酶作用才终止；⑤唾液可使食物黏合成食团，便于吞咽；⑥唾液可蒸发水分，协助散热。

2. 咽和食管的消化

咽和食管均是食物通过的管道。食物在此不停留，不进行消化。通过神经调节和体液调节，将食团从口腔送到咽、食管经贲门进入胃内。

3. 胃的消化

胃是消化道的膨大部分，饲料在此进行化学性和机械性消化。

（1）胃黏膜消化　胃黏膜层是胃进行化学性消化的最重要部分，它由上皮层、固有层和黏膜肌层 3 部分组成。

①上皮层：主要是单层柱状上皮细胞，它分泌黏液故又称为表面黏膜液细胞。

②固有层：含有大量腺体，分泌腺中包含多种分泌细胞，可分为外分泌细胞和内分泌细胞两种。前者的分泌物进入消化腔；后者则进入血液。胃黏膜的外分泌细胞包括分泌酸的壁细胞、分泌酶的主细胞和黏液细胞。根据分布位置和结构特点，胃腺可分为贲门腺、胃底腺和幽门腺。胃底腺又名泌酸腺，位于胃底和胃体，约占胃黏膜总面积的 80%；幽门腺和贲门腺主要由黏液细胞组

成，分泌黏液。胃黏膜的内分泌细胞分泌激素。胃泌素是最主要的内分泌激素，由胃窦的 G 细胞分泌。

③黏膜肌层：由平滑肌组成，分内环行和外纵行两层，它们的活动有利于分泌物的排出。

猪胃的各黏膜区，在不同日龄生长速度不同，例如仔猪在哺乳后期，贲门腺区生长最为迅速，其面积约占胃的一半，断奶后幽门腺区的生长速度则更快。

（2）胃液　胃液是胃黏膜各腺体所分泌的混合液，为无色透明、常含黏丝的酸性液体。主要有壁细胞的酸性分泌物和含有胃蛋白酶、黏蛋白、电解质的非细胞的碱性分泌物两部分组成。胃液的组成随分泌率而有所变异。在高分泌率时，通常为强酸性和水样液体，而饥饿时则较黏稠而酸性较低。胃液的酸性由盐酸所决定，纯净胃液的 pH 一般为 0.5～1.5，分泌旺盛时为 1 或低于 1。猪胃液是连续分泌，以食后 2～3h 分泌量最大，且分泌量与日粮数量及组成密切相关，喂青贮料时分泌量增加。成年猪一昼夜分泌的胃液总量可达 6～8L。

①盐酸：盐酸由壁细胞分泌出来后，一部分与黏液中的有机物结合称为结合酸，未被结合的部分称为游离酸，两者之和称为总酸，猪总酸约为 0.35%。成年猪胃液游离盐酸约占总酸的 90%，结合酸约占 10%。胃液的 pH 主要决定于游离酸。初生仔猪的胃液中不含游离盐酸。随日龄增加，胃液酸度不断升高，到 2～3 月龄时，胃的机能已发育完善，胃液酸度也相当稳定。此后，胃液酸度的变化与年龄无关，而是受其他因素（如饲料、机体状况等）的影响。

胃内消化过程中，盐酸的主要作用有：提供激活胃蛋白酶所需要的合适酸性环境；使蛋白质膨胀变性，便于胃蛋白酶消化；有一定的杀菌作用，防止外来病原细菌的侵入；盐酸进入小肠后，可促进胰液、胆汁分泌和胆囊收缩；促进小肠中 Ca^{2+}、Fe^{2+} 的吸收

②胃消化酶：猪的胃液中含有胃蛋白酶和凝乳酶，还存在少量脂肪酶和双糖酶。

a. 胃蛋白酶。由主细胞产生，初分泌出来时为无活性的胃蛋白酶原，经盐酸激活为胃蛋白酶，后者又可激活为其他胃蛋白酶原。胃蛋白作用的适宜环境 pH 约为 2，pH 低于 6 的酸性环境中也具有活性，pH 大于 6 时，酶活力消失。

胃蛋白酶由主细胞产生，刚分泌出来时是不具有活力的胃蛋白酶原，由盐酸或已被激活的胃蛋白酶激活和盐酸的混合物接触后，就转变成为有活力的胃蛋白酶。1 日龄仔猪胃液就有胃蛋白酶，但胃酸分泌则较迟，约 2 周龄时盐酸产生增加。因此，一般 15～20 日龄蛋白酶活性迅速增加，断奶后改植物饲料后，胃蛋白酶活性继续增高，约 3 月龄接近成年猪的水平，刚出生不久，由于胃液的蛋白酶活力低，有利于初乳抗体的吸收。

　　b. 凝乳酶。哺乳期仔猪的胃液内含量较高。刚分泌的凝乳酶为不活动状态的酶原。在酸性条件下激活为凝乳酶。凝乳酶先将乳中酪蛋白原转变成酪蛋白，然后与钙离子结合成不溶性酪蛋白钙，于是乳汁凝固，使乳汁在胃内停留时间延长，有利于乳汁在胃内的消化。哺乳期仔猪胃液内凝乳酶含量很高。凝乳酶原的浓度在出生后第1周开始减少，3~4周龄时浓度还较高，其后急剧减少，到8~9周龄分泌量很小。

　　c. 胃脂肪酶。胃壁存在脂肪酶，能将已经乳化的脂肪水解为甘油和脂肪酸。仔猪胃脂肪酶较多，成年猪含量少，活性也弱，所以一般认为胃中脂肪消化较少。

　　③黏液：胃液中黏液含有蛋白质、黏多糖等，分为可溶性黏液和不溶性黏液两种。可溶性黏液由黏液细胞分泌，又称腺性黏液，迷走神经兴奋时引起分泌。不溶性黏液呈胶冻状，由胃表面上皮持续地自发性分泌，覆盖于胃黏膜表面，机械刺激时分泌增加。其功能与反刍动物相似。

　　④营养物质在胃内的消化：饲料经咀嚼并与唾液混合后吞咽入胃内，胃的贲门部和胃体部运动微弱，饲料在胃内按层次排列，可保持数小时。胃体部所分泌的胃液，逐渐渗透入胃内容物，开始对饲料进行消化，一直到胃中的食物排完。未与胃液接触的胃内容物，除了唾液淀粉酶和饲料本身的糖类分解酶继续作用外，还在胃内迅速繁殖的乳酸菌等细菌发酵作用下，产生乳酸及挥发性脂肪酸等。

　　4. 小肠的消化

　　猪小肠消化过程同反刍动物，都是食糜中的各种营养物质在胆汁、胰液和小肠液中各种消化酶的作用下，以及小肠的机械运动，将大分子物质分解成小分子物质，经小肠绒毛吸收进入血液和淋巴，供身体各部分利用。

　　小肠长度与猪体重的比例变化很大，出生时为2.1~2.9m/kg体重，21日龄时为0.9m/kg体重，随着体重增加，逐渐下降。仔猪出生时，其小肠的结构和功能尚不健全。出生至断奶前仔猪主要从母乳中吸收各种营养物质及免疫蛋白等，哺乳仔猪空肠及回肠部的绒毛长度随日龄的增加而变短、变粗。断奶后，断奶使肠绒毛长度变短且隐窝变深，断奶前细而薄的指状肠绒毛，因断奶而变短且密集柔软。仔猪小肠的形态变化与断奶日龄也有关系，断奶日龄愈小，细胞再生率越低，断奶时绒毛长度越短且隐窝越深。断奶使肠绒毛受损或长度变短，隐窝细胞数增加，导致微绒毛酶的活性降低。

　　（1）胰液 胰液的pH为7.8~8.4，其分泌量随日龄增大而增加，20~30日龄的仔猪一昼夜胰液分泌量为150~350mL，3月龄时增至3.5L，7月龄时可达8~10L。

　　胰液分泌受神经和体液因素的调节。猪采食时，饲料的感官性质，如形状、气味等刺激猪的眼、耳、鼻、口腔等感受器以及饲料进入胃和肠后对胃肠壁的刺激，通过神经反射过程，引起支配胰腺的迷走神经和交感神经兴奋，使胰液的分泌量稍有增加。由胃进入十二指肠的酸性食糜刺激肠黏膜，使黏膜产生促胰液素和促胰酶素，促进胰腺大量分泌胰液。促胰液素刺激分泌的胰液较稀，含碳酸氢钠较多，而含消化酶较少；促胰酶素引起的胰液比较浓稠，含碳酸氢钠少而消化酶较多。

（2）胆汁　胆汁是橙黄色、有黏性、味苦的弱碱性液体，pH 为 8.0～9.4。据计算，体重为 20～30kg 的猪，一昼夜可生成胆汁 1700～2000mL。胆汁的分泌与其他消化液相似，也受神经和体液因素的调节。进食后胆汁分泌增加，其主要原因是进食引起胃内酸性食糜向十二指肠排出增加产生引起的。

（3）小肠液的消化　参照反刍动物。

（4）营养物质在小肠内的消化　胃食糜的各种营养物质在消化液有关酶的作用下，进入小肠内继续进行消化。胃肠道消化酶的作用基本上在小肠内完成，营养物的分解产物也主要在小肠内被吸收进入血液循环，供机体利用。

5. 大肠的消化

猪大肠液的主要成分是黏液，酶较少。小肠液中的部分消化酶随食糜进入大肠，还继续进行消化作用。但是，食糜中的绝大多数营养物质经过小肠之后已被消化和吸收，进入大肠的内容物，大都是难于消化的物质，主要是植物性饲料中的纤维素。即猪大肠内的消化过程同草食动物相似，以微生物消化为主。1g 盲肠内容物中含有细菌 1 亿～10 亿个，以乳酸杆菌和链球菌占优势，还有大量的大肠杆菌和少量其他类型细菌。

猪对饲料中粗纤维的消化，几乎完全靠大肠内纤维素分解菌的作用。猪大肠内食糜的酸碱度接近中性（pH 6～7），又保持厌氧状态，温度、湿度等均适合于微生物的生长繁殖。猪食物通过大肠的时间（20～40h）比通过胃和小肠的时间（2～16h）还长，因而也有利于微生物的生长。猪饲料中的部分纤维素和其他糖类被细菌等微生物发酵之后，产生乳酸、乙酸、丙酸等低级脂肪酸，可被大肠黏膜吸收，供动物机体利用。猪大肠内的细菌也能分解蛋白质、多种氨基酸及尿素等含氮物质，产生氨、胺类及有机酸。此外，猪大肠内的细菌还能合成 B 族维生素和高分子脂肪酸。食糜经大肠消化和吸收后，其残余部分和大肠内脱落的上皮细胞、大量微生物等逐渐浓缩而形成粪便，排出体外。猪每天排粪 4～8 次。

二、猪的呼吸系统

猪的呼吸系统包括鼻、咽、喉、气管、主支气管和肺，还有被覆胸膜的胸腔。肺是主要的外呼吸器官，其功能单位是壁极薄而数量极多的肺泡，以利于泡内空气与壁外毛细血管中的血液进行气体交换。鼻、咽、喉、气管和主支气管是气体出入肺的通道，为呼吸道，亦称上呼吸道。其特征为构成具有骨性或软骨性支架的呼吸道，便于空气自由通畅，同时对吸入空气进行加温、湿润和清除尘埃等异物，以维持肺泡的正常结构，保证其正常功能。

（一）鼻

鼻位于口腔背侧，是呼吸道的起始部，对吸入空气有温暖、湿润和清洁作用。鼻是嗅器官，对发声也有辅助作用。鼻可分为外鼻、鼻腔和鼻旁窦3部分。

1. 外鼻

鼻尖与上唇一起构成吻突，是掘地觅食的器官。吻突表面被覆薄而敏感的皮肤，形成盘状的吻镜，长有短而稀的触毛，皮肤表面有小沟，含有吻腺和触觉感受器。鼻孔小，呈卵圆形，位于吻突上，由内、外侧鼻翼围城，并有吻骨和软骨支撑。

2. 鼻腔

猪鼻腔较狭长，左右鼻腔相通，上鼻甲狭长，从筛板小孔伸至鼻骨前端，分为前、中、后3部分，中部卷曲成上鼻甲窦。下鼻甲短而宽，从第5臼齿水平伸至犬齿水平处，与中鼻道和下鼻道相通；下鼻甲后部形成下鼻甲窦。鼻泪管开于鼻前庭底壁，出生后逐渐萎缩，但在下鼻甲后部的第二个开口则是终生保持功能。

3. 鼻旁窦

上颌窦位于上颌骨后部和颧骨内，在老龄猪还扩展入腭骨和颧弓，鼻上颌口在第6臼齿水平开口于中鼻道，被上鼻甲遮掩。成年猪额窦很发达。前额窦位于眶内侧、前方和后方的额骨内，开口于鼻腔后部的上筛鼻道。后额窦位于额骨和枕骨内，在老龄猪还扩展至颞骨内，开口于中鼻道。泪窦在大约6月龄时开始发育，一般独立存在，开口于外侧筛鼻道。蝶窦较大，开口于下筛鼻道。

（二）咽

参见消化系统。

（三）喉

喉较长，从枕骨底部伸至第4或第5颈椎平面。甲状软骨较长，甲状软骨板后部较高，无前角。会厌软骨较宽，呈圆形，与甲状软骨前缘连接。环状软骨板长，正中嵴明显。环状软骨弓狭窄，斜向后下方，致使后下方与甲状软骨之间的距离较大。勺状软骨小角突发达，呈半月形，末端呈分叉状，勺状软骨之间有小的勺间软骨。

喉前庭较宽，较长，缺前庭襞，喉室入口位于声韧带前、后两部之间，喉室向外向前突出形成盲囊，声门裂和声门下腔狭窄。

（四）气管和支气管

气管和支气管是空气进出肺的通道，壁内具有一串气管软骨环作为支架，保持管腔经常开张，特别在吸气时，同时使气管可随颈部的活动而伸缩和偏转。

猪气管起始于喉，呈圆筒状，长 15~20cm，在第 4 或第 5 颈椎平面从喉伸至心底背侧，在第 5 胸椎平面分成左、右主支气管，在第 3 肋间隙平面分出支气管入右肺前叶。气管软骨环有 32~36 个，略呈环形，软骨环缺口游离的两端重叠或互相接触，深面有气管肌附着。

（五）肺

肺脏是气体的交换场所，健康猪肺呈粉红色，富有弹性，呈海绵状，位于胸腔内心脏两旁，形如底面被斜截面而平卧的圆锥体。两肺约占体重的 1%~1.5%。右肺比左肺略大，其比为 4:3。肺叶之间大多有深浅不等的叶间裂分开，但老龄动物有时可发生次生性愈合。猪肺分叶与牛、羊相似，很明显。左肺分为前叶和后叶，前叶又以心切迹分为前部和后部。右肺以叶间裂分为 4 叶，即前叶（尖叶）、中叶（心叶）、后叶（膈叶）和副叶。在前叶和中叶，肺动脉和静脉的分支伴随支气管而行；在后叶，肺静脉行于肺段之间。支气管动脉由支气管食管动脉分出；支气管静脉注入左奇静脉。肺底缘呈略弯曲的弓形线，从第 6 肋骨软骨结合处向后向上至倒数第 2 肋间隙椎骨端。

（六）胸腔和胸膜

1. 胸腔

前部略侧扁，呈长的圆桶形。背侧壁长，约为腹侧壁的 1 倍。膈从胸骨的剑状突沿第 8~10 肋软骨道第 10 肋骨肋软骨关节，至最后肋骨的中、下 1/3 交界处。

2. 胸膜

胸腔内的浆膜为胸膜，胸膜和胸内筋膜发达。覆盖在肺表面的称胸膜脏层，衬贴于胸腔壁的称胸膜壁层。胸膜壁层又分为肋胸膜、膈胸膜、纵膈胸膜。胸膜起始于第 1 肋骨。

胸膜的膈线沿第 7、8 肋软骨到第 8 肋骨肋软骨关节，再呈弓形向后至最后肋骨中部。纵膈浆膜腔常在，位于主动脉腹侧和食管右侧，从食管裂孔向后前延伸达 7.5~10cm。

猪在生长发育过程中不断地消耗氧和各种营养物质，同时不断产生水、二氧化碳和其他产物。猪在正常情况下，是以胸腹式呼吸为主，呼吸频率为 10~30 次/min。其他呼吸生理与牛相同。

三、猪的泌尿系统

猪的泌尿系统由肾（图 3-12）、输尿管、膀胱和尿道构成。肾是主要的泌尿器官，输尿管、膀胱和尿道则是输送和贮存及排除尿液的通道，常合称为尿路。

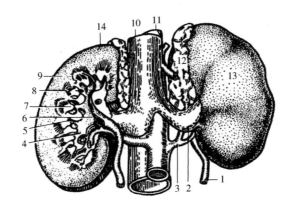

图 3-12 猪的肾 （腹侧面、右肾切开）
1—左输尿管 2—肾静脉 3—肾动脉 4—肾大盏 5—肾小盏 6—肾盂 7—肾乳头
8—髓质 9—皮质 10—后腔静脉 11—腹主动脉 12—肾上腺 13—左肾 14—右肾

（一）肾

肾脏是成对的实质性器官，左右各 1 个。猪肾呈蚕豆形，灰棕色，较长而扁，长为宽的一倍；两端略尖，肾门位于内侧缘中部。两肾位置对称，位于前 4 个腰椎横突腹侧，右肾与肠和胰等相邻，肾的外侧缘与背腰最长肌边缘平行，后端约在最后肋骨与髋结节之中点。肾脂肪囊发达。猪的左右两肾基本等重。成年猪肾重 200~280g，两肾与体重之比为 1∶（150~200）。

猪肾为光滑的多乳头肾，由若干肾叶组成，每个肾叶分为皮质和髓质两部分。皮质厚，5~25mm；髓质薄，仅为皮质的 1/2~1/3。输尿管入肾后在肾窦内扩大成漏斗状的肾盂，肾盂向前向后分为两支肾大盏，后者分为 8~12 个肾小盏，每个肾小盏包围一个肾乳头。从肾切面看出，肾皮质在肾锥体之间形成肾柱。肾锥体和肾乳头明显，每肾常有 8~12 个肾乳头。

（二）输尿管

猪的输尿管起始于肾盂，从肾门走出急转向后，走向膀胱，起始部管径较粗，以后逐渐变细，途中输尿管略带弯曲，最后几乎呈直角进入膀胱颈。猪的输尿管位置与牛、羊相似：公猪存在于尿生殖褶中，母猪则沿着子宫阔韧带背侧缘继续延伸，最后斜穿过膀胱背侧壁开口于膀胱。

（三）膀胱

膀胱较大，空虚和中度充盈时呈椭圆形，随体积增加愈接近球体。当膀胱充满尿液时，除膀胱颈外，大部分位于腹腔内，与腹腔底接触。背侧面几乎全部被覆盖浆膜；腹侧面仅前部被覆浆膜。

（四）尿道

母猪尿道长 7~8cm，中环层肌厚且发达，内和外纵肌层不发达。尿道外口下方有小的尿道憩室。公猪的尿道见公猪生殖系统解剖特征。

猪体正常代谢产物在肾脏以尿的形式排出，而且通过肾脏的泌尿作用参与猪体内外电解质和酸碱平衡的调节活动。猪尿色淡如水，尿的相对密度为 1.108~1.050，pH 为 6.5~7.8，尿中含有尿酸、肌酐、色素、乳酸、维生素等。

四、猪的生殖系统

（一）公猪的生殖器官

公猪的生殖器官（图 3-13）由睾丸、附睾、输精管、副性腺、尿生殖道、阴囊、阴茎和包皮组成。

1. 睾丸

睾丸较大，呈椭圆形，位于靠近肛门下方的阴囊内，长轴斜位，头端朝向前下方，尾端朝向后上方而接近肛门，前背侧缘为附睾缘，后腹侧缘为游离缘。睾丸质地柔软，实质呈灰色或淡灰色，睾丸间质形成发达的小隔和纵隔，睾丸小叶较明显。成年猪睾丸长 10~13cm，每个睾丸平均约重 400g。

2. 附睾

附着于睾丸的附睾上，附睾发达，呈钝圆锥形，突出于睾丸尾端，由附睾头、体和尾组成。附睾头由 14~21 条睾丸输出小管组成。附睾管较粗长达 17~18m，组成附睾体和尾。

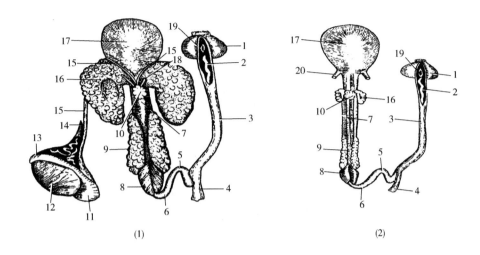

图3-13 公猪的生殖器官

（1）正常 （2）去势

1—包皮盲囊 2—阴茎头 3—阴茎 4—阴茎缩肌 5—阴茎乙状弯曲 6—阴茎根 7—尿生殖道盆部
8—球海绵体肌 9—尿道球腺 10—前列腺 11—附睾尾 12—睾丸 13—附睾头 14—精索的血管
15—输精管 16—精囊腺 17—膀胱 18—精囊腺的排出管 19—包皮盲囊入口 20—输尿管

3. 阴囊

较大，位于股后面、肛门腹侧不远处，与周围界限不明显。小猪的阴囊皮肤柔软有毛，大猪的则粗糙少毛或无毛，老龄猪还形成许多皱褶。肉膜薄，提睾肌发达，为薄的长带状，沿总鞘膜表面几乎扩展到阴囊中隔。

4. 精索和输精管

猪精索较长，中等大小的猪长达20~25cm，呈扁圆锥形，从睾丸斜向前，经两股和阴茎两侧到腹股沟管，通过鞘膜管和鞘环进入。

输精管沿附睾内侧面走向睾丸头，此后沿精索后内侧边缘延伸入腹腔，再急转向后到骨盆腔进入生殖褶，经精囊腺内侧开口于精阜。输精管末端不形成输精管壶腹，即猪无输精管壶腹。其功能是输送精子。

5. 尿生殖道

尿道盆部较长，成年猪长15~20cm，尿道肌发达，呈半环状包于尿生殖道盆部的腹侧面和两侧。前列腺扩散部位于尿道肌与海绵体层之间，呈黄色。尿道球明显。尿道海绵体部参与构成阴茎，尿生殖道阴茎部直径小，猪的球海绵体肌较发达。其功能是输送精子。

6. 副性腺

副性腺很发达，因此猪每次的射精量很大。去势公猪的副性腺明显萎缩。

其功能是形成精液。

（1）精囊腺 很大，呈锥体形，长 12～17cm，宽 6～8cm，厚 3～5cm，每侧重 170～225g，为淡红色的柔软腺体，具有腺小叶。位于膀胱颈和尿道起始部的背侧，向前可入腹腔。腺体的导管由 6 条或以上排泄管汇合而成，单独或与输精管一同开口于精阜上。其主要生理作用是提高精子活动所需能源（果糖），刺激精子运动，其胶状物质能在阴道内形成栓塞，防止精液倒流。

（2）前列腺 与牛的相似。位于膀胱颈与尿交界处背侧。分为体部和扩散部。体部长 3～4cm，宽 2～3cm，厚 1cm。被精囊腺覆盖。扩散部发达，形成一腺体层，包围尿生殖道盆部，腹侧和两侧有尿道肌覆盖，以许多导管开口于尿道盆部背侧壁黏膜上。其生理作用是中和阴道酸性分泌物，吸收精子排出的二氧化碳，促进精子的运动。

（3）尿道球腺 呈圆柱状，较大，长 10～17cm，直径 2～5cm，大猪长达 12cm，直径 2.5～3cm。位于尿生殖道盆部后 2/3 的背外侧，前端与精囊腺接触，表面被球腺肌覆盖。每腺有一条导管，较粗，开口于尿道盆部后端背侧壁一憩室内，开口处有半月形黏膜褶围成的盲囊处。

7. 阴茎

与牛的相似，属纤维型。阴茎长 45～50cm，近侧端背腹压扁，阴茎体呈圆柱形，尖部两侧压扁，阴茎体的后部为"乙"状弯曲，位于阴囊前方，阴茎头尖细呈螺旋状，在勃起时很明显。阴茎缩肌止于乙状曲的腹侧曲。尿道外口呈裂隙样狭缝，位于阴茎头腹外侧，靠近尖端。其功能为交配。

8. 包皮

包皮前肌不发达。包皮口狭窄，包皮腔长，20～25cm，被一环形褶分为前宽、后狭的两部。前部背侧有一盲囊，称包皮憩室，借一圆孔与包皮腔相同，开口于包皮腔前部背侧壁距包皮口不远处。包皮前肌起于剑突区深筋膜和胸深肌，止于包皮憩室后部及该部皮肤。

（二）母猪生殖器

母猪生殖器见图 3－14。

1. 卵巢

卵巢的位置、形态、大小和组织结构因年龄和性发育情况而异。4 月龄以前性未成熟的小母猪，卵巢位于荐骨岬两侧稍后方、腰小肌腱附近，呈卵圆形，表面光滑，粉红色或鲜红色，大小约为 0.4cm×0.5cm，左侧卵巢较大。5～6 个月龄的小母猪，卵巢位置稍前移、下垂，位于髋关节前缘横切面的腰下部。卵巢表面有突出的小卵泡，呈桑葚状，大小约为 2cm×1.5cm，卵巢系膜长 5～10cm。性成熟及经产母猪的卵巢，位于髋关节前缘约 4cm 处的横切面

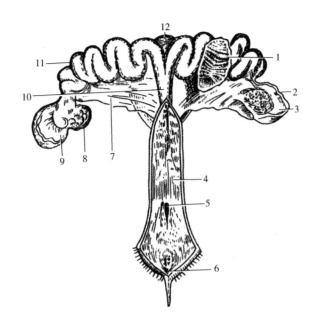

图3－14 母猪生殖器官 （背侧部分切除）

1—子宫黏膜 2—输卵管 3—卵巢囊 4—阴道黏膜 5—尿道外口 6—阴蒂 7—子宫阔韧带
8—卵巢 9—输卵管腹腔口 10—子宫体 11—子宫角 12—膀胱

上，或在髋关节与膝关节连接中点的水平面上。卵巢表面因有卵泡、黄体突出而呈不规则的结节状后葡萄状，长约5cm，重7～9g。卵巢系膜长10～20cm。卵巢囊宽大。

卵巢前端与输卵管伞相连，后端以卵巢固有韧带与子宫角相连。卵巢系膜与卵巢固有韧带间由输卵管系膜形成宽大的卵巢囊，性成熟时卵巢大部分藏于囊内，反之侧常在囊外。其生理特征是卵泡发育、排卵、分泌雌激素和孕酮的场所。

2. 输卵管

全长25～30cm，输卵管前端扩大成宽大的输卵管漏斗，可围整个卵巢。输卵管前段弯曲而粗，弯曲度比母牛的小，相当于输卵管腹壶腹；输卵管后段较直、较细，为输卵管峡，并逐渐移行于子宫角，子宫端与子宫角无明显的分界。输卵管是精子、卵子运载工具，能分泌黏多糖和黏蛋白，是精子、卵子及早期胚胎的培养液。

3. 子宫

子宫分为子宫角、子宫体和子宫颈。猪子宫为双角子宫。子宫角特别长（1.5～2m），外形弯曲似小肠，壁厚。小母猪的子宫角细而弯曲，色泽粉红。

子宫体短，一般为3~5cm。子宫颈长，为15~25cm，前部位于腹腔内。子宫颈黏膜浅粉红色，在两侧集拢形成两行半圆形的隆起，相间排列，使子宫颈呈螺旋形，子宫颈与阴道无明显分界。子宫系膜发达，内含大量平滑肌纤维。猪的子宫是双角子宫组成，是胚胎和胚儿发育场所。当母猪发情时子宫颈口开放，精液可以直接射入母猪的子宫内，因此，猪称为"子宫射精型动物"。

4. 阴道

全长10~12cm，直径小，肌层厚，黏膜有皱褶。阴道前段部形成阴道穹窿。后端与阴道前庭交界处有环形纵褶，称阴瓣，小猪的稍明显，高1~3mm。尿道外口位于阴瓣紧后方的前庭底壁上。阴道是交配器，也是分娩产道。

5. 阴道前庭和阴门

阴道前庭长约7.5cm，黏膜形成两对纵褶，纵褶间有两行前庭小腺的开口。阴门呈锥形，阴唇背侧连合钝圆，腹侧连合尖锐，并垂向下方。腹侧连合前方约2cm处有阴蒂窝。猪的阴蒂长，长6~8cm，阴帝体弯曲，位于前庭底壁下，末端形成不发达的阴蒂头突出于阴蒂窝内。阴道前庭相当于公猪的尿道球腺，是母猪重要的副性腺，其分泌黏液有滑润阴门的作用，有利于公猪的交配。

项目思考

1. 简述猪唾液腺的种类及位置。
2. 简述猪胃的形态与结构特征。
3. 简述猪肠的分类、位置及生理特征。
4. 简述猪的气管、支气管、肺的位置及解剖特征。
5. 简述猪肾脏的解剖生理特征。
6. 简述公猪和母猪的生殖系统的位置及特点。

项目三　猪免疫系统解剖生理特征

知识目标

1. 掌握猪的淋巴结的种类及解剖位置。
2. 熟悉猪的主要淋巴结的生理特征。
3. 掌握猪的淋巴导管和淋巴干的解剖位置。
4. 熟悉猪的淋巴导管和淋巴干生理特征。
5. 熟悉猪的脾脏、胸腺、扁桃体的解剖位置及生理特征。

技能目标

能够熟练掌握免疫器官的具体解剖位置。

案例导入

2015 年 8 月陕西汉中某 500 头母猪的规模化猪场，妊娠母猪出现流产，保育猪出现呼吸道症状，发病率 50%，死亡率 30%。该猪按正常免疫程序免疫猪瘟、伪狂犬、圆环、蓝耳及口蹄疫等疫苗，其中蓝耳疫苗使用的为某厂家生产的经典蓝耳活疫苗，母猪普免，1 年 3 次，仔猪 14 日龄免疫 1 次。发病猪群使用氟苯尼考、多四环素和黄芪多糖拌料控制 1 周，但没有明显好转。经过现场临床观察、病理解剖和采样送实验室检测，确诊为高致病性蓝耳病。这个案例中免疫蓝耳疫苗为什么还是发生了蓝耳病？这与猪免疫系统有什么关系？

必备知识

猪的免疫系统是机体内参与执行免疫功能的器官、组织、细胞和分子所构成的复杂的生物功能系统。猪体抗传染免疫、自身稳定和免疫监视三大功能完成有赖于各免疫器官、组织、细胞的结构和功能完整；有赖于免疫系统中各类细胞间的相互作用。包括细胞间直接接触和通过释放细胞因子或其他介质的相互作用，免疫器官、免疫细胞和免疫分子及其它们之间相互联系和作用构成了猪的完整的免疫系统。

猪的免疫器官是猪机体执行免疫功能的组织结构，包括中枢免疫器官和外周免疫器官。两类器官联系紧密，中枢免疫器官是 B 淋巴细胞和 T 淋巴细胞分化、成熟的场所，外周免疫器官接受中枢免疫器官输送来的淋巴细胞，是进行免疫应答的主要场所。猪的中枢免疫器官包括骨髓、胸腺；外周免疫器官主要包括脾脏、淋巴结以及黏膜免疫系统。

一、猪的中枢免疫器官及生理特征

中枢免疫器官又称一级免疫器官，发生于胚胎早期的内外胚层连接处。其本身及其中淋巴细胞的发育增殖不需抗原刺激。在胚胎期摘除，其周围器官的发育将受到影响，将严重影响机体的免疫功能。主要包括胸腺和骨髓。

（一）胸腺

猪的胸腺属于颈胸型，呈黄白色至灰红色，分颈、胸两部。胸部位于心前纵隔内。颈部发达，位于颈部气管两侧，向前伸达枕骨颈静脉突，颈部约占整个胸腺的 70%。性成熟后颈部胸腺先退化，以后胸部胸腺退化。出生 4~6 月小猪胸腺最大，直至大约 2 岁时开始胸腺开始退化，皮质和髓质逐渐被脂肪组织所替代，如 5 月龄猪胸腺约重 50g，2~3 岁时平均约重 33g。胸腺表面有结缔组织形成的被膜，深入胸腺实质成为胸腺膈，将胸腺分成许多不完全分隔的小叶。小叶外周部分为皮质，中心部分为髓质，相邻髓质彼此连续。胸腺内有上皮性网状细胞和淋巴细胞两种主要细胞。胸腺皮质部分网状上皮细胞较少，而胸腺淋巴细胞非常多，几乎将网状上皮细胞全部覆盖。胸腺皮质代谢迅速，所以其中血管分布非常多，毛细血管的内皮连接紧密，又与网状细胞连在一起，形成了胸腺屏障，使得抗原只能到达髓质，而不能进入皮质。可防止血液内大分子抗原。

胸腺是主管细胞免疫的器官，能够产生 T 淋巴细胞，整个淋巴器官的发育都依赖于 T 淋巴细胞，胸腺是周围淋巴器官正常发育所必需的。当 T 淋巴细胞充分发育，迁移到周围淋巴器官后，胸腺重要性便会逐渐减低。能够产生和分泌胸腺素和激素类物质，可使干细胞分化发育为含有许多嗜碱性颗粒的肥大细胞，其表面有受体，为参加速发型变态反应创造了条件。能消除胸腺内的突变细胞及对自身成分有受体的禁忌细胞株，控制自身免疫疾患。

（二）骨髓

猪骨髓位于骨髓腔内，具有免疫和造血的双重功能。猪骨髓可分为红骨髓和黄骨髓，红骨髓是造血器官，黄骨髓是脂肪组织。随着年龄的增加，红骨髓逐步为黄骨髓所代替，然而在胸骨内的红骨髓则终身保留，在扁骨中肩胛骨、肋骨和颅骨的红骨髓保存的时间也较长。在贫血或大失血后，黄骨髓能逆转为红骨髓，以应造血的急需。所谓干细胞就产生于红骨髓。

红骨髓是各种免疫细胞的发源地。红骨髓是猪以及其他哺乳动物机体中重要免疫细胞，除 T 细胞需从骨髓到胸腺中驯化成熟外，其他免疫细胞几乎都是在红骨髓中发育成熟的。当骨髓功能缺损时，可引起严重的混合型免疫缺陷病。

骨髓内有大量巨噬细胞和中性粒细胞，一旦识别发现病菌和毒物颗粒侵入或体内出现的衰亡细胞，即将其吞噬和清除。骨髓内有未分化的间充质干细胞、成纤维细胞、成骨细胞等，能进行创伤修复和成骨作用。

二、猪的外周免疫器官及生理特征

外周免疫器官又称二级免疫器官，猪的外周免疫器官主要包括脾脏、淋巴结以及黏膜免疫系统，是 T、B 淋巴细胞定居和对抗原刺激进行免疫应答的场所。

（一）脾

猪脾长而狭，脾呈暗红色，质地较硬。长度为宽度的 4 倍，长 24～45cm，宽 3.5～12.5cm，质量 90～335g。脾长轴几乎呈背腹向，位于胃大弯左侧，其弯曲度随大弯的弯曲而弯曲。脾的大小与含血量有关。

脾的上端较宽且厚，位于后 3 个肋骨椎骨下方，前方为胃，后方为左肾，内侧为胰左叶；下端稍窄，位于脐部，靠近腹腔底壁。壁面凸，与腹腔左壁接触；脏面有一纵嵴，将脏面分为几乎相等的胃区和肠区，分别与胃和结肠接触。脾门位于纵嵴上，有脾的血管神经进出。脾借胃脾韧带与胃疏松相连。

脾脏是包括猪在内的所有哺乳动物体内最大的免疫器官，约占全身淋巴组织总质量的 25%，猪脾脏中 T 细胞约占 40%，B 细胞约占 60%，是产生抗体的主要场所。此外，还兼有造血、滤血、储血的功能。

（二）淋巴结

猪的全身约 190 块淋巴结，形成 18 个淋巴中心。呈圆或豆状，遍布于机体淋巴循环的径路上，分布遍及全身，以便捕获从机体外部进入血液－淋巴液的抗原。在易受抗原侵犯部位或机体的关卡要害处分布密集，是机体的第 2 道防线。淋巴结内的 T 细胞约占淋巴细胞总数的 75%，B 细胞占 25%，具有免疫应答和吞噬病原微生物的作用。猪体浅、深层主要淋巴结见图 3 - 15。

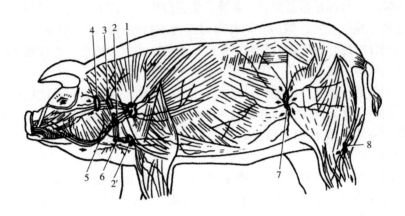

图 3 - 15　猪体浅、深层主要淋巴结

1—颈浅背侧淋巴结　2—颈浅腹侧淋巴结　2′—颈浅中淋巴结　3—咽后外侧淋巴结
4—腮腺淋巴结　5—下颌淋巴结　6—下颌副淋巴结　7—髂下淋巴结　8—腘淋巴结

1. 头部淋巴结

（1）腮腺淋巴结　位于颞下颌关节腹侧、咬肌的后缘，部分或完全被腮腺前缘所覆盖。一般有 2 ~ 8 个淋巴结，组成长 2.5 ~ 5.5cm 的淋巴结团块。

（2）下颌淋巴结　位于下颌骨间隙中，下颌骨后下缘、舌面静脉的腹内侧、胸骨舌骨肌的外侧和下颌腺的前方，有 2 ~ 6 个淋巴结。常形成长（2 ~ 3）cm×（1.5 ~ 2.5）cm 的淋巴结团块。

（3）下颌副淋巴结　在舌面静脉与上颌静脉汇合处腹侧，位于下颌腺后方胸骨乳突肌表面，完全被腮腺所覆盖，有 2 ~ 4 个淋巴结。有时没有。输入淋巴管来自下颌淋巴结、颈腹侧部和胸前部。输出淋巴管注入颈浅淋巴结。

（4）咽后淋巴结　分咽后内、外侧淋巴结。咽后内侧淋巴结，淋巴结有数个，常形成长 2 ~ 3cm、宽 1.5cm 的卵圆形团块，位于咽的背外侧面，在颈总动脉、颈内静脉的迷走交感干的背侧，被脂肪、胸乳突肌腱和胸腺（当存在时）所覆盖。咽后外侧淋巴结：位于耳静脉后方锁乳突肌表面，部分或完全被腮腺后缘所覆盖，很难与颈浅腹侧淋巴结前群分开。一般有 1 ~ 2 个淋巴结，偶见 3 个。

2. 颈部淋巴结

分颈浅背侧、中和腹侧淋巴结。颈浅背侧淋巴结，卵圆形的淋巴结团块，长 1 ~ 4cm。位于肩关节前上方的腹侧锯肌表面，被颈斜方肌和肩胛横突肌所覆盖，有1~2个。颈浅中淋巴结：位于臂头肌深层、斜角肌的表面。有不恒定的两群。颈浅腹侧淋巴结：有3~5个，位于腮腺后缘和臂头肌之间，形成长的淋巴结链，沿臂头肌前缘从咽后外侧淋巴结伸向后下方。

3. **颈深淋巴结**

分颈深前、中、后淋巴结。颈深前淋巴结：有1~5个，较小，位于喉与甲状腺之间的气管腹外侧。引流为咽、喉、气管颈部、食管、胸腺、甲状腺和颈长肌；颈深中淋巴结：位于甲状腺背侧、气管腹外侧有2~7个，有的猪存在；颈深后淋巴结：位于甲状腺后方、气管腹侧，被胸腺所覆盖，且将该淋巴结与第1肋腋淋巴结分开，且不成对，有1~14个。

4. **前肢淋巴结**

无肘淋巴结和腋固有淋巴结。第1肋腋淋巴结位于第1肋骨前方、腋静脉腹侧、锁骨下肌深面和胸腺外侧面，有1个大的和1~4个小的淋巴结。

5. **胸腔的淋巴结**

猪胸腔无肋间淋巴结、胸骨后淋巴结和纵隔中的淋巴结（图3-16）。

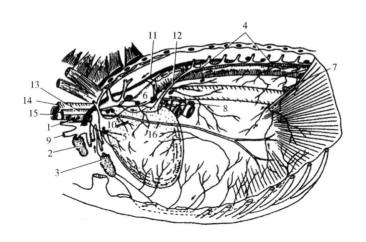

图3-16 猪胸腔淋巴结

1—颈后淋巴结 2—第1肋腋淋巴结 3—胸骨前淋巴结 4—胸主动脉淋巴结 5—纵隔前淋巴结
6—纵隔中淋巴结 7—纵隔后淋巴结 8—气管支气管淋巴结 9—颈外静脉 10—前腔静脉
11—胸导管 12—左奇静脉 13—双颈干 14—食管 15—气管 16—膈神经

（1）胸背侧淋巴结 有胸主动脉淋巴结，有2~10个淋巴结，位于胸主动脉与第6~14胸椎之间的纵隔内。该淋巴结在肉品检验时是常规检查之一。

（2）胸腹侧淋巴结 有胸骨前淋巴结，不成对，有1~4个淋巴结，位于前腔静脉腹侧、两侧胸廓内动脉和静脉之间的胸骨柄表面。

（3）纵隔淋巴结 有纵隔前、后淋巴结。纵隔前淋巴结，有1~10个淋巴结，位于心前纵隔内，散布于气管、食管和大血管附近，肉品检验时常规检查。纵隔后淋巴结，有 1 ~ 3 个淋巴结位于主动脉弓后方，沿食管分布。

（4）气管支气管淋巴结　有气管支气管左、中、右和前淋巴结。无肺淋巴结。位于支气管分叉处附近。气管支气管左淋巴结：有 2 ~ 7 个，长 0.2 ~ 5cm。位于左奇静脉内侧。气管支气管中淋巴结：有 2 ~ 5 个，长 0.3 ~ 2.5cm。位于气管分叉处。气管支气管右淋巴结：有 1 ~ 3 个，大小为 0.3 ~ 2.0cm，位于前叶和中叶之间气管右侧面。气管支气管前淋巴结：有 2 ~ 5 个，大小为 0.4 ~ 3.5cm，位于尖叶气管支气管前方的气管右侧面。

6. 腹壁和骨盆壁淋巴结

（1）腰主动脉淋巴结　有 8 ~ 20 个，长 0.2 ~ 2.5cm，位于腹主动脉和后腔静脉的外侧和腹侧，由肾血管附近向后延伸至肠系膜后动脉。

（2）肾淋巴结　有 1 ~ 4 个，大小为 0.25 ~ 1.5cm，位于肾血管附近，很难与腰主动脉淋巴结区分开。肉品的常规检查。

（3）髂内侧淋巴结　有 2 ~ 6 个，位于旋髂深动脉部前方和后方，髂外动脉的内侧和外侧。输出淋巴管形成腰淋巴干，最后注入乳糜池。

（4）髂外侧淋巴结　有 1 ~ 3 个淋巴结，长 0.3 ~ 2.6cm，位于旋髂深动脉和静脉前支的前方、腹横肌后缘附近，包埋在髂腰肌腹外侧的脂肪中。

（5）荐淋巴结　不成对，有 2 ~ 5 个，大小为 0.25 ~ 1cm。位于髂内动脉形成的夹角内、荐中动脉起始部附近。

（6）髂下淋巴结　有 1 ~ 6 个淋巴结，长 2 ~ 5cm，宽 1 ~ 2cm。位于髋结节与膝关节之中点、阔筋膜张肌的前缘，沿旋髂深动脉和静脉后支分布。

（7）腹股沟浅淋巴结　母畜的称乳房淋巴结，公畜的称阴囊淋巴结。乳房淋巴结，长 3 ~ 8cm，宽 1 ~ 2.5cm，位于最后一对乳房后半部的外侧和后缘、阴部外血管前支的腹侧。阴囊淋巴结的长 3 ~ 7cm，宽 1 ~ 2cm，位于阴茎外侧腹壁腹侧面、临近阴部外血管前支。是肉品检验时常规检查的淋巴结。

（8）膈腹淋巴结　在腹前血管后方位于髂腰肌外侧面，偶见一侧或双侧。输出淋巴管来自腹膜、腹肌和髂外侧淋巴结。输出淋巴管注入肾淋巴结、腰主动脉淋巴结、腰淋巴干或乳糜池。

（9）睾丸淋巴结　位于睾丸动脉和静脉表面。

（10）子宫淋巴结　有 1 ~ 2 个淋巴结，位于子宫阔韧带前部，临近子宫卵巢血管。

（11）坐骨淋巴结　有 1 ~ 3 个淋巴结，长 0.2 ~ 1.5cm，位于荐结节阔韧带外侧面、臀前血管后方 1 ~ 3cm 处，被臀中肌覆盖。

（12）臀淋巴结　有 1 ~ 2 个，位于荐结节阔韧带后缘前方 2 ~ 3cm 处，在臀后血管背侧。输入淋巴管来自盆骨部后背侧区皮肤、附近的肌肉及腘淋巴结。输出淋巴管注入坐骨淋巴结、髂内侧淋巴结和荐淋巴结。

（13）肛门直肠淋巴结 有2~10个淋巴结，长0.2~2.2cm，位于直肠腹膜后部背外侧面。

7. 后肢的淋巴结

（1）髂股淋巴结 也称腹股沟深淋巴结，位于髂外侧动脉起始部后方附近，有的延伸到股深动脉的起始部，与髂内侧淋巴结难以区分，是一较重要的淋巴结群。猪肉卫生检查时重点检查的淋巴结。

（2）腘淋巴结 分为腘浅淋巴结和腘深淋巴结。腘深淋巴结，长0.5~3cm，80%的猪有该淋巴结，位于臀骨二头肌与半腱肌之间的沟中、腓肠肌的后背侧面，距皮肤2~3cm，包埋在小隐静脉（小腿外侧皮下静脉）表面的脂肪中。腘深淋巴结，长0.3~2.5cm，40%的猪有该淋巴结。位于臀股二头肌和半腱肌之间腓肠肌表面、腘浅淋巴结前背侧3~6cm，沿小隐静脉分布，汇入髂内侧淋巴结或先至坐骨淋巴结。

8. 腹腔内脏淋巴结 （图3-17）

（1）腹腔淋巴结 有2~4个淋巴结，长0.3~4cm，位于腹腔动脉及其分支附近。

（2）胃淋巴结 有1~5个淋巴结，长0.3~4.0cm，位于胃贲门或沿胃左动脉分布。

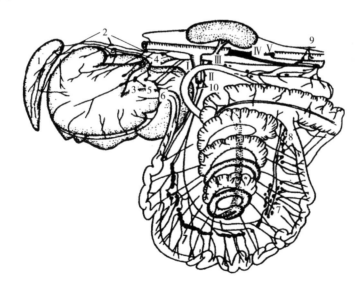

图3-17 猪腹腔脏器淋巴结及淋巴干

1—脾淋巴结 2—副脾淋巴结 3—胃淋巴结 4—腹腔淋巴结 5—肝淋巴结 6—胰十二指肠淋巴结

7—空肠淋巴结 8—回肠淋巴结 9—腰主动脉淋巴结 10—结肠淋巴结

Ⅰ—腹腔淋巴干 Ⅱ—肠系淋巴干 Ⅲ—肠淋巴干 Ⅳ—乳糜池 Ⅴ—腰淋巴干

（3）肝淋巴结　有2~7个淋巴结，位于肝门或门静脉表面，猪肉检验时重要的常规检查之一。

（4）脾淋巴结　有1~10个淋巴结，长0.2~2.5cm。沿脾动脉和静脉分布，一些淋巴结位于脾门背侧。

（5）胰十二指肠淋巴结　有5~10个淋巴结，长0.5~1.5cm，位于胰和十二指肠之间，邻近胰十二指肠动脉，一些淋巴结包埋在胰脏中。

（6）肠系膜前淋巴结　位于肠系膜前动脉起始部附近，难以与腹腔淋巴结和胰十二指肠淋巴结分开。

（7）空肠淋巴结　数目不等，位于空肠系膜中，在肠系膜每侧形成两排淋巴结。

（8）回盲结肠淋巴结　有5~9个，长0.6~3.2cm，位于回盲褶和回肠入口长。

（9）结肠淋巴结　多达50个，长0.2~0.9cm，位于结肠圆锥轴心，邻近结肠右动脉及其分支，分离结肠圆锥时可以找到。

（10）肠系膜后淋巴结　有7~12个，长0.2~1.2cm，沿降结肠分布，难以与肠系膜前淋巴结及肛门直肠淋巴结区分。

（三）淋巴管导管和淋巴干

猪的淋巴管最后汇集成胸导管和左、右气管淋巴干或右淋巴导管，注入血液循环。

1. 胸导管

胸导管全长管径2~4mm。胸导管起始于乳糜池，沿胸主动脉右背侧前行，在第5（偶见第6）胸椎平面转至左侧，于左锁骨下动脉与食管和气管之间前行，末端弯向腹侧，在第1肋骨前方2~15mm处汇入前腔静脉或臂头静脉。左气管干注入胸导管末部。乳糜池最宽处直径5~10mm，位于最后胸椎和前2~3个腰椎腹侧，在腹主动脉和右膈脚之间，有左、右腰淋巴干和肠淋巴干汇入。内脏淋巴干由腹腔淋巴干和肠淋巴干构成，腹腔淋巴干是由腹腔淋巴中心各淋巴结的输出管构成。肠淋巴干由空肠淋巴干和结肠淋巴干构成。空肠淋巴干由空肠淋巴结的输出管构成。结肠淋巴干由结肠淋巴结的输出管构成。

2. 气管干（颈干）

（1）左、右气管淋巴干　直径1~3mm，分别由左、右咽后内侧淋巴结的输出淋巴管形成。左气管淋巴干注入胸导管。右气管淋巴干和右前肢的淋巴管汇合成右淋巴导管，或直接注入到颈总静脉或臂头静脉。

（2）右淋巴导管　长2cm，管径5~6mm，由右气管淋巴干与右前肢的淋巴管合成，注入颈左、右气管干，左气管干注入胸导管。右气管干和右前肢的淋巴管汇合形成右淋巴导管，注入颈总静脉或臂头静脉。

（四）扁桃体

猪扁桃体位于消化道和呼吸道入口的交会处，分为胯、咽和舌扁桃体，是机体第 1 道防线的重要组成部分。在扁桃体的弥散淋巴组织中含有 T 细胞和 B 细胞、浆细胞和巨噬细胞等。由于其处于食物和空气进入体内的重要通道，易受细菌、病毒或其他抗原物质侵袭，易引起免疫反应，而且与机体其他各淋巴器官间有密切联系，从而使机体对各种抗原的入侵做好必要的准备。

项目思考

1. 猪的免疫系统由什么构成？
2. 简述猪中枢免疫器官的位置及生理特征。
3. 猪前肢淋巴结的种类、位置及生理特征是什么？
4. 简述猪腹腔淋巴结的种类及位置。
5. 试述猪淋巴管导管和淋巴干位置。
6. 猪被皮免疫系统的生理特征是什么？

实操训练

实训　猪主要器官及淋巴结的识别

（一）目的要求

1. 通过动手解剖，了解猪内脏器官的位置、形态结构和毗邻关系。
2. 熟悉主要淋巴器官的位置、形态结构。
3. 了解内分泌器官的位置和形态结构。

（二）材料设备

猪新鲜尸体、猪生殖器官标本、运动系统、消化系统、呼吸系统、免疫系统的挂图、视频资料等。

软骨剪、组织切割刀、组织拉钩、手术刀、肠剪、手术剪、镊子、解剖台、解剖盘、砍骨刀等。

（三）方法步骤

1. 猪被皮系统

观察皮肤的色泽和结构；观察蹄的形态和结构；观察乳房的位置、形态和结构。

2. 猪的内脏器官观察

（1）主要消化器官

①使尸体背侧仰卧，切除部分皮肤和肌肉，并使髋关节脱臼，以支撑尸体呈仰卧位，便于进行解剖观察。

②沿肋弓切开腹肌，从剑状软骨前缘做切线，使腹腔脏器完全暴露出来。

③依次观察腹腔各器官：肝、心、脾、胰、胃、小肠、大肠等。

（2）呼吸器官

①胸腔器官和胸膜的观察：沿胸骨与肋骨的结合部除去胸骨，从腹侧进行观察；或者使尸体左侧倒卧，除去右侧肋骨，从右侧观察胸腔器官。

②肺和气管：猪肺分叶明显，可分为尖叶、心叶、隔叶和右肺副叶。气管在分为左、右两个主支气管前，先分出一右肺尖叶的右肺尖叶支气管。

（3）生殖器官　观察公猪、母猪生殖器官标本的卵巢（母猪）、输卵管和子宫。公猪副性腺、精索和腹股沟管。

（4）泌尿器官　找到肾脏、输尿管、膀胱的形态和位置。

3. 主要淋巴结的观察

观察扁桃体、胸腺、脾、下颌淋巴结、腮腺淋巴结、腰主动脉淋巴结、腹股沟浅淋巴结、肠系膜淋巴结等的形态和位置。

4. 主要肌肉观察

（1）将屠体放在操作台上剥皮，按顺序挑腹皮、剥臀皮、剥腹皮、剥脊背皮。剥皮时不得划破皮面，少带肥膘。

（2）依顺序，对应示教挂图或教材，观察主要头部肌肉、躯干肌、前肢肌肉、后肢肌肉的位置和形态。

5. 主要骨骼观察

（1）观察头骨　区分颅骨和面骨的组成，了解主要的骨性标志。

（2）躯干骨骼　椎骨、肋和胸骨。

（3）前肢骨骼　肩胛骨、臂骨、前臂骨、腕骨、掌骨、指骨、籽骨。

（4）后肢骨骼的观察　髋骨、股骨、膝盖骨、小腿骨、跗骨、跖骨、趾骨、籽骨。

（四）技能考核

能够在猪新鲜尸体或标本上正确识别猪的主要器官和淋巴结的位置和形态。

模块四

家禽解剖生理特征

项目一　家禽骨骼、肌肉与被皮

1. 了解家禽运动系统与家畜有何不同。
2. 掌握家禽骨骼的分布及特征。
3. 熟悉家禽肌肉的特征。
4. 了解家禽的被皮系统的结构特征。

1. 能识别家禽头骨、躯干骨和四肢骨骼。
2. 掌握家禽肌肉的特征。

骨架决定家禽的外部形态。骨骼除构成一个杠杆系统外，还有支持、保护机体的重要器官等作用。禽类骨骼的进化是由飞翔能力、栖息习性改变等有关因素而发展起来的。禽类骨骼有两种特性，即轻便性和坚固性。轻便性表现在大多数骨髓腔内充满着与肺及气囊相交通的空气，即气囊伸展进入许多骨的内部代替了骨髓（幼龄禽类的所有骨都含有红骨髓）。坚固性表现在两方面：一方面是骨质致密和关节坚固；另一方面是有的骨块愈合成一整体，如颅骨、腰荐骨和骨盆带等。成年家禽的四肢长骨的骺端多含有骨髓。

骨骼肌在体内不能独立地进行工作，必须与骨骼相结合才能产生运动。机体的运动使骨骼得到发展、关节得以产生。随着运动的渐趋完善，又产生了新的辅助装置，如筋膜、腱、滑液囊、滑车、籽骨等辅助肌肉工作，健全了运动器官。肌肉的复杂形状和结构，是适应运动机能而发展的结果。禽类的肌肉很复杂，有三大特点：一是颈部运动的多样性造成靠近头部的颈部肌系发达；二是肌腱骨化早，尤其是四肢肌肉的长腱；三是翼部肌系尤为发达，大部分固着于躯体上，与胸骨的连接面较广阔。

家禽体表覆盖着皮肤和由皮肤演化来的衍生物，如羽毛、冠、肉髯、脚鳞片等，均作为身体的屏障，起着保护机体内部器官、调节体温、排除废物以及对外界刺激的感觉等作用。

必备知识

一、家禽的骨骼

家禽的骨骼根据其外形也可概括分为长骨、短骨、扁骨和不规则骨 4 大类。全身骨骼依其所在部位分为躯干骨骼、头部骨骼和四肢骨骼。由于生活方式的不同，禽体各部骨骼的形态、位置和结构都与哺乳动物相应的骨骼有不同程度的差异。家禽的骨在发育过程中，骨骺处不形成次级骨化中心，没有骺软骨；骨的加长主要依赖于骨端软骨的增生及骨化。母禽骨内的骨松质在产卵期前增生，贮存钙质以备食料中矿物质不足之需。鸡的全身骨骼见图 4 – 1。

（一）躯干骨骼

家禽躯干骨骼由伸屈自如的颈椎，结合强固的胸椎，愈合完全的腰荐椎和可动的尾椎四段组成。每一椎骨的椎体呈棒状，背侧由椎弓圈成椎孔，前后椎骨的椎孔相接形成椎管，供脊髓通过并保护脊髓。禽类的椎骨椎体间的连接呈形态特殊的附有软骨的鞍状关节，称为鞍状椎骨。由于颈部活动范围最大，所以颈椎呈典型的鞍状椎骨。椎弓背侧有棘突，椎体腹侧有腹嵴，两侧有横突，但其发达程度在各段椎骨有所不同。椎骨前后端各有一对前关节突和后关节突，与相邻椎骨的前、后关节突形成关节。

1. 颈部骨骼

禽类颈部骨骼只有颈椎，鸡 13 ~ 14 个，鸭 14 ~ 15 个。静止时，全段颈椎构成乙状弯曲，这样长的颈部，便于颈部灵活伸展转动，利于啄食、警戒和用喙梳理羽毛、衔取尾脂腺分泌物油润羽毛。为适应颈部运动，第 1、第 2 颈椎形状特殊。寰椎即第一颈椎，很小，呈狭环状，腹弓较厚，前方有 U 形关节面与枕骨髁形成关节。腹弓背后侧有半月形关节面与枢椎齿突腹侧形成关节。寰椎背弓斜向后方，使其几乎与枢椎的棘突相接触，因此，寰椎与头骨之间的距离较大。由于禽类只有单个球形枕骨髁，所以寰椎与头骨之间转动灵活，而寰

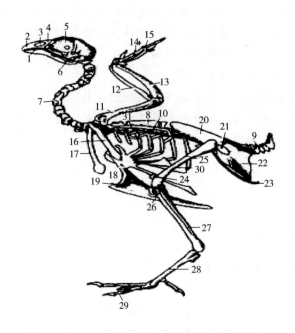

图 4 – 1 鸡的全身骨骼

1—下颌骨 2—颌前骨 3—鼻孔 4—鼻骨 5—筛骨 6—方骨 7—颈椎 8—胸椎 9—尾椎
10—肩胛骨 11—肱骨 12—桡骨 13—尺骨 14—掌骨 15—指骨 16—乌喙骨 17—锁骨
18—胸骨 19—胸骨嵴 20—髂骨 21—坐骨孔 22—坐骨 23—耻骨 24—髌骨 25—股骨
26—胫骨 27—腓骨 28—大跖骨 29—趾骨 30—肋骨 31—钩突

椎与枢椎之间的转动极为有限。枢椎即第 2 颈椎，棘突明显，腹嵴尤其发达，向后其体积逐渐增大。第 3 颈椎至最后颈椎的形态基本相似。所有颈椎的横突孔连接成横突管，是椎动脉、椎静脉和交感神经的通道。

2. 胸部骨骼

禽类胸部骨骼由胸椎、肋骨和胸骨组成。

（1）胸椎 鸡通常有 7 个胸椎，偶见有 8 个，鸭有 9 个胸椎。第 1 和第 6 胸椎游离，第 2 至第 5 胸椎愈合成一整体，第 7 胸椎与腰荐骨愈合。胸椎的椎体较短，整个胸段只有颈段长度的 1/8。棘突发达，成年鸡几乎愈合成一块完整的垂直板。第 7 胸椎棘突与髂骨前缘愈合。除第 1 胸椎外，其余胸椎的椎孔均较颈椎小。

（2）肋骨 呈侧扁的长骨，排列成对，对数与胸椎数目相同。骨干弯曲，斜向后外下方，构成胸廓侧壁。第 1、第 2 对肋骨是浮肋，不与胸骨相接，其余各对均与胸骨相接。鸡的每根肋骨可分为椎肋和胸肋。椎肋较长，与胸椎相接，腹段较短，与胸骨相接，称胸肋，它相当于哺乳动物的肋软骨。肋的椎骨端有明显的半圆形肋骨头，与胸椎椎体两侧构成关节。肋骨头外侧有向上突出并与横突构成关节的肋骨结节。除最前一对和最后一对的肋骨外，每对椎肋中部均发出一支斜向后上方的钩突，覆盖在后一相邻椎肋的外表面，并有韧带彼此相连，使胸廓更加坚固。鸡的肋骨，不论椎肋还是胸肋均是向后逐渐增长，因此胸廓呈顶端向前的圆锥体形。

（3）胸骨　构成胸底壁和腹底壁的骨质基础，是由胸骨体和几个突起组成的。强大的胸骨是极其发达的胸肌附着处，同时又起到协助不发达的腹肌保护内脏的作用。骨体呈背面凹的四边形骨块，表面有许多使气囊和骨内相通的气孔。气孔可分 3 个群，即两个前外侧群和一个后内侧群。胸骨体两侧有 4 ~ 5 个小关节面与胸肋形成关节。骨体后端发出一个长的剑突，一直伸延到骨盆部，辅助支持薄弱的腹壁肌肉，同时保护腹腔内脏。从骨体和剑突的腹侧发出强大的垂直板状突起，即龙骨。鸭的胸骨比鸡大。鸵鸟可以利用胸骨向前冲撞，攻击人畜。

家禽的胸廓主要是由胸椎、肋骨和胸骨围成的。胸椎构成其背侧壁，肋骨、乌喙骨和锁骨构成其侧壁，胸骨形成其底壁。鸡的胸腔呈顶端向前的锥体形，背腹径略大于横径，故其横断面呈纵椭圆形。鸭的胸腔比鸡大，横径略大于背腹径，故其横断面呈横椭圆形，后方附加的肋也增加了胸腔的容积。

3. 腰荐部骨骼

第 7 胸椎、全部腰荐椎和第 1 尾椎在发育早期愈合而成单块的腰荐骨。鸡的腰荐骨呈中部较宽的棱形体。腰荐骨两侧与髂骨紧密相接形成不动关节。前几节腰荐骨有发达的棘突愈合成连续嵴，与髂骨前部内侧缘愈合，连续嵴向后逐渐变低，到后半部完全消失。

4. 尾部骨骼

鸡的尾椎有 5 ~ 6 个，鸭 7 个。除第 1 尾椎与腰荐骨愈合外，其余均游离存在。尾椎的椎体短厚，前后关节突均已经退化，故能活动自如。最后一个尾椎最大，由多块尾椎愈合而成，呈两侧压扁的三角形，称尾综骨。尾综骨的背缘垂直，后缘厚而凸出，多条尾肌附着于此。尾综骨是尾脂腺和尾羽的支架，在禽类飞行中起重要的作用。

（二）头部骨骼

禽类头骨以大而明显的眶窝为界，把头部骨骼分为颅骨和面骨两部分。颅骨圆形，内装脑和听觉器官，面骨位于颅骨前方，鸡呈尖圆锥形体，鸭呈前方钝圆的长方形体。1 月龄左右的雏鸡，其头部骨骼已彼此愈合，颅骨愈合的时间比面骨更早。但当用碱性溶液浸泡 2 月龄左右的家禽头骨时，仍可将其各骨块分开，5 月龄鸡的头骨缝仍可看出，而在老年鸡则不易见到。

禽类的颅腔远比其外形小，原因：一是颅骨的两层密质骨板间夹以厚的海绵骨，其中充满由咽鼓管输入的空气，同时颅腔壁的腹侧显著增厚，尤其以侧后壁最厚，其中存在听觉和平衡器官；二是由于极大的眶窝侵入颅腔的腹前部，颅腔前壁倾斜成45°角，构成顶壁长度比底壁长1倍的比例。

（三）四肢骨骼

1. 前肢骨骼

禽类前肢由于适应飞翔而演变成翼，分为肩带部和游离部。

（1）肩带部　家禽的肩带部具有三个完整的骨块，即肩胛骨、乌喙骨和锁骨。三块骨骼由韧带坚固地接合在一起，用以支持游离部。

①肩胛骨：呈略为弯曲的扁平带状，形如马刀，位于胸廓背侧壁，紧贴椎肋，几乎与脊柱平行，从第12至第13颈椎开始后行到达最后胸椎，末端几乎接触髋骨前缘。肩峰有一气孔与颈气囊相通。近端前内侧发出突起与乌喙骨的钩突、锁骨的臂骨端共同形成了三骨孔。鸭的肩胛骨比鸡长。

②乌喙骨：是肩带骨中最强大的骨块，呈柱状，位于胸腔入口两侧，从胸骨前缘斜向外侧上前方。乌喙骨有气孔通锁骨间气囊。鸭的乌喙骨比鸡强大，它与肩胛骨形成的夹角近乎直角。

③锁骨：是一枚稍弯曲的细棒状骨，近端扁宽，接近乌喙骨钩突，通过韧带与肩臼连接。由于鸡两侧锁骨愈合成"V"形，故也称为叉骨。鸭的锁骨比鸡强大，两侧愈合成"U"形。

肩胛骨、乌喙骨和锁骨的连接处形成所谓的三骨孔，是由乌喙骨钩突形成其外缘和上缘，锁骨近端形成其内缘，肩胛骨的臂骨端形成其下缘大部分。胸大肌的止腱通过三骨孔。

（2）游离部　由臂部、前臂部和前脚部（腕部、掌部和指部）三段组成，形成翼。静止时，翼的三段折叠成"Z"形，紧贴于胸廓。

①臂部：是一个单一的略为弯曲的管状臂骨，也称为肱骨。当翼处于静止时，其位置近于水平，与肩胛骨几乎平行。

②前臂骨：由桡骨和尺骨构成。翼静止时，它与臂骨近乎平行。桡骨骨体较直而细，翼静止时，位于尺骨内侧。

③前脚部：由腕部、掌部和指部构成，但退化较多。

2. 后肢骨骼

禽类后肢有支持身体、行走和栖息等作用，因此较发达，分为骨盆和游离部。

（1）骨盆　骨盆是由左髋骨、右髋骨，最后胸椎、腰荐骨和第一尾椎愈合而成。顶壁是胸椎、腰荐骨和髂骨的大部分，侧壁由部分髂骨、坐骨和耻骨围成，腹侧开放。髋骨包括髂骨、坐骨和耻骨，三骨在髋臼处会合。禽类的骨盆与哺乳动物比较有两大特点：一是为了适应支持作用，骨盆带与腰荐骨间形成广泛而紧密的结合；二是为了适应产蛋，禽类的两侧骨盆带不像哺乳动物那样在腹侧有骨盆联合，而呈现禽类特有的开放性的骨盆，两侧间距离很大。

髂骨最大，呈不正长方形的板状，前方到达后几个肋骨处，构成腹腔和骨盆腔的背壁。坐骨位于髂骨后部腹侧，呈三角形的骨板，其背缘与髂骨愈合，构成骨盆腔的侧壁。坐骨前部与髂骨间形成卵圆形的坐骨孔。耻骨细长，从髋臼沿坐骨腹缘向后延伸，末端向内弯曲并突出于坐骨后方。耻骨和坐骨仅部分愈合，两骨间有狭窄的骨间隙。耻骨形成髋臼腹侧的一部分和闭孔的下界。左右耻骨末端间的距离是母鸡产蛋率高低的一种判断标志。

（2）游离部　由股部、小腿部和后脚部（跖部和趾部）3段组成的。

二、家禽的肌肉

家禽的肌肉包括骨骼肌、平滑肌和心肌。禽类的肌纤维较细，肌肉内没有脂肪沉积。横纹肌纤维分为红肌纤维和白肌纤维，以及中间型的肌纤维。红肌纤维收缩持续时间长，幅度小，不易疲劳，白肌纤维收缩快而有力，但是易疲劳。因此各种肌纤维的含量在不同部位的肌肉和不同生活习性的禽类可有大的差异。鸭、鹅等水禽和擅飞的禽类如鸽，红肌纤维较多，肌肉大多呈暗红色。飞翔能力差或不能飞的禽类，有些肌肉则主要由白肌纤维构成，如鸡的胸肌，颜色显著较淡（图4-2）。

（一）皮肌

家禽的皮肌薄而发达。从羽毛竖立、沙地上扬沙以及抖动的情况可见其发育程度。部分皮肌是平滑肌网止于皮肤羽区的羽囊，控制羽毛活动，另一部分皮肌终止于翼的皮肤褶（翼膜），称翼膜肌，以辅助翼的伸展，飞翔时有紧张翼膜的作用，部分皮肌起着支持嗉囊的作用。皮肌主要根据其所在部位命名。

（二）前肢肌肉

肩带肌中最发达的是胸肌（又称胸浅肌、胸大肌）和乌喙上肌（又称胸深肌、胸小肌）两块胸部肌，善飞的禽类可占全身肌肉总重的一半以上。胸肌的作用是将翼向下扑动；乌喙上肌则是将翼上举。位于臂部和前臂部的翼部肌肉，主要起着展翼和收翼的作用。前臂外侧面的腕桡伸侧肌和指总伸肌是重要的展翼肌，如在腕部切断两肌的腱，可以限制禽的飞翔活动。

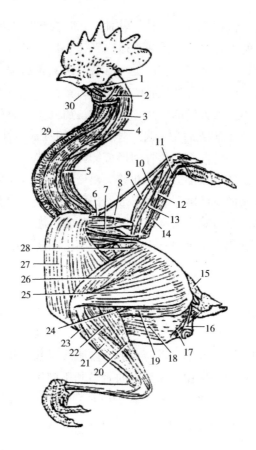

图4-2 鸡的全身肌肉

1—咬肌 2—枕下颌肌 3—头半棘肌（复肌） 4—颈二腹肌 5—颈半棘肌 6—翼膜张肌

7—臂三头肌 8—臂二头肌 9—腕桡侧伸肌 10—旋前浅肌 11—指浅屈肌 12—指深屈肌

13—旋前伸肌 14—腕尺侧屈肌 15—尾提肌 16—肛提肌 17—尾降肌 18—腹外斜肌

19—半膜肌 20—腓肠肌 21—腓骨长肌 22—第三趾、第二趾节骨穿孔屈肌

23—胫骨前肌 24—半腱肌 25—股二头肌 26—股阔筋膜张肌 27—胸浅肌

28—缝匠肌 29—胸骨舌骨肌 30—颌舌骨肌

（三）后肢肌肉

后肢盆带肌不发达，腿部肌肉是禽体内第二群最发达的肌肉。大部分位于股部，作用于髋关节和膝关节，小腿部肌肉作用于跗关节和趾关节。趾屈肌腱在跖部常骨化。由于趾屈肌腱的经路，当髋关节、膝关节在禽下蹲柄息而屈曲时，跗关节和所有趾关节也同时被屈曲，从而牢固攀持柄木。参与此作用的还有小的耻骨肌，又称迂回肌或栖肌，起于耻骨突，向下绕过膝关节的外侧面而转到小腿的后面并加入趾浅屈肌腱内。

三、禽类的皮肤及皮肤衍生物

禽类的被皮系统是禽体的屏障，具有保护机体内部器官、调节体温、排除废物及感觉外界刺激等作用。禽类皮肤很薄，但其厚度在羽区、裸区等不同部位均有所差别。禽类皮肤除尾部有一对尾腺外，缺其他皮肤腺，如汗腺、皮脂腺等。皮肤在翼部形成的皮肤褶称翼膜，飞羽相连，用于飞翔。水禽趾间皮肤形成蹼，用于划水。

（一）皮肤

禽类皮肤的颜色有白色、黄色和黑色之分。黄皮肤禽类的皮肤颜色主要来源于饲料中的叶黄素。

禽类的皮肤分为表皮、真皮和皮下组织。表皮与真皮之间是含有多糖类的基底膜。真皮由致密结缔组织构成。家禽的真皮层内有羽肌，但在羽区和裸区的分布略有不同。羽肌是平滑肌，有3种类型，即竖肌、降肌和缩肌，起着竖羽、降羽和退缩羽的作用。禽的皮下组织疏松，一般不分层，但在有的部位如龙骨部的皮下组织较厚，则可分浅、深两层。皮下组织空气区与肺、气囊相交通。禽类的脚垫皮肤增厚，特化成抗压和抗磨损的角质化组织。

（二）羽毛

羽毛是禽类表皮特有的衍生物，活禽体表全被羽毛所覆盖。羽毛是按一定区域生长的。有羽毛植入的部位称羽区，在羽区之间或在羽区内，没生羽毛的部位称裸区。裸区的存在是为了在飞翔时，便于皮肤活动和肌肉收缩（图4-3）。

1. 羽的类型

（1）正羽 正羽覆盖体表的绝大部分，如翼羽、尾羽及覆盖头、颈、躯干的羽毛，它形成了禽体外形基础，构成了流线型轮廓，在防止机械伤害和体热散失方面起重要作用。

（2）绒羽 被正羽所覆盖，位于翼的基部，密生皮肤表面，外表见不到。绒羽只有短而细的羽茎，柔软蓬

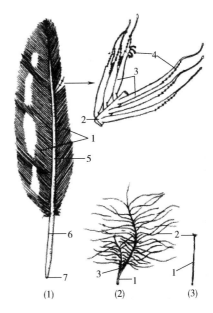

图4-3 禽羽毛模式图
（1）正羽 （2）绒羽 （3）纤羽
1—羽片 2—羽枝 3—小羽枝 4—小钩或
突起 5—羽干 6—羽根 7—下脐

松的羽枝直接从羽根发出，呈放射状，形如绒而得名。绒羽有羽小枝，羽小枝构成隔温层，起保温作用。

（3）纤羽　分布于身体各部。长短不一，细小如毛发状，比绒羽还细小，在拔去正羽和绒羽后，就可见到纤羽。

（4）刚毛　刚毛又称刷毛、鬃。鸡的睫毛是唯一真正的刚毛，有羽茎，基部厚，向远端逐渐变尖。

（5）耳羽　耳羽分前耳羽和后耳羽，其顶端在耳孔外形成耳盖。能防止昆虫和污物的侵入。

（6）尾腺羽　拔去尾羽后，可见尾的尖端周围圈状小羽，即尾腺羽。结构简单，是典型的绒羽，但比普通的体绒羽小。

2. 羽衣

包于整个体表的羽毛称羽衣，因生长部位不同，其名称、形状、大小也不尽相同，如有头羽、颈羽、翼羽、鞍羽、尾羽、胫羽等。最大而复杂的是翼羽和尾羽。

（1）翼羽　翼羽是用于飞翔的主要羽毛。翼羽由飞羽、覆羽、小翼羽3部分组成。

（2）尾羽　禽尾羽为7～8枚，两侧羽片近于等宽，其基部存于尾覆羽之中。公鸡的第1尾羽最大，弯曲如镰刀形，亦称镰羽。尾羽亦有尾上覆羽和尾下覆羽等之分。

3. 羽毛的颜色

家禽羽毛呈现不同颜色，而且还形成一定的图案。羽毛图案大部分决定于黑色素的分布，即决定于黑色素与其他色素之间的平衡，特别是与类胡萝卜素的平衡。羽毛颜色和图案是由遗传决定的，故可作为某些品种的外貌特征。雌、雄之间的羽毛形态、颜色的差异还与性激素有关。

4. 换羽

鸡从出壳到成年要经过3次换羽。雏鸡刚出壳的时候，除了翼和尾外，全身覆盖绒羽。这种羽毛保温性能差，出壳不久就开始换羽，由正羽代替，通常在6周龄左右换完，换羽的顺序为翅、尾、腹、头。第2次换羽发生在6～13周龄，换为青年羽。第三次换羽发生在13周龄到性成熟期，换为成年羽。更换成羽后，从第3次开始，每年秋冬换羽一次。在换羽时，需要大量的营养物质，故蛋鸡在换羽期间停止产蛋。养鸡生产中，为了利用第2个产蛋年，缩短换羽的时间，往往实施强制换羽。

（三）皮肤的其他衍生物

1. 尾脂腺

家禽尾脂腺分两叶，位于尾综骨背侧。鸡的尾脂腺较小，呈豌豆形，水禽的尾脂腺较发达，如鸭则呈卵圆形。尾脂腺分泌物含有脂肪、卵磷脂、高级醇，但缺乏胆固醇。禽类当整梳羽毛时，用喙压迫尾脂腺，挤出分泌物，用喙涂于羽毛上，起着润泽羽毛并使羽毛不被水所浸湿的作用。这在水禽中是很重要的。尾脂腺分泌物中的麦角固醇在紫外线作用下能变为维生素 D，可以被皮肤吸收利用。

2. 冠

冠是由皮肤褶形成的，公鸡特别发达，是雄性第二性征。冠的结构、形态可作为辨别鸡的品种、成熟程度和健康情况的标志。鸡冠的种类很多，如单叶冠，玫瑰冠、豌豆冠。冠的质地细致，柔润光滑，鲜红色。冠的真皮中间层是厚的纤维黏液性组织，内含玻尿酸和少量硫化黏多糖，充填于中间层的所有间隙内，以维持公鸡和产蛋期母鸡的鸡冠直立。去势公鸡和停蛋母鸡的冠内黏液性物质消失，所以冠倾倒。

3. 髯

髯又称肉垂，位于喙的下方，左右各一，两侧对称，鲜红色，是第二性征。髯是由皮形成的。组织结构与冠近似。

4. 耳垂

耳垂位于颊后、耳孔开口的下方，呈椭圆形，多为红色或白色。它也是由皮肤真皮结缔组织增生产生的皮肤褶形成的，缺纤维黏液层。

5. 喙

喙包围于颌前骨和齿骨，其表皮形成厚的粗糙的角质套，角蛋白高化而显得特别坚硬。

项目思考

1. 家禽的骨骼与家畜有何异同？

2. 禽体最发达的肌肉是什么肌肉？其主要作用是什么？

3. 禽类皮肤的衍生物有哪些？

项目二 家禽内脏解剖生理特征

知识目标

1. 掌握家禽消化系统的组成、结构特点和生理机能。
2. 掌握家禽呼吸系统的组成、结构特点和生理机能。
3. 掌握家禽泌尿系统的组成、结构特点和生理机能。
4. 掌握公禽、母禽生殖器官的组成、结构特点和生理机能。

技能目标

1. 掌握家禽的嗉囊、胃、肠、肝、胰、肾、睾丸、卵巢、输卵管、法氏囊、胸腺、脾脏等器官的形态、位置和结构特点。
2. 掌握家禽的生活习性。

科苑导读

禽类的消化系统由消化管和消化腺组成。消化管包括喙、口咽腔、食管、嗉囊、腺胃（前胃）、肌胃（砂囊）、小肠、大肠、泄殖腔及肛门；消化腺包括唾液腺、胃腺、肠腺、胰腺和肝。禽类消化器的特点是无牙齿，无软腭；有嗉囊和肌胃；无结肠而有两条盲肠；排粪、排尿和生殖为一个腔，称泄殖腔；整个消化管内呈酸性。

机体由于生命的需要，依靠呼吸器官终生不停地有节律地与周围空气进行气体交换，吸入氧气供给体内各器官组织进行新陈代谢，同时将代谢所产生的二氧化碳和废物排出体外。禽类的呼吸器官发达，由呼吸道及肺组成。呼吸道包括鼻腔、喉、气管、鸣管、支气管、气囊以及体内某些充气的骨骼。

　　泌尿器官的功能是生成和排出尿液。机体在代谢过程中所产生的废物,其中二氧化碳从肺排出,其他废物,尤其是蛋白质代谢所产生的含氮物质,主要是通过泌尿器官排出。禽类的泌尿器官仅有肾脏和输尿管,缺膀胱和尿道,这样可使体重减轻,更适于飞翔。

　　生殖器官的功能是产生生殖细胞(雄性产生精子,雌性产生卵子)、分泌性激素,繁殖新个体,达到种族的延续。

必备知识

一、家禽的消化系统

　　鸡的消化器官见图 4-4。

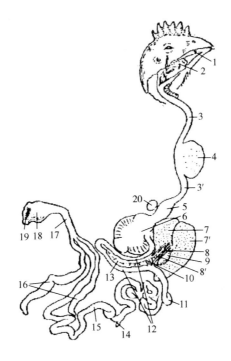

图 4-4　鸡的消化器官

1—口腔　2—咽　3、3′—食管颈段和胸段　4—嗉囊　5—腺胃　6—肌胃

7、7′—肝左叶和右叶　8、8′—胆囊和肝管　9—胆管　10—胰管　11—空肠

12—十二指肠　13—胰腺　14—卵黄囊憩室　15—回肠　16—盲肠

17—直肠　18—泄殖腔　19—肛门　20—脾脏

（一）口咽部

家禽的口咽部缺唇、齿、软腭，颊极短小，因此口腔与咽腔之间无明显界限，口腔可直通喉头。

1. 喙

家禽喙的形态各异，其主要骨质基础是颌前骨和下颌骨，外被皮肤，角质层发达，形成坚硬的角质套。鸡的上、下喙相合形成尖端向前的圆锥形，组织坚硬，边缘光滑，适于摄取细小饲料和撕裂大块食物。家禽口腔无齿，食物经过口腔不加咀嚼。刚孵出的雏鸡喙的前部是小的尖突，称蛋齿，用以啄破蛋壳，不久即消失。鸭喙长而宽，末端钝圆。鸭上喙内的真皮结缔组织较多，故形成较柔软的蜡膜。上、下喙的角质板与口咽内的各种乳头相咬合，形成过滤结构，使其在采食时，能将固体食物或颗粒留在口腔内，而让水从喙的两侧流出。

2. 口咽顶壁和底壁

禽类以舌表面明显的横排乳头和硬腭最后一排乳头，作为口腔与咽腔之间的分界线。硬腭位于口咽顶壁，形状与上喙相似。鸡的口咽顶壁中线有两个开口，前方一个是鼻后孔裂，呈纵裂状，前狭后宽，后方一个是短的耳咽管孔，通中耳。耳咽管孔后方，有一排约 10 个大乳头组成的咽乳头与食管为界。

3. 舌

形态与下喙相一致，因禽的种类而不同。可分为舌尖、舌体、舌根 3 部分，舌体内有舌内骨，舌体与舌根之间以舌乳头为界。舌无固有肌，主要由舌骨、结缔组织、脂肪组织构成。禽的舌没有味觉乳头；在口腔和咽黏膜里仅分布有少量的味蕾，多在唾液腺管开口附近。由于味蕾构造简单，数量较少，而且食料一般不经咀嚼就较快吞咽，所以味觉对禽的采食作用不大。

4. 唾液腺

虽不大而分布很广，在口咽腔的黏膜内几乎连成一片。口腔顶壁有上颌腺、腭腺和蝶翼腺；底壁有下颌腺、口角腺、舌腺和环杓腺。导管多，开口于黏膜表面，肉眼可见。腺全由黏液细胞构成，分泌黏液，滑润口腔黏膜，并使食团滑润，便于吞咽。

5. 口腔内消化

家禽主要依靠视觉、触觉寻觅食物，因为没有软的嘴唇，而靠喙采食。禽类采食后不经咀嚼，吞咽动作主要是靠头部向上抬举，在食物的重力和反射活动作用下，食管扩大，经食管的蠕动推动食物下移并进入嗉囊或食管的扩大部。口腔壁和咽壁分布有丰富的唾液腺，它的导管直接开口于黏膜，主要分泌黏液，有润滑食物的作用。唾液呈弱酸性反应，平均 pH 为 6.75，含有少量淀粉酶。

（二）食管及嗉囊

1. 食管

家禽食管是薄壁、易于扩张的肌性管道。位于咽后与腺胃之间。与哺乳动物比较，禽类的食管腔较大，便于吞咽较大的食团，如填喂的北京鸭食管直径可达 2~3cm。食管长度随禽类颈部长短而异。家禽的食管可分为两段：颈段和胸段。颈段长，管径易扩张，开始在气管的背侧，然后与气管一同偏在颈的右侧，直接位于皮下。食管壁由黏膜、肌膜和外膜组成。黏膜固有层内分布有较大的食管腺，为黏液腺。

2. 嗉囊

鸡和鸽在食管中段膨大成袋状，即嗉囊。鸡的嗉囊相当发达，弹性很强。嗉囊不分泌消化液，其主要机能是贮存、浸泡和软化食物，为进入腺胃进行消化做准备。嗉囊外膜与皮肤紧贴，有皮肌或邻近肌肉来的横纹肌纤维附着，起固定作用。鸡的嗉囊略呈球形，鸽的分为对称的两叶。鸭、鹅无真正的嗉囊，但食管颈段可扩大成长纺锤形，后端具有括约肌与胸段为界。嗉囊的构造基本与食管相似，但腺体仅分布于嗉囊背侧（鸡）或腹侧（鸽）。嗉囊主要接受来自迷走神经的副交感神经支配。

3. 嗉囊内消化

嗉囊是食物的暂时贮存处。嗉囊内的食物由于唾液和食管黏液的渗入，可使混有细菌的饲料保持适当的温度和湿度，利于进一步发酵和软化。食团从口腔有规律地进入肌胃，是由于食管颈段、嗉囊、食管胸段、腺胃和肌胃有顺序地连接成一整体性运动的结果。当肌胃空虚一段时间后，口腔摄取的食团可直接进入肌胃，当肌胃充满食物时，食团则转而进入并贮存于嗉囊内，当肌胃内食物排至十二指肠时，嗉囊就发生间歇性收缩，把食物排入肌胃，以保持肌胃消化的连续性。在正常情况下，食物在嗉囊内停留 3~4h，最久可达 6~8h。多种疾病会引起嗉囊积物充气而膨大。切除嗉囊使鸡食欲不振，饲料消化率下降，致使未曾很好消化的饲料随粪便排出。

（三）胃

家禽的胃分为两部分：腺胃和肌胃（图 4-5）。

1. 腺胃

（1）腺胃的位置形态　腺胃呈短纺锤形，位于腹腔的背侧，前连食管，又称前胃。腺胃的左侧和腹侧与肝相接，肝左叶在与腺胃连接处有一压迹，右背后侧与脾脏相邻。腺胃外表呈淡红色，其与肌胃连接处呈一色淡的短窄区，称

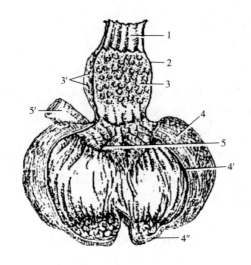

图 4-5　鸡胃（剖开）
1—食管　2—腺胃　3—前胃深腺开口及乳头　3′—深腺小叶　4—肌胃的侧肌
4′—肌胃的类角质膜　4″—肌胃后囊的薄肌　5—幽门　5′—十二指肠

峡。腺胃内腔比食管内腔略大，但腺胃壁明显比食管壁厚。

　　腺胃黏膜被覆单层柱状上皮，与食管黏膜形成较明显的分界。黏膜浅层形成许多隐窝，相当于单管状腺，又称前胃浅腺，可分泌黏液，所分泌的胃液随食物进入肌胃，在肌胃内发挥消化作用。黏膜的前胃深腺为复管状腺，集合成腺小叶分布于黏膜肌层的两层之间，在胃壁切面上肉眼可见，相当于家畜的胃底腺，但盐酸和胃蛋白酶原是由一种细胞分泌的。

　　（2）腺胃的消化　禽类的胃液呈连续性分泌，鸡每小时分泌 5～30mL。饲喂可使分泌增加，饥饿则使其减少。禽类胃液中的盐酸浓度和胃蛋白酶量均高于哺乳动物。腺胃虽然分泌胃液，但因为体积小，食物停留时间短，所以胃液的消化作用并不在腺胃，而主要在肌胃内进行。腺胃分泌受神经和体液调节，其神经调节主要受迷走神经调节，刺激迷走神经，分泌增加，而交感神经作用很小。饮水量、饲料、兴奋、麻醉和某些药物可影响胃液分泌。

　　2. 肌胃

　　（1）肌胃的位置形态　肌胃是家禽特有的消化器官。家禽主要以谷粒为食，具有发达的肌胃，俗称肫或胗，相当于哺乳动物单胃的幽门部。肌胃呈圆形或椭圆形的双凸透镜，质坚实而呈红色。位于腹腔左侧，肝的两叶之间。肌胃可分为背侧部和腹侧部很厚的体，以及壁较薄的前囊和后囊。腺胃开口于前囊；肌胃通十二指肠的幽门也在前囊。肌胃黏膜被覆柱状上皮。在肌胃的黏膜固有层中有单管状的肌胃腺，以单个或小群（10～30 个）开口于黏膜表面的隐窝。黏膜上皮的分泌物与脱落的上皮细胞一起，在酸性环境下硬化形成一层厚的胃角质层紧贴于黏膜上，俗称肫皮，有保护胃黏膜之作用。

（2）肌胃的消化 肌胃不分泌消化液，里面经常含有吞食的沙砾，因此又有砂囊之称。它的主要功能是依靠发达的肌性胃壁、内衬坚厚的类角质膜和所吞食的砂砾对来自嗉囊的粗硬食物进行机械性消化。同时，当食物经腺胃进入肌胃时，也混有胃液，所以也进行有限的化学消化。肉食和以浆果为食的鸟，肌胃很不发达；长期以粉料饲养的家禽，肌胃也较薄弱。肌胃内容物比较干燥，50%以上为砂砾，pH 为 2～3.5，呈酸性反应，有利于胃蛋白酶发挥水解作用。

肌胃的运动是有规则和有节律的收缩，每隔 20～30s 收缩一次，但在饥饿和饲料种类不同的情况下有所差异，食物在肌胃内停留的时间，视饲料的坚硬度而异，细软食物约 1min 就可推入十二指肠，而坚硬食物的停留时间可达数小时之久。

肌胃的运动受交感神经和迷走神经的双重支配。

（四）肠和泄殖腔

与哺乳动物比较，禽类的小肠较短，亦可分十二指肠、空肠和回肠。禽的肠分小肠和大肠。家禽肠与躯干长（最后颈椎至最后尾椎）之比，鸽为 5～8 倍，鸡为 7～9 倍，鸭为 8.5～11 倍，鹅为 10～12 倍。

1. 小肠

（1）十二指肠 鸡的十二指肠呈淡灰红色，长 22～35cm，直径 0.8～1.2cm，位于腹腔右侧；形成长的"U"字形肠袢（包括降支和升支二段），两支的转折处为骨盆曲。胰位于十二指肠袢内。鸭的十二指肠比鸡长，长 22～38cm，宽 0.4～1.1cm。

（2）空回肠 十二指肠升支在幽门附近移行为空回肠。禽空肠颜色较暗，长 85～120cm，直径 0.7～1.4cm，大部分空肠排列成一定数目的呈花环状的肠环，位于背系膜的游离端，悬吊于腹腔右侧，但其近端和远端较平直。空肠右侧紧靠右腹气囊，左侧是性腺、盲肠、十二指肠升袢和胰腺，腹侧是肝脏。在空肠后半段起始部、肠系膜前动脉和肠系膜前静脉相对处，有一个呈短尖形，长约 1cm，直径约 0.5cm 的小突起，称作卵黄囊憩室，是胚胎时期卵黄囊柄（胚胎通过卵黄囊柄附着于蛋壳）的遗迹，幼年时较发达，其末端有短韧带与空肠系膜相接连。空回肠中部有常以此作为空肠和回肠的分界，壁内含有淋巴组织。回肠的末段较直，以系膜与一对盲肠相连。

（3）小肠的消化 小肠黏膜表面形成绒毛，黏膜内有小肠腺，但无十二指肠腺。食物在肠管内停留约 8h，消化作用主要在肠内进行。小肠内不仅有本身分泌的消化酶，还有从腺胃来的胃液及胆汁、胰液等消化酶，所以小肠内的消化能力很强。已进入小肠的大而坚硬的食物可返回肌胃磨碎后，再进入小肠进行消化。

（4）小肠的吸收　家禽对营养物质的吸收与哺乳动物并无多大区别。主要通过小肠绒毛进行。母禽在产蛋期间，小肠吸收钙的作用增强。

2. 大肠

大肠分为盲肠和直肠。大肠肠壁具有较短的绒毛和较少的肠腺。

（1）盲肠

①盲肠的位置构造：禽类的盲肠长，有两条，沿回肠两旁向前延伸；可分为盲肠基（底）、体、尖（颈）3部分。盲肠壁内含有丰富的淋巴组织，在盲肠颈处的淋巴小结集合成所谓的盲肠扁桃体，鸡较明显。盲肠扁桃体病理状态下有不同程度的出血，如传染病初期及脂肪肝可见出血症状。肉鸡饲养过程中常见脂肪肝，因此剖检时可见盲肠扁桃体出血。

②盲肠的消化与吸收：禽类的盲肠具有消化和吸收的功能。其主要作用是将小肠内未被酶所分解的食物进一步消化，并吸收水和电解质。盲肠内微生物的大量繁殖，使食物尤其是纤维素得到分解和吸收。盲肠内 pH 为 6.5~7.5，有严格的厌氧条件，食糜在盲肠内一般要停留 6~8h，适于微生物的生长繁殖。微生物将纤维分解为挥发性脂肪酸。其中以乙酸的比例最高，丙酸、丁酸次之。这些有机酸被盲肠吸收后，在肝脏内进行代谢。另外在盲肠内还产生 CO_2 和 CH_4 等气体。禽类盲肠内的细菌还能分解饲料中的蛋白质和氨基酸，产生氨，并能利用非蛋白含氮物合成菌体蛋白质，也能合成 B 族维生素和维生素 K 供禽体利用。直肠内容物可以因其逆蠕动而倒流入盲肠，但不会倒流入回肠。盲肠内容物正常时呈褐色，水分比直肠内容物和粪便低。盲肠切除会引起纤维素消化率下降，粪便含水量升高。家禽的大肠还有吸收水分和溶于水中的营养物质的作用，大肠的消化对食草、食菜的家禽有重要意义。

（2）结直肠

①结直肠的位置构造：禽没有明显的结肠，而仅有一短的直肠，因此有时也称结直肠。禽类直肠呈长 8~10cm 的直形管道，淡灰绿色，前接回盲直接合部，向后逐渐变粗，接泄殖腔。左盲肠位于直肠左腹侧，右盲肠位直肠右背侧。产蛋母鸡的直肠位于体中线，背侧紧靠左输卵管，腹侧靠肌胃，右侧靠空肠。直肠由与回肠系膜相连的短系膜悬吊于腹腔背侧。直肠与泄殖腔衔接处略窄。

②直肠消化：禽类的直肠很短，食糜在其中停留时间也不长，因此消化作用不重要。主要是吸收一部分水和盐类，形成粪便后排入泄殖腔，与尿混合后排出体外。

3. 泄殖腔

泄殖腔是消化、泌尿和生殖三个系统后端的共同通道，略呈球形，向后以泄殖孔开口（图4-6）。泄殖腔被两个环形的黏膜褶分为前、中、后3部分。前部：粪道，直肠的连续，较宽大。中部：泄殖道，最短，有输尿管、输精管、输卵管的开口。后部：肛道，背侧在幼禽有腔上囊（法氏囊）的开口，向后以泄殖孔（肛门）开口于体外。泄殖孔是泄殖腔的对外开口，亦可称肛门。泄殖孔呈一横行裂缝，两侧略向腹侧弯曲，终止于左、右泄殖孔外联合。泄殖孔由背唇和腹唇围成。排粪时，泄殖腔部分外翻，使泄殖孔扩展成圆形。静止时，背唇和腹唇倒翻于肛道内，形成

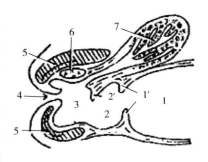

图4-6　幼禽泄殖腔正中矢状面示意图

1—粪道　1′—环形褶　2—泄殖道
2′—环形褶　3—肛道　4—肛门
5—括约肌　6—肛腺　7—腔上囊

向前伸展的短圆锥体。

（五）肝和胰

1. 肝

（1）肝脏的位置构造　家禽的肝脏在腹腔各器官中相对体积很大，位腹腔前腹部、胸骨背侧，前方与心脏接触，剖开腹腔即可见到。家禽肝脏仅含少量结缔组织，所以质地脆弱。成年禽的肝脏正常时呈红褐色。胚胎期，由于大量吸收卵黄的色素而呈黄色，孵出15d后逐渐变成红褐色，老年鸡呈暗褐色。鸡肝脏分左、右两大叶，右叶略大。

（2）胆囊的位置构造　除鸽外家禽肝脏均具有胆囊。鸡的胆囊呈长椭圆形，位于肝右叶脏面、脾的下方。小叶间胆管向肝门汇合，在肝门处形成左右肝管。胆囊只与肝右叶的肝管相连，并从胆囊发出胆囊管到达十二指肠的末端，肝左叶的肝管不经胆囊，而是直接与胆囊管共同开口于十二指肠末端。鸭的胆囊呈三角形。

（3）胆汁的分泌和作用　胆汁由肝脏分泌，呈酸性，鸡pH为5.88、鸭pH为6.4，含有胆酸盐、淀粉酶和胆色素。禽类胆汁中所含胆汁酸主要是鹅胆酸、胆酸和别胆酸，而缺乏哺乳动物胆汁中普遍存在的脱氧胆酸。胆色素主要是胆绿素，胆红素很少。胆色素随粪排泄，而胆盐大部分被重吸收，由肠肝循环促进胆汁分泌。胆汁的分泌是连续性的。不进食期间，肝脏分泌的胆汁一部分流入胆囊而浓缩，另有少量直接经肝胆管流入小肠。进食时胆囊胆汁和肝胆汁输入小肠的量显著增加，持续3~4h。迷走神经参与家禽胆汁输出的神经反

射性调节。

2. 胰

（1）胰腺的位置构造　家禽胰腺呈长条分叶状的淡黄色或淡红色腺体，位于十二指肠祥中。鸡的胰腺通常可分为背叶、腹叶和很小的脾叶，有 2～3 条导管，与胆囊管共同以一总乳头开口于十二指肠末端。鸭胰腺只有背叶、腹叶，两条导管开口于十二指肠末端。

（2）胰液的分泌和作用　胰液由胰腺分泌，经胰导管输入十二指肠，胰液呈酸性，含有蛋白分解酶、胰脂肪酶、胰淀粉酶和其他糖类分解酶等重要的消化酶。纯净胰液的性状、组成以及消化酶种类与哺乳动物相似。胰液的分泌是连续的。

二、家禽的呼吸系统

禽类呼吸系统由肺和呼吸道两部分组成。呼吸道包括鼻、咽、喉、气管、鸣管（雄性）、支气管及其分支、气囊及某些骨骼中的气腔。禽类的肺约 1/3 嵌于肋间隙内，扩张性不大，肺各部均与各个气囊直接相通。

（一）喉

禽类的喉也称前喉，位于咽腔底壁，在舌根的后方，与鼻后孔相对；后喉即鸣管，位于气管末端。喉向背侧有显著的突起，称喉突。鸡的喉突呈尖端向前的心形，长约 2.2cm，宽约 1.2cm，是两片呈唇形的复杂肌性瓣，相当于哺乳动物的会厌，平时开放，仰头时关闭，鸡吞食时常仰头下咽，故能防止食物进入喉内，也有控制空气流动和异物进入的作用。禽类的喉声带缺失，不能发声，但是喉有调节发音的作用，当公鸡啼鸣时，喉部会迅速后移数厘米。

（二）气管

禽类颈部较长，因此气管也长，鸡的气管长 15～17cm，鸭长约 18cm，公鸡的气管比母鸡长。气管前接喉，后连鸣管，起始部位于食管腹侧正中，彼此间有疏松结缔组织紧密相连。气管在皮肤下伴随食管向下行，在颈部向后延伸 3～5cm 后，随同食管偏居颈部右侧，位于颈椎的右腹侧食管腹侧，接近胸腔入口处时又转到颈部腹侧中线。鸡的气管是由 108～126 个完整的软骨环组成的，第一气管环紧接环状软骨。软骨环之间有膜状韧带连接，气管肌又沿着气管纵行，加上软骨环前后相互交错重叠的装置，可以防止气管受到压挤而塌陷，同时也适应于颈部的伸长和屈曲运动。气管是借蒸发散热而调节体温的较重要的部位。

（三）鸣管

禽鸣管也称后喉，位于胸前口、气管分叉处，被锁骨气囊包裹。鸣管是禽的发声器官，由中间的鸣管软骨和内外侧的鸣膜构成。支架为气管的最后几个气管环和支气管最前的几个软骨环，以及气管叉处呈楔形的鸣骨（鸣管托）。

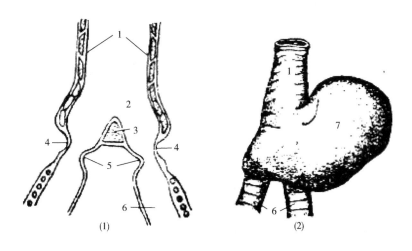

图4-7 禽类鸣管和骨质鸣泡
（1）鸣管断面的模式图 （2）公鸭的骨质鸣泡
1—气管 2—鸣腔 3—鸣骨 4—外鸣膜 5—内鸣膜 6—支气管 7—骨质鸣泡

在鸣骨与支气管之间以及气管与支气管之间，有两对弹性薄膜，称内、外侧鸣膜。内外鸣膜之间形成的狭窄管道，相当于哺乳动物声带的鸣腔。如果锁骨气囊和鸣管腔之间的压力发生变化时，鸣腔缩小或膨大，气体流动使鸣膜震动而发出声音。

公鸭的鸣管因为大部分软骨环互相愈合，并形成膨大的骨质鸣管泡向左侧突出，缺少鸣膜，因此发声嘶哑。

鸣骨位于正中平面处，把左、右支气管隔开，腹侧附着于正中软骨腹板前端，背侧到达鸣管背壁。

（四）支气管

气管进入胸腔后，分叉成左、右支气管。禽类支气管分肺外、肺内两段。肺内支气管即初级支气管，肺外支气管很短，位于心脏基部的背侧、肺膈的腹侧。气管软骨环不完整，呈C形，内侧开放，因此，支气管内侧壁是由结缔组织膜构成的。

（五）肺

禽类肺的结构与哺乳动物截然不同。第一，哺乳动物的两肺是分别悬吊于完全密闭而分开的左、右胸腔内，舒缩自如，而禽类的肺约有三分之一是深埋于肋间隙内，受外界支架的限制，因此扩张性不大。第二，哺乳动物的肺形成各级支气管树，末梢呈盲端的肺泡，而禽类的肺不形成支气管树，各级支气管间相互通连，形成迷路状结构。第三，哺乳动物肺内导管（除呼吸性细支气管以外）均分布有不同体积的透明软骨片，禽类肺内导管，除初级支气管起始部具有片段透明软骨外，肺内各级支管的管壁内均无软骨支撑。第四，禽类肺的各部均与易于扩张的气囊直接通连。因此，禽类肺部一旦发生炎症，往往较哺乳动物严重。

禽类的肺不大，鸡的左、右肺各呈扁平长四边形的海绵样结构，长约7cm，宽约6cm，粉红色，内侧缘厚，外侧缘和后缘薄，一般不分叶，紧贴于胸腔的背侧面，并嵌入肋骨之间，形成数条压迹很深的肋沟。此外，肺上还有一些与气囊相交通的开口。

（六）气囊

气囊是禽类特有的器官（图4-8），是肺的衍生物。气囊容积很大，比肺大5~7倍，气囊可作为空气贮存器。它可加强肺的气体交换，减轻体重，平衡体位，加强发音气流，发散体热调节体温，并且因为大的腹气囊与睾丸紧靠，而使睾丸能维持较低温度，保证精子正常生成。

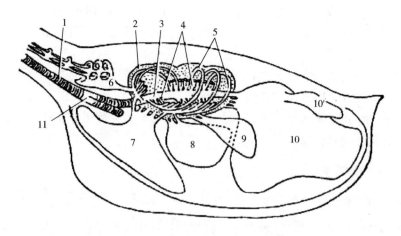

图4-8 禽气囊及支气管分支模式图
1—气管 2—肺 3—初级支气管 4—次级支气管 5—三级支气管 6—颈气囊
7—锁骨气囊 8—前胸气囊 9—后胸气囊 10—腹气囊 10′—肾憩室 11—鸣管

气囊是极薄的膜性囊，观察内脏时易被损坏而塌陷，不易见到。要充分观察气囊需用新鲜材料，并用以下两种方法制得。一是将气管中段切断，插入玻璃吸管，用线扎紧，徐徐吹入空气，使其充分膨大，然后根据需要，小心地把胸骨、肋骨等轻轻除去。二是从气管尽量把肺内气体吸出后，将禽体置于热水中，一边旋转，一边徐徐注入带色的动物胶或腊液，使其充分进入各个气囊，待冷却凝固后再进行观察。

气囊在胚胎发生时共有 5 对，但在孵出前后，一部分气囊合并，因而多数禽类气囊只有 9 个（鸡颈气囊只有 1 个，共 8 个）。颈气囊 1 对，锁骨间气囊 1 个，胸前气囊、胸后气囊、腹气囊各一对。颈气囊、锁骨气囊和胸前气囊均与内腹侧群的次级支气管相通，共同组成前气囊。胸后气囊与外腹侧群的次级支气管相通，腹气囊直接与初级支气管相通，共同组成后气囊。

气囊有多种功能，如减轻体重、调整重心位置、调节体温、共鸣作用等，但主要作为空气的贮存器官参与肺的呼吸作用。吸气时，新鲜空气约 1/4 进入肺毛细管，大部分（约 3/4）进入后气囊。已通过气体交换的空气则由肺毛细管进入前气囊。呼气时，前气囊的气体由气管排出，后气囊里的新鲜空气又送入肺毛细管。因此，禽类每呼吸 1 次就能在肺内进行 2 次气体交换，这是禽类呼吸生理最突出的特征，其意义在于使禽类有足够的机会满足气体交换的需要。

（七）呼吸生理特征

禽类呼吸特征有如下几项：

（1）禽类不具有像哺乳动物那样明显完善的膈肌，胸腔和腹腔之间仅由一层薄膜相隔，胸腔内的压力与腹腔内压几乎完全相等，不存在经常性负压，即使造成气胸，也不像哺乳动物那样导致肺萎缩。

（2）禽类的肺比较小，弹性较差，紧贴在胸腔的背侧面，被相对固定在肋骨间。禽类的呼吸运动主要靠强大的吸气肌和呼气肌的收缩来完成。

（3）气囊是禽类特有的器官，有贮存气体、减少体重，增大发音气流和散发体温等功能。

①气囊的空气在呼气和吸气时能进入肺，增大了肺通气量，从而能够适应禽体旺盛的新陈代谢需要。

②对于水禽，气囊内贮存有大量空气，在其潜水寻觅食物呼吸暂停情况下仍可利用气囊的气体在肺部进行气体交换。

③气囊的位置都偏向身体背侧，既可调节飞禽在飞翔时的重心，又利于水禽在水上漂浮。

④在呼气时能呼出气囊内的一定水汽，可带走一定的体热，协助调节

体温。

⑤腹气囊紧贴着睾丸,能降低睾丸的温度,有利于精子的形成。

三、家禽的泌尿系统

公鸡的泌尿和生殖器官见图4-9。

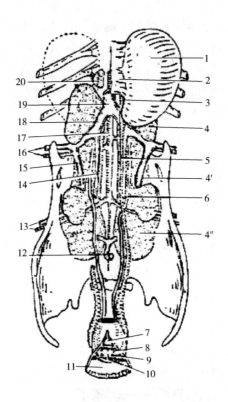

图4-9 公鸡的泌尿和生殖器官 (腹侧观)

(右侧睾丸和部分输精管已除去,泄殖腔从腹侧剖开)

1—睾丸 2—睾丸系膜 3—附睾 4—肾前部 4′—肾中部 4″—肾后部分 5—输精管

6—输尿管 7—粪道 8—输尿管口 9—射精管乳头 10—泄殖道 11—肛道

12—尾肠系膜静脉 13—坐骨动脉和静脉 14—肾后静脉 15—肾门后静脉

16—股动脉和静脉 17—主动脉 18—髂总静脉 19—后腔静脉 20—肾上腺

(一)肾脏

与哺乳动物比较,禽类肾脏具有较低等脊椎动物肾脏的特征,如具有肾门静脉系统、不发达的髓质,以及肾单位有皮质型和髓质型之分等。禽肾与体重的比例比哺乳动物大,其重量占体重的 $1\% \sim 2.6\%$ 。

家禽肾脏呈红褐色的长条豆荚状，长约7cm，最大横径约2cm，质软而脆，易于破碎。位于腰荐骨与髂骨形成的凹陷内的腹膜外侧，从肺及第六肋后方的主动脉两侧后行，一直延伸到腰荐骨的后端。家禽肾脏外表面缺哺乳动物所具有的肾脂囊，它的背侧与骨骼之间由腹气囊的前、中、后肾周憩室隔开，起保护作用。每侧肾脏按其位置可明显分为前、中、后3部，有时在中部另有一侧部突出。禽肾缺肾盏、肾盂，也无明显的肾门，血管、神经和输尿管也不在同一部位进出肾脏。肾前部略圆，肾中部较狭长，肾后部略为膨大。禽肾缺少明显的肾叶结构。但每个肾小叶基部，都有圆锥形集合小管束。邻近的这种小管束，互相聚集形成集合小管锥体丛，它相当于哺乳动物的肾锥体。

（二）输尿管

禽类的输尿管两侧对称，起自髓质集合管，可分沿着肾实质内侧行进的肾部和离开肾以后的骨盆部。

1. 输尿管肾部

肾部的前段位于肾前部近腹面的深部，沿途接受约17条不同体积和长度的初级分支。每条初级分支有5～6条次级分支，每一肾叶的髓质集合管直接与次级分支连接。

2. 输尿管骨盆部

输尿管骨盆部长约5cm，直径约2cm，从肾后方直达骨盆腔，开口于泄殖道背侧。在其延伸过程中，在公禽是与输精管，在母禽则与输卵管一起位于腹膜褶内。输尿管管腔内因含有尿酸盐结晶，故呈白色。输尿管的血液由阴部动脉供应，回流入阴部静脉。由腰荐丛后部来的神经支配输尿管，输尿管蠕动受交感神经支配。

（三）家禽泌尿系统的生理特点

家禽的新陈代谢较为旺盛，皮肤中没有汗腺，代谢产生的废物，主要通过肾来排出。尿的生成过程与家畜的基本相似，但具有以下特点：

（1）原尿生成的量较少。因为家禽的肾小球不发达，滤过面积小，有效滤过压较低。禽类肾小球有效滤过压低于哺乳动物，为1～2kPa，生成尿液过程中滤过作用不如哺乳动物重要。

（2）肾小管上皮细胞向小管液中分泌尿酸而不是尿素，另外还分泌马尿酸、鸟便酸、肌酸、肌酐、K^+以及其他有关成分。尿酸在尿液中有高度的不溶性，极易在肾小管和输尿管中发生沉积，尿液需以较多的水分，将其冲运到泄殖腔加以排泄。

（3）禽无肾盂和膀胱，肾小管液通过集合管汇入输尿管，在进入泄殖腔与粪混合，形成浓稠灰白色的粪便一起排出体外。鸟类粪便中的白色半固体部分即是尿酸。

（4）肾小管浓缩尿的能力较低，而泄殖腔却有很强烈的重吸收水的能力，尿到此处渗透浓度较高但尿液的排出量较少。

（5）在鸭、鹅和一些海鸟等水禽中，具有一种叫做鼻腺的组织。鼻腺并非都位于鼻腔内，多数海鸟是位于头顶或眼眶上方，只是其分泌物是从鼻腔中流出而已。鼻腺能分泌大量的氯化钠，可以补充肾脏的排盐功能，对维持体内水盐和渗透压平衡起重要作用。

四、家禽的生殖系统

（一）公禽生殖器官的形态结构和功能

公禽生殖器官由睾丸、睾丸旁导管系统、输精管和交媾器组成（图 4 - 10）。

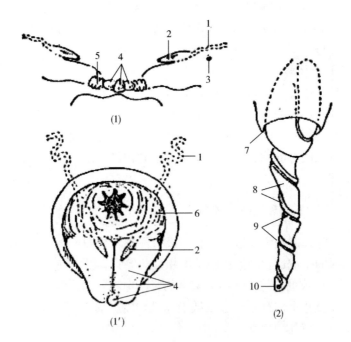

图 4 - 10　公禽交配器官

（1）成年公鸡交配器官（日常状态）　　（1'）成年公鸡交配器官（勃起时）

（2）成年公鸭勃起时的阴茎

1—输精管　2—输精管乳头　3—输尿管口　4—阴茎体　5—淋巴褶　6—环形褶

7—肛门　8—纤维淋巴体　9—射精沟　10—腺管开口

1. 睾丸

（1）睾丸的形态　鸡的睾丸呈豆形。左右对称的两个睾丸，由短的睾丸系膜悬吊于腹腔体中线背系膜两侧的肠体腔背侧。通常左侧的睾丸比右侧略大。左、右睾丸的凹面朝向体中线，长轴相互平行，但与体中轴比较，睾丸的前端略向右倾斜。

（2）睾丸的位置　睾丸位于肾前部的前腹侧，前接胸腹膈和肺，后缘接触髂总静脉，外靠腹气囊，内接主动脉、后腔静脉和肾上腺。腹腔动脉在左睾丸与后胆静脉间通过。左睾丸的腹面接腺胃和部分肌胃，但彼此间被左腹气囊的前内侧膨大囊所隔开。右睾丸腹面与十二指肠、小肠末段、盲肠和肝脏相邻。

（3）睾丸的生长发育　禽睾丸发育的阶段性，随种类、品种，品系以及健康、饲养条件等不同而有所差异。未达到性成熟的家禽睾丸一般呈乳酪色，但有的品种如乌骨鸡（绒毛鸡）的睾丸则部分或全部呈黑色。性成熟时，睾丸体积已达相当大小，但在繁殖季节仍会暂时性显著增大，完全呈乳白色。睾丸生长速度相对大于躯体生长的速度。刚孵出时，两个睾丸的质量仅是体重的0.02%，到性成熟时，达到体重的1%。睾丸的大小、质量随品种、年龄和性活动期的不同，而有很大差异。未成年家禽的睾丸，只有绿豆样至黄豆样大小，随着年龄增长而增大，到性成熟时的性活动期，其体积可长达 3.25 ~ 5.60cm，背腹径可宽达 2.5cm。性活动期的睾丸不如哺乳动物那样坚实，当切开时，流出由脂蛋白和精子共同组成的乳白色液体。性活动减退期间，精细管直径变小，因此睾丸变小。据测定，性活动期的睾丸体积比静止期可增大20 ~ 50 倍。鸭的睾丸呈不规则圆筒形，性活动期间，共体积大为增加，最大者可长达 5cm，宽约 3cm。

哺乳动物的睾丸是位于体外的阴囊内，由于温度偏低，故有利于精子生成。禽类的睾丸位于腹腔内，周围被内脏器官所包围，因此它的温度接近于体内深部的体温，约43℃。但由于腹气囊紧挨睾丸，呼吸过程中，由于气囊内的气体交换，会使睾丸温度比体温低 3 ~ 4℃，而有利于精子的发生。

公鸡在12周龄开始生成精子，但直到22 ~ 26周龄才产生受精率较高的精液。精液的质量可受年龄、机体状态、营养、交配次数、环境、温度、光照、内分泌等因素的影响。在正常情况下，1 ~ 2 岁的公禽精液质量最佳。公鸡每天可交配30 ~ 40 次，但受精率随着射精次数增加而降低。

2. 睾丸旁导管系统

家禽缺少哺乳动物那样明显的头、体、尾之分的附睾，而是由位于睾丸背内侧缘全长上、紧密与其连接的呈长纺锤形的膨大物，即睾丸旁导管系统组成的附睾区。睾丸旁导管系统有贮存、浓缩、运输精子，分泌精清等功能。睾丸和附睾与较大的血管相邻，在进行阉割手术时，要特别注意。

3. 输精管

输精管是睾丸的一对排出管，呈极端旋卷状的导管，未解剖时的长度约10cm，当拉直时，长度大增。输精管前接附睾管，沿着肾脏内侧腹面与同侧的输尿管在同一结缔组织鞘内后行。到肾脏后端时，输精管越过输尿管腹面，沿着其外缘进入腹腔后部。输精管在骨盆部伸直一短距离后，形成一略为膨大的圆锥形体（约3.5mm），最后形成输精管乳头，突出于泄殖道腹外侧壁的输尿管开口的腹内侧。输精管末端处环肌特别发达，形成括约肌，强大的射精力量可能与此有关。

输精管有丰富的肾上腺能神经分布。输精管是精子的主要贮存器官，其上皮能分泌较多的酸性磷酸酶。

4. 交媾器

公鸡虽无真正的阴茎，但却有一套完整的交媾器，位于泄殖腔后端腹区。性静止期，它隐匿在泄殖腔内，由输精管乳头、脉管体、阴茎和淋巴襞四部分组成。

（二）母禽生殖器官的形态结构和功能

母禽生殖器官是由卵巢和输卵管组成的。在成体，仅左侧的卵巢和输卵管发育正常，右侧卵巢在早期个体发生过程中，停止发育并逐渐退化（图4-11）。

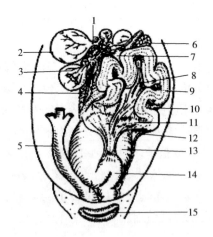

图4-11　母鸡生殖系统

1—卵黄柄　2—成熟卵泡　3—排卵后的卵泡膜　4—漏斗部　5—直肠　6—左肾前叶

7—背侧韧带　8—腹侧韧带　9—蛋白分泌部　10—背侧韧带　11—峡部

12—背侧韧带　13—子宫及临产的卵　14—阴道　15—泄殖孔

1. 卵巢

（1）卵巢的位置　左卵巢以短的卵巢系膜悬吊于腹腔背侧，背系膜的左侧，前端与左肺紧接，腹侧接腺胃和脾，背侧略偏左，与左肾前部及主动脉、后腔静脉相接触。卵巢与左肾上腺的关系特别紧密，部分左肾上腺延伸到卵巢的背侧，并有纤维性结缔组织囊把两者包围起来。卵巢背侧平滑，它与后腔静脉之间分布有结缔组织，其中有血管、淋巴管和平滑肌通过，称卵巢门。

（2）卵巢的形态结构　左卵巢的体积和外形随年龄的增长和机能状态的发展而有很大的变化。幼禽的卵巢小，呈扁椭圆形，黄白色，表面呈桑葚状。随着年龄逐渐增长，到性成熟时，卵巢的前后径可达 3cm，横径约 2cm，重 2 ~ 6g，卵细胞小，灰白色。进入产蛋期时，其直径可长达 5cm，质量大为增加，可达 40 ~ 60g；由于卵泡的迅速生长，常见到 4 ~ 6 个体积依次递增的大的卵泡，最大的充满卵黄的卵泡的直径可达 4cm。在卵巢腹面还有成串似葡萄样的小卵泡（直径 1 ~ 2mm），呈珠白色，以极短的柄与卵巢紧接。产蛋期将结束时，卵巢又恢复到静止期时的形状和大小。再次产蛋期到来时，卵巢的体积和质量又大为增加。

（3）卵巢的组织构造　家禽的卵巢与家畜卵巢的组织结构基本相似，卵巢表面覆以生殖上皮，其切面也有皮质与髓质之分。家禽卵巢的特点是成熟卵泡不是位于卵巢基质内，而是完全突出于卵巢表面，仅借卵泡柄与其相接连，成熟卵泡内无卵泡腔，也没有卵泡液，只在卵泡膜中分布有大量毛细血管，排卵后，不形成黄体，卵泡结构很快就退化了。2 ~ 6 周龄时，卵巢表面出现一些沟，彼此间隔成像脑回一样的回。5 ~ 7 周龄时，沟的数量最多。由于沟的深陷而使皮质回增大呈结节状。到性成熟时，皮质与髓质之间的界限虽已消失，但仍可从其结构上加以区别。

2. 输卵管

成体的左输卵管长而弯曲，起自卵巢正后方，它与卵巢之间由周围器官所围成的腔隙，称卵巢袋。输卵管的长度和形态随着年龄和不同生理阶段而异。20 周龄以前的鸡的输卵管生长缓慢，仅长约 11cm，重约 1g。20 周龄以后，输卵管生长较迅速。未产蛋的小母鸡，输卵管长度可达 14 ~ 19cm，平均 15cm，宽 1 ~ 7mm，重约 5g，成细长形管道。产蛋母鸡的输卵管弯曲引长并迅速增大，可长达 42 ~ 86cm，平均 65cm，宽 1 ~ 5cm，重约 76g。产蛋时，输卵管的长度比静止时约增加 4 倍，质量增加 15 ~ 20 倍，几乎占据腹腔的大部分。输卵管沿腹腔的左背侧体壁后行，止于泄殖道。弯曲的输卵管由于排列紧密，致使其周围内脏器官不能侵入此区。输卵管背侧与左肾腹面相邻，并经常到达右肾腹面，左外侧接左腹壁，右侧接肠管，腹侧与肌胃和脾相毗邻。

输卵管根据其形态结构和功能特点，由前向后，可分为漏斗部、蛋白分泌部、峡部、子宫部和阴道部 5 个区段。

（1）漏斗部　位卵巢正后方，是精子与卵子受精的场所。输卵管漏斗部前端扩大呈漏斗状，其游离缘呈薄而软的皱襞，称输卵管伞，向后逐渐过渡成为狭窄的颈部。伞部和颈部在产蛋母鸡长 4 ～ 10cm，平均 7cm。输卵管伞部开口，即输卵管腹腔口呈长裂隙状，长约 9cm，紧接卵巢后方，但仍有卵巢袋隔开，不与卵巢直接通连。输卵管腹腔口的前方较窄而尖。当卵子排到腹腔时，由于宽大的输卵管腹腔口及其伞部的强烈活动，将卵收集到输卵管腹腔口，并吞入输卵管，吞没卵所需的时间 2 ～ 25min。

（2）蛋白分泌部　又称膨大部，是输卵管最长且最弯曲的一段，在产蛋母鸡，长 20 ～ 48cm，平均 34cm，直径约 2cm。蛋白分泌部的特征是管径大、管壁厚，虽然它的肌层比漏斗部厚，但整个管壁的增厚主要是由于存在大量腺体所造成的。卵子在膨大部停留 3h，其分泌物形成浓厚的白蛋白（鸡蛋的蛋白）。

（3）峡部　略窄且较短，居于蛋白分泌部与子宫之间，其管壁比蛋白分泌部薄而坚实，在产蛋母鸡，长 4 ～ 12cm，平均 8cm，直径约 1cm。分泌颗粒含中性黏多糖和含硫蛋白质（角蛋白），主要形成卵内、外壳膜。

（4）子宫部　又称壳腺部，子宫前方以窄短的连接部与峡部衔接，在性成熟前和未产蛋时是较窄小的管。产蛋母鸡的子宫长 4 ～ 12cm，平均 8cm，直径约 8cm。卵在子宫内停留时间长达 8 ～ 20h，形成蛋壳。子宫壁厚且多肌肉，管腔大，黏膜淡红色。其皱襞长而复杂，多为纵行，间有环形，故呈螺旋状。黏膜皱襞间有横行或斜行的沟，隔成不规则的间隙。当卵通过时，黏膜皱襞叶片可弯曲并展平，与管壁平行，使管腔大为扩大，皱襞叶片与卵形成紧密的接触。由于平滑肌的收缩，使卵在其中反复转动，这样，蛋壳与黏膜皱襞完全接触，使蛋壳分泌成分分布均匀。卵在此停留时间最长，达 18 ～ 20h，有水分和盐类透过壳膜加入蛋白而形成稀蛋白；子宫腺的分泌物则沉积于壳膜外形成蛋壳。蛋壳色素也是在此处分泌形成的。

（5）阴道部　是位于子宫与泄殖腔之间的厚壁窄管，呈特有的"S"状弯曲，其长度与峡部、子宫几乎相等，在产蛋母鸡，长 4 ～ 12cm，平均 8cm，直径约 1cm。阴道肌层发达，尤其是内环肌，比输卵管其他区段厚好几倍。卵经过阴道的时间极短，仅几秒钟至 1min。

（三）禽的生殖生理

1. 雄禽生殖生理

雄禽的生殖生理活动由其生殖系统来完成。在雄禽方面，缺乏附属生殖器官，没有真正的阴茎。其特点是睾丸位于腹腔内，形成精子和分泌雄激素；精子主要在输精管中成熟和贮存；没有精囊腺、前列腺、尿道球腺等副性腺，外生殖器一般发育不全。影响雄禽生殖的因素主要有光照、环境温度、年龄、遗传性、营养等。

（1）精液　精液由精子和精清组成。与哺乳动物相比，禽类的精子呈细长的纤维状，体积较小。精子在精细管内形成后，即进入附睾管和输精管，获得使禽卵受精的能力。公鸡一次排出的精液量平均为0.12~1mL。禽类频繁交尾时，射精量和精子数都会减少。禽类的精子射出后，在体外有较强的活力，对温度变化的耐受范围较宽（2~34℃）。禽类的精子在雌禽生殖道内保持受精能力可达数周之久。精清是精液的液体部分。禽类没有副性腺，其精清主要是阴茎海绵组织中的淋巴过滤液。

（2）交配与受精　就禽类而言，交配对于雌禽产蛋并非必需。但为了繁殖后代，则一定要通过交配或人工受精形成合子，才能孵化出幼雏。禽类卵受精的部位仅限于漏斗部，卵排入输卵管漏斗部后，如在15min内与精子相遇，即可受精，鸡在交配或受精后的2~3d内受精率最高，在最后一次交配或受精后的5~6d内仍有良好的受精率。一般认为，鸡在下午进行交配或受精较为适宜，有利于提高受精率。

2. 雌禽生殖生理

禽的生殖有许多方面不同于哺乳动物。雌禽生殖生理活动由雌禽生殖系统来完成，其突出特点是卵生。雌禽为适应卵生的需要，在蛋的形成过程中发生一系列显著变化，主要表现为：没有发情周期；只有左侧卵巢和输卵管发育完全；胚胎不在母体内发育，而在体外孵化，没有妊娠过程；在一个产卵周期，能连续产卵；卵泡排卵后不形成黄体；卵内含有大量卵黄，卵外包有坚硬的卵壳。

（1）卵的形成、发育　雌雏在胚胎孵化的中期，卵巢生殖上皮就开始繁殖，并生成许多卵原母细胞。雌雏出壳后，形成初级卵母细胞，至排卵前形成次级卵母细胞。处于次级卵母细胞阶段的卵排出后，在输卵管漏斗部与精子相遇并受精，则次级卵母细胞转变为成熟卵。

（2）排卵　在激素和神经系统的控制下，当产蛋时，卵巢体积大增，迫使这些肠管退出卵巢袋附近，并使输卵管漏斗控制着卵巢。排卵时，输卵管漏斗极度活跃，吞没排出的卵。卵的吞没，涉及卵巢和输卵管之间的相互协调过程，其机制尚不清楚。鸡产卵于腹腔的现象并不少见，尤其是当其开产和将停产时。误入腹腔的卵母细胞可在24h内被吸收。

在自然光照条件下，排卵常在早晨进行，午后排卵现象较为少见。排卵时间在上次产蛋之后，母鸡一般在产蛋后的15~75min开始排卵。

（3）蛋的形成　蛋黄是在卵巢形成的。蛋白、壳膜和蛋壳是在输卵管各段形成的。在排卵时，输卵管前端的伞状漏斗开始活跃，将卵巢排出的卵细胞卷入，并将卵细胞沿输卵管向后端移送。卵在漏斗部停留时间为15~25min，此处也是受精部位。在输卵管壁肌肉收缩的作用下，卵黄被后移。在此过程中，卵黄外依次形成蛋白、壳膜和蛋壳。

①蛋黄：蛋黄是由肝脏合成，经血液循环转运到卵巢的卵泡中逐渐蓄积形成的卵黄物质。主要成分是卵黄蛋白和磷脂。卵黄物质在卵中以同心圆的层排列方式沉积，每昼夜可形成相间排列的一层色深的黄卵黄和一层色浅的白卵黄。这两种卵黄物质呈相间排列方式沉积，与体内物质代谢尤其是叶黄素含量的昼夜间差异有关。

②蛋白：卵到子宫膨大部，并在此处停留 3h，膨大部的大量腺体，分泌浓稠的胶状蛋白围绕在卵黄的四周，构成蛋的全部蛋白。其中卵蛋白占 54%；卵铁传递蛋白占 13%；卵类粘蛋白占 11%；卵球蛋白占 3%；溶酶菌（细菌细胞壁有溶解作用）占 3.5%；卵粘蛋白（一种蛋白酶抑制剂，鸡的卵类粘蛋白可抑制胰蛋白酶）占 2%；还有一些其他物质。

③壳膜：卵在输卵管推动下至峡部，并在此处停留约 1.25h，形成主要由角蛋白和少量碳水化合物组成的内外壳膜。在蛋白的钝端部，两层壳膜互相分离，形成气室，其内贮有空气，满足禽胚在早期发育阶段对氧的需求。

④蛋壳：卵在子宫部停留 19~20h。子宫黏膜下有壳腺细胞，能分泌大量钙盐和少量蛋白质。在壳膜上有许多小突起，是钙盐沉积的部位。当卵到达壳腺部后，壳腺细胞即开始从血液中转运钙，沉积在壳膜上形成蛋壳。蛋壳的色素在子宫内最后 4~5h 形成。

（4）产蛋　家禽产蛋大多数是连续性的。蛋产出时，阴道和泄殖腔外翻，蛋不与泄殖腔直接接触，使产出的蛋表面比较干净。

（5）抱窝　抱窝也称就巢性，是指雌禽的母性行为，表现为愿意孵卵和育雏，在抱窝期间，停止产蛋。就巢性受激素控制，催产素能引起就巢，注射雌激素或雄激素能终止就巢。

项目思考

1. 禽的消化管依次由哪些结构组成？禽的食管、胃、肠有何形态结构特点？
2. 禽的呼吸系统由哪些结构组成？各有何形态结构特点？
3. 禽的泌尿系统由哪些结构组成？禽肾的结构和主要功能是什么？
4. 公禽的生殖系统包括哪些器官？各器官有何主要功能？
5. 母禽的生殖系统包括哪些器官？各器官有何主要功能？
6. 试述鸡卵的形成过程以及鸡卵排出所经过的输卵管部位？
7. 简述母禽输卵管各部位的生理功能。
8. 鸡的交配器官由哪几部分组成？

项目三　家禽心血管系统解剖生理特征

知识目标

1. 熟悉家禽心血管系统的基本构造。
2. 掌握家禽心血管系统的基本生理功能。

技能目标

1. 熟悉鸡的采血部位。
2. 掌握鸡的采血方法。

科苑导读

心血管系统是一个密闭式的管道系统，包括心脏、动脉、毛细血管和静脉。心脏是血液循环中枢，从左右心室压出的血液，经动脉主干流向身体各部。在其行程中，反复分支，越分越细，及至末梢，逐渐移行变为毛细血管。毛细血管和静脉末梢连接，静脉末梢的多数细支逐渐汇合变粗，最后形成静脉总干，进入左右心房。血液在这密闭系统中，周而复始地循环全身，把从外界摄取的营养物质和氧气供给机体各器官组织，以维持其生长发育和生活的需要，同时，把各器官组织在新陈代谢过程中所产生的废物和二氧化碳不断地输送到排泄器官和肺，最后排出体外。

必备知识

一、家禽的心脏

禽类心脏和体重的相对比例较大，鸡的心脏质量占体重的 4% ~ 8%，大家畜和人的心脏质量仅占体重的 1.5% ~ 1.7%。家禽心脏平均质量为 15 ~ 17g，与体重相比，较小型的禽类具有相对较大的心脏。

（一）心脏的外形和位置

家禽的心脏是呈圆锥形的肌性器官，外覆心包。心基部下界有一环行的冠状沟，此沟即房室沟为心房与心室的分界线。上部小是心房，下部大是心室。

鸡的心脏位于胸腔前下部，心基部朝向前背侧，与第 1 对肋骨相对，除心尖外，心脏的长轴几乎与体中轴平行，心尖斜向后腹侧，略偏左伸延。心尖部正对第 5 对肋骨处，夹在肝脏的左、右两叶之间。心脏胸骨面前半部以锁骨气囊的薄叶状的胸心憩室与胸骨背面相隔开，两侧是前、后胸气囊，前背侧是支气管、食管和大血管。

（二）心包

心包是薄的半透明的强韧纤维囊，包绕于心脏之外。心包可分脏层和壁层，脏层即心外膜，紧贴心肌层外面，剥离困难，壁层由外面强韧的纤维层和内面极薄的浆膜层组成。纤维层在心基部与大血管根部的外膜融合，并与胸腹膈及胸骨接连。心包壁层与脏层之间的狭隙称心包腔，内含少量浆液，即心包液，以保持两层间的滑润，减少摩擦。

二、家禽的血液

（一）血液的理化特性

1. 血色

新鲜禽血呈红色，动脉血含氧多，呈鲜红色；静脉血含氧少，呈暗红色，不透明。

2. 黏滞性、相对密度和渗透压

禽全血的黏滞性，公鸡为 3.67，母鸡为 3.08；相对密度在 1.045 ~ 1.060；血浆总渗透压相当于 0.93% 的氯化钠溶液。

（二）血浆和血清

禽的血液具有一定的黏稠性，有形成分混悬于血浆中。

全血、血浆、血清是 3 种常用的血样品，彼此间的区别是：

全血 = 血浆 + 有形成分——能凝固

血浆 = 全血 - 有形成分——能凝固

血清 = 血浆 - 纤维蛋白原——不能凝固

实操训练

实训一　鸡的采血

（一）目的要求

熟练掌握鸡血液样本的各种采集技术以及血样的处理方法。

（二）材料设备

鸡，抗凝剂，采血针，注射器，真空采血管或玻璃试管，干棉球，酒精棉球，胶管，离心机，离心管，EP 管，试管架，胶头吸管等。

（三）方法步骤

1. 采血

（1）静脉采血

①鸡翼下静脉采血：先将鸡侧卧保定，露出腋窝部，拔去该部羽毛，可见翼下静脉。压迫翼下静脉的近心端，使血管怒张，常规消毒后，用细针头由翼根向翅膀方向沿静脉平行刺入静脉让血液自由流入集血瓶中，如果用注射器抽取，一定要放慢速度，以防引起静脉塌陷和出现气泡。血液采集完后，用干棉球按压一段时间，防止出血。一只成年鸡可采血 10~20mL。

②鸡颈静脉采血：鸡右侧颈静脉较左侧粗，故常采用右侧颈静脉采血。左手以食指和中指夹住鸡头部，并使头偏向左侧，无名指、小指和手掌握住躯干、拇指轻压颈椎部以便静脉充血怒张。常规消毒后，右手持注射器，针头倾斜 45° 沿血管方向一侧 0.3~0.5cm 刺入静脉，再与血管平行进针 0.2~0.5cm 抽取血液。采血完毕后，压迫伤口处止血。

（2）心脏采血　鸡心脏采血对心脏有损伤，也易伤及肺脏等其他脏器，引起内脏出血，影响鸡生长发育，甚至会造成死亡，特别是雏鸡，常因针头刺破心脏和肝脏导致出血过多而死。心脏采血虽然难度大，但采血速度快、血量多、效率高，适宜于当需要血量较多时，家禽可进行心脏穿刺采血。通常是右侧卧保定，在左侧胸部触摸心搏动最明显的地方进行穿刺，从胸骨鞘前端至背部下凹处连接线 1/2 点即为穿刺部位。用细针头在穿刺部位与皮肤垂直刺入 2~3cm 即可采得心脏血液。心脏采血时所用的针头应细长些，以免发生采血后穿刺孔出血。采血前后应严格消毒。

（3）鸡冠采血　用于需要少量血液的采血。将鸡只保定好，用酒精棉球消毒鸡冠，待酒精干燥后，在消毒部位用针头刺破鸡冠，待血液流出后采取。采血后用干燥棉球进行压迫止血。

2. 血样的处理

（1）全血　将从鸡体内采集到血液经抗凝处理即成全血，即包括血细胞和血浆的所有成分。临床上主要用于血细胞成分的检查。

（2）血清的制备　获得的血液不能抗凝，盛于离心管或可以离心的器皿中，静置或置37℃环境中促其凝固，待血液凝固后，将其平衡后离心（一般为3000r/min，离心 5~10min），得到的上清液即为血清，可小心将上清液吸出（注意切勿吸出细胞成分），分装备用。

（3）血浆的制备　在盛血的容器中先加入一定比例（体积比）的抗凝剂（合计$_{抗凝剂}$：合计$_{血液}$ = 1:9），将血液加到一定量后颠倒混匀，离心（离心条件血清）后所得的上清液即为血浆。初用者最好将上清移至另一清洁容器，吸出血浆时用移液器枪头贴着液面逐渐往下吸，切莫吸起细胞成分。

（四）技能考核

选取上述采血方法中的一种，正确地在鸡体上进行采血。

项目思考

1. 家禽静脉注射的部位在何处？
2. 家禽采血的部位在何处？
3. 家禽的心血管系统由哪些结构组成？
4. 试述家禽血液的理化特性？

项目四 家禽免疫系统解剖生理特征

知识目标

1. 了解家禽免疫系统的组成、各器官位置及其作用。
2. 了解家禽免疫系统的基本生理特征。

技能目标

1. 掌握鸡的法氏囊的位置及功能。
2. 熟悉家禽胸腺、脾脏的位置。

科苑导读

  禽体淋巴组织很丰富，外包结缔组织被膜构成的淋巴器官有胸腺、腔上囊和脾脏。鸭等水禽有数量不多的淋巴结，而鸡缺淋巴结。不具被膜的弥散淋巴组织在禽体内分布很广，几乎遍及所有的内脏器官，如在消化管全长的固有膜与黏膜下层中都分布有淋巴组织。家禽淋巴器官同哺乳动物一样具有维持机体的正常免疫功能。另外，禽淋巴器官还具有独特的结构，如腔上囊（即法氏囊），它是淋巴上皮器官。禽类淋巴小结无过滤作用，也是其特点之一。从免疫机制看，家禽淋巴组织具两种成分，即腔上囊依赖成分和胸腺依赖成分：腔上囊依赖成分主要是带有淋巴小结的腔上囊和遍及身体的浆细胞，它与体液免疫有关；胸腺依赖成分是胸腺和遍及身体的淋巴细胞，它与细胞免疫有关。

必备知识

一、家禽的淋巴组织

家禽从咽部到泄殖腔的消化管黏膜固有层或黏膜下层内，有不规则分布的、具有生发中心的弥散性淋巴组织集团，其中少数肉眼可见。较大而明显的有如下两种（图4-12）。

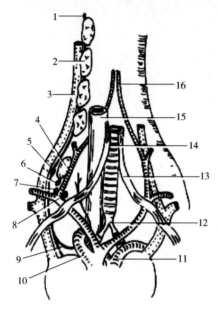

图4-12　鸡颈部的淋巴结

1—迷走神经　2—胸腺　3—颈静脉
4—甲状腺　5—结状节　6—甲状旁腺
7—颈静脉体　8—腮后腺　9—返神经
10—主动脉　11—肺动脉　12—鸣管
13—胸骨喉肌　14—气管
15—食管　16—颈总动脉

（一）回肠淋巴集结

几乎普遍存在于鸡的回肠后段，约在与其平行的盲肠中部，可见直径约1cm的弥散性淋巴团，相当于哺乳动物的淋巴集结，有局部免疫作用。

（二）盲肠扁桃体

盲肠扁桃体位于回—盲—直肠连接部的盲肠基部黏膜固有层和黏膜下层中，很发达，从外表肉眼可见该处略为膨大。弥散性淋巴组织的细胞分为小淋巴细胞和成熟及未成熟的浆细胞。盲肠扁桃体有许多较大的生发中心，是抗体的一个重要来源，对肠道内细菌和其他抗原物质起局部免疫作用。

（三）其他器官的淋巴组织

鸡的淋巴组织团分散存在于体内许多器官组织内，如眼旁器官、鼻旁器官、骨髓、皮肤、心脏、肝脏、胰腺、喉、气管、肺、肾以及内分泌腺和周围神经等处。它们通常都是不具被膜的弥散性淋巴组织，其界限有时很清楚，或浸润于周围细胞之间可见有生发中心，可能有局部免疫作用。

二、家禽的淋巴器官

（一）胸腺

家禽胸腺呈黄色或灰红色，鸡约有14叶（鸭约10叶，最后一叶最大），每侧 7 叶，从颈前部到胸前部分别沿着颈静脉延伸，似一长链。在近胸腔入口处，后部胸腺常与甲状腺、甲状旁腺紧密相接并穿入其中，彼此间无结缔组织隔开，所以完全切除家禽胸腺是有一定困难的。

胸腺退化时，表现为皮质消失，只留下含有少量淋巴细胞的髓质。禽类胸腺功能与家畜相似，主要是产生与细胞免疫活动有关的 T 细胞。造血干细胞经血液迁入胸腺后，经过繁殖，发育成近于成熟的 T 淋巴细胞。这些细胞可以转移到脾脏、盲肠扁桃体和其他淋巴组织中，在特定的区域定居、繁殖，并参与细胞免疫活动。

（二）腔上囊（法氏囊）

为鸟类所特有的淋巴上皮器管，4 ~ 5 月龄鸡的腔上囊达到最大体积，长 3cm、宽 2cm、背腹厚 1cm，质量约 3g，但不同个体有很大差异。椭圆形盲囊状的腔上囊位于泄殖腔背侧，以短柄开口于肛道。鸭的腔上囊呈筒形，3 ~ 4 月龄时达到最大体积。腔上囊和胸腺一样，在幼年家禽较发达，到性成熟前（鸡为 4 ~ 5 月龄）达到最大体积，性成熟后开始退化，随着年龄增长，体积逐渐缩小，到 10 月龄时，近乎完全消失，但其极小的开口仍可在肛道背顶壁观察到。

（三）脾脏

1. 脾脏的形态位置
鸡脾呈球形（鸭脾脏呈三角形，背面平，腹面凹），棕红色，位于腺胃与肌胃交界处的右背侧，直径约 1.5cm，母禽质量约 3g，公禽质量约 4.5g，占其体重的 0.2% ~ 0.3%，在应激条件下，脾脏的质量有所变化。

2. 脾脏的功能
家禽脾脏功能主要是造血、滤血和参与免疫反应等，与哺乳动物不同，家禽的脾脏没有贮血和调节血量的作用。

（四）淋巴结

鸡缺淋巴结。

鸭、鹅（图 4 - 13）等水禽主要有两对淋巴结。一对是颈胸淋巴结，呈纺锤形，长 1.5 ~ 3cm，宽 2 ~ 5cm，位于颈基部、颈静脉与椎静脉所形成的夹角内，常紧靠颈静脉。一对是腰淋巴结，长条状，长约 2.5cm，宽约 5mm，位于肾与腰荐骨之间的主动脉两侧、胸导管起始部附近，常被肾前部所掩盖，后端可达坐骨动脉。家禽淋巴结的功能与哺乳动物相同，但其过滤作用不强，或无过滤作用。

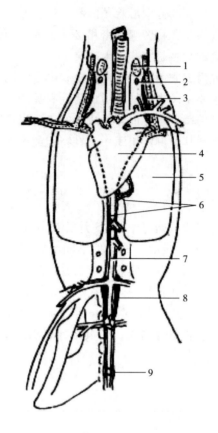

图 4 – 13 鹅淋巴管和淋巴结模式图

1—甲状腺 2—甲状旁腺 3—颈胸淋巴结 4—心脏 5—肺
6—胸导管 7—主动脉 8—腰淋巴结 9—淋巴心

项目思考

1. 禽的免疫器官有哪些？位于何处？
2. 禽类的免疫器官形态随年龄有何变化？

项目五　家禽内分泌系统解剖生理特征

家禽和家畜相比，拥有特殊的解剖和生理结构，如家禽没有膈，而有气囊。同样，在内分泌系统，家禽同样也有自己独特的特点，有别于其他家畜。

家禽的内分泌系统由甲状腺、甲状旁腺、脑垂体、肾上腺、腮后腺、松果腺等内分泌器官和分散于胰腺、卵巢、睾丸等器官内的内分泌细胞构成。

一、家禽的甲状腺

禽的甲状腺有一对，呈椭圆形、暗红色的小体。位于胸腔前口处气管两侧，紧靠颈总动脉和颈静脉。其大小可因家禽的品种、年龄、性别、季节、饲料中的含碘量而发生变化，一般都呈黄豆粒大小。鸡仔出壳后，甲状腺的质量随年龄增加而变重。一般母鸡的甲状腺要比公鸡的重。

甲状腺的主要机能是分泌甲状腺激素，功能主要是调节机体的新陈代谢，因此它与家禽的生长发育、繁殖及换羽等生理功能密切相关。例如生长较快的鸡，其甲状腺素的分泌也较高。再者，光照时间长的鸡其甲状腺素分泌量高于光照时间短的鸡。碘是甲状腺内合成甲状腺素的重要元素，如果日粮中缺乏碘会引起甲状腺肿等一系列症状。

二、家禽的甲状旁腺

禽的甲状旁腺很小，有2对（有的鸡有3对）呈黄色或淡褐色，紧位于甲状腺后端。每侧的两个甲状旁腺常被结缔组织包裹而连接于甲状腺后端或颈总动脉外膜上，并常融合成一个腺团，甲状旁腺的主要机能是分泌甲状旁腺激素。

甲状旁腺激素的这种作用在产蛋鸡显得尤为重要，因为产蛋鸡在蛋壳钙化时钙质大量流失，造成体内血钙浓度大量降低，因而会刺激甲状旁腺分泌甲状旁腺激素。当蛋壳的钙化作用完成之后，血液中钙浓度回升，则甲状旁腺素分泌减少，骨释放钙离子的量也随之减少。

三、家禽的肾上腺

肾上腺左右各一，位于肾前端，呈卵圆形、锥形或不规则形，黄色、橘黄或淡褐色。成年家禽的每个腺体重100～200mg，肾上腺的质量随着年龄的增长而增大。肾上腺的体积因家禽的年龄、种类、性别、健康状况和环境因素的不同而有很大的变化。

肾上腺是禽类生命活动必不可少的内分泌腺，其作用与家畜的激素相似。当手术切除鸡的肾上腺后，鸡往往在手术后6～60h死亡，它在禽类的主要作用体现在调节电解质平衡，促进糖和蛋白质的代谢，影响性腺、腔上囊和胸腺等的活动，并与羽毛的脱落有关。

四、家禽的腮后腺

腮后腺也称腮后体，成对，不太大，呈球形，新鲜时为淡红色，形状不规则。腮后腺位于甲状腺和甲状旁腺的后方，其质量因年龄及品种等而有差异。

鸡切除腮后腺和甲状旁腺后，3～4d内死亡，若单独切除腮后腺或甲状旁腺后，鸡尚能存活。在腮后腺内有甲状旁腺副组织存在，故当甲状旁腺被摘除后，甲状旁腺副组织起到了代偿作用。幼龄鸡的腮后腺在手术中很好找，而成年鸡的腮后腺因为被脂肪组织覆盖则不好找，母鸡则更加难找。由于甲状腺、甲状旁腺和腮后腺的位置非常接近，因此在解剖时应非常小心避免误切。

禽类的腮后腺分泌的激素主要是降钙素，参与调节体内钙的代谢。其作用与甲状旁腺激素恰好相反，可以使血钙浓度降低。禽类分泌的降钙素远高于哺乳动物，其具有快速合成降钙素的能力。禽类在产蛋期时，腮后腺会出现肥大。幼龄公鸡在血钙浓度较高时，腺细胞内会排出分泌颗粒。幼龄鸡进食含钙量高的饲料也会出现类似情形。

五、家禽的胰岛

家禽的胰岛属于致密型，和犬、猫、人及其他灵长类一样，而鼠、兔的胰岛则属于弥散型。胰岛是分散在胰腺中的内分泌细胞群，有分泌胰岛素和胰高血糖素的作用。胰岛素能降低血糖浓度；胰高血糖素能升高血糖浓度。两者协调作用，调节家禽体内糖的代谢，维持血糖的平衡。

家禽的胰腺位于十二指肠的"U"型肠襻内。家禽胰腺的外分泌部分泌消化酶，参与消化作用。内分泌部分泌激素直接进入血液发挥作用。鸡的外分泌部占到了胰腺组织的99%，内分泌部仅占胰腺组织的1%。

六、家禽的性腺

公禽睾丸的间质细胞分泌雄激素，雄激素能促进公禽生殖器官生长发育，促进精子发育和成熟并能促进公禽第二性征出现和性活动。

母禽卵巢间质细胞和卵泡外腺细胞能分泌雌激素和孕激素。雌激素可促进输卵管发育，促进第二性征出现；孕激素能促进母禽排卵。

七、家禽的松果体

松果体又名松果腺，位于间脑的背面，居于小脑与左右大脑半球间的三角形间隙内，外表覆有脑膜。松果体的大小与体重间并没有直接关系。产蛋鸡的松果体质量约为5mg。

松果体可以分泌褪黑色素，褪黑激素有抑制促性腺激素释放，防止性早熟等作用。松果体的分泌活动受光照的影响，光照抑制松果体合成褪黑激素，从而降低了对促性腺激素释放的抑制，于是性功能活跃。延长对母鸡的光照时间可增加鸡产蛋量就是松果体被抑制的结果。

（项目思考）

1. 家禽内分泌系统的组成是什么？
2. 家禽腮后腺的特点是什么？
3. 松果体的生理作用是什么？

项目六　家禽神经系统解剖生理特征

知识目标

1. 了解家禽神经系统的基本构造。
2. 熟悉家禽神经系统的基本生理功能。

技能目标

掌握家禽神经系统的形态。

案例导入

某养鸡场驻场兽医发现该场部分鸡出现呼吸困难，翅腿麻痹，两腿劈叉姿势，患翅下垂，拖地而行的症状，剖检发现患鸡一侧臂神经、坐骨神经或内脏神经肿大，增粗2~3倍，半透明状，黄白色，纹理不清或消失，神经表现粗细不均。

此养鸡场发生了哪种疫病？它的神经系统是否患病？为什么会出现神经症状？以后临床要弄清楚以上问题？

必备知识

神经系统是由脊髓、脑以及与其相连的脊神经、脑神经、植物性神经和三者的神经节共同组成的。脊髓和脑（包括大脑、间脑、中脑、小脑和延髓）构成中枢神经系统，脑神经及其神经节，脊神经及其神经节构成周围神经系统，交感神经和副交感神经构成植物性神经系统。神经系统是机体的重要调节机构，它对内、外环境的各种刺激，通过神经及神经体液调节，以保证机体各器官系统功能的协调和统一，以适应外界瞬息万变的环境。

一、家禽的脊髓

家禽脊髓细长，从枕大孔与延髓连接处起向后延伸，直至尾综骨的椎管内，因此其后端不像哺乳动物那样形成马尾。鸡的脊髓长约35cm，平均质量约200g。颈段脊髓长约23cm，超过脊髓全长过半，胸段脊髓长约6cm，腰荐段脊髓与胸段近乎等长，脊髓末段长约1cm，体积最小，延伸于尾综骨的椎管内。脊髓各节段的形态并不相同，除颈前段和腰荐段外，其余各节段脊髓的横切面均呈近圆形。脊髓的平均横径在颅底处3~4mm，在颈膨大处约5mm，在腰荐膨大处约7mm，其后，脊髓的直径逐渐减小。

二、家禽的脑

成体禽脑，由延髓、小脑、中脑、间脑和大脑组成，家禽无明显的脑桥。

三、家禽的周围神经系统

1. 脊神经

脊神经可分为颈神经、胸神经、腰荐神经和尾冲经。鸡的脊神经与椎骨数目相近，其中颈神经12~14对，胸神经7对，腰荐神经11~14对，尾神经5~6对，共39~41对。

2. 脑神经

有12对，与家畜相似。

四、家禽的神经生理特征

家禽的神经生理特征包括以下几点：

（1）家禽的外周神经系统中粗大的神经纤维相对要少，传导速度比较慢。脊髓的上传径路较不发达，只有少数脊髓束纤维到达延髓，所以外周感觉较差。

（2）家禽的延髓发育较好，除具有调节呼吸、心血管活动等生命中枢外，延髓的前庭核与迷路联系，维持和恢复正常姿势，并调节头、翼、腿和尾在空间方位的平衡。

（3）家禽的小脑相当发达，控制身体各部分的肌紧张。中脑的视叶较其他动物发达。如破坏视叶，禽类则失明。

项目思考

家禽的神经生理特征是什么？

项目七 家禽的体温

知识目标

1. 掌握家禽体温的神经调节。
2. 掌握家禽体温的物理调节。

技能目标

掌握家禽体温测定的方法。

案例导入

初夏时节某农户于室外自养 1 周龄鸡仔，头藏于翅膀下面，相互拥挤，争相下钻。引起鸡仔出现这种表现的原因是什么呢？

必备知识

禽类与哺乳动物均属于恒温动物，可以维持身体的体温在一个恒定的状态。禽类获取热量来调节体温的方式与哺乳动物间仍有许多不同。例如禽类有羽毛，提供了绝佳的绝缘物；禽类体内脂肪的分布与哺乳动物也不相同；禽类缺乏汗腺，其呼吸结构可以帮助它进行散热；在体温调节方面还有很多的不同之处。

一、家禽体温概述

家禽的体温比家畜高，正常的成年家禽直肠温度：鸡 $39.6 \sim 43.6℃$，鸭 $41.0 \sim 42.5℃$，鹅 $40.0 \sim 41.3℃$，鸽 $41.3 \sim 42.2℃$，火鸡 $41.0 \sim 41.2℃$。雏禽

刚出壳时，体温较低，在30℃以下。体温随着雏禽的生长发育逐渐升高，至2～3周，可达成年禽水平。成年鸡的体温有昼夜规律，下午5：00时体温最高，可达41～44℃，午夜最低，为40.5℃。成年鸡的等热范围是16～26℃，温度过高或温度过低都会对鸡造成不良的影响。

家禽的正常体温受品种、气候、光照、营养、羽毛、禽体的活动和内分泌等因素的影响。如在白天，气候温度高，光照强，禽体活动频繁，体温维持在高限范围内。

二、家禽体温调节的特点

家禽为恒温动物，因此必须不断的在体内产热及向体外散热，以维持体温处于恒定状态。家禽产热和散热的方式基本与哺乳动物相同，但是由于家禽被覆羽毛，因此可以利用羽毛的竖立与否来进行散热的调节。

（一）体温的神经调节

家禽的丘脑下部有体温调节中枢进行体温调节。初生幼禽的甲状腺与体温调节有关，甲状腺分泌的甲状腺激素控制着家禽的新陈代谢。当环境温度高时，食欲减退而饮水量增加，使家禽产热减少；反之，环境温度低时，进食量多而饮水量少，使家禽产热增加。家禽体温的神经调节除了丘脑下部的体温调节中枢，在家禽喙部、胸腹部的温度感受器也与家禽的体温调节有关。

（二）体温的物理调节

家禽没有汗腺，体表又被覆羽毛，散热的能力差。当外界温度过高时，会出现翅膀下垂、站立、热喘息、咽喉颤动等异常表现，以加强散热，减少产热。当外界温度过低时，家禽出现单腿站立、坐伏、头藏于翅膀下、相互拥挤、争相下钻、肌肉寒战、羽毛蓬松等表现，以减少散热，加强产热。幼禽的体温调节能力较差，在育雏时，应特别注意温度的控制。

实操训练

实训二　家禽剖解及主要器官识别

（一）目的要求

（1）掌握鸡等家禽解剖的基本技能。

（2）掌握家禽消化、呼吸、泌尿和生殖系统各个器官的形态构造及位置关系。

（3）比较鸡体结构与牛和猪的异同。

（二）材料设备

（1）商品鸡若干只，保证实验中至少有一只成年公鸡和产蛋母鸡。

（2）鸡整体骨骼标本和气囊铸型标本。

（3）常用的解剖器械［解剖刀、剪、骨钳、镊子、解剖板、细胶管（0.5cm）棉线绳、脸盆、毛刷］、手套和口罩。

（三）方法步骤

1. 鸡的致死

可采用动脉放血等方法将待实验鸡致死。将鸡头略向一侧扭转，在下颌骨后方切断颈腹侧肌和颈总动脉放血致死，不可断头。

2. 体表观察

观察鸡冠、肉髯、耳垂、耳盖、鼻孔盖、喙、羽毛（正羽、纤羽、绒羽）、鳞片、距、爪。除去羽毛后，观察羽区和裸区。触摸比较公、母鸡两侧耻骨之间的距离。

3. 解剖技术

（1）解剖前的准备　用水将颈部、胸部、腹部的羽毛浸湿，以免羽毛尘土飞扬影响解剖。也可用热水浸烫，拔尽羽毛，冲洗干净后进行解剖。将鸡置于解剖台上，采取仰卧位，用力掰开两腿，使髋关节脱臼。这样禽体比较平稳，便于解剖。

（2）气囊的观察

①皮肤的切开：在喙的腹侧开始，沿颈部、胸部、腹部到泄殖孔，剪开皮肤，并向两侧剥离到两前肢、后肢与躯干相连处。

②气囊的观察：在胸骨与泄殖腔之间剪开腹壁。在头部剪开一侧口咽，到食管的前端，暴露出口咽，将细塑料管或玻璃管插入喉或气管，慢慢吹气并用棉线绳结扎气管。可见中空壁薄的腹气囊等。从胸骨后缘两侧肋骨中部，剪开到锁骨，剪断心脏、肝脏与胸骨相连接的结缔组织，把胸骨翻向前方（此项操作，注意勿伤气囊），再将细塑料管或细玻璃管插入咽或气管，慢慢吹气，观察其他的气囊，如颈气囊、锁骨间气囊、前胸气囊、后胸气囊等。

（3）鸡的分步解剖观察

①头部解剖：

a. 用剪子除去一侧口咽部外侧的下颌骨支等骨骼，自口角沿口咽外侧壁剪开至食管起始部，观察口咽部的结构。口腔顶为腭，具有呈锯齿状的几条腭褶。鼻后孔的前部延续至腭，形成腭裂。口腔底主要被舌占据，舌为尖锥形，舌体与舌根间有一列乳头。鸡无软腭口与咽无明显的界限，合称口咽。

咽顶壁前部正中有鼻后孔，后部正中有咽鼓管漏斗，由一对黏膜褶即漏斗襞围成。咽底壁为喉，可见缝状的喉口。喉位于咽底壁卜，从喉口至气管剪开喉背侧壁进行观察。咽喉向后连接食管。

b. 鸡的一对鼻孔位于上喙基部，上缘形成膜质鼻孔盖。

c. 鸡眼眶前腹侧有眶下窦，眼眶顶壁处以及鼻腔侧壁内还有鼻腺，也可观察。观察眼睑、结膜、结膜囊、瞬膜、角膜和瞳孔。

d. 用骨剪打开颅腔观察脑组织。

②颈部解剖：分离颈部皮肤，观察胸腺。胸腺位于颈部气管两侧的皮下，沿颈静脉向后直至胸腔入口处。每侧一般有 7 叶，淡黄或带红色。观察气管，剪开气管观察气管环内壁。观察食管和嗉囊，剪刀剪开食管和嗉囊观察内壁。

③胸部解剖：

a. 甲状腺、甲状旁腺和腮后体。甲状腺位于胸腔入口处，气管和颈总动脉外侧、颈静脉内侧，暗红色，椭圆形。甲状旁腺位于甲状腺后方，很小的一对，黄色至淡褐色。腮后体位于甲状旁隙后方。

b. 心脏的观察。沿心包长轴剪开心包，观察心包腔。

c. 气管和支气管鸣管　位于气管分叉处，由鸣骨和鸣膜组成。

④腹腔和盆腔解剖：

a. 消化系统。沿腹正中线切开腹腔和盆腔底壁至肛门腹侧，并环绕肛门（周围距肛门4mm）切开至尾椎腹侧。向两侧分开腹壁和盆壁，暴露腹腔和盆腔内脏器官。在腺胃前方约2cm处结扎、切断食管，在幽门后方约2cm处结扎、切断十二指肠。

腺胃位于肝左、右两叶前部背侧之间，呈长纺锤形，后端变细与肌胃相连。呈圆形或椭圆形，前部位于肝左、右两叶后部之间，与睾丸、卵巢、输卵管等相邻，后部与左侧腹壁、十二指肠、盲肠等相邻。沿长轴剪开腺胃和肌胃，用自来水冲洗内容物。观察腺胃黏膜乳头和肌胃角质层等，在家禽很多疾病都会导致腺胃黏膜面的病变。

十二指肠位于肌胃右侧，呈"U"形，分降袢和升袢，十二指肠肠袢之间夹有胰腺。肝管、胆囊管和胰管开口于十二指肠末部。

空肠和回肠形成6~12个肠袢，借肠系膜悬吊于腹腔右侧，空肠与回肠分界处有小的突起，称卵黄囊憩室。

盲肠有两条，分盲肠基、体和尖，自肠尖向后可达泄殖腔腹侧。盲肠基细，壁内有盲肠扁桃体，可以剪开观察盲肠扁桃体，在家禽很多疾病在盲肠扁桃体都有病理表现。盲肠体粗大，呈灰绿色。直肠短而直。

泄殖腔为消化、泌尿和生殖系统共用的通道，经肛门与外界相通。在直肠中部结扎，切断直肠，分离取出泄殖腔。自腹侧剪开泄殖腔，冲洗干净，观察泄殖腔的结构。泄殖腔借两个环形或半月形黏膜襞分为3部分，即粪道、泄殖道和肛道。

肝呈暗褐色位于腹腔前腹侧，分左、右两叶，有峡相连。两叶前部夹有心和心包，后部夹有腺胃和肌胃。两叶内侧有肝门，右叶有胆囊。

脾位于腺胃右侧，呈圆形红褐色。

b. 生殖系统。公鸡的睾丸位于肾前部腹侧，呈黄白色豆形或长椭圆形，成年鸡在生殖季节可达鸽子蛋大小。附睾不明显，位于睾丸背内侧缘。阴颈位于肛门腹侧唇内侧，刚孵出的雏鸡可用作性别鉴定。

母鸡的生殖系统仅左侧发育。卵巢位于左肾前腹侧，产蛋母鸡的旱葡萄状，上面常有3~5个大的卵泡，以卵泡蒂与卵巢相连。输卵管位于腹腔左背侧，幼年鸡细而直，成年鸡长而弯曲。输卵管分漏斗部、膨大部、峡部、子宫和阴道。解剖产蛋鸡时常见子宫内有蛋存在。

c. 泌尿系统。肾位于综荐骨和髂骨内面的肾窝内，暗褐色，分前、中、后3部分。因肾小叶深浅不一，整个肾不能区分出哺乳动物那样的皮质知髓质。禽类患有泌尿系统的疾病在肾脏都有病理变化出现。

4. 实验注意事项

（1）爱护标本　鸡整体骨骼标本和气囊铸型标本易损坏，要轻拿轻放。

（2）注意安全　防止刀、剪和骨钳等伤人，禁止打闹保持实验场所安静和整洁。

（四）技能考核

1. 要求学生按照解剖步骤，进行鸡的解剖。
2. 考查学生识别消化器官、呼吸器官、泌尿器官、生殖器官的能力。

〔项目思考〕

1. 鸡的消化系统有什么特点？
2. 鸡的泌尿、生殖系统的特点是什么？
3. 解剖鸡时应该注意什么问题？

模块五

犬、猫解剖生理特征

项目一　犬解剖生理特征

知识目标

1. 熟悉犬全身骨骼、肌肉的名称。
2. 认识犬被皮系统的特点。
3. 熟悉犬的消化系统特征。
4. 熟悉犬的呼吸系统特征。
5. 了解犬的泌尿系统组成。
6. 熟悉公犬与母犬生殖系统的差异。
7. 熟悉犬心血管、淋巴的组成及活动机理。
8. 掌握犬内脏器官的活动规律及意义。

技能目标

1. 熟悉犬体全身骨骼、关节的名称。
2. 熟悉犬全身肌肉、体表淋巴结的名称。
3. 熟悉犬体全身各器官的形态位置以及在体表的投影位置。
4. 能够准确测定犬的生理常数（心音、胃肠蠕动音的听取；脉搏检查；呼吸、心率和体温测定）。

案例导入

案例1

一只贵宾犬因为剧烈呕吐被送到宠物医院就诊，触诊腹部有疼痛感，并且有祈祷状，最初怀疑可能是肝脏或者胰腺出了问题，做全套生化检查和血常规后发现均无异常情况。建议保守治疗观察，经过一次治疗，回去仍然呕吐。第2天建议拍摄X光片。

通过本项目知识的学习，能对同学们以后临床处理此消化道疾病有怎样的帮助呢？

案例2

某藏獒1岁，雄性，体重55kg，一周前开始咳嗽，但吃喝正常，因此未引起畜主重视，后来日渐严重，入院就诊。患犬咳嗽，饮食减少，精神沉郁，体温39.3℃，肺部听诊有啰音。

此藏獒怎么了呢？它的呼吸道是否患病？

必备知识

一、犬的骨骼、肌肉与被皮

（一）骨骼

犬的全身骨骼约有230多块，分为头骨、躯干骨、前肢骨和后肢骨（图5-1）。

1. 头骨

犬的头骨外形特点与品种密切相关。长头型的品种面骨较长，颅部较窄；短头型的品种面骨很短，颅部较宽。一些中间型的品种，头骨外形介于两者之间。犬在颅部和面部之间常形成一凹陷，称鼻额角。在短头型犬中，短宽脸型会与加深的凹痕和更朝向前方的眼相结合。从上、下颌长度来说，短头型犬总体上说是凸颌的，下颌突出；长头型犬通常是短颌，下颌缩进。

（1）颅骨 颅骨包括成对的额骨、顶骨和颞骨，以及不成对的枕骨、顶间骨、蝶骨和筛骨，共7种10块。

（2）面骨 面骨包括成对的鼻骨、泪骨、颧骨、上颌骨、切齿骨、腭骨、翼骨、上鼻甲骨、下鼻甲骨和下颌骨，还有不成对的犁骨和舌骨，共12种、22块。

（3）鼻旁窦 肉食兽中鼻甲水平处鼻腔的大憩室，也称上颌隐窝，相当于家畜的上颌窦，经鼻上颌口通中鼻道。

犬的额窦占额骨的大部分，位于额骨嘴侧2/3处，外界一直延伸至额骨的颧突内。分前室、侧室和内室，经筛鼻道通鼻腔，大型犬的额窦可延伸到下颌

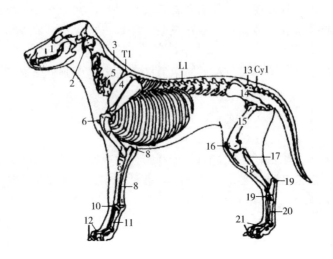

图5-1 犬的全身骨骼

1—头骨 2 寰椎的寰椎翼 3—项韧带 4—肩胛骨 5—颈椎 6—胸骨柄 7—肱骨

8—尺骨 9—鹰嘴 10—腕骨 11—掌骨 12—指骨 13—荐骨 14—髋骨

15—股骨 16—髌骨 17—腓骨 18—胫骨 19—跗骨 20—跖骨

21—趾骨 T1—第1胸椎 L1—第1腰椎 Cy1—第1尾椎

关节附近。

2. 躯干骨

颈椎有7块，长度比牛、猪的长，比马的短。寰椎翼宽大，前缘有翼切迹，背侧前有椎外侧孔，后有横突孔。枢椎的椎体长，呈圆筒状。棘突比牛薄，长而平直。横突比牛的尖细。第3～6颈椎的椎体长度逐渐变短。棘突高度变化和牛相似，横突没有牛的发达。第7颈椎特征与牛相似，形态与胸椎相似（图5-2）。胸椎13对，椎体宽，上下扁。腰椎7个，很发达，是脊椎中最强大的椎骨，因此犬腰部常比其他家畜更灵活。荐骨由3枚荐椎愈合而成，形似短宽的方形。尾椎椎骨小，尾中动脉从尾椎腹侧血管弓经过。

肋有13对，前9对为真肋，3对假肋，最后一对为浮肋。肋骨窄而弯曲，肋间隙比牛的宽，胸廓呈圆筒状（图5-3）。

胸骨有8节，胸骨柄较钝，最后胸骨节的剑状突前宽后窄，后接剑状软骨（图5-3）。

3. 前肢骨

是由肩胛骨和锁骨组成。肩胛骨比牛的长，前角钝圆，背缘只附着有软骨缘，无肩胛软骨；肩胛冈上窝与冈下窝大小差不多（图5-4）。犬的锁骨呈三角形薄骨片和软骨板，或完全退化，不易找见，一般位于肩前的臂头肌腱

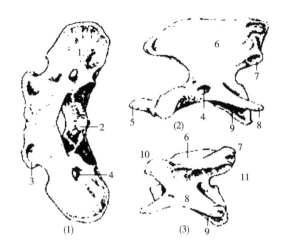

图5－2 犬的颈椎

（1）寰椎（背侧观）　（2）枢椎（侧观）　（3）第5颈椎（侧观）

1—寰椎翼　2—腹侧弓　3—椎外侧孔　4—横突孔　5—齿突　6—棘突

7—后关节突　8—横突　9—椎体　10—前关节突　11—椎孔的位置

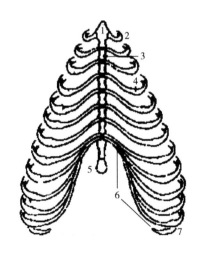

图5－3 犬的胸骨和肋软骨 （腹侧观）

1—胸骨柄　2—第1肋骨　3—胸骨片　4—肋骨肋软骨结合部　5—剑状软骨　6—肋弓　7—浮肋

划内。

　　肱骨比牛细长、扭曲。前臂骨中桡骨较纤细，近端后面、远端外侧均有关节面，与尺骨形成可活动的关节。尺骨较牛发达，两骨斜行交叉，近端尺骨位于桡骨内侧，而远端尺骨位于桡骨外侧（图5－5）。

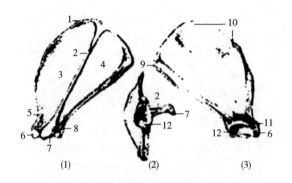

图5-4　犬左肩胛骨

1—前角　2—肩胛冈　3—冈上窝　4—冈下窝　5—肩胛颈　6—盂上结节　7—肩峰
8—盂下结节　9—后角　10—锯肌面　11—喙突　12—关节盂

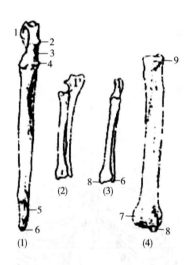

图5-5　犬的前臂骨

（1）尺骨的前面　　（2）桡骨和尺骨的前外侧　　（3）桡骨和尺骨的前面观　　（4）桡骨的后面观
1—肘头　2—肘突　3—滑车切迹　4—个侧及内侧钩状突　5—与桡骨相对应的远端关节面
6—外侧茎状突　7—与尺骨相对应的关节面　8—内侧茎状突　9—环状关节面

前脚骨由7块腕骨、5块掌骨、5块指骨、14块籽骨构成。犬的第一指骨最短，行走时并不着地。各指的远指节骨形态特殊，呈钩（爪）状，故又称爪骨（图5-6）。

4. 后肢骨

髋骨比牛的粗厚，髋结节和荐结节均分前、后两部，弓状线明显，缺腰小

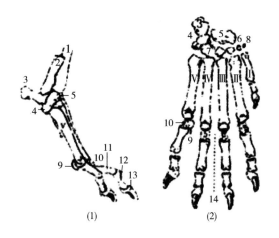

图 5 - 6　犬的右前足骨

（1）外侧观　（2）背侧观

Ⅰ～Ⅴ—各掌骨的序列　1—桡骨　2—尺骨　3—副腕骨　4—尺侧腕骨　5—中间桡腕骨

6、7—第 1～4 掌骨　8—籽骨　9—近侧籽骨　10—背侧籽骨

11～13—第 1、2、3 指节骨　14—前肢骨的轴

肌结节。坐骨弓浅而宽。耻骨联合处较厚，且愈合较迟（图 5 –7）。

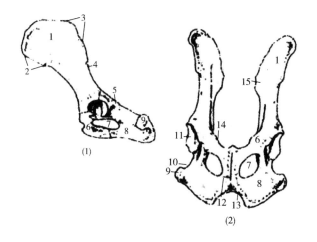

图 5 - 7　犬的髋骨

（1）内侧面　（2）背侧面

1—髂骨翼　2—髂骨外侧翼　3—髂骨内侧翼　4—坐骨大切迹　5—坐骨棘　6—耻骨

7—闭孔　8—坐骨　9—坐骨结节　10—坐骨小切迹　11—髋臼　12—骨盆联合

13—坐骨弓　14—髂耻隆起　15—耳状面

股骨比较长，股骨头发达，大转子较小，比股骨头低，股骨颈较长，与骨

体几乎呈直角。腓骨和胫骨一样长，胫骨较粗大，呈"S"形弯曲。胫骨远端有腓骨切迹，与腓骨形成关节。腓骨细长，远端形成外侧踝。

后脚骨由7块跗骨、5块跖骨构成，无第一趾骨，其他趾骨与前肢的指骨形态相似（图5-8）。

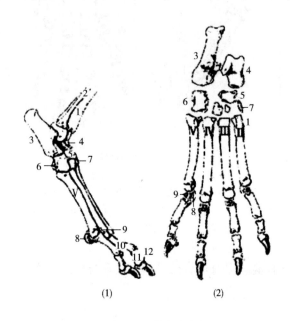

图5-8 犬的右后足骨

（1）外侧观 （2）背侧观

1—胫骨 2—腓骨 3—跟骨 4—距骨 5—中央跗骨 6—第4跗骨 7—第1～3跗骨

8—近侧籽骨 9—背侧籽骨 10～12—第1～3趾骨

另外，犬的阴茎还有1块阴茎骨。

骨骼是体内最坚硬的组织，除构成犬体坚固的支撑系统，维持体形，保护内脏器官，供肌肉附着之外，还具有重要的造血功能。

（二）肌肉

犬的皮肌发达，几乎覆盖全身。颈皮肌发达又称为颈阔肌，可分为深浅两层：深层较宽，从颈背侧向前下方，并伸向头部，直达口角，又称为面皮肌；浅层窄而薄，肌纤维斜向前下方。肩臂皮肌为膜状，缺肌纤维。躯干部位皮肌发达，覆盖了整个胸、腹部，并与后肢筋膜相延续（图5-9）。

1. 肩带肌

是前肢与躯干连接的肌肉，包括位于浅层的斜方肌、臂头肌、肩胛横突肌、背阔肌和胸浅肌及深层的菱形肌、腹侧锯肌和胸深肌（图5-10）。

图 5 - 9 犬的主要皮肌

1—颈皮肌 2—躯干皮肌

图 5 - 10 肩胛部和臂部的浅层肌

1—胸头肌 2、2′—臂头肌 3—肩胛横突肌 4—颈浅淋巴结 5—斜方肌（颈部和胸部）
6—三角肌 7—背阔肌 8、8′—臂三头肌（长头和外侧头） 9—胸深后肌 10—腋副淋巴结

2. 肩部肌

肩关节的伸肌主要是冈上肌，屈肌有三角肌、大圆肌和小圆肌，内收肌主要是肩胛下肌和喙臂肌，外展肌主要是冈下肌。

3. 臂部肌

肘关节的伸肌主要包括臂三头肌、前臂筋膜张肌和肘肌，屈肌主要包括臂二头肌和臂肌。

4. 躯干肌

躯干肌包括脊柱肌、颈腹侧肌、胸壁肌和腹壁肌（图 5 - 11）。

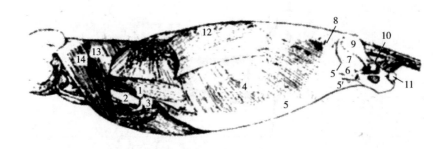

图 5 – 11　犬的躯干肌 （浅层肌）
1—斜角肌　2—食管　3—胸直肌　4—腹外斜肌　5—腹外斜肌腱膜及腹股沟韧带
5′—腹股沟皮下环　6—血管裂孔　7—髂腰肌　8—腹内斜肌　9—髂骨翼
10—髋臼　11—坐骨结节　12—背阔肌　13、14—臂头肌

（1）背腰最长肌　是体内最大的肌肉，呈三棱形，表面覆盖一层腱膜。具有伸展背腰、协助呼吸、跳跃时提举躯干的前部和后部的作用。

（2）髂肋肌　位于背腰最长肌和腹外侧，狭长而分节，由一系列斜向前下方的肌束组成。髂肋肌与背腰最长肌之间有一较深的沟，称髂肋肌沟，沟内有针灸穴位。

（3）夹肌　呈薄而阔的三角形，位于颈侧部的皮下，在鬐甲部与颈椎和头部之间。其作用两侧同时收缩可举头颈，一侧收缩则偏头颈。

（4）腰小肌　狭而长的肌肉，位于腰椎椎体的腹侧面的两侧，起于最后胸椎和腰椎椎体的腹侧，止于髂骨腰小肌结节。作用为屈腰和下降骨盆。

（5）腰大肌　位于腰小肌的外侧，较发达。作用是屈髋关节。

（6）胸头肌　位于颈部腹侧皮下，臂头肌的下缘。具有屈或侧偏头颈的作用。胸头肌和臂头肌之间形成颈静脉沟。

（7）胸骨甲状舌骨肌　呈扁平狭带状，位于气管腹侧，在颈的前半部位于皮下，后半部被胸头肌覆盖。作用为吞咽时向后牵引舌和喉，吸吮时固定舌骨，利于舌的后缩。

（8）胸壁肌　主要分布于胸腔的侧壁。该肌运动引起呼吸活动。主要包括有肋间外肌、膈肌、肋间内肌。肋间外肌使胸腔扩大引起吸气。膈肌位于胸、腹腔之间，呈圆顶状，突向胸腔，是重要的吸气肌。肋间内肌使胸腔缩小引起呼气。

（9）腹壁肌　均为板状，构成腹腔的侧壁和底壁。由内向外依次分为腹外斜肌、腹内斜肌、腹直肌、腹横肌四层。腹壁肌的作用是形成坚韧的腹壁，容纳、保护和支持腹腔脏器；当腹壁肌收缩时，可增大腹压，协助呼气、排粪、排尿和分娩等。

（10）腹股沟管　位于腹底壁后部，耻骨前腱的两侧，为腹外斜肌和腹内斜肌之间的一个裂隙。该管有内、外两个口。公犬的腹股沟管明显，是胎儿时期睾丸从腹腔下降到阴囊的通道，内有精索、总鞘膜、提睾肌、脉管和神经通过。母犬的腹股沟管仅供脉管、神经通过。

5. 后肢肌

作用于后肢关节的肌肉，较前肢肌发达，是推动身体前进的主要动力。分布在荐臀部的肌肉主要作用于髋关节，分布于股部的肌肉主要作用于膝关节，分布于小腿部和后脚部的肌肉主要作用于跗关节和趾关节。犬的主要后肢肌肉有：

（1）臀中肌　是臀肌中的最大肌，起于髂骨的外侧面和臀筋膜，止于股骨大转子。该肌对于髋关节具有强大的伸展作用，同时还具有外旋作用。

（2）臀股二头肌　又称股二头肌，位于臀部的后外侧，分别起于荐骨、荐结节髋韧带和坐骨结节。于坐骨结节的下方两个头合并后，再分为前、中、后3部：前部止于髌骨和膝外侧副韧带；中部以腱膜止于胫骨脊；后部止于小腿筋膜和跟结节。

6. 头部肌

头部肌包括咀嚼肌、面肌和舌骨肌。

（1）咀嚼肌　是使下颌运动的强大肌肉，均起于颅骨，止于下颌骨，可分为闭口肌和开口肌。闭口肌很发达，且富有腱质，位于颞下颌关节的前方，包括咬肌、翼肌和颞肌。开口肌只有二腹肌。

（2）面肌　位于口腔、鼻孔和眼裂周围的肌肉，可分为开张自然孔的张肌和关闭自然孔的环形肌。开张肌主要包括鼻唇提肌、颧肌、犬齿肌等。环形肌位于自然孔周围，可关闭自然孔，主要包括颊肌、口轮匝肌、眼轮匝肌。

（3）舌骨肌　舌骨肌是附着于舌骨的肌肉，由许多小肌组成，主要通过舌的运动参与吞咽动作，其中下颌舌骨肌和茎舌骨肌最为重要。

（三）犬的被皮

1. 皮肤

犬皮肤是其机体最大的器官，覆盖于动物的全身体表，起着稳定机体内环境的重要作用。犬的皮肤厚度为 0.5 ~ 5mm。有毛的背部和体侧皮肤最厚，腹部皮肤最薄。皮肤的 pH 为 5.5 ~ 7.5。不同区域的皮肤，例如耳朵、眼睑、包皮、脚垫和趾甲都有着不同的功能和结构。皮肤由表皮、真皮及皮下脂肪组成并含有丰富的血管、淋巴管和神经。此外，皮肤还有其附属器，包括毛囊、皮脂腺、大汗腺、小汗腺、趾爪等。

2. 皮脂腺

皮肤有保护犬体、产生感觉、分泌汗液与皮脂以及调节体温的作用。犬的皮肤汗腺不发达，因此犬的散热机制不同于人类，不以发汗为主，而是以皮肤毛细血管扩张和张口喘息时依靠口腔的唾液分泌散发体内多余热量，所以汗的分泌很少。但趾垫内的汗腺较发达，鼻尖有鼻端腺的特殊组织，经常分泌透明的分泌物。因此，在炎热季节，若进行体温调节，只有张口吐舌，流出唾液，急促呼吸。

3. 被毛

犬毛分为被毛和触毛。被毛以长短可分为长毛、中毛、短毛、最短毛四种，以短毛和最短毛为最佳。以毛质度可分为直毛、卷毛、波状毛、涓状毛、刚毛、针尾毛等。以毛的颜色可分为虎皮色、黑底黄褐色、稻草色、淡红色、黄红色、白色、黑白色、黄褐色等。犬毛每年晚春季节冬毛脱落，逐渐地更换为夏毛，晚秋初冬季节更换夏毛，每一年有两个换毛期。营养不良和老弱病的不按时换毛，常为病态。

4. 枕和爪

枕是犬脚掌和地面接触的部分（腕枕除外）。犬的枕很发达，可分为腕（跗）、掌（跖）枕和指（趾）枕，分别位于腕（跗）、掌（跖）枕和指（趾）部的内侧面、后面和底面。枕的结构和皮肤相同，分为枕表皮、枕真皮和枕皮下组织。枕表面厚而无毛，表面有柔软的角质层，枕的表皮还有许多汗腺排泄管。枕真皮内有丰富的血管、神经和汗腺。犬的掌枕和指枕对犬的行走和站立都起着很重要的作用，而腕枕只有当犬处于腹卧姿势时才与地面接触，起一定的支撑作用（图 5 – 12）。

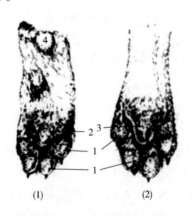

图 5 – 12　犬的枕

（1）前肢　（2）后肢

1—指（趾）枕　2—掌枕　3—跖枕　4—腕枕

　　爪是包裹犬指（趾）骨末端的皮肤衍生物，可分为爪轴、爪冠、爪壁和爪底。爪的表面演化成釉质覆盖，具有钩取、挖穴和防卫功能（图5－13）。

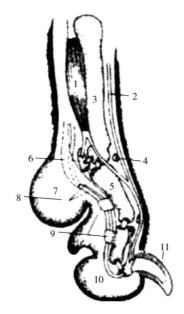

图5－13　犬前脚的轴切面

1—骨间中肌　2—伸肌腱　3—掌骨　4—背侧籽骨　5—冠骨　6—近指节骨

7—近籽骨　8—掌枕　9—屈肌腱　10—指枕　11—爪

二、犬内脏解剖生理特征

（一）消化系统

犬的消化器官见图5－14。

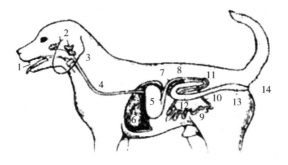

图5－14　犬的消化器官

1—口腔　2—唾液腺　3—咽　4—食管　5—胃　6—肝　7—十二指肠　8—胰腺

9—空肠　10—回肠　11—盲肠　12—结肠　13—直肠　14—肛门

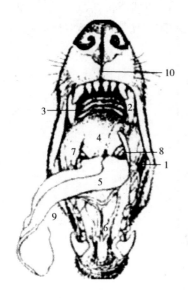

图 5 – 15　犬的口腔
1—口腔前庭　2—犬齿　3—硬腭
4—软腭　5—舌　6—舌下阜
7—腭舌弓　8—腭扁桃体
9—舌系带　10—上唇沟

1. 口腔

犬的口腔见图 5 – 15。

犬的口裂大，唇薄而灵活，有触毛，上唇与鼻融合，形成鼻镜，正中有纵形浅沟称为人中。下唇靠近口角处边缘呈锯齿状，硬腭有腭褶，前有切齿乳头及切齿管，无齿枕。舌后部厚，前部宽而薄，有明显的舌背正中沟。舌黏膜有丝状乳头、圆锥状乳头、菌状乳头，每侧还有 2 ~ 3 个轮廓乳头。牙齿尖而锋利，犬齿长（图 5 – 16）：

恒齿式为：$2\left(\dfrac{3142}{3142}\right)$　　乳齿式为：$2\left(\dfrac{3140}{3140}\right)$

腮腺小，呈不规则三角形。下颌腺较大，淡黄色，上部被腮腺覆盖。舌下腺淡红色，也分单口舌下腺和多口舌下腺（图 5 – 17）。

舌对于犬有着十分重要的作用。不仅采食、饮水，而且还调节体温。当犬需要降低体温时，就会张开嘴，伸出舌头，以便挥发水分，散放热量。舌上有味蕾，具有感受味觉的功能。犬的味觉比较迟钝，这可能与其采食方式有关。犬在吃食时，咀嚼很粗糙，因而对于食物的味道不可能仔细品味，对

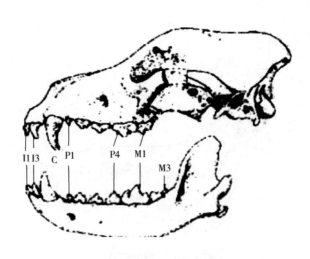

图 5 – 16　犬的恒齿列的外侧观
I—切齿　C—犬齿　P—前臼齿　M—臼齿

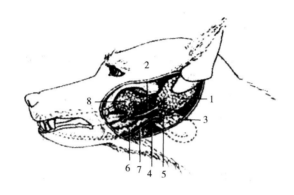

图5–17 犬的唾液腺

1—腮腺 2—腮腺管 3—下颌腺 4—下颌腺管 5—舌下腺的后部
6—舌下腺的前部 7—单孔舌下腺 8—颧骨腺

犬来说食物的味道远没有食物的气味重要。

2. 咽和食管

咽腔较窄，咽壁黏膜向咽腔凸出，是消化道和呼吸道的共同通道。食管除起始处较狭窄外，一般较宽，弹性很大，平时管腔闭塞，当食物通过时管腔张开、扩大。

3. 胃

犬的胃属单室胃，容积较大，并随体格大小而变化，位于腹腔内，在膈和肝的后方。呈弯曲的梨形。左端膨大，由胃底部和胃黏膜上分布有腺体（图5–18）。这些腺体分泌胃液，其主要含有黏液、盐酸和胃蛋白酶。胃壁收缩与

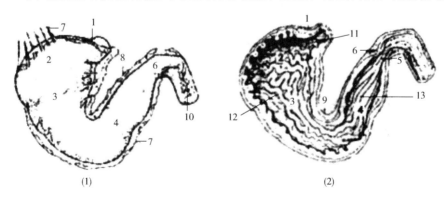

(1) (2)

图5–18 犬的胃 （尾侧观）

（1）外侧面 （2）内侧面

1—贲门 2—胃底 3—胃体 4～6—幽门部（4—幽门窦 5—幽门管 6—幽门）
7—胃脾韧带 8—小网膜 9—角切迹 10—大、小网膜的结合部
11—贲门腺区 12—胃底腺区 13—幽门腺区

舒张，改变着胃的形状和容积，从而使食物和胃液得到充分混合。犬的胃液中所含盐酸的浓度有0.4%～0.6%，在进食后3～4h内，开始将消化物推向肠管，经过5～10h，胃内容物全部排空。黏液具有保护表面形成许多皱壁和密集簇生的绒毛。胃有暂时贮存食物、分泌胃液、进行初步消化和推送食物进入十二指肠等作用。

4. 网膜

网膜为连系胃的浆膜褶，分为大网膜、小网膜。犬的网膜很发达，由浅层和深层构成扁平囊状，介于肠和腹腔底之间。犬的小网膜连接胃小弯和肝脏之间，向右侧与十二指肠系膜相连。

5. 肠

小肠（图5-19）包括十二指肠、空肠和回肠3段，是食物消化和吸收的主要部位。犬的小肠较短，小肠黏膜铁、钙等物质主要在小肠内被消化吸收。

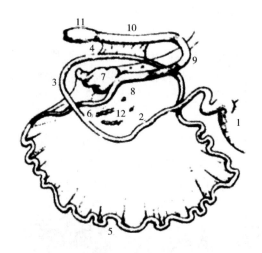

图5-19　犬的肠管模式图

1—胃　2—十二指肠下行部　3—十二指肠后曲　4—十二指肠上行部　5—空肠　6—回肠　7—盲肠
8—升结肠　9—横行结肠　10—降结肠　11—直肠膨大部　12—空肠淋巴结

犬的小肠为体长的3～4倍，管径较小，是食物进行消化和吸收的主要部位。小肠在各种家畜中，犬的小肠绒毛最长，因而大幅度地扩大吸收面积。小肠内除本身腺体所分泌的液体外，尚有来自肝脏的胆汁和来自胰脏的胰液，因此小肠液具有种类最全、数量最多的消化酶，消化能力最强。蛋白质、糖、脂肪、维生素等主要营养物质均在此被分解吸收。

肉食兽大肠比小肠短，但管径较细。由盲肠、结肠和直肠构成。盲肠以盲结口起于结肠起始部，较细小，呈螺旋状。结肠位于腰下部，相对较细，甚至不易从外观上与小肠相区别。直肠位于骨盆腔内，在脊柱和尿生殖褶、膀胱（雄性）或子宫、阴道（雌性）之间，后端与肛门相连。主要作用是消化纤维素、吸收水分、形成和排出粪便等。直肠末端连接肛门。

6. 肛门

直肠的末端，后端开口于尾巴根部下方。肛管内表面自前后为黏膜区、中间区和皮区。肛管表面自前分为黏膜区、中间区、皮区，皮区两侧各有一个小口通入肛旁窦。肛旁窦通常为榛子大小，含灰褐色脂肪分泌物，难闻。

犬的消化道具有很多肉食动物的特征，如肠管短、蠕动较快、腺体发达等。因而，犬对蛋白质和脂肪能很好地消化吸收，但对粗纤维的消化能力差。因此，应将含粗纤维较多的食物切碎，煮熟后再喂。

7. 肝脏

肝脏（图 5 – 20）犬体内最大消化腺，其质量相当于体重的 3%。肝脏质软而脆，呈红褐色，位于腹腔前部、脏面有胆囊管，胆囊管和肝管相汇合成总胆管，开口于十二指肠，向十二指肠内分泌胆汁，以利于脂肪的消化吸收和刺激小肠的蠕动。肝脏的功能十分复杂，也很重要，能分解、合成、贮存营养物质，分泌胆汁、解毒，参与体内防卫体系，以及形成纤维蛋白原，凝血酶原等。在胎儿时期，肝脏还是造血器官。

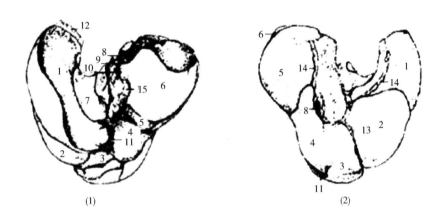

（1）　　　　　　　　　　　　（2）

图 5 – 20　犬的肝脏

（1）内侧面　（2）外侧面

1—左外叶　2—左内叶　3—方叶　4—右内叶　5—右外叶　6—尾叶的尾状突
7—尾叶的乳头突　8—后腔静脉　9—门静脉　10—肝静脉　11—胆囊
12—左三角韧带　13—镰状韧带　14—冠状韧带　15—小网膜

8. 胰脏

胰脏（图 5 – 21）位于十二指肠、胃和横结肠之间，呈"V"字形，粉红色。其分泌物叫胰液，内含许多消化酶，经胰管导入十二指肠，对食物有重要的消化水解作用。胰腺内还有胰岛，能分泌激素。

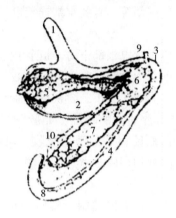

图5-21 犬的胰腺 （尾侧观）

1—食管　2—胃　3—十二指肠前曲　4—十二指肠下行部　5—胰腺左叶　6—胰腺体部
7—腺右叶　8—十二指肠后曲　9—总胆管　10—十二指肠系膜

（二）呼吸系统

犬的呼吸系统组成示意图见图5-22。

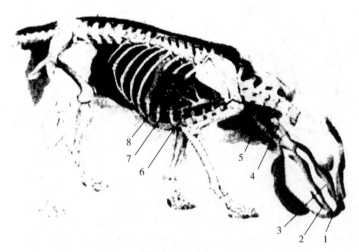

图5-22 犬的呼吸系统组成示意图

1—鼻孔　2—口　3—鼻腔　4—食管　5—气管　6—支气管　7—肺　8—肺泡

1. 鼻

鼻尖前的鼻孔呈逗点形，鼻镜下没有腺体，分泌物来自鼻腔内的鼻外侧腺

（图5-23）。鼻腔内宽，上鼻道窄通往嗅区；中鼻道后部分上、下两部，上部通嗅区，下部通下鼻道；下鼻道中部小。犬的嗅区黏膜富含大量的嗅细胞，嗅觉十分灵敏。

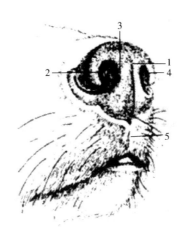

图5-23 犬的外鼻

1—鼻尖 2—外侧鼻翼 3—内侧鼻翼 4—鼻孔 5—上唇沟

2. 咽

参见消化系统。

3. 喉

喉较短，喉口较大，声带大而凸起。甲状软骨板短而高，喉结发达。环状软骨宽广。勺状软骨小。会厌软骨呈四边形，下部狭窄。

4. 气管与支气管

气管以软骨、肌肉、结缔组织和黏膜构成。软骨为"C"字形的软骨环，缺口向后，各软骨环以韧带连接起来，环后方缺口处由平滑肌和致密结缔组织连接，保持了持续张开状态。犬的气管前端呈圆形，中央段的前侧稍扁平，软骨环的背侧缺口明显，由软组织相连。管腔衬以黏膜，表面覆盖纤毛上皮，黏膜分泌的黏液可黏附吸入空气中的灰尘颗粒，纤毛不断向咽部摆动将黏液与灰尘排出，以净化吸入的气体。

5. 肺

位于胸腔内，在纵隔两侧，左、右各一。犬肺很发达，分为7叶。右肺显著大于左肺，分前叶、中叶、后叶和副叶；左肺分为前叶和后叶，其前叶又分为前、后两部。在心压迹的后上方有肺门，为支气管、肺血管、淋巴管和神经出入肺的地方。这些结构被结缔组织包成一束，称为肺根。健康犬的肺呈粉红色的海绵状，质软而轻，富有弹性。

健康犬的呼吸方式为胸腹式，呼吸 15～30 次/min。犬在夏季炎热的天气和运动后，伸舌流涎，张口呼吸，以加快散热。

（三）泌尿系统

公犬、母犬的泌尿器官和生殖器分别见图 5－24、图 5－25。

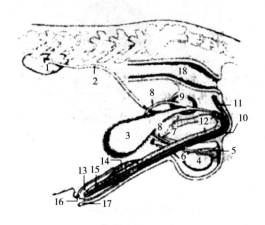

图 5－24　公犬的泌尿器官和生殖器

1—左肾　2—输尿管　3—膀胱　4—睾丸　5—附睾　6—精索　7—腹股沟管　8—输精管
9—前列腺　10—尿道海绵体　11—阴茎退缩肌　12—阴茎海绵体　13—阴茎龟头
14—龟头球　15—阴茎骨　16—包皮憩室　17—包皮　18—直肠

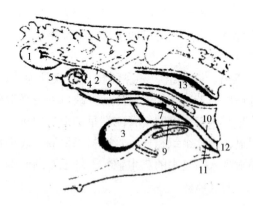

图 5－25　母犬的泌尿器官和生殖器

1—右肾　2—输尿管　3—膀胱　4—卵巢　5—输卵管　6—子宫角　7—子宫颈　8—阴道
9—尿道　10—阴道前庭　11—阴蒂　12—阴门　13—直肠

1. 肾

肾较大，蚕豆形，红褐色。右肾位于前 3 个腰椎腹侧，左肾靠后，位于第

2~4 腰椎腹侧。两肾的位置不在一个水平面上，右肾靠前，比较固定（图 5-26）。犬肾与马肾结构相似，表面光滑，属于平滑单乳头肾。营养良好的犬类肾脏由肾周脂肪囊包裹。肾的内侧缘凹陷称肾门，是输尿管、血管、淋巴管和神经出入肾脏的部位。

2. 输尿管、膀胱和尿道

输尿管为一般肌性管道。犬的输尿管从肾门腹侧向后移行至膀胱，可分为腹腔部和盆腔部。犬的膀胱容积大，其大小和位置因贮尿量而不同，当充盈时膀胱颈在耻骨前缘处，而膀胱体移位于腹腔；若充盈充分，其顶部可伸至脐部。当膀胱空虚或缩小时，则全部退入骨盆腔内。尿道参见生殖系统。

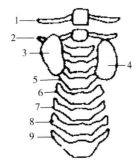

图 5-26　犬肾的位置与骨骼的关系（腹面观）

1—第 10 肋骨（截断的）　2—第 13 肋骨（截断的）　3—右肾　4—左肾
5—第 3 腰椎横突　6—第 4 腰椎横突
7—第 5 腰椎横突　8—第 6 腰椎横突
9—第 7 腰椎横突

（四）生殖系统

1. 公犬的生殖器官（图 5-24）

（1）睾丸　犬的睾丸较小，位于阴囊内，左右各一，呈椭圆形，是产生精子和雄性激素的器官。在繁殖期，睾丸膨大，富有弹性，功能旺盛，能产生大量的精子。在乏情期，睾丸体积缩小、变硬，不具备繁殖能力。雄性激素的作用是促进生殖器官的发育、成熟，维持正常的生殖活动。缺乏雄性激素将导致生殖器官发育不良，丧失繁殖能力。

（2）附睾　犬的附睾较大，紧密附着于睾丸外侧面的背侧方。精索及鞘膜都很长，斜行于阴茎的两侧。鞘膜上端有时闭锁，所以无鞘膜环的构造。输精管膨大部较细。去势时切开阴囊后，必须切断阴囊韧带，才能摘除睾丸和附睾。

（3）输精管和精索　输精管是输送精子的管道。由附睾管直接延续而成，附睾尾沿附睾体至附睾头附近，进入精索后缘内侧的输精管褶中，经腹股沟管入腹腔，然后折向后上方进入骨盆腔，在膀胱背侧的尿生殖褶内继续向后伸延，开口于尿生殖道起始部背侧壁的精阜上。犬的输精管在尿生殖褶内形成不明显的壶腹，其黏膜内有腺体分布，又称输精管腺部。精索是一个扁平的圆锥形结构，其基部附着于睾丸和附睾，上端达鞘膜管内环，由神经、血管、淋巴管、平滑肌束和输精管等组成，外表被有固有鞘膜。

（4）尿生殖道　尿液和精液排出的共同通道。犬的尿生殖道骨盆部比较长，前部包藏在前列腺内（可因前列腺肥大而影响排尿）。坐骨弓外的尿道特别发达，呈球形，称尿道球或阴茎球，这是由于该部尿道海绵体特别发达的缘故。

（5）副性腺　犬只有前列腺，没有精囊腺和尿道球腺。前列腺位于耻骨前缘，十分发达，呈黄色坚实球形，老龄犬常增大。前列腺的分泌物具有营养精子和增强精子活力的作用。

（6）阴茎　阴茎是雄性动物的交配器官，附着于两侧的坐骨结节，经左、右股部之间向前延伸至脐部皮下，可分阴茎根、阴茎体和阴茎头3部分。犬的阴茎有两种特殊构造，就是阴茎骨和龟头球。在阴茎后部有两个很清楚的海绵体，正中由阴茎中膈分开。中膈的前方有一块骨，称阴茎骨，骨的长度大型犬10cm以上。阴茎骨后端膨大，伸达阴茎体前部，前端变细，形成纤维软骨突。阴茎头球由尿道海绵体扩大而成，充血后形成球形，可延长交配时间。

（7）包皮　犬的包皮在阴茎的前部围绕成一个完整的环套，最外层即普通皮肤，内层薄，稍呈红色，缺腺体。包皮阴茎层紧密附着于龟头突，内部含有多数淋巴结，包皮腔底部的结比较大，常凸出于包皮腔内。

（8）阴囊　阴囊为腹壁形成的袋状囊，内有睾丸、附睾及部分精索。犬的阴囊位于两股间的后部，常有色素并生有细毛，阴囊缝不甚明显。

2. 母犬的生殖器官（图5－27）

（1）卵巢　位于第3或第4腰椎的腹侧，较小，呈长卵圆形，稍扁平，是产生卵子和雌性激素的器官。性成熟后的母犬，每到发情季节，卵巢表面多个

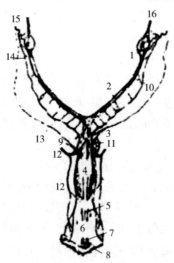

图5－27　母犬的生殖器官及其血管分布

1—右卵巢　2—右子宫　3—子宫颈　4—阴道　5—尿道外口　6—阴道前庭　7—阴蒂

8—阴唇　9—背侧褶　10—子宫阔韧带　11—膀胱　12—阴道动脉　13—子宫动脉

14—卵巢动脉子宫支　15—卵巢动脉　16—卵巢系膜

卵泡突起，隆凸不平，将有成熟卵泡排出，具有繁殖能力。

（2）输卵管 细小，是输送卵子和受精的管道，长 5 ~ 8cm，大部分位于卵巢囊内，输卵管腹腔口大，子宫口小。

（3）子宫 是胎儿发育的场所。犬的子宫属于双角子宫，子宫角细长而直，左右分开呈"V"字形；子宫体短小，2 ~ 3cm；子宫颈很短，与子宫体分界不清，1.5 ~ 2cm。有 1/2 凸入阴道，形成子宫阴道部（图 5 – 28）。

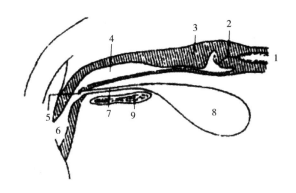

图 5 – 28 母犬子宫、阴道和尿生殖前庭
1—子宫 2—子宫颈 3—背侧褶 4—阴道 5—尿道外口 6—阴道前庭
7—尿道 8—膀胱 9—骨盆联合

（4）阴道 是交配器官和胎儿产出的通道。犬的阴道比较长，环形肌发达。背侧是直肠，腹侧与膀胱、尿道相邻。阴道的结构有两层：一层是纵向肌纤维层，一层是环向肌纤维层，其黏膜多褶富有弹性，但无腺体（图 5 – 28）。

（5）阴门 为外生殖器官，包括阴唇和阴蒂。在发情期呈规律性变化，是识别发情与否的重要标志。

雌犬 8 月龄成熟，一般每年发情两次，属季节性一次发情动物。多在春秋两季发情，持续时间一般为 12 ~ 14d。妊娠期 59 ~ 65d。

（五）心血管系统

1. 心脏

犬的心脏呈卵圆形，中等体型犬的心脏质量 170 ~ 200g，约占体重的 1%，一般猎犬心脏比较大；而运动少、又富有脂肪的犬，其心重仅为体重的 0.5%。心脏位于胸腔纵隔内，夹于左、右两肺之间，略偏左侧。心底朝向前上方，正对胸前口，在第 3 肋骨下部。心尖钝圆，朝向腹后方的左侧，在第 6 肋间隙或第 7 肋软骨处，与膈的胸骨部相接触。心腔的右房室瓣由 2 个大尖瓣和 3 ~ 4 个小尖瓣构成，左方室瓣由 2 个大尖瓣和 4 ~ 5 个小尖瓣构成。心包纤维层与膈相连，形成膈心包韧带（图 5 – 29、图 5 – 30）。

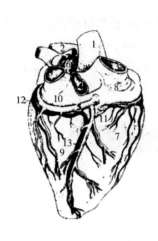 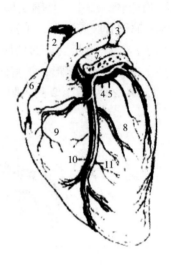

图 5 – 29　犬的心脏　（右侧观）

1—主动脉　2—肺动脉　3—前腔静脉

4—后腔静脉　5—冠状静脉窦　6—肺静脉

7—右心室　8—右心房　9—左心室

10—左心房　11—心中静脉　12—左冠状

动脉的回旋支　13—冠状动脉的右纵沟支

图 5 – 30　犬的心脏　（左侧观）

1—肺动脉　2—主动脉　3—肺动脉

4—冠状动脉的回旋支　5—心大静脉

6—右心耳　7—左心耳　8—左心室

9—右心室　10—冠状动脉的左纵沟支

11—心大静脉的左纵沟支

心脏的外面包了两层很薄而又光滑的膜，称作心包膜。两层心包膜之间有一空隙，称之为心包腔，其中含有少量淡黄色至透明的液体，称为心包液。心包液在心脏跳动时起着滑润的作用，可以减少摩擦和阻力。心包膜在心脏的外围，有保护心脏不致过度扩张的功能。

犬心脏不停地收缩、舒张，形成了有节奏有规律的搏动，人们把这种搏动的规律称作心律；而把心脏的每一次收缩，加上相应的一次舒张所经历的时间，称为一个心动周期。心率是指每分钟的心跳次数。犬心率平均为每分钟120 次左右（80 ~ 140 次），但有时在某些药物或神经体液因素的影响下，会使心率发生加快或减慢的变化。

心音是在心动周期中，心肌收缩，瓣膜启闭，血液流速对心血管壁的机械性振动而发生的声音。它可通过周围组织传递到胸壁，如将听诊器放在胸壁某些部位，就可以听到。

2. 血管

（1）动脉主干特点　由左心室主动脉口发出升主动脉，向后弯曲延续为主动脉弓和降主动脉，后者又按部分为胸主动脉和腹主动脉。升主动脉分出左、右冠状动脉，分布于心脏。

主动脉弓先分出臂头干，然后分出左锁骨下动脉。臂头干分出左、右颈总动脉后延续为右锁骨下动脉。左、右锁骨下动脉在胸腔内分出椎动脉、肋颈干、胸廓内动脉和肩颈动脉，出胸腔后延续为腋动脉。

颈总动脉伸达寰枕关节处分支为颈内动脉和颈外动脉。

胸主动脉支似牛，壁支为肋间背侧动脉，脏支为支气管动脉和食管动脉。

腹主动脉脏支似牛，分为腹腔动脉、肠系膜前动脉、肾动脉、睾丸动脉或者卵巢动脉、肠系膜后动脉 5 支；壁支除腰动脉、膈后动脉外，尚有旋髂深动脉。

髂外动脉及延续干为后肢动脉的主干，其名称似牛依次为股动脉、腘动脉、胫前动脉、足背动脉、趾背侧动脉。其中有比牛相对粗大的隐动脉，并分为前支和后支。

髂内动脉及延续干为盆腔动脉主干，分出脐动脉、臀前动脉后延续为阴部内动脉。而髂腰动脉、臀后动脉、会阴背侧动脉皆为臀前动脉发出的分支。

（2）静脉 犬的静脉和牛也相似，分为心静脉、前腔静脉、后腔静脉和奇静脉。

心静脉与牛的相近。奇静脉为右奇静脉。前腔静脉由左、右臂头静脉汇合而成，臂头静脉由锁骨下静脉和颈静脉汇合而成。锁骨下静脉为前肢静脉的主干、前肢的浅静脉为头静脉和副头静脉，均较粗，临床上常常将此作为静脉注射的部位。犬的颈静脉有粗的颈外静脉和较细的颈内静脉两条，两者先合并后注入臂头静脉。后腔静脉也似牛，由左、右髂总静脉汇合而成，髂总静脉的属支为髂内静脉和髂外静脉。髂外静脉为后肢静脉主干，后肢浅静脉有隐内侧静脉和隐外侧静脉，其中隐外侧静脉粗大，由跖背侧静脉和跖底外侧静脉汇合而成，临床上常在此处进行静脉注射。

犬的正常生理值为体温 37.5~39.5℃，心率 8~120 次/min。

犬动脉血压平均值见表 5-1。

表 5-1 犬动脉血压平均值

部位	收缩压/mmHg	舒张压/mmHg
颈动脉	140	120
股动脉	120	100

正常条件下，同种犬的动脉血压相当稳定，但常因品种、年龄、性别及其他生理情况而不断改变。一般来说，幼龄期动脉血压比较低，随年龄增长血压逐渐增高，公犬比母犬略高，剧烈活动血压暂时升高等。

（六）淋巴系统

犬的淋巴管及淋巴结示意图见图 5 – 31。

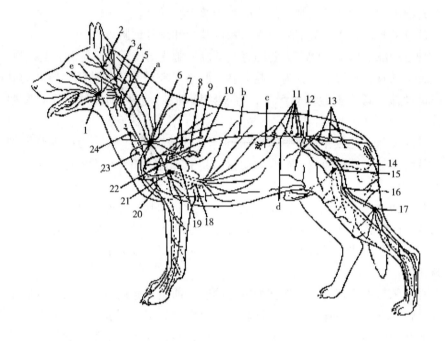

图 5 – 31　犬的淋巴管及淋巴结示意图

1—下颌淋巴结　2—腮腺淋巴结　3—咽后外侧淋巴结　4—咽后内侧淋巴结　5—颈深前淋巴结

6—颈浅淋巴结　7—纵隔前淋巴结　8—气管支气管左淋巴结　9—肋间淋巴结

10—气管支气管中淋巴结　11—主动脉腰淋巴结　12—髂内侧淋巴结　13—荐淋巴结

14—髂股淋巴结　15—腹股沟浅淋巴结（阴囊淋巴结，乳房淋巴结）　16—股淋巴结

17—腘浅淋巴结　18—腋副淋巴结　19—纵隔前淋巴结　20—胸骨前淋巴结

21—固有腋淋巴结　22—纵隔前淋巴结　23—颈深后淋巴结　24—颈深前淋巴结

a—颈干（气管干）　b—胸导管　c—内脏干　d—腰干

1. 淋巴管

（1）右淋巴导管　细，与右颈内静脉伴行，注入右臂头静脉。

（2）胸导管　起始部的乳糜池大，呈纺锤形，位于第 1 腰椎和最后胸椎腹侧、腹主动脉与右膈脚之间。胸导管前端常分为两支，合并处膨大，由左气管干和左前肢的淋巴管汇注该处。

2. 淋巴中心和淋巴结

犬全身淋巴中心和各淋巴结特点如下：

（1）腮腺淋巴中心　只有腮腺淋巴结，常有 2 ~ 3 个，长约 1.0cm。位置似牛。

（2）下颌淋巴中心　只有下颌淋巴结，常有1~3个，位于下颌角腹侧皮下。

（3）咽后淋巴中心　只有咽后内侧淋巴结，常有1个较大（5.0cm）淋巴结，位置似牛。

（4）颈浅淋巴中心　只有颈浅淋巴结，一般1~3个，长约2.5cm。

（5）颈深淋巴中心　只有颈深淋巴结，为1个小（1.0cm）的淋巴结。

（6）腋淋巴中心　有腋淋巴结和腋副淋巴结。腋淋巴结常为1个，少数2个，约2.0cm长，位于大圆肌下端内侧的脂肪内。犬缺第1肋腋淋巴结和冈下肌淋巴结。

（7）胸背侧淋巴中心　只有肋间淋巴结，位于第5或6肋间的小淋巴结，缺胸主动脉淋巴结。

（8）胸腹侧淋巴中心　只有胸骨淋巴结，位于心前纵膈内，左侧1~6个，右侧2~3个，均为直径约1cm的小淋巴结。缺纵隔中、后淋巴结和项淋巴结。

（9）纵隔淋巴中心　只有纵隔前淋巴结，位于心前纵隔内，左侧1~6个，右侧2~3个，均为直径约1cm的小淋巴结。缺纵隔中、后淋巴结和项淋巴结。

（10）支气管淋巴中心　有气管支气管左、中、右淋巴结，其中气管支气管中淋巴结发达，呈"V"字形。犬缺气管支气管前淋巴结和肺淋巴结。

（11）腰淋巴中心　有主动脉腰淋巴结和肾淋巴结。犬缺固有腰淋巴结和膈腹淋巴结。主动脉腰淋巴结体积小，数目多，位置与牛相似。

（12）腹腔淋巴中心　有腹腔淋巴结、脾淋巴结、胃淋巴结、肝淋巴结、胰十二指肠淋巴结。腹腔淋巴结2~7个，位于腹腔动脉起始处附近。脾淋巴结大小不等，数目不定，沿脾动、静脉分布。犬是单室胃，胃淋巴结位于胃小弯处。肝淋巴结1~2个，位于肝门附近。胰十二指肠淋巴结分布于胰腹侧，十二指肠系膜中。

（13）肠系膜前淋巴中心　有肠系膜前淋巴结、空肠淋巴结、结肠淋巴结。肠系膜淋巴结位于肠系膜前动脉根部。空肠淋巴结位于空肠系膜根部附近、空肠动静脉沿途的一些淋巴结。结肠淋巴结有5~8个，分布于升结肠、横结肠、降结肠沿途的结肠系膜内。

（14）肠系膜后淋巴中心　只有位于肠系膜后动脉根部的2~5个淋巴结。

（15）髂荐淋巴中心　有髂内淋巴结、腹下淋巴结。髂内淋巴结位于髂外动脉分叉处附近，其中位于两髂内动脉夹角处的又称荐淋巴结。腹下淋巴结为髂内动脉侧支处的一些小淋巴结。

（16）髂股淋巴中心　有髂股淋巴结和股淋巴结。髂股淋巴结位于股深动脉的起始部。股淋巴结位于股管近端。

（17）腹股沟股淋巴中心　有腹股沟浅淋巴结和髂下淋巴结。腹股沟浅淋巴结公犬称阴囊淋巴结，位于阴茎背外侧；母犬为乳房淋巴结，常为2个，有时3~4个，位于耻骨前缘乳房外侧。

（18）腘淋巴中心　只有1个腘浅淋巴结，长0.5~5cm。

3. 骨髓

红骨髓是肉食动物形成各类淋巴细胞、巨噬细胞和各种血细胞的场所。淋巴细胞在骨髓内即可分化、成熟为B淋巴细胞，然后进入血液和淋巴，参与机体的免疫反应。

4. 脾

最大的外周免疫器官，犬的脾为狭长的镰刀形（图5-32），深色红质软，质量约为50g。上端稍窄而弯曲，与最后肋骨椎骨和第1腰椎横突腹侧相对，在胃左侧与左肾之间。下端较粗大，向下伸延，可达肋弓以下，甚至到右侧肋软骨内侧。壁面凸，与左腹壁相贴；脏面凹，近中央处有一条沟，是神经、血管出入之处，称脾门。脾有造血、藏血、调节血量、参与识别和清除衰老死亡的红细胞等功能。

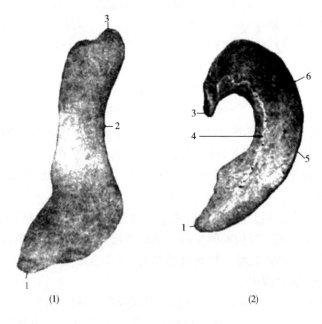

（1）　　　　　　　　（2）

图5-32　犬脾的壁面

（1）外侧　　（2）内侧

1—腹侧端　2—后缘　3—背侧端　4—脾门　5—前缘　6—胃面

脾其实质由红髓和白髓构成，具有造血和血液过滤功能，也是淋巴细胞迁移和接受抗原刺激后发生免疫应答、产生免疫效应分子的重要场所。脾脏由脾动脉供血，是腹腔动脉最大的分支。

5. 胸腺

胸腺是形成成熟 T 细胞的中枢淋巴器官，犬的胸腺小，几乎全部位于胸前纵隔内，呈红色或粉红色，质地柔软。出生 2 周内逐渐增大，以后 2~3 月间萎缩很快，2~3 岁时仅留残余，老龄时仍有少量活性腺组织。

胸腺是犬的重要淋巴器官。其功能与免疫紧密相关，分泌胸腺激素及激素类物质，具内分泌机能。

项目思考

1. 简述犬被皮系统的特点。

2. 简述犬消化器官的结构和生理特点。

3. 简述犬呼吸系统的结构。

4. 简述母犬子宫的特点。

5. 简述犬心血管系统的构造。

项目二　猫解剖生理特征

1. 掌握猫骨骼和肌肉的形态特征。
2. 掌握猫内脏的形态结构和功能特征。

1. 熟悉猫体全身骨骼、关节的名称。
2. 熟悉猫全身各器官的形态位置以及在体表的投影位置。
3. 能够准确测定猫的生理常数（心音、胃肠蠕动音的听取；脉搏检查；呼吸、心率和体温测定）。

案例1

一只雄性宠物猫，2岁，体重3.8kg，从小饲养，营养状态良好，免疫驱虫完全。阴囊处触摸只有一个睾丸，腹股沟处触诊到皮下有一个比正常体积小的另一侧睾丸。其他基本检查与血液检查无任何异常。此猫怎么了呢？它是否健康？发生的原因是什么？

案例2

一例猫病，主诉猫3岁，雌性，生产结束1月有余，昨日拉稀，今日便血，未呕吐，精神不济，有临床病史，直肠血便，患猫脱水严重，体温38.5℃。

必备知识

一、猫的骨骼、肌肉与被皮

（一）骨骼

猫的全身骨骼与其他哺乳动物一样，由头骨、躯干骨、前肢骨和后肢骨组成，共230～247块（图5－33）。

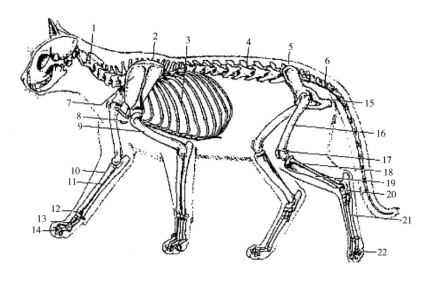

图5－33 猫的全身骨骼

1—颈椎 2—胸椎 3—肋 4—腰椎骨 5—荐骨 6—尾椎 7—肩胛骨 8—锁骨 9—臂骨

10—桡骨 11—尺骨 12—腕骨 13—掌骨 14—指骨 15—髋骨 16—股骨

17—膝盖骨 18—腓骨 19—胫骨 20—跗骨 21—跖骨 22—趾骨

1. 头骨

头骨由颅骨和面骨组成。猫的颅顶圆突，两侧颧弓间距很宽，眼眶很大，使猫具有所有食肉动物所具有的高度发达的双目视觉。颅腔和额窦腔比较明显，相对较大。下颌骨也比较强大，咬肌窝与翼肌窝明显。头骨与颈椎连接灵活，活动范围较其他动物大。

2. 躯干骨

躯干骨包括脊柱、肋、胸骨。脊柱有7块颈椎，其中寰椎的寰椎翼宽大，前有翼切迹；枢椎较长，椎体的前端形成一尖锥，形如三角，称作牙状突。胸椎 13 块。腰椎 7 块，椎体发达。荐骨由 3 枚荐椎愈合而成，形似短宽的方形。尾椎椎骨有 21～23 块（不同品种有较大变异），由前向后逐渐变小，失去了椎体的基本特征。

肋有 13 对，包括上部的肋骨和下部的肋软骨，肋骨窄而弯曲，肋间隙比牛的宽，前 9 对肋骨与胸骨相连称为真肋，3 对假肋，最后一对为浮肋。胸椎、肋骨、肋软骨和胸骨围成胸廓。猫胸廓狭小，但弹性较大。

3. 前肢骨

前肢骨由肩胛骨、锁骨、肱骨、前臂骨（桡骨、尺骨）、腕骨、掌骨、指骨和籽骨组成。其中肩胛骨较小，为三角形扁骨，肩峰明显。锁骨小，为一弧形骨棒，埋于臂头肌腱内。

肱骨粗长，无滑车上孔，而具有髁上孔，是肱动脉和正中神经的通路。桡骨发达，尺骨是一细长的骨，两骨斜行交叉。腕骨 7 块，粗而长。掌骨与人相似，有 5 块，其中第 1 掌骨较短小，第 3、4 掌骨最发达。指骨除第 1 指仅有 2 块短小的指节骨，其余 4 指均有 3 块指节骨，末节骨有尖而弯曲呈鸟嘴状的突起，为爪的支架。

4. 后肢骨

猫的后肢较长，由髋骨、股骨、膝盖骨、小腿骨、跗骨、跖骨和趾骨组成。跗骨 7 块。跖骨 5 块，与掌骨相似。有 4 趾，每趾有 3 节。

5. 猫的骨骼特点

骨骼特点主要为：头部关节灵活，活动幅度大，头可向左右敏捷地旋转 180°。脊柱弯曲度大，各关节活动性大而灵活，能迅速屈曲和伸直前肢骨和后肢骨长，关节屈曲大，所以在强健肌肉的收缩下，能迅速起跳、奔跑，其冲刺速度达 50km/h，弹跳高度达体长的 5 倍，跳跃距离远，可达 2m 以上，以适应捕鼠的需求。猫有一条长尾，跳跃、奔跑时摆动灵活，协调姿势。猫胸廓弹性好，碰撞时不易受伤，但胸廓狭窄，胸腔内心、肺较小，所以猫不及犬耐疲劳，当剧烈运动后，需要较长时间休息恢复体力。

猫的每只脚掌下有很厚的肉垫，因此猫行步时无声无息，从高空跳下踏地时起着极好的缓冲作用。每个脚趾上长有锋利的三角形尖爪，尖爪平时行步时收缩在内，而在攀岩、抓取猎物时伸出，能抓住树干表面、墙壁凹凸缝隙快速登高或爬下，当获取猎物时，利爪能迅速刺入猎物的皮肤，牢牢地抓住猎物同时利爪是争斗的武器，能抓撕敌人从而保护自己。猫爪生长较快，为保持爪的锋利，防止爪过长影响行走和刺伤肉垫，常进行磨爪。猫的前肢腕关节灵活。猫的骨骼与其功能密切相关。

（二）肌肉

猫的皮肌发达，几乎覆盖全身。全身肌肉共 500 多块，收缩力很强，尤其是后肢和颈部肌肉（图 5 – 34）。所以猫行动快速，灵活敏捷。

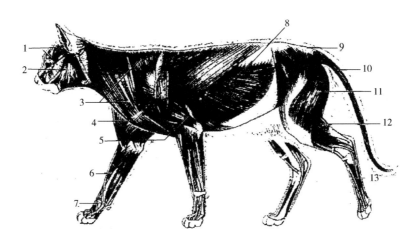

图 5 – 34　猫的全身浅层肌肉

1—面肌　2—咀嚼肌和下颌肌　3—肩带肌　4—肩关节肌　5—肘关节肌
6—腕关节肌和指长肌　7—指短肌　8—腹部肌　9—臀肌　10—尾肌
11—股二头肌　12—跗关节和趾关节肌　13—趾短肌

1. 前臂和胸部的肌肉特征

胸前壁肌构成胸肌群最浅的扁平肌，较小，起于胸骨柄的外侧面，止于肱骨远端。胸大肌分为浅层与深层，变化较大，有时可分三四个部分，因为它们有相同的起点、终点和几乎平行的纤维，所以实际上是一块肌肉。起于胸骨腹侧中线，止于臂二头肌和臂肌之间。胸小肌是一大块扁平的扇状肌，比胸大肌略厚，起于胸骨体最前面的侧半部或剑突，止于肱骨的正中央或胸大肌终点的下面，与胸大肌一起插入肱肌与肱二头肌之间，分为头部与尾部，它们的肌纤维以薄腱止于终点。剑肱肌是一块窄长而薄的肌肉，可以认为是胸小肌的一部分，起于胸骨剑突的中缝或腹直肌中线的角上，以长腱止于肱骨，恰好在胸小肌终点的内侧面，被胸大肌的终点覆盖。

2. 胸壁肌的特征

肋横肌是一小块薄的扁平肌，贴于胸前部的侧面，覆盖腹直肌的前端，极易与腹直肌前端的薄腱相混，起于第 3 ~ 6 肋骨之间胸骨侧面的腱上，止于第 1 肋骨及其肋软骨的外侧部。肋提肌是一系列的小块肌肉，其延续部分与肋间外肌相接，起于胸椎横突，止于紧接起点后部的肋骨角。胸横肌相当于腹横肌的胸部，由 5 个或 6 个扁平的肌纤维束组成，位于胸壁的内表面，起于胸骨背面的外侧缘，对着第 3～8 肋骨的肋软骨附着点，止于肋软骨。膈的中央由腱所组成，此腱薄而不规则，呈新月状，称半月腱。腱腹面有一大孔，即后腔静脉裂孔。从中央腱到体壁为放射状的肌纤维，称为肌部。膈脚分左、右两个，右膈脚较大。

（三）被皮

猫的皮肤和被毛不仅使猫美观漂亮，对机体还有十分重要的生理作用。皮肤和被毛是猫的一道坚固的屏障，保护机体免受有害因素的损伤。猫的被毛很稠密，可分为针毛和绒毛两种。在寒冷的冬天，具有良好的保温性能；在夏天，又是一个大散热器，起到降低体温的作用。

皮肤的皮下层发达使皮肤移动性大。被毛因品种不同而呈现不同的色彩，尽管毛色千差万别，一般可分为 8 个色系，即单色系（无杂色斑的白色、蓝色、黑色、红色和淡金黄色）、斑纹色系（斑纹底色中夹有红色和黄色斑的毛色）、点缀式斑纹色系、混合毛色系（体毛有几种颜色混合而成）、浸渍毛色系（体毛尖和底色不同）、烟色系（体毛尖毛色深）、复式毛色系和斑点色系。

猫的皮脂腺发达，其分泌物能润泽皮肤，使被毛变得光亮。猫汗腺不发达，只分布于鼻尖和脚垫。猫散热主要通过皮肤辐射散热和呼吸散热。因此，猫既喜暖，又怕热。

皮肤感受器发达。猫的皮肤内有椭圆形环层小体，能感受到人类既看不到又听不到的小鼠活动而引起的微小振动。

猫的胡须不是只分布在嘴巴周围，眼睛上的眉毛、脸颊上的毛，以及前脚内侧的触毛都可以称为胡须。胡须与丰富的感觉神经末梢相连，胡须不但能测出物体、空间大小，而且能根据空气振动、风向及大气压变化，察知物体大小，所以胡须受损则感觉功能大大降低，胡须千万不能修剪，当胡须损伤时，应将其拔除，让其重新长出新胡须。

猫四肢足部枕部发达，缓冲消音效果好，前肢有 5 个爪，后肢有 4 个爪，呈长钩状，很锋利，能随意伸缩，平时缩在趾球套中，攻击或攀援时立即伸出，经常用爪抓挠木板等，将爪磨得更加锋利。

二、猫内脏解剖生理特征

（一）消化系统

猫的消化系统由消化道和消化腺两大部分组成。消化道包括口腔、咽、食管、胃、小肠、大肠和肛门。消化腺包括 5 对唾液腺（耳下腺、颌下腺、舌下腺、臼齿腺、眶下腺）、肝脏、胰腺、胃腺、肠腺（图5-35）。

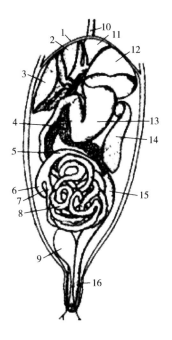

图5-35　猫的腹腔浅层器官

1—膈　2—肝右内叶　3—肝右外叶　4—胰　5—横结肠　6—盲肠　7—回肠　8—空肠　9—膀胱
10—食管　11—肝左内叶　12—肝左外叶　13—胃　14—脾　15—降结肠　16—直肠

1. 口腔

口腔较窄，上唇中央有一条深沟直至鼻中隔，沟内有一系带连着上颌。下唇中央也有一系带连着下颌。上唇两侧有长的触毛，是猫特殊的感觉器官，两侧共有16~20根，伸展总宽度恰与身体宽度接近，用以感知事物，干扰猎物的视觉。

猫舌头薄而灵活，表面很粗糙，因为猫舌头表面由黏膜覆盖，其表面黏膜隆起，形成很多独特的乳头状突所致，而这些乳头状突都具有其特殊的生理功能。中间有一条纵向浅沟，舌腔面及外侧缘光滑，质地也很柔软，没有乳头。

猫舌头表面的乳头可分为3类，即丝状乳头、菌状乳头和轮廓乳头。其中舌的丝状乳头数量很多，表面被一层很硬的角质层膜覆盖着，尖端向后，呈挫齿状。这种乳头是构成猫舌头表面非常粗糙的主要因素。菌状乳头主要位于舌的两侧及后部，在舌边缘对着轮廓乳头有一行特别大的菌状乳头。轮状乳头粗短，每个乳头被一沟包围着，沟又被隆起的皱壁所环绕，集中靠近舌根，呈"V"字形排成两行，每行2~3个。这些乳头也是造成猫舌头表面凹凸不平、粗糙异常的原因。

猫舌头上的丝状乳头主要用来采食，猫舌头表面有黏膜，黏膜表层形成许多粗糙的乳头，似锉刀样，猫可用它舐食附在骨头上的肉。这些向后倾斜的乳突对猫也有不利之处，即凡是进入口腔的食物只可咽下，不能返逆，因此常因误咽一些尖锐物体，诸如钢针、发卡、鸡骨和鱼刺等，造成胃肠内部的创伤。猫的舌头并非仅用在帮助的咀嚼食物上，还能用来理毛和舐伤口，从而使被毛光泽漂亮，招人喜欢，并可防止伤口感染。它的舌头十分长，还能弯曲形成勺状，以便于舐喝液体；还可舐除被毛上的污垢，梳理杂乱被毛，使其舒展平顺，捕捉身上的跳蚤、虱子。

猫的味觉器官是位于舌根部的味蕾和软腭、口腔壁上的味觉小体。猫不光能感知酸、苦、辣、咸味，选择适合自己口味的食物，还能品尝出水的味道，这一点是其他动物所不及的。不过，猫对甜味并不敏感。总的来说，猫的味觉还不是十分完善的。

成年猫口腔内牙齿一般为30颗。上颌齿10颗，下颌齿14颗，幼猫口腔内有乳齿26颗。

恒齿齿式为：$2\left(\dfrac{3131}{3121}\right)=30$ 乳齿齿式为：$2\left(\dfrac{3130}{3120}\right)=26$

猫齿齿冠边缘很尖锐，特别是前白齿的齿冠上有4个齿尖，上颌第2和下颌第1前白齿齿尖较大且尖锐，能把猎物的皮肉撕裂，故称为裂齿。

猫唾液腺很发达，包括耳下腺、颌下腺、舌下腺、白齿腺、眶下腺。吃食时分泌的大量稀薄唾液，不但能湿润食物，有利于吞咽和消化，而且唾液里的溶菌酶还能杀菌、消毒、除臭，保持口腔的清洁卫生，防止极易腐败、变质的肉类危害口腔器官。

2. 食道

猫食管是一个较直的管道，位于气管的背侧，由肌层、黏膜下层和黏膜所组成。猫的食管可反向蠕动，能将囫囵吞下的大块骨头和有害物呕吐出来。

3. 胃

猫胃为单胃，呈弯曲的囊状，左端大，右端窄。位于腹前部，大部分偏向左侧，在肝和膈之后。贲门与食道相接，幽门与十二指肠相通。

猫的胃腺很发达，整个胃壁上都有胃腺分布，而猪、兔等动物的胃中约有1/3的胃壁上没有胃腺（无腺部）。胃腺能分泌盐酸和胃蛋白酶原。盐酸是一种强酸，具有很强的腐蚀作用，能将吃到胃里的肉、骨头等食物加工成糊状的食糜，以利于肠道对食物中的营养物质的进一步消化吸收。盐酸还能使胃蛋白酶原转变成胃蛋白酶，分解、消化蛋白质。而当食糜进入肠道后，在各种酶的作用下营养物质就被充分地分解、吸收，其余不能被机体利用的物质迅速后送，形成粪便排出体外。正常情况下，猫排粪均是定时定点的，其排粪次数、粪便形状、数量、气味、色泽都是很稳定的。

4. 肠

小肠包括十二指肠、空肠和回肠。大肠包括盲肠、结肠、直肠。猫小肠较短，约为100cm，总长度是猫本身体长的3倍，仅为家兔小肠的一半（家兔小肠约为190cm）。猫的盲肠不发达（1.5～1.8cm），只有家兔的1/40～1/20，但肠壁较宽厚。猫的结肠长度为家兔的1/8（约13cm）。猫肠管的这种短、宽、厚的特点，具有明显的食肉动物特征。

5. 网膜

猫大网膜非常发达，质量约为35g，由十二指肠开始，沿胃延伸，经胃底而连接于大肠。猫的脾和胰脏都在大网膜上面，中间形成一个大的腔囊。大网膜上下两层的脂肪形如被套覆盖在大小肠上，后面剩余部分将小肠包裹。发达的大网膜起着固定胃、肠、脾、胰脏和保护胃肠器官的重要作用。因此猫在激烈地跳跃时；内脏能够不晃动。大网膜厚厚的脂肪层，还具有保温作用。

6. 肝

猫的肝脏很发达，位于腹腔前部、膈的后方，伸展至胃的腹面，遮盖除幽门部外的整个胃壁面。肝脏质量平均约为95.5g，占体重的3.11%。肝脏被背腹悬韧带区分为左、右两叶，左叶分为左内叶和左外叶，右叶分为右内叶和右外叶。左、右两叶之间的部分被肝门分为后上方的尾叶和前下方的方叶。猫的肝脏形成左、右两个肝管，胆囊比较发达，位于肝门腹侧，方叶和右内叶之间。

猫肝脏生理功能具有一些独有重要的特征：

（1）在肝脏糖异生过程中持续大量利用蛋白质。即使蛋白摄入缺乏，源于氨基酸的糖异生也不减少。

（2）相对缺乏葡萄糖醛酸基转移酶，这使其代谢药物和毒素能力下降。

（3）不能合成精氨酸（肝脏尿素循环的重要部分），在长期禁食时易发高氨血症。

（4）无类固醇诱导性碱性磷酸酶同功酶（即猫使用类固醇治疗该酶活性不升高）。

（5）总胰管在进入十二指肠前与总胆管结合，这使得胰腺和胆管疾病经常并发。

7. 胰

猫的胰腺为边缘不规则、扁平的腺体，它的中部弯曲几乎成直角。胰腺可以分为两部，即胃部和十二指肠部（图5-36）。健康猫为浅粉红色，位于十二指肠"U"形弯曲之间，有大胰管和副胰管开口于十二指肠。

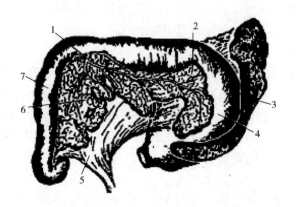

图5-36 猫的胰和脾（食管已切除，胃转向后）

1—胰管 2—胰的胃部 3—脾 4—胃 5—十二指肠网膜 6—胰的十二指肠部 7—十二指肠

　　猫的消化完全与犬相同，消化解剖生理构造保持了肉食动物的特性。因此，在猫的饲养上，尤其是家养的名贵玩赏猫，由于捕鼠能力差或不捕鼠，所以应在饲料中添加较高比例的动物性饲料，以保持猫正常的消化生理功能和保证营养物质的需要。但应注意的是，猫缺乏淀粉酶，因此不能大量消化淀粉类食物。

　　（二）呼吸系统

　　呼吸系统包括鼻腔、喉、气管支气管和肺。

　　1. 鼻腔

　　鼻腔由中膈分成两部分，鼻中隔的前端有一条沟，将上唇分为两半。鼻内表面覆有黏膜、鼻后部由分布着嗅神经的嗅细胞所覆盖，是猫的嗅觉部。

　　鼻腔嗅区黏膜有褶，内有2亿多嗅细胞，因此嗅觉特别灵敏，凭嗅觉可辨别食物，判断猎物，辨别主人、同类和住处等。

　　2. 喉

　　喉由甲状软骨、环状软骨和会厌软骨组成，其骨架也是发音器官。喉腔分为3部分。上部为喉的前庭，它的尾缘为假声带，空气进出时振动假声带，使猫不断发出低沉的"呼噜呼噜"像打鼾的声音。这是猫假声带震动时发出的声音，俗称"猫念佛"。当猫与人亲昵时，后一对声褶与声韧带、声带肌共同构成真正的声带，是猫的发音器官。猫声带发音轻柔、动听。

　　假声带和真声带之间的空腔是喉的第二部分。第三部分是声带和软骨环之间的空腔，很狭窄。

　　3. 气管和支气管

　　是呼吸道的通道，气管壁被软骨环所支撑，猫气管的第1软骨环比其他软骨环宽些，内表面衬以纤毛上皮的黏膜。

4. 肺

猫的肺分为两叶，右肺比左肺大。肺质量约为19g，不如犬那样能长时间剧烈奔跑。肺泡展开后，总面积可达7.2m²。健康猫为胸腹式呼吸，即呼吸时胸部和腹部同时起伏，每分钟的呼吸次数为15～32次/min。环境温度增高或活动之后，其呼吸次数可出现生理性增加。

（三）泌尿系统

猫泌尿生殖系统由肾脏、输尿管、膀胱和尿道组成。

肾表面光滑呈蚕豆状，不分叶，位于腹腔脊报的两例，贴近背体壁、第3和第5腰椎之间。右肾比左肾稍靠前一些。肾质量约为体重的0.34%。肾被膜上有丰富的被膜静脉，这是猫所独有的特征。膀胱呈梨形，位于腹腔后方直肠的旗面。尿液在肾脏形成后，从肾乳头顶端进入肾盂，经输尿管下行进入膀胱，最后经尿道排出。猫24h的排尿量为100～200mL，尿的密度为1.055g/cm³，尿液呈淡黄色的透明液体。

（四）生殖系统

1. 公猫生殖器官

公猫生殖器官主要由睾丸、附睾、输精管、副性腺（前列腺、尿道球腺）和阴茎构成（图5-37）。

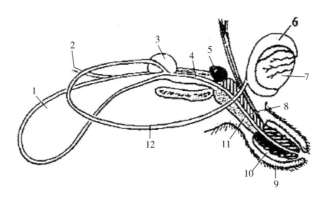

图5-37 公猫的生殖系统

1—膀胱 2—输尿管 3—前列腺 4—尿生殖道 5—尿道球腺 6—附睾 7—睾丸
8—尿道海绵体 9—包皮 10—阴茎 11—阴茎海绵体 12—输精管

（1）睾丸 位于肛门下侧阴囊内，左右各一个。阴囊紧贴身体，其皮肤上有背毛。成年公猫的睾丸呈椭圆形，体积为14mm×8mm。前列腺体积为

5mm×2mm。分成左右两叶，位于尿道背侧部。

（2）尿道球腺　有一对，体积为4mm×2mm，位于前列腺后尿道上。

（3）输精管　是由睾丸附睾尾起，至开口于尿道的两条细长管道，起输送精子的作用。

（4）阴茎　猫的阴茎尖端指向后方，其末端有100～200个角化小乳突，小乳突指向阴茎基部。当公猫达到6～7月龄时，这种小乳突发育到最大，可能对母猫发情时的刺激排卵有一定的作用。

2. 雌猫生殖器官

雌猫生殖器官包括卵巢、输卵管、子宫、阴道。

（1）子宫　由子宫角、子宫体和子宫颈构成。猫的子宫颈和前庭有腺体。子宫角长达9～10cm，子宫体长约2cm。子宫是胎儿发育的场所。子宫颈与阴道相连，是子宫的门户，发情时子宫颈口打开，怀孕时子宫颈口关闭很严。

（2）卵巢　1对，长6～9cm。位于第3～4腰椎下。发情期卵巢上有3～7个卵泡发育，卵泡直径可达2～3mm。卵巢是卵泡生长发育和成熟的场所。卵泡发育过程中分泌雌激素导致母猫发情，排卵后形成黄体分泌孕酮以维持妊娠需要。

（3）输卵管　管长4～5cm，是卵子进入子宫的通道。

（4）阴道　母猫的交配器官，也是分娩时胎儿排出的通道。

性成熟雄猫生长到7～8月龄时，性腺开始成熟，睾丸内即产生精子，具有繁殖后代的能力。雌猫生长到6～8月龄时，卵巢上的卵泡开始发育，并有发情表现，一般认为这时就达到了性成熟。但由于猫的品种不同，性成熟的时间也有些区别。

母猫的性成熟时间一般在7～14月龄，公猫在7个月龄以上也就达到了性成熟。配种年龄雄、雌猫达到性成熟时，虽然具有了产生精子和卵子的能力，但这时猫的身体并没有长成，也就是身体还没有发育成熟，猫的骨骼、肌肉、内脏还在生长发育。刚进入性成熟，最好不要配种，如果这时配种，对雄雌猫及其后代的身体健康均不利，不仅影响雄性猫的生长发育，使其早衰，而且其后代生长发育慢、体小、多病，其品种的优良特性可能退化。因此作为种用猫，一定要等到身体成熟时才能配种。雌猫比雄猫体成熟早，一般来说，雄猫短毛品种出生一年，长毛品种1～1.5岁配种为好，雌猫10～12月龄配种为好，即在雌猫第2次或第3次发情时配种。

猫的繁殖机能停止期猫的寿命为15年左右，最长可达20年。繁殖年龄最高可达到14岁，但一般为7～8年。无论是雄猫还是雌猫，其繁育年限超过7～8年之后，生殖生理功能会有明显衰退，雌猫不再有发情表现，雄猫也不再有配种能力，把这个年龄段称为繁殖机能停止期。为了提高种雌猫的利用年限，要适当控制雌猫的产仔窝数，一般每年产两窝仔为好，最多不能超过 3 窝，以春秋产仔为佳。发情周期 14～21d，发情持续时间为 3～7d。发情周期的长短受品种、年龄、季节的影响，长者达 30～75d。猫属于诱发排卵动物，即通过交配刺激才排卵。一般在交配后 24h 卵子排出并受精。在发情持续期内交配，均有较高的受孕率。

妊娠猫的妊娠期平均为 66d。

（五）心血管系统

猫的心血管系统由心脏、动脉、毛细血管、静脉组成。

1. 心脏

猫心脏由左、右心房和左、右心室构成，较小，呈卵圆形，位于胸腔纵隔内，外有心包包裹，在第 4（5）～8 肋处，偏左。

2. 血管

全身动脉主要有胸主动脉（胸部、胸椎腹侧）、腹主动脉（腹部、腰椎腹侧）、颈总动脉（颈侧、颈静脉沟深层、气管两侧）、锁骨下动脉（前肢动脉主干）、髂外动脉（后肢动脉主干）和髂内动脉（盆腔动脉主干）等。各发出侧支到相应部位肌肉、皮肤及内脏器官。

静脉除与动脉伴行的深静脉外，还有分布于皮下的浅静脉，兽医临床上常用的浅静脉有颈外静脉（颈侧皮下、颈静脉沟浅层）、头静脉（前臂内侧皮下）、隐大静脉（小腿内侧皮下）和隐小静脉（小腿外侧皮下）。

由于猫心脏较小，每次输出量较少，因而心率较快，120～140 次/min，当兴奋、运动、恐惧、发热时，心率明显加快，这也是猫不能长时间奔跑、容易疲劳的原因之一。

3. 血型

猫有 3 种血型：A 型、B 型和 AB 型。大多数的猫都是 A 型血，但血型因地区不同而有很大的差异。例如几乎所有的瑞士猫都是 A 型血，而在英国这个比率下降 97%，在法国是 85%。大多数种类的猫都是 A 型血，其他的会不同程度地出现 B 型血，AB 型血类极少出现，而且与猫种无关。

（六）感觉器官

猫的眼很特别：一是眼大；二是曲度大；三是瞳孔大而圆，其调节肌十分发达；四是视网膜感受弱光的视杆细胞多；五是两眼视野宽大（200°以上）；六是第三眼睑发达；七是猫眼色彩多样，有的品系两眼色彩不同。如同多数食肉动物，它们眼睛都在脸上朝正前方，赋予其辽阔的视野。因此，猫眼十分敏锐，在夜晚能视物，能正确判定猎物的位置和距离，从而准确无误地抓捕猎物。

猫眼睛内的瞳孔与一般哺乳类相同，在强光下会收缩，以防止过强的光热伤害视网膜；在昏暗光线下会放大，以收集接受更多的光线。但猫咪瞳孔的形状会因品种的不同而有所差别，大型野生猫科动物的瞳孔多为卵圆形（如美洲狮为圆形），而一般家猫则为垂直裂缝状；垂直裂缝状的瞳孔比圆形的瞳孔更能有效且完全地闭合，瞳孔闭合的作用主要是保护极为敏感的视网膜。

视网膜上的视杆细胞主要对光线明暗变化敏感，而视锥细胞主要负责解析影像。猫的视杆细胞比较多，而视锥细胞较少，所以夜视能力比人好，但视力却只有人的 1/10，因此无法像人一样具有识别细小事物的能力。但是它的动态视力却非常好，就算猎物在 50m 外移动，猫咪也捕捉得到。猎物每秒移动4mm，都能被它发现。

猫的眼睛没有感知红色的视杆细胞，所以只能分辨蓝色、绿色，无法辨别红色。因此，猫咪看到的红色可能会变成灰色。

猫在只有微弱光线状况下，它们会使用胡须来改善行动力与感知能力，主要分布于鼻子两侧、下巴、双眼上方、两颊也有数根。胡须可感受到非常微弱的空气波动，所以在看不太清的情况下也能辨识阻碍在哪，胡须尖端与双耳连线而成的，正好是身体能通过障碍的最小范围，因此可以在黑夜中快速判断地形是否可以通过。

猫听觉发达，外耳十分灵活，能像雷达那样转动，搜索猎物动静。猫内耳听觉范围广，能感受 20kHz 以上人类无法听到的超声波。猫的每只耳朵都有 32条独立的肌肉控制耳壳转动，因此两只耳朵可以单独的朝向不同的音源转动，使其在向猎物移动时仍旧能对周遭的其他音源保持直接的接触。除了苏格兰折耳猫这类基因突变的猫以外，狗类常见的"垂耳"在猫是非常罕见的，多数的猫耳是向上直立的。当猫愤怒或是被惊吓时，耳朵会贴向后方，并会发出咆哮与"嘶"声。蓝色眼睛的白猫，因为基因上缺损，造成内耳构造的皱折而有耳聋的倾向，这种形式的耳聋是无法治疗的。不过，猫即使耳聋，也能很快地适应环境而生存下去。

猫与人类对低频的声音有类似的灵敏度，人类除了极少数的调音师能听到20kHz 以上的高频的声音，猫在高频则可达 64kHz，比人类要高 1.6 个八度音，甚至比狗要高 1 个八度。

家猫的嗅觉是人类的 14 倍。和视觉相比，更是依靠嗅觉来判断各种各样的东西的。例如：猫只是闻了其他猫的尿和臭腺气味，就能知道那只猫是公的还是母的，小猫未开眼前也是靠闻母猫的气味来找到乳头的。这些都可以用嗅觉来分辨，甚至 500m 以外的微弱气味，猫也能够闻得到。它的鼻子对含氮化合物的臭味特别敏感，因此放置过久的食物以及腐败的食物，都无法引起食欲。

当猫嗅到一些特别或刺激的味道时，会将头往上扬，并有卷唇、皱鼻以及嘴巴张开的特殊表情。一般认为这种看似微笑的表情是为了让某些气味进入嘴内，与上颚内的鼻梨器接触，它具有嗅觉及味觉的功能，使得猫可以分辨这些味道。

对猫而言，鼻梨器的主要作用是在发情期间接收发情母猫发出的费洛蒙气味。猫在早期的进化中由于基因的突变，失去了对"甜味"的感觉，但猫不光能感知酸、苦、咸味，选择适合自己口味的食物，还能品尝出水的味道，这一点是其他动物所不及的。

实操训练

实训　犬、 猫的主要内脏器官形态与结构观察

（一）目的要求

了解犬、猫骨骼、肌肉与被皮的形态结构特点，掌握内脏（消化、呼吸、泌尿、生殖系统）各系统的组成、构造特点和生理特性。

（二）材料设备

犬、猫的骨骼标本、肌肉标本、内脏浸制标本及解剖器械等。

（三）方法步骤

（1）仔细观察各种标本，并注意其特征及区别。

（2）仔细解剖消化系统、呼吸系统、泌尿系统、生殖系统，了解各种器官的形态、位置及其畜禽的区别。

（3）教师边解剖边讲解、示范，有条件的可以让学生分组进行解剖观察。

（四）技能考核

将犬或猫完整内脏（消化、呼吸、泌尿、生殖器官）取出，识别各器官的形态构造。

项目思考

1. 简述猫运动系统的特点。
2. 简述猫消化器官的结构和生理特点。
3. 简述猫呼吸系统的结构。
4. 简述母猫繁殖活动的特点。
5. 简述猫感觉系统的特点。

模块六

马与经济动物解剖生理特征

项目一 马解剖生理特征

1. 了解马属动物的骨骼、皮肤及其衍生物的形态、结构。
2. 掌握马属动物消化、呼吸、泌尿、生殖系统的组成及生理特点。
3. 了解马属动物的体温、心率等生理常数及生活习性。
4. 了解马属动物各部的划分：头部、躯干、前肢和后肢。

技能目标

1. 能在马活体、马骨骼标本上识别出重要骨性标志、关节、主要肌群、重要肌性标志的位置。
2. 能熟练识别马的肺、肝、胃、肠、肾等主要内脏器官的形态、位置及构造。

案例导入

马身上哪些结构和生理特性能适应其很强的奔跑和跳跃能力？

必备知识

马属动物属单胃、草食性动物，主要包括马、驴、骡等。它们的形态结构和生理机能与反刍动物基本相似，但在身体的外部形态、内部器官的形态结构和生理机能上有着自己的特点。本项目以马为对象，具体描述马属动物身体的形态结构和生理机能的特点。

一、马的骨骼与被皮

（一）骨骼

马的全身骨骼分为头部骨骼、躯干骨骼、前肢骨骼和后肢骨骼（图6-1）。

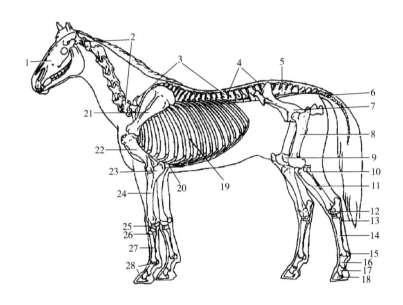

图6-1　马的全身骨骼

1—头骨　2—颈椎　3—胸椎　4—腰椎　5—荐椎　6—尾椎　7—髋骨　8—股骨　9—髌骨
10—腓骨　11—胫骨　12—跗骨　13—第4跖骨　14—第3跖骨　15—近籽骨　16—系骨
17—冠骨　18—蹄骨　19—肋骨　20—胸骨　21—肩胛骨　22—臂骨　23—尺骨
24—桡骨　25—腕骨　26—第4掌骨　27—第3掌骨　28—指骨

1. 头部骨骼特征

成年马头骨呈尖端向前的四面棱锥状（图6-2、图6-3）。

2. 躯干骨骼特征

马躯干骨包括椎骨、肋和胸骨。

（1）椎骨　包括颈椎、胸椎、腰椎、荐椎、尾椎，它们连接起来形成脊柱。

颈椎：7个，大而长。第3~5颈椎形态基本相似，第1、2、6、7颈椎比较特殊。

胸椎：18个，椎体短，椎头和椎窝两侧各有1对肋凹，与肋骨头形成关

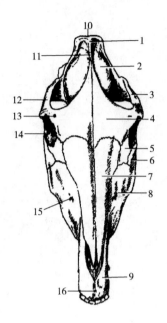

图6-2 马头骨 （背面）

1—枕骨 2—顶骨 3—颞突 4—额骨 5—泪骨 6—颧骨 7—鼻骨

8—上颌骨 9—切齿骨 10—枕嵴 11—顶间骨 12—颧弓

13—眶上孔 14—眼窝 15—眶下孔 16—切齿孔

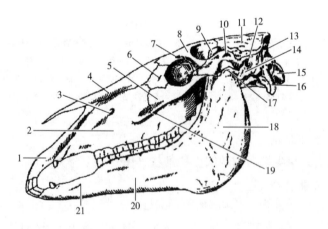

图6-3 马头骨 （侧面）

1—切齿骨 2—上颌骨 3—眶下孔 4—鼻骨 5—颧骨 6—泪骨 7—眶上孔 8—额骨

9—下颌骨的冠状突 10—颧弓 11—顶骨 12—外耳道 13—枕骨 14—颞骨 15—枕髁

16—颈静脉突 17—髁状突 18—下颌骨支 19—面嵴 20—下颌骨体 21—颏孔

节。棘突发达，第3~5棘突是构成鬐甲的骨质基础。横突短，外侧面上具有小的关节面，称为横突肋凹。

腰椎：6个，椎体和棘突与后部胸椎相似。横突长，呈上下压扁的板状。

荐椎：5个，成年时愈合成一整体，即荐骨，呈前宽后窄的三角形。

尾椎：数目变化大，马平均15~21个，前1~4个尾椎尚有椎弓、棘突和横突。向后则逐渐退化，仅保留椎体。

（2）肋　有18对，细长，8对真肋，10对假肋。每一根肋都分为肋骨和肋软骨。

（3）肋骨和胸廓　胸骨位于胸部的腔侧壁，呈舟状。肋骨体窄而高，腹侧有纵向的胸骨嵴。

马的胸廓较牛的长，前部两侧扁，向后逐渐扩大。胸前口为椭圆形，窄；胸后口宽大。

（4）马躯干的连结　包括脊柱的连结和胸廓连结。

①脊柱的连结：与牛相似，但马项韧带的索状部与寰椎和第3~4胸椎棘突之间各有一黏液囊，临床上可因感染而发生炎症。项韧带板状部后部分为两叶。

②胸廓的连结：与牛相似。

3. 前肢骨的主要特征

（1）肩胛骨　较窄，呈三角形。肩胛冈中部增厚粗糙，称冈结节。无肩峰。

（2）臂骨　为一管状长骨。近端在臂骨头外侧有大结节，内侧为小结节。骨体呈扭曲状，外侧缘中部有发达的三角肌粗隆，粗隆向上延伸为臂骨嵴。远端有髁状关节面与桡骨形成关节。髁的后面形成深的鹰嘴窝。

（3）前臂骨　包括桡骨和尺骨。桡骨发达，位于前内方。尺骨位于后外方，近端发达，远端退化。桡骨近端及骨体的掌侧面与尺骨愈合，其间有一条前臂骨间隙。

（4）腕骨　共7块，排成两列。近列为4块，由内侧向外侧依次是桡腕骨、中间腕骨、尺腕骨和副腕骨。远列有3块，由内侧向外侧依次是第2腕骨、第3腕骨和第4腕骨。

（5）掌骨　具有3枚。只有第3掌骨发育完善，起主要支持作用，称为大掌骨。第2、4掌骨小，称为小掌骨，分别位于大掌骨的内、外侧。

（6）指骨和籽骨　马仅有第3指骨，3枚籽骨。

4. 后肢骨主要特征

（1）髋骨　由髂骨、坐骨、耻骨组成。与牛基本相似。

（2）股骨　为畜体最大长骨，由髋臼处向前倾斜。近端有呈球状的股骨头，股骨头外侧有两个突起，前为中转子，后为大转子。股骨体外侧的第三转子比牛的明显。

（3）膝盖骨（髌骨）　为畜体最大的籽骨。呈顶向下、底朝上的短楔状，前面粗糙，后面为关节面。

（4）小腿骨　包括胫骨和腓骨。胫骨发达，位于内侧，呈三棱形，是小腿部主要负重的部分。腓骨细而短，不发达，贴附于股骨外侧。

（5）跗骨　共6块，皆为短骨，排成3列。近列2块跗骨发达，内侧的称距骨，外侧的称跟骨。跟骨向上突出，形成跟结节。中列仅1块即中央跗骨。远列3块，从内向外依次为第2、3、4跗骨。

（6）跖骨、趾骨和籽骨　组成、数目、形态分别与前肢掌骨、指骨和籽骨相似，但略窄而长。

（二）皮肤及其衍生物

1. 马皮肤的构造特点

马的皮肤也分为表皮、真皮、皮下组织，但较牛的薄。马的皮肤广泛分布着触觉感受器，因而马较牛敏感。其中，触毛、四肢、腹部、盾、耳、鼠蹊较其他部位敏感。接触和抚摸马时，切不可直接接触其敏感部位，特别是四肢、腹部和耳部，以防逃避或反抗。

2. 马皮肤衍生物

与牛相比，马的皮肤衍生物有以下特点：

（1）马的毛　为短而宣的粗毛，在一些部位长有特殊的长毛，如马的鬃毛、尾等在马的唇、眼睑、鼻孔附近还有一种长而粗的触毛，触毛的毛根有丰富的神经末梢。

（2）马的汗腺　比牛发达，几乎分布于全身，多数开口于毛囊。汗腺分泌的汗液含有较多的蛋白质，当出汗多时，被毛就呈黏胶状。由于汗液中含有氯化钠，马在出汗多时易造成体内氯化钠的丧失。

（3）马的乳腺　位于两股之间，呈长椭圆形，被乳房间隔分陷为左、右面半，每半各有一个圆锥形乳头，每个乳头上有两个乳头管的开口。

（4）马蹄　马为单蹄动物，每肢只有一个蹄，包括碗匣和肉蹄两部分（图6-4）。

①蹄匣：可分蹄壁、蹄底和蹄叉3部分。

蹄壁为马站立时可见的部分，前部为蹄尖壁，两侧为蹄侧壁，后部为蹄踵壁。蹄底是蹄底面的角质层，表面微凹，位于蹄壁底缘与蹄叉之间。蹄底的角质较软，其内面有许多小孔，以容纳肉蹄肉底上的乳头。蹄叉位于蹄底的后方，角质柔软，呈楔形，尖端向前，后部大而宽，在蹄窿部形成两个蹄球。

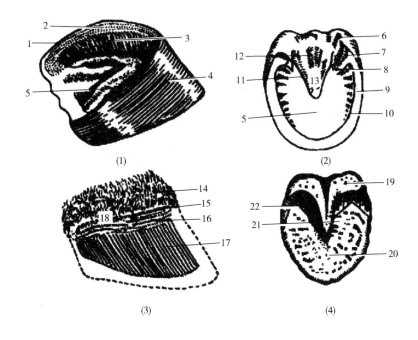

图 6 - 4　马蹄示意图

（1）蹄匣　　（2）蹄匣底面　　（3）肉蹄　　（4）肉蹄底面

1—蹄缘　2—蹄冠沟　3—蹄壁小叶层　4—蹄壁　5—蹄底　6—蹄球　7—蹄踵角　8—蹄支
9—底缘　10—白线　11—蹄叉侧沟　12—蹄叉中沟　13—蹄叉　14—皮肤　15—肉缘
16—肉冠　17—肉壁　18—蹄软骨的位置　19—肉球　20—肉底　21—肉枕　22—肉支

蹄壁从外向内由釉层、冠状层和小叶层 3 层构成。在蹄壁底缘，可以看到角质化小叶层和冠状层交接处呈现一条浅色的环状线叫助白线。蹄白线是确定蹄壁厚度的标志，装蹄时，蹄钉不得钉在蹄白线以内，否则就会损伤肉蹄。

②肉蹄：位于蹄匣内，富有血管和神经，呈鲜红色，可供给蹄匣营养，并有感觉作用。肉蹄形态与蹄匣相似，也可分为肉壁、肉底和肉叉 3 部分。

二、马内脏的解剖生理特征

（一）消化系统

由口腔、咽、食管、胃、小肠、大肠、肛门等消化器官和肝、胰等消化腺组成（图 6 - 5）。

1. 马消化系统的构造特点

（1）口腔

①唇：马唇长而灵活，是采食的主要器官。上后长而薄，表面正中有一纵

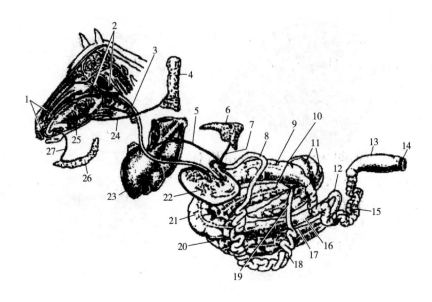

图6-5 马消化系统模式图

1—口腔 2—咽 3—食管 4—腮腺 5—肝管 6—胰 7—胰管 8—十二指肠

9—右上大结肠 10—右下大结肠 11—盲肠 12—骨盆曲 13—直肠 14—肛门

15—小结肠 16—左上大结肠 17—左下大结肠 18—空肠 19—回肠 20—胸骨曲

21—膈曲 22—胃 23—肝 24—腮腺管 25—舌下腺 26—颌下腺 27—颌下腺管

沟，叫人中。下层较短厚，其腹侧有一明显的丘形隆起，称为颏。构成唇的主要基础是口轮匝肌，外面被覆有皮肤，内面贴衬黏膜。口唇的皮肤上除有密集的被毛外，还有长而粗的触毛。黏膜深层有唇腺，腺管直接开口于唇黏膜表面，唇的游离织结构致密，有很硬的短毛，是皮肤和黏膜的移行区。

②齿：马的齿可分为切齿、犬齿、前臼齿、后臼齿。上、下切齿各有3对，由内向外分别为门齿（第1切齿）、中间齿（第2切齿）和隅齿（第3切齿）。犬齿位于齿槽间缘处，约与口角相对，公马有上、下犬齿各1对，母马一般无犬齿。上、下颌各有3对前臼齿和3对后臼齿。根据上、下颌各种齿的数目和位置，可写成齿式。

公马的恒齿式：$2\left(\dfrac{3 \cdot 1 \cdot 3 \cdot 3}{3 \cdot 1 \cdot 3 \cdot 3}\right)=40$　母马的恒齿式：$2\left(\dfrac{3 \cdot 0 \cdot 3 \cdot 3}{3 \cdot 0 \cdot 3 \cdot 3}\right)=36$

（2）咽　马属动物的咽鼓管膨大，形成咽鼓管囊（喉囊），位于颅底和咽后壁之间，腮腺的深面，环椎翼的前方。

（3）食管　颈段食管开始于喉和气管的背侧，至颈中部，逐渐偏至气管左侧。胸段食管位于胸腔纵隔内，又转至气管背侧向后伸延。后穿过膈的食管裂孔进入腹腔，移行为腹段。腹段很短，与胃的贲门相接。

（4）胃

①胃的形态和位置：马胃为单室胃，容积 5~8L，大的可达 12L。大部分位于左季肋部，小部分位于右季肋部，在肠、肝之后，左上大结肠的背侧。胃呈扁平而弯曲的囊，凸缘称胃大弯，朝向左下方，凹缘称胃小弯，朝向右上方。胃的左端向后上方膨大，称为胃盲囊，近幽门的部分体积变小，称为幽门窦（图6-6）。

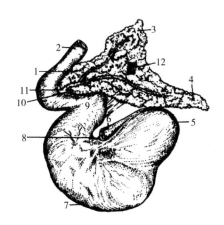

图6-6 马胃和胰

1—胰头 2—十二指肠 3—右叶 4—左叶（胰尾） 5—胃盲囊 6—食管
7—胃大弯 8—胃小弯 9—幽门 10—肝管 11—胰管 12—门静脉

②胃壁的构造：马胃的黏膜被一明显的褶皱分为两部分，褶皱以上称为无腺部，褶皱以下称为有腺部。无腺部黏膜厚而苍白。有腺部又分为3个区：沿褶缘的一窄区，黏膜呈灰黄色，为贲门腺区；在贲门腺区下方的一大片黏膜，呈棕红色，并有明显的胃小凹，为胃底腺区；在胃底腺区右侧的黏膜，呈灰红色或灰黄色，为幽门腺区。幽门处的黏膜形成一环形褶，称为幽门辨（图6-7）。

（5）小肠 分为十二指肠、空肠和回肠3段。小肠壁的构造与牛的相似，分为黏膜层、黏膜下层、肌层和浆膜层。

①十二指肠：长约1m，位于腹腔右季肋部和腰部，以短的十二指肠系膜连于肝、右上大结肠、盲肠底、小结肠起始部、右肾和腰肌，位置较为固定。靠近幽门处形成"乙"状弯曲，然后向上向后伸延，在右肾后方绕过肠系膜转向左侧，在左肾下面转为空肠。

②空肠：长约22m（驴12~13m），借空肠系膜（前肠系膜）悬吊于第1~2腰椎的腹侧，形成很多肠圈，常与小结肠混在一起，移动范围大。空肠位于

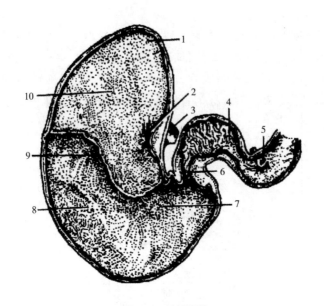

图 6 - 7 马胃黏膜

1—胃盲囊 2—贲门 3—食管 4—十二指肠 5—十二指肠憩室 6—幽门
7—幽门腺区 8—胃底腺区 9—褶缘 10—食管部（无腺部）

左髂部、左腹股沟部和耻骨部。

③回肠：长约 1m，与空肠无明显界限，肠管较直，管壁厚，以短的回肠系膜连于盲肠。从左髂部伸至右后上方，到 3、4 腰椎下方，以回盲口开口于盲肠底内侧。

（6）大肠 马的大肠发达，可分为盲肠、结肠和直肠 3 段。

①盲肠：很发达，外形似逗点状，长约 1m，容积比胃大 1 倍，位于腹腔右侧，可分盲肠底、盲肠体和盲肠尖 3 部分。盲肠底为盲肠最弯曲的部分，位于右髂部，其大弯凸向上，以结缔组织附着于腹腔顶壁；小弯凹向下内侧，有回盲口和盲结口。盲肠体为盲肠的中部，从右髂部沿右侧腹壁伸向前下方。盲肠尖为盲肠前下端的游离部，位于脐部和剑状软骨部（图 6 - 8）。

盲肠的外面有 4 条纵带和 4 列肠袋。

②结肠：可分为大结肠、小结肠。

a. 大结肠。管径粗大，长 3 ~ 3.7m（驴 2.5m），容积 50 ~ 60L，几乎占据整个腹腔下部，呈双层马蹄铁形，可分为 4 段和 3 个弯曲。从盲结口开始，顺次为右下大结肠、胸骨曲、左下大结肠、骨盆曲、左上大结肠、膈曲、右上大结肠。

右下大结肠位于腹腔右下部，约在最后肋骨处起始盲肠底的小弯，沿右侧肋弓向下向前，伸延至剑状软骨部，然后折向左后方，形成胸骨曲。

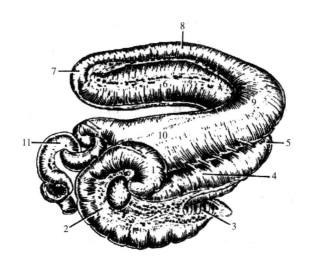

图 6 - 8　马的大肠
1—盲肠底　2—盲肠体　3—盲肠尖　4—右下大结肠　5—胸骨曲　6—左下大结肠
7—骨盆曲　8—左上大结肠　9—膈曲　10—右上大结肠　11—小结肠

左下大结肠自胸骨曲沿腹腔左侧底壁向后，到达骨盆前口，在这里急转向上向前，形成骨盆曲。

左上大结肠从骨盆曲向前伸到膈、肝后方，向右后方折转形成膈曲。

右上大结肠自膈曲向后，在右下大结肠背侧，伸延至盲肠底内侧，转而向左，移行为横结肠。

下大结肠、胸骨曲有 4 条纵带和 4 列肠袋，骨盆曲和左上大结肠起始部仅有一列纵带，左上大结肠中部、膈曲和右上大结肠有 3 列纵带。

大结肠的肠管管径差别很大，盲结口最小，仅有 5 ~ 7.5cm。下大结肠均较粗，管径 20 ~ 25cm。到骨盆曲处突然变细，仅 5 ~ 6cm。左上大结肠渐增粗，至膈曲达到 20cm。右上大结肠末端膨大，呈囊状，称为结肠壶腹（胃状膨大部），管径达 30 ~ 50cm。

b. 小结肠。管径较细，借小结肠系膜（后肠系膜）悬吊于第 3 ~ 6 腰椎应侧。主要位于左髂部上部，与空肠混杂，移动性大，在骨盆前口管径变细移行为直肠。

小结肠具有两条纵带和两列肠袋。

③直肠：直肠长约 30cm（驴 20cm），位于骨盆腔上部。其前段管径小，称狭部；后段膨大，称直肠壶腹。

（7）肝与胰

①肝：较扁，呈厚板状，棕红色，质脆，约占体重的 1.2%。斜位于膈的

后方，大部分位于右季肋部，小部分位于左季肋部。肝的背侧缘钝，腹侧缘锐。壁面（膈面）凸，与膈接触，背侧有后腔静脉沟，供后腔静脉通过；脏面凹，朝向后下方，与胃、十二指肠、大结肠、盲肠等接触。

马肝分叶明显，肝的腹缘有圆韧带切迹和叶间切迹，将肝分为左、中、右3叶，其中左叶包括左内侧叶和左外侧叶两部分；中叶又被肝门分为背侧的尾叶和腹侧的方叶，尾叶向右伸出尾状突；右叶背缘有明显的肾压迹。

马肝无胆囊，肝管直接开口于十二指肠。

马肝借很短的左、右冠状韧带、三角韧带、镰状韧带、肝圆韧带连于膈，并借肝肾韧带与右肾及盲肠底相连。

②胰：呈淡红黄色，呈不规则的扁三角形。位于腹腔背侧，大部分位于十二指肠的"乙"状弯曲中。胰管有两条，与肝管一起开口于十二指肠。

2. 马消化生理的特点

（1）口腔的消化特点　马主要用唇和齿采食，饲料经充分咀嚼后才吞咽。唇感觉敏锐，动作灵活，随时可把粗硬的草节和草根吐出。因而马采食细，咀嚼慢，采食时间长。

（2）胃的消化特点　马胃的排空速度比较缓慢，通常喂食后24h胃内还残留有食物。由于饲料经常残留，胃液分泌是连续的，但饲喂时分泌加强。马一昼夜可分泌30L胃液。

（3）小肠的消化特点　马一昼夜能分泌约7L的胰液和6L左右的胆汁。食糜进入十二指肠后，在这里受到胰液、胆汁和小肠液的化学消化作用，以及小肠运动的机械消化作用，大部分营养物质被消化吸收。其过程与牛的相似。

（4）大肠的消化特点　马的大肠容积庞大，与反刍动物瘤胃的作用相似。马的大肠形成许多肠袋，并有发达的纵肌构成的纵带，因而其运动方式与牛有所不同。马大肠的肠袋能交替地进行收缩与扩张，产生局部分节运动；纵带的收缩与舒张，产生钟摆运动。这些运动使肠内容物能充分混合。

（二）呼吸系统

马的呼吸系统包括鼻腔、咽、喉、气管、支气管和肺（图6-9）。

1. 马呼吸系统的构造特点

（1）鼻　马的鼻孔大，呈逗点状，由薄而灵活的内、外侧真翼围成。鼻腔前部衬有皮肤的部分叫鼻前庭，相当于鼻翼所围成的空间，呈黑色。鼻前庭背侧的皮下有一盲囊，向后伸达鼻切齿骨切迹，称为鼻盲囊或鼻憩室，为马属动物特有。鼻前庭的外仍下部距黏膜约0.5cm处有一小孔，为鼻泪管口。固有鼻腔位于鼻前庭之后，与牛的相似，由骨性鼻腔衬有黏膜构成。鼻腔外侧壁各有上、下鼻甲，将鼻腔分为三个鼻道。

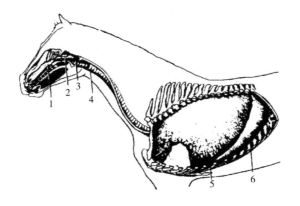

图 6 - 9　马呼吸系统模式图

1—鼻腔　2—咽　3—喉　4—气管　5—肺　6—膈

（2）喉　马的喉同牛一样，也由喉黏膜、喉软骨和喉肌构成，略有差异。

（3）气管和支气管　气管长约 1m，是一圆筒状的管道，由 50~60 个 U 形软骨环连接组成。软骨环缺口朝向背侧，被致密结缔组织和平滑肌充填。气管前端与喉相接，向后沿颈腹侧正中线进入胸腔，在心基上方分为左、右支气管，分别进入左、右两肺。

（4）肺　马肺分叶不明显，以心切迹为界，心切迹以前部分称前叶（尖叶），心切迹以后部分称后叶（膈叶）。此外，右肺后叶的内侧还有一个小的副叶（图 6 - 10）。

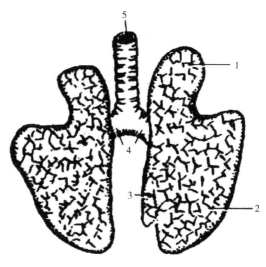

图 6 - 10　马肺分叶模式图

1—尖叶　2—膈叶　3—副叶　4—支气管　5—气管

马肺后缘呈弓状，在体表的投影，由下列 3 个点连成的曲线围成。这 3 个点是：第 16 肋骨与髋结节水平线的交叉点，第 14 肋骨与坐骨结节水平线的交叉点，第 10 肋骨与肩关节水平线的交叉点连结而成的弧线。左肺的心切迹大，体表投影位于第 3 至第 6 肋骨间，它与肩关节水平线交界的稍下方是心脏听诊的部位。

2. 马的呼吸生理特点

马的全部肺泡总面积可达 $500m^2$，肺的总容量可达 40L，通气量很大。在安静情况下，马的呼吸频率为 8 ~ 16 次/min。这些特点，有利于马快速和持久奔跑。

（三）泌尿系统

马泌尿系统由肾、输尿管、膀胱和尿道组成（图 6-11）。

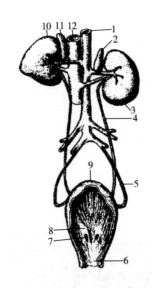

图 6-11 马的泌尿系统 （腹侧面）
1—腹主动脉 2—左肾上腺 3—左肾 4—输尿管 5—膀胱圆韧带 6—膀胱颈 7—输尿管开口
8—输尿管柱 9—膀胱顶 10—右肾 11—右肾上腺 12—后腔静脉

1. 马泌尿系统的构造特点

（1）肾

①肾的形态、位置：马肾为平滑单乳头肾，呈红褐色。右肾为钝角的三角形，左肾为蚕豆形。左、右肾的内侧缘均有一个凹陷的肾门，是肾动脉、肾静脉、输尿管、神经和淋巴管出入之处。肾门向肾内凹陷为肾窦，肾窦内有肾盂、血管、神经、淋巴管和脂肪。

肾位于腰椎下方，腹主动脉和后腔静脉两侧，右肾比左肾靠前。右肾位于最后 2~3 肋骨上端和第一腰椎横突的下面，左肾位于最后肋骨上部和前 3 个腰椎横突的腹侧。

②构造：肾表面有一层致密结缔组织膜，称为纤维膜。肾实质是由若干个肾叶构成，马肾各叶均完全连合在一起，肾表面光滑无沟，全部肾乳头合成一个嵴状的肾总乳头突入肾盂中，故马肾为平滑单乳头肾。每个肾叶均能明显地分为表面的皮质和深部的髓质（图 6-12）。

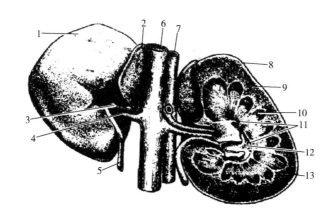

图 6-12 马肾 （腹侧面，左肾剖开）
1—右肾 2—右肾上腺 3—肾动脉 4—肾静脉 5—输尿管 6—后腔静脉 7—腹主动脉
8—左肾 9—皮质 10—髓质 11—肾总乳头 12—肾盂 13—弓状血管

（2）输尿管 马的输尿管长约 70cm，直径 6~8cm。起于肾盂，左侧输尿管走在腹主动脉的外侧，右侧输尿管走在后腔静脉外侧，向后伸延至骨盆腔。公马的输尿管位于尿生殖褶中，与输精管相交叉，于膀胱的背面进入膀胱；母马的输尿管行于子宫阔韧带内，经子宫两侧伸延到膀胱的背侧面进入膀胱。输尿管均斜穿膀胱壁 2~3cm，以防止尿液逆流。

（3）膀胱 马的膀胱呈梨形，容积 2.8~3.8L。

（4）尿道 公马尿道很长，兼作排精之用，故称尿生殖道。母马尿道短而宽，长 6~8cm，位于阴道腹侧，尿道外口开口于阴道前庭腹侧壁阴瓣的后方，无尿道下憩室。

2. 马的泌尿生理特点

马尿一般呈淡黄色、黄色、暗褐色，因尿中含有较多碳酸钙结晶和黏蛋白而混浊黏稠。在普通饲养条件下，马尿的相对密度为 1.025~1.055，pH 为 7.2~8.7，每昼夜诽尿量为 3~8L。马尿的生成与排尿机理与牛的相似。

（四）生殖系统

1. 公马的生殖系统

公马生殖系统包括睾丸、附睾、输精管和精索、尿生殖道、副性腺、阴茎、阴囊和包皮（图6-13）。

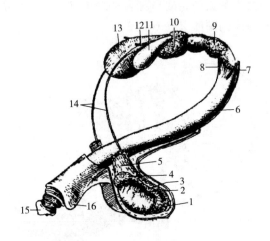

图6-13 公马生殖器官模式图

1—附睾尾 2—睾丸 3—附睾体 4—附睾头 5—精索 6—阴茎 7—阴茎缩肌
8—坐骨海绵体肌 9—尿道球腺 10—前列腺 11—精囊腺 12—输精管壶腹
13—膀胱 14—输精管 15—龟头 16—包皮

（1）公马生殖系统的构造特点

①睾丸和附睾：马的睾丸为前后稍长，左右略扁的椭圆形，位于阴囊内，呈头端向前尾端向后的水平位。其前端背侧为睾丸头，与附睾头相接，并有血管、神经进出；后端为睾丸尾，借睾丸固有韧带与附睾尾相连；背侧缘称为附睾线，直接与附睾相邻；腹侧缘为游离缘。其结构与牛相似。

②输精管和精索：输精管直径约6mm，有发达的输精管壶腹（尤其是驴），末端与精囊腺导管合并，开口于精阜。精索为扁平的圆锥形索状结构，马的精索比牛的短。

③尿生殖道：公马的尿生殖道以尿道内口起于膀胱颈，向后伸延至坐骨弓，这一段称为尿生殖道骨盆部；向下绕过坐骨弓，沿阴茎海绵体腹侧向前伸延至龟头，末端以尿道外口开口于体外，这一段称为尿生殖道海绵体部或阴茎部。

④副性腺：包括精囊腺、前列腺和尿道球腺。

⑤阴茎：马的阴茎粗大而直，呈左右略扁的圆柱状，无"乙"状弯曲。阴

茎位于腹壁之下，起自坐骨弓，经两股之间沿中线向前，伸延到脐部。可分阴茎根、阴茎体、阴茎头3部分。

马的阴茎头因海绵体发达而膨大成圆锥状，称为龟头。龟头的基部隆起，形成龟头冠，龟头前端的腹侧面，形成凹陷的龟头窝，窝内有短的尿道突。尿生殖道外口开口于尿道突上。

⑥包皮：马的包皮为双层皮肤褶，分为外包皮和内包皮，均由深浅两层构成。外包皮套在内包皮外面，较长，游离缘围成包皮外口。内包皮实际是外包皮的深层延续折转而成，直接套在阴茎前端的外面，比外包皮短小，其游离缘形成包皮内口。当阴茎勃起时，包皮的各层展平成一层而包围在阴茎表面。包皮的皮肤内有汗腺和包皮腺，其分泌物与脱落的上皮细胞等共同形成一种黏稠而难闻的脂肪性包皮垢。

⑦阴囊：是袋状的皮肤囊，位于耻骨前方，两股之间，位置较牛的靠后，阴囊颈较明显。马的阴囊皮肤较薄，具有弹性，易于移动和伸展，表面生有短而细的毛，含有色素而呈黑色，富有皮脂腺和汗腺。阴囊壁的结构与牛的相似。

（2）公马的生殖生理特点　公马的精液呈浅白色，黏稠不透明，呈弱碱性，pH为$7.2 \sim 7.3$，渗透压和血液相似，有特殊的臭味。公马每次交配的射精量为$50 \sim 150mL$。

2. 母马的生殖系统

母马的生殖器官包括卵巢、输卵管、子宫、阴道、尿生殖前庭和阴门（图6-14）。

（1）母马生殖系统的构造特点

①卵巢：1对，马属动物的卵巢比牛的大，呈豆形，借卵巢系膜悬吊于腹腔腰部，在肾的后方或骨盆前口的两侧。左、右位置不对称，左侧卵巢悬吊在左侧第$4 \sim 5$腰椎横突末端之下，常在左子宫角前端的内下方，位置较低；右侧卵巢在右侧第$3 \sim 4$腰椎横突下方，靠近腹腔顶壁，位置较高。经产老龄马的卵巢，常因卵巢系膜松弛，而被肠管挤到骨盆前口处。卵巢的前端为输卵管端，按输卵管伞。后端为子宫端，借卵巢固有韧带与子宫角相连。在卵巢的游离绕上有一个凹陷，称为排卵窝，成熟卵泡由此排出，这是马属动物的特征。

②输卵管：马的输卵管长而弯曲，有发达的输卵管伞。

③子宫：马的子宫为双角子宫，呈"Y"形，分为子宫角、子宫体和子宫颈3部分。子宫角和子宫体的长度大致相等，子宫角成对，稍弯曲，全部位于腹腔内。两子宫角后端相合移行为子宫体。子宫体呈背腹略扁的圆筒状，大部分位于骨盆腔内，小部分位于腹腔内。子宫体向后延续为子宫颈，子宫颈位于骨盆腔内，其后部突入阴道，形成明显的子宫颈阴道部。子宫颈壁厚，黏膜形

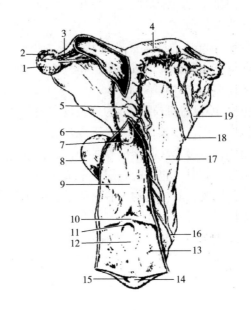

图 6-14　母马生殖器官模式图 （背侧面）
1—卵巢　2—输卵管伞　3—输卵管　4—子宫角　5—子宫体　6—子宫颈阴道部
7—子宫颈外口　8—膀胱　9—阴道　10—阴瓣　11—尿道外口
12—尿生殖前庭　13—前庭大腺开口　14—阴蒂　15—阴蒂窝
16—子宫后动脉　17—子宫阔韧带　18—子宫中动脉　19—子宫卵巢动脉

成许多纵褶，其中央为一窄细的管道，称子宫颈管。于宫颈阴道部的黏膜褶，形似花冠状，子宫颈外口位于其中央。

④阴道：马的阴道较短，长 15～20cm，位于骨盆腔内，背侧为直肠，腹侧为膀胱和尿道。阴道黏膜呈粉红色，较厚，形成许多纵褶，没有腺体。在阴道前端和子宫颈阴道部的周围，形成一个环状的隐窝，称作阴道穹窿。

⑤尿生殖前庭：是左右略扁的短管，前接阴道，后连阴门，有明显的阴瓣，是阴道与尿生殖前庭的分界。与牛相比，马无尿道憩室。在尿道外口后方的腹侧壁上有前庭小腺的开口；在背侧壁的两侧，有前庭大腺的开口。

（2）母马的生殖生理特点　母马的性成熟时期是 12～18 个月。性成熟后，母马开始出现正常的发情周期。母马的发情具有明显的季节性，一般在春季出现发情。马的发情周期为 19～25d，发情持续期为 4～5d，排卵时间在发情结束前 1～2d。卵细胞从卵巢排出后，10h 内保持受精能力。马的妊娠期平均为 340d，变动范围在 307～402d。

项目思考

1. 马为什么能站立睡眠而不会疲劳？
2. 马是如何消化饲料中的粗纤维的？
3. 马的大结肠有何特点？
4. 马的肺脏与牛相比有何特征？
5. 简述马肾的形态结构和位置。

项目二 兔解剖生理特征

1. 了解兔的骨骼、肌肉、皮肤及其衍生物的形态和结构。
2. 知道消化、呼吸、泌尿、生殖系统的组成及生理特点。
3. 了解兔的体温、心率等生理常数及生活习性。
4. 知道兔的肝、胃、肠、心、肺、肾、膀胱、脾、睾丸、卵巢、子宫、阴囊的形态、位置和构造特点。

案例导入

技能目标

1. 能在兔活体、兔骨骼标本上识别出重要骨性标志和关节。
2. 能熟练识别兔的肺、肝、胃、肠、肾等主要内脏器官的形态、位置及构造。

案例导入

兔子是草食动物，它们与同样是草食动物的牛（羊）的消化系统构造一样吗？

兔子消化草料的方式与牛（羊）一样吗？

必备知识

兔属单胃草食动物，品种甚多。兔的生活习性是昼伏夜出，胆小怕惊，性情温顺。怕热、怕挤、怕潮，喜欢安静、清洁、干燥的环境。听觉和嗅觉发达敏锐。家兔虹膜因品种不同，可有各种颜色（如灰色、黑色、红色及天蓝色）；耳大而长，血管明显，可自由转动；颈短，颈下有皮肤皱褶——肉髯；背腰弯曲呈弓形，腹大、胸小，后肢长而有力。兔的正常体温为 38.5 ~ 39.5℃，心率为 120 ~ 140 次/min，呼吸数为 32 ~ 60 次/min。

一、兔的骨骼、肌肉与被皮

（一）骨骼

全身骨骼也分为躯干骨、头骨、前肢骨和后肢骨（图 6 – 15）。

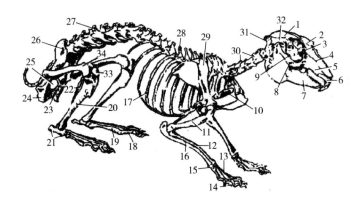

图 6 – 15　兔的全身骨骼

1—顶骨　2—额骨　3—泪骨　4—鼻骨　5—上颌骨　6—切齿骨　7—下颌骨　8—颧骨　9—腭骨　10—胸骨　11—臂骨　12—桡骨　13—掌骨　14—指骨　15—腕骨　16—尺骨　17—肋骨　18—趾骨　19—跖骨　20—胫骨　21—跗骨　22—腓骨　23—耻骨　24—坐骨　25—闭孔　26—髂骨　27—腰椎　28—胸椎　29—肩胛骨　30—颈椎　31—枕骨　32—颞骨　33—膝盖骨　34—股骨

1. 头骨

分为颅骨和面骨。背侧观分为前、中、后 3 部分。前部以鼻骨为主，前端稍窄，后端稍宽；中部最宽，两侧有宽的颧弓，眶窝较大；后部以顶骨和枕骨为主。腹侧面的前部有较大的腭裂。

2. 躯干骨

颈椎 7 个，寰椎翼宽扁，枢椎棘突呈宽阔扳状。胸椎 12 个（偶有 13 个），棘突甚发达。腰椎 7 个（偶有 6 个），椎体较长。荐椎 4 个，愈合成荐骨。尾椎 16 个（偶有 15 个）。

肋 12 对（偶有 13 对），前 7 对为真肋，后 5 对为假肋（偶有 6 对），第 8、9 肋的肋软骨与前位肋软骨相连。最后 3 对肋的肋软骨末端游离，称为浮肋。

胸骨由 6 节胸骨片组成，第 1 节为胸骨柄，最后一节为剑突，后面接一块宽而扁的剑状软骨。兔的胸廓不发达，胸腔容积较小。

3. 前肢骨

短而不发达。肩带除有发达的肩胛骨外，还有埋在肌肉中的锁骨。游离部包括臂骨、前臂骨（桡骨和尺骨）、前脚骨（腕骨、掌骨、指骨和籽骨）。桡骨与尺骨略有交叉，尺骨较长。腕骨有 9 块，分为 3 列。掌骨有 5 块，由内向外为第 1、2、3、4 及第 5 掌骨，其中第 1 掌骨最短。有 5 指，第 1 指由两块指节骨组成，其余各指均由 3 块指节骨组成，指节骨远端皆附有爪。

4. 后肢骨

长而发达，由髋骨、股骨、髌骨、小腿骨（胫骨和腓骨）及后脚骨（跗骨、跖骨、趾骨和籽骨）组成。跗有 6 块，分为 3 列。近列为距骨和跟骨，中列为中央跗骨，远列为第 2、3、4 跗骨。跖骨有 4 块，第 1 跖骨已退化。有 4 个趾，第 1 趾退化。

（二）肌肉

兔的肌肉有 300 多块，全部肌肉的质量约为体重的一半左右。前半身（颈部及前肢）的肌肉不发达，后半身（腰部及后肢）的肌肉很发达，这与兔主要用后肢跳跃、奔跑等生活习性有密切的关系。

（三）被皮

家兔的表皮很薄，真皮层较厚，坚韧而有弹性。兔全身被覆被毛，有粗毛、绒毛和触毛。仔兔出生后 30d 左右才形成被毛。成年兔春、秋各换毛一次。兔的汗腺不发达，体温调节受到限制，故兔不耐热。皮脂腺发达，遍布全身，能分泌皮脂润泽被毛。母兔的腹部有 3~6 对乳腺。

二、兔的内脏解剖生理特征

（一）消化系统

1. 口腔

兔的上唇中央有纵裂，俗称兔裂，将唇完全分成左右两部，常显露门齿。裂唇与上端圆厚的鼻端构成三瓣鼻唇。便肥有 16~17 个横向腭褶，软腭较长。舌较大，短而厚，舌体背面有明显的舌隆起。兔的齿式如下：

恒齿齿式为：$2\left(\dfrac{2 \cdot 0 \cdot 3 \cdot 3}{1 \cdot 0 \cdot 2 \cdot 3}\right)=28$　　乳齿齿式为：$2\left(\dfrac{2 \cdot 0 \cdot 3 \cdot 0}{1 \cdot 0 \cdot 2 \cdot 0}\right)=16$

兔有两对上门齿，其中一对大门齿在前方，另一对小门齿在大门齿后方，组成两排。门齿生长较快，常有啃咬、磨牙习性。切齿和犬齿有较大的齿槽间缘。唾液腺较发达，主要有腮腺、颌下腺、舌下腺和眶下腺。唾液中含消化酶。

2. 咽

分为鼻咽部、口咽部和喉咽部。鼻咽部较大，口咽部较小，软腭后缘与会厌软骨汇合。

3. 食管

为细长的扩张性管道，位于气管的背侧。食管前段管壁肌层为横纹肌，中后段肌层为平滑肌。

4. 胃

兔胃属单室胃，横位于腹腔前部。贲门与幽门很接近，因而大弯很长，小弯很短。胃腺及平滑肌较发达。胃液酸度较高，消化力很强。

5. 肠

肠管较长，为体长的 10 倍以上，容积较大，具较强的消化吸收功能（图6－16）。

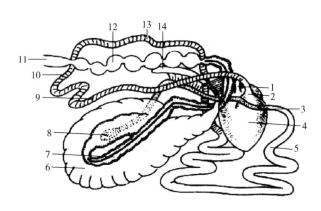

图6－16 兔肠管走向模式图

1—食管 2—幽门 3—回肠 4—胃 5—空肠 6—盲肠 7—结肠 8—圆小囊 9—十二指肠降支
10—十二指肠横支 11—肛门 12—直肠 13—十二指肠升支 14—蚓突

（1）小肠 包括十二指肠、空肠和回肠，总长达 3m 以上。十二指肠长约50cm，呈"U"字形弯曲，有总胆管和胰腺管的开口。空肠长约 2m，由较长的肠系膜悬吊于腹腔的左侧前半部，形成很多弯曲的肠拌。回肠较短，约40cm，以回盲褶连于盲肠。回肠与盲肠相接处肠壁增厚膨大，称为圆小囊。圆小囊为兔特有的淋巴器官，长约 3cm，宽约 2cm，囊壁色较浅，呈灰白色，从表面可隐约远见囊内壁的蜂窝状隐窝，黏膜上皮下充满淋巴组织。

（2）大肠 包括盲肠、结肠和直肠，总长度约 1.9m。盲肠特别发达，为卷曲的锥形体，可分为基部、体部和尖部。基部粗大，壁薄，黏膜表面有螺旋瓣，黏膜中有盲肠扁桃体；盲肠尖部有狭窄的、灰白色的蚓突，长约10cm，表面光滑，刻突壁内有丰富的淋巴滤泡。结肠管径由粗变细，起始部管径粗大，外表有3条纵肌带和3列肠袋。盲肠和结肠均位于腹腔右后下部，二者无明显界限，唯二者间形成"S"形弯曲。在直肠末端的侧壁有直肠腺，分泌物带有特殊臭味。

　　6. 肝和胰

　　肝位于腹前部偏右侧，暗紫色。肝分6叶，即左外叶、左内叶、右外叶、右内叶、方叶和尾叶。右内叶处有胆囊，尾叶发达，形成尾状突，方叶最小。

　　胰呈灰黄色，位于十二指肠祥间的系膜内，其叶间结缔组织比较发达，使胰呈松散的枝叶状结构（图6-17）。

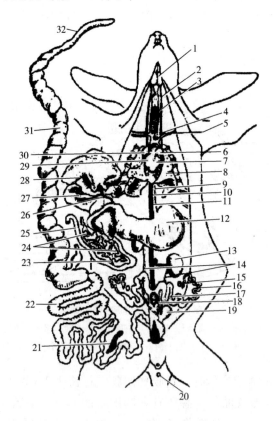

图 6 - 17　兔的内脏

1—颌下腺　2—左颈静脉　3—气管　4—左锁骨下静脉　5—左锁骨下动脉　6—左心房　7—左心室
8—左肺　9—食管　10—后腔静脉　11—主动脉　12—胃　13—肾　14—输尿管　15—卵巢
16—输卵管　17—子宫　18—阴道　19—膀胱　20—肛门　21—胆　22—结肠　23—胰管　24—胰
25—小肠　26—胆管　27—胆囊　28—肝　29—右心室　30—右心房　31—盲肠　32—蚓突

兔的消化生理特点是：兔口腔的特异构造，使门齿易显露，便于啃食短草和较硬的物体；发达的盲肠和结肠内有大量的微生物，具有较强的消化粗纤维能力。兔对饲料中粗纤维的消化率为 60% ~80%，仅次于牛、羊。

兔有摄食粪便的习性。兔排软、硬两种不同的粪便，软粪中含较多的优质粗蛋白和水溶性维生素。正常情况下，兔排出软粪时，会自然地弓腰用嘴从肛门摄取，稍加咀嚼便吞咽至胃。摄食的软粪与其他饲料混合后，重入小肠消化。

（二）呼吸系统

呼吸是兔体蒸发水分和散发体温的主要途径。皮肤也有呼吸作用。

1. 鼻腔

鼻孔与唇裂相连，鼻端随呼吸而活动。鼻腔内有上鼻甲、下鼻甲和筛鼻甲作为支架，鼻道构造较复杂。嗅区黏膜分布有大量嗅觉细胞，对气味有较强的分辨力。

2. 咽和喉

咽呈漏斗状，为消化管和呼吸道的交叉要道。喉呈短管状，较小，由甲状软骨、杓状软骨、会厌软骨和环状软骨构成。声带不发达，发音单调。

3. 气管和支气管

气管由 48 ~50 个不闭合的软骨环构成，气管末端分为左、右支气管。

4. 肺

兔的肺不发达，肺分 7 叶，即左尖叶、左心叶、左隔叶、右尖叶、右心叶、右隔叶和副叶。左肺窄小，心压迹较深。

（三）泌尿系统

1. 肾

兔肾为光滑单乳头肾，呈卵圆形，色暗红，质脆。位于胸腰椎交界处的腹侧，右肾靠前，左肾稍后。肾脂肪囊不明显。无肾盏，肾总乳头渗出的尿液经肾盂汇入输尿管中。

2. 输尿管

是肾盂的直接延续，左右各一，呈白色，经腰肌与腹膜之间向后伸延至盆腔，在膀胱颈背侧开口于膀胱。

3. 膀胱

呈盲囊状，无尿时位于骨盆腔内，充盈尿液时突入腹腔。

4. 尿道

公兔尿道细长，起始于膀胱颈，开口于阴茎头端。母兔尿道宽短，起始于膀胱颈，开口于尿生殖前庭。

（四）生殖系统

1. 公兔生殖器官

（1）睾丸和附睾　睾丸呈卵圆形，其位置因年龄而不同。胚胎时期，睾丸位于腹腔内，出生后1~2个月移行到腹股沟管。性成熟后，在生殖期间睾丸临时下降至阴囊。因兔腹股沟管宽短，加之鞘膜仍与腹腔保持联系及管口终生不封闭，故睾丸可自由地下降到阴囊或缩回腹腔。附睾发达，呈长条状，附睾头和尾均超出睾丸的头尾，附睾尾部折转向上移行为输精管。

（2）输精管和精索　输精管起于附睾尾，末端开口于尿生殖道。兔精索较短，呈圆索状，内有输精管和血管、神经。

（3）副性腺　包括精囊腺、前列腺、尿道球腺和前尿道球腺。精囊腺分泌物可稀释精液，在交配后于阴道中凝固形成阴道栓，防止精液外流。前列腺分泌物呈碱性，可中和阴道酸性物质。尿道球腺分泌物在性冲动时先流入尿道，起冲洗利润滑作用。

（4）阴茎　阴茎静息时长约25mm，向后伸向肛门腹侧。勃起时全长可达40~50mm，呈圆锥状，伸向前下方。阴茎前端细而稍弯曲，没有龟头。

（5）尿生殖道　起于膀胱颈，止于阴茎头的尿道外口，分为骨盆部和阴茎部，兼有排尿和输送精液的功能。

（6）阴囊　位于股部后方，肛门两侧，2.5月龄后方能显现（图6-18）。

2. 母兔生殖器官

（1）卵巢　呈卵圆形，色淡红，位于肾的后方，以短的卵巢系膜悬于第5腰椎横突附近的体壁上。幼兔卵巢表面光滑，成年兔卵巢表面有突出的透明小圆形卵泡。

（2）输卵管　前端有输卵管伞和漏斗，稍后处增粗为壶腹，后端以峡与子宫角相通。输卵管兼有输送卵子和受精的功能。

（3）子宫　属双子宫，左右子宫完全分离。两侧的子宫各以单独的外口开口于阴道。

（4）阴道　紧按于子宫后面，其前端有两个子宫颈管外口，口间有嵴，后端有阴瓣。

（5）尿生殖前庭和阴门　阴瓣与阴门之间为尿生殖前庭，尿道外口位于前庭的腹侧壁。阴门裂的腹侧连合呈圆形，背侧连合呈尖形。腹侧连合处有阴蒂，为一个小突起（图6-19）。

一般母兔性成熟年龄为3.5~4月龄，公兔为4~4.5月龄。刚达性成熟年龄的公、母兔不宜立即配种，初配年龄应再推后1~3个月。兔为刺激性排卵动

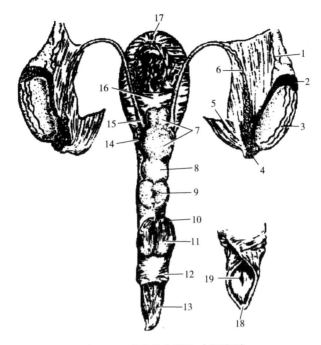

图 6 – 18　公兔的生殖器 （背侧面）

1—静脉丛　2—附睾头　3—睾丸　4—附睾尾　5—睾提肌　6—输精管　7—雄性子宫
8—精囊腺　9—前列腺　10—尿道球腺　11—球海绵体肌　12—包皮　13—阴茎
14—前尿道球腺　15—输精管壶腹　16—生殖褶　17—膀胱　18—尿道外口　19—尿道

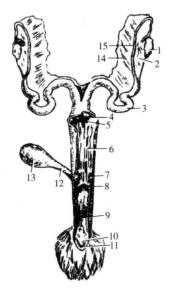

图 6 – 19　母兔的生殖器 （背侧面）

1—卵巢　2—卵巢囊　3—子宫　4—子宫颈　5—子宫颈间膜　6—阴道　7—阴瓣　8—尿道口
9—前庭　10—阴蒂　11—外阴　12—尿道　13—膀胱　14—子宫阔韧带　15—输卵管

物，排卵发生于交配刺激后 10~12h，排卵数为 5~20 个。妊娠期 30~31d。孕兔一般在产前 5d 左右开始衔草做窝，临近分娩时用嘴将胸腔部毛拔下垫窝。分娩多在凌晨，有边分娩边吃胎衣的习性。

实操训练

实训　家兔的剖检及解剖结构识别

（一）目的要求

通过对家兔的解剖以骨骼、内脏标本的观察，掌握家兔的消化、呼吸、泌尿、生殖等器官系统的位置、形态和构造特点，正确识别家兔体表的主要部位和器官。

（二）材料设备

活家兔、兔各类标本、解剖盘、酒精棉球、注射器、镊子、烧杯、手术刀、手术剪、骨钳、止血钳等。

（三）方法步骤

1. 家兔体表的观察
被毛、头部、躯干部、四肢外形结构、运动特点和外生殖器的观察。
2. 家兔的屠宰
（1）保定后屠宰　将家兔保定后采用注射法致死家兔，也可以采用棒击法或头颈移位法毙兔。
①注射法：从耳缘静脉注射空气，将家兔处死。从耳廓背部外侧缘的静脉注射一针筒空气，注射后及时冲洗针筒和针头，防止堵塞。
②棒击法：用左手抓住兔的腰部提起兔子，或用手抓住兔的双耳，使其下颌挂靠在桌的边缘，右手用木棒重击耳后脑部，要求一棒击晕或致死，立即割断颈动脉放血。
③头颈移位法：用右手紧握兔两耳基部，左手紧抓腰部，两手向相反方向用力拉长兔的颈躯，同时迅速将头颈向一方扭动，直至颈椎骨脱位，家兔陷入昏迷，立即放血。放血时将兔子倒吊在特制的金属挂钩上或用细绳拴住后肢，再用利刀迅速沿左下颌骨边缘，割开皮毛切断动脉。放血时间以 2~3min 为宜。

（2）剥皮去头　将右后肢跗关节处卡入挂钩。从跗关节处挑断腿皮，剥至尾根处，用力不要太猛，防止撕破腿部肌肉。作到手不沾肉，肉不沾毛。从第2尾椎处去尾。从跗关节上方1~1.5cm处截断左右后肢。割断腹部皮下腺体和结缔组织，皮扒至前肢处。剥离前肢腿皮，从腕关节稍上方1cm处截断左右前肢。剥离头皮后，从第1颈椎处去头。剥皮后观察皮下结构特点。

3. 家兔的解剖及内脏主要器官的观察

将家兔屠宰后洗净、打开胸腹腔、以腹部正中线下刀开腹，下刀不要太深，以免开破脏器，污染肉体。

将剖开胸腹腔的兔体置于解剖盘中，使胸、腹腔内的器官都清楚显露，观察内脏器官的自然位置。

（1）观察消化器官结构特点　观察消化系统器官的组成和结构，观察家兔口腔、咽、食管、胃、小肠、大肠、肛门、唾液腺、肝脏、胰腺的位置、色泽、形态、结构特点，重点观察家兔的胃、盲肠的结构特点及圆小囊和蚓突形态和内部结构特点。

（2）观察泌尿器官结构特点　观察泌尿系统器官的组成和结构，观察家兔肾脏、输尿管、膀胱、尿道的位置、色泽、形态、结构特点。

（3）观察生殖器官结构特点　观察生殖系统器官的组成和结构，观察公兔的睾丸、附睾、输精管、尿生殖道；母兔的卵巢、输卵管、子宫、阴道、尿生殖前庭、阴门的位置、形态、结构特点。

（4）观察呼吸器官结构特点　观察呼吸系统器官的组成和结构，观察家兔鼻、咽喉、气管、支气管、肺的组成、位置和结构特点；观测膈的位置和结构特点；观察家兔心脏的位置和结构特点。

（四）技能考核

按照解剖步骤，进行兔的解剖；在兔体上识别消化器官、呼吸器官、泌尿器官、生殖器官。

项目思考

1. 兔是如何消化饲料中的粗纤维的？
2. 兔盲肠有何特点？
3. 简述兔肾的形态结构和位置。

项目三　水貂解剖生理特征

知识目标

1. 了解水貂的骨骼结构。
2. 掌握水貂消化、呼吸、泌尿、生殖系统的组成及生理特点。
3. 了解水貂的体温、心率等生理常数及生活习性。

技能目标

1. 能在水貂活体、水貂骨锦标本上识别出重要骨性标志、关节。
2. 能熟练识别水貂的肺、肝、胃、肠、肾等主要内脏器官的形态、位置及构造。

案例导入

吉林一水貂养殖户在 2016 年冬天第一次养殖水貂，饲喂某个饲料厂的水貂专用饲料，但大部分水貂每天的采食量都很少，掉膘很明显。排除消化系统疾病的情况下，这种水貂专用饲料可能是出现了什么问题？

必备知识

水貂为肉食动物。体型较小，头小颈短，嘴尖，耳小，四肢短，尾细长，毛蓬松。水貂性情凶猛，攻击性强，多在夜间活动。善于游泳和潜水，属于半水栖动物。水貂的标准色为黑褐色，经过长期的人工驯养培育出一些其他毛色的水貂，如白色、米黄色、灰蓝色、烟色等几十种颜色的彩貂。

一、水貂的骨骼、肌肉与被皮

水貂全身骨骼约有201块。颈椎7块，胸椎14块，腰椎6块，荐椎3块，尾椎17~21块。肋有14对，前9对为真肋，后5对为假肋。胸骨有8块骨片构成。前后肢均具5指（趾），指（趾）端有利爪。指（趾）基间具有微蹼，后肢的蹼比前肢蹼明显。尾细长，尾毛长而蓬松。肛门两侧有一对肛腺。肌肉基本同犬（图6-20）。

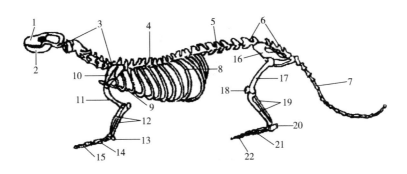

图6-20　水貂的全身骨骼

1—上颌骨　2—下颌骨　3—颈椎　4—胸椎　5—腰椎　6—荐椎　7—尾椎　8—肋
9—胸骨　10—肩胛骨　11—臂骨　12—前臂骨　13—腕骨　14—掌骨　15—指骨
16—髋骨　17—股骨　18—髌骨　19—小腿骨　20—跗骨　21—跖骨　22—趾骨

二、水貂内脏解剖生理特征

（一）消化系统

1. 口腔

上唇前端与鼻孔间形成暗褐色光滑湿润的鼻唇镜。上唇正中有浅沟。唇薄但不灵活。颊黏膜光滑，常有色素。

硬腭坚硬，前部有切齿乳头。舌呈长条状，黏膜表面具有4种乳头，即丝状乳头、菌状乳头、轮廓乳头和叶状乳头，味蕾丰富。水貂的牙齿特别发达，是捕食、咀嚼食物及抵抗攻击的武器。门齿排列紧密，体积极小，自内向外逐渐增大，犬齿极为发达。唾液腺也较为发达。

恒齿齿式为：$2\left(\dfrac{3 \cdot 1 \cdot 3 \cdot 1}{3 \cdot 1 \cdot 3 \cdot 2}\right)=34$

2. 咽和食管

无特殊结构。颈部食管前2/3位于气管的背侧，后1/3则移行在气管左侧。

3. 胃

大部分位于左季肋部，呈长而弯曲的囊状。胃黏膜有许多纵向皱褶，含丰富的胃腺，胃液含较多胃蛋白酶。胃黏膜肌和肌层较发达。胃幽门口内有较小的幽门瓣。胃排空迅速（图6-21）。

图6-21 水貂胃
1—贲门 2—胃小弯 3—胃大弯 4—幽门 5—十二指肠

4. 肠

小肠分为十二指肠、空肠和回肠，总长度是体长的4倍。空肠形成许多肠袢，位于左髂部、左腹股沟部和腹腔底部。大肠前段为结肠，后段为直肠，无盲肠。回肠末端以回结口通结肠，回结瓣极小。结肠有许多肠袢，盘绕在腹腔右髂部上方。直肠较短，不形成壶腹。肛门两侧有发达的肛门腺，又称臊腺，遇到敌害或人工捕捉时就排出臊液，以逃避捕猎。

5. 肝和胰

肝很大，呈棕红色，位于腹前部略偏右侧，其脏面有较大的胆囊。胰形状不规则，位于十二指肠与胃小弯之间，胰液经较细的胰腺管排入十二指肠中。

（二）呼吸系统

1. 鼻腔

鼻孔呈逗点状，鼻腔狭窄，具有筛鼻甲骨、背鼻甲骨和腹鼻甲骨，并构成迂回的鼻道。嗅黏膜肥厚并有很多皱褶，可灵敏地感受气味刺激。

2. 喉、气管和支气管

喉较短小，声门裂较狭窄。气管呈细长管状，由一系列软骨环串联而成，末端在心基后上方分为左、右支气管。

3. 肺

呈淡粉红色，右肺大于左肺。肺分6叶，其左侧心叶与膈叶合并为心膈叶。各肺叶中，左右尖叶均薄锐狭长，副叶较小，其肺叶叶钝而肥厚。左肺两叶间的心切迹较大，心包左壁露于肺外，是临床心区听诊部位。

（三）泌尿系统

1. 肾

为平滑单乳头肾，左右两肾均呈蚕豆形。右肾稍前，位于第13～14肋上端至第1腰椎横突下方。左肾稍后，位于第14肋上端至第3腰椎横突下方。右肾位置较固定，左肾移位的现象时常发生，其后位可达5～6腰椎腹侧。

2. 输尿管

细而长，前1/3段平行向后延伸，后2/3段弯成弧形穿行于含脂肪的腹膜褶中，末端在盆腔内通膀胱。

3. 膀胱

空虚时为一分硬币大的扁梨状盲囊。充盈时略膨大，呈卵圆形，膀胱顶伸至腹后部耻骨区。水貂的尿呈弱酸性，透明，浅黄色。

4. 尿道

公水貂尿道纫长而弯曲，母水貂尿道短而直。

（四）生殖系统

1. 公水貂生殖器官 （图6－22）

（1）睾丸和附睾　睾丸呈长卵圆形，体积有明显的季节性变化，配种期比平时增大4～5倍。睾丸纵隔较发达。附睾附着于睾丸的上端（外侧），睾丸与附睾间借附睾韧带相联系。

（2）输精管　起始于附睾尾部，延伸中形成许多弯曲，向上变直后穿行在精索中。进入腹腔后变粗形成壶腹，末端开口于尿生殖道起始部背侧。

（3）尿生殖道　有排尿和输送精液的双重功能。

（4）副性腺　仅有前列腺而无精囊腺和尿道球腺。前列腺位于尿生殖道骨盆部起始端背外侧，分为左右两叶，每叶又分前后两部。前列腺产生精清，并由许多小孔直接排入尿生殖道中。

（5）阴茎　包括阴茎海绵体部和阴茎骨部。阴茎骨部有一块阴茎骨，长约5cm，表面包有白膜，前端有弯向背侧的阴茎小钩。

（6）阴囊　位于两股部之间的后上方，外观不甚明显。水貂阴囊壁的肉膜不发达，但填充有脂肪层。

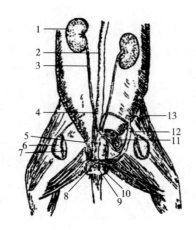

图 6 - 22　公水貂生殖器

1—肾　2—直肠　3—输尿管　4—输精管　5—前列腺　6—睾丸　7—附睾

8—坐骨海绵体肌　9—肛门　10—肛腺　11—膀胱　12—包皮　13—阴茎头

2. 母水貂生殖器官　（图 6 - 23）

（1）卵巢　呈扁平的长椭圆形，埋于腹脂中，其体积和质量因繁殖季节而变化，非发情期较小、较轻。

（2）输卵管　长约 3cm，呈花环状包绕于卵巢囊中，末端以输卵管子宫口连通子宫角。

（3）子宫　呈"Y"形，为双角子宫。子宫角内壁有纵行皱褶，子宫体前部为子宫伪体。子宫颈较狭窄，后端突入阴道中。

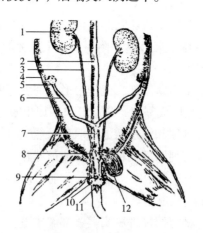

图 6 - 23　母水貂生殖器

1—肾　2—直肠　3—输尿管　4—卵巢　5—输卵管　6—子宫角　7—子宫体

8—尿生殖前庭　9—尿道口　10—阴门　11—肛门　12—膀胱

（4）阴道 为背腹压扁的肌质管道，长约 2.4cm，中段有阴道狭窄部。阴道黏膜面有纵向皱褶，具有一定的扩张性。

（5）尿生殖前庭 较宽短，是排尿和生殖的共用通道。侧壁黏膜中有前庭小腺，交配时可分泌黏液以润滑交配器官。

3. 水貂生理特征

由于自然选择结果，水貂形成了适应高纬度地区光周期的季节性繁殖和季节性换毛。

水貂 9~10 月龄性成熟，一般繁殖利用 3~4 年。每年 2~3 月发情配种，在发情季节有 2~4 个发情期，每个发情期为 6~9d，持续发情时间 1~3d。水貂为刺激排卵，排卵多发生在交配后 36~42h。

水貂的正常生理常数为体温 39.5~40.5℃、呼吸数 26~36 次/min、心率 140~150 次/min。

项目思考

1. 简述水貂消化器官的结构和生理特点。
2. 简述母水貂生殖器官的结构特点。

项目四　狐解剖生理特征

1. 掌握公狐生殖器官的特点。
2. 掌握母狐生殖器官的特点。

掌握母狐的发情季节和生殖特点，为母狐的配种和授精做准备。

某银狐养殖场，在母狐发情季节进行人工授精，可是效果不理想，那么可能的原因有哪些呢？

狐属哺乳纲食肉目犬科动物。狐与犬虽不同属，但同为食肉目犬科动物，二者的骨骼、肌肉、内脏的解剖生理特征基本相同。目前，世界上人工饲养的狐有北极狐（又名蓝狐）、银黑狐（又名银狐）和赤狐（又名草狐、红狐）3个种，它们分属两个不同的属，北极狐、银黑狐和赤狐经风土驯化和种间杂交可形成40多种不同毛色的彩狐。

人工养狐的主要目的是获取优质的皮张，狐皮属高档珍贵裘皮，是国际裘皮市场的重大支柱产业。因此熟悉了解狐的生殖特性非常重要。

一、公狐的生殖器官及生理特点

公狐的生殖器官由睾丸、输精管、副性腺和阴茎组成。

（一）睾丸

睾丸位于腹股沟与肛门之间的鼠蹊部阴囊内，体积较小，呈卵圆形。睾表面可见呈波浪状分布的毛细血管，睾丸长轴朝向后上方。睾丸去势一般在6月龄至1岁，它的发育具有明显的季节性变化。夏季（6～8份）成年公狐睾丸非常小，质量仅1.2～2g，无精子生成。8月末至9月初，睾丸开始发育，11月份发育明显加快，质量和大小都有所增加，至次年1月份质量达到3.7g～4.3g（最大达5g），触摸时具有一定的弹性。解剖时可见到成熟的精子。睾丸纵隔很发达。附睾较大，紧紧地附于睾丸背外侧。它由睾丸输出管构成附睾头，由附睾管构成附睾体和尾。

（二）输精管和前列腺

输精管和前列腺也随睾丸呈季节性变化，即变粗变大，质量和体积增加。输精管起始端在附睾外侧下方，先沿附睾体伸至附睾头部，又穿行于精索中，沿精索上升入腹腔至骨盆腔。在膀胱上延伸至尿生殖道，在尿生殖道起始部形成射精管开口。狐没有精囊腺和尿道球腺，只有比较大的前列腺，浅黄色，呈环状围绕在尿生殖道起始部四周，内部有许多排泄管。

（三）阴茎

狐的阴茎形态结构与犬的相似，细长、呈不规则的圆柱状，有球状体和阴茎骨。阴茎骨长6～8cm，阴茎骨向龟头方向逐渐变窄，再向前就变成纤维组织，幼龄时往往为软骨。阴茎骨外有海绵体包着，当海绵体充血时，形成两叶较长的膨大体。在阴茎1/2处，还有两个球状体分别在两侧，当第二次充血时，使阴茎中部两个球状体膨大。当狐交配时，阴茎第一次充血勃起可使阴茎置入母狐的阴道内。置入后第二次充血时，由于两个球状体充血膨大，使阴茎紧锁在阴道内，直到射精完毕，这种现象才消失。这是大部分犬科动物所独有一种交配生理现象。

二、母狐的生殖器官及生理特点

狐是季节性发情动物，发情季节在春季。母狐的生殖器官在夏季（6～8月份）处于静止状态，卵巢、子宫、阴道的体积最小。9～10月份卵巢体积逐渐增大，卵泡开始发育，黄体开始退化。到11月份黄体消失，卵泡迅速增长。

狐是自然排卵的多胎动物，狐的怀孕期51~52d；哺乳期60d；每胎产仔北极狐8~10只，银黑狐4~5只。

（一）卵巢和输卵管

雌性生殖器官中卵巢较小，位于第3、4腰椎腹侧，呈灰红色扁平的长卵圆形，发情期变大。在非发情期，每侧卵巢均隐藏于发达的卵巢囊中。卵巢表面常有凸出的卵泡。卵巢和输卵管被脂肪组织所覆盖。输卵管细小，伞端大部分在卵巢囊内、其腹腔口较大，子宫口很小。卵巢囊直接与短小的输卵管相通，所以犬、猫、狐一般无宫外孕。

（二）子宫

子宫为双角子宫，子宫角细长（12~15cm）无弯曲，近似直线，两个角形成"V"字形（图6-24）；子宫体短，壁较薄；子宫颈很短而且与子宫体界限不清，壁较厚，向后延伸至阴道中，阴道较长（6cm）。子宫角和子宫体以子宫阔韧带吊在腰下部骨盆两侧壁上。子宫黏膜面有长的子宫腺和短管状陷窝。

（三）阴道

母狐阴道较长，前端稍细没有明显的穹隆，黏膜面有纵行皱襞，阴道壁括约肌发达。尿生殖前庭较宽，有两个比较发达的突起，交配时前庭受刺激而剧烈收缩，两突起膨大。前腹壁有尿道外口，侧壁黏膜有前庭小腺，无前庭大腺。

母狐的阴门上圆下尖，非繁殖期被阴毛覆盖而不显露，繁殖期（发情期）有明显的形态变化，阴门腹侧角的阴蒂十分发达。

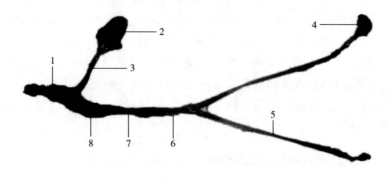

图6-24　母狐的生殖系统

1—尿生殖前庭　2—膀胱　3—尿道　4—卵巢　5—子宫角
6—子宫体　7—子宫颈　8—阴道

项目思考

1. 母狐生殖系统构成如何?
2. 公狐生殖系统构成如何?

附录 马、猪和鸡的血液涂片显微模式图

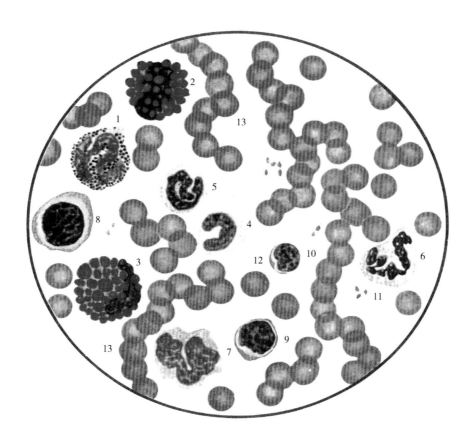

（一）马血涂片

1—嗜碱性粒细胞 2、3—嗜酸性粒细胞 4—幼稚型嗜中性粒细胞 5—杆状核型嗜中性粒细胞

6—分叶核型嗜中性粒细胞 7—单核细胞 8—大淋巴细胞 9—中淋巴细胞

10—小淋巴细胞 11—血小板 12—单独的红细胞 13—串状红细胞

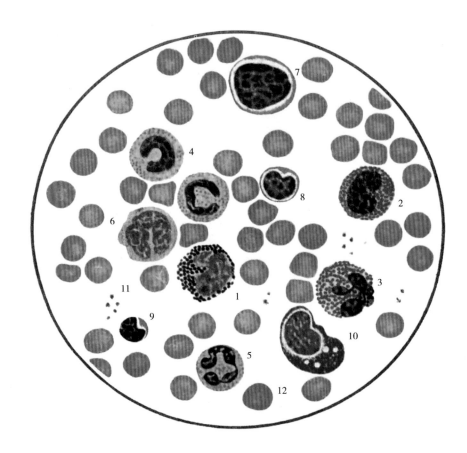

（二）猪血涂片

1—嗜碱性粒细胞　2—幼稚型嗜酸性粒细胞　3—分叶核型嗜酸性粒细胞　4—幼稚型嗜中性粒细胞

5—分叶核型嗜中性粒细胞　6—单核细胞　7—大淋巴细胞　8—中淋巴细胞

9—小淋巴细胞　10—浆细胞　11—血小板　12—红细胞

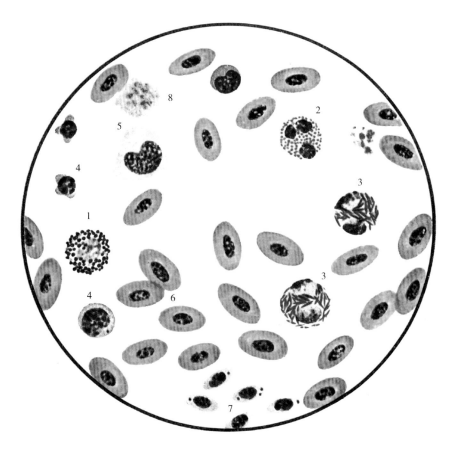

（三） 鸡血涂片

1—嗜碱性粒细胞 2—嗜酸性粒细胞 3—嗜中性粒细胞 4—淋巴细胞

5—单核细胞 6—红细胞 7—血小板 8—核的残余

参考文献

[1] 马仲华. 家畜解剖学及组织胚胎学 [M]. 北京：中国农业出版社，2002.

[2] 刘小明，尹洛蓉，周凌博. 动物解剖生理 [M]. 西安：西安交通大学出版社，2014.

[3] 董常生. 家畜解剖学 [M]. 北京：中国农业出版社，2001.

[4] 郭和以. 家畜解剖学 [M]. 北京：中国农业出版社，2000.

[5] 彭克美. 畜禽解剖学 [M]. 北京：高等教育出版社，2011.

[6] 苏丹萍，蒋爱翔，贺东生. 猪的免疫器官及其生理作用 [M]. 猪业科学，2010（10）：26 – 29.

[7] 史志恒. 淋巴结检验在生猪屠宰检疫中的意义 [J]. 新疆畜牧业，2016（5）：45 – 46.

[8] 程泽信，魏鹏义，罗维坤，等. 野猪与长白猪内脏器官的解剖学比较分析 [J]. 金陵科技学院学
报，2014，30（4）：83 – 85.

[9] 郭小参，方剑玉，杜根成，等. 一例因免疫失败诱发猪蓝耳病的诊治探讨 [J]. 国外畜牧兽医：
猪与禽，2015，35（11）：58 – 60.

[10] 程会昌. 动物解剖生理 [M]. 郑州：河南科学技术出版社，2012.

[11] 季培元. 家禽解剖生理学 [M]. 台北："国立"编译馆，1984.

[12] 滑静. 动物生理学 [M]. 北京：化学工业出版社，2009.

[13] 罗克. 家禽解剖学与组织学 [M]. 福州：福建科学技术出版社，1983.

[14] 曲强，程会昌，李敬双. 动物解剖生理 [M]. 北京：中国农业出版社，2012.

[15] 蒋春茂，孙裕光. 畜禽解剖生理 [M]. 北京：高等教育出版社，2003

[16] 于洋. 特种经济动物解剖学 [M]. 沈阳：辽宁科学技术出版社，2013.

[17] 雷治海. 动物解剖学实验教程 [M]. 北京：中国农业出版社，2014.

[18] 韩行敏. 宠物解剖生理 [M]. 北京：中国轻工业出版社，2012.

[19] 周其虎. 动物解剖生理 [M]. 北京：中国农业出版社，2008.

[20] 徐明. 犬解剖生理学 [M]. 北京：中国人民公安大学出版社，2008.

[21] 张庆茹. 动物生理 [M]. 北京：中国农业出版社，2010.

[22] 白彩霞. 动物解剖生理 [M]. 北京：北京师范大学出版社，2011.

[23] 田应华，王锐. 动物解剖 [M]. 北京：中国农业大学出版社，2015.

[24] 尹秀玲，肖尚修. 动物生理 [M]. 北京：化学工业出版社，2009.

[25] 沈霞芬. 家畜组织学与胚胎学 [M]. 北京：中国农业出版社，2001.

[26] 范作良. 家畜生理 [M]. 北京：中国农业出版社，2001.

[27] 曲强. 动物生理 [M]. 北京：中国农业大学出版社，2007.

[28] 南京农业大学. 家畜生理学 [M]. 北京：中国农业出版社，1998.

[29] 山东省畜牧兽医学校. 家畜解剖生理 [M]. 北京：中国农业出版社，2005.

[30] 刘军. 动物解剖生理 [M]. 北京：中国轻工业出版社，2012.

[31] 姜凤丽. 动物科学基础 [M]. 北京：中国农业大学出版社，2007.